OP AMP 응용과 실험

유 시 영 저

도서출판 상 학 당

欲爲大者 當爲人役

크고자 하거든 남을 섬기라

머리말

이 책은 2학기에 걸쳐 1 주에 3～4시간으로 이루어지는 15주 수업에서 강의와 실험을 동시에 할 수 있도록 한 강의교재 겸 실험서이다. 책에 수록된 회로에 대하여 정성적인 해석과 정량적인 해석을 균형 있게 다루기 위해 노력하였으며, 독자가 스스로 회로를 해석한 결과와 실험한 결과를 곧바로 비교하고 분석할 수 있도록 하였다.

이 책은 실험의 결과만 확인하는 것이 아니라 이론적으로 전개되는 과정을 차례대로 실험하면서 살펴볼 수 있도록 하였으므로, 실험을 통하여 학생들과 함께 책을 엮어 간다는 생각으로 집필하였다.

부족한 부분이 많지만, 미력하나마 이 책이 독자들이 꼭 필요로 하는 것들을 충족시켜 줄 수 있기를 기대한다. 앞으로 독자들과 현장 기술인의 많은 충고로 인하여 이 책의 부족한 부분들이 채워져 가기를 바란다.

이 책을 집필하기 위해 다음의 문헌과 IC 제조사의 데이터 시트의 표준회로 및 설명을 참조하였다.

1. すぐに 使える! オペアンプ 回路圖 100, 富田豊, 丸善株式会社, 2006.
2. OP アンプ回路の設計-再現性を重視した設計から應用まで, 岡村廸夫, CQ出版社, 2006.
3. OP アンプ活用の 実戰 ノウハウ, 松井邦彦, CQ 出版社, 2003.
4. Operational amplifier and linear integrated circuits 6th edition, Robert Coughlin, Frederick Driscoll, Robert Villanucci, Prentice-Hall, 2001.
5. OP-amp. 회로 실험, 강경일, McGRAW-HILL KOREA, 2001.
6. 애널로그 IC 필터의 설계, 박송배, 홍릉과학출판사, 1999.
7. 아날로그 IC 활용 테크닉, 김재현 편저, 도서출판 세운, 1998.
8. Operational amplifier circuits design and application, David E. Johnson & V. Jayakumar, Prentice-Hall, 1982.
9. アナログ回路の 実用設計(低周波領域に あげる 回路選択の ポイント), 稲葉 保, CQ 出版社, 1981.

자료 문헌을 제공하여 주신 샘플전자의 김정훈 사장님, 실험을 도와준 김윤겸 군과 책을 출판하여 주신 도서출판 상학당의 남승우 사장님과 직원들께 감사드린다. 또한, 이 책은 공주대학교의 연구비 지원에 의해 집필되었으며, 공주대학교에 감사드린다.

저자 씀

차 례

Chapter 1

연산증폭기 11

1-1 범용 연산증폭기의 간략화 된 내부 회로 13
1-2 연산증폭기의 식별 코드 14
1-3 연산증폭기의 이상적인 조건 15
1-4 연산증폭기의 전원 접속방법 16
1-5 연산증폭기의 패키지와 핀 아웃 17

Chapter 2

연산증폭기의 기본 동작 19

2-1 전압레벨 검출 또는 비교기 19
2-2 영 교차점 검출회로(Zero-crossing detection circuit) 21
2-3 전압레벨 검출회로 23
2-4 실험 27

Chapter 3

창 비교기 35

3-1 창 비교기의 동작 35
3-2 실험 37

Chapter 4

비반전 증폭기, 전압 폴로워, 반전 증폭기 39

4-1 부궤환(negative feedback) 39
4-2 비반전 증폭회로(noninverting amplifier) 40

4-3 전압 폴로워(voltage follower) 42
4-4 반전 증폭회로(inverting amplifier) 44
4-5 입력바이어스 전류의 보상 46
4-6 고 입력임피던스를 갖는 반전 증폭회로 48
4-7 실험 51

Chapter 5
가산회로 및 감산회로 61

5-1 가산회로 61
5-2 감산회로(subtractor) 65
5-3 신호처리회로(SCC : Signal Conditioning Circuit) 68
5-4 공급 전원의 2배의 출력을 얻는 응용 72
5-5 실험 73

Chapter 6
적분회로 및 미분회로 85

6-1 적분회로 85
6-2 미분회로 89
6-3 실험 95

Chapter 7
로그 및 역-로그 회로 101

7-1 로그 회로 101
7-2 역-로그 회로 108
7-3 승산기와 제산기 111
7-4 실험 113

Chapter 8
슈미트 회로 117

8-1 반전 슈미트 회로 117
8-2 비반전 슈미트 회로 121

8-3 히스테리시스를 갖는 전압레벨 검출회로 123
8-4 히스테리시스 전압과 중심 전압의 독립 조정 129
8-5 출력신호의 크기 제한 132
8-6 실험 134

Chapter 9
다이오드와 OP amp 147

9-1 반파 정밀 정류기(half-wave precision rectifier) 147
9-2 정밀 전파 정류기(Precision full-wave rectifier) 151
9-3 첨두치 검출회로(peak detector) 159
9-4 크기 제한회로(limiter) 161
9-5 실험 170

Chapter 10
멀티바이브레이터 181

10-1 비안정 멀티바이브레이터 181
10-2 단안정 멀티바이브레이터(Mono-stable multivibrator) 186
10-3 실험 190

Chapter 11
삼각파 및 톱니파 발생회로 199

11-1 슈미트 회로를 이용한 삼각파 발생회로 199
11-2 톱니파 발생회로 202
11-3 실험 205

Chapter 12
정현파 발진회로 209

12-1 이상 발진회로(Phase-shift oscillator) 210
12-2 Wien-bridge 발진회로 213
12-3 직각위상 발진회로(Quadrature Oscillator) 219
12-4 실험 227

Chapter 13
전압제어 발진기 239

13-1 전압제어 발진회로의 동작 239
13-2 실험 246

Chapter 14
필터 회로 251

14-1 선형 시스템(Linear System) 251
14-2 필터의 종류 253
14-3 필터 차수의 결정 275
14-4 VCVS 필터의 설계 280
14-5 다중 궤환 필터(MFB : Multiple Feedback filter)의 설계 288
14-6 상태변수 필터(State-variable filter) 294
14-7 능동 필터의 트러블과 대책 299
14-8 실험 301

Chapter 15
범용 임피던스 변환회로 327

15-1 범용 임피던스 변환회로의 구성 327
15-2 FDNR(주파수 의존성 부성저항) 및 GIC 인덕터 328
15-3 GIC 인덕터 및 FDNR을 이용한 LC 필터 329
15-4 실험 338

Chapter 16
전원회로 343

16-1 Op amp 정전압회로의 기본 동작 343
16-2 과부하(over load)에 대한 보호회로 346
16-3 3단자 레귤레이터와 op amp 전압 폴로워를 이용한 비표준 전압 전원회로 352
16-4 스위칭 레귤레이터 354

16-5 전압-전류(V-I) 변환회로 360
16-6 전류-전압(I-V) 변환회로 367
16-7 전류-제어 전류원(current-controlled current source) 370
16-8 실험 373

Appendix A
OP amp의 특성 391

A-1 DC 특성 391
A-2 AC 특성 397

Appendix B
Twin-T형 회로의 해석 403

B-1 Y-Delta 변환 403
B-2 Twin-T 브리지 회로 404
B-3 Bridged T-filter 406

Appendix C
리사쥬 도형을 이용한 위상차와 주파수 측정 409

1장 연산증폭기

연산증폭기(OP amp : Operational amplifier)는 본래 다양한 수학적 연산을 위해서 제작되었으며, 지금은 일반적으로 집적화된 선형 IC(linear integrated-circuit)를 말하며 가격이 낮고, 그 내부 구조를 알지 못하더라도 사용하기가 쉽기 때문에 신호처리(signal conditioning), 통신(communications), 계측 시스템(testing or measuring system)에 이르기까지 거의 모든 분야에서 매우 유용하게 이용되는 전자소자이다.

여기에서 '연산' 이라는 단어는 수학적인 연산의 개념으로서, 초기의 연산증폭기가 덧셈, 뺄셈, 승산, 미분 방정식을 풀기위한 회로로 이용된 것에서 유래한다.

최근에는 속도 및 정확성, 그리고 다양한 응용 능력 때문에 이러한 연산들이 디지털 컴퓨터로 이루어지고 있지만, 디지털 시스템이 데이터 취득(data acquisition), 프로세스 제어 등에 응용범위가 넓어질수록 선형증폭기와 다른 선형집적회로를 이용한 인터페이스가 요구되는 범위도 넓어지고 있다.

그림1.1에 전형적인 데이터 취득 시스템의 블럭도를 나타낸다. 센서는 온도, 압력, 유량 등의 여러 가지 형태의 물리적인 양을 전압, 전류, 저항과 같은 전기적인 양으로 변환하는 장치이다. 이렇게 변환된 양은 신호처리(signal conditioning circuit)회로를 거쳐 A/D(Analog to Digital) 변환기에 입력된다. 예를 들어, 온도 센서의 측정범위가 0℃ ~ 50℃ 일 때 센서의 출력전압이 2.7[V] ~ 3.2[V]라면 이 전압을 마이크로컨트롤러가 동작하는 전압의 범위(0[V] ~ 5[V])로 변환하여야 한다. 이러한 인터페이스의 자세한 내용은 5장에서 설명할 것이다.

또한, 마이크로컨트롤러의 출력은 전압이 낮으므로 부하를 구동하기 위하여 전압 혹은 전류를 증폭하고, 부하와 마이크로컨트롤러를 절연하기 위하여 인터페이스 회로를 필요로 한다.

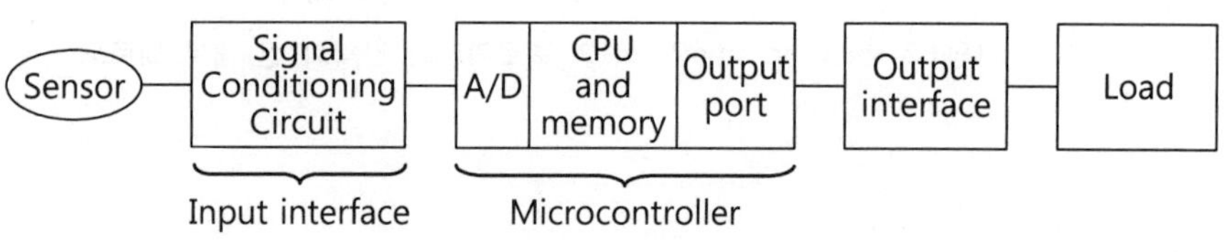

그림1.1 전형적인 데이터 취득 시스템의 블럭도.

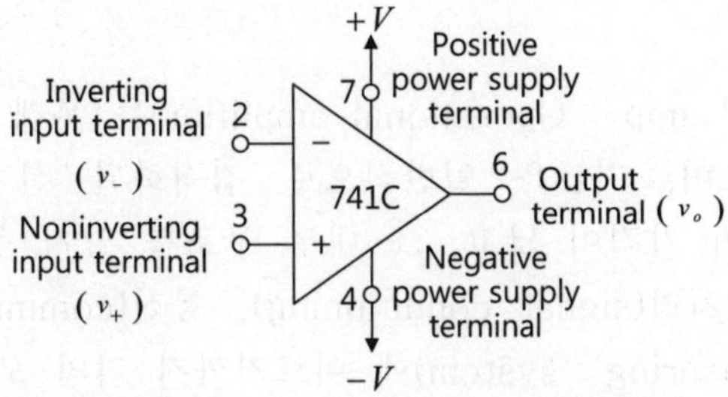

(a) OP amp 741의 회로기호 및 핀 명칭

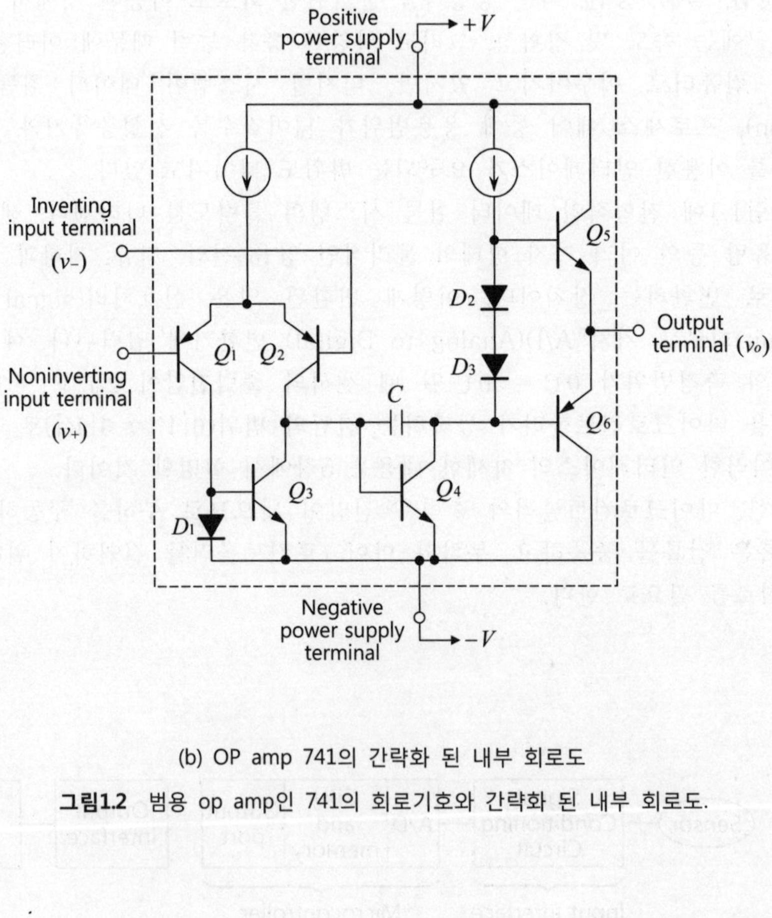

(b) OP amp 741의 간략화 된 내부 회로도

그림1.2 범용 op amp인 741의 회로기호와 간략화 된 내부 회로도.

1-1 범용 연산증폭기의 간략화 된 내부 회로

Op amp는 기본적으로 2개의 전원공급단자, 2개의 입력단자 및 1개의 출력단자를 가지고 있으며, 한 예로서 범용 증폭기인 741의 회로기호와 그 간략화 된 내부 구조는 각각 그림1.2(a) 및 그림1.2(b)와 같다. 그림 1.2에서 보는 바와 같이 op amp를 구동하기 위해 2 개의 전원 ($+V$, $-V$)를 필요로 한다. 한 개의 전원으로 동작하는 op amp도 있지만, 이 책에서는 2개의 공급전원으로 동작하는 회로를 중심으로 설명할 것이다. 그림1.2(a)의 기호에서 숫자는 IC의 핀 번호이며, 각 핀의 명칭은 다음과 같다.

핀 번호	동작 명칭
2	v_- : 반전 입력단자 (inverting input terminal)
3	v_+ : 비반전 입력단자 (noninverting input terminal)
4	$+V$: (+) 전원공급단자 (positive power supply terminal)
6	v_o : 출력단자 (output terminal)
7	$-V$: (-) 전원공급단자 (negative power supply terminal)

Op amp의 내부회로는 그 동작과 제조사에 따라 다르지만, 기본적으로 차동증폭기(differential amplifier)로 구성된 입력 단과 전압이득을 증대하기 위한 중간 단 및 푸쉬-풀(push-pull) 증폭기로 구성된 출력 단으로 이루어진다.

(1) 입력 단

입력 단은 두 개의 트랜지스터 Q_1과 Q_2로 구성된 차동증폭기이며, 두 트랜지스터의 베이스가 각각 비반전입력(noninverting input : v_+)과 반전입력(inverting input : v_-)이고, 이는 각각 op amp의 반전입력과 비반전 입력단자이다. 차동증폭기는 두 트랜지스터의 *이미터(emitter)* 결합 증폭기로서 이미터에 정전류원이 접속되어 있다. 따라서 차동증폭기의 입력 임피던스는 매우 크고, 이를 여러 개의 단으로 구성하면 입력 임피던스는 더욱 증가한다.

또한 차동증폭기를 구성하는 두 트랜지스터의 특성이 같으므로 저잡음(low noise) 및 온도의 변화에 대한 드리프트가 적은 특성을 갖는다.

차동증폭기 집적화 시, 정전류원과 컬렉터의 부하(능동 부하 : Q_3, D_1)는 모두 *전류-미러(current mirror)* 회로이다.

(2) 중간 단

<u>전압 증폭 및 출력 단 드라이브</u> : 중간 단은 전압의 증폭을 위한 A급 증폭기 (Q_4)이고, 출력 단을 드라이브한다.

<u>레벨 쉬프트(level shift)</u> : op amp의 내부는 여러 개의 트랜지스터 증폭기가 다단 접속되어 있고, 이들은 직접 결합되어 있다. 따라서 앞 단의 컬렉터 출력이 다음 단의 베이스 입력이 되므로 바이어스 전압이 높아지고, 필요한 출력전압을

얻기 위하여 높은 전원전압을 필요로 한다. 따라서 각 증폭단 사이에 직류전압을 낮추기 위하여 레벨 쉬프트(level shift) 회로가 사용된다.

발진 보상 : op amp의 내부 회로에서 약 180°의 위상지연이 발생하므로, 부궤환(negative feedback)으로 동작하는 op amp의 입출력 사이에 180°의 위상지연이 생긴 주파수에서 전압이득이 1(0[dB]) 이상이면 그 주파수에서 발진한다. 이것을 Q_4의 컬렉터와 베이스 간에 커패시터 C를 접속하여 보상하며, 밀러 보상(Miller compensation) 또는 지배 극(dominant pole) 보상이라 한다.

(3) 출력 단

출력 단은 *상보작용(complementary)* 하는 npn 트랜지스터(Q_5)와 pnp 트랜지스터(Q_6)의 이미터를 결합하고, 이를 출력으로 하는 B급 푸쉬-풀 증폭기로 이루어진다. 전류 유출은 npn 트랜지스터를 통하여 이루어지고, 전류 흡수는 pnp 트랜지스터를 통하여 이루어진다. 또한 이미터를 출력으로 하는 이미터 폴로워 동작을 하므로 출력 임피던스는 매우 낮아지므로 부하의 영향을 덜 받게 된다.

D_2, D_3는 Q_5, Q_6의 이미터 다이오드와 전기적 특성이 같고, Q_5, Q_6의 바이어스용 다이오드임을 알고 있을 것이다.

최대 출력전압은 Q_5 및 Q_6의 V_{BE}만큼의 흡수전압으로 인하여 공급전압($+V$, $-V$)보다 약 1 ~ 2[V]정도 낮다.

1-2 연산증폭기의 식별 코드

대부분의 OP amp의 식별코드는 '제조사 (예를 들어, Analog Devices, Fairchild)', '어떤 목적으로 이용되는 IC인가? (예를 들어, 범용 혹은 군용)', '동작 온도 범위', '패기지의 형태'에 관한 정보를 갖고 있으며, 표1-1, 표1-2, 표1-3과 같이 분류된다.

표 1-1 OP amp의 제조사에 대한 정보를 나타내는 식별기호 및 제조사의 웹 주소의 예

Letter prefix	Manufacturer	Manufacturer's Web site
AD/OP	Analog Devices	www.analog.com
INA/OPA	Burr-Brown	www.burr-brown.com
CD	Cirrus Logic	www.cirrus.com
LF/LT/LTC	Linear Technology	www.linear-tech.com
MAX	Maxim	www.maxim-ic.com
MC	Motorola	www.motorola.com
LF/LM/LMC/LMV	National Semiconductor	www.national.com
TL/TLC/TH/TM	Texas Instruments	www.ti.com
KA, μA	Fairchild	www.fairchildsemi.com

표 1-2 OP amp의 용도 및 동작 온도범위에 대한 식별기호

식별기호	사용목적	온도범위
C	범용	0℃ ~ 70℃
I	산업용	−25℃ ~ 85℃
M	군사용	−55℃ ~ 125℃

표 1-3 OP amp의 패키지 코드에 대한 정보를 나타내는 식별기호

패키지 기호	의미
D	표면실장용 플래스틱 DIP
J	세라믹 DIP
N,P	쓰루-홀(through hole) 형태의 플래스틱 DIP

다음은 범용 op amp인 '741'의 식별번호에 대한 예이다.

이 op amp에 대한 정보는 다음과 같다.

· 제조사 : National Semiconductor

· 동작온도 범위 : 범용 IC로써, 동작온도 범위는 0℃ ~ 70℃이다.

· 패키지 : 플래스틱 패키지이며, 쓰루-홀(through hole) 형태의 DIP

1-3 연산증폭기의 이상적인 조건

Op amp는 실제적으로는 아니지만, 다음과 같은 이상적인 조건 하에서 동작하는 것으로 가정한다.

i) 개루프(open loop) 전압이득은 무한대이다. ($A_v = \infty$)

ii) 입력 임피던스는 무한대이다. ($Z_{in} = \infty$)

iii) 출력 임피던스는 0이다. ($Z_o = 0$)

iv) 오프셋(offset)은 0이다. ($V_{offset} = 0$)

v) 동작 주파수 대역(bandwidth)은 무한대이다. ($BW = \infty$)

vi) 동상신호 제거율(CMRR : Common Mode Rejection Ratio)은 무한대이다.

$$CMRR = \frac{A_d}{A_{CM}}$$

A_d : 차동모드 이득, A_{CM} : 공통모드 이득

vii) 슬루율(slew rate)은 무한대이다.

$$SR = \frac{\Delta V}{\Delta t}$$

viii) 온도의 변화에 대한 드리프트(drift)는 0이다.

1-4 연산증폭기의 전원 접속방법

부하가 접속된 op amp의 회로기호는 그림1.3(a)이며, 그림1.3(b)는 공급전원 $+V$, $-V$를 전원공급장치(또는 전지)로 표현한 것이다. 741을 예로 하여, 이를 2 채널 전원공급장치를 이용하여 op amp에 $+V$, $-V$를 공급하도록 회로를 구성하는 실제적인 방법은 그림1.3(c)와 같으며, 그림(b)에 표시된 접지는 그림(c)에서 전원공급장치의 GND 단자이다.

그림1.3(c)와 전원공급장치의 판넬인 그림1.3(d)를 비교하면서 살펴보면, CH1의 GND 단자와 (-)단자를 결선하고, CH2의 GND 단자와 (+)단자를 결선하여 공통 접지가 되도록 한다.

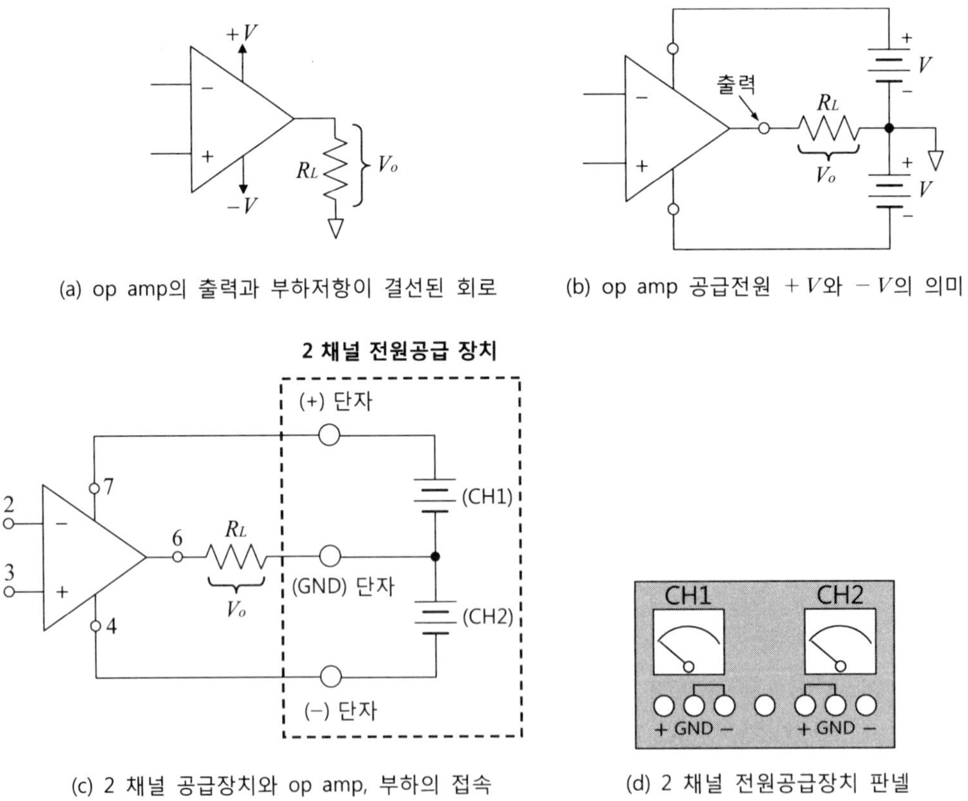

(a) op amp의 출력과 부하저항이 결선된 회로 (b) op amp 공급전원 $+V$와 $-V$의 의미

(c) 2 채널 공급장치와 op amp, 부하의 접속 (d) 2 채널 전원공급장치 판넬

그림1.3 Op amp의 (+), (-) 단자 및 부하저항을 2 채널 전원공급장치와 접속하는 방법.

이때 전원공급장치의 CH1의 출력은 $+V$이고, CH2의 출력은 $-V$이다. 그리고 op amp의 출력단자와 접속된 부하저항 R_L의 다른 한 쪽은 전원공급장치의 GND와 결선한 공통접지에 결선한다. 전원공급장치의 각 채널의 GND는 섀시 접지되어 있으므로 공통 단자이다.

1-5 연산증폭기의 패키지와 핀 아웃

Op amp는 그림1.4와 같이 외형에 따라 metal can 형과 14핀 또는 8핀의 DIP(Dual Inline Package)형, 그리고 표면실장(SMD : Surface Mount Device)형으로 분류된다.

표면실장형은 PLCC(Plastic lead chip carriers), SOIC (Small Outline Integrated circuits), LCCC(Leadless Ceramic Chip Carriers)형이 있다.

또한 그림1.5와 같이 1개의 패키지에 1개의 op amp가 수용된 것과 한 패키지에 2개(dual type) 또는 4개(quad type)까지 수용된 것이 있다.

그리고 op amp의 내부회로를 구성하는 트랜지스터에 따라서, 그림1.2의 예와 같이 대부분 쌍극형 접합 트랜지스터(BJT : Bipolar Junction Transistor)로 이루어진 쌍극형과 입력회로(차동 증폭기)가 접합형 전계효과 트랜지스터(JFET : Junction Field Effect Transistor)로 이루어진 Bi-FET형, MOS(Metal Oxide Semiconductor) FET로 이루어진 Bi-Mos형으로 구분된다.

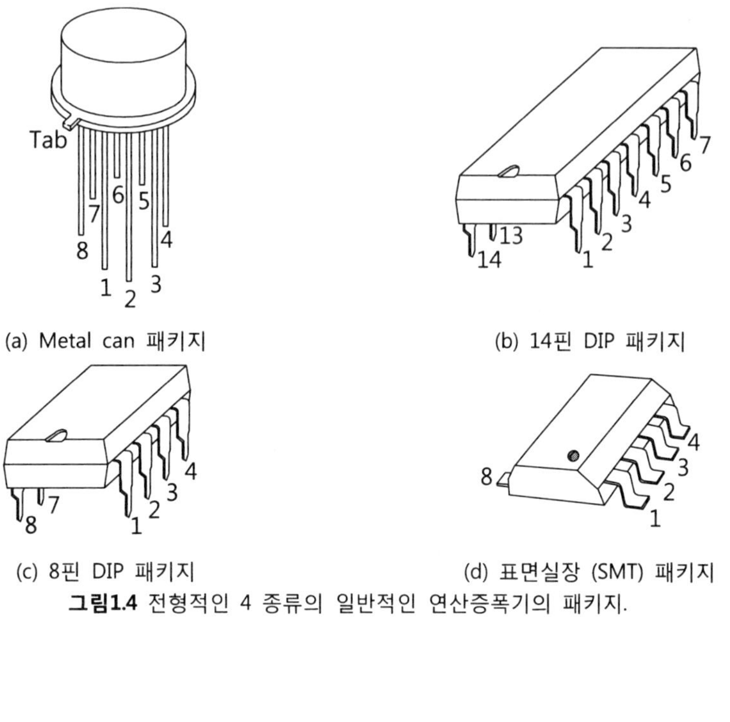

(a) Metal can 패키지 (b) 14핀 DIP 패키지 (c) 8핀 DIP 패키지 (d) 표면실장 (SMT) 패키지

그림1.4 전형적인 4 종류의 일반적인 연산증폭기의 패키지.

1-5.1 패키지

Metal can형은 위에서 보았을 때(top view) *탭(tab)*의 왼쪽부터 반시계방향으로 1~8번 핀으로 배열되며, DIP 형은 위에서 보았을 때 *노치(notch)*에서 반시계방향으로 1~8번 혹은 1~14번 핀으로 배열된다.

1-5.2 핀 아웃

그림1.5는 위에서 보았을 때*(top view)* metal can형, op amp가 1개 수용된 8핀 DIP형, 2개 수용된 8핀 DIP형, 4개 수용된 14핀 DIP형의 핀 배치이다. 그림1.5(a),(b)에서 'offset null'은 외부에서 오프셋을 0으로 조정하도록 하는 단자이고, 'NC'는 'no connect'를 의미한다.

그림1.5(d)에서 공급전원은 내부적으로 4개의 op amp에 공통으로 접속되어 있다.

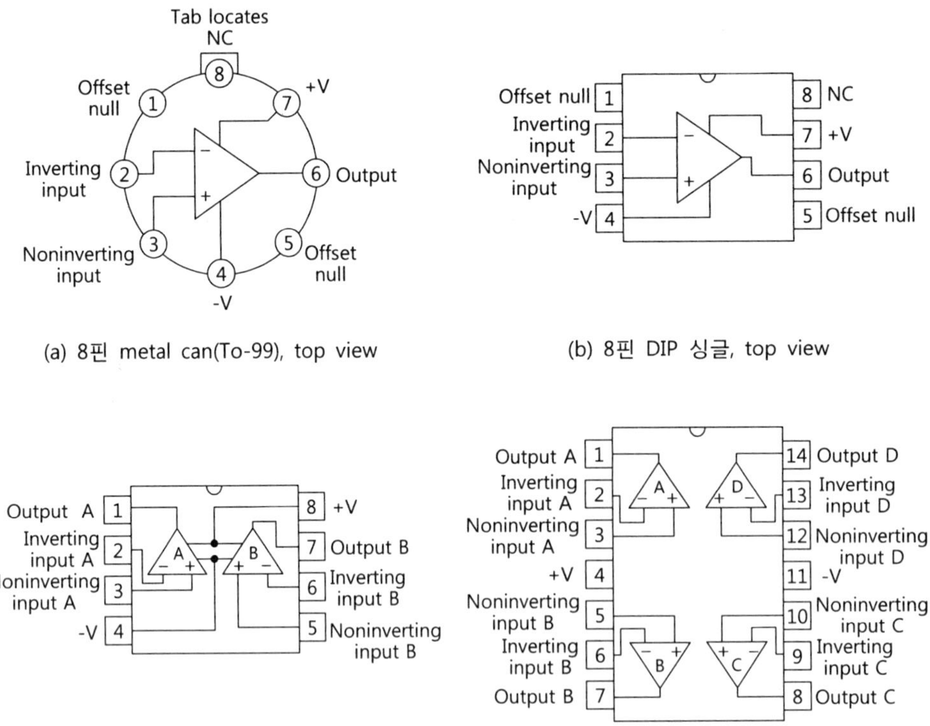

(a) 8핀 metal can(To-99), top view　(b) 8핀 DIP 싱글, top view

(c) 8핀 DIP 듀얼, top view　(d) 14핀 DIP 쿼드, top view

그림1.5 전형적인 연산증폭기의 핀 배치. 핀 중에서 'NC' 는 'no connection'을 의미한다.

2장 연산증폭기의 기본 동작

Op amp는 무한대의 이득을 가지고 있으므로 op amp의 출력은 무한대이다. 그러나 여기에서 무한대의 이득은 출력의 발산이 아니고, 출력의 포화를 의미한다. 이와 같이 출력이 포화되는 op amp의 기본 동작을 이용하면, op amp를 특정 전압 레벨을 검출하는 비교기로서 이용할 수 있다.

2-1 전압레벨 검출 또는 비교기

Op amp는 그림1.2에서 보듯이 일반적으로 2개의 입력단자와 1개의 출력단자를 가지고 있으며, 출력은 두 입력의 차동전압 v_d와 op amp의 이득의 곱이다.

$$\begin{aligned} v_o &= Av_d \\ &= A(v_+ - v_-) \end{aligned} \tag{2.1}$$

여기에서, 이상적인 op amp의 이득 A는 무한대이므로 v_o은 무한대일 것으로 생각되나 실제로는 전원전압에 근사한 값으로 포화되고 이 전압을 $+V_{sat}$, $-V_{sat}$으로 표현한다. 트랜지스터로 구성된 선형 증폭회로에서 출력신호의 최대 스윙폭이 컬렉터 공급전압 V_{CC}임을 생각해보라. 또한, op amp 내부 회로의 트랜지스터가 증폭기로서 유효하게 동작하기 위해서는 $1 \sim 2V$ 정도의 내부흡수전압을 필요로 하므로 실제로는 전원전압보다 $1 \sim 2V$정도 작은 값으로 포화된다. 예를 들어, 전원전압이 $\pm 12V$라면 $+V_{sat} = +10V$, $-V_{sat} = -10V$가 되어 op amp 출력의 최대 스윙폭은 약 $20V$이다. 실제로는 $-V_{sat}$의 크기는 $+V_{sat}$의 크기보다 조금 작지만 특별히 언급이 없는 한 $+V_{sat}$과 $-V_{sat}$의 크기는 같다고 하자.

Op amp의 출력단이 쌍극성 트랜지스터(BJT) 보다 MOS로 설계된 경우에는 $3.3V$의 공급전압으로 동작할 수 있으며, 이 경우에 내부흡수전압은 수 mV정도이다.(rail to rail 동작)

2-1.1 반전 동작

그림2.1(a)를 보자. 증폭기의 반전 입력전압은 $+V_s$ $(v_- = +V_s)$이고 비반전 입력전압은 $0V$ $(v_+ = 0)$이다. 따라서 출력전압은

$$\begin{aligned} v_o &= Av_d \\ &= A(v_+ - v_-) \\ &= A(0 - V_s) \\ &= -AV_s \end{aligned} \tag{2.2}$$

이다. 연산증폭기의 이상적인 전압이득은 무한대이므로 출력전압 v_o은 입력전압

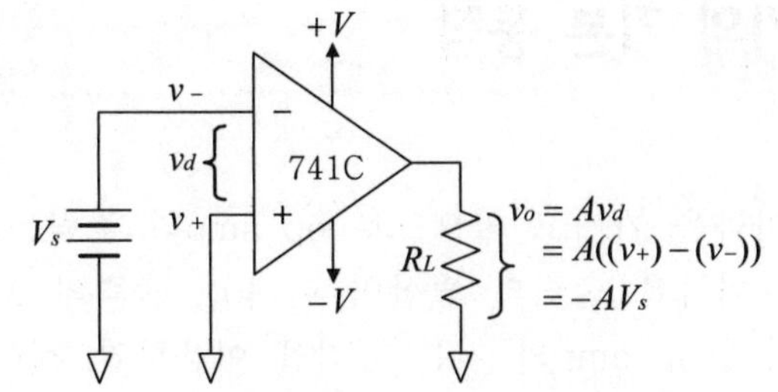

(a) 입력이 $(+V_s)$전원일 때

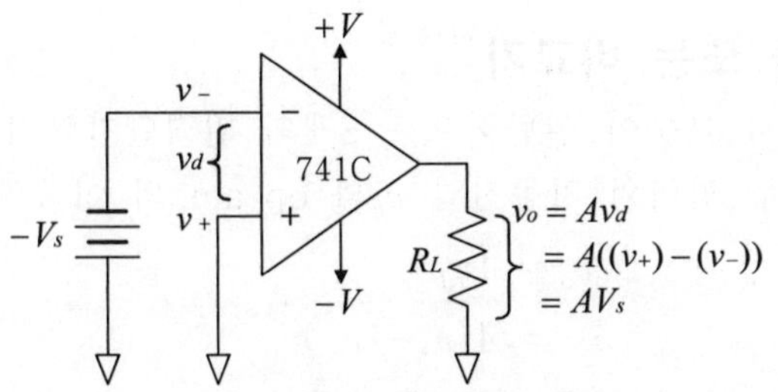

(b) 입력이 $(-V_s)$전원일 때

그림2.1 출력 v_o이 입력에 대하여 반전되어 출력된다.

$+V_s$에 대하여 반전된 상태로 포화되어 출력되고

$$v_o = -V_{sat} \tag{2.3}$$

이다. 또한 그림2.1(b)처럼 반전 입력전압 v_-가 $-V_s$이고, 비반전 입력전압 v_+는 $0V$일 때의 출력은 $v_o = A(0-(-V_s)) = AV_s$이며, 실제적으로는

$$v_o = +V_{sat} \tag{2.4}$$

로 역시 반전된 상태로 포화되어 출력된다.

2-1.2 비반전 동작

2-1.1절의 회로와는 반대로 비반전 단자에 입력 $+V_s$ 전원(그림2.2(a)) 또는 $-V_s$ 전원(그림2.2(b))가 접속되고, 반전 단자는 접지에 접속된 경우를 각각 살펴보자. 그림2.2(a) 회로에서 출력은 입력 V_s에 대하여 비반전인 상태로 포화되어 출력된다.

$$\begin{aligned} v_o &= Av_d \\ &= A(v_+ - v_-) \\ &= A(V_s - 0) \\ &= AV_s \end{aligned} \tag{2.5}$$

이고, 실제적으로 출력은 포화되어 $v_o = +V_{sat}$이다. 그림2.2(b)와 같이 반전입력

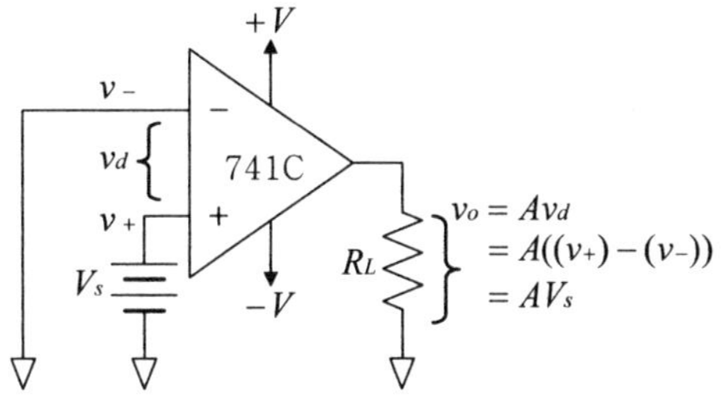

(a) 입력이 $(+V_s)$전원일 때

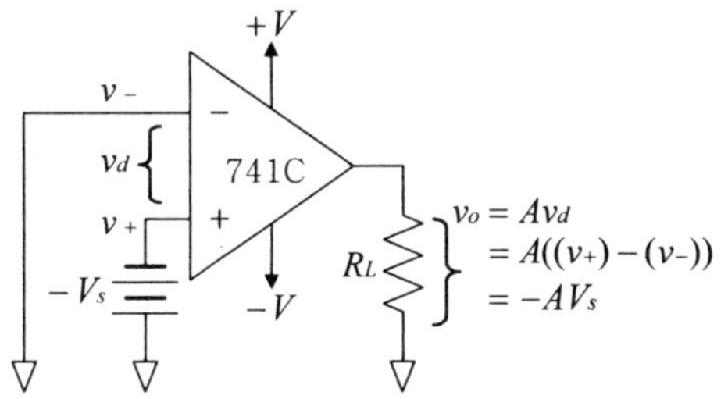

(b) 입력이 $(-V_s)$전원일 때

그림2.2 출력 v_o이 입력에 대하여 비반전으로 동작한다.

$v_- = 0$이고, 비반전 입력 $v_+ = -V_s$일 때 $v_o = A(-V_s - 0) = -AV_s$이고 $-V_{sat}$로 포화되어 출력된다. 이 회로들은 출력이 입력에 대하여 비반전으로 동작한다.

2-2 영 교차점 검출회로 (Zero-crossing detection circuit)

2-1절의 회로에서 반전 입력 혹은 비반전 입력이 신호원일 때의 출력의 변화를 살펴보자. 그림2.3(a)는 비반전 영 교차점 검출회로이며, $V_{ref} = 0$이고 v_{in}은 정현파 (실험실에서는 램프파형, 구형파형 등 함수발생기의 어떤 형태의 입력신호라도 상관없다)이다. 이때 $v_+ = v_{in}$ 이고 $v_- = V_{ref}$ 이므로 $v_o = A(v_{in} - V_{ref})$ 이다. 따라서 출력 v_o은

$$v_o = \begin{cases} +V_{sat}, & \text{if} \quad v_{in} > V_{ref}(=0V) \\ -V_{sat}, & \text{if} \quad v_{in} < V_{ref}(=0V) \end{cases} \tag{2.6}$$

이 되고, 출력은 비반전 포화된다. 정현파 입력에 대한 출력 파형과 입 · 출력 특성은 각각 그림2.3(b),(c)와 같다.

그림2.4(a)는 반전 영 교차점 검출회로이며, 반전단자 입력 v_{in}이 정현파 신호(혹은, 다른 파형의 신호)이고 V_{ref}가 비반전 입력일 때 출력 $v_o = A(V_{ref} - v_{in})$이다. 따라서 출력 v_o은

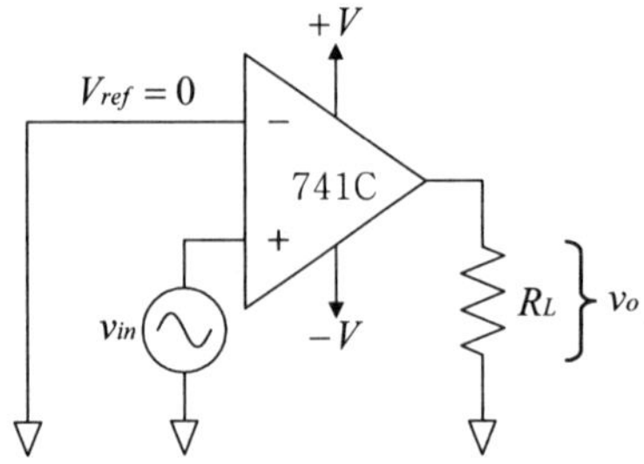

(a) 비반전 영 교차점 검출회로

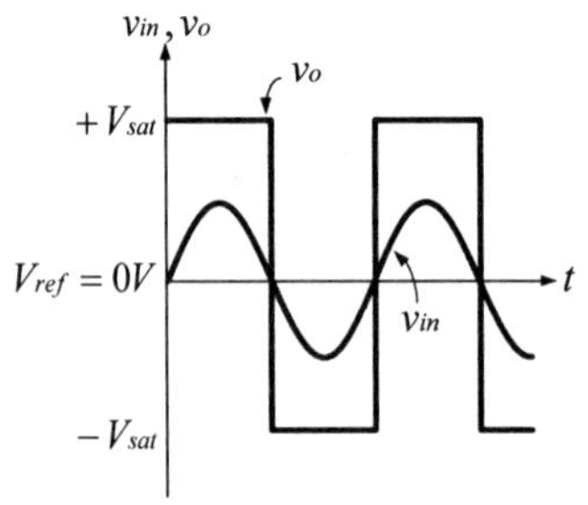

(b) v_{in} & v_o

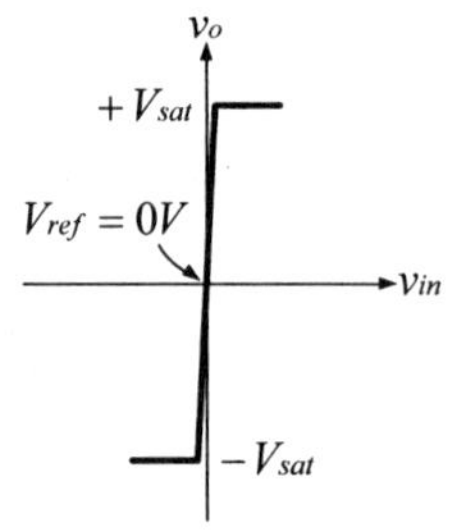

(c) 입 · 출력 특성

그림2.3 $V_{ref}=0$일 때 출력은 입력신호의 0점을 기준으로 $+V_{sat}$과 $-V_{sat}$을 천이하며, 출력은 입력에 대해 비반전으로 동작한다.

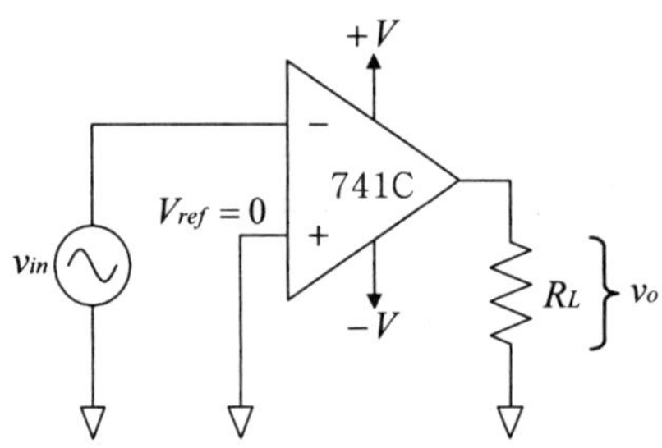

(a) 반전 영 교차점 검출회로

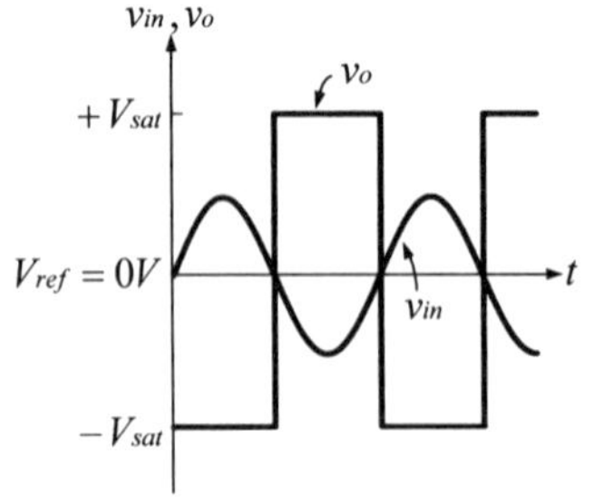

(b) v_{in} & v_o

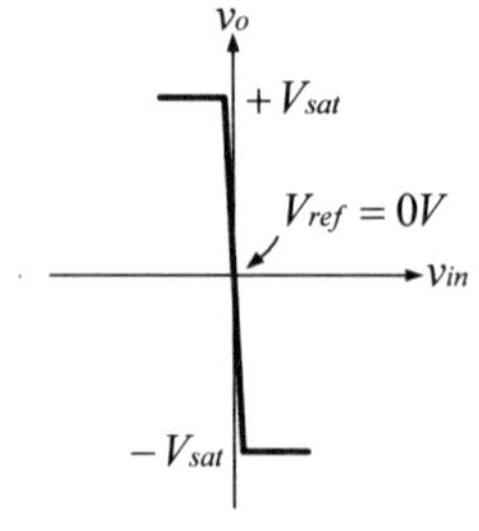

(c) 입 · 출력 특성

그림2.4 $V_{ref}=0$일 때 출력은 입력신호의 0점을 기준으로 $+V_{sat}$과 $-V_{sat}$을 천이하며, 출력은 입력에 대해 반전으로 동작한다.

$$v_o = \begin{cases} -V_{sat}, & \text{if } v_{in} > V_{ref}(=0V) \\ +V_{sat}, & \text{if } v_{in} < V_{ref}(=0V) \end{cases} \quad (2.7)$$

이므로 출력은 반전 포화된다. 정현파 입력에 대한 출력 파형과 입·출력 특성은 각각 그림2.4(b),(c)와 같다.

반전 동작과 비반전 동작은 모두 V_{ref}인 $0V$를 기준으로 $+V_{sat}$ 혹은 $-V_{sat}$으로 천이(transition) 되므로 영 교차점 검출회로로 이용할 수 있다. 그림에는 v_{in}에 대한 v_o의 출력특성이 함께 표시되어 있으며, 천이점이 $0V$임을 알 수 있다. 입·출력 특성 그래프에서 $+V_{sat}$에서 $-V_{sat}$으로 변화 할 때(또는 그 반대일 때)의 직선의 기울기는 op amp의 슬루율에 따라 다르다. 슬루율이 클수록 기울기는 무한대에 가까워진다.

2-3 전압레벨 검출회로

2-3.1 양 전압레벨 검출회로

그림2.5와 그림2.6과 같이 op amp의 한 입력에 양(+) 전압레벨 V_{ref}가 가해진 회로를 살펴보자. 이 회로들은 $+V_{ref}$를 검출하는 동작을 한다.

그림2.5(a)에서는 $v_+ = v_{in}$, $v_- = +V_{ref}$이므로 $v_o = A(v_{in} - V_{ref})$이다. 따라서

$$v_o = \begin{cases} +V_{sat}, & \text{if } v_{in} > V_{ref} \\ -V_{sat}, & \text{if } v_{in} < V_{ref} \end{cases} \quad (2.8)$$

이고, 출력 v_o은 입력신호에 대하여 비반전으로 동작한다. 또한 그림2.6(a)에서는 $v_+ = +V_{ref}$, $v_- = v_{in}$이므로 $v_o = A(V_{ref} - v_{in})$이다. 따라서

$$v_o = \begin{cases} -V_{sat}, & \text{if } v_{in} > V_{ref} \\ +V_{sat}, & \text{if } v_{in} < V_{ref} \end{cases} \quad (2.9)$$

이고, 출력 v_o은 입력신호에 대하여 반전으로 동작한다.

입·출력 특성으로부터 알 수 있듯이 출력은 $+V_{ref}$를 중심으로 $-V_{sat}$에서 $+V_{sat}$으로, 혹은 $+V_{sat}$에서 $-V_{sat}$으로 천이하므로, 이 회로는 양(+) 전압레벨 검출회로로 동작한다.

2-3.2 음 전압레벨 검출회로

그림2.7과 그림2.8의 Op amp의 한 입력에 음(-)전압 레벨 $-V_{ref}$가 가해진 회로를 살펴보자. 이 회로들은 $-V_{ref}$를 검출하는 동작을 한다.

그림2.7에서 $v_+ = v_{in}$, $v_- = -V_{ref}$이므로 $v_o = A(v_{in} - (-V_{ref}))$이다. 따라서

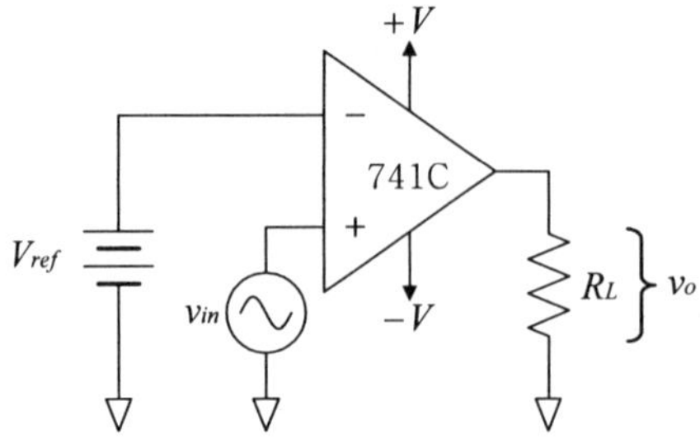

(a) 비반전 (+) 전압레벨 검출회로

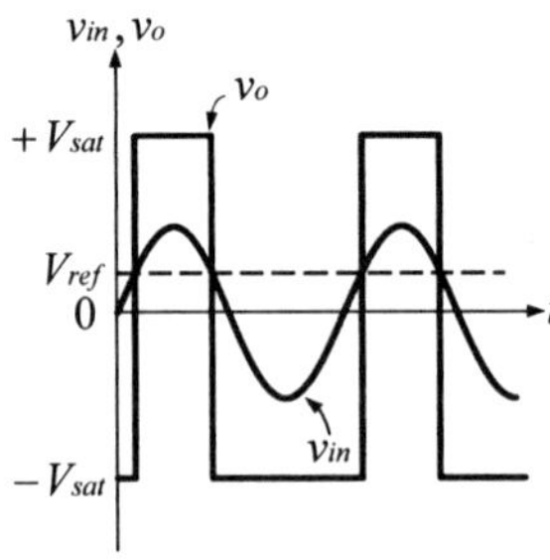

(b) $v_{in} \& v_o$

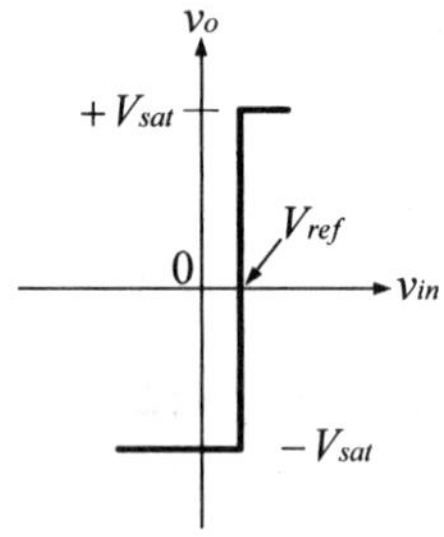

(c) 입 · 출력 특성

그림2.5 기준전압 V_{ref}가 (+) 값일 때 출력은 $v_{in} = V_{ref}$를 기준으로 $+V_{sat}$과 $-V_{sat}$을 천이하며, 출력은 입력에 대해 비반전으로 동작한다.

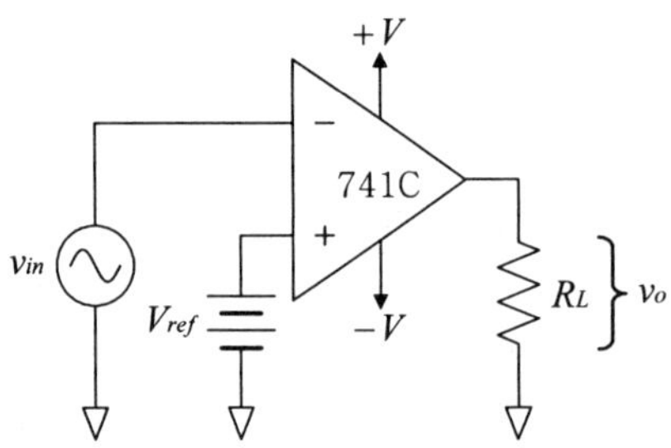

(a) 반전 (+) 전압레벨 검출회로

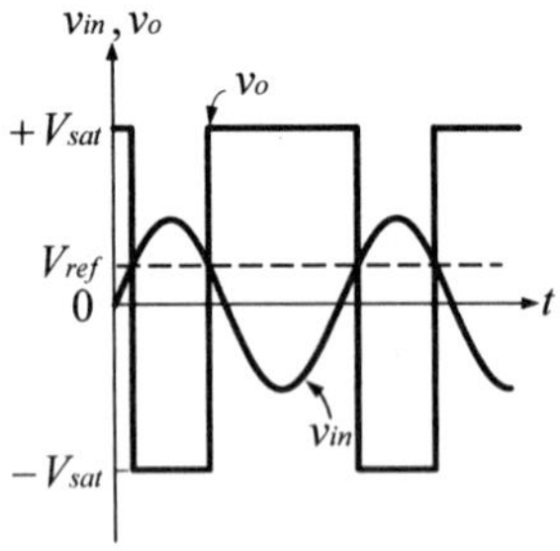

(b) $v_{in} \& v_o$

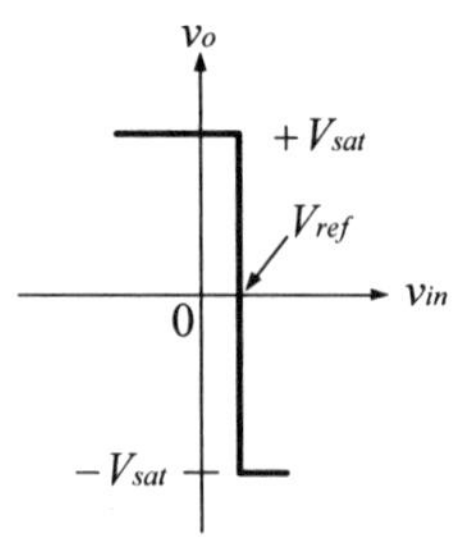

(c) 입 · 출력 특성

그림2.6 기준전압 V_{ref}가 (+) 값일 때 출력은 $v_{in} = V_{ref}$를 기준으로 $+V_{sat}$과 $-V_{sat}$을 천이하며, 출력은 입력에 대해 반전으로 동작한다.

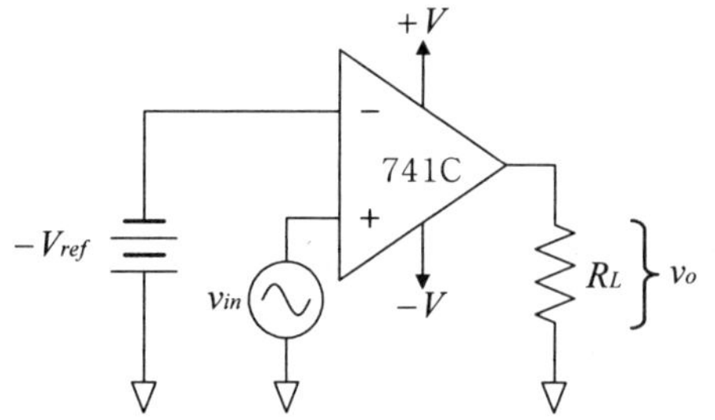

(a) 비반전 (-) 전압레벨 검출회로

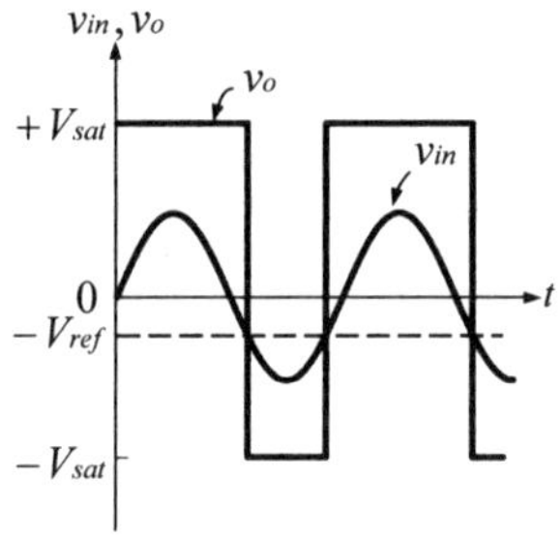

(b) v_{in} & v_o

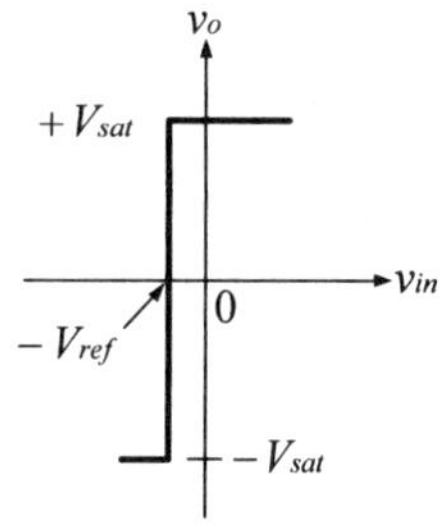

(c) 입 · 출력 특성

그림2.7 기준전압 V_{ref} 가 (-) 값일 때 출력은 $v_{in} = -V_{ref}$ 를 기준으로 $+V_{sat}$ 과 $-V_{sat}$ 을 천이하며, 출력은 입력에 대해 비반전으로 동작한다.

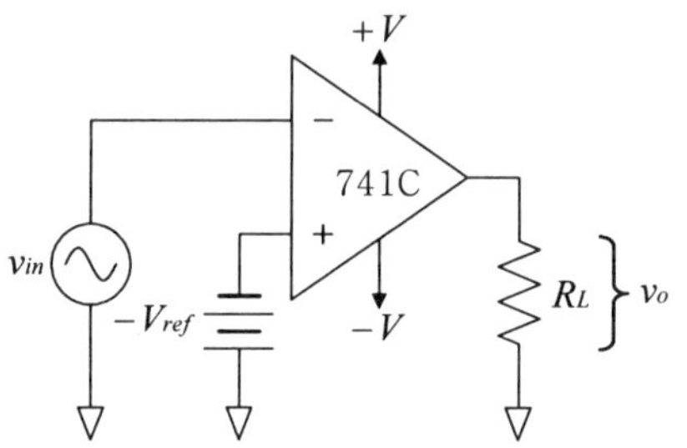

(a) 반전 (-) 전압레벨 검출회로

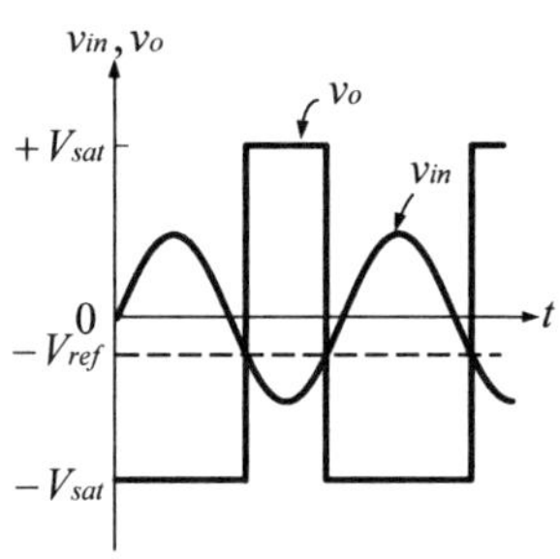

(b) v_{in} & v_o

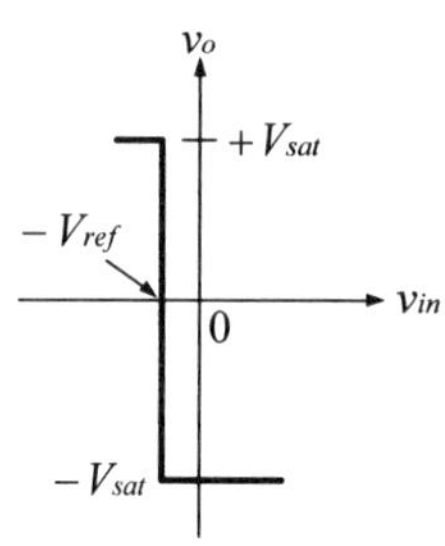

(c) 입 · 출력 특성

그림2.8 기준전압 V_{ref} 가 (-) 값일 때 출력은 $v_{in} = -V_{ref}$ 를 기준으로 $+V_{sat}$ 과 $-V_{sat}$ 을 천이하며, 출력은 입력에 대해 반전으로 동작한다.

$$v_o = \begin{cases} +V_{sat}, & \text{if} \quad v_{in} > -V_{ref} \\ -V_{sat}, & \text{if} \quad v_{in} < -V_{ref} \end{cases} \tag{2.10}$$

이고, 출력 v_o은 입력신호에 대하여 비반전으로 동작한다.

또한 그림2.8에서 $v_+ = -V_{ref}$, $v_- = v_{in}$이므로 $v_o = A(-V_{ref} - v_{in})$이다. 따라서

$$v_o = \begin{cases} -V_{sat}, & \text{if} \quad v_{in} > -V_{ref} \\ +V_{sat}, & \text{if} \quad v_{in} < -V_{ref} \end{cases} \tag{2.11}$$

이고, 출력 v_o은 입력신호에 대하여 반전으로 동작한다.

입 · 출력 특성으로부터 알 수 있듯이 출력은 $-V_{ref}$를 중심으로 $-V_{sat}$에서 $+V_{sat}$으로, 혹은 $+V_{sat}$에서 $-V_{sat}$으로 천이하므로, 이 회로는 음전압 레벨 검출회로로 동작한다.

이 장을 통하여 *궤환 루프(feedback loop)*가 형성되지 않은 op amp의 *개루프(open loop)회로의* 동작을 설명하였고, 그것은 op amp의 비반전 입력과 반전 입력의 차동전압을 개루프 이득 A배만큼 증폭함을 알았다. 또한 이상적인 앰프의 조건으로부터 $v_o = Av_d$는 무한대일 것으로 생각하지만 전원전압, 정확하게는 전원전압에 가까운 $+V_{sat}$ 및 $-V_{sat}$으로 포화됨을 알 수 있고, 이러한 동작특성으로 인하여 개루프 회로는 영점 및 전압레벨 검출회로 즉, 입력신호를 $0[V]$ 또는 V_{ref}와 비교하여 $+V_{sat}$ 혹은 $-V_{sat}$을 출력하는 비교기 회로로 동작하였다.

이후 *부궤환(negative feedback)*과 *정궤환(positive feedback)*에 대하여 공부하게 될 것이다.

2-4 실험

2-4.1 반전 영점 및 전압레벨 검출

※ 그림과 같이 가변저항의 방향을 고려하여 다음 회로를 결선하시오.

$R_1, R_2 = 10[K\Omega]$, $VR_1 = 10[K\Omega]$

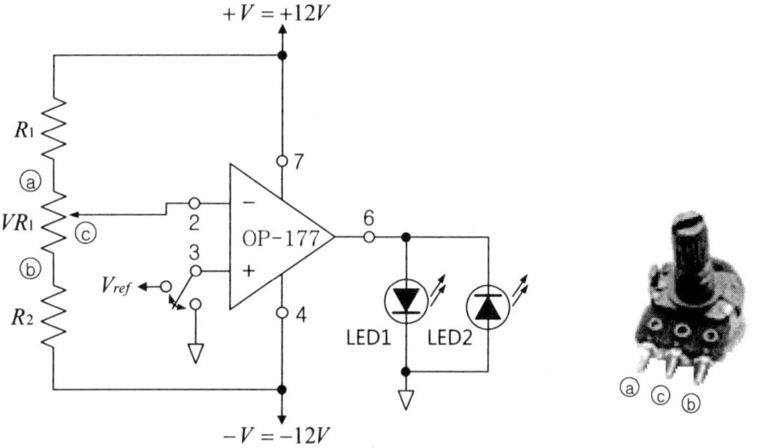

그림2.9 반전 영점 및 전압레벨 검출 실험회로.

(1) $V_{ref} = 0\,V$ (op amp의 비반전 입력단자를 접지에 결선)

i) 가변저항의 축을 ⓐ 방향으로 회전하면서 빛이 발생하는 LED의 번호를 적으시오. 그리고 이 LED가 켜지는 이유를 설명하시오.

ii) 빛이 발생하는 LED가 바뀌는 순간까지 가변저항의 축을 ⓑ 방향으로 회전하시오. DMM을 이용하여 이때의 반전단자의 전압을 측정하시오.

반전단자 전압 $V_- =$ ________________ $[V]$

iii) 빛이 발생하는 LED가 바뀐 이유를 설명하시오.

※ 회로를 해체하지 말고 다음 실험을 진행하시오.

(2) V_{ref} 가 양(+)의 전압 (비반전 입력단자를 V_{ref} 방향으로 결선)

i) 그림2.9의 실험회로에서 기준전압 $+V_{ref}$ 를 만들기 위해 다음의 회로를 결선하시오.

$R_3 = 1[K\Omega]$, $R_4 = 10[K\Omega]$, $VR_2 = 10[K\Omega]$, ZD:RD3.3EB2

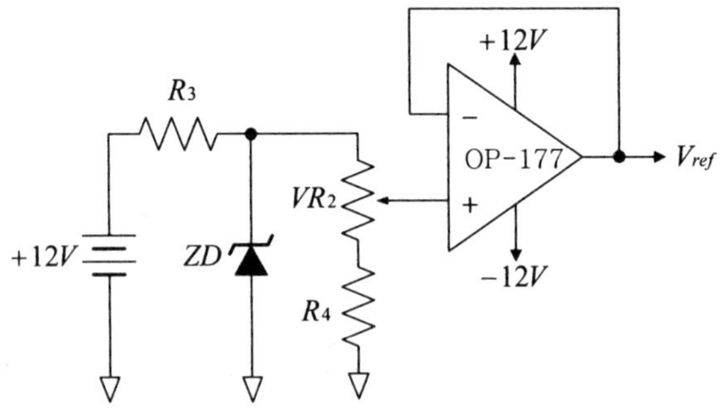

그림2.10 $+V_{ref}$ 를 공급하는 정전압회로.

ii) 그림2.10에서 $V_{ref} = 2[V]$가 되도록 VR_2를 조정하시오. 그리고 그림2.9 회로의 V_{ref}와 결선한 후 전원공급장치의 전원을 끄시오.

iii) 그림2.9에서 스위치를 V_{ref} 방향으로 결선하고, 가변저항 VR_1의 축을 ⓐ 방향으로 끝까지 회전하시오.

iv) 전원공급장치의 전원을 켜시오. 이때 빛이 발생하는 LED의 번호를 적으시오. 그리고 이 LED가 켜지는 이유를 설명하시오.

v) 빛이 발생하는 LED가 바뀌는 순간까지 가변저항 VR_1의 축을 ⓑ 방향으로 회전하시오. DMM을 이용하여 이때의 반전단자의 전압을 측정하시오.

반전단자 전압 $V_- =$ ____________________ $[V]$

vi) 빛이 발생하는 LED가 바뀐 이유를 설명하시오.

(3) V_{ref} 가 음(-)의 전압

i) 그림2.9의 실험회로에서 기준전압 $-V_{ref}$ 를 만들기 위해 다음의 회로를 결선하시오.
$R_3 = 1[K\Omega]$, $R_4 = 10[K\Omega]$, $VR_2 = 10[K\Omega]$, ZD:RD3.3EB2

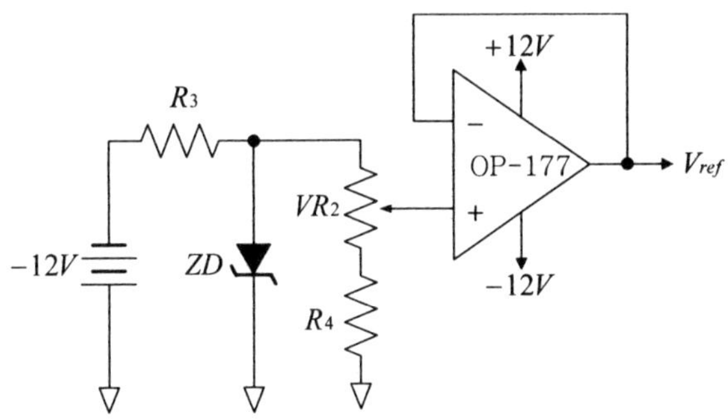

그림2.11 $-V_{ref}$ 를 공급하는 정전압회로.

ii) 그림2.11에서 $V_{ref} = -2[V]$가 되도록 VR_2를 조정하시오. 그리고 그림2.9 회로의 V_{ref}와 결선한 후 전원공급장치의 전원을 끄시오.
iii) 그림2.9에서 스위치를 V_{ref}방향으로 결선하고, 가변저항 VR_1의 축을 ⓐ 방향으로 끝까지 회전하시오.
iv) 전원공급장치의 전원을 켜시오. 이때 빛이 발생하는 LED의 번호를 적으시오. 그리고 이 LED가 켜지는 이유를 설명하시오.

v) 빛이 발생하는 LED가 바뀌는 순간까지 가변저항 VR_1의 축을 ⓑ 방향으로 회전하시오. DMM을 이용하여 이때의 반전단자의 전압을 측정하시오.

반전단자 전압 V_{-} = ________________ $[V]$

vi) 빛이 발생하는 LED가 바뀐 이유를 설명하시오.

(4) 정전압 회로 및 전류증대 회로

그림2.10과 그림2.11의 정전압 회로는 전원전압의 변동 혹은 부하 전류의 변동과 관계없이 일정한 전압을 출력하는 회로이다. Op amp로 구성된 부분은 추후에 설명하게 될 버퍼 앰프이며, 입력 임피던스가 매우 크고 출력 임피던스는 거의 0이므로 *부하효과(loading effect)* 없이 정전압을 출력한다.

제너다이오드는 온도보상형 다이오드를 이용하는 것이 좋다. 일반적으로 온도보상이 없는 다이오드는 0.25%/℃ 정도이며, 예를 들어 0.002%/℃ 의 온도특성을 갖는다면 100배 이상의 안정도를 갖는다.

Op amp의 출력 전류는 일반적으로 10[mA] 이하이다. Op amp의 노이즈, 오프셋 등은 온도에 영향을 받으므로, 출력전류를 작게 하여 op amp 내의 발열을 최소로 하기 위함이다. 그림2.12는 *전류 증대 회로(current booster)*로서, 이를 이용하여 출력 전류를 증대할 수 있으며 100[mA] 이상의 출력전류도 가능하다. 그림 (a)는 (-) 출력전류, 그림(b)는 (+) 출력전류를 증대하며, *이미터 폴로워(Emitter follower)*를 이용한 것으로서 부하저항은 트랜지스터의 이미터에 접속된다. 그림 (c)는 양방향의 출력전류를 증대하는 회로이다.

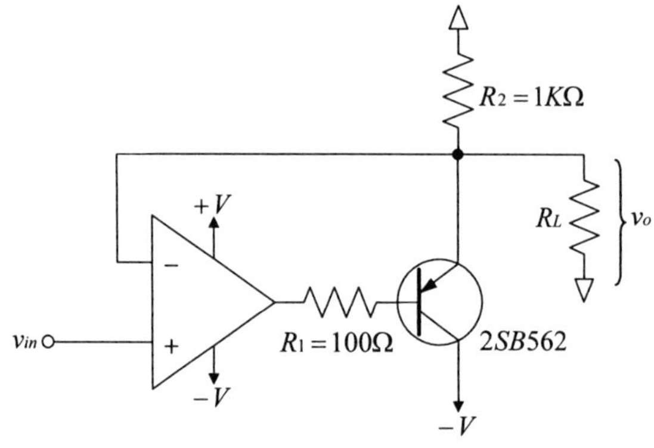

(a) (-) 방향 전류

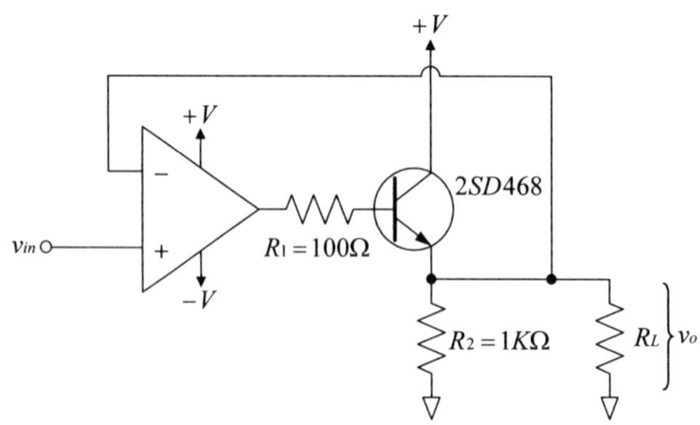

(b) (+)방향 전류

그림2.12 Op amp 출력 전류 증대회로.

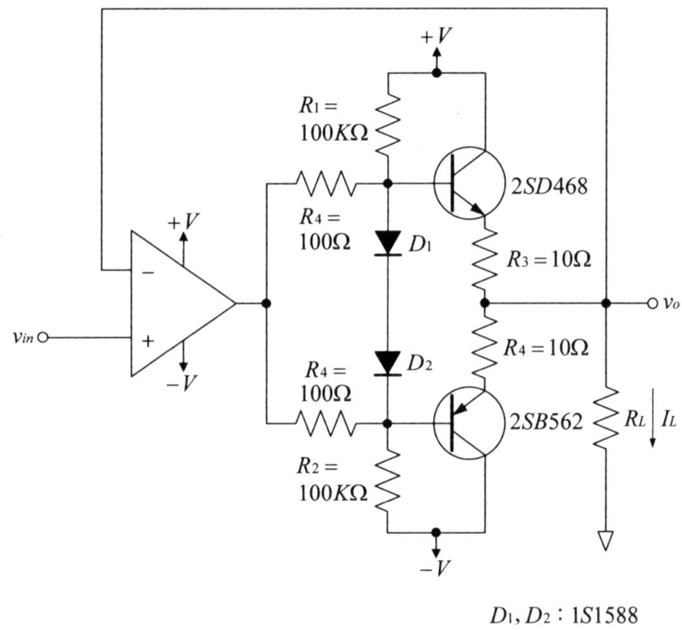

(c) 양방향 전류

그림2.12 계속

2-4.2 비반전 영점 및 전압레벨 검출

i) 다음의 비반전 전압레벨 검출회로를 구성하고, $V_{in,p} = 5[V]$, $f = 1[KHz]$에 맞추시오.

R_1, $R_2 = 10[K\Omega]$, $VR = 10[K\Omega]$

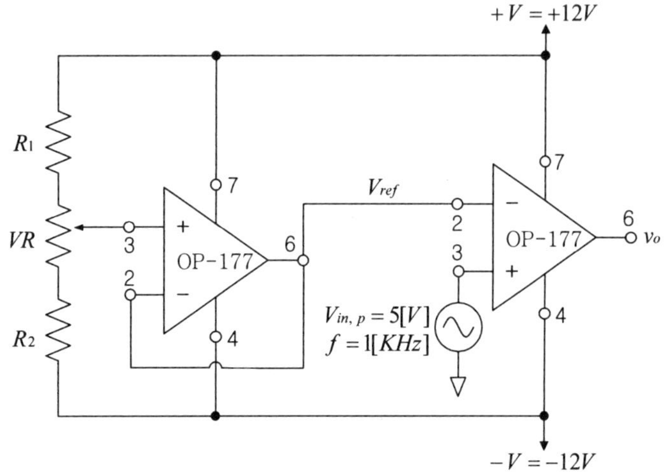

그림2.13 비반전 전압레벨 검출회로.

ii) V_{ref}가 $0[V]$가 되도록 가변저항을 조정하시오.

iii) 오실로스코프의 두 채널의 커플링 모드를 모두 GND에 맞추시오. 그리고 오실로스코프의 각 채널에 프루브를 연결하지 않은 상태에서 $Time/Div$ 노브를 회전하여 '$X-Y$'에 맞추시오. POSITION X 및 POSITION Y 단추를 회전하여 다음 그림과 같이 스폿(spot)이 오실로스코프 화면의 중심에 오도록 맞추시오.

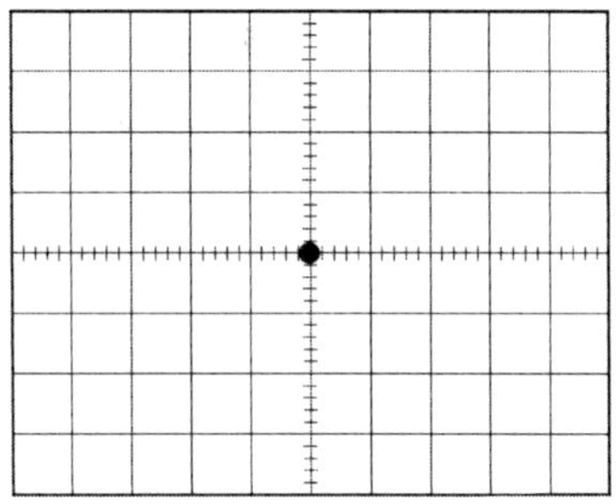

iv) v_{in}과 v_o을 측정하여 그림(a)에 기록하고, 입・출력 특성을 측정하여 그림(b)에 기록하시오. 그리고 v_{in}과 v_o의 교차하는 점을 찾으시오.

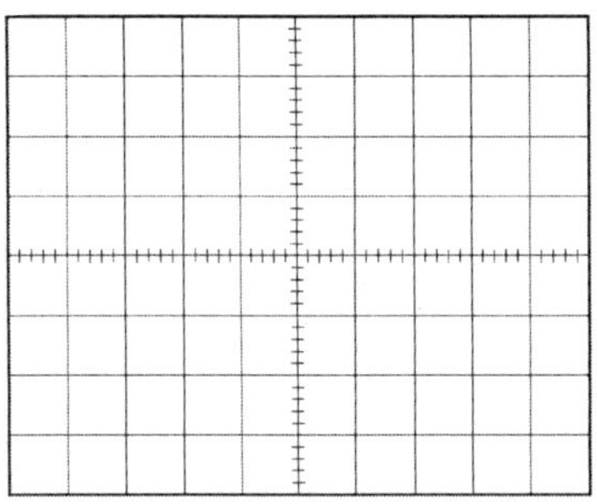

Time div : ______

Volt div

CH 1 (v_{in}) : ______ CH 2 (v_o) : ______

(a) v_{in}, v_o

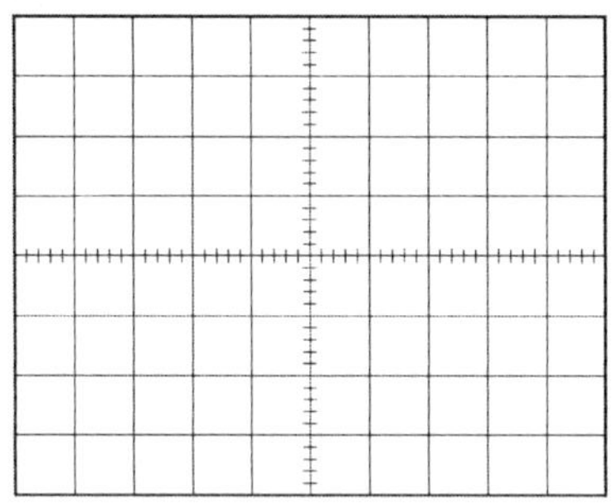

Time div : X-Y

Volt div

CH 1 (v_{in}) : ______ CH 2 (v_o) : ______

(b) $X-Y$ 특성

교차 전압 =____________$[V]$

v) $V_{ref}=+2[V]$가 되도록 가변저항을 조정하시오.

vi) 과정iii)을 반복하시오.

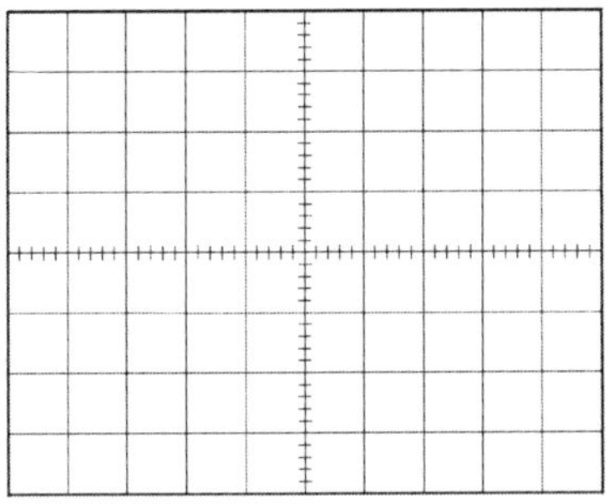

Time div : ______

Volt div

CH 1 (v_{in}) : ______ CH 2 (v_o) : ______

(a) v_{in}, v_o

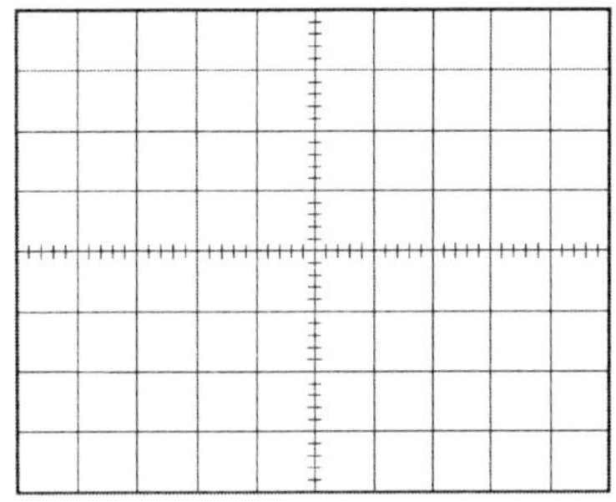

Time div : X-Y

Volt div

CH 1 (v_{in}) : ______ CH 2 (v_o) : ______

(b) $X-Y$ 특성

교차 전압 =____________$[V]$

vii) $V_{ref}=-2[V]$가 되도록 가변저항을 조정하시오.

viii) 과정 iii)을 반복하시오.

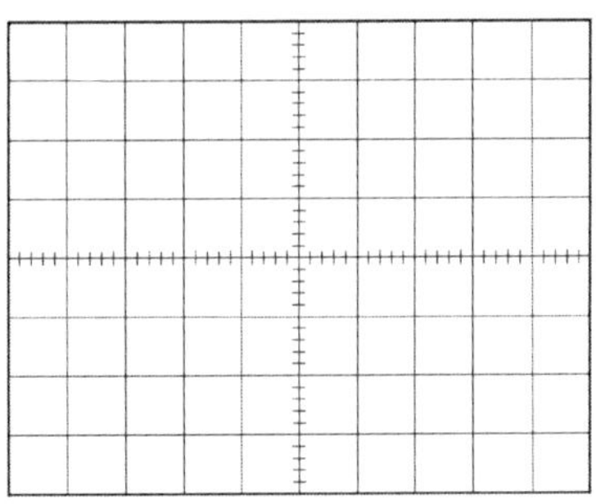

Time div : ______

Volt div

CH 1 (v_{in}) : ______ CH 2 (v_o) : ______

(a) v_{in}, v_o

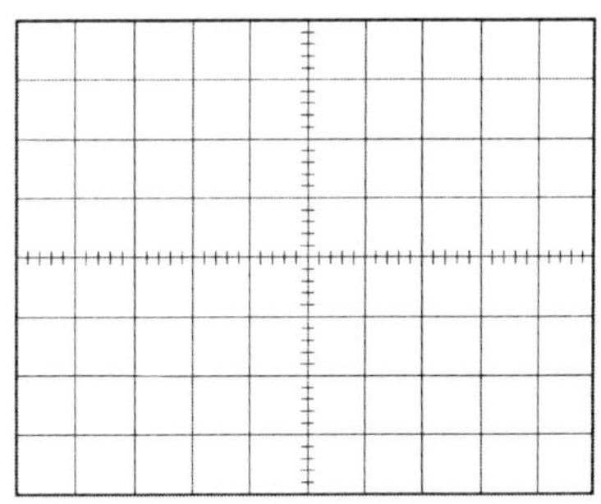

Time div : X-Y

Volt div

CH 1 (v_{in}) : ______ CH 2 (v_o) : ______

(b) $X-Y$ 특성

교차 전압 =____________$[V]$

3장 창 비교기

앞 장에서 op amp에 궤환이 없는 개루프 회로는 특정 전압(기준전압 V_{ref})과 입력신호를 비교하는 동작을 하고, 입력신호가 비반전 입력인지 혹은 반전입력인지에 따라서 비반전 또는 반전동작을 행함을 알았다. 이 두 가지 동작을 결합하여 특정 범위 내의 신호를 검출하는 즉, 범위 내의 신호인지 범위 밖의 신호인지를 구별하는 회로를 구성할 수 있으며 이를 '창 비교기(window comparator)'라 부른다.

3-1 창 비교기의 동작

그림3.1은 창 비교기 회로이다. 회로에서 LM319는 비교기 IC로서 범용 op amp보다 입력의 변화에 대하여 더 빠르게 응답하므로 전압 레벨검출 응용에서 더 우수한 성능을 보인다. 범용 op amp의 응답시간이 일반적으로 $10[\mu s]$ 이상인데 반하여 319는 $80[ns]$ 이다. 물론 응답시간이 이보다 훨씬 빠른 비교기 IC도 있으며 예를 들어, AD9696은 TTL비교기로서 응답시간이 $7[ns]$ 이다.

회로에서 신호원 v_{in}은 비교기 #1의 반전 입력단자와 비교기 #2의 비반전 입력단자에 공통으로 입력된다. 그리고 상한 기준전압 $V_{ref,H}$는 #1의 비반전 입력에 접속되고, 하한 기준전압 $V_{ref,L}$은 #2의 반전입력단자에 입력되며 $V_{ref,H} > V_{ref,L}$ 이다.

$V_F \le (+V_{sat})$일 때 회로의 동작은 다음과 같다.

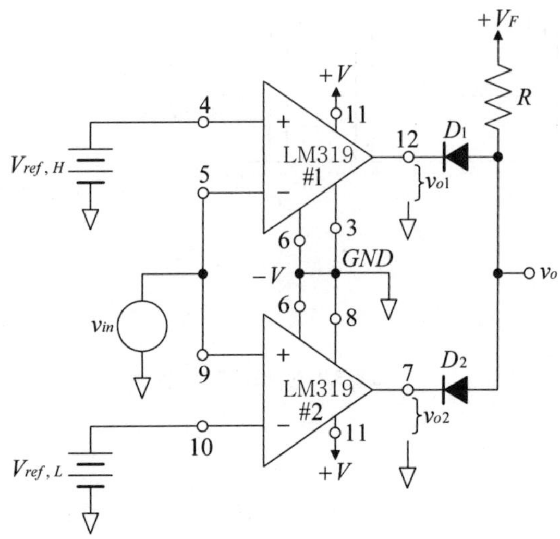

그림3.1 창 비교기.

i) $V_{ref,L} < v_{in} < V_{ref,H}$ 일 때

LM319 #1, #2는 모두 (+) 방향으로 포화되어 출력되고, $v_{o1} = v_{o2} = +V_{sat}$ 이므로 D_1, D_2는 모두 캐소드의 전위가 애노드의 전위보다 높게 되어 다이오드는 모두 차단된다. 따라서 $v_o = +V_F$ 이다.

ii) $v_{in} > V_{ref,H}$ 일 때

범용 op amp 741의 경우 포화된 반전 출력값을 가지지만, 회로도에서 보듯이 LM319의 6번 핀(V_{EE})은 접지에 접속되어 있으므로 LM319 #1의 출력 v_{o1}은 $0[V]$이다. 이때 $+V_F$와 R을 경유한 전류가 D_1을 도통시키며 LM319 #1에 흡수되는 방향으로 흐른다. 그리고 LM319 #2의 출력은 (+)방향으로 포화되므로 $v_{o2} = +V_{sat}$ 이 되어 D_2는 차단된다. 따라서 출력은 다이오드 D_1의 순방향 전압과 같으므로 $v_o = 0.6[V]$이다.

iii) $v_{in} < V_{ref,L}$

LM319 #1의 출력 v_{o1}은 (+) 포화된 출력을 가지므로 D_1은 차단되고, LM319 #2의 출력은 $0[V]$이므로 $+V_F$와 R을 경유한 전류가 D_2를 도통시키며 #2에 흡수되는 방향으로 흐른다. 그러므로 출력은 다이오드 D_2의 순방향 전압과 같고 $v_o = 0.6[V]$ (다이오드의 순방향 전압이 $0.6[V]$라고 가정할 때)이다.

이 동작은 그림3.2에 설명되고 있으며 $V_{ref,H}$와 $V_{ref,L}$로 구성되는 창의 범위 내의 전압을 검출하는 회로로 동작함을 알 수 있다.

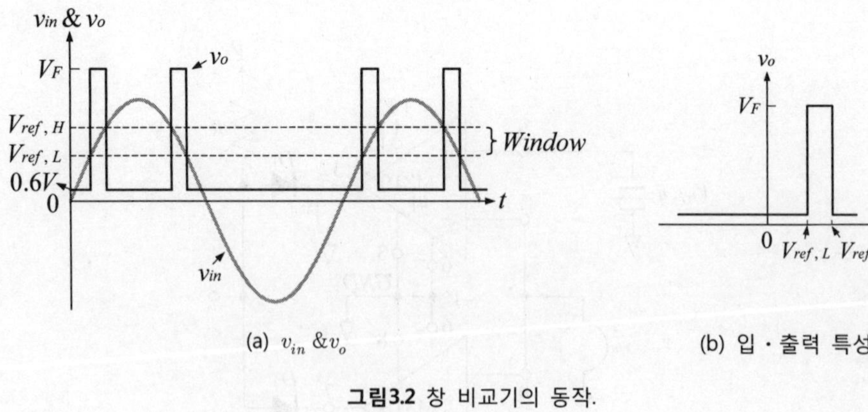

(a) v_{in} & v_o (b) 입 · 출력 특성

그림3.2 창 비교기의 동작.

3-2 실험

i) 다음 회로를 구성하시오. LM319의 핀 아웃은 그림3.4와 같다.

$R_1 = 10[K\Omega]$, $R_2 = 6.8[K\Omega]$, $R_3 = 3.3[K\Omega]$, $R_4 = 1.5[K\Omega]$, D_1, D_2 : 1N914

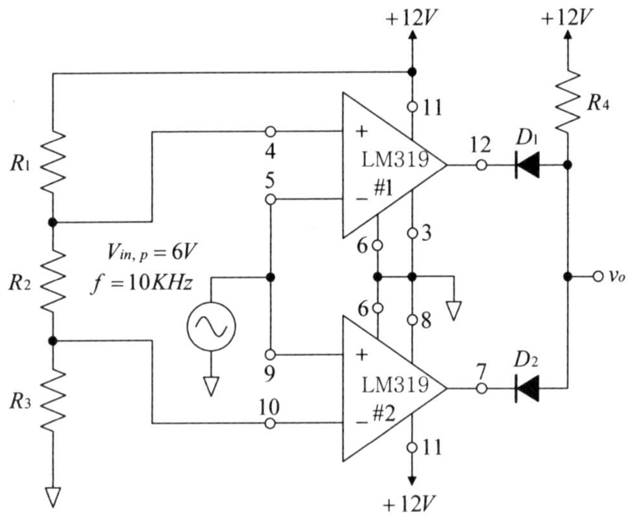

그림3.3 창 비교기 실험회로.

ii) 출력 v_o을 측정하여 v_{in}과 함께 기록하시오.

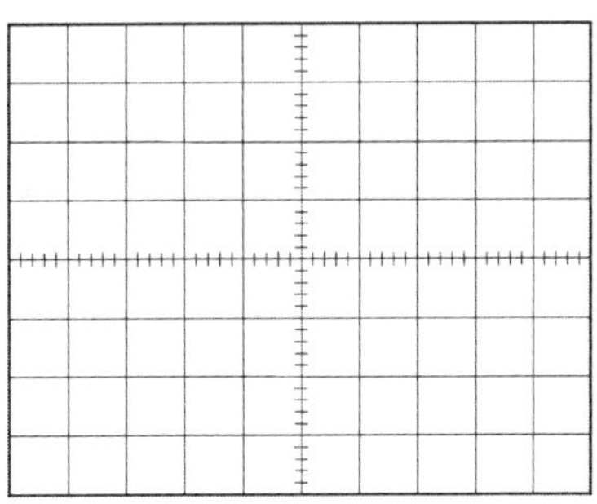

Time div : ______

Volt div

CH 1 (v_{in}) : ______

CH 2 (v_o) : ______

iii) 입 · 출력 특성을 측정하여 기록하시오.

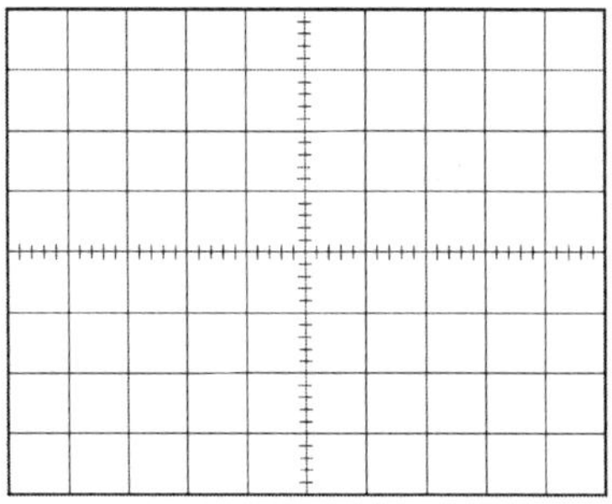

Time div : ______

Volt div

CH 1 (v_{in}) : ______

CH 2 (v_o) : ______

iv) $V_{ref,H}$ 및 $V_{ref,L}$의 측정값과 이론값을 비교하시오.

$V_{ref,H}$= ____________ $[V]$: 이론값, $V_{ref,H}$= ____________ $[V]$: 측정값

$V_{ref,L}$= ____________ $[V]$: 이론값, $V_{ref,L}$= ____________ $[V]$: 측정값

v) 창 전압의 측정값과 이론값을 비교하시오.

V_{window} = ____________ $[V]$: 이론값, V_{window} = ____________ $[V]$: 측정값

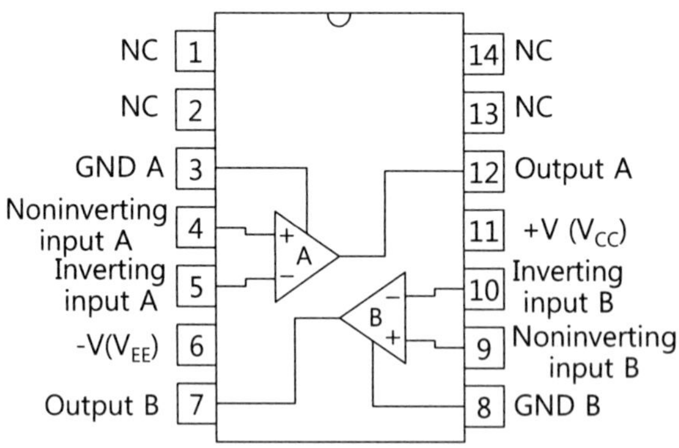

그림3.4 LM319의 핀 아웃.

4장 비반전 증폭기, 전압 폴로워, 반전 증폭기

Op amp의 동작을 위해 2개의 전원 ($+V$, $-V$)의 전원이 필요하며, 이상적인 op amp의 이득은 무한대이므로 어떤 형태의 입력신호이든지 출력은 2개의 전원전압(실제로는 $2V$ 정도 감소한)으로 포화 된다는 것을 알 수 있었다. 그렇다면 op amp를 이용하여 선형적으로 동작하는 증폭회로를 설계할 수 없는 것일까?

Op amp의 출력과 반전입력단자 사이에 저항소자를 이용하여 *궤환(feedback)* 루프를 형성하면, 궤환 루프를 형성하는 저항의 비에 의해 전압이득이 결정되는 선형 증폭회로를 설계할 수 있다.

4-1 부궤환 (negative feedback)

블록도로 표현된 그림4.1을 보자. 이득이 A인 시스템에 *부궤환(negative feedback)*을 통하여 *폐루프(closed loop)*를 형성하였을 때 입력 v_{in}으로부터 출력 v_o까지의 이득 A_{cl}(폐루프 이득)을 구하여 시스템의 이득 A와 비교하면

$$v_o = Av_d \tag{4.1}$$

$$v_d = v_{in} - \beta v_o \tag{4.2}$$

$$A_{cl} = \frac{v_o}{v_{in}} = \frac{A}{1+A\beta} \tag{4.3}$$

이다. 여기에서 A는 시스템의 이득(개루프 이득), β는 궤환율, v_d는 입력전압과 궤환전압의 차동전압이고 A_{cl}은 입력으로부터 출력까지의 전체 폐루프 이득이다.

앞 장에서와 같이 궤환 루프가 형성되지 않은 시스템의 차동전압은 비반전 입력단자 전압과 반전단자 전압의 차, 즉 $v_d = v_+ - v_-$이었음을 기억하면, 폐루프 시스템의 차동전압 식(4.2)와의 차이를 구분할 수 있다.

식(4.3)으로부터 이득 A가 무한대인 시스템에 대하여 폐루프 이득은

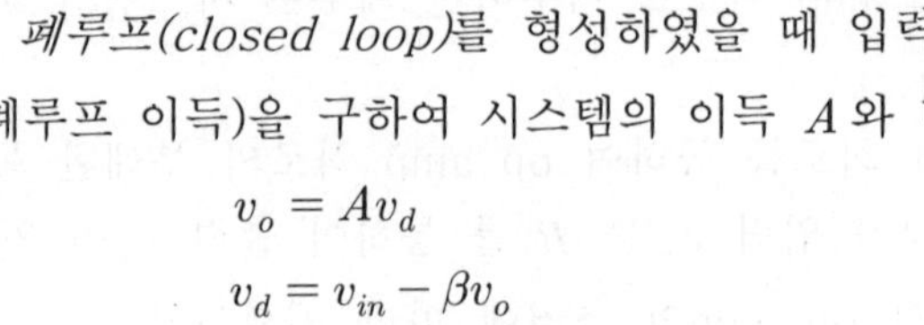

그림4.1 부궤환에 대한 블록도.

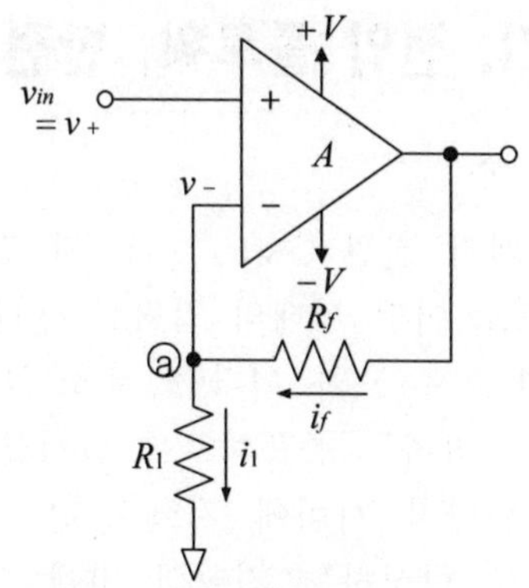

그림4.2 Op amp 회로의 부궤환 동작.

$$A_{cl} = \frac{1}{\beta} \tag{4.4}$$

이 되고, 더구나 op amp 회로로 이루어진 폐루프 시스템의 전체 이득 A_{cl}은 저항의 비로 이루어진다.

그림4.2의 증폭기 회로를 통하여 op amp 회로의 부궤환 동작에 대하여 설명한다. 회로에서 반전단자 입력 v_-는 R_f를 통하여 출력 v_o이 일정한 비율 β로 궤환된 양이다. 이상적인 op amp의 조건에 따라 궤환전압 v_-와 궤환양 β는 다음과 같다.

$$v_- = \beta v_o \tag{4.5}$$

$$\beta = \frac{R_1}{R_1 + R_f} \tag{4.6}$$

회로에서 v_{in}이 증가하면 v_o도 증가하고, 당연히 궤환 양도 커진다. 또한 v_{in}이 감소하면 v_o도 감소하며 궤환 양도 감소한다. 이 때, 궤환 양 v_-는 v_+와 거의 같으며, 출력은 $v_o = A(v_+ - v_-)$이므로 궤환 양 v_-는 차동전압이 거의 $0\,V$ ($v_d = 0$이면 $v_o = 0$이 되므로 0이 아니다)가 되도록 동작한다. 따라서 출력은 포화되지 않고 입력신호 v_{in}과 선형관계인 양을 출력한다.

4-2 비반전 증폭회로 (noninverting amplifier)

그림4.2의 회로는 식(4.4)와 식(4.6)으로부터 폐루프 이득이 $A_{cl} = (1 + R_f/R_1)$인 비반전 증폭회로로 동작한다. 회로에서 a점에 키르히호프 정리를 적용하면

$$\frac{v_o - v_-}{R_f} = \frac{v_-}{R_1} \tag{4.7}$$

이다.

부궤환 동작은 $v_{in}(=v_+)$와 v_-의 차동전압을 거의 0이 되도록 하므로 $v_+ = v_-$

이다. 비반전 입력과 반전 입력단자가 단락된 상태는 아니지만, 두 단자의 전위가 같으므로 이것을 *가상 단락(imaginary short 혹은 virtual short)*이라고 한다.

그러므로 식(4.7)은 다음과 같고

$$\frac{v_o - v_{in}}{R_f} = \frac{v_{in}}{R_1} \tag{4.8}$$

전체 폐루프 이득 A_{cl}은 다음과 같다.

$$A_{cl} = 1 + \frac{R_f}{R_1} \tag{4.9}$$

따라서 출력신호의 크기는

$$v_o = A_{cl}\, v_{in} \tag{4.10}$$

이다.

앞서 설명한 바와 같이 폐루프 이득은 궤환저항 R_f와 R_1에 의해서만 결정됨을 알 수 있고, 저항값은 (-)값을 가지지 않으므로 비반전 증폭회로의 이득 A_{cl}은 항상 1보다 크다. 또한 입력과 출력신호의 위상은 같으며, 출력은 입력신호가 폐루프 이득 A_{cl}에 비례하는 선형증폭기로 동작한다.

<예제>
그림4.2의 비반전 증폭회로에서 $R_1 = 1[K\Omega]$, $R_f = 5[K\Omega]$이다. 입력신호의 첨두치가 $10[mV]$인 정현파형일 때 입력과 출력신호의 파형을 완성하시오.

<해>

$$A_{cl} = 1 + \frac{5[K\Omega]}{1[K\Omega]} = 6$$

따라서 출력신호의 첨두값은

$$v_o = A_{cl}\, v_{in} = 6 \times 10[mV] = 60[mV]$$

이고 입력 및 출력파형은 그림4.3과 같다.

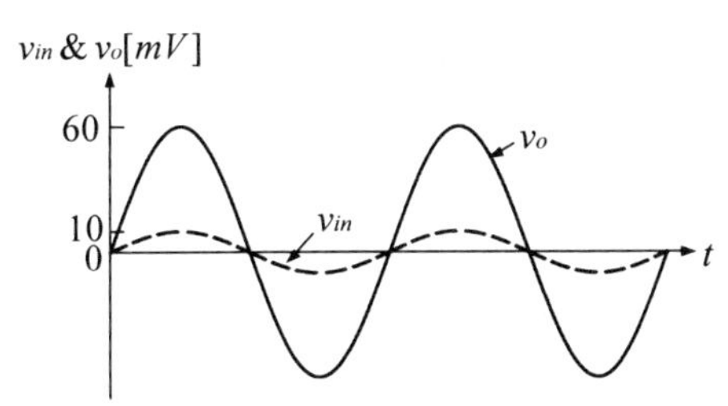

그림4.3 비반전 증폭회로의 입・출력 파형. 입력과 출력은 위상이 같으며 $A_{cl}=6$이므로 출력신호는 입력신호에 대하여 6배 증폭되어 출력된다.

4-3 전압 폴로워 (voltage follower)

출력이 입력과 같기 때문에 *전압 폴로워*(*voltage follower*)로 불리는 비반전 증폭회로의 특별한 경우가 있으며, 버퍼 앰프로 사용된다. 식(4.9)에서

$$\frac{R_f}{R_1} = 0 \tag{4.11}$$

이면 폐루프 이득은

$$A_{cl} = 1 \tag{4.12}$$

이 되므로

$$v_o = v_{in} \tag{4.13}$$

이다. 이것은 $R_f = 0$(단락회로) 혹은 $R_1 = \infty$(개방회로)이든지 두 조건을 모두 만족함으로써 실현되고, 두 조건을 만족하는 경우의 회로가 그림4.4이다.

이득이 1인 전압 폴로워는 어떤 작용을 하는 것일까? 그림4.5를 보자. 이상적인 op amp의 조건에 따라 op amp의 입력단자에 전류가 유입되지 않으므로, 전압 폴로워의 입력단으로 전류는 유입되지 않는다. 따라서 출력이 개방된 회로망과 전압 폴로워를 접속하여도 회로망에는 아무런 영향을 미치지 않게 되고, 전압 폴로워의 출력 v_o은 회로망의 출력 v_1과 같다. 그러므로 부하의 변동이 회로망에 영향을 미치지 않게 된다.

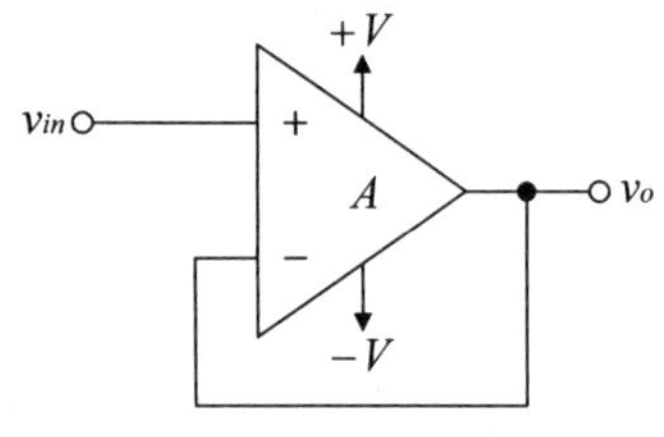

그림4.4 전압 폴로워 : 폐루프 이득 $A_{cl} = 1$이다.

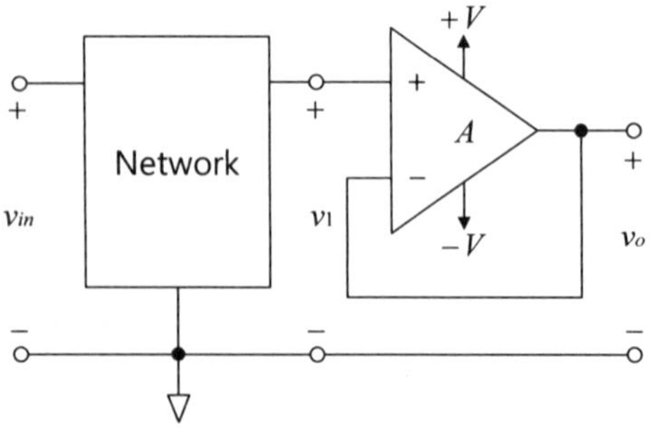

그림4.5 회로망과 연결된 전압 폴로워.

즉, 전압폴로워를 회로망의 개방된 출력단에 접속함으로써 회로망의 *부하효과(loading effect)*가 발생하는 것을 방지한다. 다시 말하면, 전압폴로워는 회로망과 부하 사이에서 *버퍼(buffer)*로서 동작한다. 전압폴로워는 버퍼로써, 또한 이득이 1인 증폭기로서 동작하므로 버퍼 앰프로 불린다.

<예제1>
다음 회로망의 부하 전압 V_o을 구하시오.

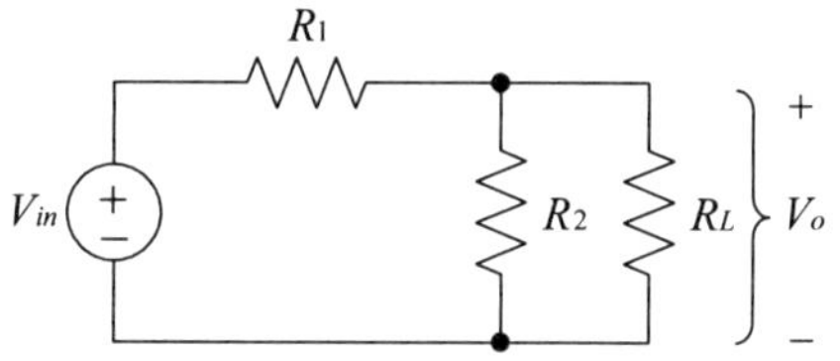

<해>
무부하 시의 출력전압은

$$V_o = \frac{R_2}{R_1 + R_2} V_{in} \bigg|_{without\ load}$$

이고, 부하 R_L이 회로망의 출력에 접속되었을 때의 출력전압은

$$V_o = \frac{R_2 \| R_L}{R_1 + R_2 \| R_L} V_{in} \bigg|_{with\ load}$$

이다.

<예제2>
다음 회로망의 부하 전압 V_o을 구하시오.

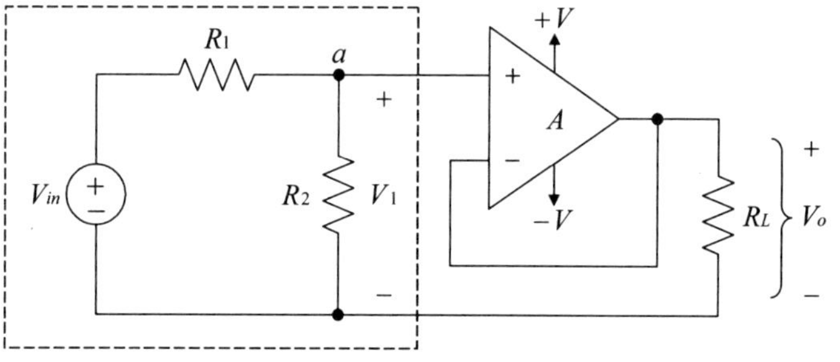

<해>
절점 a로부터 전압 폴로워의 입력으로 유입되는 전류는 없으므로 전압 폴로워는 쇄선으로 묶여진 회로망에 대하여 개방회로로 작용하고, 이때 회로망의 출력은

$$V_1 = \frac{R_2}{R_1 + R_2} V_{in}$$

이다. 그리고 버퍼 앰프의 출력은 입력과 같으므로 부하 저항에 걸리는 전압 V_o은 V_1과 같고

$$V_o = \frac{R_2}{R_1 + R_2} V_{in}$$

이다.

또한 버퍼 앰프는 회로를 종속 접속(cascade)할 때 다음 단의 입력 임피던스에 대한 부하효과를 방지하기 위하여 이용된다.

4-4 반전 증폭회로 (inverting amplifier)

그림4.6(a)의 회로는 입력신호가 저항 R_1을 통하여 op amp의 반전단자로 입력되고, 궤환저항 R_f를 통하여 출력이 op amp의 반전단자로 궤환되는 회로이며, 반전 증폭회로로 동작한다.

a점에 KCL(Kirchhoff's Current Law)을 적용하면 op amp에 유입되는 전류는 0이므로

$$\frac{v_{in} - v_-}{R_1} + \frac{v_o - v_-}{R_f} = 0 \tag{4.14}$$

이다.

반전 증폭회로에서 R_1을 통하여 op amp의 반전단자에 입력된 전압은 R_f를 경유한 출력전압의 부궤환 동작으로 인하여 a점의 전위 v_-가 거의 0이 되도록 감쇄한다. 따라서 이 점을 *가상접지(imaginary earth, virtual ground)*라고 부른다.

이것은 비반전 증폭회로의 가상단락과 전혀 별개의 개념이 아니라, 회로에서 비반전 단자의 전위는 $0V$이므로 결국은 가상단락과 가상접지는 같은 개념이다.

$v_- = 0$이므로 식(4.14)는 다음과 같다.

$$\frac{v_{in}}{R_1} + \frac{v_o}{R_f} = 0 \tag{4.15}$$

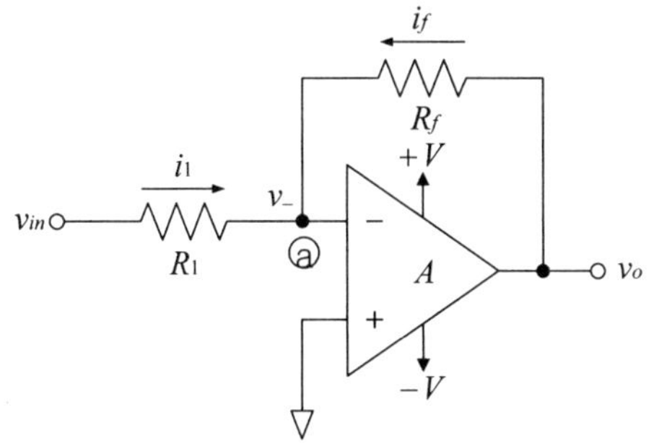

(a) 반전 증폭회로

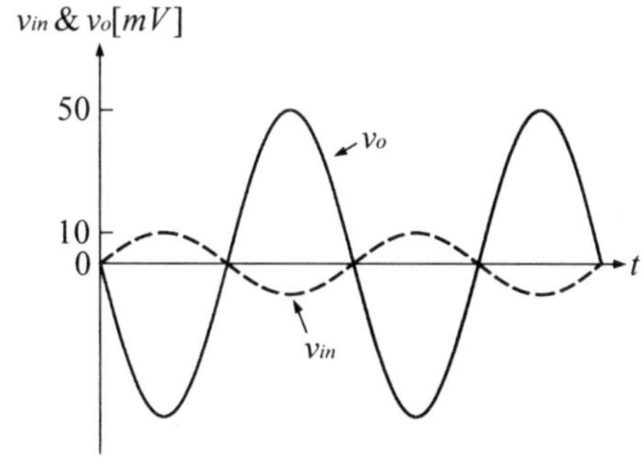

(b) 입력 및 출력파형

그림4.6 반전 증폭회로의 동작.

따라서 출력 v_o은 다음과 같다.

$$v_o = \left(-\frac{R_f}{R_1}\right) v_{in}$$
$$A_{cl} = -\frac{R_f}{R_1} \tag{4.16}$$

출력은 입력신호에 대하여 위상이 반전되어 출력되고, 역시 외부의 저항에 의해서만 증폭도가 결정된다. 그림4.6(b)는 $R_f = 5R_1$인 경우에 대한 입 · 출력 결과이다.

여기에서 반전 증폭기의 입력신호 v_{in}을 공급하기 위한 신호발생기의 접속에는 주의할 점이 있다. 비반전 증폭회로 또는 전압폴로워의 입력 임피던스는 매우 크고, 일반적으로 $100[M\Omega]$ 이상이지만, 반전 증폭기의 경우 반전입력 단자의 전위는 $0[V]$이므로 그 입력 임피던스는 R_1이다. 따라서 신호원 저항이 매우 크다면 회로에 공급되는 신호는 감쇄가 발생한다. 그림4.7은 그 내용을 설명하고 있다.

$$V_{in} = \frac{R_1}{R_{gen} + R_1} V_{gen} \tag{4.17}$$

회로의 예에서는

$$V_{in} = \frac{R_1}{R_{gen} + R_1} = \frac{10K\Omega}{90K\Omega + 10K\Omega} = 100mV$$

이다. 즉, 반전 입력단자의 전위는 가상접지 전위로서 $0V$이므로 신호원에서 유출된 전류는

$$I = \frac{V_{gen}}{R_{gen} + R_1} = \frac{1V}{90K\Omega + 10K\Omega} = 10\mu A$$

이고, 신호원의 내부저항에서

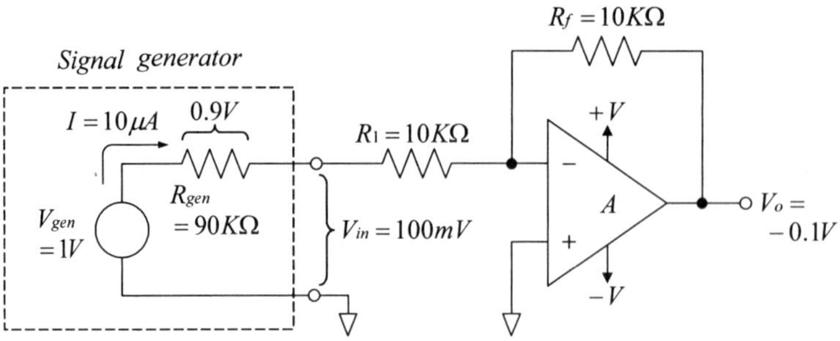

그림4.7 반전증폭기의 입력 임피던스는 R_1이므로 내부 저항이 큰 신호발생기를 신호원으로 할 때 증폭기의 입력신호는 감쇄가 발생한다.

$$V_{R_{gen}} = IR_{gen} = 10\mu A \times 90K\Omega = 0.9\,V$$

의 신호감쇄가 발생한 것이다.

또한

$$A_{cl} = -\frac{R_f}{R_1} = -\frac{10K\Omega}{10K\Omega} = -1$$

이므로 출력은 $V_o = A_{cl} V_{in} = -0.1[V]$이다. 다시 말하면,

$$V_o = -\frac{R_f}{R_{gen} + R_1} V_{gen}$$

이 된 것이다.

결국 $1[V]$의 신호를 증폭하여 $-1[V]$의 결과를 얻고자 하는 설계의 목적을 달성할 수 없게 된다. 이와 같이 내부 저항이 높은 신호원을 반전 증폭회로의 입력으로 할 때 그림4.8과 같이 버퍼 앰프를 이용하면 신호원으로부터의 전류 유출은 발생하지 않으므로 증폭회로의 입력 $V_{in} = V_{gen}$이고, 결국 $V_o = A_{cl} V_{in} = A_{cl} V_{gen}$이다.

4-5 입력바이어스 전류의 보상

이상적인 op amp의 입력단자로 유입되는 전류는 0이어야 하지만, 실제의 경우에는 op amp 내부의 트랜지스터를 바이어스 하기 위하여 입력단자에 약간의 전류가 흘러야 한다. 이 전류는 I_-는 반전 입력단자의 입력 전류이고 I_+는 비반전 입력단자의 입력 전류일 때, 입력 바이어스 전류는

$$I_{bias} = \frac{I_- + I_+}{2}$$

이고, 일반적으로 $100nA$ 정도이다.

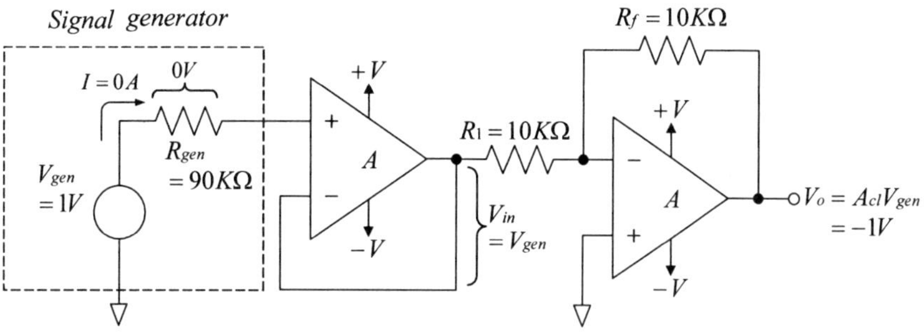

그림4.8 버퍼링된 신호를 입력으로 하는 반전증폭회로. 신호원의 유출전류는 $0A$ 이므로 신호의 감쇄는 발생하지 않고 $V_o = A_{cl}V_{in} = A_{cl}V_{gen}$ 이다.

신호원의 저항이 매우 크다면 바이어스 전류에 의해 증폭기의 입력에 전압이 발생하며, 이것은 출력에 오프셋이 발생하는 이유 중의 하나이다.

예를 들어, 그림4.9에서 반전증폭기의 신호입력이 $0V$이면 R_1을 통하여 흐르는 입력전류는 $I_{in} = 0A$ 이고, 출력으로부터 R_f를 경유하여 반전 입력단자로 유입되는 전류 I_-는 R_f 양단에 $I_- \times R_f$의 전압강하를 발생하고 결국 출력에 오프셋 전압 $V_{offset} = I_- \times R_f$이 발생한다.

이를 보상하기 위한 회로는 그림4.10이고, 보상 저항 $R_c = R_1 \| R_f$를 비반전 입력단자에 접속한 것이다. 이 때 입력전류 I_+에 의해 R_c에 전압강하가 발생하고 이것은 $R_1 \| R_f$ 양단에 발생한 전압강하를 상쇄하므로 출력 오프셋을 감소시킨다.

그림4.11은 비반전 증폭기 및 신호원 저항 R_s와 접속된 전압폴로워의 바이어스 전류를 보상하는 회로이다.

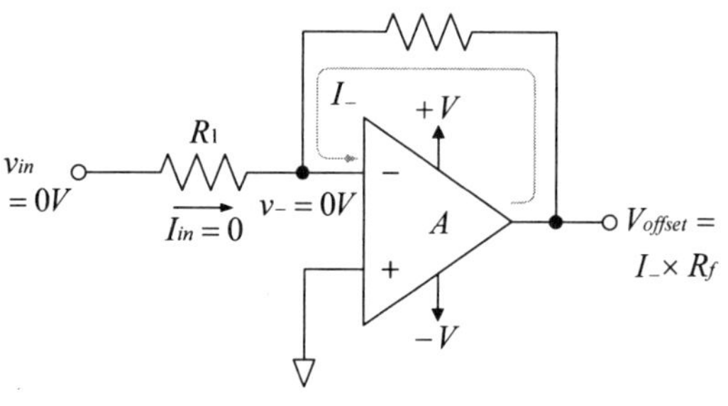

그림4.9 반전증폭기의 신호 입력이 $0[V]$일 때 입력전류 I_-에 의한 출력 오프셋 $V_{offset} = I_- \times R_f[V]$이 발생한다.

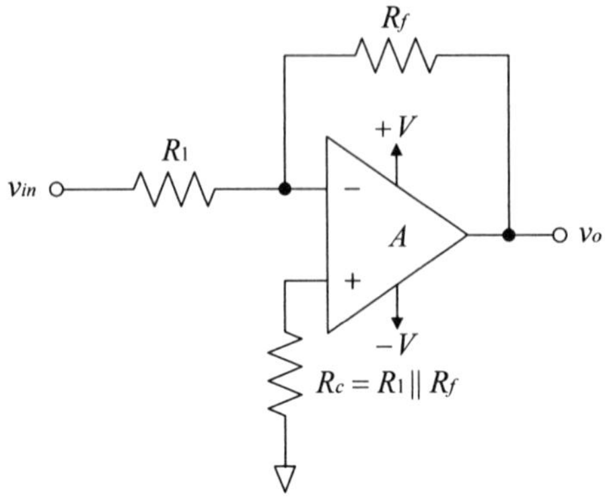

그림4.10 반전증폭기의 바이어스 전류 보상회로.

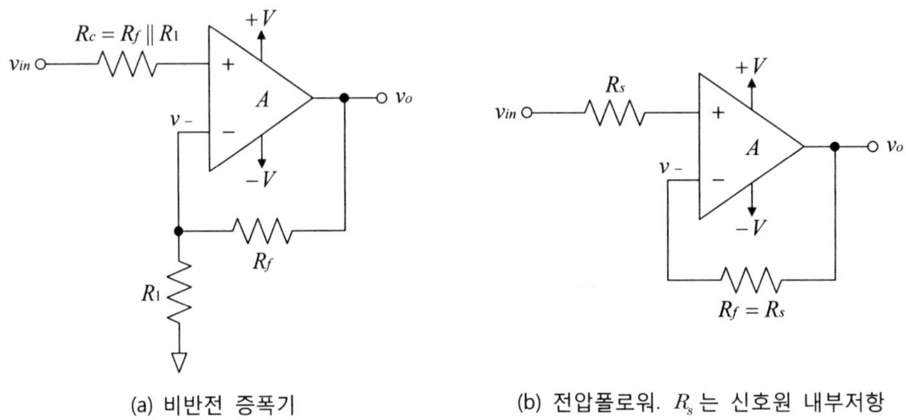

그림4.11 비반전 증폭기와 전압폴로워의 입력 바이어스 전류 보상.

입력으로 JFET을 사용한 BiFET op amp는 입력 임피던스가 BJT를 이용한 것보다 매우 높으므로 입력 바이어스 전류가 훨씬 작다. 따라서 전류보상이 거의 필요 없거나 생략할 수 있다.

4-6 고 입력임피던스를 갖는 반전 증폭회로

그림4.6의 반전증폭회로에서 입력 임피던스는 R_1에 의해 결정된다. 이 때문에 신호원의 내부저항이 큰 경우에 신호의 감쇠가 발생하는 문제가 발생 했다. 만약 입력 임피던스를 크게 하기 위하여 $R_1 = 1[M\Omega]$로 한다면, 100배의 증폭도를 얻기 위하여 $R_f = 100[M\Omega]$로 결정해야 하지만, 궤환 루프가 거의 개방회로로 작용하므로 이는 좋은 방법이 아니다.

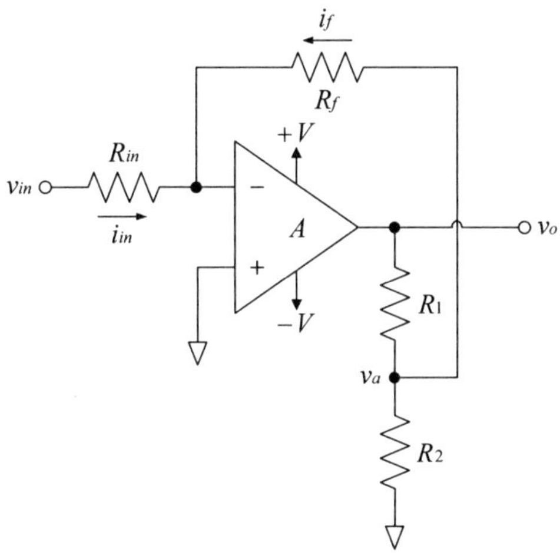

그림4.12 고 입력임피던스를 갖는 반전증폭회로.

그림4.12는 고 입력임피던스를 갖는 반전증폭회로이다. 앞서 그림4.6의 반전증폭기에서 궤환전류는

$$i_f = \frac{v_o}{R_f}$$

이지만, 그림4.12에서는

$$i_f = \frac{v_a}{R_f} = \frac{1}{R_f}\left(\frac{R_2}{R_1 + R_2}\right)v_o \tag{4.18}$$

이므로 전류량은 감소한다. 즉, $i_{in} = -i_f$이므로 저항 R_{in} 은 그림4.6의 반전증폭기의 R_{in} 보다 더 큰 입력임피던스를 갖는다는 것을 의미한다.

식(4.18)로부터

$$\frac{v_{in}}{R_{in}} = \left(\frac{R_2}{R_1 + R_2}\right)\left(-\frac{v_o}{R_f}\right) \tag{4.19}$$

이고, 폐루프 전압이득은

$$A_{cl} = \frac{v_o}{v_{in}} = -\left(\frac{R_f}{R_{in}}\right)\left(1 + \frac{R_1}{R_2}\right) \tag{4.20}$$

이다. 따라서 고입력 임피던스를 갖도록 설계된 그림4.12의 반전증폭회로에서는 궤환루프에 큰 값의 궤환저항을 사용하지 않더라도 $-(R_f/R_{in})$에 곱해진 항으로 인하여 큰 전압이득을 갖게 된다. 만약, $R_{in} = R_f$ 이면 폐루프 전압이득은

$$A_{cl} = \frac{v_o}{v_{in}} = -\left(1 + \frac{R_1}{R_2}\right) \tag{4.21}$$

이다. 예를 들어, R_{in}과 R_f, R_1이 모두 $1[M\Omega]$일 때 100배의 전압이득을 얻기 위하여 $R_2 = 10.1[K\Omega]$이면 된다.

4-7 실험

4-7.1 비반전 증폭기

ⅰ) 다음 회로를 구성하고, $V_s = 2[V]$가 되도록 VR_1을 조정하시오.

$R_1 = 1[K\Omega]$, $R_2 = 30[K\Omega]$, $R_3 = 10[K\Omega]$ $R_f = 3[K\Omega]$, $R_c = 740[\Omega]$, $VR_1 = 50[K\Omega]$, $VR_2 = 50[K\Omega]$

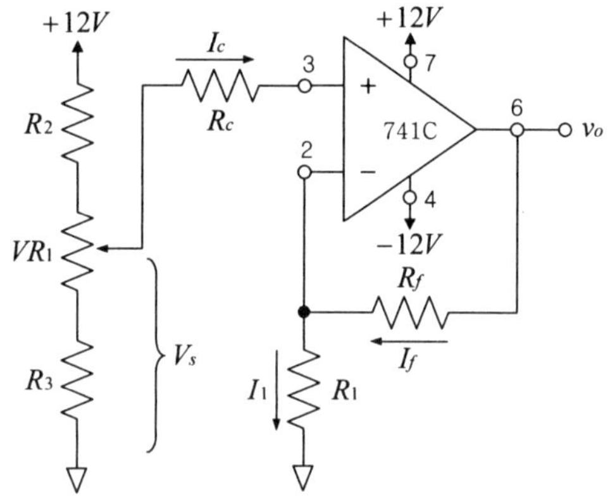

그림4.13 비반전 증폭기 실험회로.

ⅱ) 비반전 단자의 전위 V_+와 반전 단자의 전위 V_-의 전위를 측정하시오.

$$V_+ = \underline{\qquad\qquad}[V],\quad V_- = \underline{\qquad\qquad}[V]$$

ⅲ) V_+와 V_-의 전위차를 계산하고, 그 의미를 적으시오.

$$V_d = V_+ - V_- = \underline{\qquad\qquad}[V]$$

의미 :

ⅳ) 전류 I_c, I_f, I_1을 측정하여 기록하시오.

$$I_c = \underline{\qquad\qquad}[mA],\ I_f = \underline{\qquad\qquad}[mA],\ I_1 = \underline{\qquad\qquad}[mA]$$

v) 단계iv)의 결과에 따른 비반전 단자 입력전류 I_+ 와 반전 단자 입력전류 I_- 의 결과는?

$$I_+ = \_\_\_\_\_\_\_\_\_\_ [mA], \quad I_- = \_\_\_\_\_\_\_\_\_\_ [mA]$$

vi) DMM을 이용하여 I_+ 및 I_- 를 측정하시오. 결과는 단계 v)의 결과와 같은가?

$$I_+ = \_\_\_\_\_\_\_\_\_\_ [mA], \quad I_- = \_\_\_\_\_\_\_\_\_\_ [mA]$$

vii) 단계 v)와 단계vi)과 같은 I_+ 및 I_- 의 결과는 무엇 때문인지 설명하시오.

viii) 입력전원 V_s 를 신호원 입력 $v_s(V_{s,p} = 2[V],\ f = 1[KHz])$로 교체한 후 v_s 와 출력 v_o 을 측정하여 기록하시오.

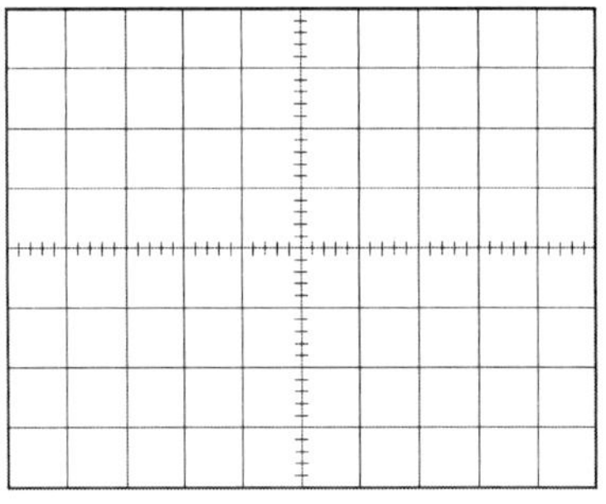

Time div : ______

Volt div

CH 1 (v_s) : ______

CH 2 (v_o) : ______

ix) 출력의 크기 $V_{o,p}$ 는?

$$V_{o,p} = \_\_\_\_\_\_\_\_\_\_ [V]$$

x) R_1 양단의 신호(v_-)를 측정하여 그 첨두값의 크기를 측정하고, 이론값과 비교하시오.

$|v_-| = \beta |v_o| =$ __________ $[V]$: 이론값, $|v_-| =$ __________ $[V]$: 측정값

xi) 폐루프 이득 A_{cl} 의 이론값과 단계ix)에서 얻은 실험결과를 이용한 계산값을 비교하시오.

$A_{cl} = \left(1 + \dfrac{R_f}{R_1}\right) =$ __________ : 이론값, $A_{cl} = \dfrac{v_o}{v_s} =$ __________ : 측정값

xii) 저항 R_f를 50[$K\Omega$]의 가변저항 VR_2로 교체하고, 출력신호가 왜곡되지 않을 때까지 가변저항 VR_2를 변화시키시오. 그리고 왜곡되지 않은 최대전압을 측정하시오. 그리고 그 결과로 무엇을 알 수 있는지 설명하시오.

$$V_{o,\max} = \_\_\_\_\_\_\_\_\_\_\_\_ [V]$$

설명 :

4-7.2 전압 폴로워

i) 다음 회로를 구성하시오.

$R_1 = 10[K\Omega]$, $R_2 = 4.7[K\Omega]$, $R_L = 1[K\Omega]$, $VR_1 = 50[K\Omega]$

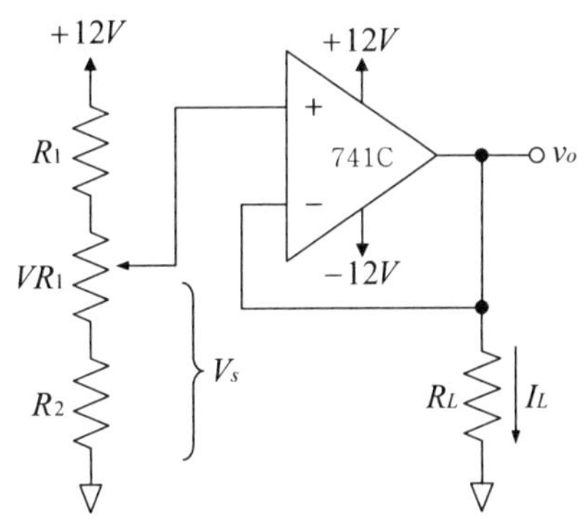

그림4.14 전압폴로워 실험회로.

ii) V_s를 변화하면서 출력전압 V_o과 부하 전류 I_L을 측정하여 기록하시오. (V_s를 얻기 위하여 VR_1을 조정하시오.)

$V_s[V]$	1	3	5	8	10
$V_o[V]$					
$I_L[A]$					

iii) 입력 전원전압 V_s를 $2[V]$에 고정하시오. 그리고 부하저항을 다음과 같이 변화하면서 출력전압 V_o과 부하 전류 I_L을 측정하여 기록하시오.

$R_L[K\Omega]$	0.47	3.3	10	33	100
$V_o[V]$					
$I_L[A]$					

iv) 단계 ii)와 단계iii)의 결과로서 전압폴로워의 동작을 설명하시오.

v) 입력 전원 V_s를 신호원 입력 $v_s(V_{s,p}=5[V],\ f=1[KHz])$으로 교체하고, $R_L=1[K\Omega]$으로 고정한 후 v_s와 v_o을 측정하여 기록하시오.

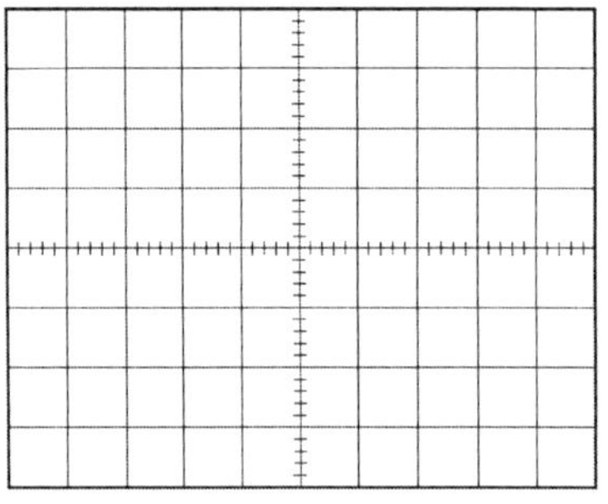

Time div : ______

Volt div

CH 1 (v_s) : ______

CH 2 (v_o) : ______

vi) 출력의 크기 $V_{o,p}$는?

$$V_{o,p} = \underline{\qquad\qquad\qquad}[V]$$

vii) 폐루프 이득 A_{cl}의 이론값과 단계vi)에서 얻은 실험결과를 이용한 계산값을 비교하시오.

$$A_{cl} = \underline{\qquad\qquad\qquad} \text{ : 이론값, } A_{cl} = \frac{v_o}{v_s} = \underline{\qquad\qquad\qquad} \text{ : 측정값}$$

4-7.3 반전 증폭기

i) 그림4.15 회로를 구성하시오.

$R_1=10[K\Omega]$, $R_2=R_3=1[K\Omega]$, $R_f=30[K\Omega]$, $R_c=7.5[K\Omega]$, $VR_1=10[K\Omega]$, ZD : RD 5.1EB 2

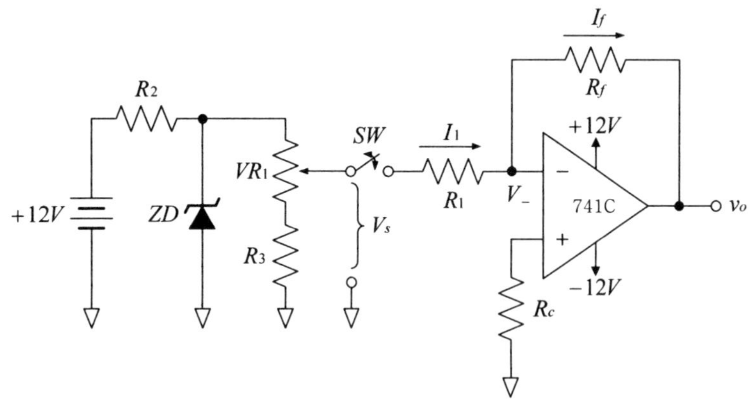

그림4.15 반전 증폭기 실험회로.

ii) SW를 개방시오. $V_s = 2[V]$가 되도록 VR_1을 조정한 후 스위치를 닫으시오. 그리고 반전 단자 전위 V_-를 측정하고, 그 의미를 적으시오.

$$V_- = \_\_\_\_\_\_\_\_\_\_ [V]$$

<u>의미</u> :

iii) V_o을 측정하고, 멀티메터를 이용하여 R_f 양단의 전압을 측정하시오.

$$V_o = \_\_\_\_\_\_\_\_\_\_ [V], \quad V_{R_f} = \_\_\_\_\_\_\_\_\_\_ [V]$$

두 전압의 차가 있는가? 만약 전압차가 없다면 그 이유는 무엇인지 설명하시오.

iv) V_o의 이론값을 기록하시오.

$$V_o = \_\_\_\_\_\_\_\_\_\_ [V] \text{ : 이론값}$$

v) I_1의 이론값과 측정값을 비교하시오.

$$I_1 = \frac{V_s - V_-}{R_1} = \_\_\_\_\_\_\_\_\_\_ [A] \text{ : 이론값}, \quad I_1 = \_\_\_\_\_\_\_\_\_\_ [A] \text{ : 측정값}$$

vi) I_f의 이론값과 측정값을 비교하시오.

$I_f = \dfrac{V_- - V_o}{R_f} =$ ______________ $[A]$: 이론값, $I_f =$ ______________ $[A]$: 측정값

vii) 단계 v)와 단계 vi)의 결과를 비교하고, 그 이유를 설명하시오.

viii) 회로의 입력전원을 다음과 같이 신호원 입력 $v_s(V_{s,p} = 3[V], f = 1[KHz])$로 교체하여 회로를 구성하시오.

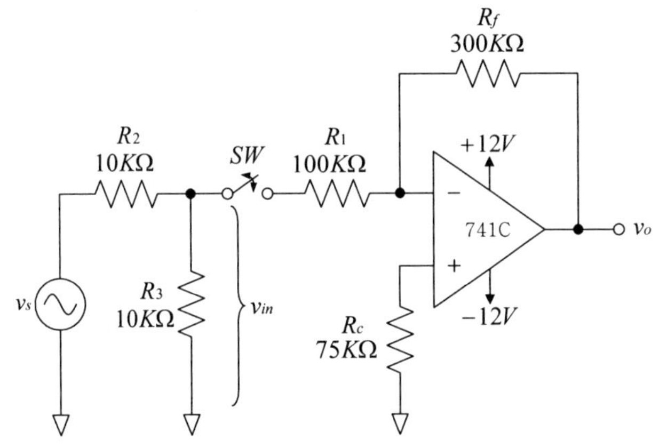

ix) 스위치를 열었을 때 v_{in}의 피크값을 계산하고, 이 때 예상되는 출력신호의 피크값을 적으시오.

$V_{in,p} =$ __________________ $[V]$

$V_{o,p}$의 예상 값 : __________________ $[V]$

x) 스위치를 닫고, v_{in}과 v_o을 측정하여 기록하시오.

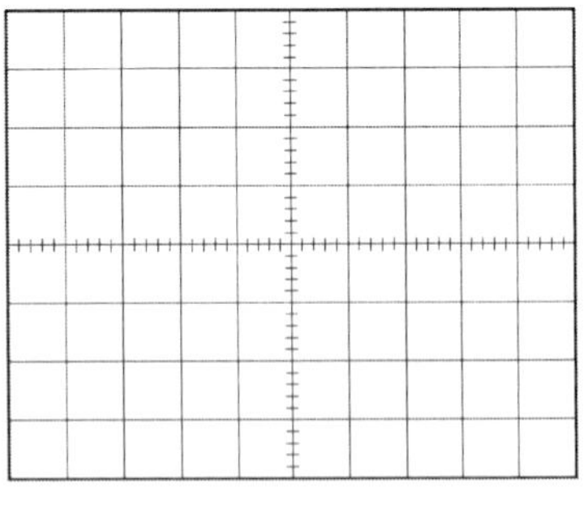

Time div : ______

Volt div

CH 1 (v_{in}) : ______

CH 2 (v_o) : ______

$V_{in,p} =$ ____________ $[V]$

$V_{o,p} =$ ____________ $[V]$

$A_{cl} = -\frac{R_f}{R_1} =$ ______________ : 이론값, $A_{cl} = \left|\frac{v_o}{v_{in}}\right| =$ ______________ : 측정값

xi) $R_1 = 100[\Omega]$, $R_f = 300[\Omega]$, $R_c = 75[\Omega]$으로 교체한 후, 출력을 측정하여 기록하시오.

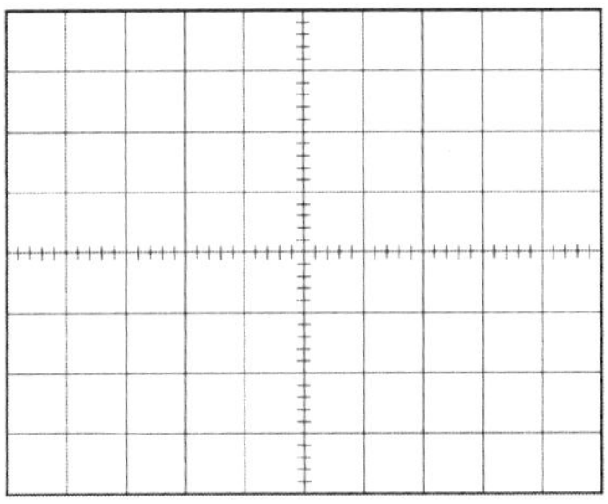

Time div : ______ $V_{in,p} =$ ____________ $[V]$

Volt div

CH 1 (v_{in}) : ______

CH 2 (v_o) : ______ $V_{o,p} =$ ____________ $[V]$

$A_{cl} = -\frac{R_f}{R_1} =$ ______________ : 이론값, $A_{cl} = \left|\frac{v_o}{v_{in}}\right| =$ ______________ : 측정값

xii) ⓐ 단계 x)과 단계xi)의 이론값을 비교하여 설명하시오.

ⓑ 이 때, 단계 x)과 단계xi)의 실험값을 비교하고, 또한, 이들의 값이 단계ix)의 $V_{o,p}$의 예상 값과는 어떤 차이가 있는지 설명하시오.

ⓒ 단계 x)과 단계xi)의 결과가 단계ix)의 $V_{o,p}$의 예상 값과 같아지도록 회로를 수정하여 그리시오. 그리고 그 출력을 측정하여 기록하시오.

<수정된 회로>

수정된 회로의 출력 결과

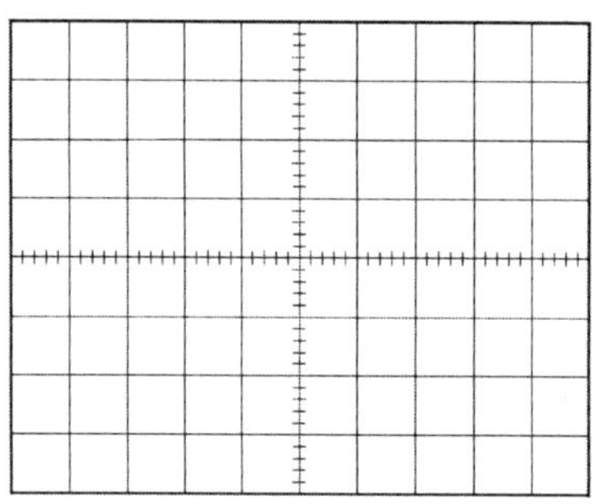

Time div : ______

Volt div

CH 1 (v_{in}) : ______

CH 2 (v_o) : ______

$V_{in,p}=$ ______________ $[V]$, $V_{o,p}=$ ______________ $[V]$

$A_{cl}=$ ______________ : 이론값, $A_{cl}=\left|\frac{v_o}{v_{in}}\right|=$ ______________ : 측정값

4-7.4 고 입력임피던스를 갖는 반전 증폭기

i) 다음 회로를 구성하시오.

$R_1=1[M\Omega]$, $R_2=1[M\Omega]$, $R_3=1[M\Omega]$, $R_4=10.1[K\Omega]$

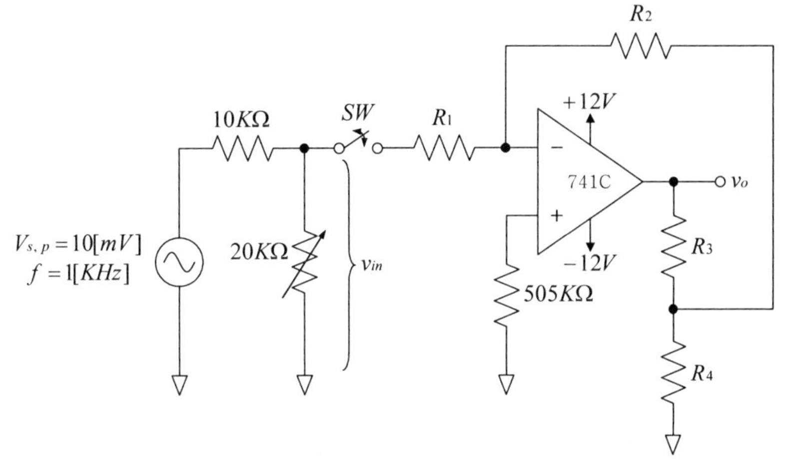

그림4.16 고 입력임피던스를 갖는 반전증폭회로의 실험 회로.

ii) SW를 개방하고 $v_{in} = 5mV$가 되도록 가변저항을 조정하시오.

iii) SW를 닫고, v_{in}을 측정하여 피크값 $V_{in,p}$를 측정하여 기록하시오.

$V_{in,p} =$ ______________________ $[V]$

iv) 출력 v_o을 측정하여 기록하시오.

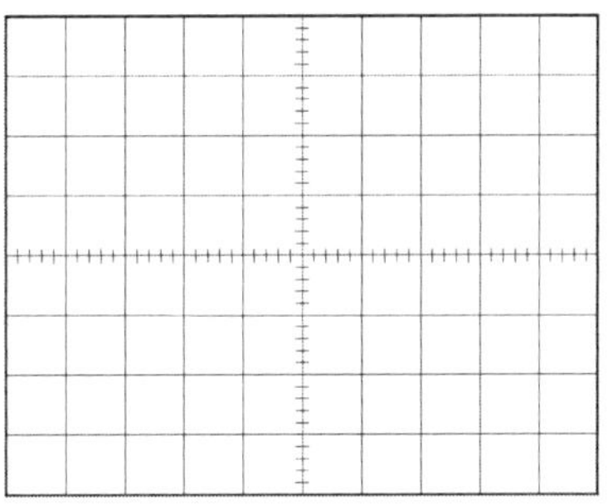

Time div : ______

Volt div

CH 1 (v_{in}) : ______

CH 2 (v_o) : ______

$V_{in,p} =$ ______________ $[V]$, $V_{o,p} =$ ______________ $[V]$

v) 폐루프 이득의 이론값과 단계iv)의 결과를 이용한 측정값을 비교하시오.

$A_{cl} =$ ______________ : 이론값, $A_{cl} = \left| \frac{v_o}{v_{in}} \right| =$ ______________ : 측정값

5장 가산회로 및 감산회로

앞서 공부한 반전 증폭회로 및 비반전 증폭회로를 이용하여 다중 입력신호의 합(sum)을 출력으로 하는 가산회로와 다중 입력신호의 차(difference)를 출력으로 하는 감산회로를 설계할 수 있다.

5-1 가산회로

5-1.1 반전 가산회로

그림5.1은 3개의 DC 전원을 입력으로 하는 반전 가산회로이다. 반전 입력단자의 전위 V_a는 가상접지 전위이므로 I_1, I_2, I_3는 각각

$$I_1 = \frac{V_1 - V_a}{R_1} = \frac{V_1}{R_1},\ I_2 = \frac{V_2 - V_a}{R_2} = \frac{V_2}{R_2},\ I_3 = \frac{V_3 - V_a}{R_3} = \frac{V_3}{R_3} \tag{5.1}$$

이고, 반전 입력단자로 유입되는 전류는 0이므로 전류 I_1, I_2, I_3는 모두 R_f를 통하여 흐르게 된다. a점의 전위는 $0V$이므로 각각의 입력전원은 서로 영향을 미치지 않는다. a점에 키르히호프 전류법칙을 적용하면

$$\begin{aligned} I_f &= I_1 + I_2 + I_3 \\ &= \frac{V_1}{R_1} + \frac{V_2}{R_2} + \frac{V_3}{R_3} \end{aligned} \tag{5.2}$$

이다. 그러므로 R_f 양단 전압은

$$V_{R_f} = I_f R_f = \left(\frac{V_1}{R_1} + \frac{V_2}{R_2} + \frac{V_3}{R_3}\right) R_f \tag{5.3}$$

이고, 회로에 표기된 전류의 방향에 따라 출력은 $V_o = -V_{R_f}$이므로

$$V_o = -\left(\frac{V_1}{R_1} + \frac{V_2}{R_2} + \frac{V_3}{R_3}\right) R_f \tag{5.4}$$

이다.

식(5.4)는 각 채널의 입력저항을 바꾸는 것에 따라 각 채널의 이득을 독립적으로 조정 할 수 있음을 보인다. 만약 $R = R_1 = R_2 = R_3 = R_f$이면

$$V_o = -(V_1 + V_2 + V_3) \tag{5.5}$$

이다. 특별히 n개의 입력 채널에 대하여 $R_1 = R_2 = ... = R_n = R$, $R_f = R/n$이면 출력은

$$V_o = -\left(\frac{V_1 + V_2 + ... + V_n}{n}\right) \tag{5.6}$$

이 되고, 입력의 평균값을 얻을 수 있다.

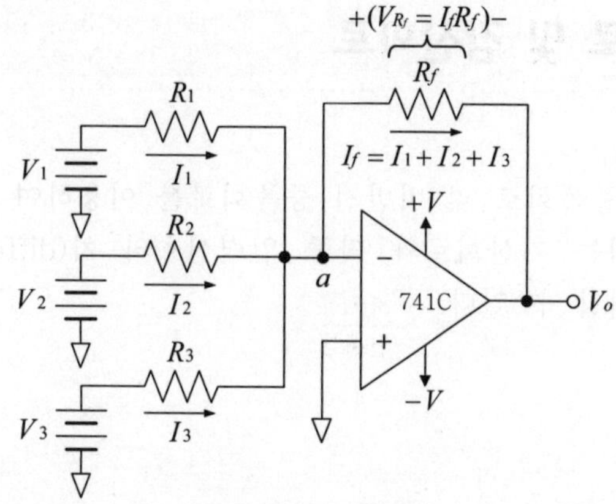

그림5.1 반전 가산회로.

그림5.1의 가산회로가 각각 저 레벨(low level), 중 레벨(medium level), 고 레벨(high level)의 신호원을 입력으로 할 때, R_1과 R_2, R_3의 값을 이용하여 이들의 레벨을 등화(equalizing)하고 결합하기 위한 다중 채널 앰프로 사용할 수 있다.

$|v_2| = 2|v_1|$, $|v_3| = 3|v_1|$이라면 $R_2 = 2R_1$, $R_3 = 3R_1$ 되도록 선택한다. 이때

$$\begin{aligned} v_o &= \left(-\frac{R_f}{R_1}\right)v_1 + \left(-\frac{R_f}{2R_1}\right)(2v_1) + \left(-\frac{R_f}{3R_1}\right)(3v_1) \\ &= \left(-\frac{3R_f}{R_1}\right)v_1 \end{aligned} \tag{5.7}$$

과 같이 각 입력레벨을 등화하고 가산한 결과를 얻는다.

<예제>

크기가 $1V$인 직류전압과 첨두값이 $500mV$인 신호원을 입력으로 하는 2 채널 입력 가산회로인 다음 회로의 출력 파형을 완성하시오.

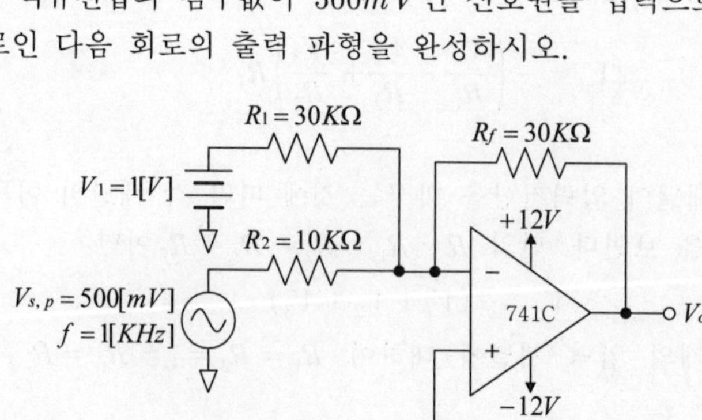

그림5.2 첨두값이 $500[mV]$인 입력신호에 $1[V]$의 직류 오프셋을 가산하는 회로.

<해>

출력신호 v_o은 직류전원 V_1의 반전증폭된 값과 신호원 v_s의 반전증폭된 신호의 가산, 즉 반전증폭된 직류값과 반전증폭된 신호의 중첩된 결과이다.

$$v_o = A_{cl,DC} \times V_1 + A_{cl,AC} \times v_s$$

$$A_{cl,DC} = -\frac{R_f}{R_1} = -\frac{30K\Omega}{30K\Omega} = -1$$

$$A_{cl,AC} = -\frac{R_f}{R_2} = -\frac{30K\Omega}{10K\Omega} = -3$$

따라서 출력 v_o은 크기가 $-1V$인 직류와 $1.5V_p$인 정현파 신호와의 중첩된 결과이며 다음 그림과 같다.

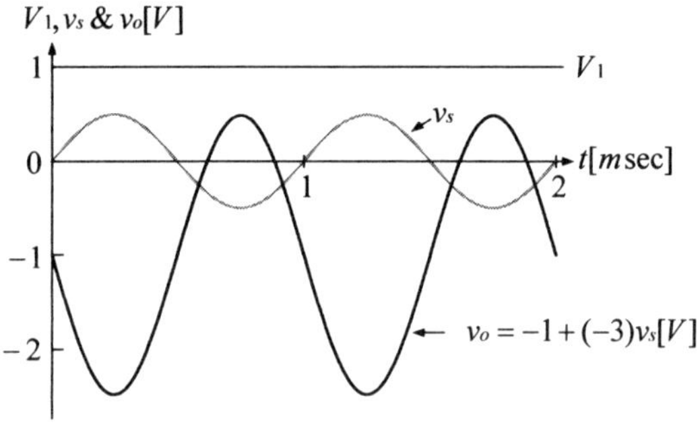

그림5.3 신호원 입력에 직류 오프셋을 가산하는 회로의 출력. 회로에서 신호원 입력에 대한 폐루프 이득은 $A_{cl} = -R_f/R_2 = -3$이므로 출력신호 v_o는 크기가 $1.5[V]$이고 위상이 반전되었고, $-1[V]$의 직류 오프셋이 가산되었다.

5-1.2 비반전 가산회로

입력과 위상이 같은 가산회로는 비반전 가산회로의 출력단에 $A_{cl} = 1$인 반전 가산회로를 추가하여 얻을 수 있다. 또한 그림5.4는 비반전 가산회로이며, 그 출력은 입력과 위상이 같다.

회로에서 비반전 증폭기의 입력 임피던스는 매우 크므로 *중첩정리*를 이용하면 a점의 전위 v_a는 다음과 같다.

$$v_a = \frac{R_2 \| R_3}{R_1 + R_2 \| R_3} v_1 + \frac{R_1 \| R_3}{R_2 + R_1 \| R_3} v_2 + \frac{R_1 \| R_2}{R_3 + R_1 \| R_2} v_3 \tag{5.8a}$$

$R_D = R_1R_2 + R_2R_3 + R_1R_3$로 정의하고, 식(5.8a)을 정리하면

$$v_a = \frac{R_2R_3}{R_D} v_1 + \frac{R_1R_3}{R_D} v_2 + \frac{R_1R_2}{R_D} v_3 \tag{5.8b}$$

이다. 또한 출력 v_o은

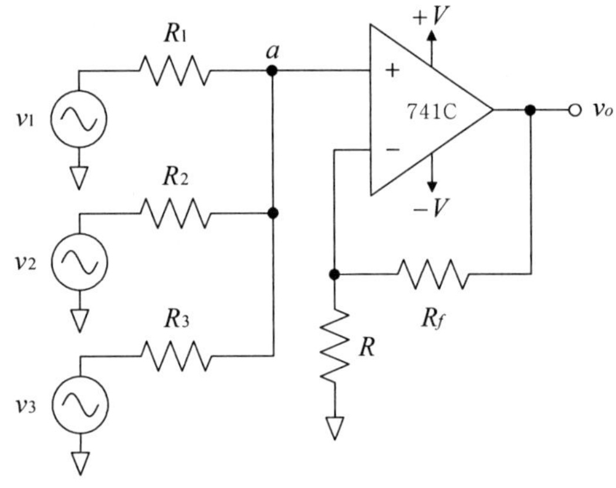

그림5.4 비반전 가산회로. 만약 신호원의 내부저항이 각각 다르다면, 각 신호원과 채널저항 R_1, R_2, R_3 사이에 버퍼를 추가한다.

$$\begin{aligned} v_o &= A_{cl} v_a \\ &= \left(1+\frac{R_f}{R}\right)\left(\frac{R_2R_3}{R_D}v_1+\frac{R_1R_3}{R_D}v_2+\frac{R_1R_2}{R_D}v_3\right) \end{aligned} \tag{5.9}$$

이다.

회로에서 $R_1 = R_2 = R_3$이고, $R_f = 2R$이면

$$v_a = \frac{v_1+v_2+v_3}{3} \tag{5.10}$$

$$v_o = v_1 + v_2 + v_3 \tag{5.11}$$

이다. 즉, n채널 입력을 갖는 비반전 가산회로에서 $R_1 = ... = R_n$, $R_f = (n-1)R$이면 출력은 $v_o = v_1 + ... + v_n$ 이다.

만약 신호원의 내부저항(R_{gen})이 각각 다르다면 각 채널의 저항은 $R_1 + R_{gen1}$, $R_2 + R_{gen2}$, $R_3 + R_{gen3}$이 되므로 출력은 식(5.11)과 같은 결과를 얻을 수 없다. 이와 같은 경우 각 채널의 신호원과 각 채널의 저항 R_1, R_2, R_3 사이에 버퍼를 추가함으로써, 각 채널저항에 입력되는 신호가 신호원 신호와 같아지도록 한다.

5-1.3 단-전원 동작의 가산 회로

전지(battery)로 구동되며 출력은 전원전압의 수 mV 이내에서 거동(swing)하는 증폭회로가 필요하다면, 단-전원(single supply)으로 동작하고 *rail-rail* 동작하는 op amp를 이용한다. 예를 들어 AD820과 OP90이 있으며 이들 op amp는 단-전원 또는 양-전원(dual supply)으로 동작한다. 예를 들면, AD820은 양-전원으로 동작할 때는 $\pm 1.5\,V \sim \pm 18\,V$이고 단-전원으로 동작할 때는 $+3\,V \sim +36\,V$이다.

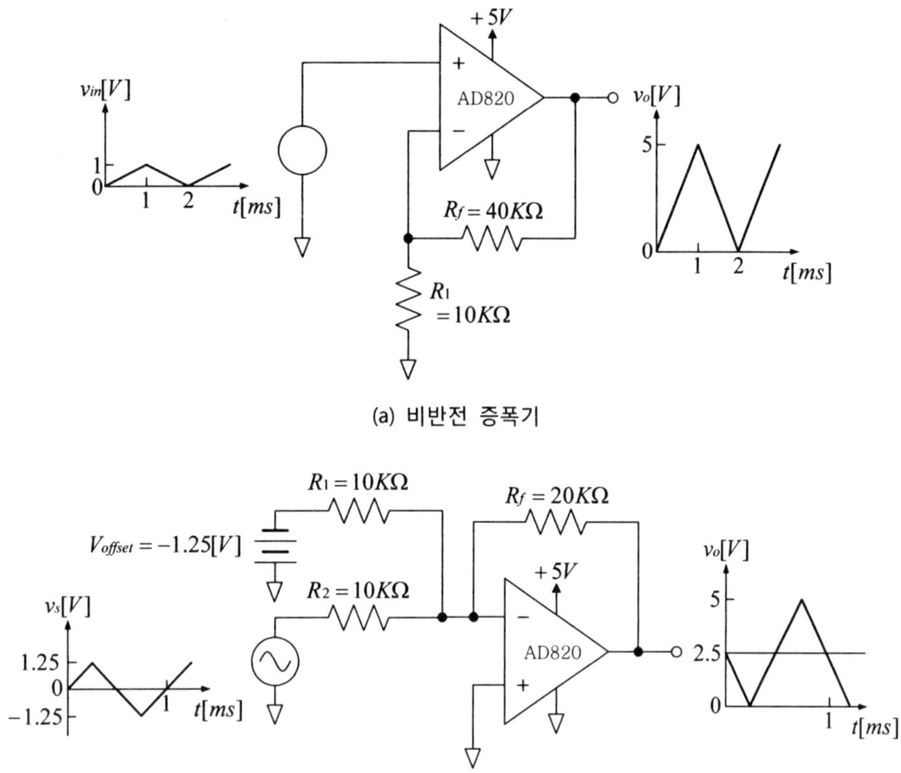

(a) 비반전 증폭기

(b) 양-극을 갖는 교류신호의 증폭을 위한 직류 오프셋의 가산

그림5.5 단-전원 op amp를 이용한 증폭기의 동작. 출력신호는 $0V \sim 5V$까지 rail-rail 동작한다.

단-전원으로 동작하는 op amp는 휴대용 계측기(portable instruments), 의료용 계측기, 데이터 수집 장치(data acquisition unit)등에 사용되고 있으며, 인장 게이지(strain gages) 혹은 열전쌍(thermocouples) 등과 같은 센서로부터 입력되는 (+) 신호를 증폭하기 위해 사용된다. 그림5.5(a)는 단-전원으로 구동하는 비반전 증폭회로의 예를 보인다. 양-극을 갖는 교류신호를 단-전원 op amp로 증폭하기 위해서는 직류 오프셋이 필요하며, 그림5.5(b)에서와 같이 가산회로를 이용하여 직류 오프셋을 가산한다. 그림5.5의 회로에서 출력신호의 peak-peak는 $5V$를 초과할 수 없다.

5-2 감산회로(subtractor)

그림5.6은 감산회로로서 2가지의 회로를 보이고 있다. 그림5.6(a)는 op amp의 비반전 입력 단자와 반전입력 단자의 차동전압을 증폭하며, 그림5.6(b)는 반전증폭기와 2 채널 입력 반전 가산기를 종속접속(cascade)한 회로이다.

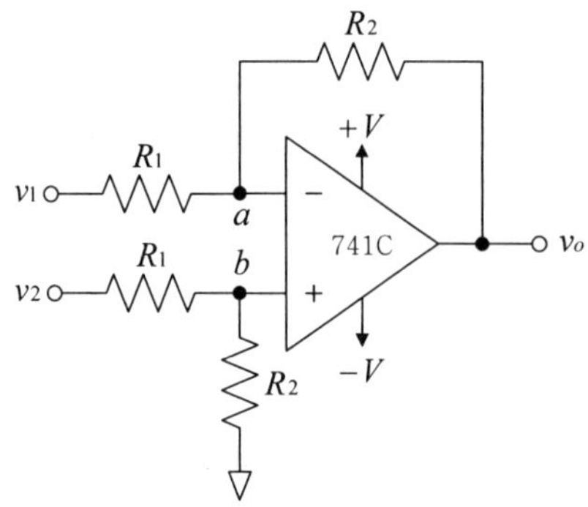

(a) 비반전 입력과 반전 입력의 차동전압을 증폭하는 감산회로

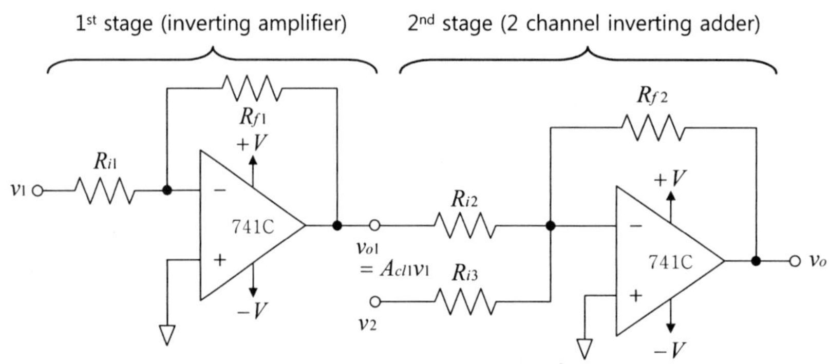

(b) 1개의 반전증폭기와 반전 가산회로를 종속접속한 감산회로

그림5.6 감산회로.

그림5.6(a)에서 중첩정리를 이용하면 출력 v_o은

$$v_o = \left(-\frac{R_2}{R_1}\right)v_1 + \left(1 + \frac{R_2}{R_1}\right)v_b \tag{5.12}$$

이다. 또한 비반전 증폭기의 입력 임피던스는 무한대이므로

$$v_b = \left(\frac{R_2}{R_1 + R_2}\right)v_2$$

이고, 따라서

$$\begin{aligned} v_o &= \left(-\frac{R_2}{R_1}\right)v_1 + \left(1 + \frac{R_2}{R_1}\right)\left(\frac{R_2}{R_1 + R_2}\right)v_2 \\ &= \frac{R_2}{R_1}(v_2 - v_1) \end{aligned} \tag{5.13}$$

이다. 즉, 출력은 두 입력신호의 차동전압에 대한 증폭회로이다. 만약 $R_1 = R_2$이면 출력 v_o은 식(5.14)와 같이 두 입력신호의 차동전압이 된다.

$$v_o = v_2 - v_1 \tag{5.14}$$

그림5.6(b)의 회로에서 첫째 단의 반전 증폭기 출력 v_{o1}은 종속접속된 반전 가산 증폭기의 입력 채널 신호가 된다. 따라서

$$\begin{aligned} v_{o1} &= A_{cl1} v_1 \\ &= \left(-\frac{R_{f1}}{R_{i1}} \right) v_1 \end{aligned} \tag{5.15}$$

이고, 반전 가산기의 출력은

$$\begin{aligned} v_o &= \left(-\frac{R_{f2}}{R_{i2}} \right) v_{o1} + \left(-\frac{R_{f2}}{R_{i3}} \right) v_2 \\ &= \left(\frac{R_{i1} R_{f2}}{R_{f1} R_{i2}} \right) v_1 + \left(-\frac{R_{f2}}{R_{i3}} \right) v_2 \end{aligned} \tag{5.16}$$

이고, 만약 $R_{i1} = R_{i2} = R_{i3} = R_{f1} = R_{f2}$ 이면 $v_o = v_1 - v_2$ 이다.

그림5.6(a)의 차동증폭회로는 신호원 저항이 큰 경우에 오차를 발생할 가능성이 있지만, 그림5.7의 회로는 고 입력 임피던스를 갖는 차동증폭회로로서 열전쌍, 인장 게이지, 생체신호 등으로부터의 미약한 신호를 증폭하기 위하여 널리 이용되며 *계장 앰프(instrumentation amp)*로 불린다. 이 회로는 그림5.6(a)의 차동증폭회로의 앞 단에 증폭율을 가변 할 수 있는 비반전 증폭회로를 접속한 것이다. 여기에서 입력 임피던스가 무한대이므로 증폭율을 가변 할 수 있는 차동증폭회로가 가능하다.

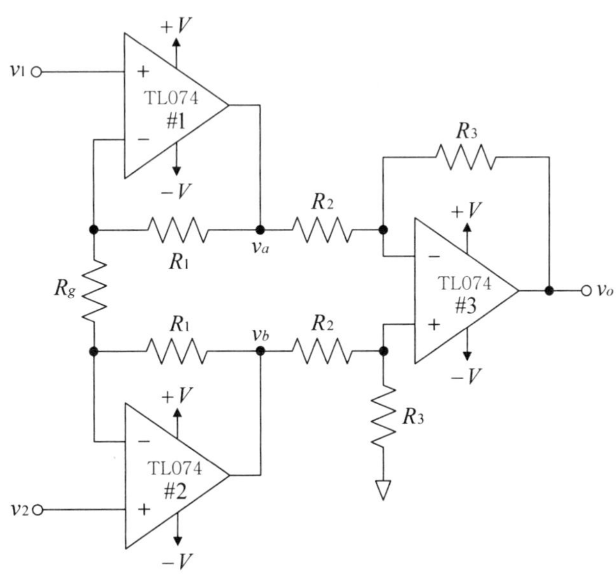

그림5.7 고입력 임피던스 차동증폭회로 (계장 앰프).

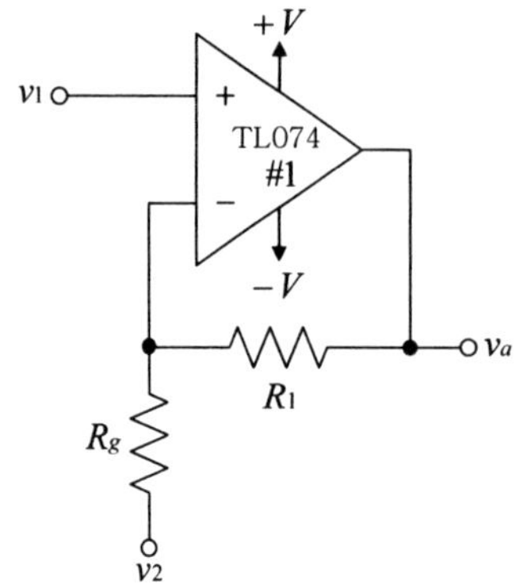

(a) v_a

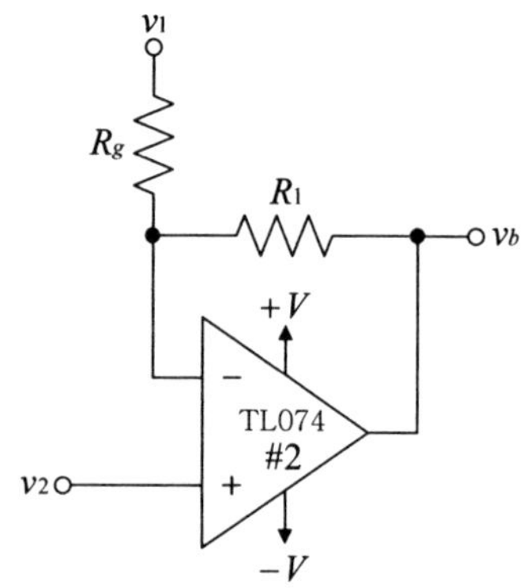

(b) v_b

그림5.8 그림5.7의 고입력 임피던스 차동증폭회로의 해석을 위해 앞 단의 비반전 증폭회로를 분리한다.

즉, 비반전 증폭회로의 비반전 입력단과 반전 입력단은 가상 단락이므로 전 단의 비반전 증폭회로는 그림5.8과 같이 생각할 수 있다. 그림5.8(a)와 그림5.8(b)의 회로에 대하여 각각 중첩정리를 적용하면

$$v_a = \left(1 + \frac{R_1}{R_g}\right)v_1 - \frac{R_1}{R_g}v_2 \tag{5.17a}$$

$$v_b = \left(1 + \frac{R_1}{R_g}\right)v_2 - \frac{R_1}{R_g}v_1 \tag{5.17b}$$

이때, 식(5.13)에 따르면 v_a, v_b에 대한 출력은

$$\begin{aligned} v_o &= \left(\frac{R_3}{R_2}\right)(v_b - v_a) \\ &= \left(\frac{R_3}{R_2}\right)\left(\frac{2R_1 + R_g}{R_g}\right)(v_2 - v_1) \end{aligned} \tag{5.18}$$

이다. $R_g = nR_1$, $R_2 = R_3$이면 식(5.18)은 식(5.19)와 같아진다.

$$v_o = \left(1 + \frac{2}{n}\right)(v_2 - v_1) \tag{5.19}$$

즉, 증폭율을 가변할 필요가 있을 때에는 R_g의 조정만으로 증폭율을 임의로 설정할 수 있다.

5-3 신호처리회로(SCC : Signal Conditioning Circuit)

마이크로컨트롤러 응용 분야에서 일부 센서의 출력은 차동출력을 발생하므로 차동전압을 측정할 수 있는 *신호처리회로(SCC:signal conditioning circuit)*가 필요하며, SCC는 직선의 방정식 $y = mx + b$를 구현할 필요가 있다.

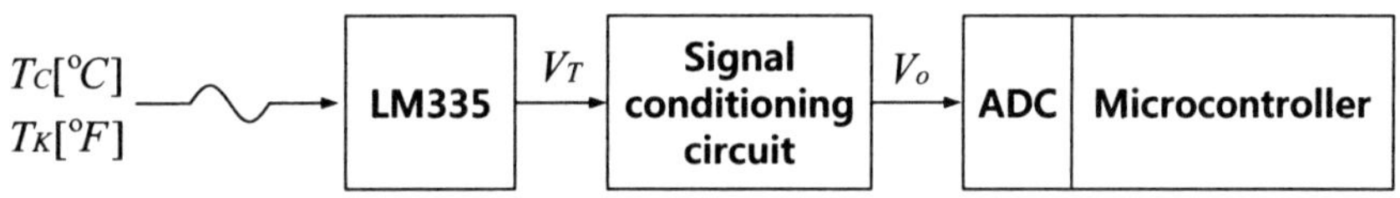

그림5.9 온도에 관한 정보를 마이크로컨트롤러에서 처리하기 위한 시스템의 블록도.

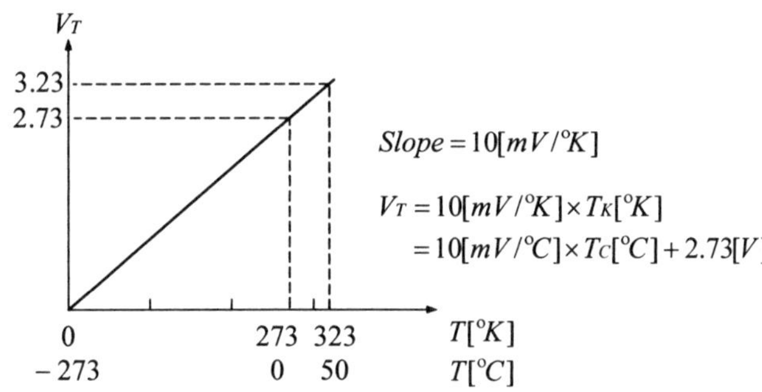

그림5.10 온도센서 LM335의 온도-전압 특성.

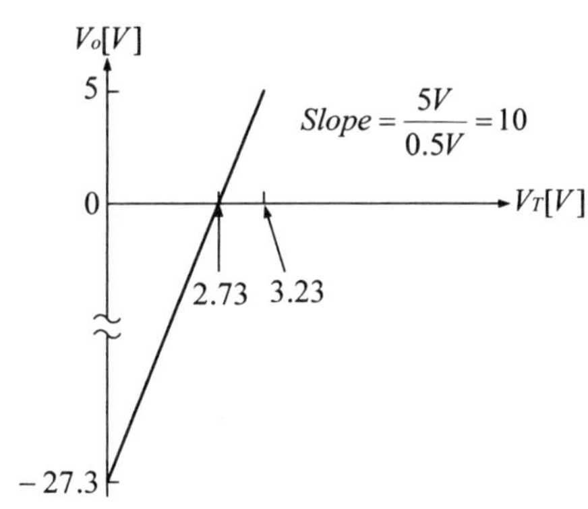

그림5.11 선형으로 동작하는 신호처리회로(SCC)의 특성 그래프.

예를 들어, 그림5.9는 온도를 측정하여 처리하는 시스템의 블록도이며, 신호처리회로는 온도센서 'LM335'로부터 측정된 온도를 마이크로컨트롤러가 처리할 수 있는 전압으로 변환한다. 여기에서 'LM335'는 $-40℃ \sim 100℃$에서 동작하며, 절대온도에 대한 전압의 민감도는 그림5.10과 같이 $+10mV/^\circ K$의 비례관계를 갖는다. 그러므로 *켈빈(Kelvin)* 온도에 대한 LM335의 출력전압은

$$V_T = (10mV/^\circ K) \times T_K \tag{5.20}$$

이고, 273°K(0℃)에서 센서의 출력전압은 그림5.10의 온도-전압 특성 그래프에서 보듯이

$$V_T = (10mV/^\circ\mathrm{K}) \times 273^\circ\mathrm{K} = 2.73\,V$$

이다. 따라서 섭씨(Celsius) 온도에 대한 출력전압은

$$V_T = (10mV/℃) \times T_C + 2.73\,V \tag{5.21}$$

이고, 0℃ 에서 $V_T = 2.73[V]$, 50℃ 에서 $V_T = 3.23[V]$임을 알 수 있다.

만약 0℃ ~ 50℃ 까지의 온도 측정을 목표로 할 때, SCC의 출력은 마이크로컨트롤러가 처리하는 전압의 범위로 변환되어야 한다. 즉, $2.73 \sim 3.23[V]$의 V_T가 $0 \sim 5[V]$의 V_o으로 변환되어야 한다. SCC가 선형으로 동작하도록 설계한다면, $V_T = 2.73[V](T_C = 0℃)$에 대하여 $V_o = 0[V]$, $V_T = 3.23[V](T_C = 50℃)$에 대하여 $V_o = 5[V]$이다. 그림5.11은 이러한 관계를 나타내는 그래프이다.

SCC의 입・출력 특성은 선형관계이므로 다음과 같이 표현된다.

$$y = mx + b$$

$$m = \frac{\Delta V_o}{\Delta V_T} = \frac{(5-0)[V]}{(3.23-2.73)[V]} = 10 \tag{5.22}$$

$$b = -27.3 \mid_{\text{for } (V_T = 3.23,\ V_o = 5)}$$

식(5.22)를 V_T, V_o의 관계로 바꾸어 표현하면

$$V_o = 10\,V_T - 27.3 \tag{5.23}$$

이다. 또한 이를 구현하기 위하여 이득이 10이고, 오프셋이 −27.3인 감산회로를 필요로 한다. 그림5.12는 이득과 오프셋을 독립적으로 조정하기 쉽도록 하기 위하여 그림5.6(b)의 감산회로를 이용하여 설계한 SCC이다.

온도센서 LM335는 제너다이오드로 모델링되며 $400\mu A \sim 5mA$의 전류범위에서 동작하고, R_s는 전류제한 저항이다. 회로에서 출력 V_o는 다음과 같고,

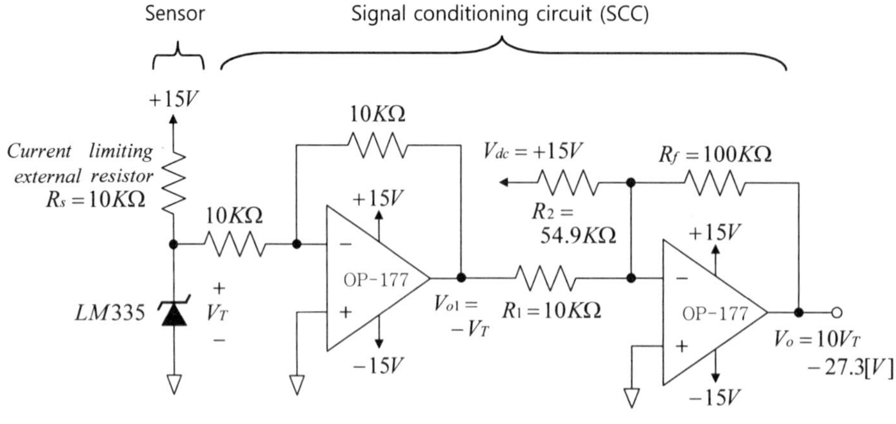

그림5.12 식(5.23)(그림5.11)을 구현하는 신호처리회로.

$$V_o = \left(-\frac{R_f}{R_1}\right)V_{o1} - \left(\frac{R_f}{R_2}\right)V_{dc}$$

$$= \left(\frac{R_f}{R_1}\right)V_T - \left(\frac{R_f}{R_2}\right)V_{dc} \tag{5.24}$$

식(5.23)과 비교하면 $R_f = 10R_1$, $R_2 = R_f V_{dc}/27.3$이다. 따라서 $R_1 = 10[K\Omega]$로 선택하면 $R_f = 100[K\Omega]$이고, $V_{dc} = 15[V]$일 때 $R_2 = 54.9[K\Omega]$이다.

차동형 감산회로(그림5.6(a))를 이용하여 위의 신호처리회로를 설계하는 방법을 생각해보자. 차동형 감산회로(그림5.6(a))로 $V_{o1} = V_T - 2.73[V]$가 되도록 설계하고, 그 결과를 이득이 10인 비반전증폭회로를 이용하여 증폭하도록 한다. 즉,

$$V_o = 10\,V_{o1} = 10(V_T - 2.73))$$

을 만족하는 회로이며, 그 회로는 그림5.13과 같다.

직류전압 $2.73\,V$가 차동형 감산회로의 반전단자로 입력되므로 실제 회로에서는 버퍼회로를 통하여 입력하도록 한다.

그림에서 차동형 감산회로의 출력 V_{o1}은 다음과 같다.

$$V_{o1} = V_T\left(\frac{R_4}{R_3 + R_4}\right)\left(1 + \frac{R_2}{R_1}\right) + 2.73\left(-\frac{R_2}{R_1}\right)$$

$$= V_T\left(\frac{10K\Omega}{10K\Omega + 10K\Omega}\right)\left(1 + \frac{10K\Omega}{10K\Omega}\right) + 2.73\left(-\frac{10K\Omega}{10K\Omega}\right)$$

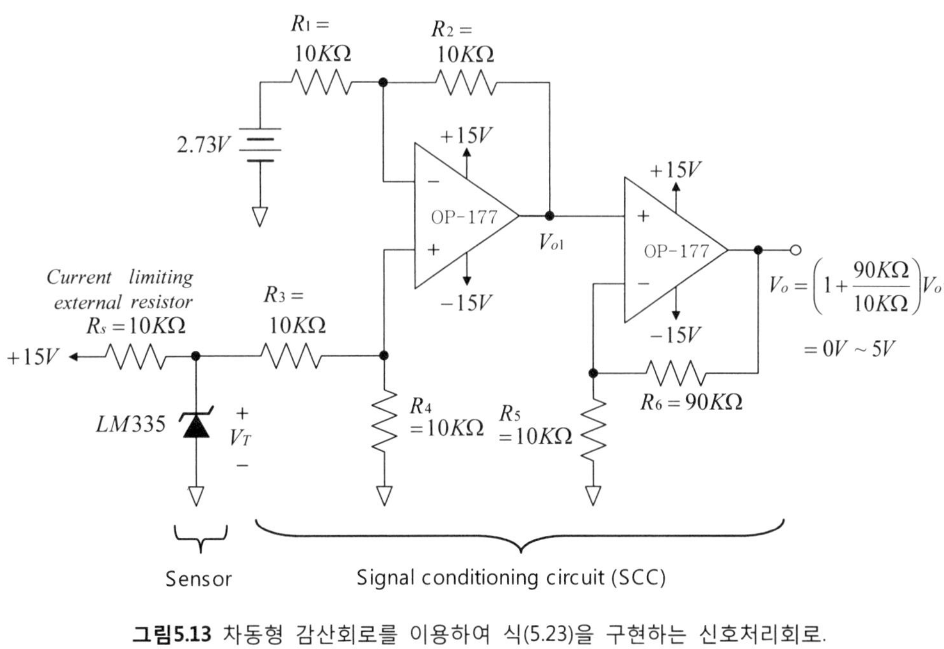

그림5.13 차동형 감산회로를 이용하여 식(5.23)을 구현하는 신호처리회로.

$$= 2V_T - 2.73 \tag{5.25}$$

이다. 그리고 출력은

$$V_o = V_{o1}\left(1 + \frac{R_6}{R_5}\right) = V_{o1}\left(1 + \frac{90K\Omega}{10K\Omega}\right)$$
$$= 10\,V_{o1} = 10(V_T - 2.73)$$
$$= 10\,V_T - 27.3 \tag{5.26}$$

이 된다. 이 회로는 그림5.12의 회로에 비하여 설계가 간단하지만, 직류전압 2.73V를 만들기 위한 추가적인 회로가 필요하다.

5-4 공급 전원의 2배의 출력을 얻는 응용

Op amp의 출력은 공급전원, 더 정확하게는 $\pm V_{sat}$을 초과할 수 없다. 그러나 그림5.6(b)의 차동증폭회로를 이용하여 그 차동출력을 얻으면 $\pm 2V_{sat}$의 큰 진폭을 갖는 신호를 출력할 수 있다. 그림5.13과 같이 v_{o1}과 v_{o2}의 차동출력 $v_o = v_{o1} - v_{o2}$의 피크-피크 크기는 $4|V_{sat}|$이 된다.

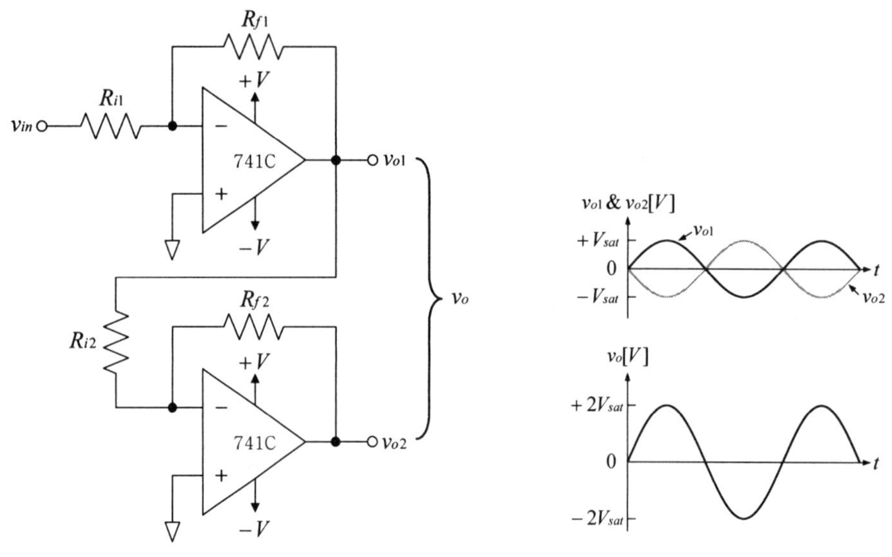

(a) 차동증폭회로의 차동출력 (b) 출력 : $|v_o|_{max} = 2V_{sat}$

그림5.14 차동증폭회로의 차동출력은 최대 2배의 V_{sat} 첨두치까지 얻을 수 있다.

5-5 실험

5-5.1 반전 가산회로

(1) 직류전원 입력

i) 다음 회로를 구성하시오.

$R_1 = 20[K\Omega]$, R_2, R_4, $R_5 = 10[K\Omega]$, $R_3 = 68[K\Omega]$, $R_f = 20[K\Omega]$

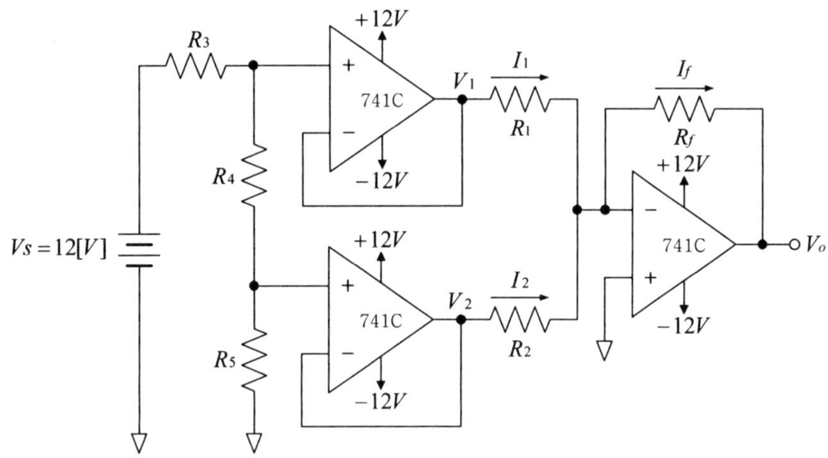

그림5.15 직류전원을 입력으로 하는 2 채널 반전 가산기 실험회로.

ii) 전압 V_1, V_2 및 V_o를 측정하여 기록하시오.

$V_1 = \dfrac{R_4 + R_5}{R_3 + R_4 + R_5} V_s =$ __________ $[V]$: 이론값, $V_1 =$ __________ $[V]$: 측정값

$V_2 = \dfrac{R_5}{R_3 + R_4 + R_5} V_s =$ __________ $[V]$: 이론값, $V_2 =$ __________ $[V]$: 측정값

iii) 출력 V_o을 측정하여 기록하시오.

$V_o =$ ______________ $[V]$: 이론값, $V_o =$ ______________ $[V]$: 측정값

iv) 전류 I_1, I_2, I_f를 측정하시오.

$I_1 = \dfrac{V_1}{R_1} =$ ____________ $[A]$: 이론값, $I_1 =$ ____________ $[A]$: 측정값

$I_2 = \frac{V_2}{R_2} =$ ____________ $[A]$: 이론값, $I_2 =$ ____________ $[A]$: 측정값

$I_f = I_1 + I_2 =$ ____________ $[A]$: 이론값, $I_f =$ ____________ $[A]$: 측정값

(2) 다중 채널 입력에 대한 등화 및 가산

i) 다음 회로를 구성하시오.

$R_1 = 20[K\Omega]$, R_2, R_3, R_4, $R_5 = 10[K\Omega]$, $R_f = 20[K\Omega]$

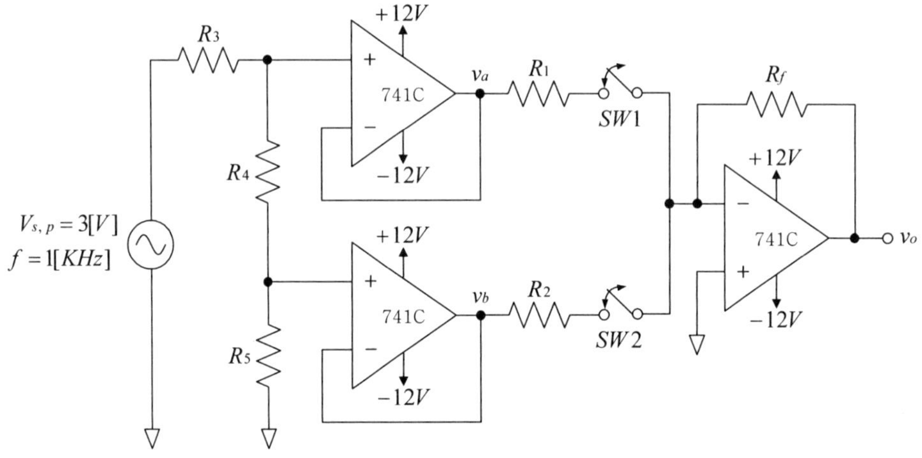

그림5.16 다중 채널 신호의 등화 및 가산기 실험회로.

ii) $SW2$를 개방하고, $SW1$은 닫은 후 v_a와 v_o을 측정하여 기록하시오.

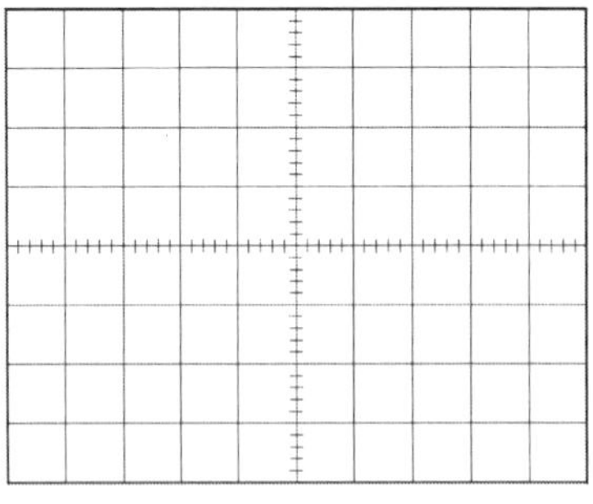

Time div : ________

Volt div

CH 1 (v_a) : ________

CH 2 (v_o) : ________

① SW2 open 시, 가산기의 입력신호

$$V_{a,p}\big|_{SW2\ open} = \frac{R_4 + R_5}{R_3 + R_4 + R_5} V_{s,p} = \underline{\qquad\qquad\qquad} [V] \text{ : 이론값}$$

$V_{a,p}|_{SW2\ open} =$ ______________ $[V]$: 측정값

② SW2 open 시, 가산기의 출력신호

$V_{o,p}|_{SW2\ open} = \left(-\dfrac{R_f}{R_1}\right)V_{a,p} =$ ______________ $[V]$: 이론값

$V_{o,p}|_{SW2\ open} =$ ______________ $[V]$: 측정값

iii) $SW1$을 개방하고, $SW2$는 닫은 후 v_b와 v_o을 측정하여 기록하시오.

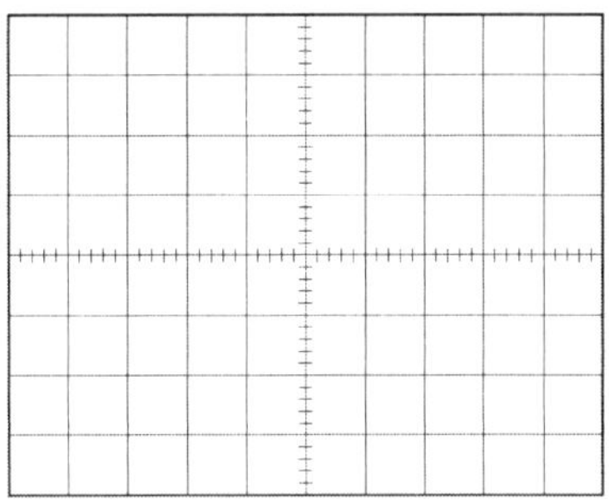

Time div : ________

Volt div

CH 1 (v_b) : ________

CH 2 (v_o) : ________

① SW1 open 시, 가산기의 입력신호

$V_{b,p}|_{SW1\ open} = \dfrac{R_5}{R_3 + R_4 + R_5} V_{s,p} =$ ______________ $[V]$: 이론값

$V_{b,p}|_{SW1\ open} =$ ______________ $[V]$: 측정값

② SW1 open 시, 가산기의 출력신호

$V_{o,p}|_{SW1\ open} = \left(-\dfrac{R_f}{R_2}\right)V_{b,p} =$ ______________ $[V]$: 이론값

$V_{o,p}|_{SW1\ open} =$ ______________ $[V]$: 측정값

iv) $SW1$과 $SW2$를 모두 닫은 후 v_o을 측정하여 기록하시오.

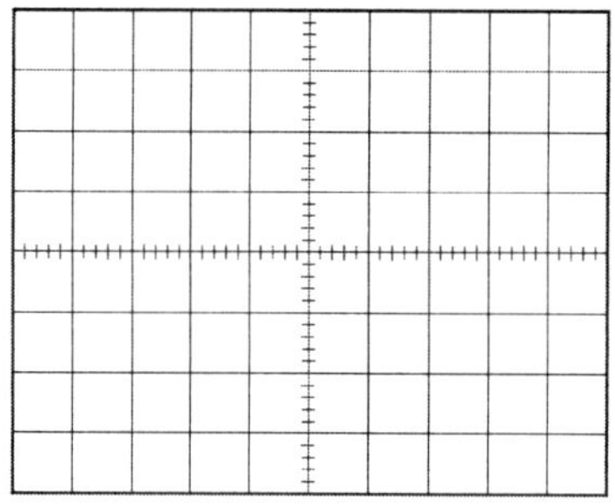

Time div : ________

Volt div

CH 1 (v_o) : ________

$$V_{o,p} = \left(-\frac{R_f}{R_1}\right)V_{a,p} + \left(-\frac{R_f}{R_2}\right)V_{b,p} = \underline{\qquad\qquad\qquad\qquad} [V] \text{ : 이론값}$$

$$V_{o,p} = \underline{\qquad\qquad\qquad} [V] \text{ : 실험값}$$

v) ii)~iv)의 실험과정을 비교하여 설명하시오.

5-5.2 비반전 가산회로

i) 다음 회로를 구성하시오.

$R_1, R_2, R_3, R_3, R_4, R_6, R_7 = 10[K\Omega]$

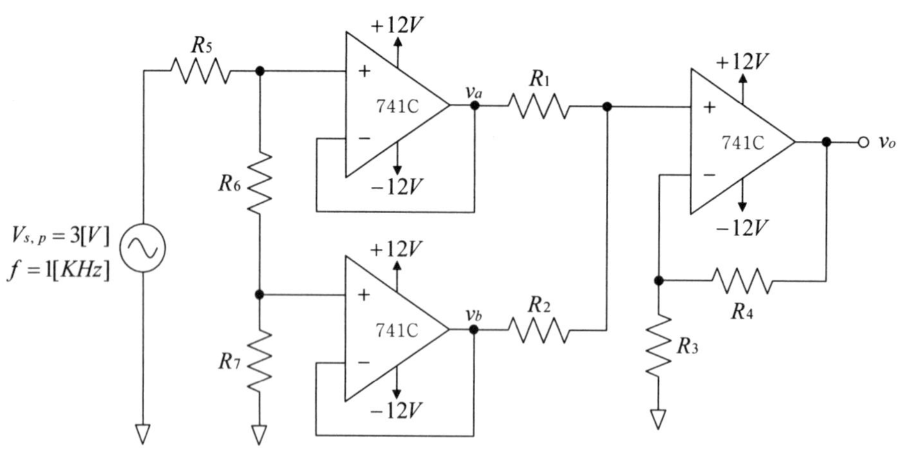

그림5.17 비반전 가산기 실험회로.

ii) v_a & v_b 및 v_o을 측정하여 기록하시오.

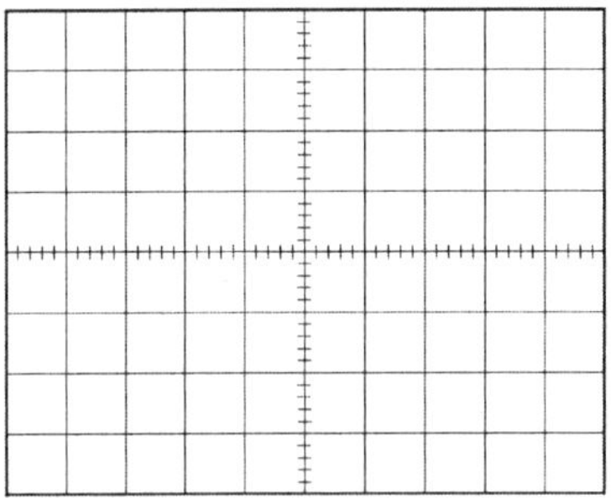

Time div : ______

Volt div

CH 1 (v_a) : ______ CH 2 (v_b) : ______

(a) v_a & v_o

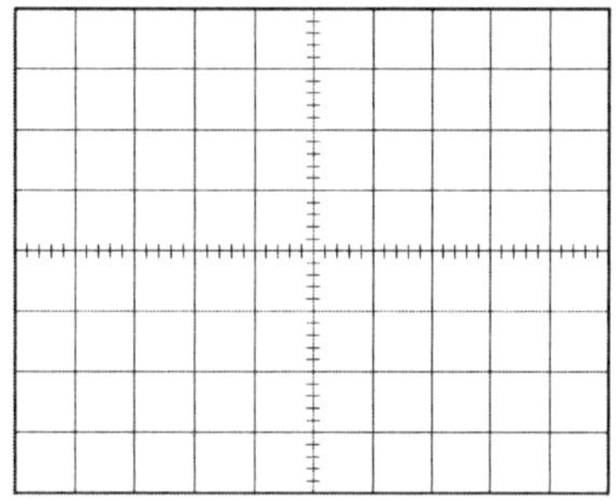

Time div : ______

Volt div

CH 1 (v_o) : ______

(b) v_o

$V_{a,p}=$ ______________ $[V]$, $V_{b,p}=$ ______________ $[V]$

$V_{o,p}=$ ______________ $[V]$: 이론값, $V_{o,p}=$ ______________ $[V]$: 측정값

5-5.3 단-전원(single supply)으로 구동하는 op amp

i) 다음 회로를 구성하시오.

$R_1=R_2=R_3=10[K\Omega]$, $R_4=20[K\Omega]$, $VR=1K\Omega$

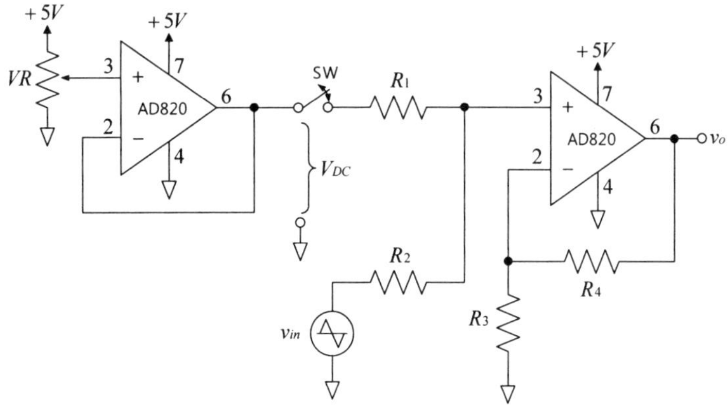

그림5.18 단-전원으로 구동하는 op amp

ii) 입력신호 v_{in}의 피크를 $200mV$, 주파수를 $10KHz$가 되도록 조정하고, 오실로스코프의 coupling을 DC coupling으로 맞추시오.

iii) 스위치를 열고 출력 v_o을 측정하시오.

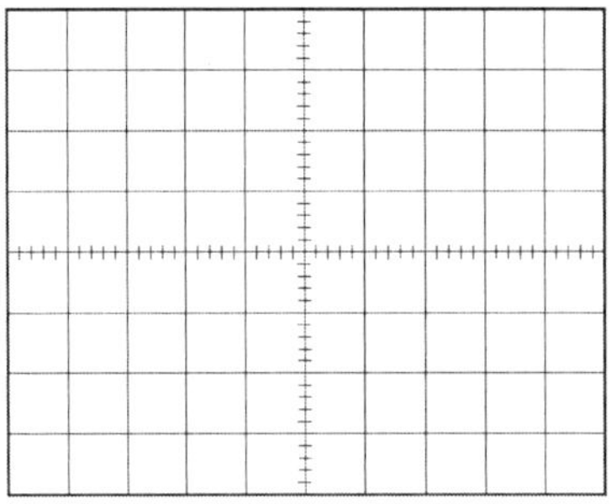

Time div : _______

Volt div

CH 1 (v_o) : _______

iv) 파형의 전 구간이 증폭되었는지 확인하고, 만약 전 구간이 증폭되지 않았다면 그 이유를 설명하시오.

v) 스위치를 열고 $V_{DC} = 200mV$가 되도록 가변저항을 조정하시오.

vi) 스위치를 닫은 후, 출력 v_o을 측정하시오.

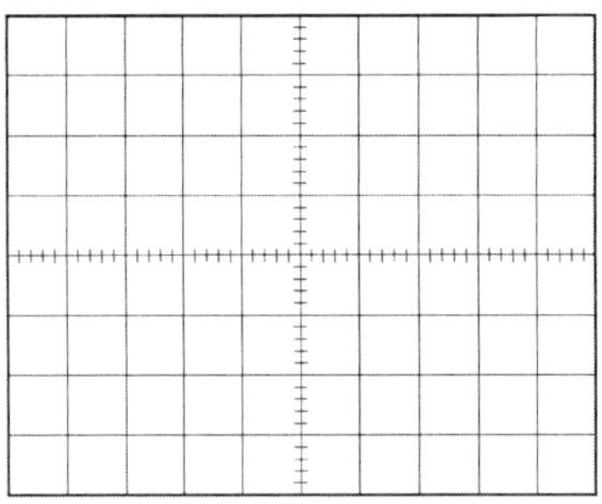

Time div : _______

Volt div

CH 1 (v_o) : _______

vii) V_{DC} 가 $200mV$보다 작아지는 방향으로 가변저항을 조정하면서 출력파형의 변화를 관찰하고, 그 결과를 적으시오.

viii) 가변저항을 과정 vii)과 반대 방향으로 조정하면서 출력파형의 변화를 관찰하고, 그 결과를 적으시오.

5-5.4 감산회로

(1)감산회로 1

i) 다음 회로를 구성하시오.

$R_1 = 10[K\Omega] \times 2,\ R_2 = 10[K\Omega] \times 2,\ 20[K\Omega] \times 2,\ R_3 = R_4 = R_5 = 10[K\Omega]$

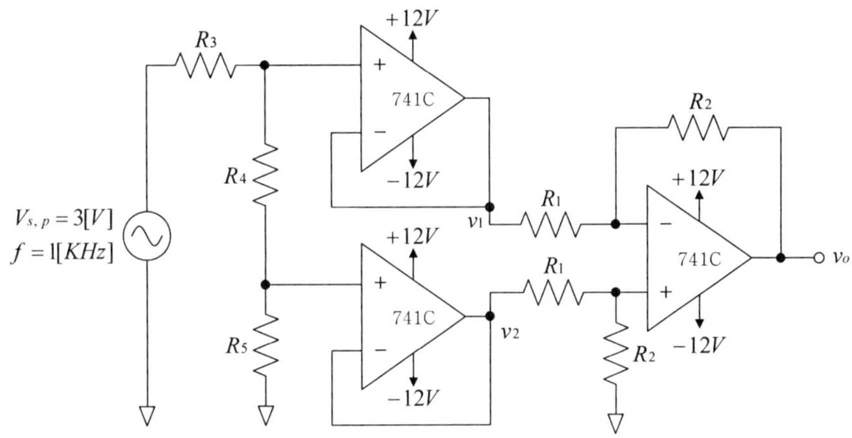

그림5.19 차동증폭회로(감산회로)의 실험회로.

ii) v_1과 v_2를 측정하여 기록하시오.

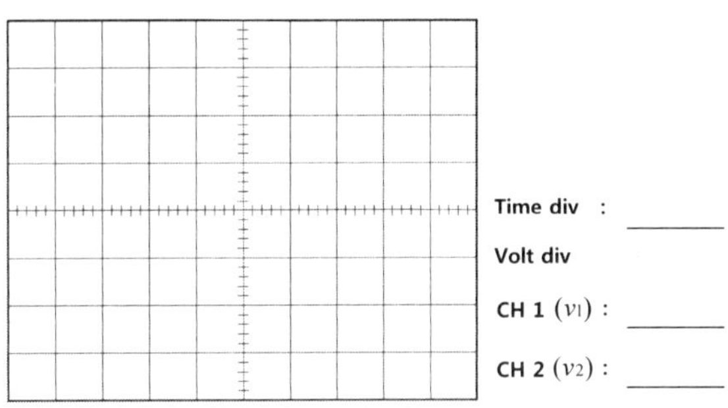

< v_1 & v_2 >

$V_{1,p} =$ ____________ $[V]$, $V_{2,p} =$ ____________ $[V]$

iii) v_o을 측정하여 기록하시오.

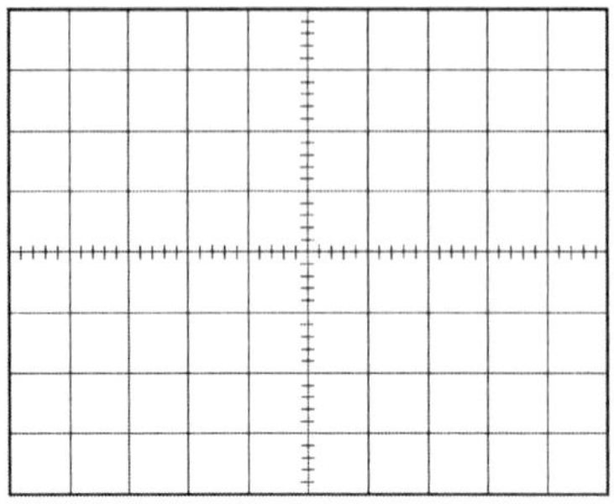

Time div : ________

Volt div

CH 1 (v_o) : ________

$$V_{o,p} = \frac{R_2}{R_1}(V_{2,p} - V_{1,p}) = \underline{\qquad\qquad} \ [V] \ : \text{이론치}$$

$$V_{o,p} = \underline{\qquad\qquad} \ [V] \ : \text{측정치}$$

iv) R_2를 $20[K\Omega]$로 교체한 후 v_o을 측정하여 기록하시오.

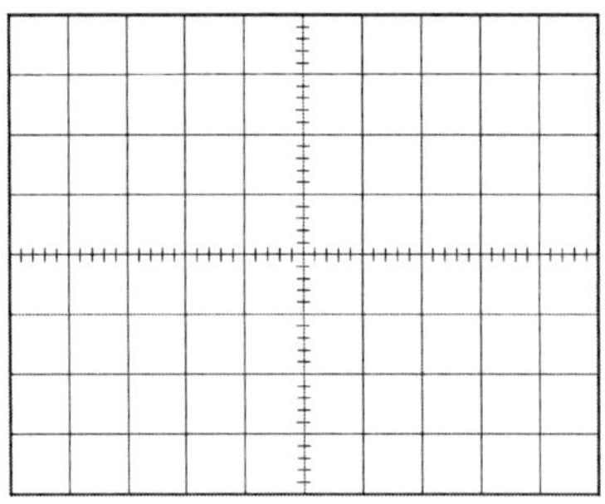

Time div : ________

Volt div

CH 1 (v_o) : ________

$$V_{o,p} = \frac{R_2}{R_1}(V_{2,p} - V_{1,p}) = \underline{\qquad\qquad} \ [V] \ : \text{이론치}$$

$$V_{o,p} = \underline{\qquad\qquad} \ [V] \ : \text{측정치}$$

(2) 감산회로2

i) 다음 회로를 구성하시오.

$R_1 = R_2 = R_3 = R_4 = R_5 = R_6 = R_7 = R_8 = 10[K\Omega]$

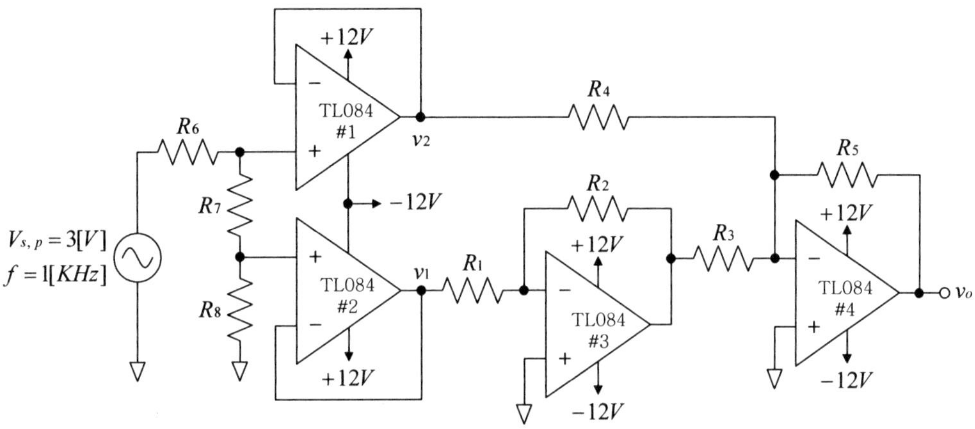

그림5.20 차동증폭회로(감산회로)의 실험회로.

ii) v_1과 v_2를 측정하여 기록하시오.

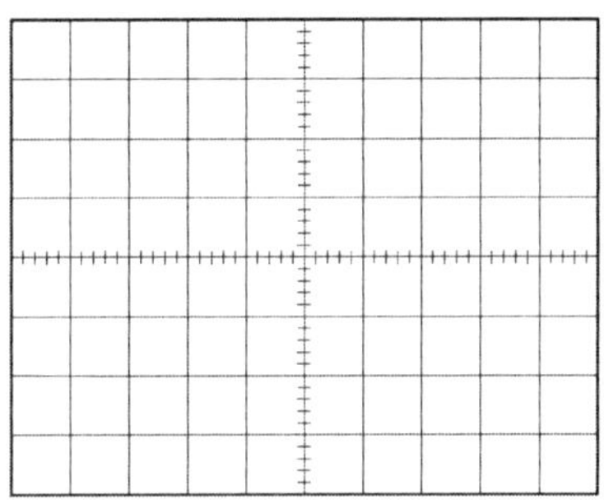

Time div : ______

Volt div

CH 1 (v_1) : ______

CH 2 (v_2) : ______

v_1 & v_2

$V_{1,p} =$ ____________________ $[V]$, $V_{2,p} =$ ____________________ $[V]$

iii) v_o을 측정하여 기록하시오.

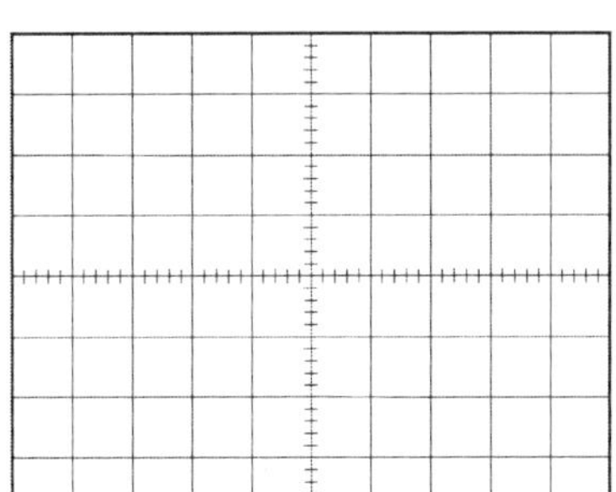

Time div : ______

Volt div

CH 1 (v_o) : ______

$V_{o,p} = (V_{1,p} - V_{2,p}) =$ __________ $[V]$: 이론치, $V_{o,p} =$ __________ $[V]$: 측정치

5-5.5 신호처리회로($y = mx + b$)

i) 다음 회로를 구성하시오. LM335의 핀 배치는 그림5.22와 같다.
$R_1 = R_2 = R_3 = R_4 = 10[K\Omega]$, $R_5 = 54.9[K\Omega](1\%)$, $R_6 = 100[K\Omega]$

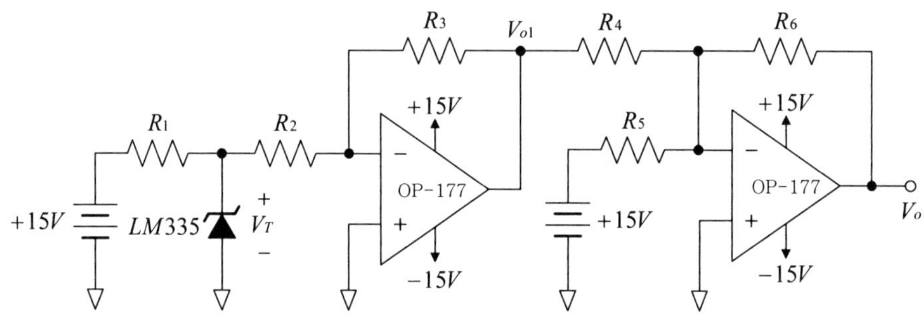

그림5.21 측정온도의 신호처리회로(SCC)에 대한 실험회로.

ii) V_T, V_{o1}, V_o을 측정하여 그 값을 기록하시오.

$V_T =$ ____________ $[V]$, $V_{o1} =$ ____________ $[V]$, $V_o =$ ____________ $[V]$

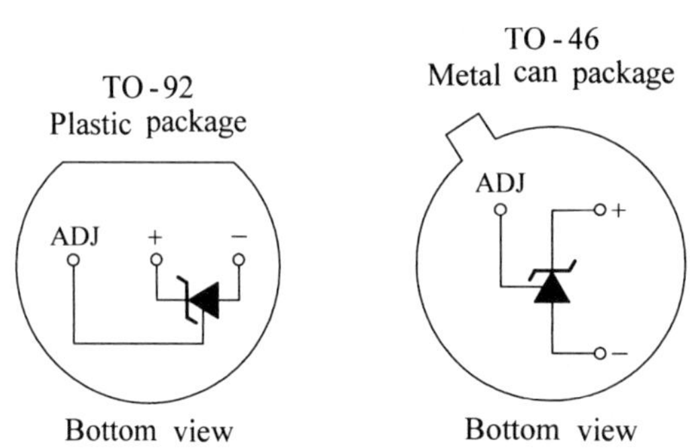

그림5.22 온도센서 LM335의 핀배치.

iii) 헤어드라이어로 온도센서를 가열하면서 오실로스코프를 이용하여 출력전압 V_o를 관측하고, 그 변화를 설명하시오.

<u>설명</u> :

5-5.6 계장 앰프

i) 다음 회로를 구성하시오.

$R_1 = 10[K\Omega] \times 2$, $R_2 = 10[K\Omega] \times 2$, $R_3 = 100[K\Omega] \times 2$, $R_4 = R_5 = R_6 = 10[K\Omega]$, $VR = 10[K\Omega]$

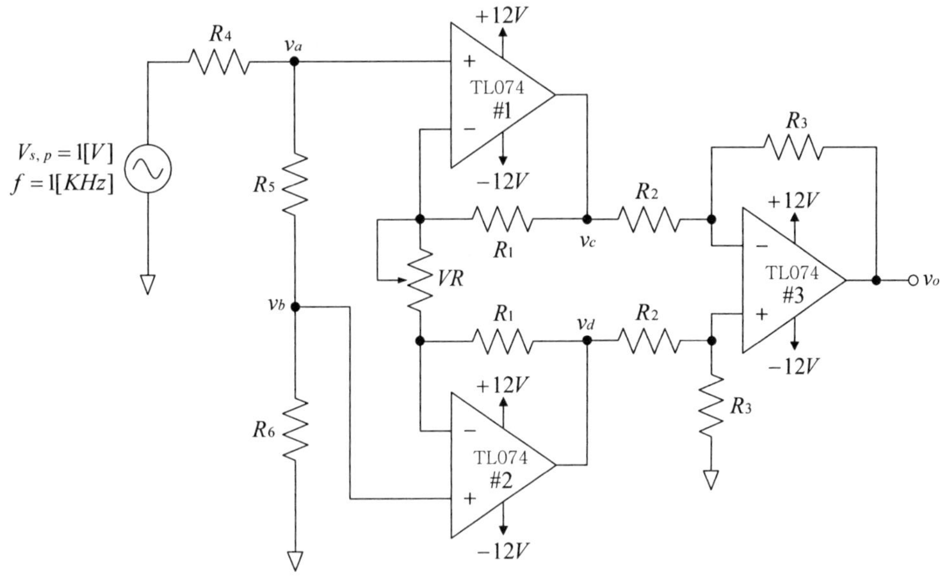

그림5.23 계장 앰프의 실험회로.

$V_{a,p} =$ ____________ $[V]$, $V_{b,p} =$ ____________ $[V]$

ii) VR을 회로에서 분리하여 $2[K\Omega]$이 되도록 조정한 후, 다시 회로에 결합하시오.

iii) v_c 및 v_d를 측정하여 이론값(식(5.17) 참조)과 비교하시오.

$V_{c,p} =$ ____________ $[V]$, $V_{d,p} =$ ____________ $[V]$: 이론값

$V_{c,p} =$ ____________ $[V]$, $V_{d,p} =$ ____________ $[V]$: 측정값

iv) v_o을 측정하여 기록하시오.

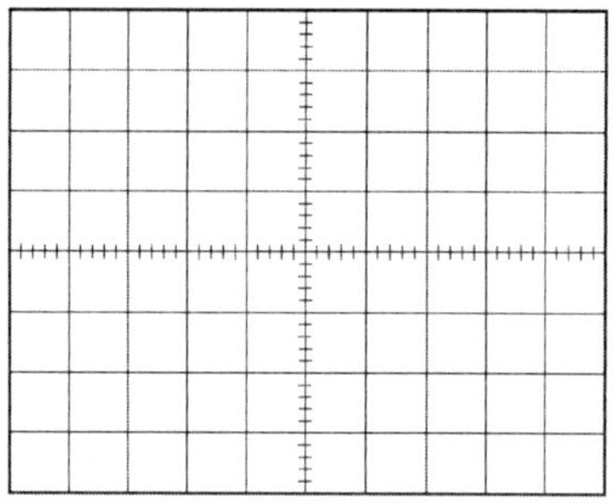

Time div : ______

Volt div

CH 1 (v_s) : ______

CH 2 (v_o) : ______

$V_{o,p}=$__________$[V]$: 이론값, $V_{o,p}=$__________$[V]$: 측정값

v) VR을 회로에서 분리하여 $5[K\Omega]$가 되도록 조정한 후, 다시 회로에 결합하시오. 그리고 v_c 및 v_d를 측정하여 이론값(식(5.17) 참조)과 비교하시오.

$V_{c,p}=$____________$[V]$, $V_{d,p}=$____________$[V]$: 이론값

$V_{c,p}=$____________$[V]$, $V_{d,p}=$____________$[V]$: 측정값

iv) v_o을 측정하여 기록하시오.

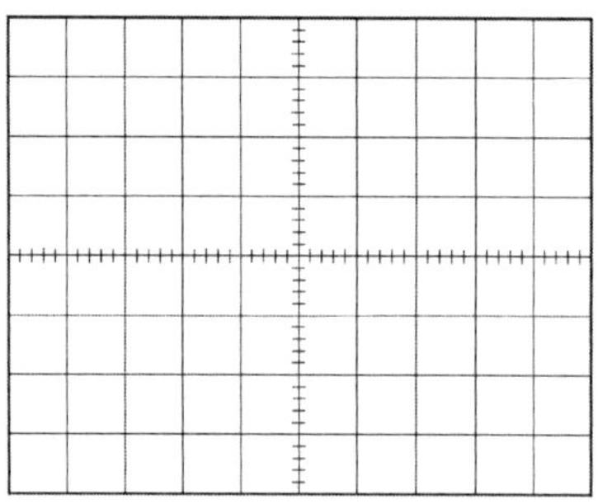

Time div : ______

Volt div

CH 1 (v_s) : ______

CH 2 (v_o) : ______

$V_{o,p}=$__________$[V]$: 이론값, $V_{o,p}=$__________$[V]$: 측정값

6장 적분회로 및 미분회로

6-1 적분회로

적분 및 미분회로는 op amp와 저항, 커패시터로 구성되며, 먼저 그림6.1(a)의 $R-C$회로의 동작을 살펴보도록 하자. 잘 알고 있는 바와 같이, 이 때 구형파 입력이 $|v_s(t)| = +V_s$이면 커패시터의 충전 전압은 $v_C(t) = V_s(1-\exp(-t/RC))$이고, $v_C(t) = +V_s$될 때까지 지수함수적(exponentially)으로 증가한다. 또한, $|v_s(t)| = -V_s$이면 $v_C(t) = V_s\exp(-t/RC)$ 이고 $v_C(t) = -V_s$될 때 까지 지수함수적으로 감소한다.

회로에 흐르는 전류는 $i_C(t) = i_R(t) = C(dv_C(t)/dt)$이므로 $v_s(t)$, $v_C(t)$, $i_C(t)$의 관계는 그림6.1(b)와 같다. $v_C(t)$가 증가함에 따라 충전되는 전하의 양이 줄어므로 전류 $i_C(t)$는 지수함수적으로 감소하고, $v_C(t)$가 감소하면 그 반대의 동작을 한다. 그리고 시상수 $\tau = RC$가 클수록 $v_C(t)$의 증가 및 감소는 선형에 가까워지고 구형파의 입력신호에 대하여 출력은 적분 동작을 하게 된다. 이에 대하여 op amp와 R, C로 구성된 그림6.2의 회로를 살펴보자.

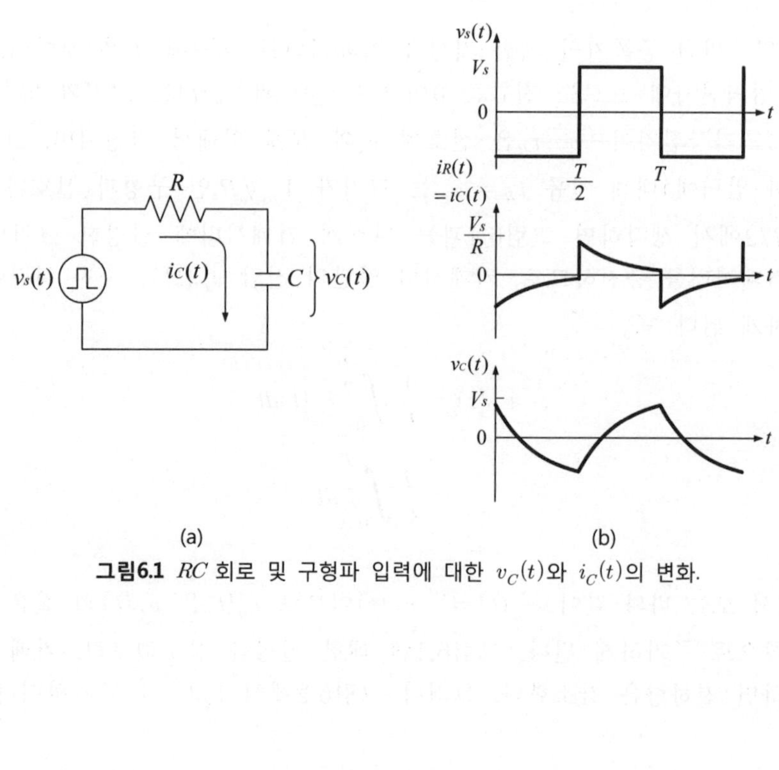

그림6.1 RC 회로 및 구형파 입력에 대한 $v_C(t)$와 $i_C(t)$의 변화.

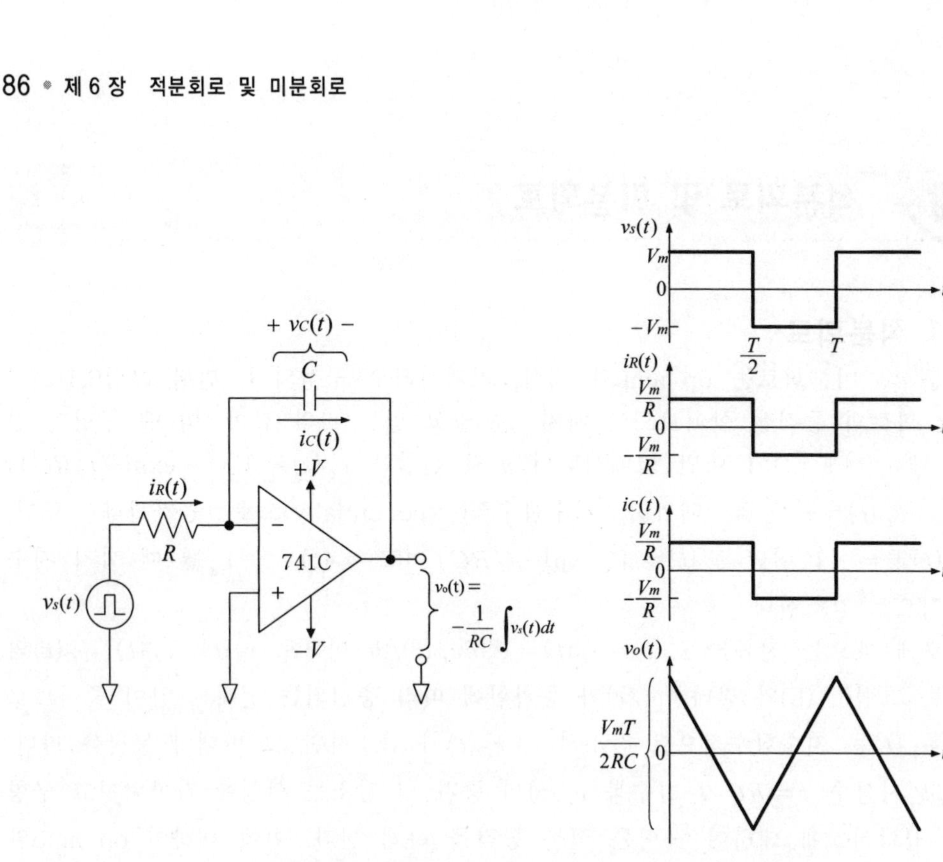

그림6.2 op amp를 이용한 적분회로 및 구형파 입력에 대한 동작.

이 회로는 반전 증폭기의 궤환 저항을 커패시터로 대치해 놓은 것이며, op amp의 반전 입력단자에 흐르는 전류는 0이므로 $i_R(t)$과 $i_C(t)$는 크기와 방향이 같다. 반전단자는 가상접지이므로 i_R은 신호원 v_s와 R에 의해서 결정되며, 크기가 V_m인 구형파 입력에 대해 전류 $i_R = i_C$는 크기가 V_m / R인 구형파 신호가 된다. 구간 $0 \sim T/2$에서 생각하면 그림6.1과는 다르게 커패시터에 일정한 크기의 전류가 흐르며 커패시터를 충전하므로, 커패시터 양단의 전압 $v_C(t)$는 충전 시간에 비례하여 증가하게 된다. 즉,

$$
\begin{aligned}
v_C(t) &= \frac{1}{C}\int_0^{\frac{T}{2}} i_C(t)dt \\
&= \frac{I}{C}\int_0^{\frac{T}{2}} dt \qquad (6.1)
\end{aligned}
$$

이다.

그림에서 보는 바와 같이, $v_o(t) = -v_C(t)$이므로 $v_o(t)$은 $v_C(t)$와 같은 비율로써 반대 방향으로 증가하게 된다. 그림6.1에 대한 설명을 참조해보라. 커패시터 전압이 증가하면 전하량은 감소한다. 그러나 그림6.2에서 $v_C(t)$가 증가하더라도 $i_C(t)$

가 일정하기 위해서는 $v_o(t)$는 $i_C(t)$가 감소하는 비율만큼 반대 방향으로 전하를 공급하는 것이다.

반전 입력단자의 전위를 v_-로 표기하고 그 점에 KCL을 적용하면 $i_R - i_C = 0$ 이므로

$$\frac{v_s - v_-}{R} - C\frac{d(v_- - v_o)}{dt} = 0 \tag{6.2}$$

이고, 반전단자는 가상접지이므로 $v_- = 0$이다. 따라서

$$v_o = -\frac{1}{RC}\int v_s dt \tag{6.3}$$

이고, 출력 $v_o(t)$는 입력 $v_s(t)$를 적분한 결과를 시상수 $\tau = RC$로 나눈 값이다. '-'부호는 180° 의 위상차를 나타낸다.

정현파 입력에 대한 출력은 어떻게 될 것인가? 우리가 예상하는 바와 같이 그 출력은 여현파이고 입력과 출력의 파형은 그림6.3과 같다.

구형파와 정현파 입력에 대한 출력 파형의 크기는 각각 다음과 같다.

$$|v_{o,p-p}| = \left| -\frac{1}{RC}\int_0^{\frac{T}{2}} V_m\, dt \right| = \frac{V_m T}{2RC} \quad \text{for rectangular wave input} \tag{6.4a}$$

$$|v_{o,p-p}| = \left| -\frac{1}{RC}\int_0^{\frac{T}{2}} V_m \sin\omega t dt \right| = \frac{2V_m}{\omega RC} \quad \text{for sine wave input} \tag{6.4b}$$

적분기는 이러한 정현파 입력신호에 대하여 낮은 주파수의 신호는 통과하고 높은 주파수의 신호는 통과하지 못하는 저역통과 필터(추후 14장에서 다룬다) 동작을 한다.

만약, 신호에 직류신호가 중첩되어 있거나 혹은 DC 오프셋에 대하여 궤환 경로의 커패시터는 개방회로로 동작하게 되므로 결국, 출력은 전원전압 $+V$ 혹은 $-V$로 포화된다.

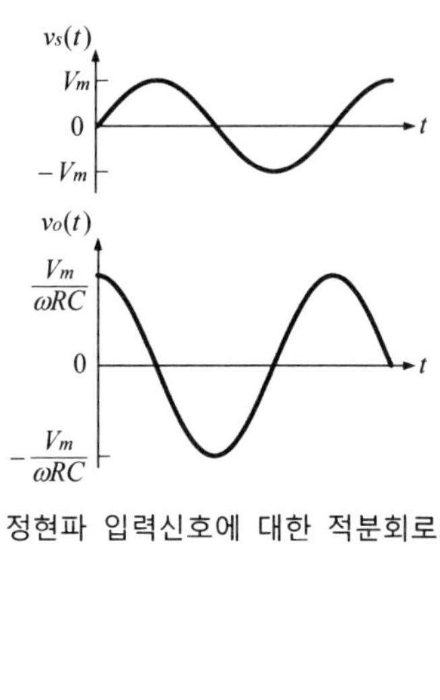

그림6.3 정현파 입력신호에 대한 적분회로의 출력.

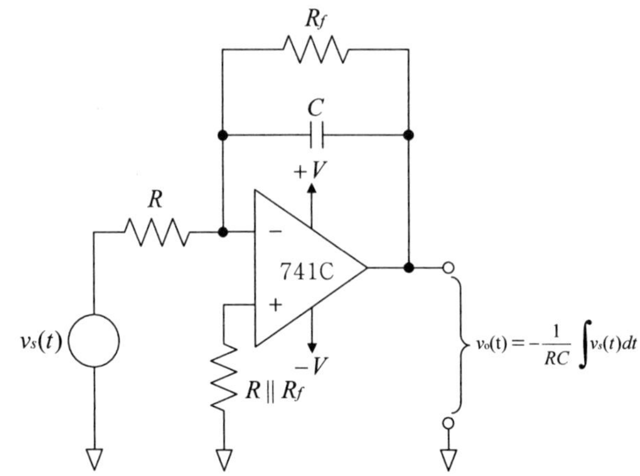

그림6.4 손실 적분회로.

이러한 문제점을 해결하기 위하여 그림6.4와 같이 궤환 경로의 커패시터와 병렬로 큰 저항값을 갖는 R_f(일반적으로 $R_f \geq 10R$)를 접속하면 실제적인 적분회로를 구성할 수 있으며, 커패시터와 저항의 병렬접속으로 인해 이상적인 커패시터와 달리 전력을 소비하는 실제적인 커패시터와 같이 동작하므로 이를 *손실 적분기 (lossy integrator)* 라 부른다. 비반전 단자의 $R \| R_f$은 오프셋 감소를 위한 저항이다.

그림6.2의 적분회로에서 $R = X_C$일 때의 이득은 $0[dB]$이고, 이때의 주파수 f_1은 식(6.5)와 같다.

$$f_1 = \frac{1}{2\pi RC} \tag{6.5}$$

그리고 그림6.4의 수정된 회로가 적분기로 동작하기 위해서는 $R_f \gg X_C$이어야 하므로, $f_2 = 1/(2\pi R_f C)$이라면 적분기로 동작하기 위한 조건을 만족하는 주파수 관계는 식(6.6)과 같다.

$$f \gg f_2 = \frac{1}{2\pi R_f C} \tag{6.6}$$

이것을 보드선도에 표시하면 그림6.5와 같고, 그림6.4의 회로가 적분기로 동작하기 위한 주파수 대역은 $f_2 < f < f_1$ 임을 의미한다. $f = f_2$인 주파수가 적분기의 차단 주파수이며 f_2보다 충분히 높은 주파수 신호에 대한 이득은 이상적인 이득과 같이 $-20dB/dec$의 비율로 감소하고, f_2보다 낮은 주파수 신호에 대한 이득은 R_f/R인 DC 값에 가까워진다. 특히, DC 입력에 대하여 이득이 R_f/R인 반전 증폭기로 동작하여 출력이 포화되는 것을 방지한다.

시상수에 대하여 살펴보면 식(6.6)의 조건을 만족하기 위하여 시상수 $\tau_2 = R_f C$

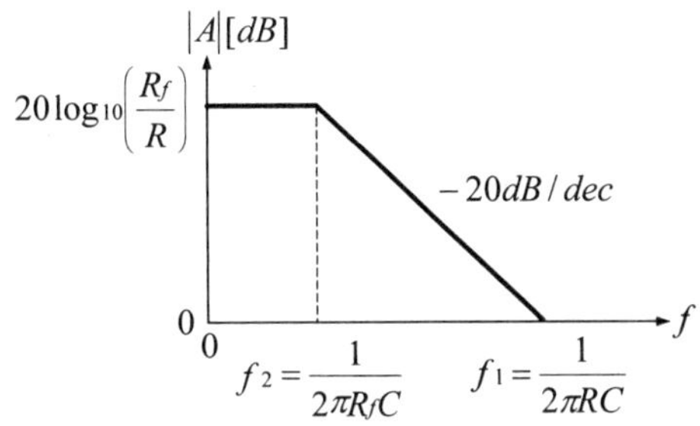

그림6.5 손실 적분회로의 주파수 특성.

가 신호의 주기 T보다 커야 한다.

덧셈회로를 이용하면 다음의 선형 적분함수를 실현하는 적분회로를 설계할 수 있다.

$$y(t) = -\int \{a_1 x_1(t) + a_2 x_2(t) + ... + a_n x_n(t)\} dt$$

6-2 미분회로

전자회로에서 미분동작은 전압이나 전류의 크기와 관계없이 단위 시간당 얼마만큼의 전압이나 전류가 증감 했는지에 대한 변화율을 구하는 것이며, 미분회로는 그 변화율의 + · − 및 변화율의 대소를 검출하는 목적을 가진다.

미분회로 및 삼각파 입력에 대한 동작은 그림6.6과 같고, 그림6.2의 적분회로와 비교하면 저항과 커패시터의 위치가 바뀌어 있다.

신호입력 $v_s(t)$가 삼각파일 때 회로의 동작을 살펴보자.

커패시터가 신호원과 가상접지 사이에 접속되어 있으므로 $v_c(t)$는 $v_s(t)$와 같은 비율로 증가 또는 감소한다. 따라서 $i_C(t)$는 일정하게 되고, $i_C(t) = i_R(t)$이다.

$$i_C(t) = C\frac{dv_C(t)}{dt}$$

$$\Delta t = \frac{T}{2}$$

$$\Delta V_C = 2V_m$$

이므로 $i_C(t)$의 크기는

$$|i_C(t)| = I_C = \frac{4CV_m}{T} \tag{6.7}$$

이고, 출력신호의 크기는

$$V_o = RI_R = RI_C = \frac{4RCV_m}{T} \tag{6.8}$$

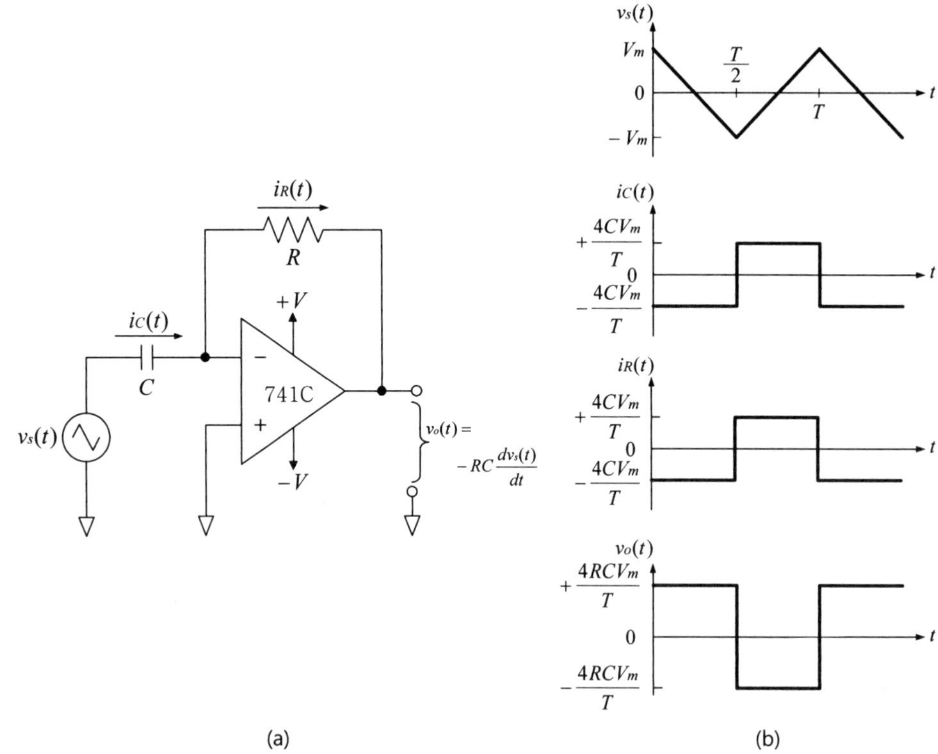

그림6.6 미분회로 및 삼각파 입력에 대한 미분회로의 동작.

이다.

반전단자 입력을 v_-로 정의하고 이 점에 KCL을 적용하면 $i_C - i_R = 0$이므로

$$C\frac{d(v_s - v_-)}{dt} - \frac{v_- - v_o}{R} = 0 \tag{6.9}$$

이다. v_-는 가상접지의 전위이고 0이므로 출력 v_o은 다음 식과 같고,

$$v_o(t) = -RC\frac{dv_s(t)}{dt} \tag{6.10}$$

출력 $v_o(t)$는 입력신호 $v_s(t)$의 변화율에 비례한다.

삼각파 입력에 대한 출력 $v_o(t)$의 크기는 $\Delta v_s(t) = 2V_m$이고, $\Delta t = T/2$이므로

$$|v_o(t)| = V_o = \frac{4RCV_m}{T} \tag{6.11}$$

이고, 식(6.8)의 결과와 같다.

미분의 결과는 기울기이며, 기울기는 (+) 혹은 (-) 방향을 가지므로, 삼각파 입력이 일정한 DC값 만큼 드리프트 되어있다 하더라도 미분기의 출력결과는 항상 $\pm V_{o,p}$의 결과를 나타낸다. 다음의 예제를 살펴보자.

<예제>

그림6.6의 미분기 회로의 입력이 다음과 같다. $R=10[K\Omega]$, $C=0.1[\mu F]$일 때, 그 크기를 구하고 출력파형을 완성하시오.

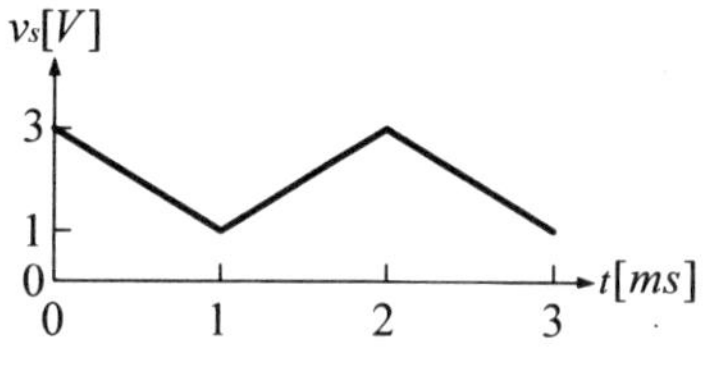

<해>

i) $0 \sim 1[ms]$구간에서 기울기는

$$\frac{\Delta v_s(t)}{\Delta t} = -\frac{2[V]}{1[ms]} = -2[V/ms]$$

이고,

$$v_o(t) = -RC\frac{dv_{in}(t)}{dt} = -10^4 \times 0.1 \times 10^{-6} \times (-2{,}000) = 2[V]$$

이다.

ii) $1 \sim 2[ms]$구간에서 기울기는

$$\frac{\Delta v_s(t)}{\Delta t} = \frac{2[V]}{1[ms]} = 2[V/ms]$$

이고,

$$v_o(t) = -RC\frac{dv_s(t)}{dt} = -10^4 \times 0.1 \times 10^{-6} \times 2{,}000 = -2[V]$$

이다.

따라서 출력파형은 다음과 같다.

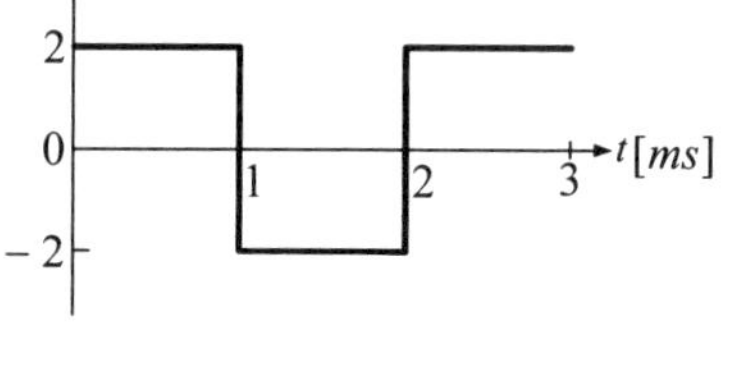

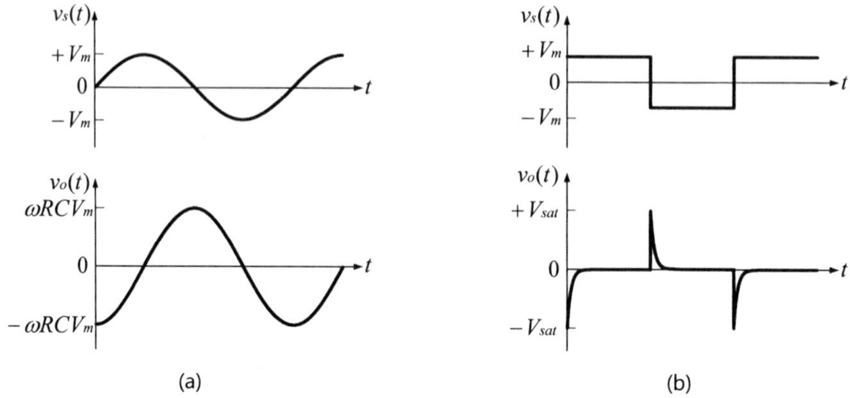

그림6.7 정현파 및 구형파 입력에 대한 미분회로의 출력 파형.

정현파 입력신호에 대해 미분기는 어떻게 동작할 것인가?

정현파 입력 $v_s(t) = V_m \sin\omega t$에 대한 미분출력은 식(6.12)와 같다.

$$v_o(t) = -RC\frac{d(V_m \sin\omega t)}{dt} = -\omega RCV_m \cos\omega t \tag{6.12}$$

따라서 정현파 입력에 대한 미분기의 출력은 여현파이고, 입력신호의 진폭 V_m에 대해 출력신호의 진폭은 ωRCV_m이다. 입·출력 결과는 그림 6.7(a)와 같다.

구형파의 미분은 수동 $R-C$ 미분회로에서와 같은 모양인 그림6.7(b)의 결과를 얻는다.

그림6.6의 미분회로에서 op amp의 반전단자는 가상접지이다. 따라서 커패시터의 전압 v_C는 v_s와 같고, $+V_m$ 또는 $-V_m$이 유지되는 구간에서는 v_C가 일정한 값으로 유지되기 위해서 전류 i_C는 0이어야 한다. 즉, 값이 일정한 구간의 미분은 0이 되고, 입력파형이 상한 값에서 하한 값으로, 혹은 그 반대로 전환되는 구간에서는 스파이크(spike)가 나타난다. 스파이크는 전환 시간 Δt가 짧을수록 크게 되며, op amp의 출력은 공급전원을 초과할 수 없음을 기억하면 $\pm V_{sat}$을 초과하지 않는다.

위의 미분회로에서 신호원 저항이 0이라면, 위 회로는 주파수가 높아지면 궤환 저항 R이 신호원과 직접 연결된 것과 같아지므로 이득이 커지게 되어 시스템이 불안정하게 된다. 따라서 C와 직렬로 R_s를 접속하여 주파수가 높은 신호에 대하여 $X_C \simeq 0$이고, 이득이 $-(R/R_s)$이 되어 시스템이 불안정하게 되는 것을 막는다. 또한, 미분회로는 주파수가 높은 신호는 잘 통과하는 고역통과 필터회로(필터회로는 추후 15장에서 다룬다) 이므로 주파수가 높은 잡음이 증폭되어 출력으로 나타나게 된다. 따라서 피드백 저항 R에 병렬로 C_f를 접속하면 잡음신호에 대하여

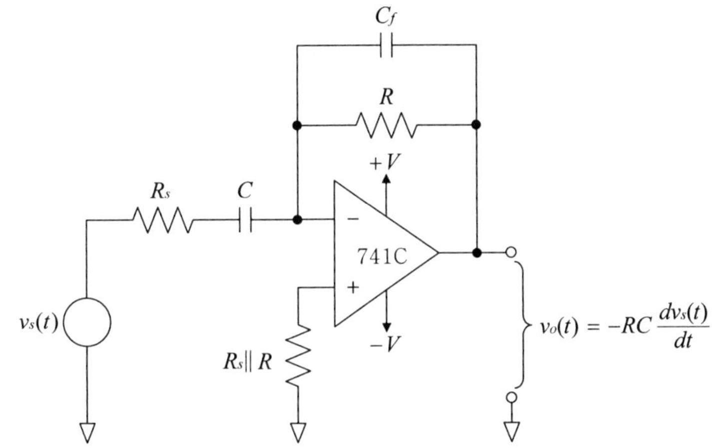

그림6.8 안정도와 고주파 잡음을 고려한 미분회로의 수정.

$X_{C_f} \simeq 0$이 되어 잡음이 감쇄 혹은 제거되도록 한다. 이때, 미분동작을 위하여 $R \ll X_{C_f}$이어야 한다.

이와 같이 안정도를 높이고 잡음신호를 제거하기 위한 실용적인 미분회로는 그림6.8과 같다. 비반전 입력단자의 저항 $R_S \| R$은 오프셋 감소를 위한 저항이다.

그림6.6의 미분회로에서 $X_C = R$이면 이득이 1 $(0[dB])$이 된다. 따라서 이때의 주파수는

$$f_1 = \frac{1}{2\pi RC} \tag{6.13}$$

이다. 그림6.8의 수정된 미분회로에서 $R_s \ll X_C$이어야 하므로 미분회로로 동작하는 입력신호의 주파수 f는 다음의 조건을 만족해야 하고

$$f_2 = \frac{1}{2\pi R_s C} > f \tag{6.14}$$

f_2가 미분회로의 절점주파수이다. 또한, 궤환 경로에서 커패시터의 리액턴스 X_{C_f}는 R보다 커야하므로

$$f_3 = \frac{1}{2\pi RC_f} \gg f \tag{6.15}$$

인 조건을 만족해야 한다.

결과적으로, 앞서 말한 바와 같이 그림6.8의 수정된 미분회로가 미분동작을 하기위한 절점주파수는 f_2이고, $f < f_2$인 주파수 대역에서 미분동작을 실행한다.

이상의 주파수 특성을 보드선도로 그리면 그림6.9와 같고, 이는 대역통과필터(추후 14장에서 논한다) 특성을 보인다.

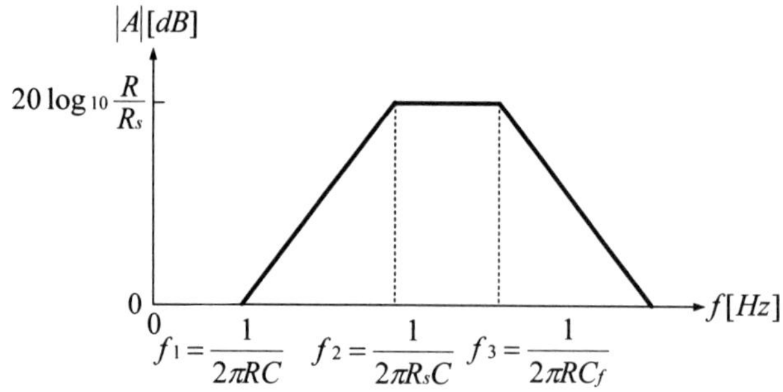

그림6.9 수정된 미분회로의 주파수 특성.

만약, $f_2 = f_3$가 되도록 설계하면

$$\tau_2 = R_s C = RC_f \tag{6.16}$$

이다. 그리고 $f_1 < f_2$이고, 일반적으로

$$\tau_1 = RC \geq 20\,\tau_2 \tag{6.17}$$

이다.

6-3 실험

6-3.1 적분회로

i) 다음 회로를 구성하시오.

$R_1 = 2[K\Omega]$, $R_2 = 2[K\Omega]$, $R_3 = 47[K\Omega]$, $C = 0.0022[\mu F]$

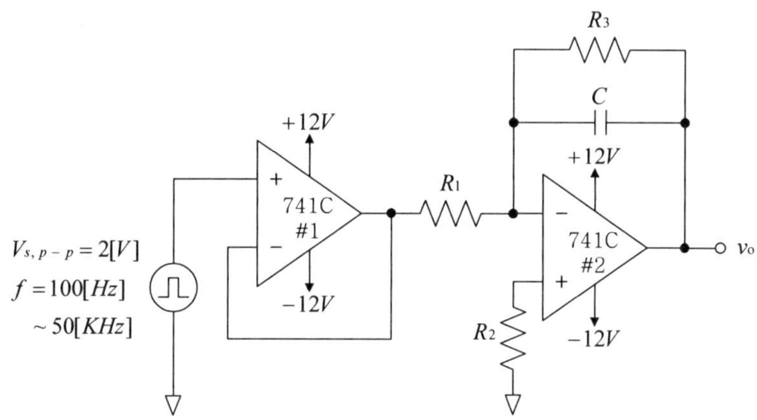

그림6.10 구형파 입력에 대한 적분기의 실험 회로.

ii) 신호발생기의 출력은 구형파이고, 주파수 $f = 500[Hz]$, 크기 $V_{s,p-p} = 2[V]$가 되도록 맞추시오. 출력 v_o를 측정하시오.

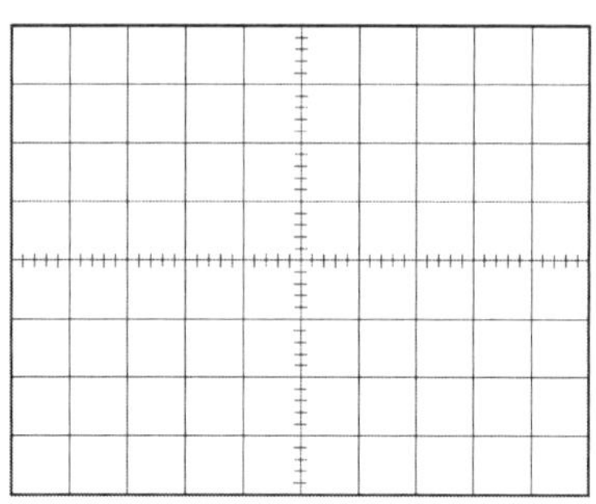

Time div : ______

Volt div

CH 1 (v_s) : ______

CH 2 (v_o) : ______

위 회로가 적분기로 동작하도록 설계한 결과를 얻었는가? 만약 적분기로 동작하지 않는다면 이유는 무엇인지 설명하시오.

이유 :

iii) 신호발생기의 출력 주파수를 $f=10[KHz]$로 바꾼 후 출력 v_o를 측정하시오.

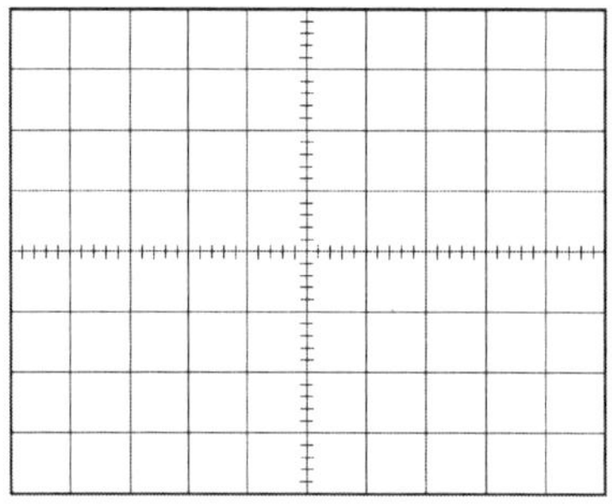

Time div : ______

Volt div

CH 1 (v_s) : ______

CH 2 (v_o) : ______

$V_{o,p}=$ ____________________ [V] : 이론값, $V_{o,p}=$ ____________________ [V] : 측정값

iv) 시상수 $\tau=R_3C$를 계산하여 입력 신호의 한 주기 T와 비교하시오.

$\tau=$ __________ $[m\sec]$, $T=$ __________ $[m\sec]$

v) 신호발생기의 주파수를 $100[Hz]\sim 50[KHz]$까지 변화시키면서 적분기로 동작하게 되는 차단 주파수 f_c를 찾으시오. 그리고 식(6.6)의 이론값과 비교하시오.

$f_c=$ ________________ $[Hz]$: 이론값, $f_c=$ ________________ $[Hz]$: 측정값

vi) 신호발생기의 출력을 정현파 신호($V_{s,p-p}=2[V]$)로 바꾼 후 단계 ii),iii)을 반복하시오.

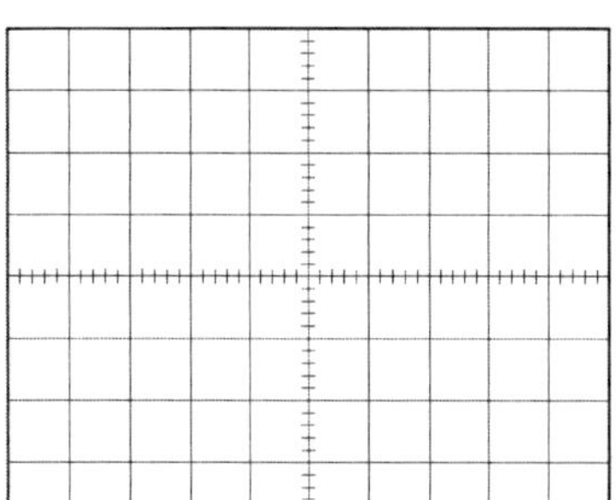

Time div : ______

Volt div

CH 1 (v_s) : ______ CH 2 (v_o) : ______

(a) $f=500[Hz]$

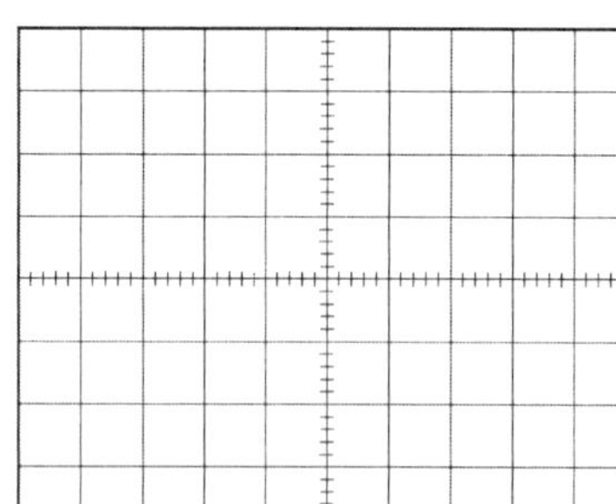

Time div : ______

Volt div

CH 1 (v_s) : ______ CH 2 (v_o) : ______

(b) $f=10[KHz]$

vii) 신호발생기의 출력신호의 주파수를 $100[Hz]\sim 50[KHz]$까지 변화하며 적분기로 동작하는 출력 v_o의 최대 피크값을 찾고, 이를 이론값과 비교하시오.

$V_{o,p}=$ ____________ $[V]$: 측정값, $V_{o,p}=$ ____________ $[V]$: 이론값

6-3.2 미분회로

i) 다음 회로를 구성하시오.

$R_1=10[K\Omega]$, $R_2=100K\Omega$, $R_3=9.1K\Omega$, R_4, R_5, $R_6=10[K\Omega]$, $VR_1=50[K\Omega]$, $C_1=3{,}300[pF]$, $C_2=200[pF]$

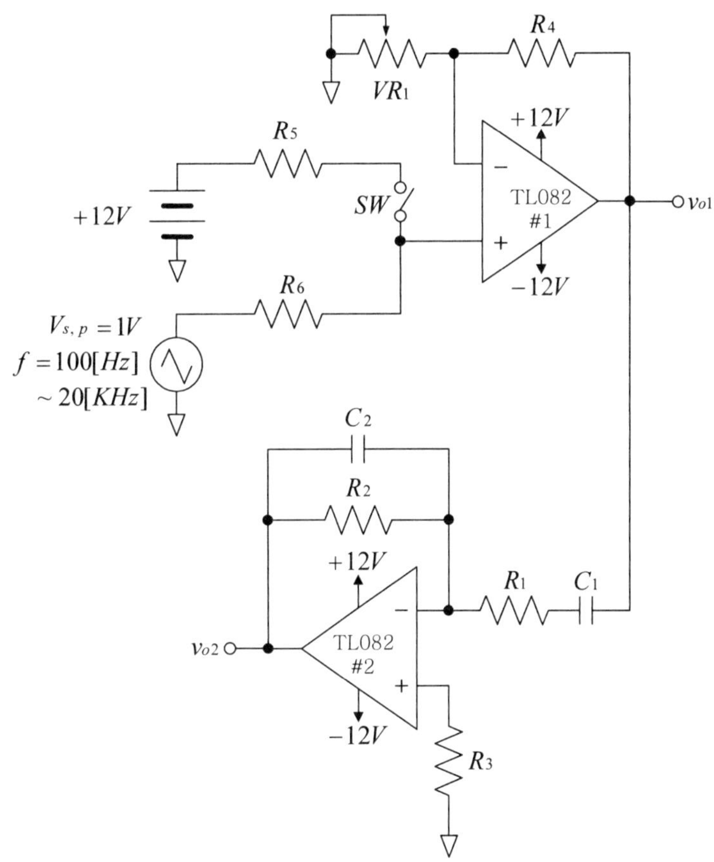

그림6.11 미분기의 실험 회로.

ii) 스위치를 개방하고, 오실로스코프의 채널을 모두 DC에 커플링 하시오.

iii) VR_1을 회로에서 분리하여 저항값이 $10K\Omega$이 되도록 조정한 후, 회로에 장착하시오.

iv) 신호발생기의 출력은 삼각파이고, 주파수 $f=500[Hz]$, $f=5[KHz]$ 인 경우에 대하여 각각의 출력 v_{o2}를 측정하고 다음 그림(a),(b)에 v_{o1}과 함께 각각 기록하시오.

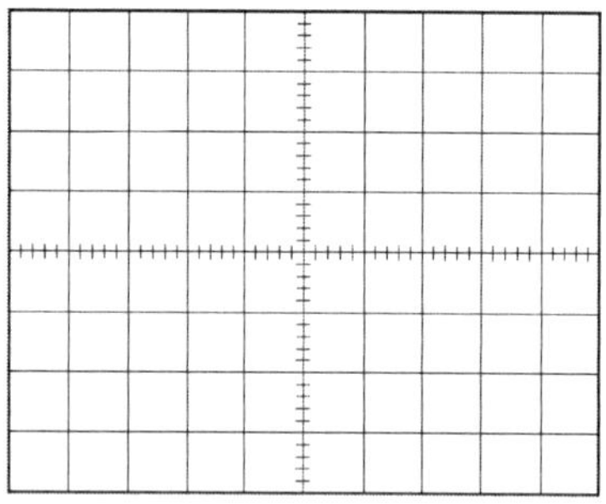

Time div : ______

Volt div

CH 1 (v_{o1}) : ______ CH 2 (v_{o2}) : ______

(a) $f=500[Hz]$

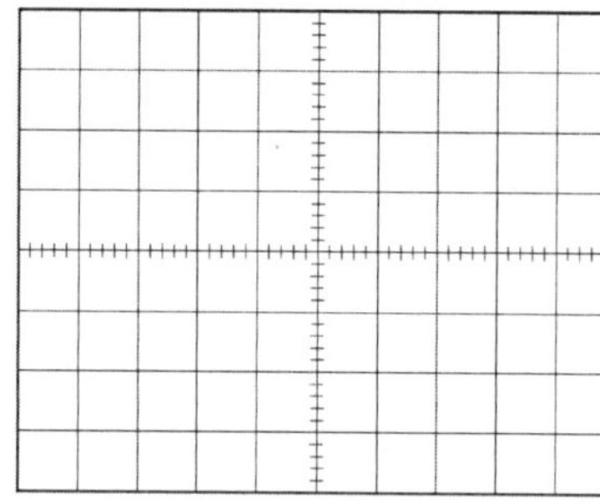

Time div : ______

Volt div

CH 1 (v_{o1}) : ______ CH 2 (v_{o2}) : ______

(b) $f=5[KHz]$

v) 단계iii)에서 모든 경우에서 입력신호를 미분한 결과를 나타내었는가? 만약에 미분한 결과가 출력되지 않는다면 그 이유는 무엇인지 설명하시오.

이유 :

vi) 스위치를 닫으시오. 그리고 v_{o1}의 피크가 $1[V]$가 되도록 VR_1을 조정하시오.

vii) 신호발생기의 주파수는 $f=500[Hz]$가 되도록 조정하고 v_{o1} 및 v_{o2}를 측정하고 기록하시오.

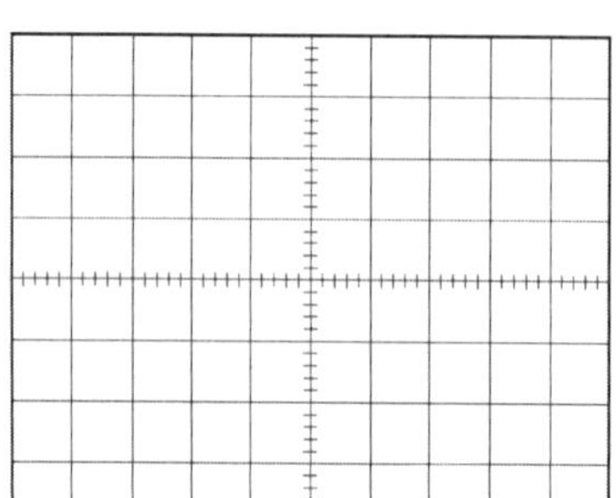

Time div : ______

Volt div

CH 1 (v_{o1}) : ______

CH 2 (v_{o2}) : ______

viii) 단계iv)의 ⓐ와 단계vii)의 v_{o2} 결과에 차이가 있는가? 차이가 없다면 그 이유는 무엇인지 설명하시오.

이유 :

ix) 신호발생기 출력신호의 주파수를 $100[Hz] \sim 20[KHz]$까지 변화하며 미분기로 동작하지 않게 되는 차단 주파수를 찾고, 이를 식(6.13)의 차단주파수와 비교하시오.

$f_c =$ ____________ $[Hz]$: 이론값, $f_c =$ ____________ $[Hz]$: 측정값

x) 신호발생기 출력신호의 주파수를 $100[Hz] \sim 20[KHz]$까지 변화하며 미분기로 동작하는 v_{o2}의 최대 크기를 찾고, 이를 이론값과 비교하시오.

$V_{o2,p} =$ ___________ $[V]$: 측정값, $V_{o2,p} =$ ___________ $[V]$: 이론값

xi) 신호발생기의 출력을 정현파로 변경하시오. 그리고 주파수 $f = 500[Hz]$, $f = 5[KHz]$인 경우에 대하여 각각의 출력 v_{o2}를 측정하고, v_{o1}과 함께 기록하시오.

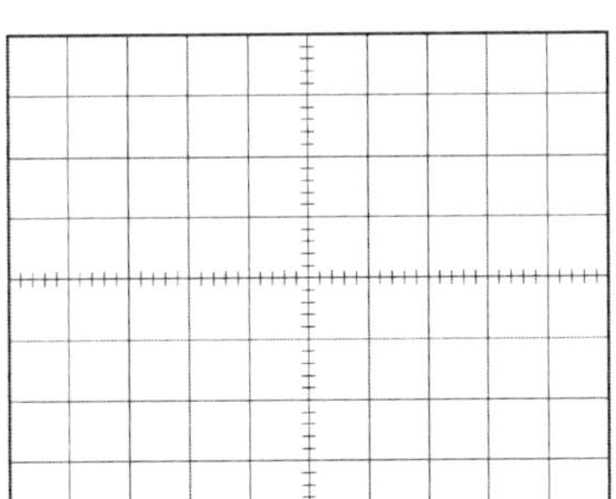

Time div : ______

Volt div

CH 1 (v_{o1}) : ______ CH 2 (v_{o2}) : ______

(a) $f = 500[Hz]$

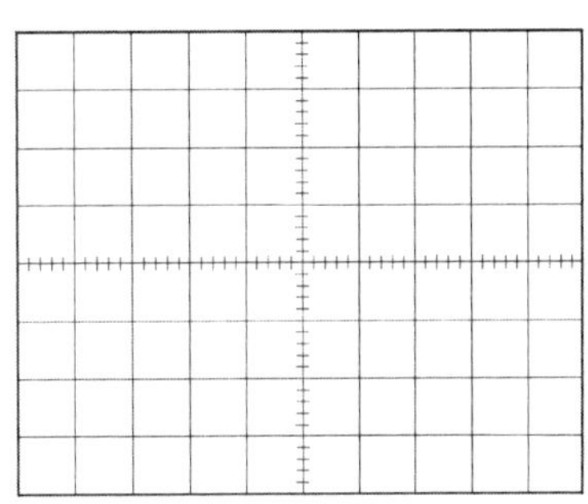

Time div : ______

Volt div

CH 1 (v_{o1}) : ______ CH 2 (v_{o2}) : ______

(b) $f = 5[KHz]$

xii) 신호발생기 출력신호의 주파수를 $100[Hz] \sim 20[KHz]$까지 변화하며 미분기로 동작하는 v_{o2}의 최대 크기를 찾고, 이를 이론값과 비교하시오.

$V_{o2,p} =$ ＿＿＿＿＿＿ $[V]$: 측정값, $V_{o2,p} =$ ＿＿＿＿＿＿ $[V]$: 이론값

xiii) 신호발생기의 출력을 구형파에 맞추시오. 그리고 주파수 $f = 500[Hz]$, $f = 4[KHz]$인 경우에 대하여 각각의 출력 v_{o2}를 측정하고 v_{o1}과 함께 기록하시오.

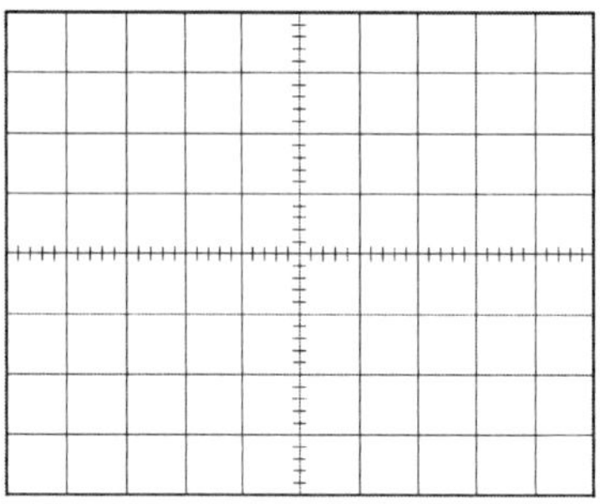

Time div : ＿＿＿＿

Volt div

CH 1 (v_{o1}) : ＿＿＿＿ **CH 2** (v_{o2}) : ＿＿＿＿

(a) $f = 500[Hz]$

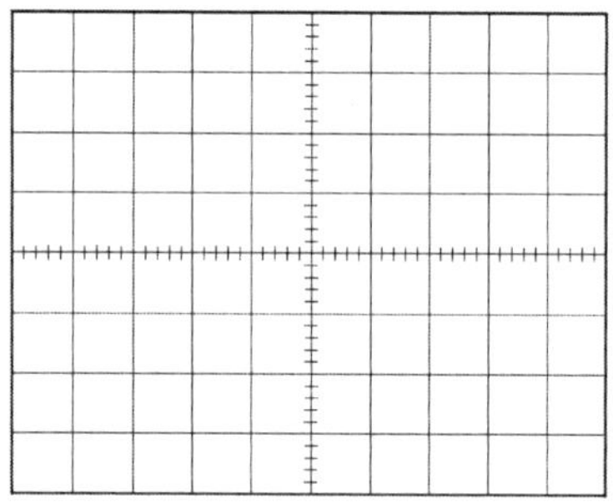

Time div : ＿＿＿＿

Volt div

CH 1 (v_{o1}) : ＿＿＿＿ **CH 2** (v_{o2}) : ＿＿＿＿

(b) $f = 4[KHz]$

7장 로그 및 역-로그 회로

로그 회로는 출력전압이 입력전압에 대한 로그함수 에 비례하고, 역-로그 회로는 그 역으로 출력전압이 입력전압의 지수(exponent)함수에 비례하는 회로이다.

이 회로는 두 신호 A와 B의 곱셈(multiplication) 혹은 제산(division)을 행하기 위해 이용되며, $\log A + \log B = \log(A \times B)$, $\log A - \log B = \log(A/B)$인 수학적인 연산을 op amp와 쌍극성-접합-트랜지스터(BJT : Bipolar Junction Transistor)를 이용하여 실현한다. 또한 이를 이용하면 신호의 제곱(powers), 제곱근(roots), 실효값(RMS : Root Mean Square)을 구할 수 있으며, 신호의 압축(compression)과 복원(decompression), 신호처리 등에 이용된다.

예를 들어, $0.1[V] \sim 10[V]$로 변하는 신호처리를 위해서 $0.1[V]$의 신호를 증폭해야 하지만, 같은 증폭도에 대하여 $10[V]$의 입력에 대한 출력은 포화될 수 있다. 이때 로그 함수를 이용하면, $\log_{10}10 = 1$, $\log_{10}0.1 = -1 \times \log_{10}10 = -1$이고 $0.1[V]$나 $10[V]$의 입력에 대해 로그 출력 함수의 크기는 같다. 따라서 넓은 동작영역(dynamic range)을 갖는 신호에 대해서도 출력이 포화되지 않고 증폭동작이 가능하다. 또한, 로그 회로는 크기 조정값(scaling factor)에 따라 출력신호를 $[dB]$로 나타내도록 할 수 있다.

7-1 로그 회로

로그 회로는 대표적인 비선형 소자인 BJT의 컬렉터 전류(I_C)가 베이스-이미터 전압(V_{BE})에 관한 지수함수(exponential function)로 표현되는 것을 기반으로 한다.

$$I_C = I_s(e^{V_{BE}/V_T} - 1) \tag{7.1}$$

여기에서, I_C는 트랜지스터의 컬렉터 전류, I_s는 역포화 전류(reverse saturation current)로서 일반적으로 수십$[pA]$이고, $V_T = kT/q \simeq 26[mV]$는 열-전압(thermal voltage), q는 전하량으로 $1.6 \times 10^{-19}[C]$, $k = 1.38 \times 10^{-23}[J/K]$는 볼쯔만 상수, T는 절대온도이고 상온에서 300 [°K]이다.

식(7.1)에서 $\exp(V_{BE}/V_T) \gg 1$이므로 트랜지스터의 이미터-베이스 전압은 다음과 같다.

$$V_{BE} = V_T \ln\left(\frac{I_C}{I_s}\right) \tag{7.2}$$

그림 7.1은 궤환 루프에 트랜지스터가 위치하고 있는 로그 회로이고, 그림에서

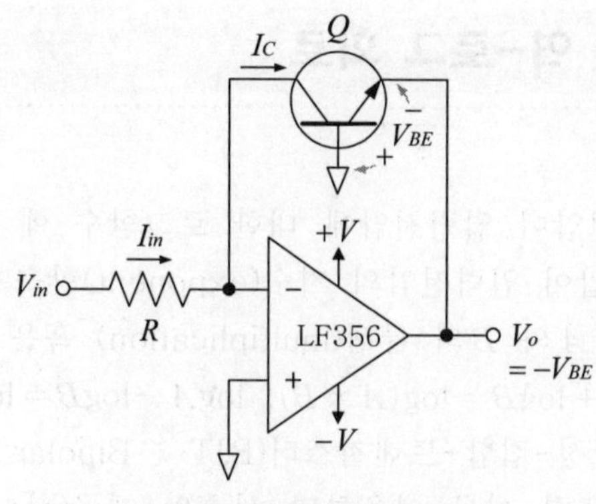

그림7.1 기본적인 로그회로.

출력과 베이스-이미터 전압 V_{BE}의 관계를 알 수 있다.

$$V_o = -V_{BE} \tag{7.3a}$$

또한, 트랜지스터를 통하여 부궤환이 이루어지므로 Q의 컬렉터 전류 I_C 는 입력전류 I_{in} 과 같고,

$$I_C = I_{in} = \frac{V_{in}}{R} \tag{7.3b}$$

이다. 식(7.2), 식(7.3b)로부터 출력 V_o은 다음과 같으며 V_{in}의 log 함수에 대해 선형적으로 비례한다.

$$V_o = -V_T \ln\left(\frac{V_{in}}{RI_s}\right) \tag{7.4}$$

$\ln x = 2.303 \log_{10} x$이므로 상용로그 함수는 식(7.4)를 이용하여 다음과 같이 구한다.

$$V_o = -2.303\ V_T \log_{10}\left(\frac{V_{in}}{RI_s}\right) \tag{7.5}$$

상온(25[℃])에서 주어진 상수에 대하여 $V_T \simeq 0.0257[V]$이므로 출력은 다음과 같이 자연로그 및 상용로그로 표현된다.

$$V_o = -0.0257 \ln\left(\frac{V_{in}}{RI_s}\right) \tag{7.6a}$$

$$V_o = -0.0592 \log_{10}\left(\frac{V_{in}}{RI_s}\right) \tag{7.6b}$$

트랜지스터는 비선형 특성을 가지므로 I_s의 값을 정확하게 알 수 없으며, I_s는 온도의 변화에 매우 민감하다(온도가 10[℃] 증가할 때 I_s는 100[%] 증가). 그림 7.2는 이와 같은 I_s의 영향을 효과적으로 제거할 수 있는 회로이다. Q_1, Q_2는 열

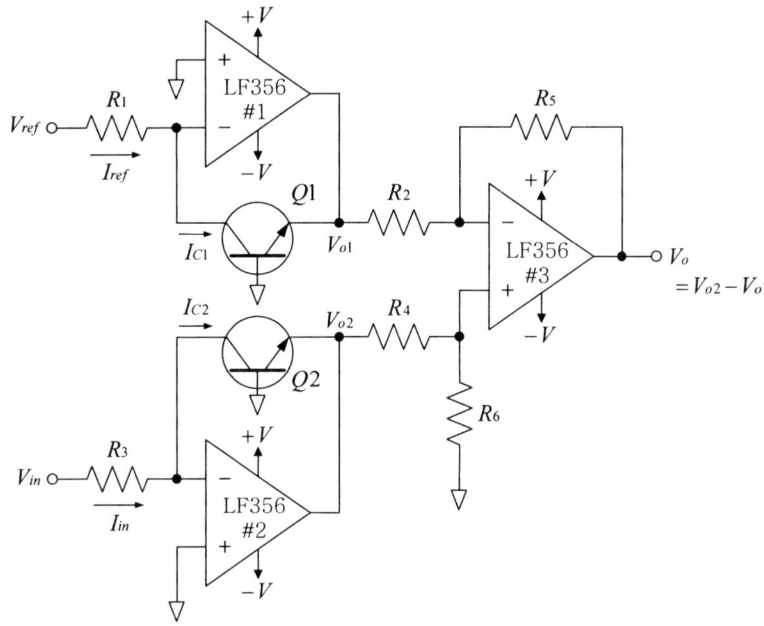

그림7.2 I_s 의 온도보상을 위한 로그회로(Ⅰ).

-결합(thermo couple)되어 있는 IC화 된 트랜지스터로 온도계수는 같다.

Op amp #1과 #2는 각각 로그 회로이며, op amp #3은 차동증폭회로이다.

R_1 에 흐르는 전류 I_{ref} 는 V_{ref}/R_1 으로 일정하며, 트랜지스터 Q_1 의 컬렉터 전류 I_{C1} 와 같다. 따라서 Q_1 의 베이스-이미터 전압 V_{BE1} 은 일정하다. 또한, R_3 에 흐르는 전류 I_{in} 은 V_{in}/R_3 이고 Q_2 의 컬렉터 전류 I_{C2} 와 같으므로, Q_2 의 베이스-이미터 전압 V_{BE2} 는 V_{in} 의 변화에 따라서 변화한다(식(7.4)참조). 차동증폭기(op amp #3)의 출력은 $V_{o1} = -V_{BE1}$ 과 $V_{o2} = -V_{BE2}$ 의 차 이므로, 결국 온도의 변화에 의한 V_{BE} 의 변화량은 제거되고, V_{in} 의 변화에 대한 로그 양만 출력된다.

식(7.6a)로부터

$$V_{o1} = -0.0257 \ln\left(\frac{V_{ref}}{R_1 I_s}\right) \tag{7.7a}$$

$$V_{o2} = -0.0257 \ln\left(\frac{V_{in}}{R_3 I_s}\right) \tag{7.7b}$$

이고, op amp #3의 출력은 다음과 같이 V_{o1} 과 V_{o2} 에 대하여 중첩한다.

$$V_o = \left(-\frac{R_5}{R_2}\right)V_{o1} + \left(1 + \frac{R_5}{R_2}\right)\left(\frac{R_6}{R_4 + R_6}\right)V_{o2} \tag{7.8}$$

$R = R_2 = R_4 = R_5 = R_6$ 으로 놓으면, 식(7.8)은 다음과 같고,

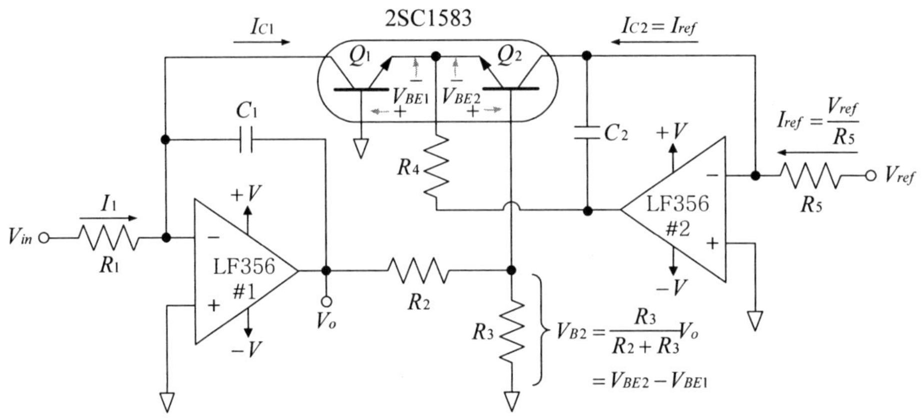

그림7.3 I_s의 온도보상을 위한 로그 회로(II). 열-결합된 2개의 트랜지스터와 2개의 op amp를 이용한다.

$$V_o = - V_{o1} + V_{o2} \tag{7.9}$$

식(7.7a)와 식(7.7b)를 이용하여 정리하면

$$\begin{aligned} V_o &= -0.0257\left\{\ln\left(\frac{V_{in}}{R_1 I_s}\right) - \ln\left(\frac{V_{ref}}{R_1 I_s}\right)\right\} \\ &= -0.0257\ln\left(\frac{V_{in}}{V_{ref}}\right) \end{aligned} \tag{7.10}$$

이다. 이와 같이 2개의 로그 회로에 대한 차동출력을 이용하여 온도계수가 같은 I_s는 상쇄되므로 그 영향을 제거할 수 있고, 출력은 입력에 대한 로그함수에 선형적으로 비례한다. V_{ref}는 로그 증폭기의 감도를 제어하기 위하여 조정 될 수 있다.

그림7.3은 열-결합된 두 개의 트랜지스터와 두 개의 op amp로 구성된 로그 회로이다. 그림7.2의 log 회로와 마찬가지로, I_{ref}는 일정한 값을 갖도록 하면 V_{in}의 변화에 대한 log 값을 출력하는 회로이다. 회로에서 Q_1은 op amp #1의 비선형 궤환 소자이며, Q_2는 op amp #2의 궤환 소자이다. Q_1에 대한 부궤환은 전압분배기 R_2, R_3와 Q_2의 이미터-베이스 접합을 통하여 이루어진다. 따라서 Q_1과 Q_2의 컬렉터 전류는 각각

$$I_{C1} = I_1 = \frac{V_{in}}{R_1} \tag{7.11}$$

$$I_{C2} = I_{ref} = \frac{V_{ref}}{R_5} \tag{7.12}$$

이다.

Q_2의 컬렉터 전류는 일정하므로 V_{BE2} 역시 일정한 값을 갖는다. 그리고 Q_1의 V_{BE1}은 입력전류에 따라 변한다.

$\exp(V_{BE}/V_T) \gg 1$이므로

$$\begin{aligned} I_{C1} &= I_{s1}(e^{\frac{V_{BE1}}{V_T}} - 1) \\ &\simeq I_{s1}\, e^{\frac{V_{BE1}}{V_T}} \end{aligned} \tag{7.13}$$

$$\begin{aligned} I_{C2} &= I_{s2}(e^{\frac{V_{BE2}}{V_T}} - 1) \\ &\simeq I_{s2}\, e^{\frac{V_{BE2}}{V_T}} \end{aligned} \tag{7.14}$$

이다. 그리고 $I_{s1} = I_{s2}$ 이므로

$$\frac{I_{C1}}{I_{C2}} = e^{\frac{V_{BE1} - V_{BE2}}{V_T}} \tag{7.15}$$

이다. 따라서 두 트랜지스터의 베이스-이미터 전압 차 ΔV_{BE}는

$$\Delta V_{BE} = V_{BE1} - V_{BE2} = V_T \ln\left(\frac{I_{C1}}{I_{C2}}\right) \tag{7.16}$$

이다. Q_2의 베이스 전류를 무시하면, Q_2의 베이스 전압 V_{B2}는 전압 분배기 회로인 저항 R_2와 R_3에 의해 분배된 전압이고,

$$V_{B2} = \frac{R_3}{R_2 + R_3} V_o \tag{7.17}$$

이다. 그리고 회로로부터 V_{B2}는 두 트랜지스터의 이미터-베이스 전압의 차와 같다.

$$V_{B2} = V_{BE2} - V_{BE1} \tag{7.18}$$

따라서 출력은 식(7.17)과 식(7.18)로부터 다음과 같다.

$$\begin{aligned} V_o &= -\left(\frac{R_2 + R_3}{R_3}\right)(V_{BE1} - V_{BE2}) \\ &= -V_T\left(1 + \frac{R_2}{R_3}\right)\ln\left(\frac{I_{C1}}{I_{C2}}\right) \end{aligned} \tag{7.19}$$

$I_1 = I_{C1}$, $I_{ref} = I_{C2}$이므로 식(7.11)과 식(7.12)로부터

$$V_o = -0.0257\left(1 + \frac{R_2}{R_3}\right)\ln\left(\frac{V_{in} R_5}{V_{ref} R_1}\right) \tag{7.20}$$

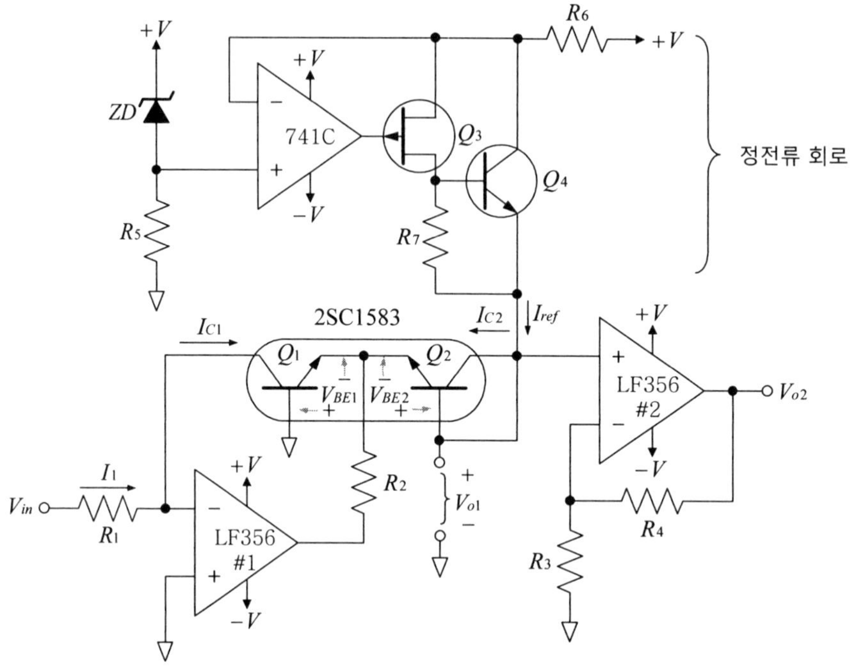

그림7.4 I_s의 온도보상을 위한 로그회로(Ⅲ).

이고, R_5/V_{ref}는 일정하므로 출력은 입력 ($V_{in}>0$)에 관한 로그 함수에 비례한다.

베이스가 접지된 트랜지스터의 루프 이득(loop gain)은 매우 커지므로 발진하기 쉽다. 따라서 작은 값의 커패시터(C_1, C_2)를 이용하여 주파수 보상을 행한다.

그림7.4는 I_s의 온도 보상을 위한 다른 형태의 로그 회로이고, op amp #2의 비반전 단자가 가상접지가 아니므로 정전류원을 이용하여 I_{ref}를 공급한다. 그림7.2와 그림7.3의 회로 출력은 V_{ref}를 포함하고 있으므로 만약 V_{ref}가 변하면 전류 I_{ref}도 변하게 되며, 결국 출력전압은 변하게 된다. 그림7.4의 회로는 정전류원을 이용하여 전류 I_{ref}를 공급하므로 이와 같은 문제를 해결할 수 있다.

$I_{C2} \simeq I_{ref}$이고 $I_{s1}=I_{s2}$이므로, 식(7.13), 식(7.14)로부터

$$\frac{I_{C1}}{I_{ref}} = e^{\frac{V_{BE1}-V_{BE2}}{V_T}} \tag{7.21}$$

이고,

$$V_{BE1}-V_{BE2} = V_T \ln\left(\frac{I_{C1}}{I_{ref}}\right) \tag{7.22}$$

이다. 또한,

$$V_{o1} = V_{BE2}-V_{BE1} \tag{7.23}$$

이므로 출력 V_{o2} 는

$$V_{o2} = V_{o1}\left(1+\frac{R_4}{R_3}\right)$$
$$= -V_T\left(1+\frac{R_4}{R_3}\right)\ln\left(\frac{I_{C1}}{I_{ref}}\right) \qquad (7.24)$$

이다. $I_{C1} = I_1 = V_{in}/R_1$ 이므로

$$V_{o2} = -0.0257\left(1+\frac{R_4}{R_3}\right)\ln\left(\frac{V_{in}}{I_{ref}R_1}\right) \qquad (7.25)$$

으로 출력은 I_s 와 관계없고, 입력에 대한 로그함수에 비례한다. 로그 함수에 대하여 당연하지만, 식(7.25)에서 $V_{in} > 0$ 이어야 한다.

로그 회로는 $1V/dec$ 즉, 10배의 입력의 변화에 대해 $1[V]$의 출력의 변화를 얻기 위한 것이 일반적이다.

그림7.4에서 op amp #1의 반전단자와 접지 사이에 존재하는 표유 용량에 의해 발진이 일어날 수 있으므로 반전단자와 op amp의 출력단자에 작은 용량의 커패시터를 접속한다.

그림7.5는 $1[V]/dec$의 출력을 얻도록 설계된 실험 회로 그림7.10을 시뮬레이션한 결과로서, V_{in}의 크기가 $0.1 \sim 10[V]$인 삼각파일 때 출력의 크기는 $-1 \sim 1[V]$까지의 로그 함수의 결과를 보인다.

<예제>

그림7.4의 로그 회로에서 $I_{ref} = 0.1[mA]$, $R_1 = 10[K\Omega]$로 설계되었다면, $V_{in} = 10[V]$일 때 $V_o = 1[V]$가 되도록 R_3, R_4의 값을 결정하시오.

<해>

식(7.25)로부터

$$1 = \left|-0.0257\left(1+\frac{R_4}{R_3}\right)\ln\left(\frac{10}{0.1\times 10^{-3}\times 10\times 10^3}\right)\right|$$

따라서

$$R_4 = 15.9R_3$$

이다. 또는 $1V/dec$이므로 상용로그를 이용하면, 식(7.6b)로부터

$$1 = \left|-0.0592\left(1+\frac{R_4}{R_3}\right)\log_{10}\left(\frac{10}{0.1\times 10^{-3}\times 10\times 10^3}\right)\right|$$

이고, $R_4 = 15.9R_3$ 이다.

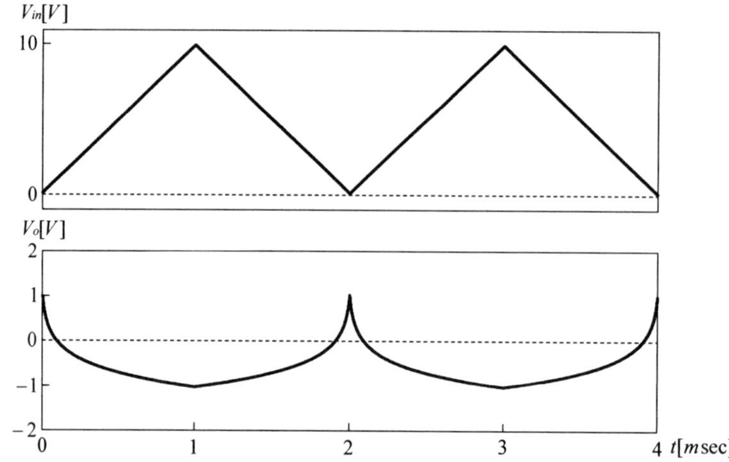

그림7.5 크기가 $1 \sim 5[V]$인 삼각파 입력에 대한 log 회로(실험 회로)의 출력.

7-2 역-로그 회로

그림7.6은 역-로그 회로이며, 그림7.1의 로그 회로에서 트랜지스터와 저항의 위치를 바꾼 것이다. 그림7.1의 회로에서는 $V_o = -V_{BE}$가 트랜지스터의 컬렉터 전류 I_C에 관한 로그 함수로 표현되고, 그림7.6의 역-로그 회로에서는 V_o은 I_C에 비례하고, I_C는 입력 $V_{in} = -V_{BE}$에 관한 지수함수로 표현된다.

회로에서

$$I_C \simeq I_s\, e^{\frac{V_{BE}}{V_T}} \tag{7.26}$$

$$V_{BE} = -V_{in} \tag{7.27}$$

이고, 출력은 다음과 같다.

$$\begin{aligned} V_o &= I_C R_f \\ &= I_s R_f\, e^{-\frac{V_{in}}{V_T}} \end{aligned} \tag{7.28}$$

V_o은 V_{in}에 관한 지수함수 즉, 역-로그 함수에 비례하며, 회로에서 V_{in}이 (-) 전위이면 트랜지스터는 npn형, (+) 전위일 때는 pnp형이어야 한다.

실제적인 역-로그 회로는 I_s의 보상을 위하여. log 회로에서와 마찬가지로 열-결합된 두 개의 트랜지스터와 두 개의 연산증폭기로 구성되며, 그림7.7의 회로이다.

Log 회로에서와 마찬가지로, $I_{C1} = I_{ref} = V_{ref}/R_3$로 일정하므로 V_{BE1}은 일정하다. 그리고 입력전압 V_{in}에 의해서 Q_2의 베이스-이미터 전압 V_{BE2}가 조정되고, 그 결과로서 Q_2의 컬렉터 전류 I_{C2}가 변화한다. 즉, I_s의 영향은 제거된다.

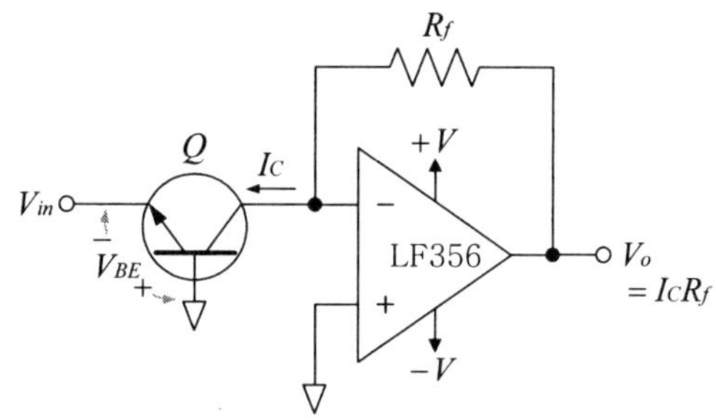

그림7.6 기본적인 anti-log회로

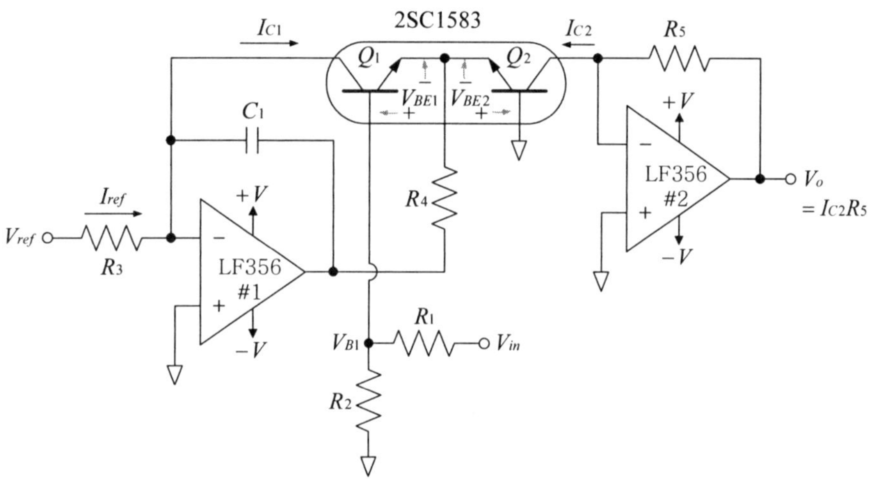

그림7.7 실제적인 anti-log회로

I_{C2}는 V_{BE2}에 대해 지수함수적으로 변화하며, 이 전류는 op amp #2에 의해 전압으로 변환된다.

그림7.7의 anti-log 회로로부터, Q_1의 베이스 전류를 무시하면

$$V_{B1} = \frac{R_2}{R_1 + R_2} V_{in} \tag{7.29}$$

이다. 그리고 트랜지스터의 컬렉터 전류 I_{C1}, I_{C2}에 관한 식(7.13), 식(7.14)로부터

$$\frac{I_{C2}}{I_{C1}} = e^{\frac{V_{BE2} - V_{BE1}}{V_T}} \tag{7.30}$$

이며, $V_{B1} = V_{BE1} - V_{BE2}$ 이므로

$$I_{C2} = I_{C1} e^{-\frac{V_{B1}}{V_T}}$$

$$= I_{C1}\, e^{-\left(\frac{R_2}{R_1+R_2}\right)\left(\frac{V_{in}}{V_T}\right)} \tag{7.31}$$

이다. 또한 $I_{C1}=I_{ref}$는 V_{ref}와 R_3에 의해 다음과 같이 결정된다.

$$I_{ref} = I_{C1} = \frac{V_{ref}}{R_3} \tag{7.32}$$

그리고 출력 V_o은 다음과 같다.

$$V_o = I_{C2}R_5 \tag{7.33}$$

식(7.31)과 식(7.32)로부터

$$V_o = V_{ref}\left(\frac{R_5}{R_3}\right) e^{-\left(\frac{R_2}{R_1+R_2}\right)\left(\frac{V_{in}}{V_T}\right)} \tag{7.34}$$

출력 V_o은 입력 V_{in}에 관한 지수함수 즉, 역-로그함수에 비례하는 함수이다.

그림7.8은 크기가 $-1 \sim 3[V]$까지 선형으로 변하는 입력에 대한 역-로그 회로의 출력을 나타내며, $9.7[V] \sim 1.3[mV]$까지 지수함수적으로 감소한다.

온도 보상은 I_C뿐만 아니라 V_T는 $-0.33\%/℃$의 온도계수가 있으므로, 로그 및 역-로그 회로에서 분압 저항이 V_T의 온도 계수와 반대의 계수를 갖는 $+3{,}300$ $[ppm/℃]$의 저항기를 사용하여 보정해 주어야 한다. 실제적으로는 위의 온도 보상 회로 뿐만 아니라 역방향 전압 입력에 대비한 베이스-이미터 보호회로, op amp 오프셋 오차 조정회로, 주파수 안정도 보장 등이 필요하다. 예를 들어, AD640, AD641, ICL8048, ICL8049, LOG100 등의 집적화된 로그 및 역-로그 IC가 있으며, 외부에 오프셋 조정회로와 크기(scaling factor)조정회로를 부가한다.

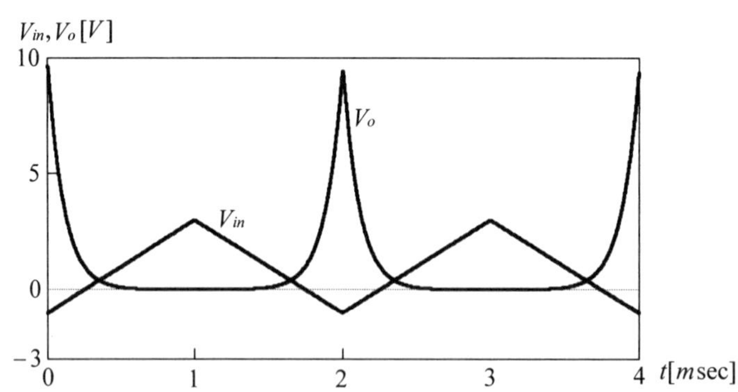

그림7.8 $-1 \sim 3[V]$까지 선형으로 변화하는 입력에 대한 역-로그 회로의 출력.

<예제>
식(7.34)에서 크기 조정 항이 1 이라면, $V_{in}=1[V]$일 때 $V_o=10[V]$가 되기 위한 R_1, R_2의 조건을 구하시오.
<해>
i) $R_3=100[K\Omega]$, $R_5=10[K\Omega]$, $V_{ref}=10[V]$이면 크기 조정 항은 1이다.

ii) $\left(\dfrac{R_2}{R_1+R_2}\right)\left(\dfrac{1}{V_T}\right)=\ln 10=2.3$

이고, $V_T=0.0257$ 이므로

$$R_1=15.92R_2$$

이다.

7-3 승산기와 제산기

로그 회로와 역-로그 회로를 이용하면 아날로그 곱셈과 나눗셈 연산을 실행할 수 있다. $\ln A+\ln B=\ln(A\times B)$이므로 두 개의 로그 입력에 대한 가산 회로와 역-로그 회로를 통하여 신호 A와 B의 곱셈 연산을 행하며, $\ln A-\ln B=\ln(A/B)$이므로 두 개의 로그 입력에 대한 감산 회로와 역-로그 회로를 통하여 신호 A와 B의 나눗셈 연산을 실행할 수 있다.

그림7.9는 크기조정(scale) 항을 생략하고 개략적으로 표현된 곱셈회로와 나눗셈 회로이다. 곱셈기 회로에서 가산회로의 출력(역-로그 회로의 입력)의 부호가 (+)이므로, 그림7.6의 기본적인 역-로그 회로에 대해 트랜지스터는 pnp 형이다.

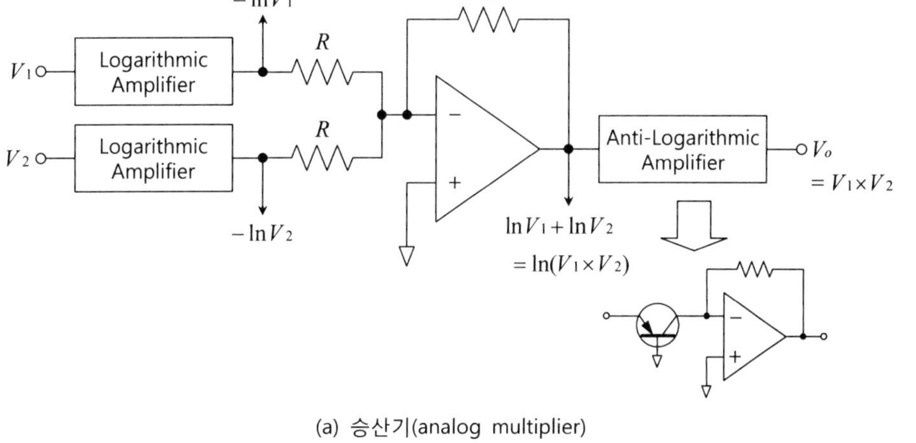

(a) 승산기(analog multiplier)

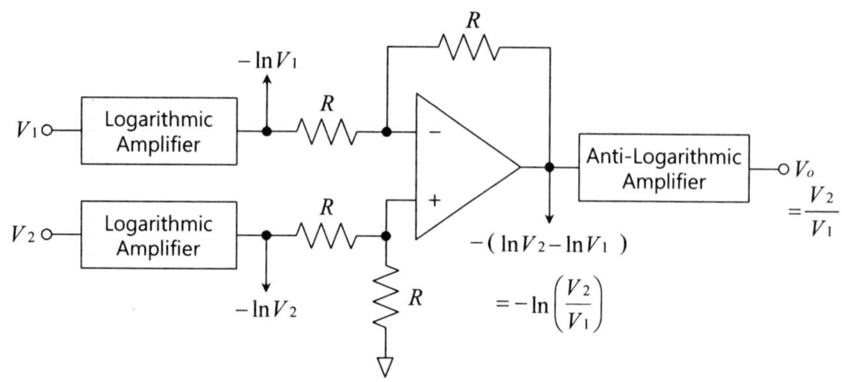

(b) 제산기(analog divider)

그림7.9 log 회로와 anti-log 회로를 이용한 승산기와 제산기.

7-4 실험

ⅰ) 다음 회로를 구성하시오.

$R_1 = 1[K\Omega]$, R_2, R_3, R_4, $R_5 = 10[K\Omega]$, $R_6 = 150[K\Omega]$, $R_7 = 10[K\Omega]$, $R_8 = 2[K\Omega]$, $R_9 = 470[\Omega]$, $R_{10} = 7.5[K\Omega]$, $R_{11} = 1[K\Omega]$, $R_{12} = 100[K\Omega]$, $R_{13} = 2[K\Omega]$, $R_{14} = 7.5[K\Omega]$, $R_{15} = 10[K\Omega]$, C_1, $C_2 = 200[pF]$, $VR_1 = 10[K\Omega]$, $VR_2 = 10[K\Omega]$, $VR_3 = 500[\Omega]$, ZD_1, ZD_2 : RD11E, Dual npn transistor : 2SC1583

※ 2SC1583의 핀 배치는 그림 7.11과 같다.

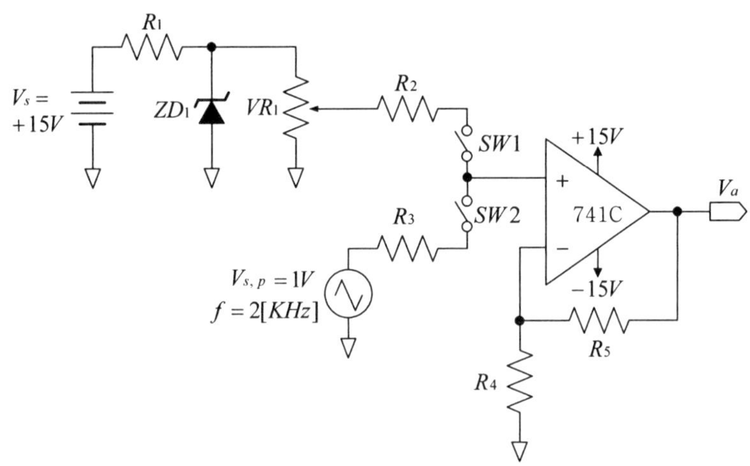

(a) 입력단

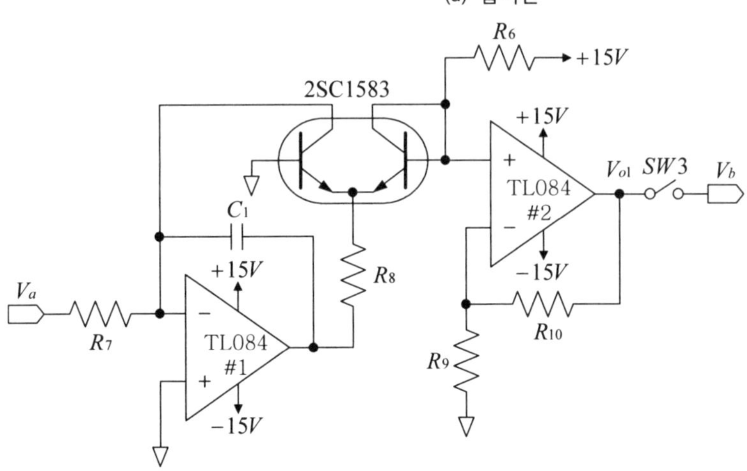

(b) log 회로

그림7.10 log 및 anti-log 실험회로

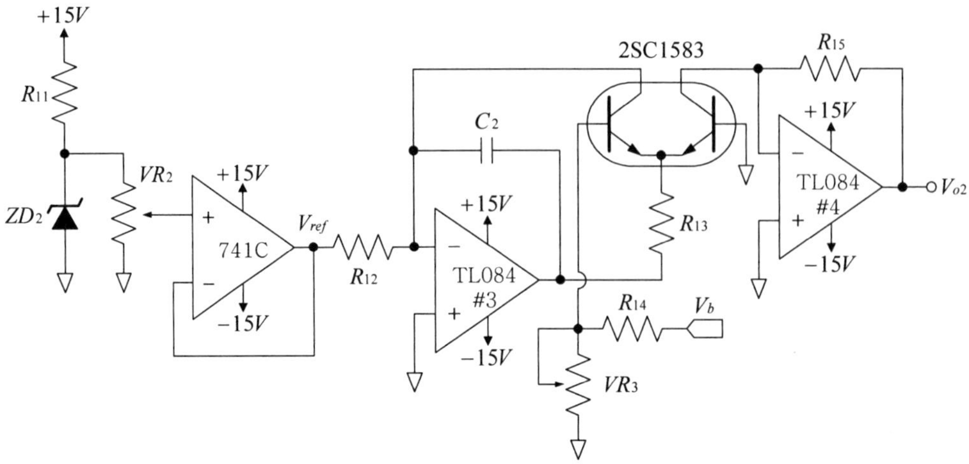

(C) anti-log 회로

그림7.10 계속.

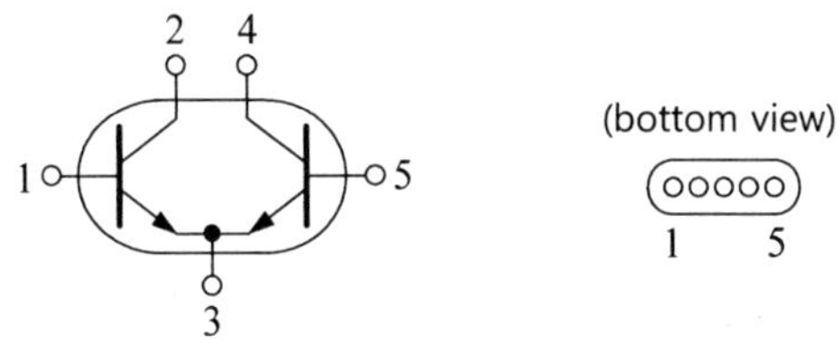

그림7.11 2SC1583의 핀 배치도.

ii) 역-로그 회로에서 $V_{ref} = 10[V]$가 되도록 VR_2를 조정하시오.

iii) $SW1$ on, $SW2$ off, $SW3$ off 하고, $V_a = 10[V]$가 되도록 VR_1을 조정하시오. 그리고 로그 회로 단의 op amp #2의 출력 V_{o1}을 측정하시오 ($\log_{10}10 = 1$이 되도록 하기 위함이다). (단, $I_{ref} \simeq +15[V]/R_6$)

V_{o1} : __________ $[V]$:측정값, V_{o1} : __________ $[V]$:이론값

iv) $SW1$ on, $SW2$ off, $SW3$ off 하고, 입력단에서 $V_s = -15[V]$로 바꾸고, ZD_1의 방향을 바꾸시오($A \leftrightarrow K$). 그리고 $V_a = -1[V]$가 되도록 VR_1을 조정하시오.

v) $VR_3 = 470[\Omega]$이 되도록 조정한 후, 입력단의 V_a와 역-로그 회로의 V_b를 접속 하시오. 그리고 V_{o2}를 측정하시오 ($10^1 = 10$이 되도록 하기 위함이다).

V_{o2} : __________ $[V]$:측정값, V_{o2} : __________ $[V]$:이론값

※ 만약, $V_{o2}=10[V]$가 되지 않을 경우 $V_{o2}=10[V]$가 되도록 VR_3를 약간 조정할 필요가 있다.

vi) 입력단을 원래의 그림(a)처럼 수정한 후, $SW1$ on, $SW2$ off, $SW3$ off 하고 $V_a=1.5[V]$가 되도록 VR_1을 조정하시오.

vii) $SW1$, $SW2$, $SW3$를 모두 닫고, V_a, V_b, V_{o2}를 측정하고 기록하시오. 3채널 디지털 오실로스코프를 사용하여 측정하는 경우에는 V_a, V_b, V_{o2}를 함께 측정하시오.

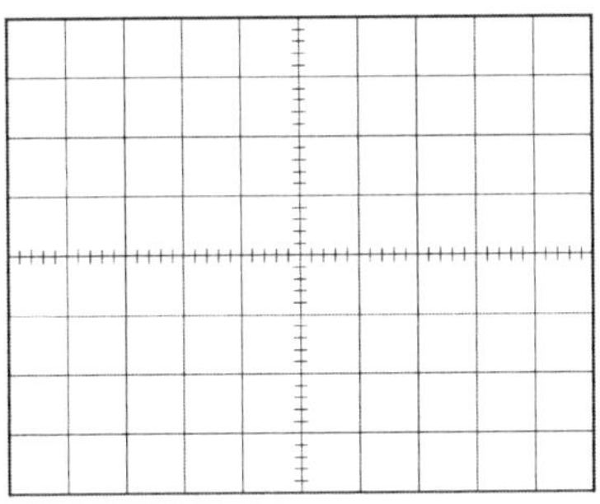

Time div : ________

Volt div

CH 1 (v_a) : ________ CH 2 (v_b) : ________

(a) V_a, V_b

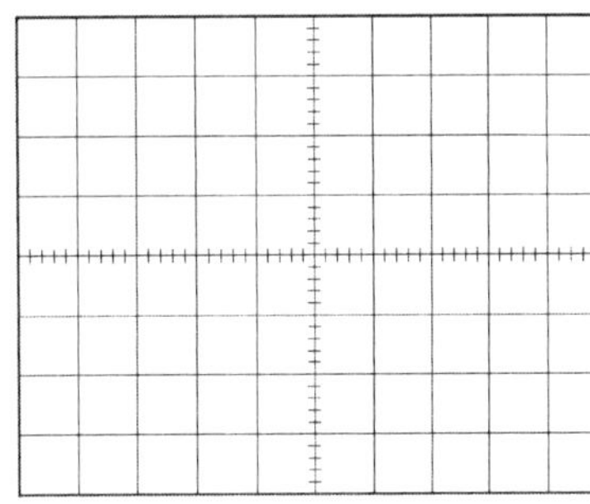

Time div : ________

Volt div

CH 1 (v_a) : ________ CH 2 (v_b) : ________

(b) V_a, V_{o2}

viii) $V_{s,p}=2[V]$에 맞추고, 입력단 회로의 출력 V_a 신호의 $V_{a,\min}\sim V_{a,\max}$가 $-1[V]\sim 3[V]$ 되도록 VR_1을 조정하시오. $SW3$를 off하고 입력단의 V_a와 anti-log단의 입력 V_b를 연결한 후, V_{o2}를 측정하여 기록하시오.

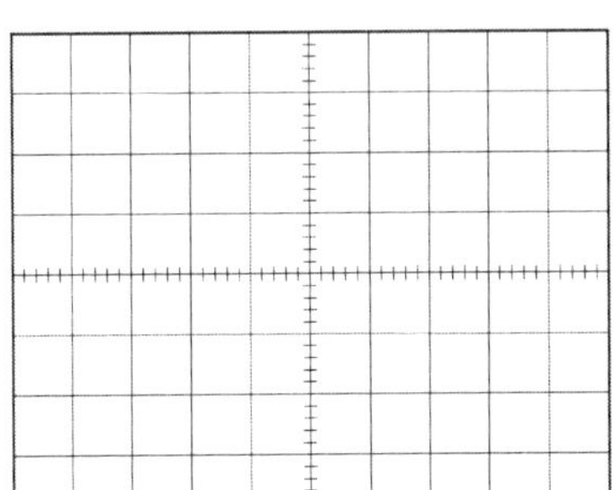

Time div : ________

Volt div

CH 1 (v_a) : ________ CH 2 (v_b) : ________

8장 슈미트 회로

지금까지 우리는 출력을 op amp의 반전입력으로 궤환하는 부궤환 회로에 대하여 살펴보았으며, 부궤환은 출력이 포화되지 않도록 동작하는 회로였다. 여기에서는 출력을 op amp의 비반전 입력으로 궤환하는 정궤환 회로인 슈미트 회로의 동작에 대하여 설명한다.

2장에서 설명한 영점 검출회로에 잡음이 혼입된 신호가 입력된다면 회로는 어떻게 동작할 것으로 생각하는가? 그림8.1(a)는 입력에 잡음이 혼입된 회로이고, 그림 8.1(b)에서 보듯이 잡음으로 인하여 출력에 글리칭(glitching)이 발생하며 이로써 잘못된 영점 검출 결과를 나타낸다.

정궤환 회로를 이용하여 이와 같은 문제를 해결할 수 있으며, 잡음을 제거하는 것은 아니지만 잡음신호에 대하여 회로가 안정하게 동작하도록 하는 것이다.

8-1 반전 슈미트 회로

그림8.2는 정궤환을 갖는 반전 슈미트 회로이다. 그림에서 R_1, R_2가 출력 v_o를 전압분배하며, 분배된 전압이 op amp의 비반전 입력으로 궤환된다. 그리고 궤환전압이 2장에서의 기준전압 V_{ref}와 같다.

만약 출력이 $v_o = +V_{sat}$이면, 이때 궤환전압을 *상단-문턱(upper-threshold)* 전압이라 부르고 V_{UT}로 표기하면 다음과 같다.

$$V_{UT} = \frac{R_2}{R_1 + R_2}(+V_{sat}) \tag{8.1}$$

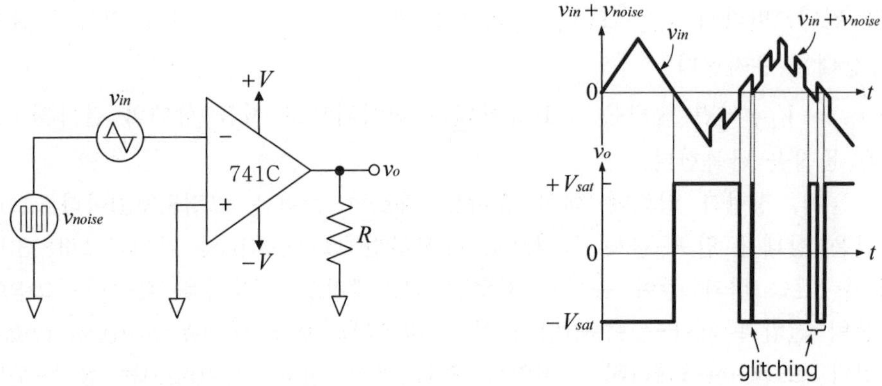

(a) (b)

그림8.1 반전 영점 검출회로 및 잡음신호를 포함한 입력신호에 대한 동작.

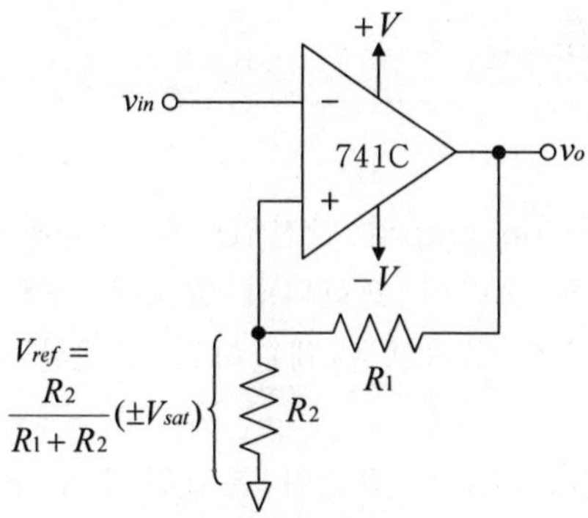

그림8.2 Schmitt 회로.

또한 $v_o = -V_{sat}$ 이면, 이때 궤환전압을 *하단-문턱(lower-threshold)* 전압이라 부르고 V_{LT}로 표기하면

$$V_{LT} = \frac{R_2}{R_1 + R_2}(-V_{sat}) \tag{8.2}$$

이다.

따라서 2장의 비교기 회로와는 다르게 슈미트 회로에서는 입력신호와 비교되는 전압은 V_{UT}와 V_{LT}로 2개의 전압이며, 그 동작은 다음과 같다.

i) $V_{ref} = V_{UT}$ 상태로 가정하자. 이때 $v_{in} < V_{UT}$ 이면 $v_o = A(V_{UT} - v_{in})$은 $+V_{sat}$ 상태이고, $v_{in} > V_{UT}$ 되기 전까지 $v_o = +V_{sat}$ 상태를 유지한다.

ii) $v_{in} > V_{UT}$이면 $v_o = A(V_{UT} - v_{in}) = -V_{sat}$이 되고 기준전압은 V_{LT}가 된다. $v_o = A(V_{LT} - v_{in})$이 되므로 $v_{in} < V_{LT}$ 이 되기 전까지 출력은 $-V_{sat}$ 상태를 유지한다.

iii) $v_{in} < V_{LT}$가 되면 $v_o = A(V_{LT} - v_{in}) = +V_{sat}$ 으로 천이되고 기준전압은 V_{UT}가 된다. 따라서 $v_o = A(V_{UT} - v_{in})$이 되므로 $v_{in} > V_{UT}$ 되기 전까지 출력은 $+V_{sat}$ 상태를 유지한다.

iv) $v_{in} > V_{UT}$ 이면 출력은 $-V_{sat}$ 상태로 천이되므로 처음 상태와 같아지고, 이후 같은 동작을 반복한다.

예를 들어, 정현파 입력에 대한 슈미트 회로의 출력은 그림8.3(a)이다. 그리고 이와 같은 상태를 입력-출력 특성으로 표시하면 그림8.3(b)와 같다. 그림8.3(b)에서 알 수 있는 바와 같이 슈미트 회로는 히스테리시스 특성을 갖는다. 그림에서 상단-문턱 전압과 하단-문턱 전압의 차를 *히스테리시스 전압(hysteresis voltage)*이라 한다. 또한, 히스테리시스 전압의 중심 전압(center voltage)는 상단-문턱전압과 하단-문턱전압의 산술평균값이다. 히스테리시스 전압과 중심전압의 크기는 다음과 같다.

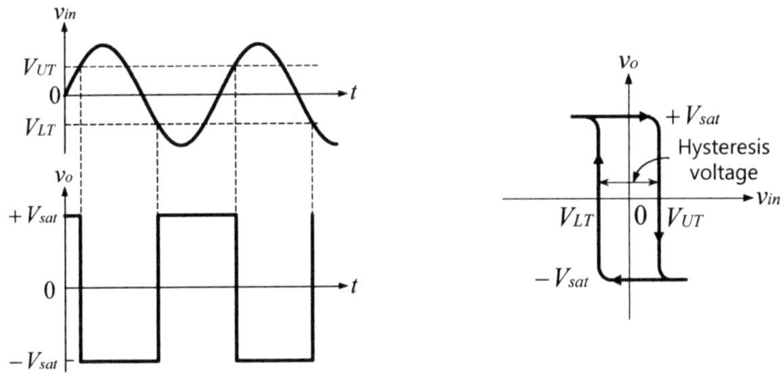

(a) 정현파 입력에 대한 슈미트 회로의 출력　　　　(b) 히스테리시스 특성

그림8.3 슈미트회로의 입 · 출력 동작.

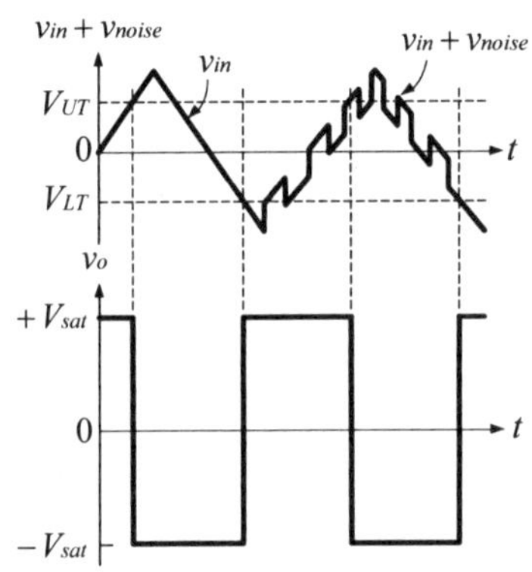

그림8.4 잡음이 혼입된 입력신호에 대한 슈미트 회로의 동작.

$$V_H = V_{UT} - V_{LT} = \frac{R_2}{R_1 + R_2}((+V_{sat}) - (-V_{sat})) \tag{8.3a}$$

$$V_{cen} = \frac{(+V_{sat}) + (-V_{sat})}{2} \tag{8.3b}$$

$|+V_{sat}| = |-V_{sat}|$이라면,

$$V_H = \frac{2R_2}{R_1 + R_2}|+V_{sat}| \tag{8.4a}$$

$$V_{cen} = 0 \tag{8.4b}$$

이다.

그림8.1(b)와 같이 잡음이 혼입된 입력신호에 대하여 슈미트 회로는 어떻게 동작할 것인가? 그 동작은 그림8.4와 같으며 그림과 같이 잡음신호의 피크-피크가 히스테리시스 전압 V_H보다 작다면 글리칭이 발생하지 않는 안정된 출력을 얻는

다. 따라서 입력 잡음의 피크-피크를 예측할 수 있다면 V_H가 잡음의 피크-피크보다 다소 크도록 회로를 설계한다. 이와 같은 잡음에 대안 안정성 여유(margin)는 20% 또는 25%가 적당하다. 안정성 여유가 클수록 글리칭이 발생할 확률은 감소하지만 검출레벨의 오차는 증가한다.

<예제>

그림8.2의 슈미트 회로에서 $R_1 = 100K\Omega$, $R_2 = 100\Omega$이다. $+V_{sat} = 14V$, $-V_{sat} = -13V$이라면 (1)피크가 $50mV$인 정현파 입력에 대하여 출력신호의 파형을 완성하고 (2)입출력 특성그래프를 완성하시오. (3)히스테리시스 전압을 구하시오.

<해>

$$V_{UT} = \frac{R_2}{R_1 + R_2}(+V_{sat}) = \frac{100\Omega}{100K\Omega + 100\Omega}(+14V) = +14mV$$

$$V_{LT} = \frac{R_2}{R_1 + R_2}(-V_{sat}) = \frac{100\Omega}{100K\Omega + 100\Omega}(-13V) = -13mV$$

(1) 이때 정현파 입력에 대한 슈미트 회로의 출력은 다음과 같다.

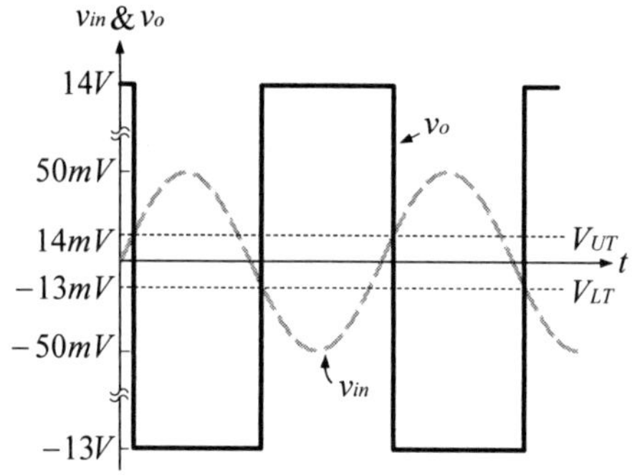

(2) 위의 입력과 출력파형에 대한 특성 그래프는 다음과 같다.

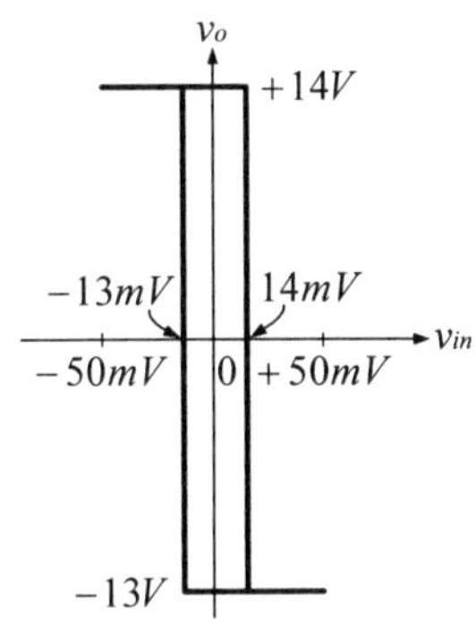

(3) $V_H = 14mV - (-13mV) = 27mV$

8-2 비반전 슈미트 회로

그림8.5(a)는 비반전 슈미트 회로이다. 그리고 이의 입력-출력파형과 히스테리시스를 갖는 입력-출력 특성은 각각 그림8.5(b), 그림8.6(c)이다.

입력 v_{in}이 op amp의 차동입력 ($v_d = v_+ - v_- = v_+$)을 (+)값이 되도록 만들 만큼 충분히 큰 (+)값을 가지기 전까지 출력은 $-V_{sat}$ 상태를 유지한다. 이것은 그림8.5(a)의 회로에서 비반전 단자전압 v_+에 관한 식으로부터 명확하게 알 수 있으며 중첩의 원리에 따라 식(8.5)와 같다.

$$v_+ = \frac{R_1}{R_1 + R_2} v_o + \frac{R_2}{R_1 + R_2} v_{in} \tag{8.5}$$

$v_o = -V_{sat}$으로 가정하면

$$v_+ = \frac{R_1}{R_1 + R_2} (-V_{sat}) + \frac{R_2}{R_1 + R_2} v_{in} \tag{8.6}$$

이 된다. 식(8.6)의 우측 항에서 v_{in}을 제외한 나머지는 모두 상수이다. 따라서 $v_+ > 0$이 될 것인지 혹은 $v_+ < 0$이 될 것인지 즉, $v_o = +V_{sat}$이 될 것인지 혹은 $v_o = -V_{sat}$이 될 것인지는 오직 v_{in}에 의해서 결정됨을 알 수 있다.

식(8.6)에서

$$\left| \frac{R_2}{R_1 + R_2} v_{in} \right| > \left| \frac{R_1}{R_1 + R_2} (-V_{sat}) \right|$$

되도록 v_{in}이 충분히 크지 않다면 v_+는 (-) 값을 갖게 된다. 결과로 차동전압은 여전히 (-)값을 가지므로 출력은 $-V_{sat}$을 유지하게 된다.

한편, 차동입력이 (+)값이 될 만큼 입력 v_{in}이 충분히 큰 (+)값을 갖게 되면 출력은 $+V_{sat}$로 천이된다. 이때 비반전 단자입력 v_+는

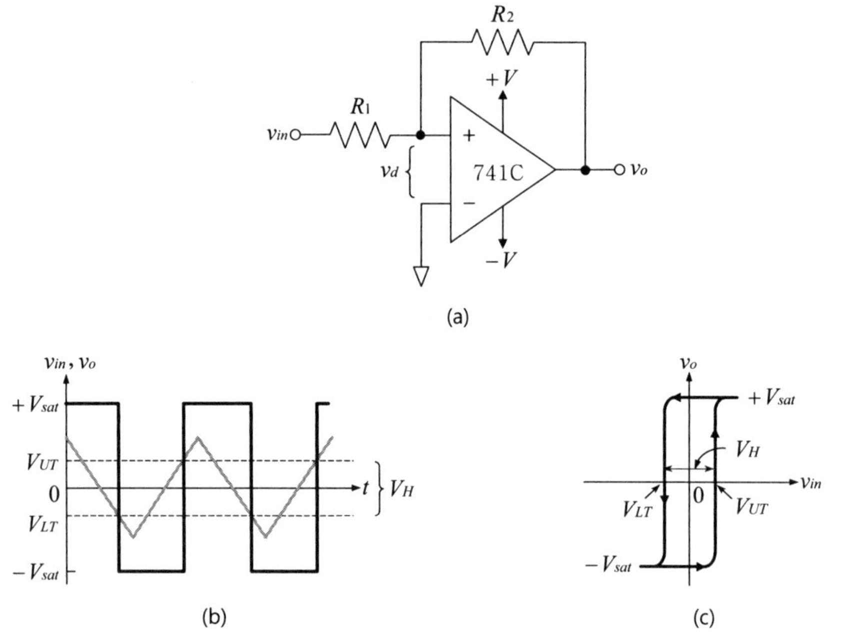

그림8.5 (a)비반전 슈미트회로 (b) 입,출력 파형 (c) 비반전 슈미트 회로의 히스테리시스 특성

$$v_+ = \frac{R_1}{R_1+R_2}(+V_{sat}) + \frac{R_2}{R_1+R_2}v_{in} \tag{8.7}$$

이 되고, 차동입력 $v_d = v_+$가 (-)값이 될 만큼 입력 v_{in}이 충분한 크기의 (-)값을 갖기 전에는 출력은 $+V_{sat}$ 상태를 유지한다.

입력 v_{in}이 충분한 크기의 (-)값이 되면 차동입력 v_d는 (-)값으로 바뀌고 따라서 출력은 다시 $-V_{sat}$으로 천이하게 된다.

천이 하는 점, 즉 V_{LT} 및 V_{UT}를 구해보자.

식(8.5)에서 $v_+ > 0$ 이면 즉,

$$\left\{\frac{R_1}{R_1+R_2}v_o + \frac{R_2}{R_1+R_2}v_{in}\right\} > 0 \tag{8.8}$$

이면 출력은 $+V_{sat}$으로 천이된다. 이것은

$$v_{in} > \left(-\frac{R_1}{R_2}\right)v_o$$

되는 v_{in}이 V_{UT}이고, $v_o = -V_{sat}$으로부터 $+V_{sat}$으로 천이되는 점이다. 그러므로

$$V_{UT} = \left(-\frac{R_1}{R_2}\right)(-V_{sat}) \tag{8.9a}$$

이다. 만약, $|-V_{sat}| = |+V_{sat}|$이라면

$$V_{UT} = \left(\frac{R_1}{R_2}\right)|+V_{sat}| \tag{8.9b}$$

이다. 또한 $v_+ < 0$ 이면 즉,

$$\left\{\frac{R_1}{R_1+R_2}v_o + \frac{R_2}{R_1+R_2}v_{in}\right\} < 0 \tag{8.10}$$

이면 출력은 $-V_{sat}$ 으로 천이된다. 이것은

$$v_{in} < \left(-\frac{R_1}{R_2}\right)v_o$$

되는 v_{in}이 V_{LT}이고, $v_o = +V_{sat}$ 으로부터 천이되는 점이다. 따라서

$$V_{LT} = \left(-\frac{R_1}{R_2}\right)(+V_{sat}) \tag{8.11a}$$

이다. 만약, $|-V_{sat}| = |+V_{sat}|$이라면

$$V_{LT} = \left(-\frac{R_1}{R_2}\right)|+V_{sat}| \tag{8.11b}$$

이다. 이와 같은 특성은 그림8.5(b)에서 보는 바와 같이 입력이 V_{UT}인 점에서 출력이 $-V_{sat}$ 으로부터 $+V_{sat}$ 으로 천이되며, 입력이 V_{LT}인 점에서 출력이 $+V_{sat}$ 으로부터 $-V_{sat}$ 으로 천이됨을 설명하고 있다. 히스테리시스 전압 V_H와 중심 전압 V_{cen} 는 각각 다음과 같다.

$$V_H = V_{UT} - V_{LT} = \left(-\frac{R_1}{R_2}\right)(-V_{sat}) - \left(-\frac{R_1}{R_2}\right)(+V_{sat})$$

$$V_{cen} = \frac{V_{UT} + V_{LT}}{2}$$

이고, $|+V_{sat}| = |-V_{sat}|$이면

$$V_H = \left(\frac{2R_1}{R_2}\right)|+V_{sat}| \tag{8.12a}$$

$$V_{cen} = 0 \tag{8.12b}$$

이다.

8-3 히스테리시스를 갖는 전압레벨 검출회로

그림8.3(b) 및 그림8.5(b)의 입-출력 특성으로부터 알 수 있는 바와 같이 슈미트 회로는 히스테리시스를 갖는 영점 검출회로로 동작한다. 즉, 히스테리시스 전압의 중심은 $0V$이다. 또한 슈미트 회로는 히스테리시스 전압의 중심이 $+V_{cen}$ 혹은 $-V_{cen}$ 인 전압레벨 검출회로로 이용되며, 레벨 검출을 2가지 관점에서 생각할 수 있다. 첫째는 그림8.6(a)와 같이 오프셋이 없는 입력파형($v_{in} = v_{tri}$)의 범위 내에서

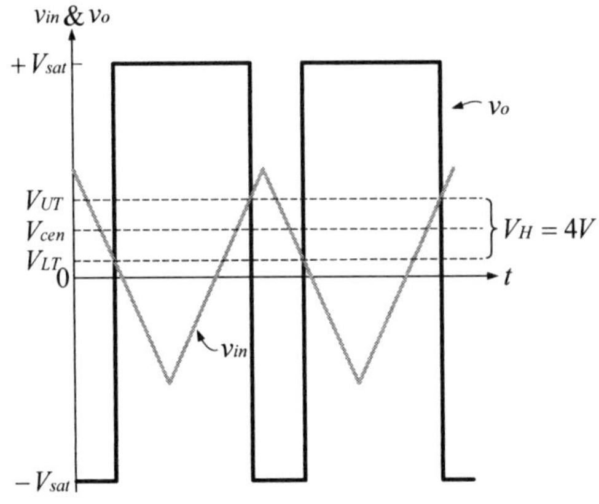

(a) $V_{UT}=5V,\ V_{LT}=1V,\ V_{cen}=3V,\ V_H=4V$

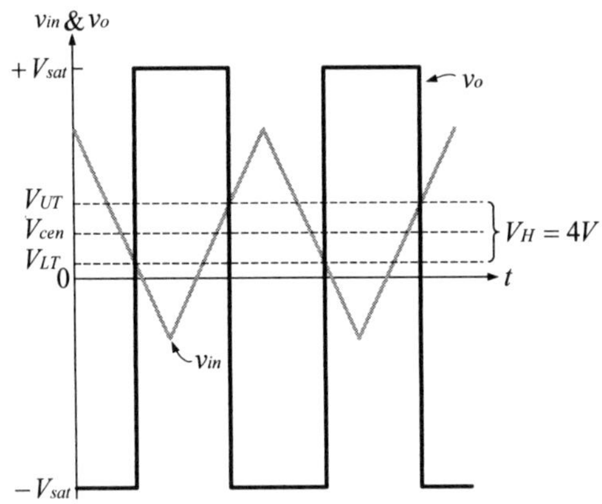

(b) $V_{UT}=5V,\ V_{LT}=1V,\ V_{cen}=3V,\ V_H=4V$

그림8.6 전압 레벨 검출회로의 입,출력 파형 : (a) 오프셋이 없는 입력파형(삼각파)의 중심 전압 레벨 검출 (b) 입력파형이 $3V$ 쉬프트 되었으며, $V_{cen}=3V$를 검출하는 파형 동작.

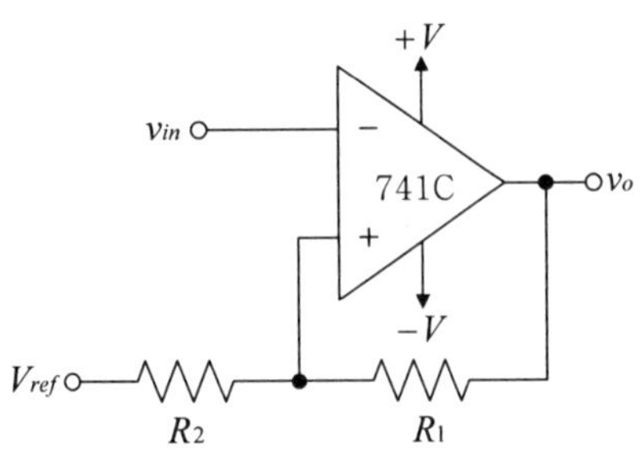

그림8.7 히스테리시스를 갖는 전압레벨 검출회로

전압 레벨을 검출하는 경우이며, 둘째는 그림8.6(b)와 같이 레벨 쉬프트 된 입력 파형($v_{in} = V_{DC} + v_{tri}$)의 레벨($V_{DC}$)을 검출하는 경우이다.

그림8.6(a),(b) 두 경우 모두 입력신호의 크기가 상단-문턱전압 $V_{UT}=+5V$보다 커지면 출력은 $-V_{sat}$으로 천이되고, 하단-문턱전압 $V_{LT}=+1V$보다 낮아지면 출력은 $+V_{sat}$으로 천이된다. 이 때, 히스테리시스 전압 $V_H = 4V$이고 중심 전압 $V_{cen}=+3V$이다.

이러한 동작은 그림8.7의 회로로 실행된다. 그림8.2의 반전 슈미트 회로와 비교하면, R_2의 한 쪽 끝의 전위가 $0V$이었지만, 그림8.7의 회로는 중심전압 이동을 위하여 V_{ref} 전원에 접속되어 있다.

상단 및 하단 문턱전압과 히스테리시스 전압, 중심 전압을 구하기 위하여 그림8.7의 회로의 비반전 단자에 중첩 정리를 적용하여 구한 비반전 단자 전압 v_+는 다음과 같다.

$$v_+ = \frac{R_1}{R_1+R_2}V_{ref} + \frac{R_2}{R_1+R_2}v_o \tag{8.13}$$

회로에서 비반전 단자의 입력 v_+가 반전 단자 입력 $v_- = v_{in}$보다 크면 출력 v_o은 $+V_{sat}$으로 천이되고, v_+가 v_{in}보다 작으면 v_o은 $-V_{sat}$으로 천이되므로 v_+가 문턱전압이다.

따라서 상단-문턱전압 V_{UT} 및 하단-문턱전압 V_{LT}는 각각 다음과 같다.

$$V_{UT} = \frac{R_1}{R_1+R_2}V_{ref} + \frac{R_2}{R_1+R_2}(+V_{sat}) \tag{8.14a}$$

$$V_{LT} = \frac{R_1}{R_1+R_2}V_{ref} + \frac{R_2}{R_1+R_2}(-V_{sat}) \tag{8.14b}$$

또한 히스테리시스 전압 V_H는 다음과 같다.

$$V_H = V_{UT} - V_{LT} = \frac{R_2}{R_1+R_2}((+V_{sat}) - (-V_{sat})) \tag{8.15}$$

V_{UT}와 V_{LT}의 평균값을 중심으로 하는 히스테리시스의 중심전압 V_{cen}은

$$V_{cen} = \frac{V_{UT}+V_{LT}}{2} = \frac{R_1}{R_1+R_2}V_{ref} + \frac{R_2}{2(R_1+R_2)}((+V_{sat}) + (-V_{sat})) \tag{8.16}$$

이다.

만약 $R_1 = nR_2$가 되도록 설정하면 V_{UT}, V_{LT}, V_H, V_{cen}은 각각 다음과 같다.

$$V_{UT} = \frac{n}{1+n}V_{ref} + \frac{1}{1+n}(+V_{sat}) \tag{8.17a}$$

$$V_{LT} = \frac{n}{1+n}V_{ref} + \frac{1}{1+n}(-V_{sat}) \tag{8.17b}$$

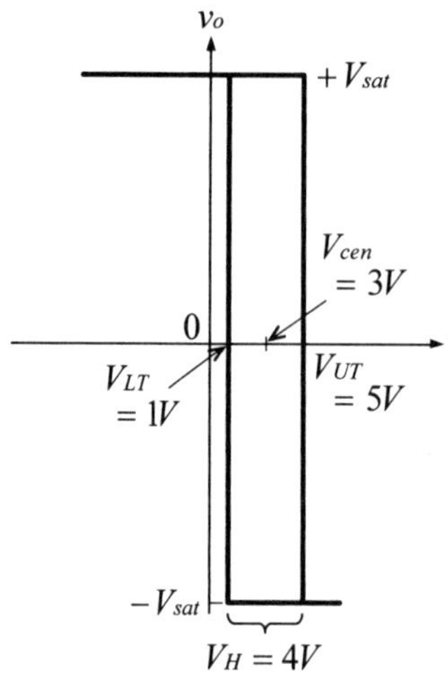

(a) 그림8.6(a)의 특성

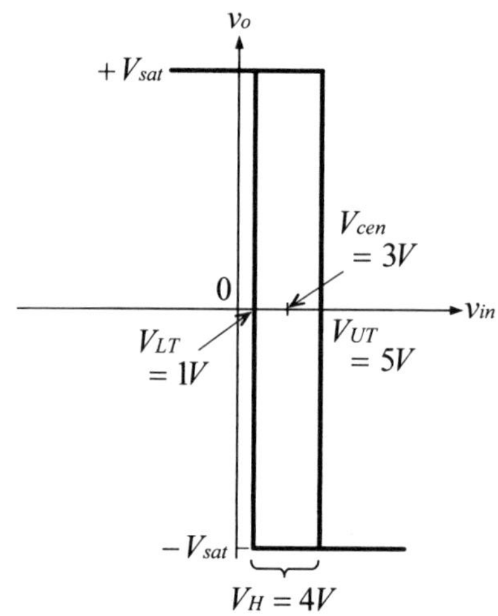

(b) 그림8.6(b)의 특성

그림8.8 히스테리시스를 갖는 전압 레벨 검출회로의 입,출력 특성.

$$V_H = \frac{1}{1+n}((+V_{sat}) - (-V_{sat})) \tag{8.18a}$$

$$V_{cen} = \frac{n}{1+n} V_{ref} + \frac{1}{2(1+n)}((+V_{sat}) + (-V_{sat})) \tag{8.18b}$$

$+V_{sat}$과 $-V_{sat}$의 크기가 같다면 식(8.18a), 식(8.18b)는 각각 다음과 같다.

$$V_H = \frac{2}{1+n}|+V_{sat}| \tag{8.19a}$$

$$V_{cen} = \frac{n}{1+n} V_{ref} \tag{8.19b}$$

그림8.6의 입,출력 파형에 대하여 각각의 입,출력 특성은 그림8.8과 같다. 두 특성곡선에서 입력신호의 피크-피크는 모두 $14V$이고, $V_{cen} = +3V$, $V_H = 4V$로 같다. 그러나 그림에서 보듯이 두 특성 파형은 다음과 같은 차이점을 보이고 있다.

그림8.8(a)는 오프셋이 없는 입력신호에서 $V_{cen} = +3V$을 검출하므로 중심전압으로부터 $-V_{p,in}$(입력신호의 (-)피크 전압)까지의 크기는 $+V_{p,in}$(입력신호의 (+) 피크 전압)과의 간격보다 크다. 그림8.8(b)는 쉬프트 된 레벨을 검출한 결과이므로 중심전압에서 $+V_{p,in}$(입력신호의 피크 전압)과 $-V_{p,in}$의 간격이 같다.

<예제>

그림8.6(b)의 히스테리시스 특성을 갖도록 그림8.7 회로를 설계하시오. 단, 출력의 포화전압은 $|\pm V_{sat}| = 14V$ 이다.

<해>

i) 식(8.19a)로부터 n을 구한다.

$$n = \frac{2|+V_{sat}|}{V_H} - 1 = \frac{28\,V}{4\,V} - 1 = 6$$

ii) 식(8.19b)로부터 V_{ref}를 구한다.

$$V_{ref} = \frac{1+n}{n} V_{cen} = \frac{7}{6} \times 3 = 3.5\,V$$

iii) $R_1 = nR_2$이므로, $R_2 = 10K\Omega$로 선택하면 $R_1 = 6 \times 10K\Omega = 60K\Omega$이다.

그림8.7의 회로에서 입력 v_{in}과 기준전압 V_{ref}의 위치가 바뀌면 비반전 전압레벨 검출회로로 동작하며, 그 동작 및 입출력 특성은 그림8.9와 같다.

비반전 입력단자에 *KCL*(*Kirchhoff's current law*)을 적용하면 비반전 입력단자의 전압 v_+는 다음과 같다.

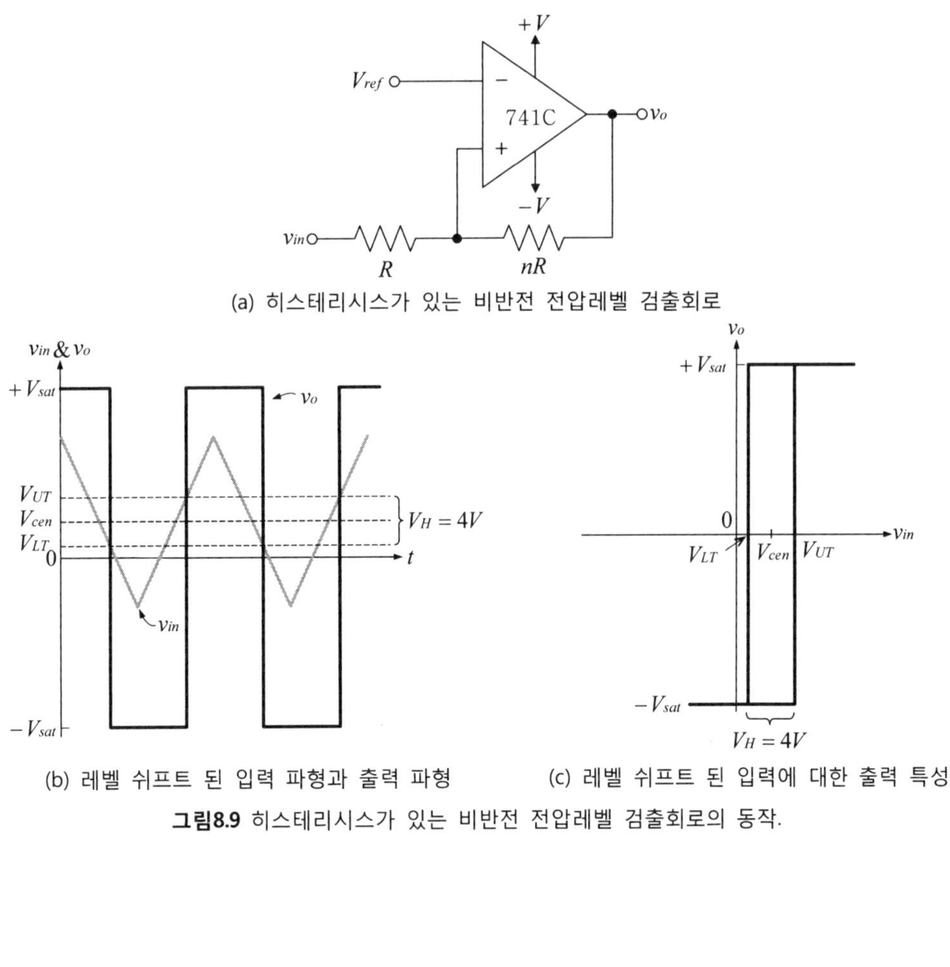

(a) 히스테리시스가 있는 비반전 전압레벨 검출회로

(b) 레벨 쉬프트 된 입력 파형과 출력 파형 (c) 레벨 쉬프트 된 입력에 대한 출력 특성

그림8.9 히스테리시스가 있는 비반전 전압레벨 검출회로의 동작.

$$v_+ = \frac{nR}{R+nR} v_{in} + \frac{R}{R+nR} v_o \tag{8.20}$$

그리고 $v_+ > V_{ref}$ 이면 $v_o = + V_{sat}$ 이 되고, $v_+ < V_{ref}$ 이면 $v_o = - V_{sat}$ 이 된다. $v_+ = V_{ref}$ 을 기준으로 (+)포화 혹은 (-)포화 되므로 v_{in} 은 다음과 같다.

$$v_{in} = \frac{1+n}{n} V_{ref} - \frac{1}{n} v_o \tag{8.21}$$

상단-문턱전압은 $v_+ > V_{ref}$ 되는 v_{in} 이고, 하단-문턱전압은 $v_+ < V_{ref}$ 되는 v_{in} 이다. 따라서 상단-문턱전압과 하단-문턱전압, 히스테리시스 전압 및 중심전압은 각각 다음과 같다.

$$V_{UT} = \left(1 + \frac{1}{n}\right) V_{ref} - \frac{1}{n}(- V_{sat}) \tag{8.22a}$$

$$V_{LT} = \left(1 + \frac{1}{n}\right) V_{ref} - \frac{1}{n}(+ V_{sat}) \tag{8.22b}$$

$$V_H = V_{UT} - V_{LT} = \frac{(+ V_{sat}) - (- V_{sat})}{n} \tag{8.23}$$

$$V_{cen} = \frac{V_{UT} + V_{LT}}{2} = \left(1 + \frac{1}{n}\right) V_{ref} - \frac{1}{2n}((+ V_{sat}) + (- V_{sat})) \tag{8.24}$$

$+ V_{sat}$ 과 $- V_{sat}$ 의 크기가 같다면 식(8.23), 식(8.24)는 각각 다음과 같다.

$$V_H = V_{UT} - V_{LT} = \frac{2}{n}|+ V_{sat}| \tag{8.25a}$$

$$V_{cen} = \frac{V_{UT} + V_{LT}}{2} = \left(1 + \frac{1}{n}\right) V_{ref} \tag{8.25b}$$

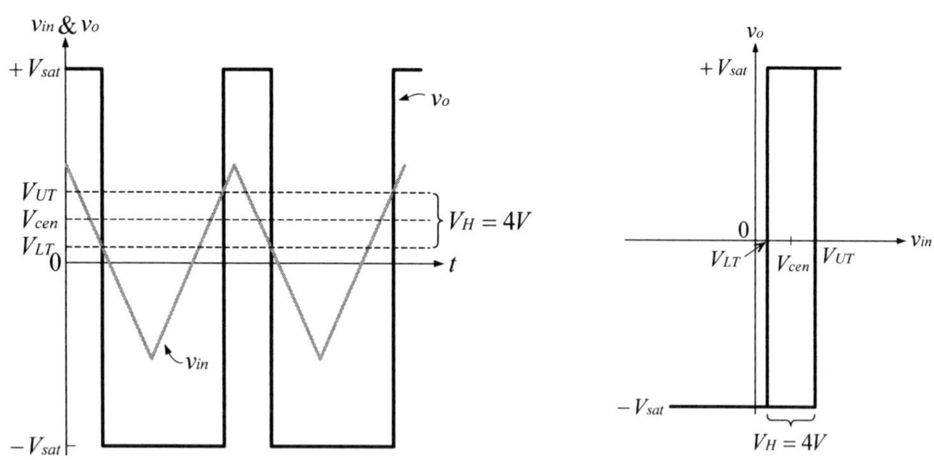

(a) 오프셋이 없는 입력 파형과 출력 파형 (b) 오프셋이 없는 입력에 대한 출력 특성

그림8.10 오프셋이 없는 입력 파형에 대한 비반전 전압레벨 검출회로의 동작.

영점 검출회로는 상단-문턱전압과 하단-문턱전압이 기준전압인 $0V$를 기준으로 대칭을 이루지만 그림8.7과 그림8.8의 전압레벨 검출회로는 V_{ref}를 기준으로 대칭을 이루는 것이 아니라, 식(8.19)와 식(8.25)에서 구한 V_{UT}와 V_{LT}의 평균값인 V_{cen}을 중심으로 대칭을 이루고 있다. 물론 검출하고자 하는 전압레벨은 V_{cen}이다.

그러나 그림8.8(a)와 같이 오프셋이 없는 입력파형에서 0이 아닌 V_{cen}를 검출하는 동작에서의 입,출력 특성은 V_{cen}을 중심으로 대칭을 이루지 않는다. 그림8.10은 오프셋이 없는 입력파형에서 V_{cen}를 검출하는 비반전 동작의 입,출력 파형과 입,출력 특성을 보인다.

8-4 히스테리시스 전압과 중심 전압의 독립 조정

식(8.19)와 식(8.25)를 살펴보면 전압레벨 검출회로의 V_H와 V_{cen}은 모두 n에 따라 조정되므로 두 값이 독립적이지 않으며, 앞선 예제의 반전 전압레벨 검출회로 설계 과정에서 V_H와 V_{cen}이 서로 독립인 관계가 아님을 확인할 수 있었다.

이 절에서 V_H와 V_{cen}을 독립적으로 조정할 수 있는 슈미트 회로에 대하여 살펴보며 그림8.11이 그 회로이고, 그 동작과 히스테리시스 곡선은 그림8.12와 같다.

만약 nR과 mR을 가변 할 수 있다면 nR로 V_H를 조정하고, mR과 V_{ref}로 V_{cen}을 조정한다. V_{ref}는 공급전압 $+V$ 혹은 $-V$일 수 있으며, 그림8.9의 회로에서는 $-V$를 V_{ref}로 선택하고 있다.

회로의 비반전 입력단자에 키르히호프 전류법칙을 적용하고 비반전 입력단자 전압을 구하면 식(8.26)과 같고

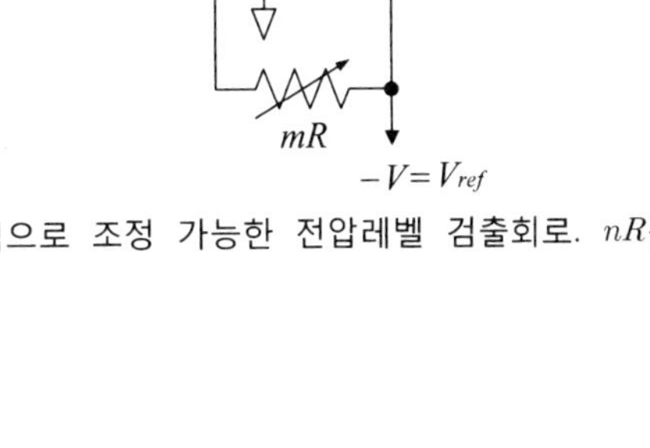

그림8.11 V_H와 V_{cen}을 독립적으로 조정 가능한 전압레벨 검출회로. nR은 V_H를 조정하고, mR은 V_{cen}을 조정한다.

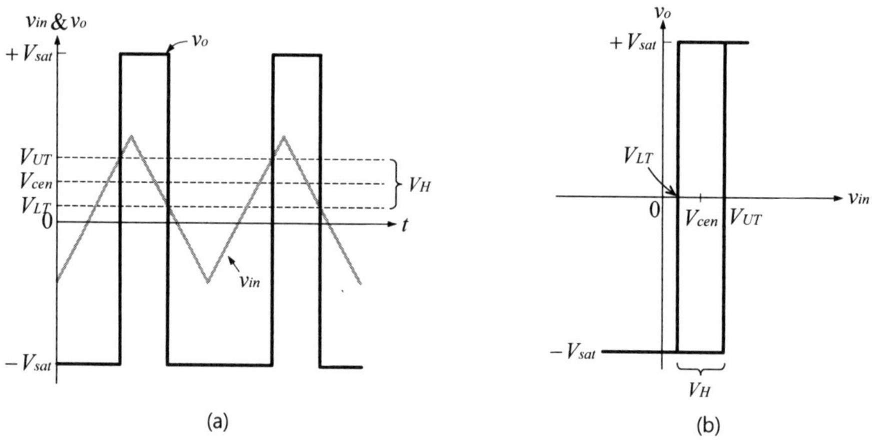

그림8.12 V_H와 V_{cen}을 독립적으로 조정하는 비반전 전압레벨 검출회로의 동작 및 입출력 특성.

$$v_+ = \frac{mn}{m+n+mn}\left(v_{in} + \frac{V_{ref}}{m} + \frac{v_o}{n}\right) = 0 \tag{8.26a}$$

$$v_{in} = -\frac{V_{ref}}{m} - \frac{v_o}{n} \tag{8.26b}$$

$v_+ > 0$이 되도록 v_{in}이 충분히 크다면 $v_o = +V_{sat}$가 된다. 따라서 V_{UT}는 $v_+ > 0$ 되는 v_{in}이며, 식(8.26b)로부터 V_{UT}는 다음과 같다.

$$V_{UT} = \frac{-V_{ref}}{m} - \frac{(-V_{sat})}{n} \tag{8.27a}$$

$v_+ < 0$이 될 만큼 v_{in}이 충분히 작지 않다면 $v_o = +V_{sat}$이 지속되며, $v_+ < 0$이 될 때 v_o은 $+V_{sat}$으로부터 $-V_{sat}$으로 천이된다. 따라서 V_{LT}는 다음 식과 같다.

$$V_{LT} = \frac{-V_{ref}}{m} - \frac{(+V_{sat})}{n} \tag{8.27b}$$

$v_+ > 0$이 되기 전까지 $v_o = -V_{sat}$을 지속하며, $v_+ > 0$될 때 $v_o = +V_{sat}$으로 천이된다. 식(8.27)로부터 히스테리시스 전압과 중심전압은 각각 다음과 같다.

$$V_H = V_{UT} - V_{LT} = \frac{(+V_{sat}) - (-V_{sat})}{n} \tag{8.28}$$

$$V_{cen} = \frac{V_{UT} + V_{LT}}{2} = -\frac{V_{ref}}{m} - \frac{(+V_{sat}) + (-V_{sat})}{2n} \tag{8.29}$$

$+V_{sat}$과 $-V_{sat}$의 크기가 같다면, 히스테리시스 전압과 중심 전압은 다음 식과 같다.

$$V_H = \frac{2}{n}\left|+V_{sat}\right| \tag{8.30a}$$

$$V_{cen} = -\frac{V_{ref}}{m} \tag{8.30b}$$

식(8.30a)에서 V_H는 $|+V_{sat}|$과 n에 의해서 조정되고, V_{cen}은 V_{ref}와 m에 의해서만 조정된다. 즉, 중심전압을 고정하고 히스테리시스 전압의 크기를 가변하거나 혹은 반대로 히스테리시스 전압의 크기를 고정하고 중심전압을 변경할 수 있다.

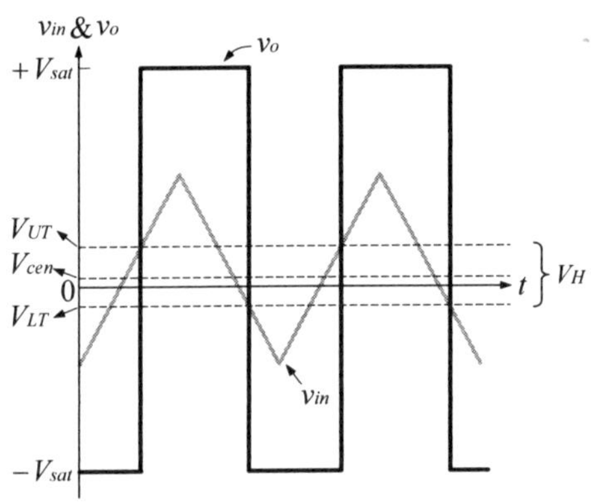

(a)

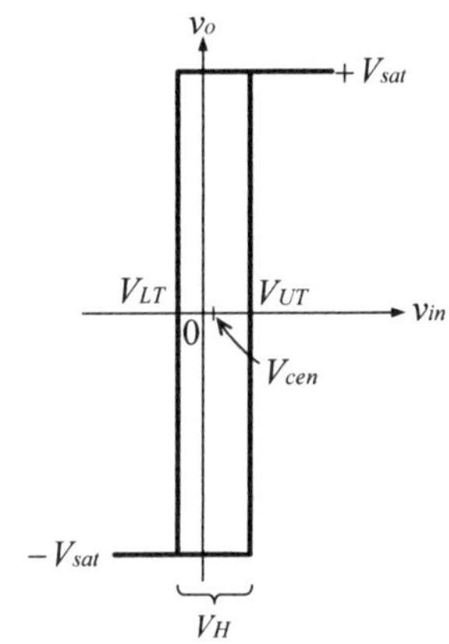

(b)

그림8.13 그림8.12(a)의 삼각파 입력파형에 대하여 V_H는 고정하고, m값을 조정하여 중심전압을 이동한 경우의 비반전 전압레벨 검출회로의 동작 및 입출력 특성.

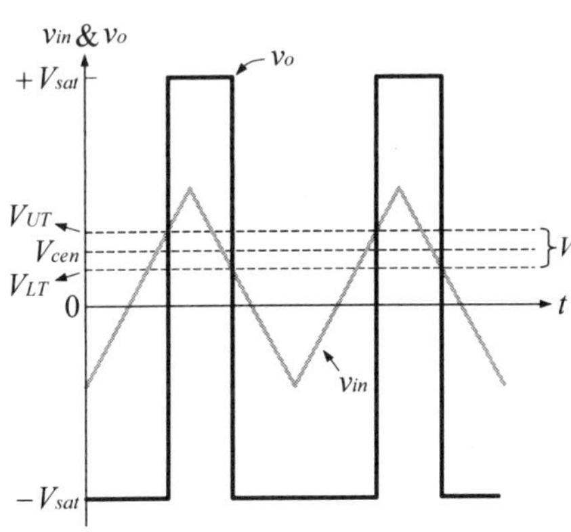

(a)

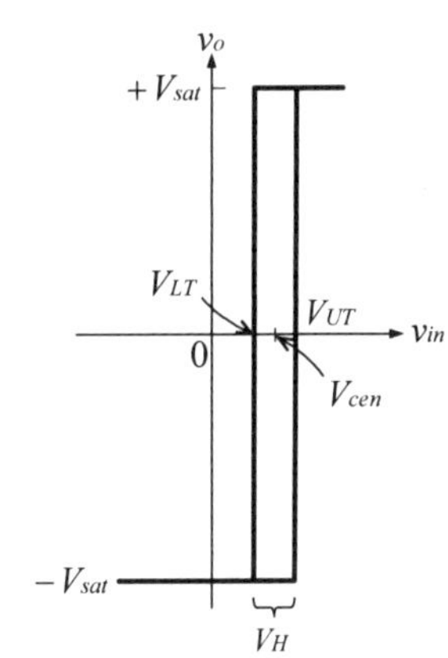

(b)

그림8.14 그림8.12(a)의 삼각파 입력파형에 대하여 V_{cen}는 고정하고, n값을 조정하여 V_H를 변경한 경우의 비반전 전압레벨 검출회로의 동작 및 입출력 특성.

그림8.12(a)의 삼각파 입력신호에 대하여 V_H을 고정하고 V_{cen}이 이동한 경우 즉, m값이 조정된 경우에 대하여 입,출력 파형과 히스테리시스 파형의 변화는 그림8.13과 같다.

또한, 그림8.12(a)의 삼각파 입력파형에 대하여 m값을 고정하고, n값을 조정하여 히스테리시스 전압 V_H만 변경한 경우의 예는 그림8.14와 같다.

8-5 출력신호의 크기 제한

제너 다이오드의 정전압 특성을 이용하면 $\pm V_{sat}$인 출력의 크기를 $\pm V_Z$ 혹은 $+V_Z$, $-V_Z$로 제한 할 수 있다. 그림8.15(a)의 회로는 $+V_Z$으로 제한하는 회로이며, 저항 R_p는 제너다이오드에 대한 전류제한 저항이다. 제너다이오드의 방향을 반대로 하면 $-V_Z$로 제한하고, 제너다이오드 2개를 이용하여 애노우드 혹은 캐소우드를 맞대면 $\pm V_Z$로 제한된다.

V_{UT}, V_{LT} 및 V_H와 V_{cen}은 식(8.31)과 같다.

$$V_{UT} = \frac{R_2}{R_1 + R_2}(+V_Z) \tag{8.31a}$$

$$V_{LT} = \frac{R_2}{R_1 + R_2}(-0.6) \tag{8.31b}$$

$$V_H = \frac{R_2}{R_1 + R_2}(V_Z + 0.6) \tag{8.31c}$$

$$V_{cen} = \frac{R_2}{2(R_1 + R_2)}(V_Z - 0.6) \tag{8.31d}$$

제너 다이오드의 방향이 그림과 같다면, V_{LT}는 항상 $-0.6 \sim 0V$ 즉, 거의 $0V$로 고정된다. 만약, 제너 다이오드의 방향이 그림과 반대이면 V_{LT}는 $0 \sim 0.6V$이다.

그림8.15(b),(c)는 각각 크기가 $+V_Z$로 제한된 회로의 입,출력 파형과 입,출력 특성 그래프이다.

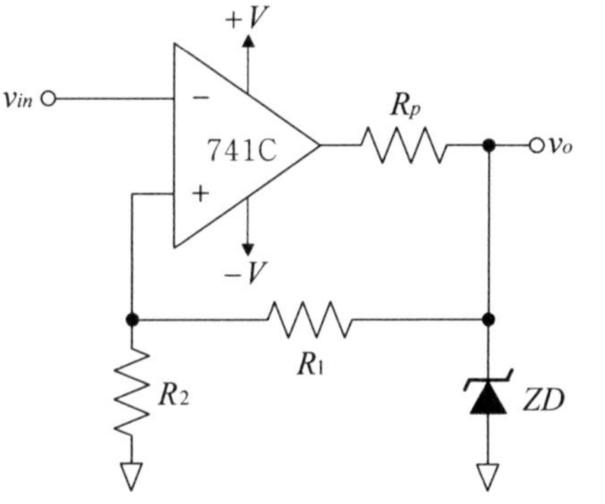

(a) 출력의 크기를 $+V_Z$로 제한하는 슈미트 회로

그림8.15 출력은 제너다이오드의 방향에 따라 $+V_Z$ 또는 $-V_Z$이다. 그리고 2개의 제너다이오드의 애노우드 혹은 캐소우드를 맞대면 출력은 $\pm V_Z$이다.

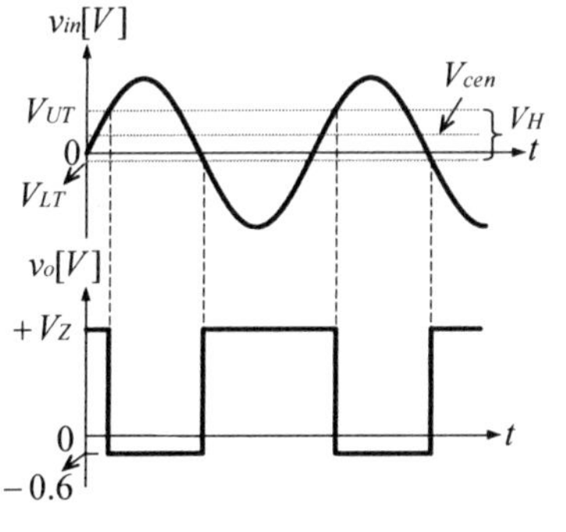

(b) 크기가 제한된 슈미트 회로의 입,출력 파형

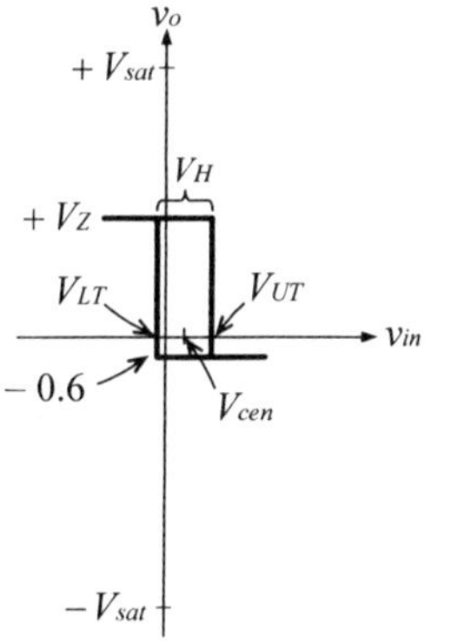

(c) 크기가 제한된 슈미트 회로의 입,출력 특성

그림8.15 계속

8-6 실험

8-6.1 반전 슈미트 회로

※ 오실로스코프의 커플링을 모두 DC 커플링으로 변경하시오.

i) 다음 회로를 구성하고, 입력신호의 피크 $V_{in,p}$는 5[V], 주파수는 1[KHz]에 맞추시오.

$R_1 = 2[K\Omega]$, $R_2 = R_3 = 10[K\Omega]$, $VR_1 = 50[K\Omega]$, $VR_2 = 100[K\Omega]$, ZD : RD5.1EB2

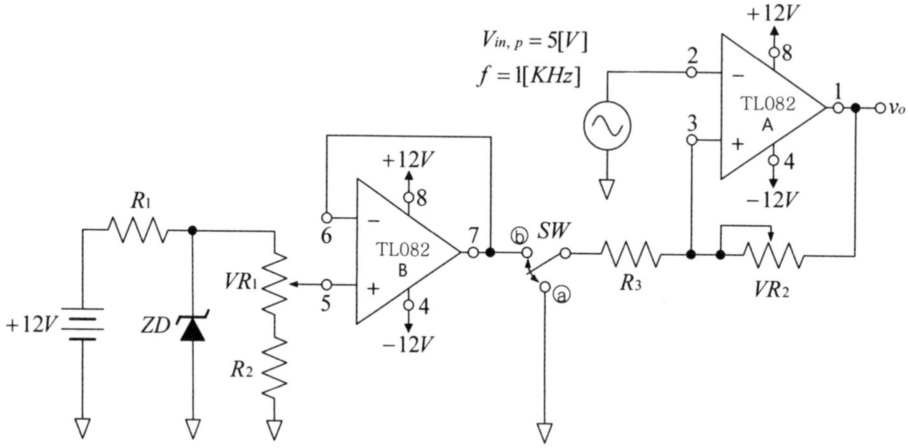

그림8.16 반전 슈미트 회로의 실험회로.

ii) 오실로스코프의 각 채널에 프루브를 연결하지 않은 상태에서 Time/Div 노브를 오른쪽 방향 끝까지 회전하여 '$X-Y$'에 맞추시오. 그리고 POSITION X 및 POSITION Y 단추를 회전하여 다음 그림과 같이 스폿(spot)이 오실로스코프 화면의 중심에 오도록 맞추시오.

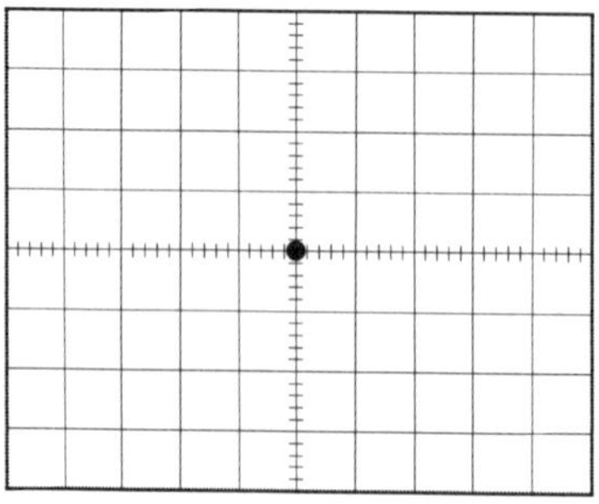

iii) SW를 ⓐ 방향으로 닫으시오. 그리고 VR_2가 50[$K\Omega$]이 되도록 조정하시오(가변저항을 분리하여 조정한 후 다시 결선하도록 하시오). 오실로스코프의 Time/Div 노브를 적절하게 조정한 후 출력 v_o의 파형을 측정하여 입력 v_{in}의 파형과 함께 기록하시오.

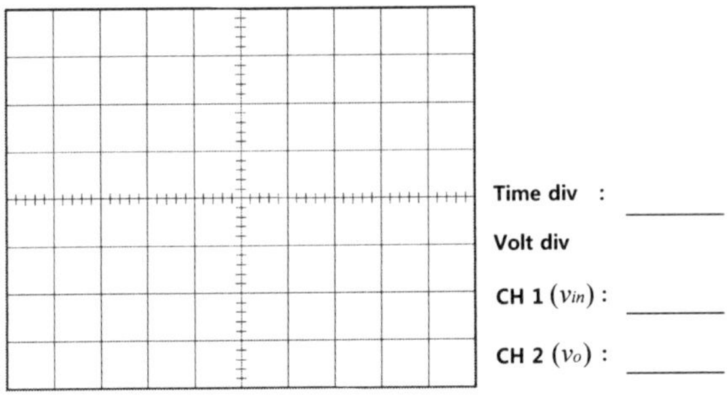

또한 출력의 크기 $|+V_{sat}|$ 및 $|-V_{sat}|$을 측정하여 기록하고, 이 값을 이용하여 V_{UT}와 V_{LT}의 이론값을 계산하고, 이론값과 측정값을 비교하시오.

$|+V_{sat}|=$ ______________[V], $|-V_{sat}|=$ ______________[V]

$V_{UT}=$ ______________[V], $V_{LT}=$ ______________[V] : 이론값

$V_{UT}=$ ______________[V], $V_{LT}=$ ______________[V] : 측정값

iv) 오실로스코프의 CH1에 v_{in}의 측정 단자를 접속하고 CH2에 v_o의 측정 단자를 접속하시오. 그리고 오실로스코프의 Time/Div 노브를 오른쪽 방향 끝까지 회전하여 '$X-Y$'에 맞춘 후 입-출력 특성을 측정하여 기록하시오.

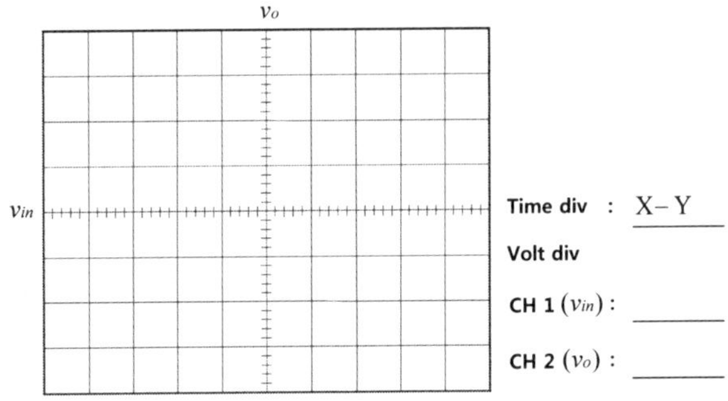

v_{in} : v_o (입-출력 특성 그래프)

히스테리시스 전압에 대한 이론값과 측정값을 비교하시오.

$V_H =$ ______________ $[V]$: 이론값, $V_H =$ ______________ $[V]$: 측정값

중심 전압 : $V_{cen} =$ ______________ $[V]$

v) SW를 ⓐ 방향으로 닫으시오. 그리고 $VR_2 = 80[K\Omega]$이 되도록 조정하시오(가변저항을 분리하여 조정한 후 다시 결선하도록 하시오). 그 후, 출력 v_o의 파형을 측정하여 입력 v_{in}의 파형과 함께 기록하시오.

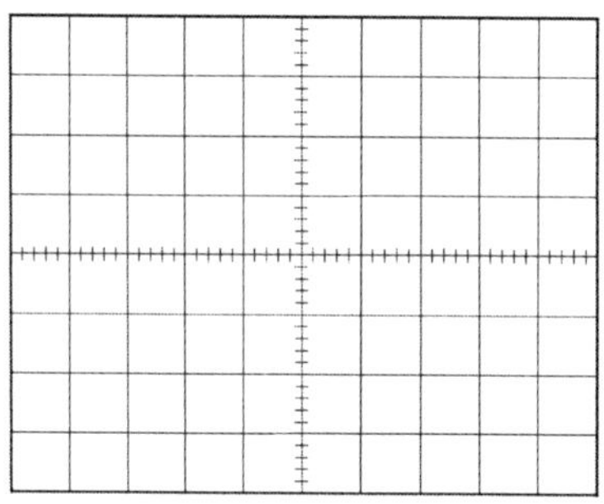

Time div : ______

Volt div

CH 1 (v_{in}) : ______

CH 2 (v_o) : ______

그리고 V_{UT}와 V_{LT}의 이론값을 계산하고, 이론값과 측정값을 비교하시오.

또한, 오실로스코프의 Time/Div은 단계 ii)와 같도록 한 후 측정하고 결과 그래프를 비교하시오. V_H와 V_{cen}의 값에 어떠한 변화가 생겼는지 설명하시오.

$V_{UT} =$ ______________ $[V]$, $V_{LT} =$ ______________ $[V]$: 이론값

$V_{UT} =$ ______________ $[V]$, $V_{LT} =$ ______________ $[V]$: 측정값

vi) 단계 iv)와 같은 방법으로 입-출력 특성을 측정하여 기록하시오.

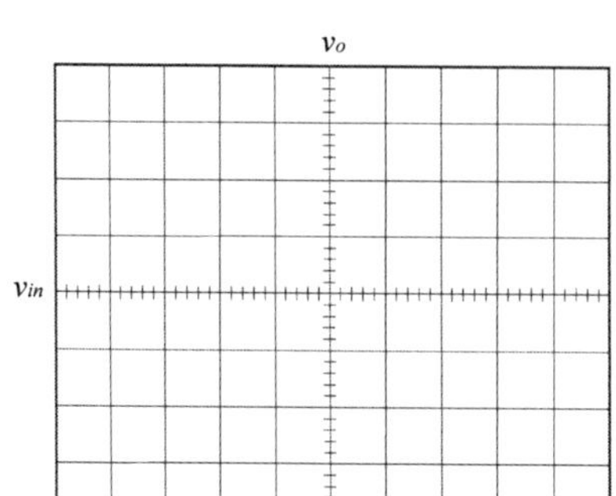

Time div : X-Y

Volt div

CH 1 (v_{in}) : ______

CH 2 (v_o) : ______

히스테리시스 전압에 대한 이론값과 측정값을 비교하시오.

$V_H =$ ______________ $[V]$: 이론값, $V_H =$ ______________ $[V]$: 측정값

중심 전압 : $V_{cen} =$ ______________ $[V]$

vii) ⓑ점의 전위가 $2.5[V]$가 되도록 VR_1을 조정한 후 SW를 ⓑ 방향으로 닫으시오. V_{ref}를 측정하여 기록하시오. 회로에서 V_{ref}는 OP amp B의 출력 전압이다.

$V_{ref} =$ ______________ $[V]$

viii) $VR_2 = 50[K\Omega]$이 되도록 조정한 후, 입력 v_{in}의 파형과 v_o의 파형을 측정하여 기록하고, V_{UT}및 V_{LT}의 측정값과 이론값을 비교하시오.

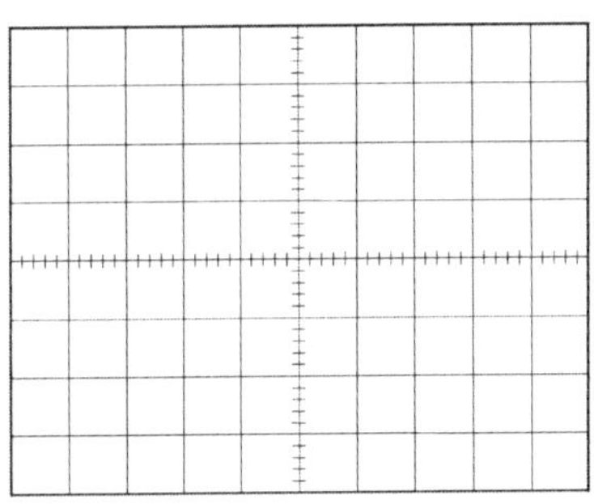

Time div : ______

Volt div

CH 1 (v_{in}) : ______

CH 2 (v_o) : ______

$|+V_{sat}| =$ ______________ $[V]$, $|-V_{sat}| =$ ______________ $[V]$

$V_{UT} =$ ______________ $[V]$, $V_{LT} =$ ______________ $[V]$: 이론값

$V_{UT} =$ ______________ $[V]$, $V_{LT} =$ ______________ $[V]$: 측정값

ix) 단계 iv)와 같은 방법으로 입-출력 특성을 측정하여 기록하시오.

x) $VR_2 = 80[K\Omega]$이 되도록 조정한 후, 입-출력 특성을 측정하여 기록하고 히스테리시스 전압 V_H및 중심전압 V_{cen}에 대한 이론값과 측정값을 비교하시오.

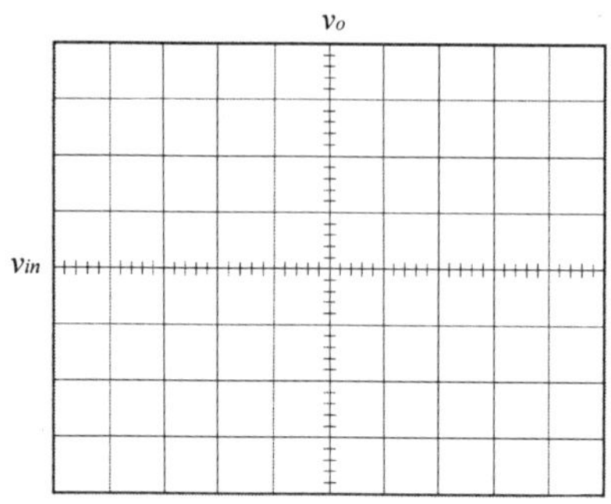

Time div : X−Y

Volt div

CH 1 (v_{in}) : ______ CH 2 (v_o) : ______

<단계 ix>

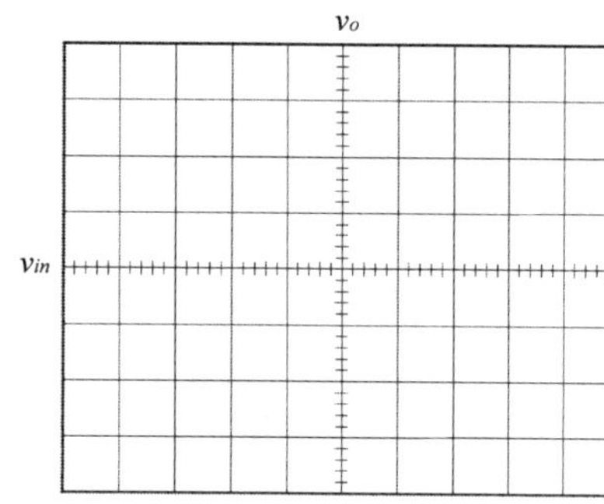

Time div : X−Y

Volt div

CH 1 (v_{in}) : ______ CH 2 (v_o) : ______

<단계 x>

$V_H =$ ____________ $[V]$: 이론값, $V_H =$ ____________ $[V]$: 측정값

$V_{cen} =$ ____________ $[V]$: 이론값, $V_{cen} =$ ____________ $[V]$: 측정값

xi) 히스테리시스가 있는 영점 검출회로 및 전압레벨 검출회로의 실험결과로서 VR_1의 값의 변화에 따른 V_H와 V_{cen} 전압의 변화를 설명하시오.

※ 다음 실험을 위하여 회로를 해체하지 마시오.

8-6.2 쉬프트 된 입력신호의 레벨 검출

i) 다음 회로는 입력신호의 레벨을 쉬프트하기 위한 비반전 가산회로이다. 회로를 구성하고, 신호입력이 $4V$ 쉬프트 되도록 가변저항을 조절한 후 회로의 출력을 그림8.16의 op amp 'TL082-A'의 반전입력 단자(2번 핀)에 접속하시오.

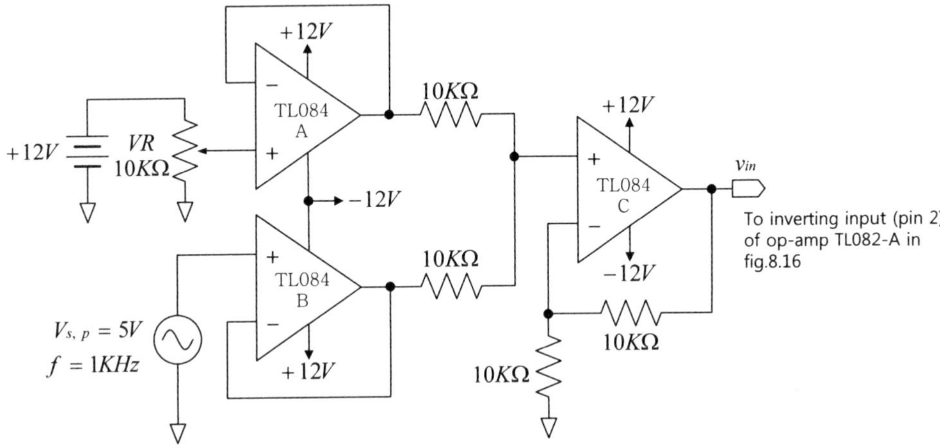

그림8.17 신호입력을 $4V$ 쉬프트 하기 위한 가산회로

ii) 그림8.16 회로의 $R_3 = 10K\Omega$, $VR_2 = 50K\Omega$로 구성하시오.

iii) 그림8.16 회로의 op amp 'TL082-B'에 접속된 스위치를 개방한 후 'TL082-B'의 출력이 $4.8V$가 되도록 $VR1$을 조정하시오.

iv) 그림8.16 회로의 스위치를 b 방향으로 닫으시오.

v) 슈미트 회로(TL082-A)의 반전입력 v_{in}과 v_o의 파형을 측정하여 기록하고, V_{UT}및 V_{LT}의 측정값과 이론값을 비교하시오.

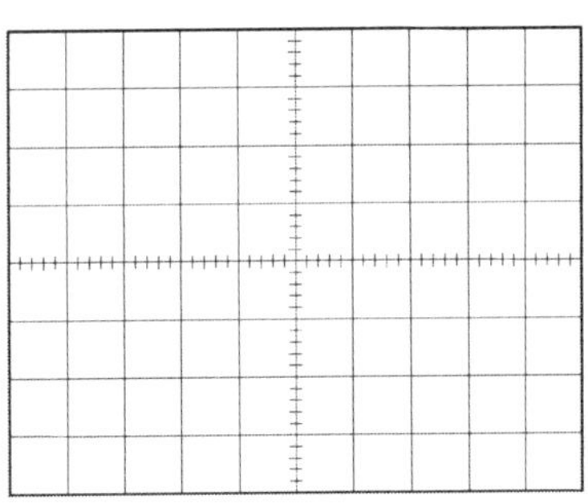

Time div : ______

Volt div

CH 1 (v_{in}) : ______

CH 2 (v_o) : ______

$|+V_{sat}| =$ ________________ $[V]$, $|-V_{sat}| =$ ________________ $[V]$

$V_{UT} =$ ________________ $[V]$, $V_{LT} =$ ________________ $[V]$: 이론값

$V_{UT} =$ ________________ $[V]$, $V_{LT} =$ ________________ $[V]$: 측정값

vi) 입-출력 특성을 측정하여 기록하시오.

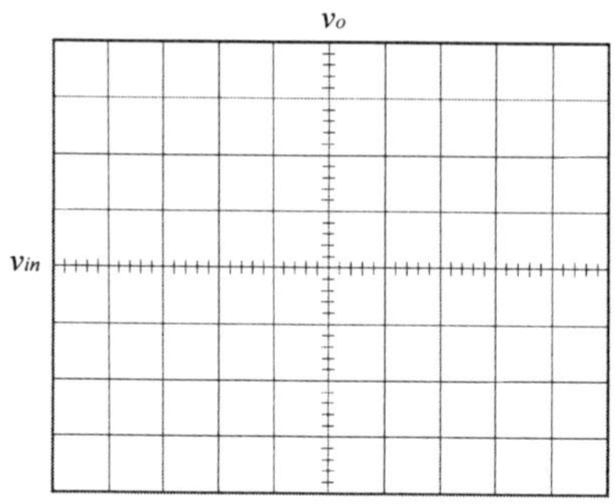

Time div : X-Y

Volt div

CH 1 (v_{in}) : ______

CH 2 (v_o) : ______

히스테리시스 전압에 대한 이론값과 측정값을 비교하시오.

$V_H=$ ______________ $[V]$: 이론값, $V_H=$ ______________ $[V]$: 측정값

중심 전압 : $V_{cen}=$ ______________ $[V]$

8-6.3 잡음입력에 대한 슈미트 회로의 출력

그림8.18의 회로는 그림8.19의 출력을 얻기 위한 회로이다. Op amp A는 추후에 공부하게 될 비안정 멀티바이브레이터(astable multivibrator)로서 그 출력은 구형파이고, op amp B는 반전 가산회로이다. 회로의 출력 v_o은 크기가 1.76$[V]$이고 주파수가 15$[KHz]$인 구형파 발진신호(잡음)와 크기가 8$[V]$이고 주파수가 1$[KHz]$인 정현파 입력신호가 중첩된 신호이다.

i) 다음의 주어진 값에 따라 그림8.18의 회로를 구성하시오.

$R_1=39[K\Omega]$, $R_2=33[K\Omega]$, $R_3=10[K\Omega]$, $R_4=3.3[K\Omega]$, $R_5=1[K\Omega]$, $R_6=1[K\Omega]$, $VR=10[K\Omega]$, $C=0.0033[\mu F]$

ii) 그림8.18의 신호가 출력되도록 VR을 조정하시오.

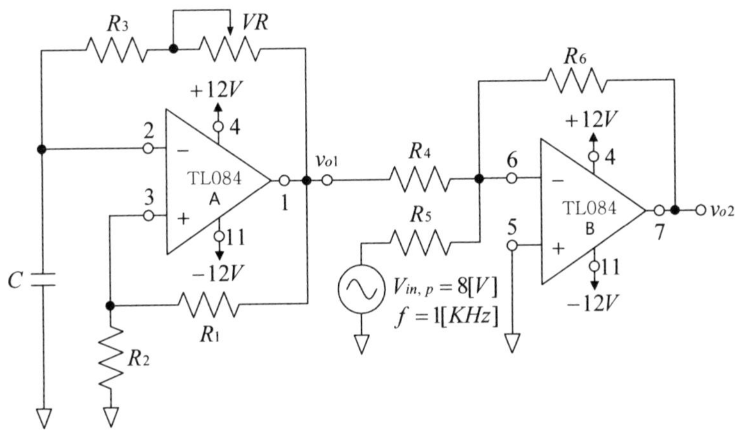

그림8.18 발진 주파수가 $15[KHz]$인 발진신호와 주파수가 $1[KHz]$인 입력신호의 합성회로.

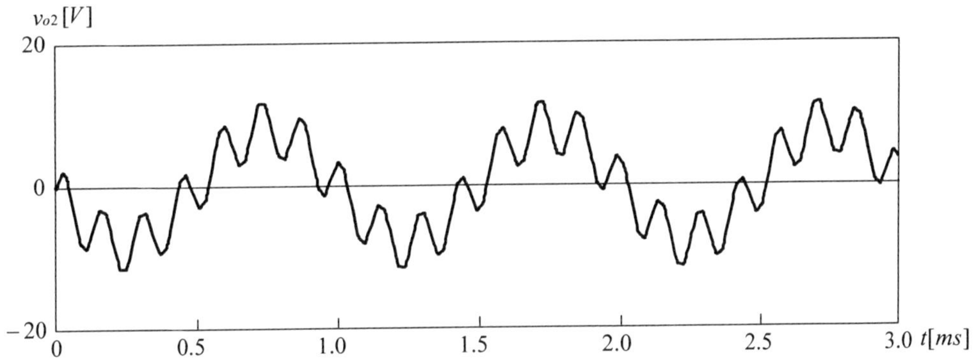

그림8.19 그림8.18 회로의 출력 v_{o2}의 신호.

iii) 그림8.18 회로의 출력에 다음의 회로를 접속하고, 출력을 측정하여 기록하시오.

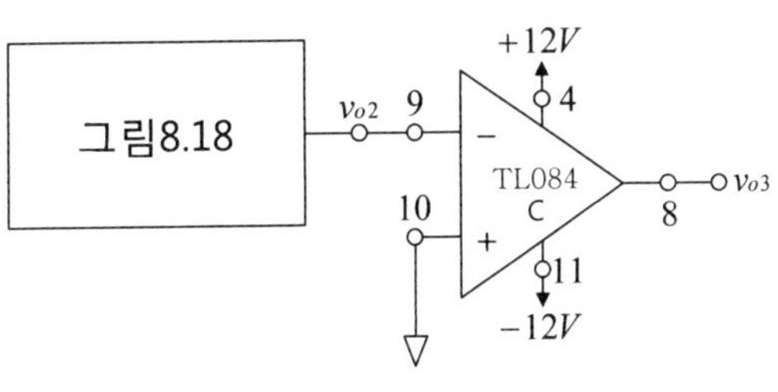

그림8.20 그림8.19의 파형 입력에 대한 비교기 회로의 출력.

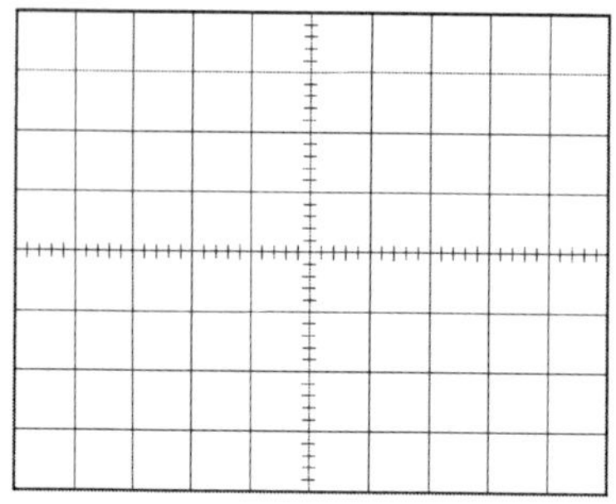

Time div : ________

Volt div

CH 1(v_{o2}) : ________

CH 2(v_{o3}) : ________

iv) 그림8.18 회로의 출력에 다음의 회로를 접속하고, 출력을 측정하여 기록하시오.

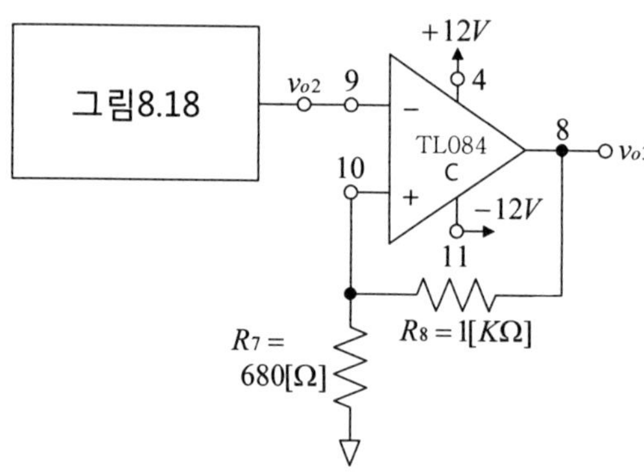

그림8.21 그림8.19의 파형 입력에 대한 슈미트 회로의 출력.

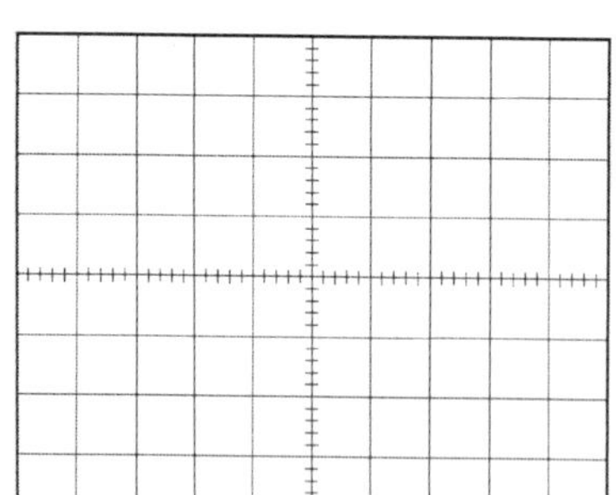

Time div : ________

Volt div

CH 1(v_{o2}) : ________

CH 2(v_{o3}) : ________

v) 단계iii)과 단계iv)의 결과를 비교하고, 설명하시오.

8-6.4 비반전 슈미트 회로

i) 다음 회로를 구성하시오.

$R_1 = 2[K\Omega]$, $R_2 = 10[K\Omega]$, $R_3 = 10[K\Omega]$, $R_4 = 65[K\Omega]$, $VR_1 = 50[K\Omega]$, ZD : RD7.5E

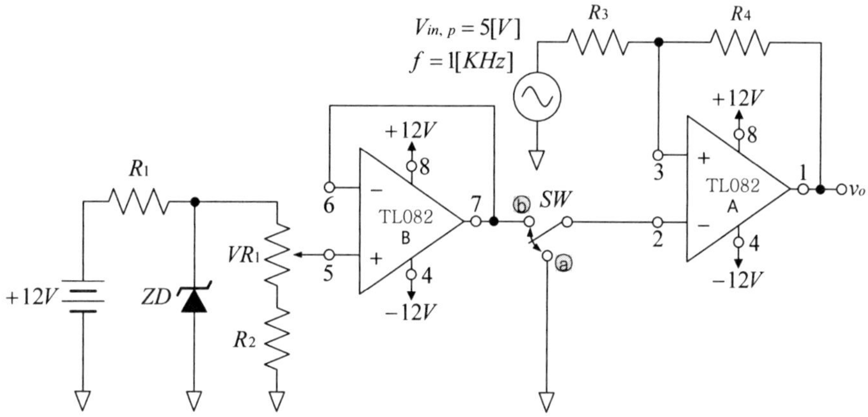

그림8.22 비반전 슈미트 회로의 실험회로.

ii) SW를 ⓐ 방향으로 접속하고 v_{in}, v_o을 측정하여 다음 그림(a)에 기록하시오. 또한 입-출력 특성을 측정하여 그림(b)에 기록하고, V_{UT}, V_{LT}, V_H, V_{cen}을 측정하여 기록하시오.

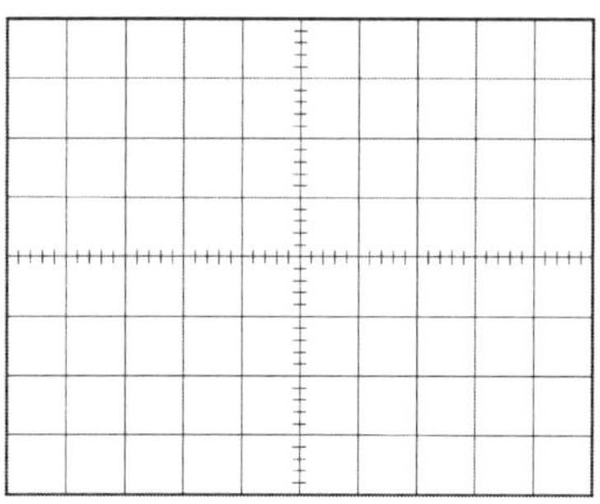

Time div : ______

Volt div

CH 1 (v_{in}) : ______ **CH 2** (v_o) : ______

(a) v_{in} & v_o

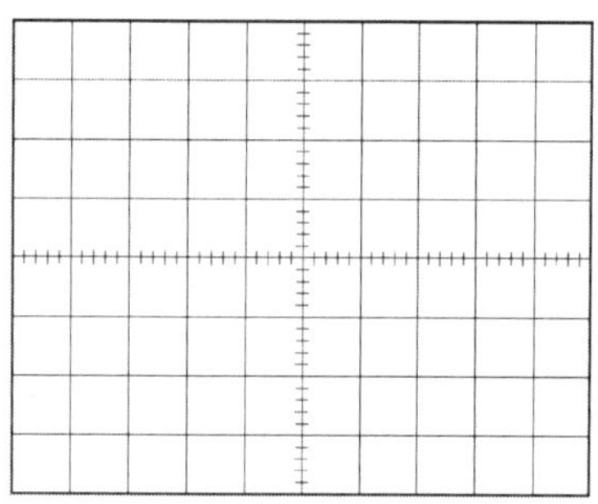

Time div : X-Y

Volt div

CH 1 (v_{in}) : ______ **CH 2** (v_o) : ______

(b) v_{in} : v_o (입-출력 특성 그래프)

$|+V_{sat}| =$ ______________ $[V]$, $|-V_{sat}| =$ ______________ $[V]$

$V_{UT}=$ ________________ $[V]$, $V_{LT}=$ ________________ $[V]$: 이론값

$V_{UT}=$ ________________ $[V]$, $V_{LT}=$ ________________ $[V]$: 측정값

$V_{H}=$ ________________ $[V]$: 이론값, $V_{H}=$ ________________ $[V]$: 측정값

$V_{cen}=$ ________________ $[V]$: 이론값, $V_{cen}=$ ________________ $[V]$: 측정값

iii) ⓑ점의 전위가 2.5$[V]$가 되도록 VR_1을 조정한 후 SW를 ⓑ 방향으로 닫고 V_{ref}를 측정하여 기록하시오. 회로에서 V_{ref}는 OP amp B의 출력 전압이다.

$V_{ref}=$ ________________ $[V]$

iv) SW를 ⓑ 방향으로 접속하고 v_{in}, v_o을 측정하여 다음 그림(a)에 기록하시오. 또한 입-출력 특성을 측정하여 그림(b)에 기록하고, V_{UT}, V_{LT}, V_H, V_{cen}을 측정하여 기록하시오.

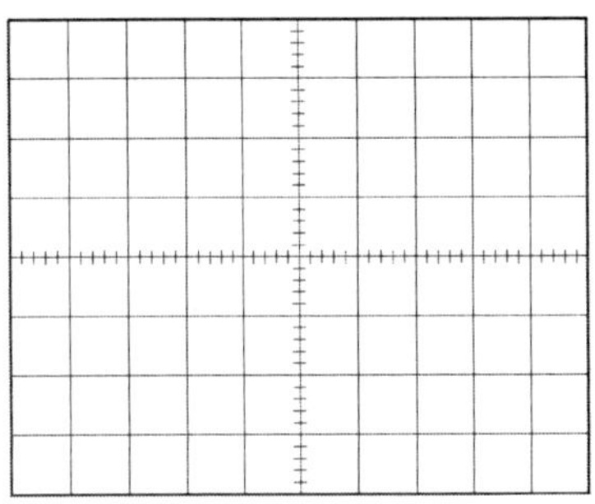

Time div : ________

Volt div

CH 1 (v_{in}) : ________ CH 2 (v_o) : ________

(a) v_{in} & v_o

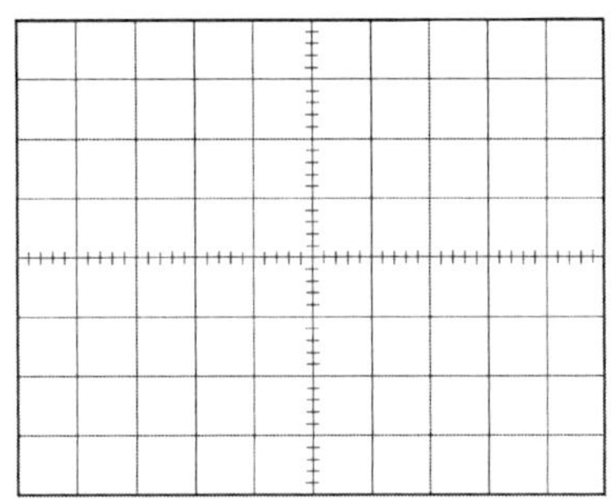

Time div : X−Y

Volt div

CH 1 (v_{in}) : ________ CH 2 (v_o) : ________

(b) v_{in} : v_o (입−출력 특성 그래프)

$V_{UT}=$ ________________ $[V]$, $V_{LT}=$ ________________ $[V]$: 이론값

$V_{UT}=$ ________________ $[V]$, $V_{LT}=$ ________________ $[V]$: 측정값

$V_{H}=$ ________________ $[V]$: 이론값, $V_{H}=$ ________________ $[V]$: 측정값

$V_{cen}=$ ______________ $[V]$: 이론값, $V_{cen}=$ ______________ $[V]$: 측정값

8-6.5 히스테리시스 전압과 중심 전압이 독립적으로 조정되는 전압레벨 검출회로

i) 그림8.23 회로를 구성하고 입력신호의 피크는 $10[V]$, 주파수는 $1[KHz]$에 맞추시오.

$R_1=33[K\Omega]$, $R_2=10[K\Omega]$, $R_3=10[K\Omega]$, $VR_1=100[K\Omega]$, $VR_2=50[K\Omega]$

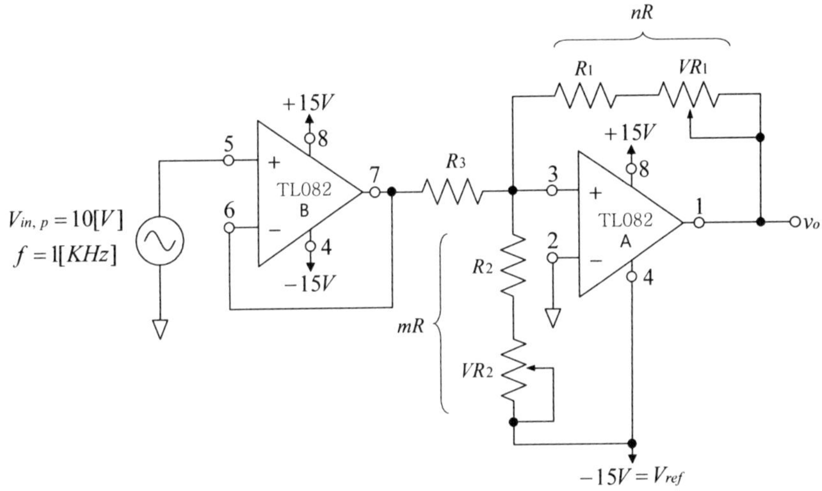

그림8.23 V_H와 V_{cen}이 독립적으로 조정 가능한 전압레벨 검출회로에 대한 실험회로.

ii) $mR=33.3[K\Omega]$이 되도록 VR_2를 조정하시오 (R_2과 VR_2의 직렬저항을 분리하여 조정한 후 다시 결선하도록 하시오). 또한 R_1과 VR_1의 직렬저항을 분리하여 $nR=86.6[K\Omega]$이 되도록 VR_1을 조정한 후 다시 결선하도록 하시오).

Time/Div 노브를 '$X-Y$'에 맞춘 후 입-출력 특성을 측정하여 기록하시오.

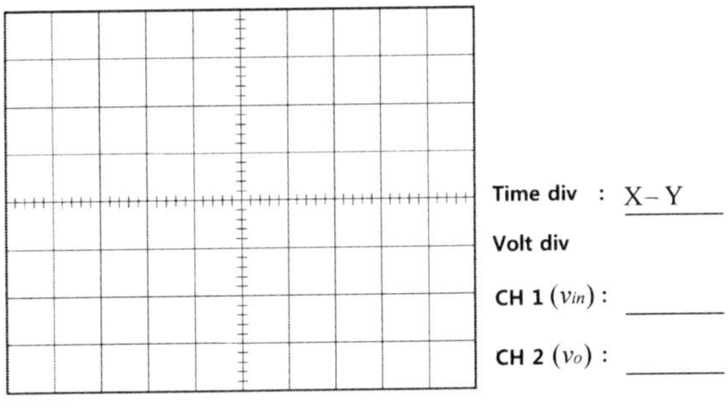

(a) 입출력 특성
($mR=33.3[K\Omega]$, $nR=86.6[K\Omega]$)

iii) $mR = 33.3[K\Omega]$은 고정한 채로 $nR = 52[K\Omega]$으로 변경한 후 입-출력 특성을 측정하여 기록하시오.

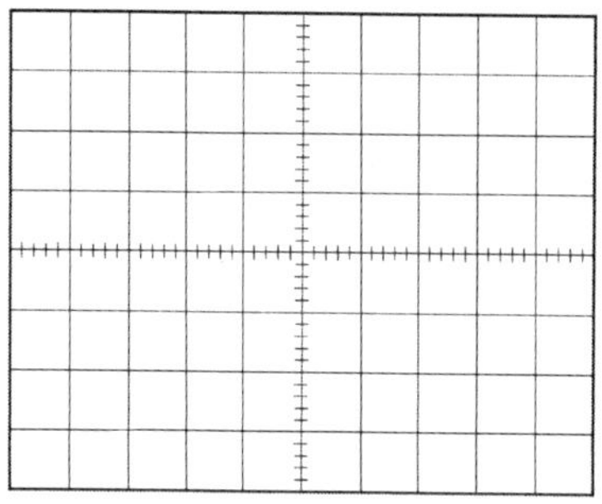

Time div : X-Y

Volt div

CH 1 (v_{in}) : ______

CH 2 (v_o) : ______

(b) 입출력 특성
($mR = 33.3[K\Omega]$, $nR = 52[K\Omega]$)

iv) 단계 ii)와 단계 iii)의 결과를 비교하고, nR값의 변화에 따른 결과에 대하여 설명하시오.

$mR = 33.3[K\Omega]$	V_{UT} $[V]$	V_{LT} $[V]$	V_H $[V]$	V_{cen} $[V]$
$nR = 86.6[K\Omega]$				
$nR = 52[K\Omega]$				

설명 :

v) $nR = 86.6[K\Omega]$일 때, $mR = 75[K\Omega]$로 조정하시오. 그리고 입-출력 특성을 측정하여 기록하시오. 또한 mR값의 변화에 따른 결과에 대하여 설명하시오.

$nR = 86.6[K\Omega]$	V_{UT} $[V]$	V_{LT} $[V]$	V_H $[V]$	V_{cen} $[V]$
$mR = 33.3[K\Omega]$				
$mR = 75[K\Omega]$				

설명 :

다이오드는 이상적으로는 $0V$를 기준으로 온-오프(on-off) 동작을 하는 반도체 소자이며, 실제로는 실리콘 다이오드의 경우에 다이오드 양단의 전압이 $0.6[V]$ ~ $0.7[V]$의 문턱전압(threshold voltage) V_{th}을 넘어서면 전류가 지수함수적으로 증가하는 비선형 소자이다. 또한 여러분은 이미 파형정형(wave shaping) 회로 및 정류회로(rectifier) 등 다이오드를 이용한 응용회로 및 제너 다이오드를 이용한 정전압회로(voltage regulation)에 대한 지식을 가지고 있을 것이다.

여기에서는 op amp와 다이오드, 제너 다이오드를 이용하여 정밀 정류회로, 정밀 첨두치 검출회로(precise peak detector), 크기 제한회로 등의 여러 가지 응용회로를 설계할 수 있다. 이 장에서는 이와 같은 내용을 다루며, 다음 장에서는 발진 회로에서 다이오드를 이용하는 방법에 대하여 다룰 것이다.

9-1 반파 정밀 정류기(half-wave precision rectifier)

실리콘 다이오드 1개를 이용한 반파정류기는 $0.6V$ 이하에서는 차단상태가 되어 개방되므로 정류할 수 없고 부하에 신호가 출력되지 않는 한계를 가지고 있다. 만약 다이오드가 이상적으로 동작한다면 $0.6V$보다 작은 크기의 입력 신호에 대해서도 출력신호가 나타날 것이다.

Op amp와 2개의 다이오드를 이용하여 정류기를 설계할 수 있으며 수 mV의 입력신호도 정류할 수 있고 이상적인 다이오드로 구성된 정류기로 동작한다.

9-1.1 (+)출력을 갖는 반전 반파 정밀 정류기 (inverting half-wave precision rectifier with positive output)

그림9.1은 반전 반파 정밀 정류회로이며, 그 동작을 살펴보기 위하여 신호원 입력 대신에 (+)전원 (그림9.1(a))과 (-)전원 (그림9.1(b))을 입력으로 했을 때의 동작을 각각 나타내었다.

그림9.1(a)와 같이 입력전압 V_s가 (+)전압일 때 그림과 같이 $I = V_s/R_i$의 전류가 흐른다. 이 전류는 다이오드 D_1에 대하여 순방향 전류가 되므로 D_1은 도통하게 된다. 이때 D_1의 애노우드 전위는 $0V$이므로 op amp의 출력 V_o'은 $-0.6V$이다. 또한 전류는 R_f로 흐르지 않고 도통한 D_1을 통하여 흐르므로 D_2의 *캐소우드(cathode)* 전위는 $0V$이다. 따라서 D_2는 역방향 바이어스가 되고 차단된다. 결국 정류기의 출력 V_o은 $0V$이다.

그림9.1(b)는 입력전압 V_s가 (-)전압일 때이며 전류 $I = V_s/R_i$가 그림과 같은 방향으로 흐르며, 이 방향의 전류는 D_1에 대하여 역방향 전류이므로 D_1은 차단된

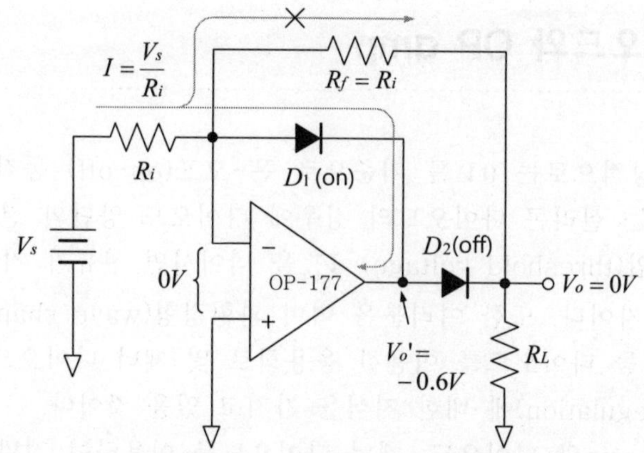

(a) (+)입력에 대한 정밀 반파 정류기의 출력전압 $V_o = 0V$

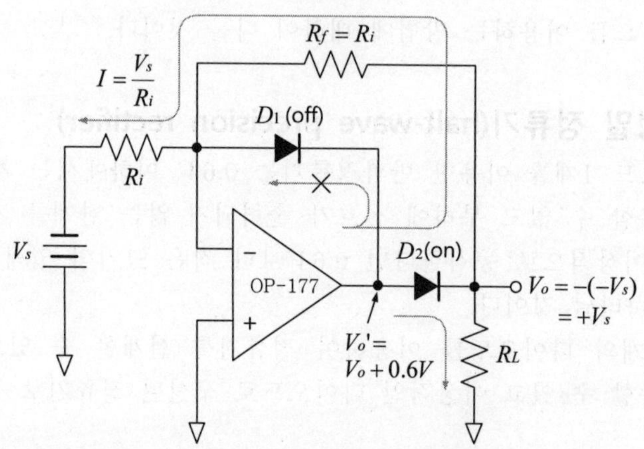

(b) (-)입력에 대한 정밀 반파 정류기의 출력전압 $V_o = +V_s$

그림9.1 반전 정밀 반파 정류기. (+)입력에 대하여 출력은 $0V$이고, (-)입력에 대하여 출력은 $+V_s$로 반전되어 출력된다.

다. 그림과 같이 전류가 흐를 때 D_2에 대하여 순방향 전류이므로 D_2는 도통한다. 이때 회로는 $R_f = R_i$일 때 전압이득이 -1인 반전회로가 되므로 출력 $V_o = -(-V_s) = +V_s$가 되고 D_2의 *애노우드(anode)* 전위는 출력 $V_o = +V_s$보다 $0.6V$ 만큼 높다.

정현파 입력인 경우에 대한 회로의 동작을 살펴보자. 실리콘 다이오드는 $0.6V$의 문턱전압을 가지고 있으며, 신호원에서 공급되는 신호 전압은 이 문턱전압 이하일 때 정류할 수 없다. 그러나 op amp의 궤환 루프에 다이오드를 연결함으로써 다이오드의 문턱전압은 제거된다. 예를 들어, 그림9.1(b)에서 v_s의 크기가 다이오드의 문턱전압 보다 작은 $-0.1V$라고 하자.

이때 $i = v_s / R_i$의 전류가 D_2와 R_f를 경유하여 흐르고 v_o'은 R_f 양단의 전압강하와 다이오드의 순방향 문턱전압 $0.6V$의 합과 같다.

즉, $R_f = R_i$인 반전 증폭회로가 되어 $v_o = -(-v_s) = +v_s$가 되므로 $v_o' = v_s + 0.6V$이다. 따라서 다이오드의 순방향 바이어스를 위한 문턱전압 $0.6V$가 op amp의 부궤환 동작에 의해 자동적으로 공급되기 때문에 수 mV의 입력전압도 정류될 수 있게 되는 것이다.

그림9.2는 정현파 입력에 대한 반파 정류회로와 op amp와 다이오드 2개를 이용한 정밀 반파 정류회로의 출력을 비교한 것이다. 반파 정류회로는 입력신호가 $0.6V$보다 작을 때는 전류가 흐르지 않지만 정밀 반파정류회로의 출력은 다이오드가 이상적($V_{th} = 0V$)이라고 가정할 때의 반파 정류회로의 출력과 같다.

v_o'은 (+) 반주기 동안 $-0.6V$이며 v_s가 (+)에서 (-) 방향으로 $0V$와 교차하는 순간 $-0.6V$에서 $0.6V$로 점프하며 그림9.3은 이 관계를 나타낸다.

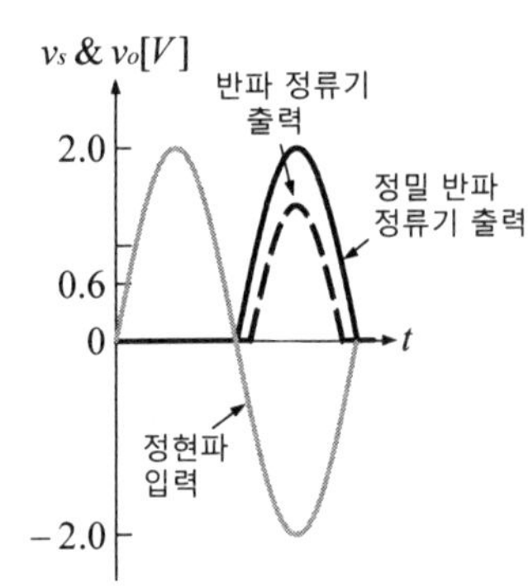

그림9.2 정현파 입력에 대한 반파 정류기와 정밀 반파 정류기의 출력신호의 비교.

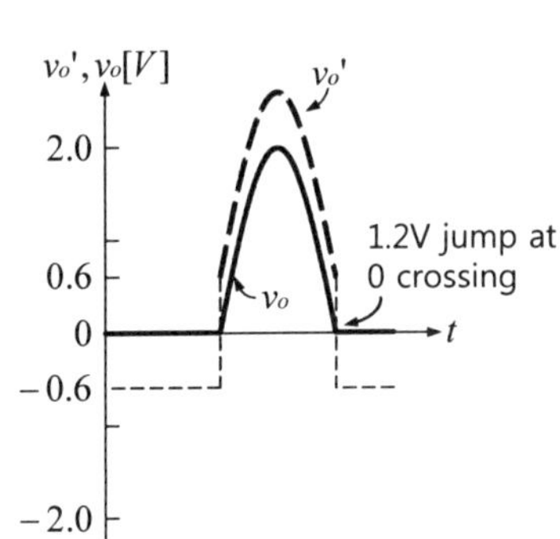

그림9.3 정밀 반파 정류회로의 op amp의 출력 v_o'은 입력신호가 $0V$와 교차하는 순간 $-0.6V$에서 $0.6V$로 점프한다.

9-1.2 (-)출력을 갖는 반전 반파 정밀 정류기
(inverting half-wave precision rectifier with negative output)

그림9.1의 회로에서 다이오드의 방향을 반대로 하면 입력신호의 (+)반주기 동안 신호가 전달되어 반전되고 (-)반주기 동안 $0V$가 된다. 입력신호의 (+)반주기 동안 D_1에 흐르는 전류는 역방향이므로 차단되고 전류는 R_f, D_2를 경유하여 흐른다. 이때 $R_f = R_i$이므로 이득이 -1인 반전 증폭기로 동작하므로 출력 v_o은 $-v_s$가 된다.

또한, (-)반주기 동안에는 D_1을 경유하여 전류가 흐르므로 D_1은 도통하고, D_2는 차단되어 D_2 및 R_f를 경유하는 궤환전류는 흐르지 않게 되므로 $v_o = 0$이 된다.

예를 들어 첨두값이 $2V$인 정현파 입력에 대한 그림9.4의 반파 정류기의 출력은 그림9.5와 같다.

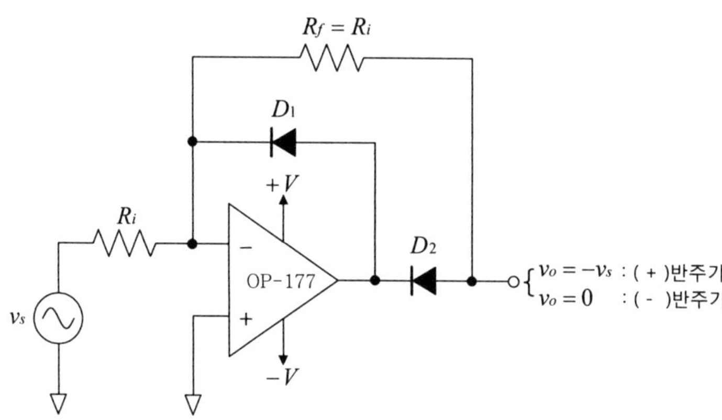

그림9.4 (-)출력을 갖는 반전 정밀 반파 정류기. (+)반주기 입력에 대하여 출력은 $-v_s$로 반전되어 출력되고 (-)반주기 입력에 대하여 출력은 $0V$이다.

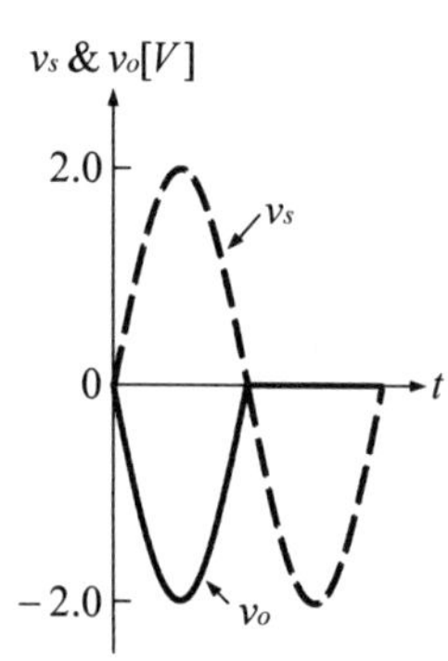

그림9.5 (-)출력을 갖는 반전 정밀 반파 정류기의 입력 및 출력 신호.

9-2 정밀 전파 정류기(Precision full-wave rectifier)

반파 정류회로와 마찬가지로 전파 정류기도 실리콘 다이오드의 문턱전압으로 인하여 0.6V보다 작은 신호는 정류할 수 없으며, 브리지 전파정류회로는 2개의 다이오드 문턱전압 1.2V보다 큰 신호에 대해서만 정류가 가능하다.

op amp와 다이오드를 이용하여 정밀 전파 정류회로를 설계할 수 있으며, 앞서 설명한 정밀 반파 정류회로와 마찬가지로 수 mV의 작은 신호도 정류할 수 있다.

전파 정류기는 입력신호의 전 구간에 걸쳐서 한 방향의 극성만 갖는 출력을 가지므로 이를 *절대값 회로(absolute-value circuit)*라 부른다. 정현파 입력에 대한 입력신호와 출력신호의 관계를 그림9.6에 설명한다.

9-2.1 반파 정류회로 및 반전 가산회로를 이용한 정밀 전파 정류기

기본적인 절대값 회로는 그림9.7과 같으며 입력신호에 대한 절대값을 출력하는 회로의 동작을 설명하기 위하여 (+)전원과 (-)전원인 입력에 대하여 각각 설명하고 있다. 이 회로는 전 절에서 설명한 반파 정류기와 반전 가산회로로 이루어져 있다.

입력신호가 (+)전원인 경우의 그림9.7(a)에서 ⓐ점의 전위는 0V이므로 I_2는 R_1과 R_2를 경유하여 흐르므로 D_P는 도통하고, D_N에 대하여는 역방향이므로 D_N은 차단된다. 그리고 R_2에 걸리는 전압은

$$V_{R_2} = I_2 \times R_2 = \frac{V_s}{R} \times R = V_s \tag{9.1}$$

이므로 ⓒ점의 전위는 $V_c = -V_s$가 되고, 따라서 op amp_A의 반전된 출력은 $V_o' = -V_s - 0.6[V]$이다. 또한 $R_5 = R$를 경유하여 $I_1 = V_s / R$이 흐르므로 op amp_B는 입력 전원 V_s와 $V_c = -V_s$를 입력으로 하는 반전 가산회로로 동작한다. 따라서 ⓑ점에 키르히호프 전류법칙을 적용하면 다음과 같다.

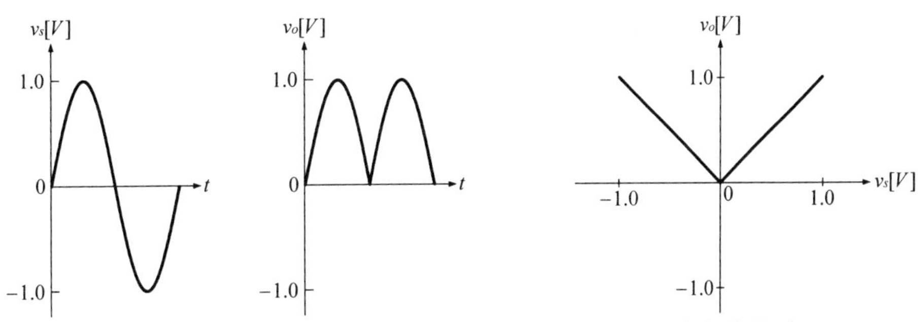

(a) 입력 v_s (b) 출력 v_o (c) 입-출력 특성 $v_s : v_o$

그림9.6 정밀 전파정류기의 정현파 입력에 대한 출력과 입-출력 특성 그래프.

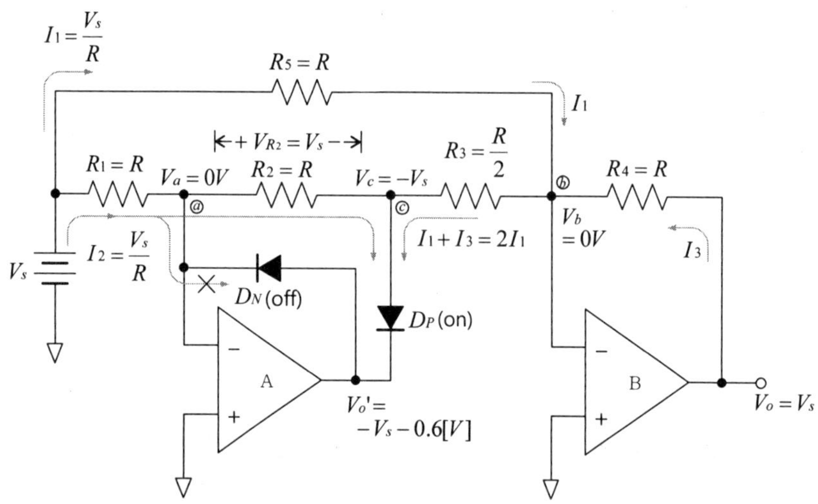

(a) 입력이 (+) 전원인 경우 출력은 $V_o = V_s$. Op amp_B는 반전 가산회로로 동작한다.

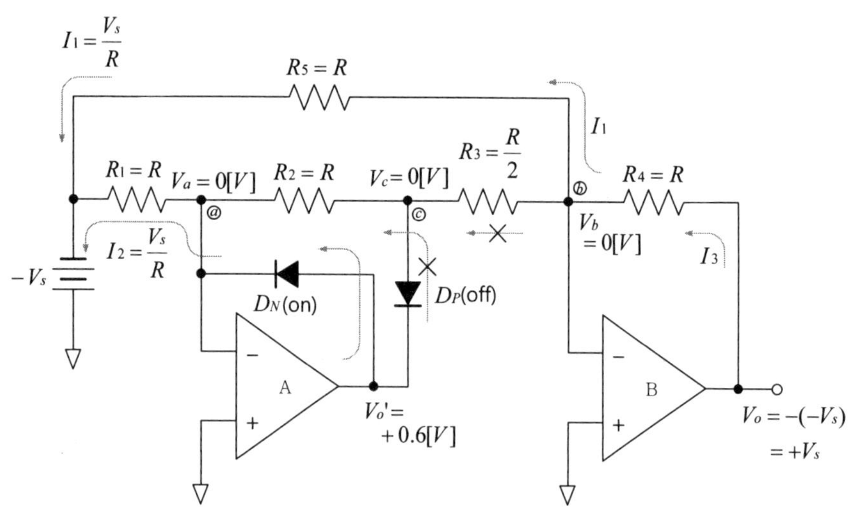

(b) 입력이 (-) 전원인 경우 출력은 $V_o = +V_s$. Op amp_B는 반전회로로 동작한다.

그림9.7 두 개의 op amp의 비반전 입력이 모두 접지에 접속된 절대값 회로.

$$\frac{V_s}{R_5} + \frac{V_c}{R_3} + \frac{V_o}{R_4} = 0 \tag{9.2}$$

$R_4 = R_5 = R$, $R_3 = R/2$ 이고, $V_c = -V_s$ 이므로 $V_o = V_s$ 이다. 즉, (+)입력에 대하여 회로의 출력은 입력과 크기가 같은 (+)값을 갖는다. 회로에서 $I_1 = I_2 = I_3 = V_s/R$ 이다.

(−)전원 입력에 대한 회로의 동작은 그림9.7(b)에서 설명하고 있다. 입력신호의 극성이 (−)이므로 전류는 I_1, I_2 의 방향으로 흐르고, 이때 다이오드 D_N 은 도통하

고 D_P는 전류가 역방향이므로 차단된다. D_P는 차단되고 ⓐ점과 ⓑ점은 전위는 $0\,V$이므로 ⓒ점의 전위 $V_c = 0\,V$이다. 따라서 ⓑ점에서 ⓒ점으로 전류가 흐르지 않으며 결과적으로 op amp_B는 $-V_s$ 전원과 R_4, R_5로 이루어진 반전회로로 동작한다. $R_4 = R_5 = R$이므로

$$\begin{aligned} V_o &= \left(-\frac{R_4}{R_5}\right)(-V_s) \\ &= V_s \end{aligned} \tag{9.3}$$

이다.

Op amp_B는 입력전원이 $+V_s$일 때 반전 가산회로로, $-V_s$일 때는 반전회로로 동작하고 출력 V_o은 입력전원에 대하여 절대값을 나타낸다.

정현파 입력에 대한 동작은 그림9.8과 같다. 정현파 입력신호에 대하여 ⓒ점의 신호 v_c는 입력신호의 (+)반주기 동안 반전되며 (-)반주기 동안 신호가 출력되지 않는다. 이때 가산회로로 동작하는 op amp_B의 출력은

$$\begin{aligned} v_o &= \left(-\frac{R_4}{R_5}\right)v_s + \left(-\frac{R_4}{R_3}\right)v_c \\ &= \begin{cases} -v_s + (-2v_c) = -v_s - (-2v_s) = v_s : \text{for } 0 \sim \pi \; cycle \\ -v_s : \text{for } \pi \sim 2\pi \; cycle \end{cases} \end{aligned} \tag{9.4}$$

과 같고, 결국 전 주기에 걸쳐 (+)극성을 갖는 절대값 신호를 출력한다.

$$v_o = |v_s| \tag{9.5}$$

출력은 입력에 대한 절대값을 가지므로 다이오드의 문턱전압과 상관없이 수$m\,V$의

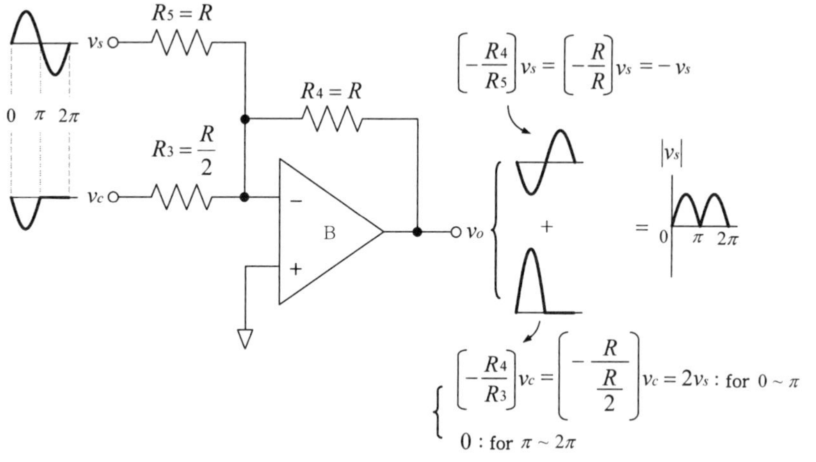

그림9.8 그림9.7의 회로에서 정현파 입력에 대한 op amp_B의 동작.

작은 신호의 전파정류가 가능하다.

이 회로는 입력 임피던스가 높지 않으므로 고 입력 임피던스 회로로 동작하기 위하여는 입력 측에 버퍼 앰프가 필요하다. 또한 $R_3 = R_5/2$의 비례관계가 정확해야 한다. 이 회로는 R_4와 병렬로 커패시터를 접속하면 교류전압을 직류전압(평균치)으로 변환하는 AC-DC 변환기로 동작한다.

9-2.2 같은 크기의 값을 갖는 저항으로 구성한 절대값 회로

절대값 회로의 오차는 주로 저항값의 오차와 관계가 있으므로 저항비를 정확하게 해야 한다. 그림9.9는 모두 같은 크기의 값을 갖는 저항으로 구성된 절대값 회로이며, 예를 들어 저항기 네트워크 혹은 DIP형 모듈 저항 1개를 이용하여 설계할 수 있다.

그림9.9(a)에서 (+)전원 입력에 대하여 다이오드 D_N에 대하여 전류의 방향이 역방향이므로 D_N은 차단되고, D_P는 순방향이므로 도통한다. 이상적인 op amp의 조건에 따르면 op amp_B의 비반전 입력단자의 방향으로도 전류는 흐르지 않는다. 따라서 ⓐ점의 전위는 $0V$이고 op amp_B의 비반전 입력단자에 가상접지와 같은 전위를 제공한다. 또한 이때 op amp_A는 이득이 -1인 반전 증폭기로 동작하므로 ⓑ점의 전위는 입력 $+V_s$에 대하여 반전된 전위인 $-V_s$이다. 이 전위는 op amp_B로 구성된 반전 증폭기의 입력이 되고, 또한 반전 증폭기의 이득은 -1이므로 출력은 $V_o = -(-V_s)$이다.

그림9.9(b)의 입력은 (-)전원이므로 전류는 그림과 같이 전원으로 흡수되는 방향이다. 따라서 D_p는 역방향 바이어스가 되어 차단되고 D_N으로 흐르는 전류의 방향은 순방향이므로 도통한다.

$V_a = V_b$이므로 ⓐ점에서 가상접지까지, 그리고 ⓑ점에서 가상접지까지의 전류에 대한 키르히호프 전류공식은 다음과 같다.

$$\frac{V_a}{2R} + \frac{V_a}{R} = \frac{-(-V_s)}{R} \tag{9.6}$$

따라서

$$V_a = \frac{2}{3} V_s \tag{9.7}$$

이다.

이때 op amp_B로 이루어진 증폭기는 전위가 $0V$인 가상접지에 대하여 그림 9.10과 같은 비반전 증폭기로 생각할 수 있으며 이득은

$$A_v = \left(1 + \frac{R}{2R}\right) = \frac{3}{2} \tag{9.8}$$

이다. 따라서 출력은

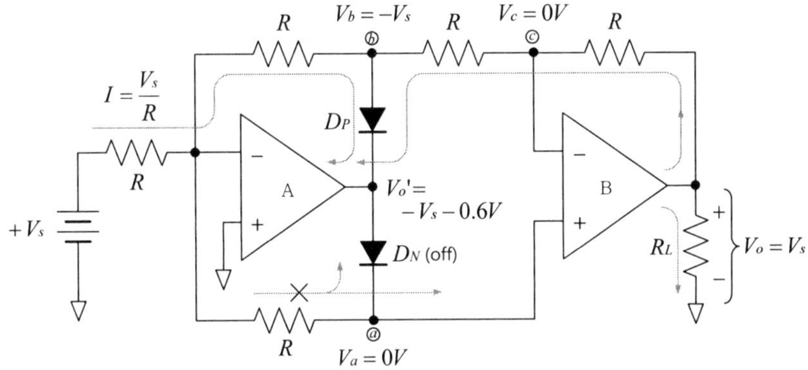

(a) 입력이 (+)전원일 때 출력 V_o은 입력 V_s와 크기와 위상이 같다.

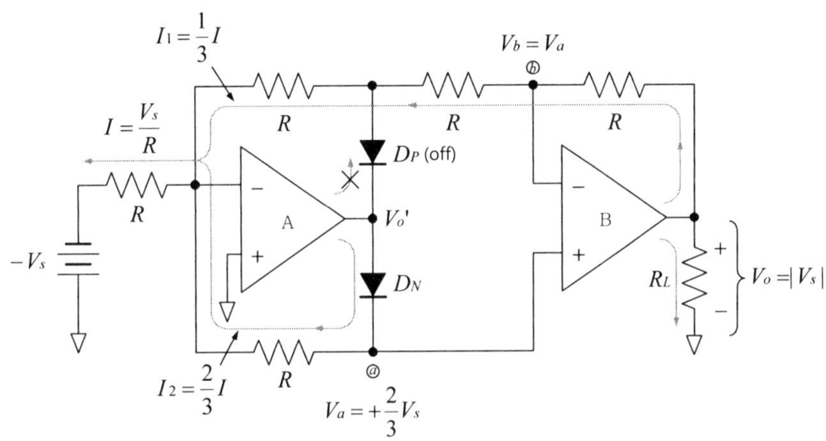

(b) (-)전원인 입력에 대하여 출력 V_o은 입력 $-V_s$와 크기는 같고 위상은 (+)로 바뀐다.

그림9.9 입력이 (+) 전원일 때와 (-)전원일 때의 정밀 전파 정류회로의 동작 : 입력의 극성에 관계없이 출력은 한 방향의 극성만 갖는다.

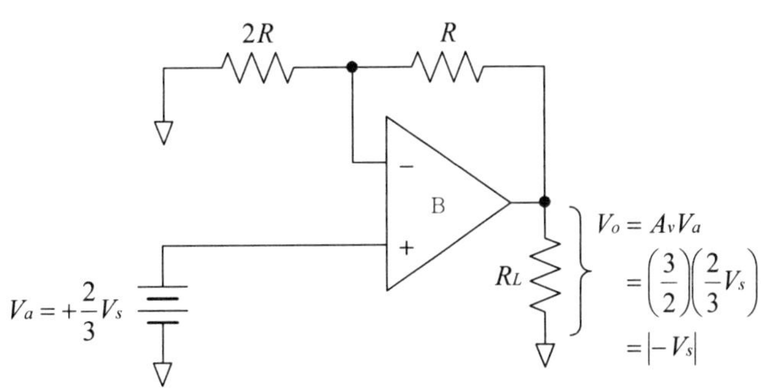

그림9.10 Op amp_A의 가상접지에 대한 비반전 증폭 동작. $V_o = |-V_s|$이다.

$$V_o = A_v V_a = \left(\frac{3}{2}\right)\left(\frac{2}{3} V_s\right) = V_s \tag{9.9}$$

이고, $-V_s$ 입력에 대한 출력은 $V_o = |-V_s| = V_s$ 이므로 입력의 절대값을 취한 결과와 같다.

전류의 크기와 방향은 그림과 같게 되고, 출력 V_o 으로부터 3개의 R 의 직렬저항을 경유한 가상접지까지의 전류 I_1 은 $V_s/3R = I/3$ 이고 op amp_A의 출력 V_o' 으로부터 저항 R 을 경유한 가상접지까지의 전류 I_2 는 $2V_s/3R = (2/3)I$ 이다.

9-2.3 고 입력 임피던스 절대값 회로

절대값 회로의 입력 임피던스를 크게 하고 싶은 경우에는 버퍼 앰프를 이용하면 되지만, 그림9.11에서는 비반전 입력단자에 전원(신호원)을 접속함으로써 고 입력 임피던스를 갖는 절대값 회로를 설명하고 있다.

그림9.11(a)는 (+)전원 입력에 대한 동작이며, ⓐ점과 ⓑ점의 전위 V_a, V_b 는 모두 V_s 로 같아서 ⓐ점과 ⓑ점의 전위차는 0 이므로 저항 R_2 와 R_3 를 경유하는 전류는 흐르지 않는다. 그러므로 op amp_A는 (+)전원 입력에 대한 비반전 증폭회로 동작을 하므로 D_P 는 도통하고 D_N 은 차단된다. 이때 다이오드 D_P 의 캐소우드 전위가 V_s 이므로 $V_o' = V_s + 0.6V$ 가 되고 그림과 같은 방향으로 V_s/R_1 의 전류가 흐른다. 그리고 op amp_B는 전압 폴로워로 동작하므로 $V_o = V_s$ 이다.

그림9.11(b)는 (-)전원 입력에 대한 정밀 전파 정류기의 동작을 나타내며, ⓐ점의 전위는 $V_a = -V_s$ 이므로 그림과 같은 방향으로 전류 I_1 이 흐른다. 따라서 D_P 방향으로는 전류가 역방향이므로 전류가 흐르지 않게 되고 D_P 는 차단된다. 또한 ⓐ점과 ⓒ점의 전위차 즉, $R_2 = R$ 의 양단에 발생하는 전압강하는 그림과 같은 방향으로 $I_1 R = V_s$ 이므로 ⓒ점의 전위 V_c 는 $-2V_s$ 가 된다.

그리고 ⓑ점의 전위도 $V_b = -V_s$ 이므로 저항 R_3 에는 그림과 같은 방향으로 $I_2 = V_s/R_3 = V_s/R$ 의 전류가 흐른다. 키르히호프 전류법칙에 따르면 이 전류 I_1 과 I_2 는 D_N 방향으로 흐르며 순방향이므로 D_N 은 도통한다. 이때 op amp_B는 그림9.12과 같이 동작하는 차동증폭기로 생각하면 출력 V_o 은 다음과 같다.

$$\begin{aligned} V_o &= -\left(\frac{R_4}{R_3}\right)(-2V_s) + \left(1 + \frac{R_4}{R_3}\right)(-V_s) \\ &= -\left(\frac{2R}{R}\right)(-2V_s) + \left(1 + \frac{2R}{R}\right)(-V_s) \\ &= |-V_s| \end{aligned} \tag{9.10}$$

이고 출력은 입력에 대한 절대값을 갖는다. 입력이 정현파 신호원이면 그 결과는 역시 그림9.6과 같다.

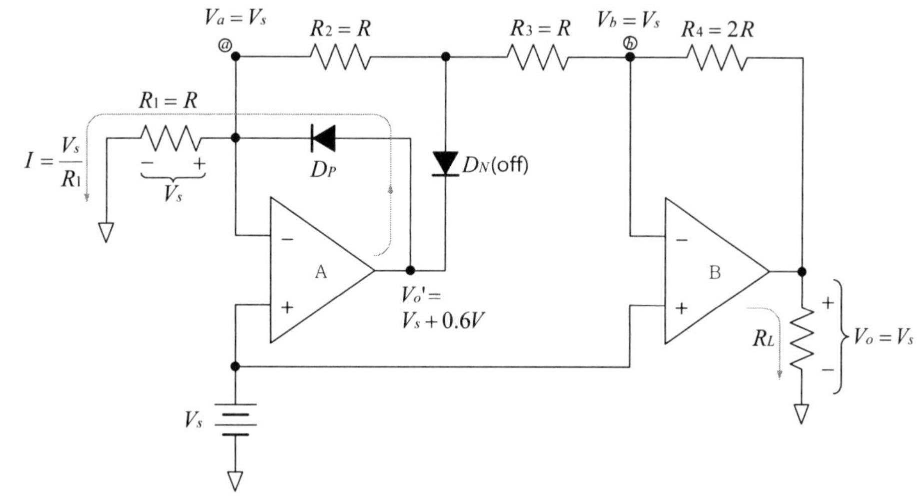

(a) 큰 입력 임피던스를 갖는 정밀 전파 정류기의 동작. 입력이 (+)전원일 때 출력 V_o은 입력 V_s와 크기와 위상이 같다.

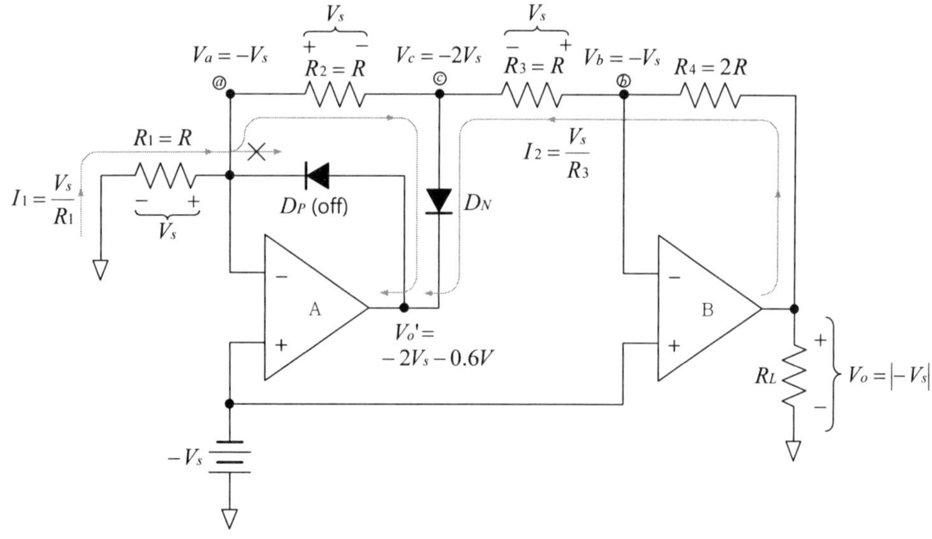

(b) 고 입력 임피던스를 갖는 정밀 전파 정류기의 동작. 입력이 (-)전원일 때 출력 V_o은 입력 $-V_s$와 크기는 같고 위상은 (+)로 반대이다.

그림9.11 입력 신호(여기에서는 입력 전원)가 op amp의 비반전 입력에 접속되어 고 입력 임피던스를 갖는 정밀 전파 정류회로.

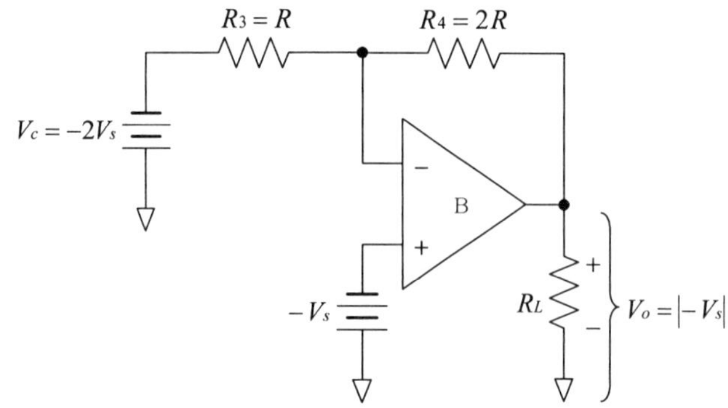

그림9.12 그림9.11(b)에서 op amp_B는 전원 $-V_s$와 $V_c=-2V_s$를 입력하는 하는 차동증폭기와 같이 동작한다.

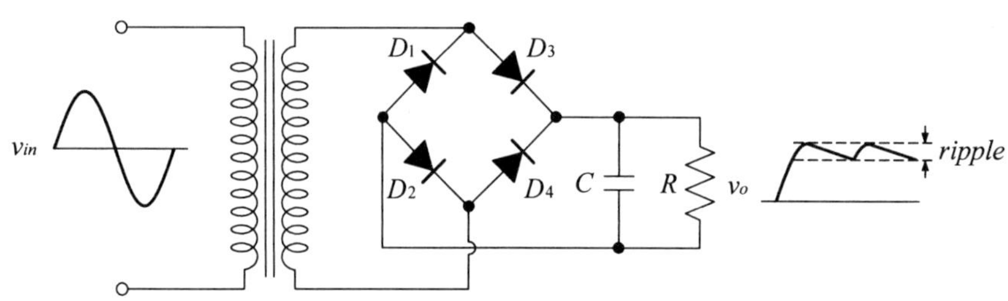

(a) 커패시터 입력 필터가 접속된 브리지 다이오드를 이용한 필터회로

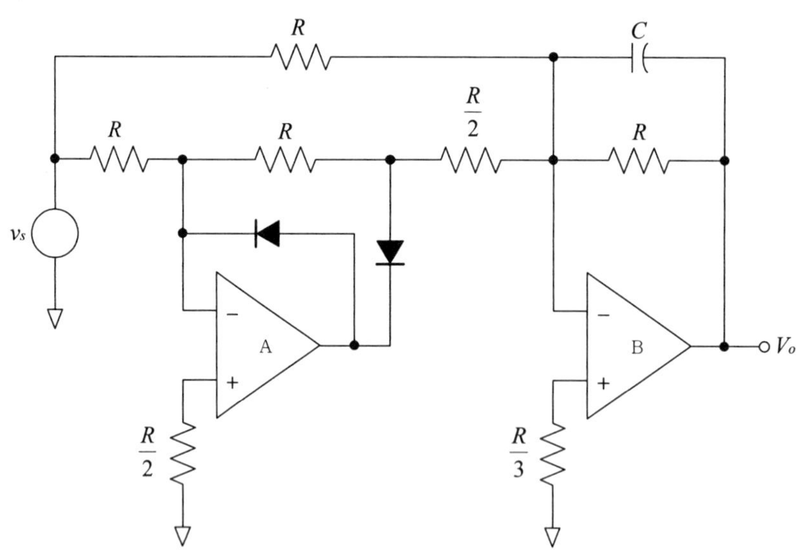

(b) 정밀 전파정류기를 이용한 AC-DC 변환 또는 MAV(Mean-Absolute-Value) 회로

그림9.13 정밀 전파정류기(그림9.7)의 R_4와 병렬로 접속한 커패시터 회로의 출력은 직류신호이며, C는 값이 크고 누설 용량이 작은 것을 사용한다.

9-2.4 교류-직류 변환회로(AC-DC converter)

브리지 다이오드를 이용한 전파정류회로의 출력에 커패시터 입력 필터를 접속하면 직류전압을 얻을 수 있음을 알고 있을 것이다(그림9.13(a)). 앞 절에서 언급한 바와 같이 그림9.7의 전파 정류회로의 R_4와 병렬로 커패시터를 접속하면 정류된 교류신호의 평균값을 얻을 수 있다. 이것은 그림9.13(a)와 같이 출력 단에서 가상접지까지 접속된 커패시터 입력 필터이며, 그 출력 V_o은 직류신호이다. 그 결과로 이 회로는 평균값 (MAV : Mean-Absolute-Value) 회로로 불린다.

그림9.13의 회로에서 시상수가 커지면 리플이 감소하며, 커패시터는 용량이 크고 누설 용량이 작은 것, 예를 들어 10[μF] 탄탈륨 커패시터를 이용한다.

9-3 첨두치 검출회로(peak detector)

첨두치 검출회로는 커패시터에 신호의 첨두치를 기억하는 회로이며, 만약 기억된 값보다 더 큰 첨두치가 입력되면 커패시터는 그 값을 기억한다. 반도체 회로에서 이미 공부한 다이오드와 커패시터만으로 구성된 첨두치 검출회로는 입력 임피던스가 전류의 크기에 따라 변하고, 다이오드의 문턱전압보다 낮은 입력 신호의 첨두치는 통과하게 되며, 문턱전압보다 높은 신호에 대해서도 문턱전압 만큼의 손실이 발생한다. Op amp와 다이오드 및 커패시터를 이용하여 이와 같은 문제를 해결하는 능동 첨두치 검출회로에 대하여 설명하며, 그림9.14은 입력 v_s에 대한 출력신호의 파형의 예를 보인다. $v_o = V_c$로 커패시터에 기억된 값이다.

그림9.15에 첨두치 검출회로를 보이며, 그림(a)는 그림9.14의 $v_s < v_C$ (예를 들어 $t_1 \sim t_2$구간)일 때의 동작이고, 그림(b)는 $v_s > v_C$ (예를 들어 $t_2 \sim t_3$구간)일 때의 동작이다.

그림9.15(a)에서 op amp_A의 반전 입력단자 ⓐ점의 전위는 $V_a = V_s$이고, op amp_B의 반전 입력단자 ⓑ점의 전위는 $V_b = V_C$이다. 커패시터에 충전된 전압을 $V_{C,storage}$로 정의할 때, $V_s < V_{C,storage}$ (예를 들어, 그림9.14의 $t_1 \sim t_2$구간)이면 그림과 같이 ⓑ→ⓐ 방향으로 전류 $I = (V_C - V_s)/R$가 흐르므로 다이오드 D_N은 도통한다.

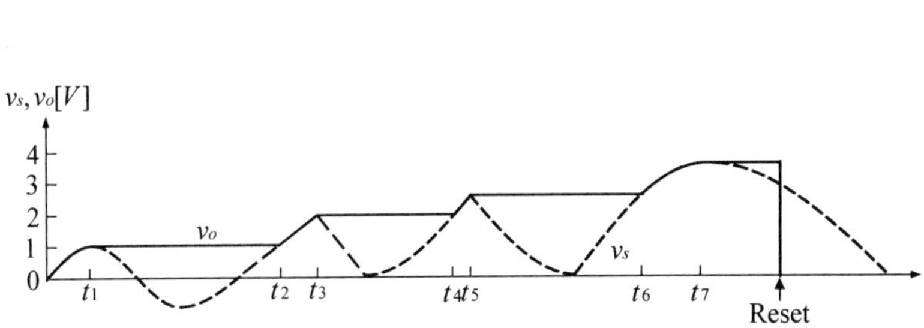

그림9.14 능동 첨두치 검출회로의 입력과 출력신호의 예.

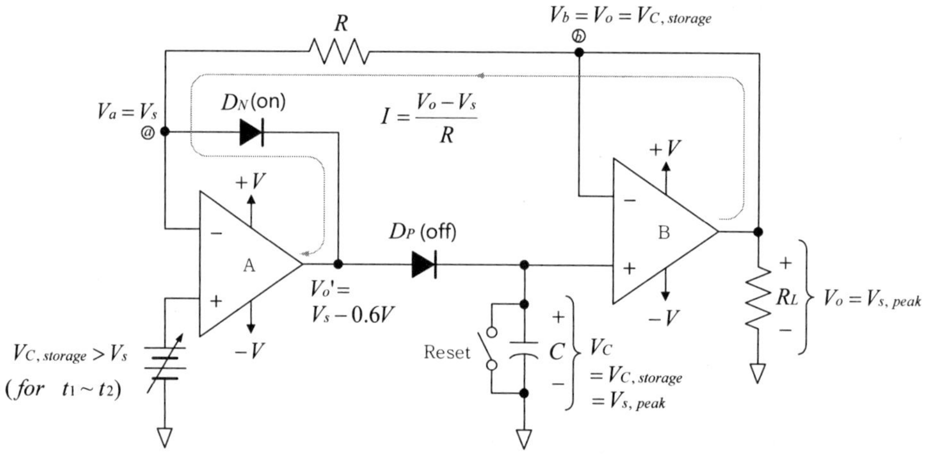

(a) $V_s < V_{C,storage}$ 일 때 D_P는 차단되고 커패시터는 입력신호의 첨두치를 기억한다.

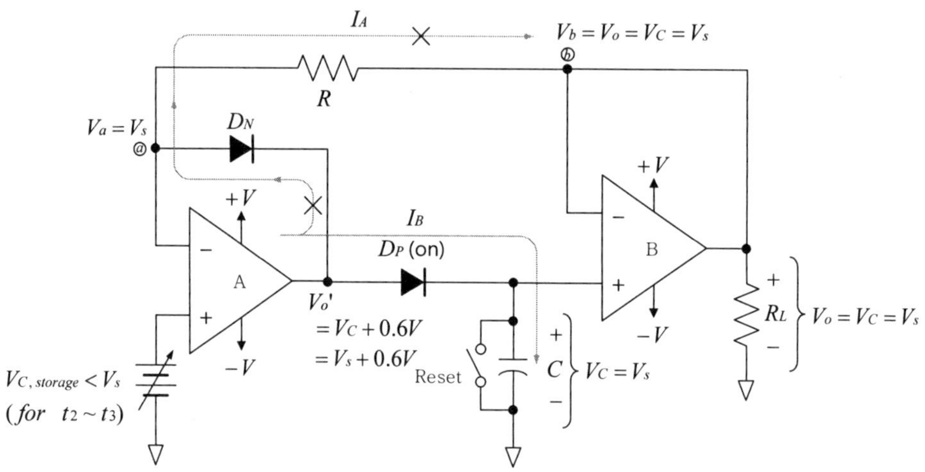

(b) $V_s > V_{C,storage}$ 일 때 D_P는 도통하고, 전류 I_B가 흘러 커패시터가 충전된다.

그림9.15 첨두치 검출회로의 동작 : 출력은 커패시터에 충전된 전압 V_C 값의 크기와 입력신호 v_s 의 크기와의 비교 결과에 따라 $V_o = V_{s,peak}$ ($V_s < V_C$일 때)이거나 혹은 $V_o = V_C = V_s$($V_s > V_{C,storage}$ 일 때)이다.

이때 $V_o' = V_a - 0.6\,V = V_s - 0.6\,V$이고, $V_o' < V_C$이므로 D_P는 차단된다. 커패시터는 리셋 스위치가 *온(on)* 되기 전까지는 방전 경로가 없으므로 첨두값으로 충전된 전압을 유지한다. Op amp_B는 전압 폴로워이므로 $V_o = V_{C,storage} = V_{s,peak}$이다. 그림9.15(b)는 $V_s > V_{C,storage}$인 경우에 대한 회로의 동작이며, 예를 들어 그림9.14의 $t_2 \sim t_3$ 구간에서의 동작이다. 이 구간에서 V_s는 $V_{C,storage} = 1[V]$보다 커진다. 그러나 이 구간에서 전류 I_A의 방향에 대하여 다이오드 D_N은 역방향이므로 차단되고 전류 I_A는 흐르지 않는다. 즉 저항 R의 양단의 전위차가 $0[V]$임을 나타내고, 따라서 $V_C = V_s$이다. 커패시터의 충전전압 V_C가 V_s와 같아지도록 전류 I_B가 흐르고 op amp_A의 출력은 $V_o' = V_C + 0.6[V] = V_s + 0.6[V]$이다. 그리고 회로의 출력은 $V_o = V_C = V_s$가 된다.

커패시터가 방전하지 않도록 전압 폴로워로 이용되는 op amp_B의 입력 임피던스는 매우 커야 한다. 또한 커패시터 전압의 처짐(droop)을 최소화하기 위하여 다이오드 D_P는 누설 전류가 작은 소자를 이용하도록 하며, op amp_B의 입력 바이어스 전류가 작아야 한다. 이를 위해 op amp_B는 금속 산화물 반도체(MOS : Metal-Oxide-Semiconductor)나 쌍극성-전계효과(BiFET) op amp를 사용하며, 예를 들어 JFET 입력을 갖는 $TL081$이 있으며, 범용 IC로는 입력 바이어스 전류가 최대 $2[nA]$인 OP177 등이 있다.

저장된 최대 첨두치는 기계적 혹은 전자적 스위치를 이용하여 방전될 때까지 그 값을 기억한다.

<예제>

그림9.15의 입력신호에 대하여 op amp_A의 출력 v_o'의 파형을 완성하시오.

<해>

입력의 크기가 커패시터에 저장된 이전의 첨두치 보다 작은 구간 ($t_1 \sim t_2$, $t_3 \sim t_4$, $t_5 \sim t_6$)에서 $V_o' = V_s - 0.6V$이고, 커패시터에 저장된 이전의 첨두치 보다 큰 구간 ($t_2 \sim t_3$, $t_4 \sim t_5$, $t_6 \sim t_7$)에서 $V_o' = V_s + 0.6V$이므로 다음 그림과 같은 결과를 얻는다.

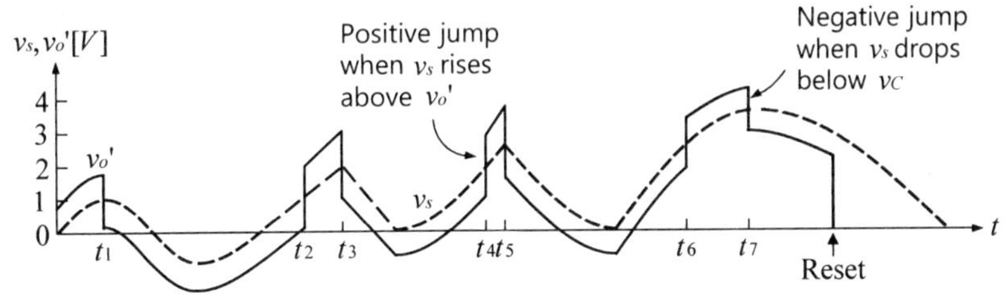

9-4 크기 제한회로(limiter)

9-4.1 단방향 크기 제한회로

아날로그 신호처리를 위해 진폭의 상한 혹은 하한치를 제한 할 수 있다. 예를 들어, 과도한 크기의 신호가 입력될 때 op amp가 포화되는 것을 방지하기 위하여 입력 단에 상한 리미터를 둔다.

리미터 회로에는 실리콘 다이오드 혹은 제너 다이오드를 이용한다. 제너 다이오드는 제한 전압을 자유롭게 설정할 수는 없지만, 제한 전압을 설정하기 위한 전원을 필요로 하지 않는다.

그러나 지금까지 설명한 회로들과 마찬가지로 다이오드의 순방향 전압과 지수함수적으로 변화하는 다이오드의 동저항(dynamic resistance)으로 인한 손실 혹은 찌그러짐이 발생한다. 그림9.16은 이와 같은 현상이 발생하지 않도록 하는 정밀 리미터 회로이며 op amp_A는 정밀 반파정류회로이다.

그림9.16(a)는 E와 입력신호 V_s가 (+)값을 가질 때의 동작을 설명하고 있다. D_N은 전류에 대하여 순방향이므로 도통하고 이때 D_N의 캐소우드 전위는 $-0.6\,V$이므로 저항 R_A를 경유하여 전류는 흐르지 않는다. 따라서 D_P는 차단되고 $V_o{}'=0\,V$이다. 2개의 op amp의 반전단자 전위는 모두 가상접지 전위이고 $0\,V$이므로 2개의 R의 직렬저항에 전류가 흐르지 않음은 명확하다. 따라서 op amp_B로 이루어진 반전회로의 출력은 $V_o=0\,V$이다. 즉 입력신호 V_s의 (+)구간의 입력에 대하여 출력은 항상 $0\,V$이다.

V_s가 (-) 크기를 가질 때 회로의 동작은 그림9.16(b)에 설명하고 있다. 저항 mR에 흐르는 전류는 $I_A=E/mR$이고 $E_{ref}=+E/m$이라 하자. $-V_s$의 크기가 E_{ref}보다 작으면 여전히 그림(a)와 같은 동작을 하므로 출력은 $V_o=0\,V$이다. 그러나 $|-V_s|>E_{ref}$되면 D_N은 차단되고 전류의 방향은 그림(b)와 같아진다. Op amp_A는 반전 가산회로이므로

$$\begin{aligned} V_o{}' &= \left(-\frac{R}{mR}\right)E+\left(-\frac{R}{R}\right)(-V_s) \\ &= +V_s-E_{ref} \end{aligned} \tag{9.11}$$

이다. 그리고 op amp_B로 구성된 반전회로의 출력은

$$V_o=-V_o{}'=-V_s+E_{ref} \tag{9.12}$$

이다.

램프 파형의 입력에 대한 $V_o{}'$과 V_o의 출력파형은 그림9.16(c)와 같다. 입력 V_s의 크기가 $0\,V$보다 클 때에는 출력은 $0\,V$이다. V_s가 (-)값을 가질 때에도 $-V_s$의 크기가 제한전압 E_{ref}의 크기보다 작을 때는 출력은 $0\,V$가 되고, E_{ref}보다 클 때에는 출력은 $-V_s+E_{ref}$이다.

D_N과 D_P의 방향이 반대이면 램프파형 입력에 대한 출력은 그림9.17과 같고 그 출력은

$$V_o=V_s-E_{ref} \tag{9.13}$$

이다.

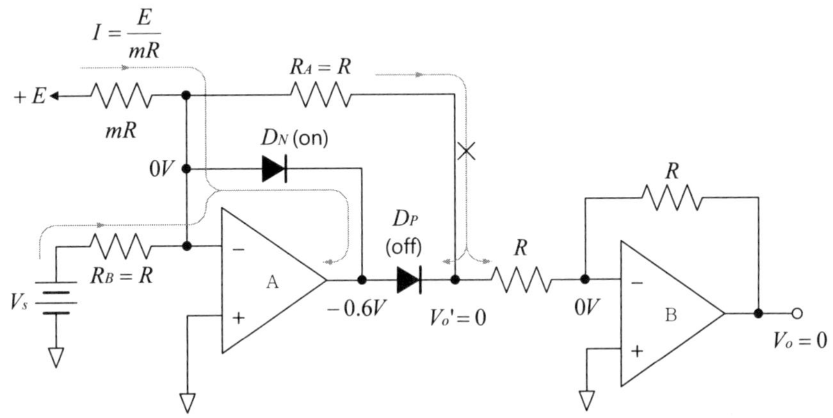

(a) 입력신호 V_s가 (+)값을 가질 때 출력은 항상 $V_o = 0V$이다.

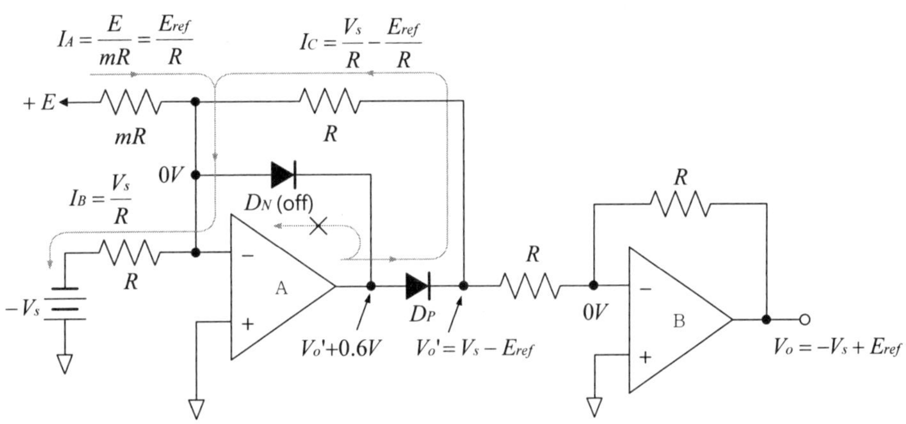

(b) $|-V_s| < E_{ref}$ 일 때 $V_o = 0V$, $|-V_s| > E_{ref}$ 일 때 $V_o = -V_s + E_{ref}$

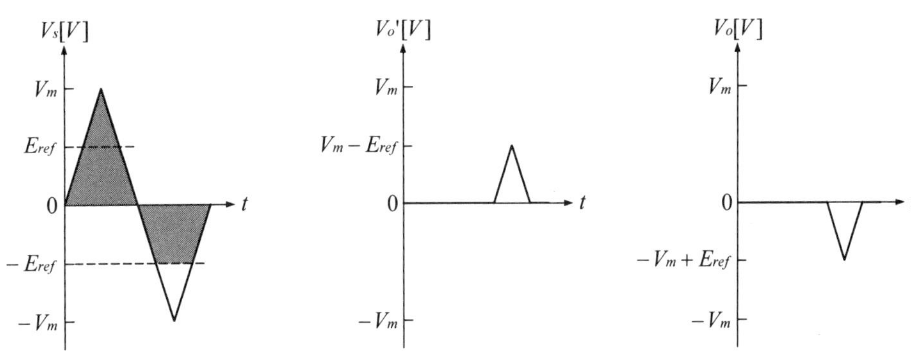

(c) 입 • 출력 파형

그림9.16 (-) 출력을 갖는 크기 제한회로의 동작; 제한전압 $E_{ref} = E/m$ 이다.

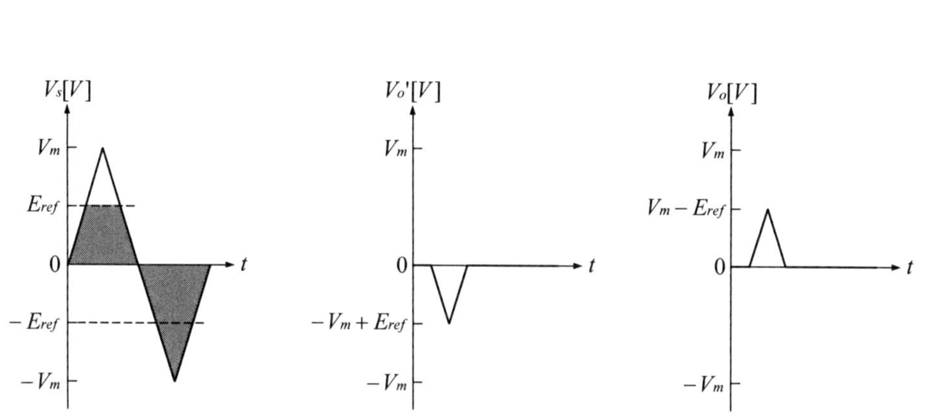

그림9.17 (+) 출력을 갖는 크기 제한회로의 입 · 출력 파형. 그림9.16 회로에서 다이오드 D_N, D_P의 방향이 반대 일 때의 동작.

9-4.2 양방향 크기 제한회로 및 정밀 클리핑 회로

(+)출력과 (-)출력의 단방향 크기 제한회로를 결합하면 그림9.18과 같이 양방향 크기 제한회로를 구성할 수 있다.

그림9.19의 회로는 (+) 기준전압보다 큰 부분과 (-) 기준전압보다 작은 부분을 제거하는 정밀 클리퍼 회로이며, 회로에서 R_C를 제거하면 양방향 크기 제한회로로 동작한다. 즉, R_C의 존재에 따라 정밀 클리퍼 회로로 동작하든지 양방향 크기 제한회로로 동작한다.

$m=n$ 이면 기준전압 E_{ref1}과 $-E_{ref2}$의 크기는 같고, $m \neq n$ 이면 제한되는 크기 혹은 클리핑 되는 부분은 비평형(unsymmetrical) 동작을 한다.

Op amp_C는 v_s와 v_{oA} 및 v_{oB}를 입력으로 하는 반전 가산회로로 동작하고, $R_C=R$이면 출력은

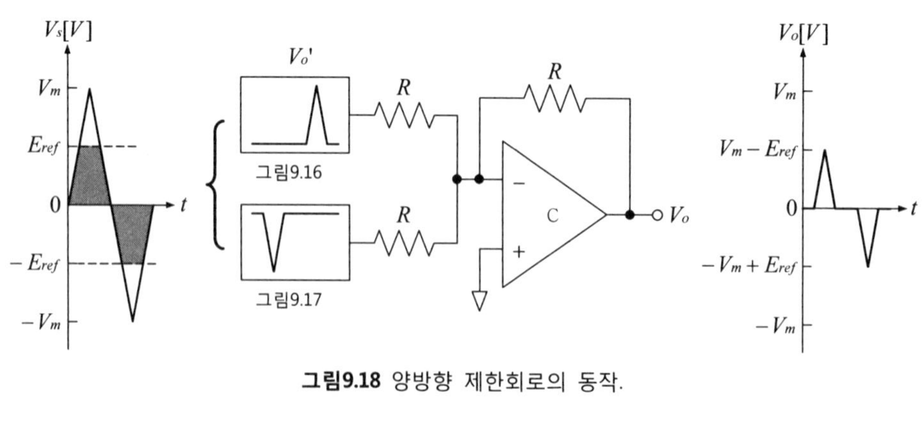

그림9.18 양방향 제한회로의 동작.

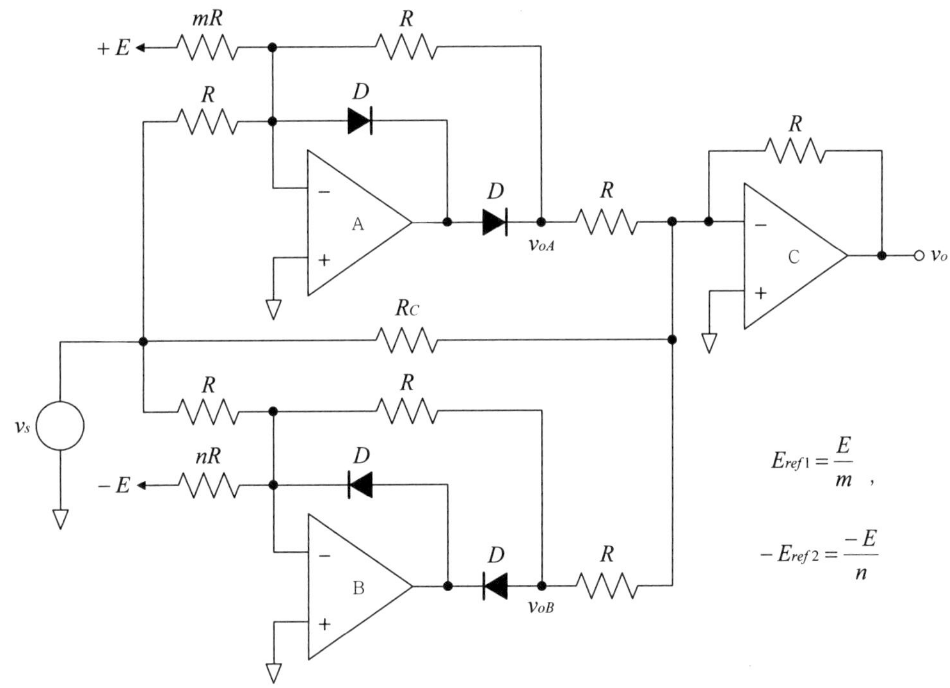

그림9.19 정밀 클리퍼 회로. 만약 R_C가 제거되면 그림9.18의 동작을 하는 양방향 크기 제한회로로 동작한다.

$$\begin{aligned} v_o &= \left(-\frac{R}{R}\right)v_{oA} + \left(-\frac{R}{R}\right)v_{oB} + \left(-\frac{R_C}{R}\right)v_s \\ &= -(v_{oA} + v_{oB} + v_{oC}) \end{aligned} \tag{9.14}$$

이다.

이 동작은 그림9.20(c)에 설명되어 있고 출력은 $E_{ref1} = E/m$ 보다 큰 부분과 $-E_{ref2} = -E/n$ 보다 작은 부분이 클리핑 된다.

이상적인 다이오드 동작을 이용한 크기제한 회로 또는 클리핑 회로는 기준전압의 설정을 위하여 전원을 필요로 한다. 비록 기준전압을 자유롭게 설정할 수 없는 한계는 있지만, 제너다이오드의 제너전압 V_Z를 이용하면 제한전압을 설정하는 전원을 필요로 하지 않고 클리핑이 가능하다.

여기에서 자주 이용되는 방법에 대하여 설명한다.

제너다이오드는 바이어스 전압에 따라 4가지 동작을 한다.

첫째, 순방향 바이어스이고 $0.6[V] < V_{bias}$이면 정류다이오드로 동작하고 $V_D = 0.6[V]$이다.

둘째, 순방향 바이어스이고 $V_{bias} < 0.6[V]$이면 제너다이오드는 개방회로이다.

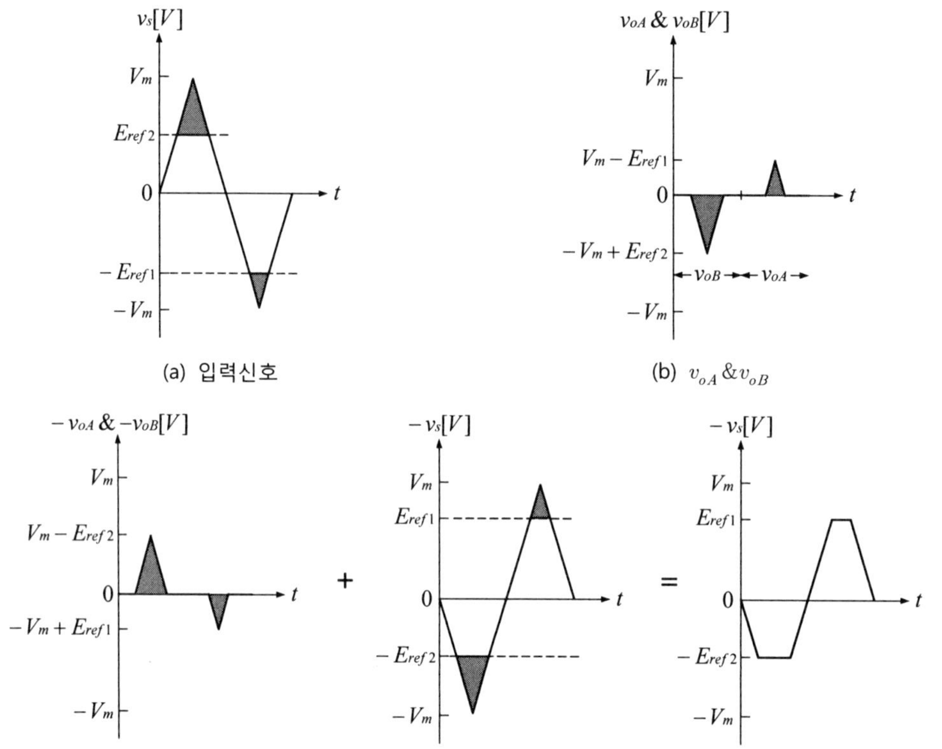

(a) 입력신호

(b) $v_{oA} \& v_{oB}$

(c) $v_o = (-v_{oA} \& -v_{oB}) + (-v_s)$: op amp_C는 $(v_{oA} \& v_{oB})$와 v_s를 입력으로 하는 반전 가산회로이다.

그림9.20 램프신호 입력에 대한 클리퍼 회로의 동작.

셋째, 역방향 바이어스이고 바이어스 전압의 크기가 제너전압 V_Z보다 작으면 즉, $|-V_{bias}| < V_Z$ 이면 제너다이오드는 개방회로이다.

넷째, 역방향 바이어스이고 바이어스 전압의 크기가 제너전압 V_Z보다 크면 즉, $|-V_{bias}| > V_Z$ 이면 $V_D = V_Z$이다.

그림9.21(a) 회로는 출력전압 v_o의 방향에 따라 제너다이오드 중 한 개는 순방향으로, 다른 한 개는 역방향으로 동작하는 크기제한 회로이다.

v_o이 (+)방향일 때 $v_o > (V_{Z1} + 0.6[V])$이면 출력은 $v_o = V_{Z1} + 0.6[V]$이고, v_o이 (−)방향일 때 $v_o < (-0.6[V] - V_{Z2})$이면 출력은 $v_o = -V_{Z2} - 0.6[V]$이다. 물론 $(-V_{Z2} - 0.6[V]) < v_o < (V_{Z1} + 0.6[V])$이면 제너다이오드는 개방회로로 동작하고, op amp는 $v_o = v_s$인 선형동작을 한다.

이와 같은 입·출력 파형과 특성은 $V_Z = 6.2[V]$인 경우를 예로 들어 그림 9.21(b), (c)에 설명하고 있으며 제한전압은

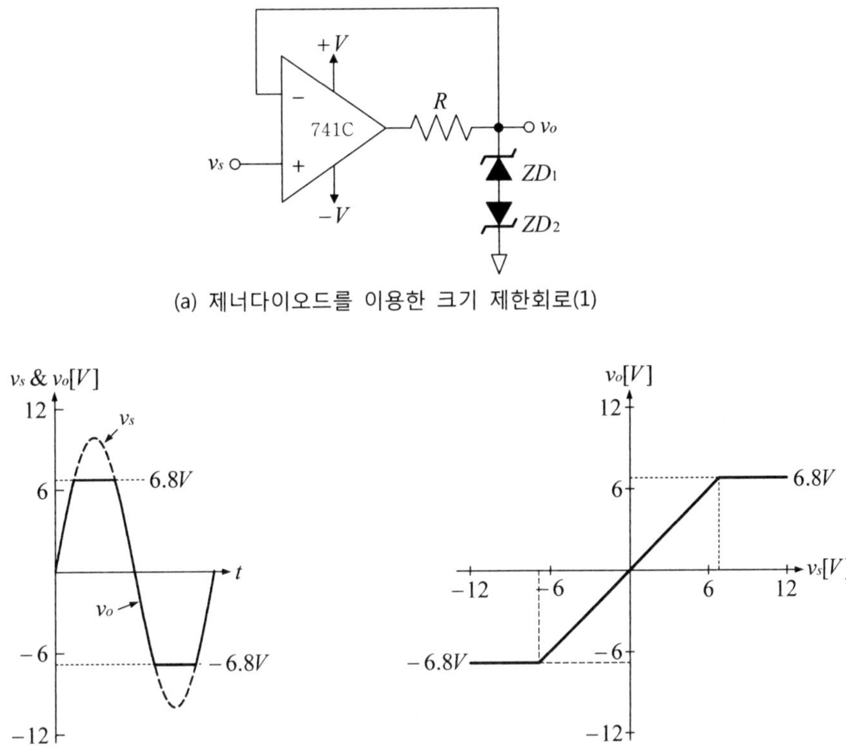

(a) 제너다이오드를 이용한 크기 제한회로(1)

(b) 입력 및 출력 파형

(c) 입 · 출력 특성

그림9.21 제너다이오드를 이용한 크기 제한회로의 동작 및 특성(1).

$$V_{o(\max)} = V_Z + 0.6[V]$$

$$= 6.2[V] + 0.6[V] = 6.8[V] \tag{9.15a}$$

$$V_{o(\min)} = -V_Z - 0.6[V]$$

$$= -6.2[V] - 0.6[V] = -6.8[V] \tag{9.15b}$$

이다. 회로에서 저항 R은 제너다이오드에 흐르는 전류를 제한하는 저항이다.

그림9.22에 또 다른 크기 제한회로와 동작을 보인다.

출력 v_o이 (+)방향이면 ZD_2는 역방향, ZD_1은 순방향 동작이다. 따라서 $v_o > (V_{Z2} + 0.6[V])$이면 출력은 $V_{Z2} + 0.6[V]$로 제한된다. v_o이 (-)방향이면 ZD_1은 역방향, ZD_2는 순방향으로 동작하므로 $v_o < (-V_{Z1} - 0.6[V])$이면 출력은 $-V_{Z1} - 0.6[V]$로 제한된다. 그리고 $(-V_{Z1} - 0.6[V]) < v_o < (V_{Z2} + 0.6[V])$이면 제너다이오드는 차단되므로 출력은

$$v_o = \left(-\frac{R_2}{R_1}\right)v_s$$

이다.

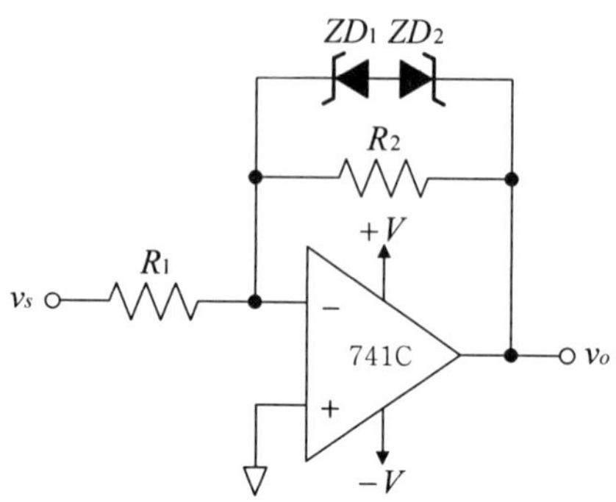

(a) 제너다이오드를 이용한 크기 제한회로(2)

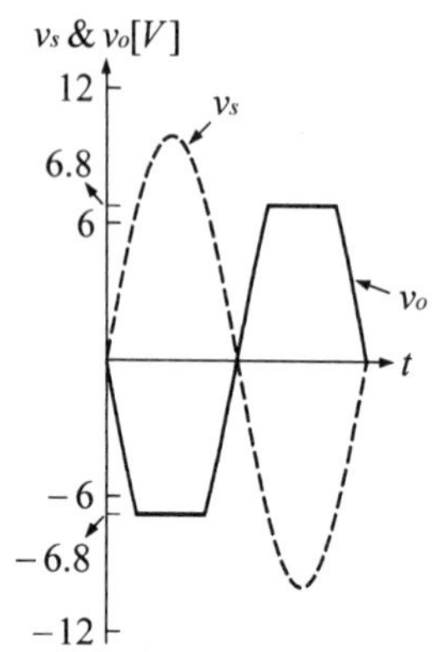

(b) 입력 v_s와 출력 v_o 파형

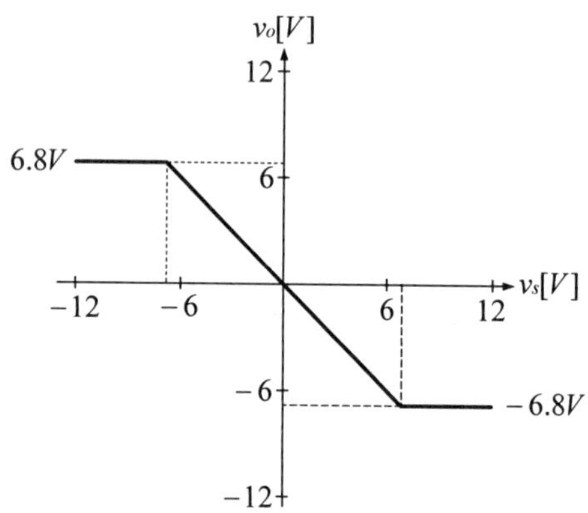

(c) 입·출력 특성

그림9.22 제너다이오드를 이용한 크기 제한회로의 동작 및 입·출력특성 (2).

제너다이오드 ZD_1, ZD_2의 방향을 반대로 하여 캐소드를 서로 맞대어도 상한 제한전압과 하한 제한전압의 위치만 서로 바뀔 뿐 동작은 같다. 예를 들어 V_{Z1}과 V_{Z2}의 크기가 같다면 그림9.21 회로의 출력파형과 캐소드를 서로 맞대었을 경우의 출력파형은 같다. $V_Z = 6.2[V]$일 때의 출력 파형과 입·출력 특성은 각각 그림9.22(b),(c)와 같다.

고속으로 동작하는 회로에서는 그림9.23과 같이 다이오드 브리지와 제너다이오드를 이용한다. 회로에서 제너다이오드에 바이어스가 걸려 있으므로 스위칭 속도를 빠르게 할 수 있다. 직류전원에 대하여 $D_1 \sim D_4$는 모두 차단되고 제너다이오드가 제너영역에서 동작하도록 바이어스 된다.

회로에서 상한 제한전압은 $V_Z + 1.2[V]$이고, 하한 제한전압은 $-V_Z - 1.2[V]$이다.

Op amp LF411은 $SR = 15\,V/\mu s$, $GBP = 4MHz$이며, $f = 100[KHz]$일 때 LF411을 이용한 그림9.22와 그림9.23 회로에 대한 동작은 각각 그림9.24(a),(b)와

같다. 원으로 표시한 부분을 비교하면 그림9.23의 다이오드 브리지와 제너다이오드를 이용한 클리퍼 회로가 고속에서 더 정확한 클리핑 동작을 보인다.

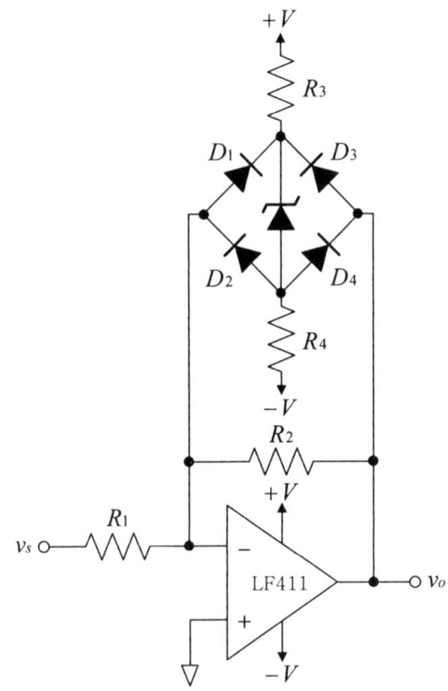

그림9.23 제너 다이오드에 바이어스를 걸어서 고속으로 동작하는 클리핑 회로.

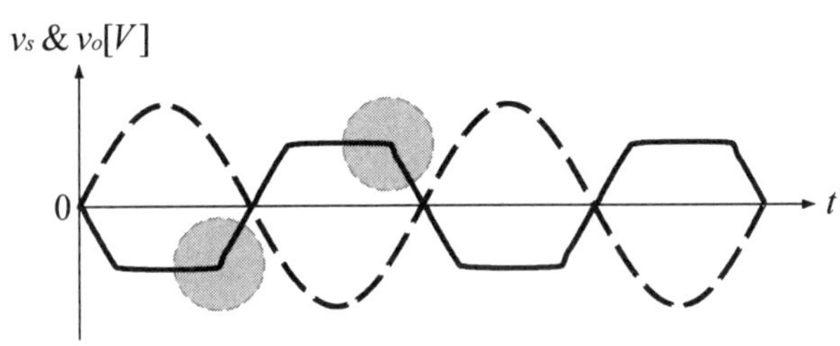

(a) 클리핑 회로(그림9.21)의 동작

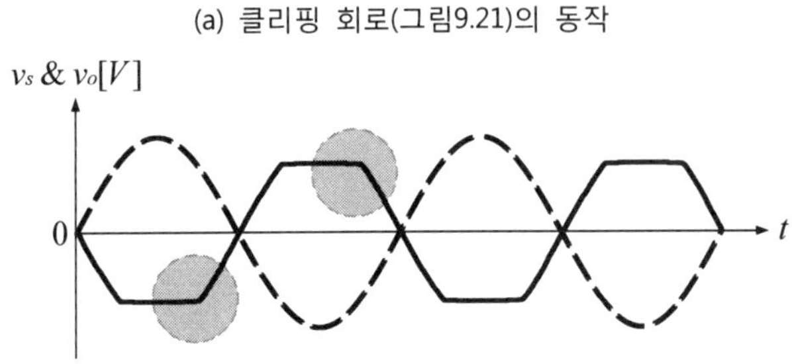

(b) 고속으로 동작하는 클리핑 회로(그림9.23)의 동작

그림9.24 클리핑 회로의 고속동작($f = 100[KHz]$) 결과 비교. Op amp는 LF411.

9-5 실험

9-5.1 정밀 반파 정류회로

i) 그림9.25의 정밀 반전 반파 정류회로를 구성하고, 오실로스코프의 커플링을 DC 커플링으로 변경하시오.

$R_i = 10[K\Omega]$, $R_f = 10[K\Omega]$, $R_L = 2[K\Omega]$, D_1, D_2 : 1S1588

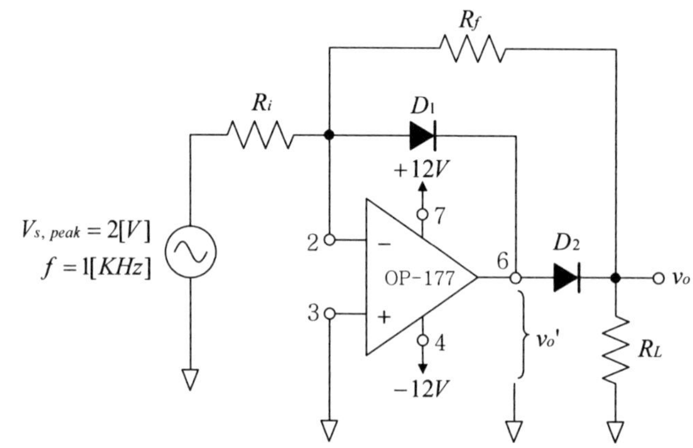

그림9.25 (+)출력을 갖는 반전 정밀 반파 정류기 실험회로.

ii) 출력 v_o' 및 v_o을 측정하여 각각 다음 그림(a),(b)에 기록하시오.

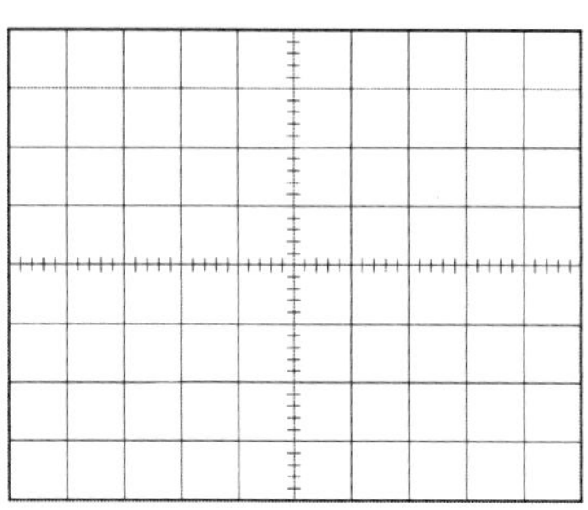

Time div : ______

Volt div

CH 1 (v_s) : ______ **CH 2** (v_o') : ______

(a) $v_s \& v_o'$

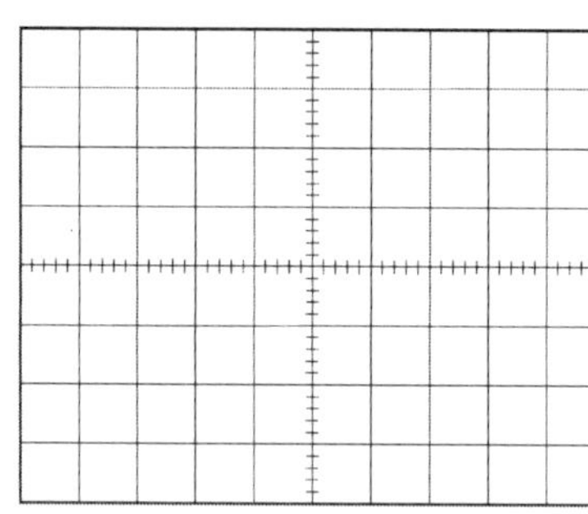

Time div : ______

Volt div

CH 1 (v_s) : ______ **CH 2** (v_o) : ______

(b) $v_s \& v_o$

$|v_s| =$ ______________ $[V]$, $|v_o| =$ ______________ $[V]$

iii) v_s의 첨두값을 $200[mV]$가 되도록 조정하시오. 그리고 출력 v_o' 및 v_o을 측정하여 각각 다음 그림(a),(b)에 기록하시오.

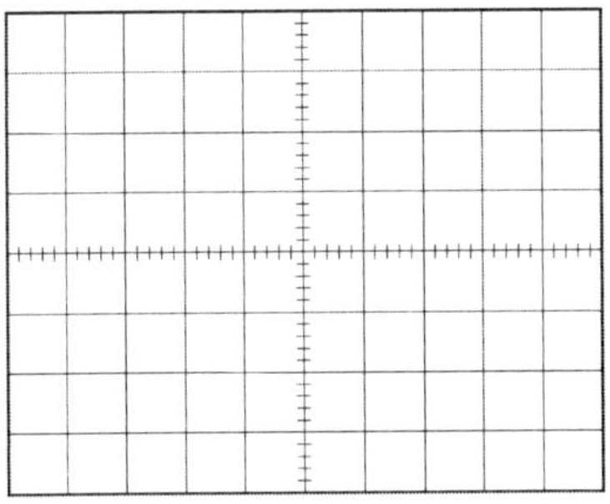

Time div : ______

Volt div

CH 1 (v_s) : ______ CH 2 (v_o') : ______

(a) v_s & v_o'

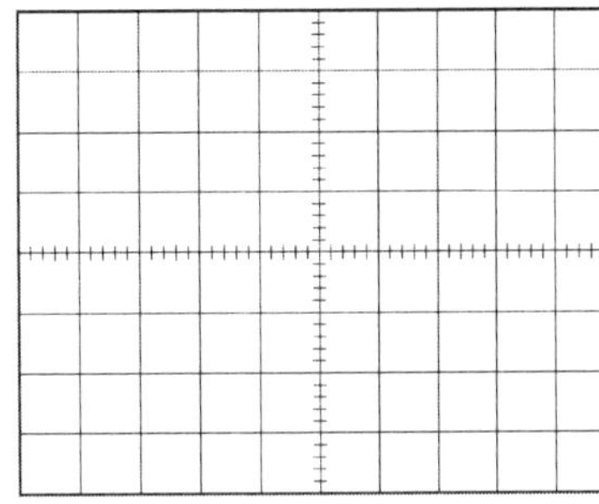

Time div : ______

Volt div

CH 1 (v_s) : ______ CH 2 (v_o) : ______

(b) v_s & v_o

$|v_s| =$ ______________ $[V]$, $|v_o| =$ ______________ $[V]$

iv) v_s의 첨두값이 $200[mV]$일 때 다이오드를 이용하여 설계한 반파 정류회로의 출력과 단계 iii)에서의 출력의 결과는 어떻게 다른가? 또한 그 이유를 설명하시오.

v) 다이오드 D_1과 D_2의 방향을 반대로 변경하시오(Anode ↔ Cathode). 그리고 v_o을 측정하여 기록하시오. 단, v_s의 첨두값이 $200[mV]$이다.

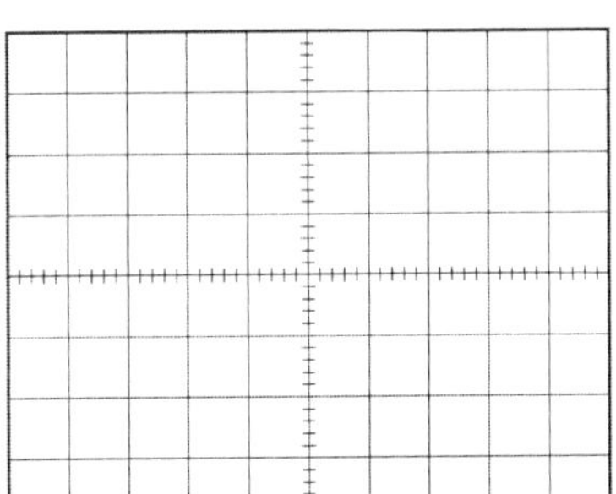

Time div : ______

Volt div

CH 1 (v_s) : ______ CH 2 (v_o') : ______

(a) v_s & v_o'

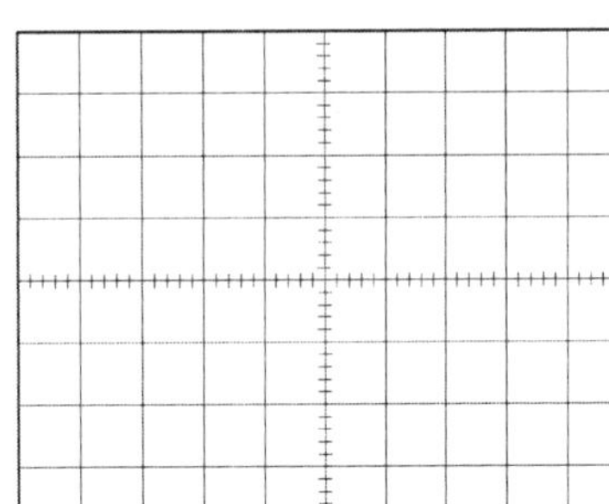

Time div : ______

Volt div

CH 1 (v_s) : ______ CH 2 (v_o) : ______

(b) v_s & v_o

$|v_s| =$ ______________ $[V]$, $|v_o| =$ ______________ $[V]$

$V_{o,p} =$ ____________________ $[V]$

9-5.2 정밀 전파 정류회로

ⅰ) 그림9.26의 정밀 전파 정류회로를 구성하시오.

$R_1 = R_2 = R_4 = R_5 = 10[K\Omega]$ 1%, $R_3 = 4.7[K\Omega]$ 1%, $VR = 5[K\Omega]$, D_1, D_2 : 1S1588, $C : 10[\mu F]$ (탄탈륨 콘덴서)

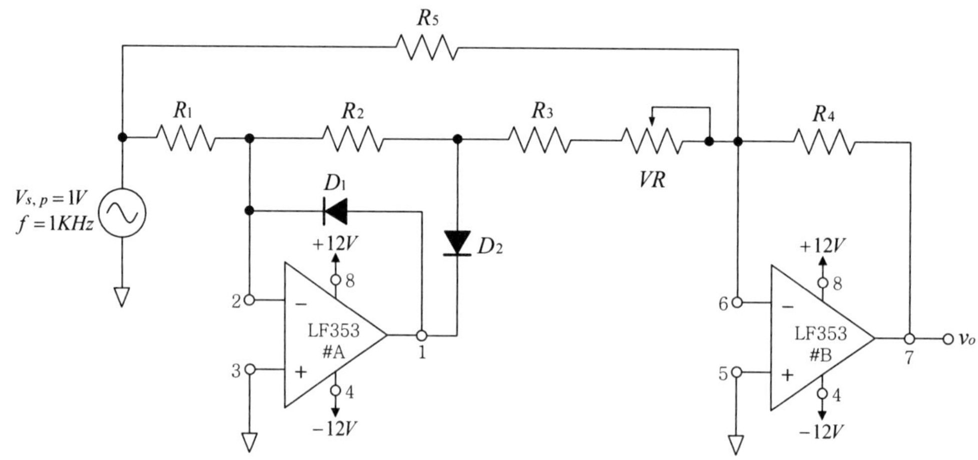

그림9.26 정밀 전파 정류기의 실험 회로.

ⅱ) VR을 제거(short)하고 v_o을 측정하시오. 측정결과 피크가 일정하지 않으면, VR을 설치한 후 파형의 피크가 같아지도록 VR을 조정하고 결과를 그림(a)에 기록하시오.

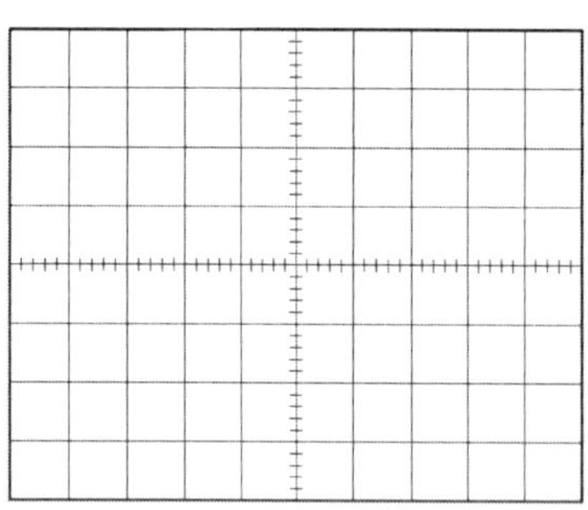

Time div : ______

Volt div

CH 1 (v_s) : ______ CH 2 (v_o) : ______

(a)

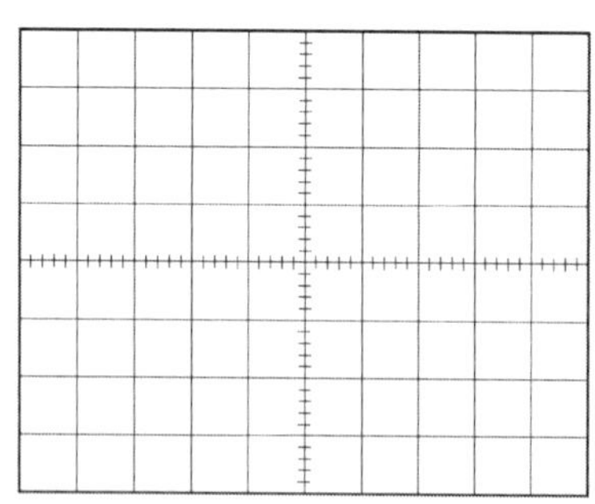

Time div : X－Y

Volt div

CH 1 (v_s) : ______ CH 2 (v_o) : ______

(b)

$V_{s,p} =$ ____________________ $[V]$, $V_{o,p} =$ ____________________ $[V]$

iii) 오실로스코프의 Time/Div 노브를 $X-Y$로 조정한 후 입-출력 특성을 측정하여 위 그림(b)에 기록하시오.

iv) 그림9.26의 회로에서 R_4와 병렬로 $10[\mu F]$ 커패시터를 접속한 후 출력 v_o을 측정하고 기록하시오.

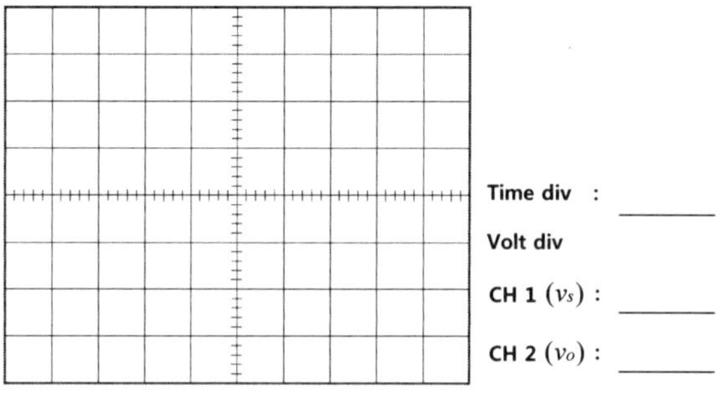

$V_o =$ ______________________ $[V]$

9-5.3 첨두값 검출회로

i) 다음 회로를 구성하시오.

$R_1 = 10[K\Omega]$, $R_2 = 1[K\Omega]$, $C = 0.1[\mu F]$, D_1, D_2: 1S1588

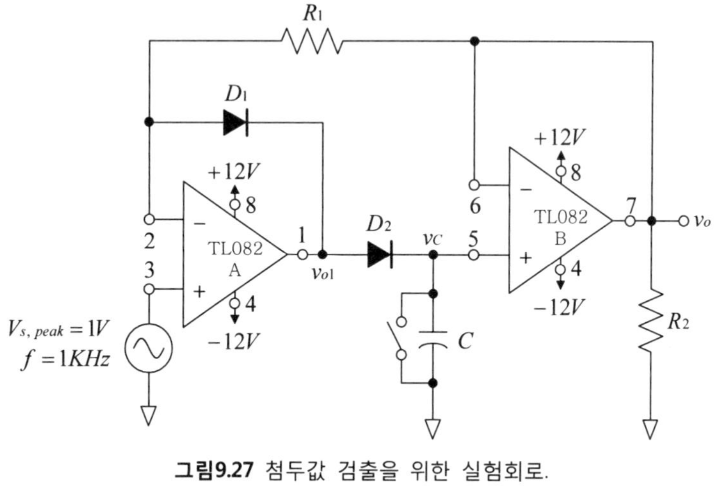

그림9.27 첨두값 검출을 위한 실험회로.

ii) v_{o1}을 측정하여 기록하시오.

iii) v_o을 측정하여 기록하시오.

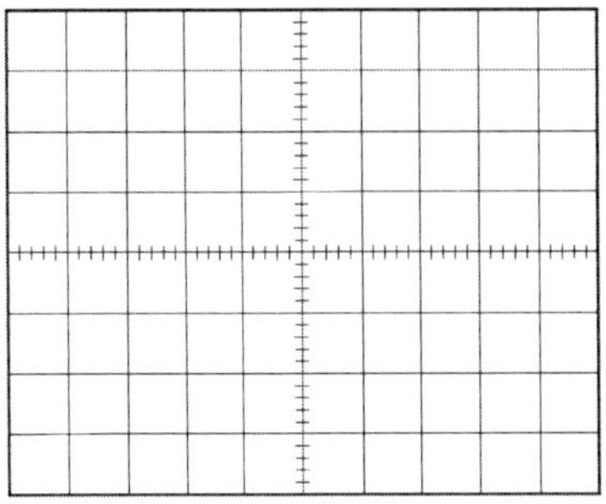

Time div : ______

Volt div

CH 1 (v_s) : ______ CH 2 (v_{o1}) : ______

(a) v_{o1}

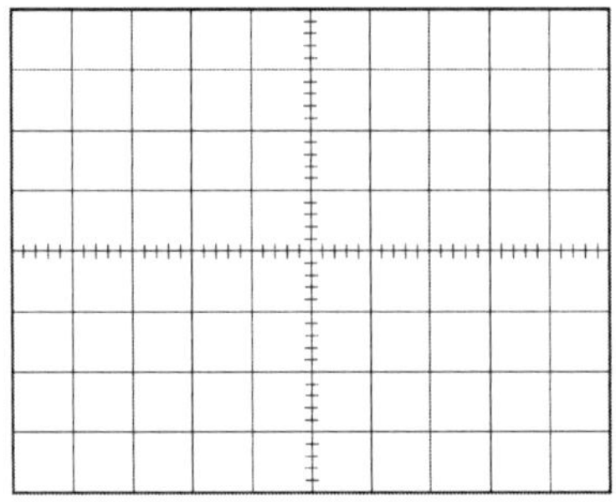

Time div : ______

Volt div

CH 1 (v_s) : ______ CH 2 (v_o) : ______

(b) v_o

iv) $V_{s,peak}$ 값을 $3[V]$, $5[V]$로 조정하며, v_o의 변화에 대하여 설명하시오.

v) 스위치를 단락하여 커패시터 C를 리셋 하시오. 그리고 v_o의 변화를 관찰하고 그 결과를 적으시오.

9-5.4 단, 양방향 크기 제한회로 및 클리퍼

i) 그림9.28의 회로를 구성하시오.

$R_1 = 10[K\Omega]$(저항 네트워크 $102J \times 8$), $R_2 = 10[K\Omega]$, $R_3 = 20[K\Omega]$, $R_4 = 2[K\Omega]$, $R_5 = 10[K\Omega]$, $VR_1, VR_2 = 20[K\Omega]$, D : $1S1588$, ZD: RD10EB

ii) $E_1 = 8[V]$가 되도록 VR_1를 조정하고, $E_2 = -8[V]$가 되도록 VR_2를 조정하시오.

iii) $SW1$은 닫고 $SW2$, $SW3$를 개방한 후 v_{oA} 및 v_o을 측정하여 기록하고 v_o의 상한 제한전압과 하한 제한전압의 이론값과 측정값을 비교하시오.

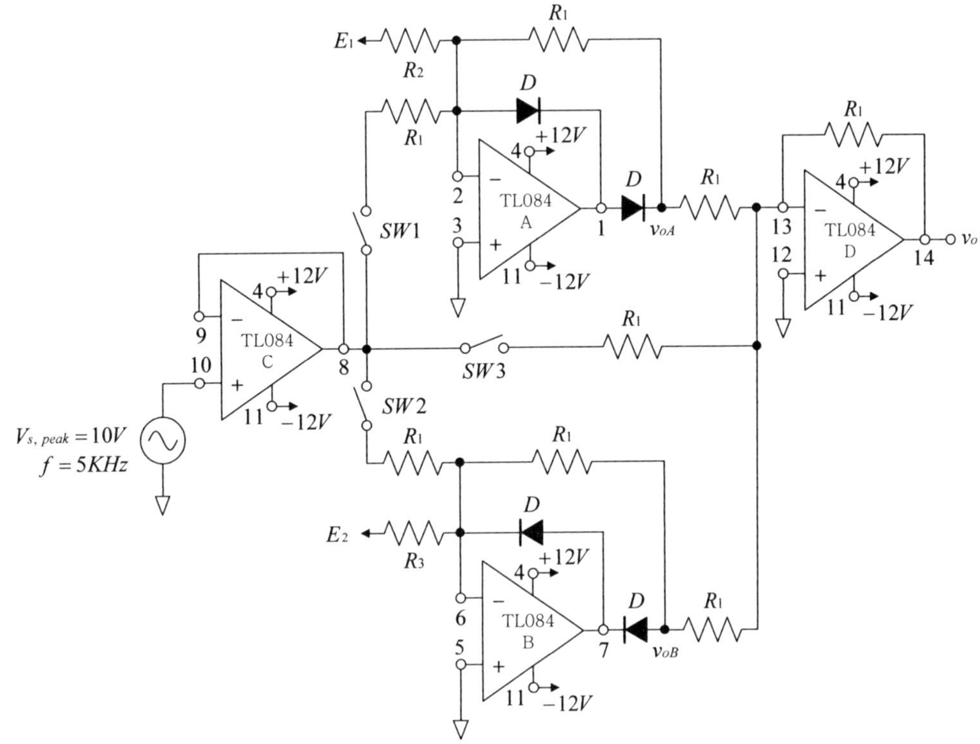

(a)

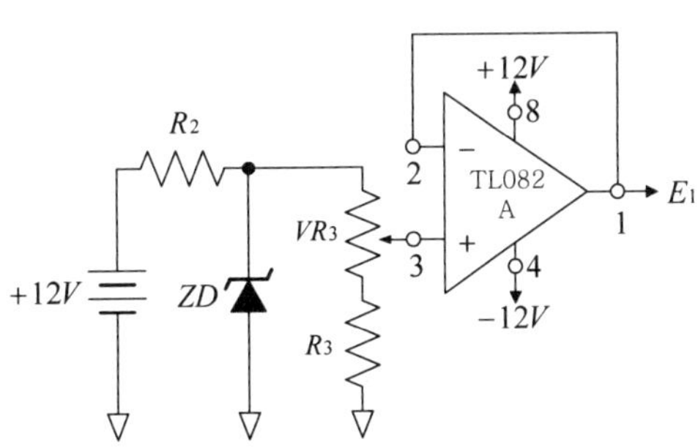

(b) 기준전압 E_{ref1} 발생회로

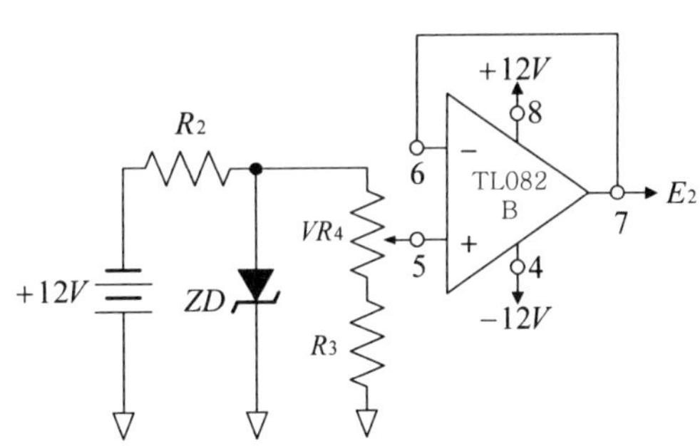

(c) 기준전압 $-E_{ref2}$ 발생회로

그림9.28 단, 양방향 크기제한 및 클리퍼 실험 회로도.

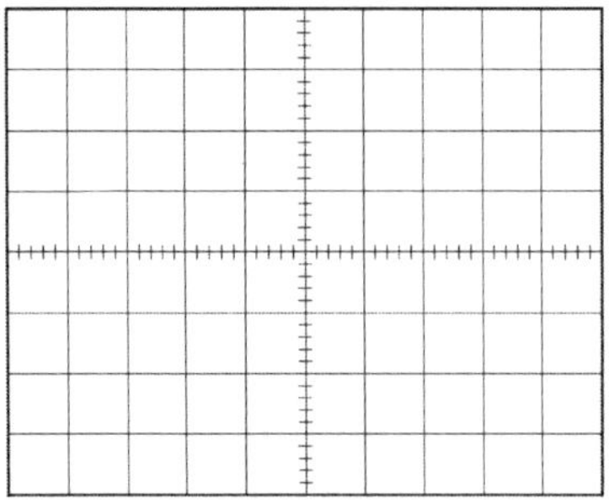

Time div : ________

Volt div

CH 1 (v_s) : ________ CH 2 (v_{oA}): ________

(a) v_{oA}

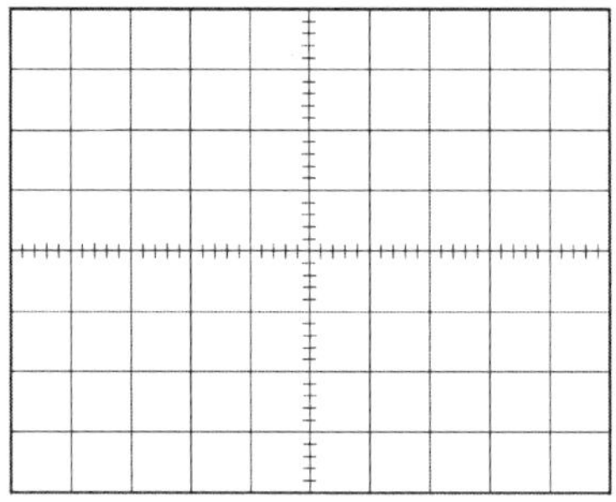

Time div : ________

Volt div

CH 1 (v_s) : ________ CH 2 (v_o) : ________

(b) v_o

상한 제한전압 =________[V] : 이론값, 상한 제한전압 =________[V] : 측정값

하한 제한전압 =________[V] : 이론값, 하한 제한전압 =________[V] : 측정값

iv) $SW2$는 닫고 $SW1$, $SW3$를 개방한 후 v_{oB}및 v_o을 측정하여 기록하고 v_o의 상한 제한전압과 하한 제한전압의 이론값과 측정값을 비교하시오.

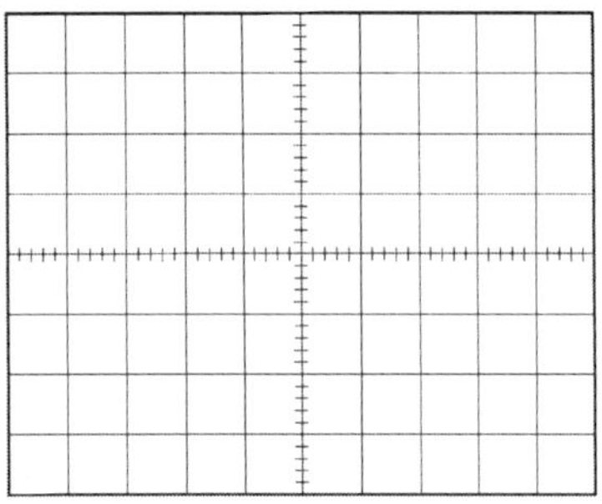

Time div : ________

Volt div

CH 1 (v_s) : ________ CH 2 (v_{oB}): ________

(a) v_{oB}

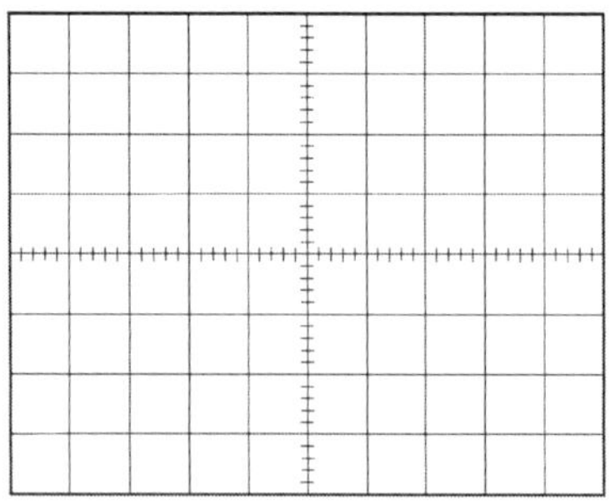

Time div : ________

Volt div

CH 1 (v_s) : ________ CH 2 (v_o) : ________

(b) v_o

상한 제한전압 =________[V] : 이론값, 상한 제한전압 =________[V] : 측정값

하한 제한전압 =________[V] : 이론값, 하한 제한전압 =________[V] : 측정값

v) $SW1$, $SW2$는 닫고 $SW3$를 개방한 후 v_o을 측정하여 기록하고 v_o의 상한 제한전압과 하한 제한전압의 이론값과 측정값을 비교하시오.

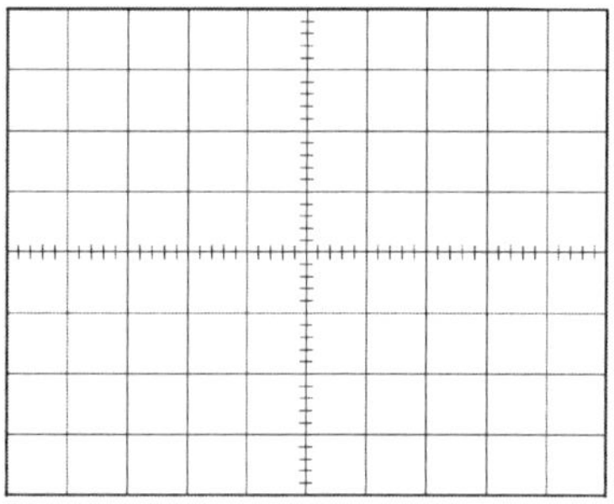

Time div : ______

Volt div

CH 1 (v_s) : ______ CH 2 (v_o) : ______

상한 제한전압 =________[V] : 이론값,

상한 제한전압 =________[V] : 측정값,

하한 제한전압 =________[V] : 이론값,

하한 제한전압 =________[V] : 측정값

vi) $SW1$, $SW2$, $SW3$를 모두 닫은 후 v_o을 측정하여 기록하고 v_o의 상한 제한전압과 하한 제한전압의 이론값과 측정값을 비교하시오.

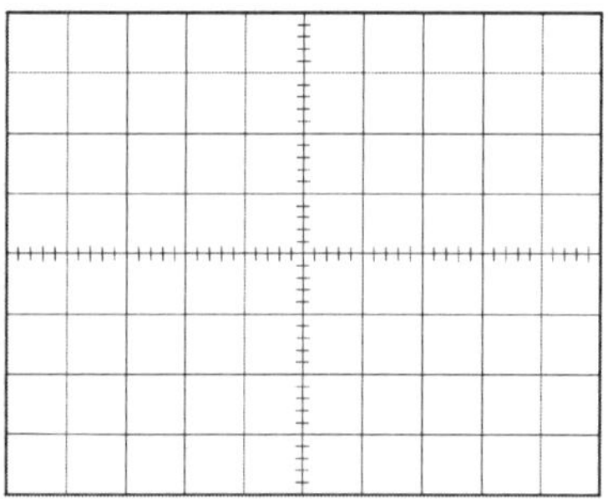

Time div : ______

Volt div

CH 1 (v_s) : ______ CH 2 (v_o) : ______

상한 제한전압 =________[V] : 이론값,

상한 제한전압 =________[V] : 측정값,

하한 제한전압 =________[V] : 이론값,

하한 제한전압 =________[V] : 측정값

9-5.5 제너다이오드를 이용한 양방향 크기 제한회로

i) 그림9.29 회로를 구성하고, v_o을 측정하여 기록하시오.

$R=1[K\Omega]$, ZD_1 : RD2.0EB, ZD_2 : RD6.2EB

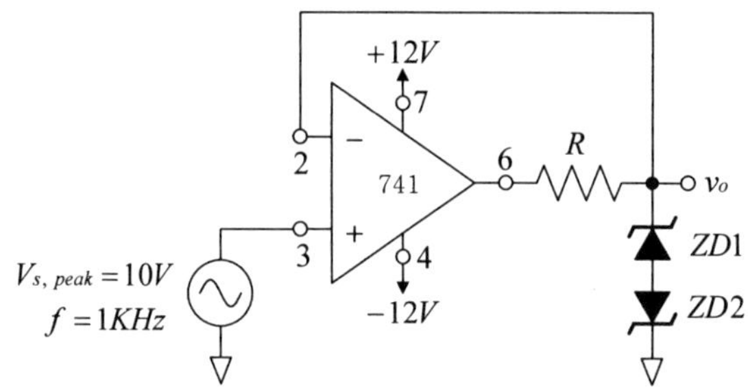

그림9.29 제너다이오드를 이용한 양방향 크기제한 회로(1)의 실험회로.

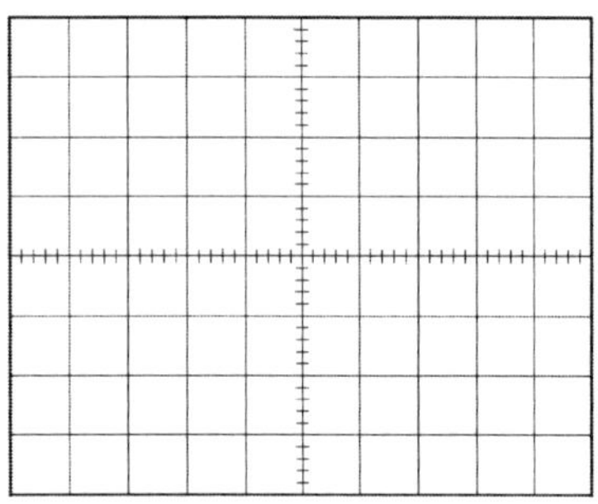

Time div : ________

Volt div

CH 1 (v_s) : ________ CH 2 (v_o) : ________

상한 제한전압 =________[V] : 이론값,

상한 제한전압 =________[V] : 측정값,

하한 제한전압 =________[V] : 이론값,

하한 제한전압 =________[V] : 측정값

ii) 다음 회로를 구성하고, v_o을 측정하여 기록하시오.
$R_1, R_2 = 10[K\Omega]$, ZD_1 : RD2.0EB, ZD_2 : RD6.2EB

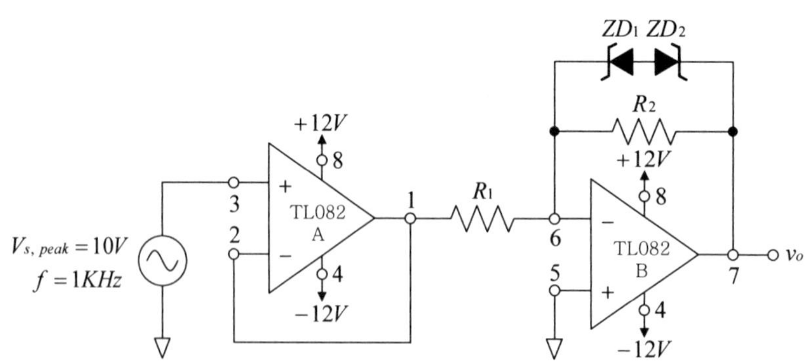

그림9.30 제너다이오드를 이용한 양방향 크기제한 회로(2)의 실험회로.

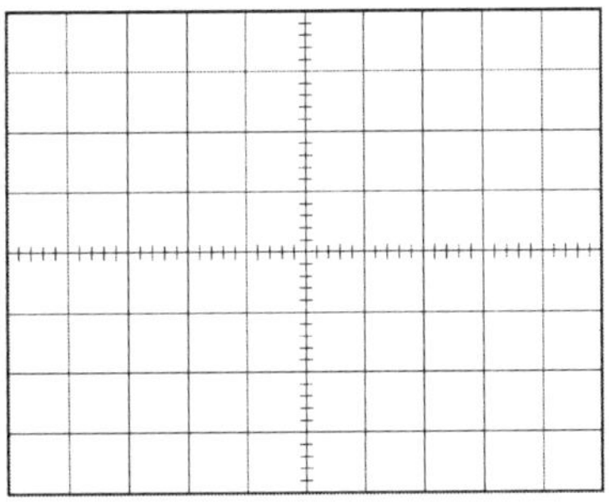

Time div : ______

Volt div

CH 1 (v_s) : ______ CH 2 (v_o) : ______

상한 제한전압 =______[V] : 이론값,

상한 제한전압 =______[V] : 측정값,

하한 제한전압 =______[V] : 이론값,

하한 제한전압 =______[V] : 측정값

iii) ZD_1과 ZD_2의 위치를 서로 바꾸어 회로를 구성하고, v_o을 측정하여 기록하시오.

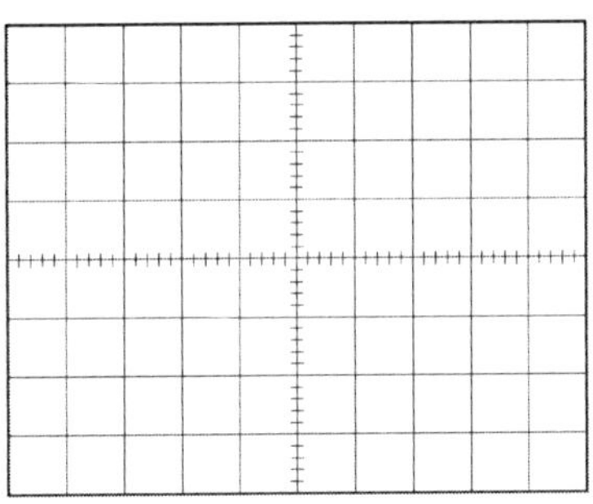

Time div : ______

Volt div

CH 1 (v_s) : ______ CH 2 (v_o) : ______

상한 제한전압 =______[V] : 이론값,

상한 제한전압 =______[V] : 측정값,

하한 제한전압 =______[V] : 이론값,

하한 제한전압 =______[V] : 측정값

iv) 그림9.30의 회로에서 ZD_1과 ZD_2의 캐소드를 서로 맞대도록 회로를 재구성하고 v_o을 측정하여 기록하시오.

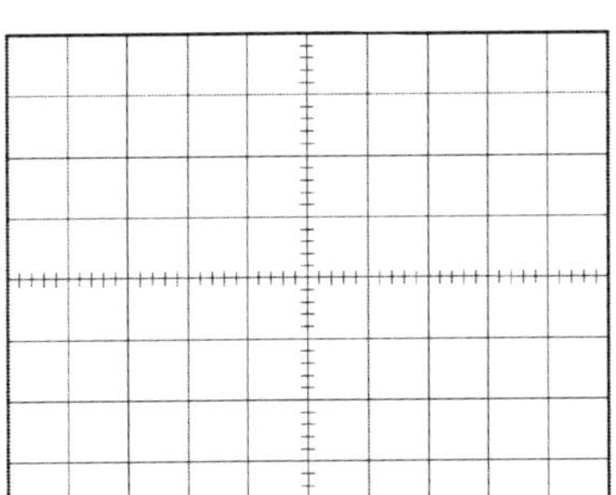

Time div : ______

Volt div

CH 1 (v_s) : ______

CH 2 (v_o) : ______

상한 제한전압 =_______$[V]$: 이론값,

상한 제한전압 =_______$[V]$: 측정값,

하한 제한전압 =_______$[V]$: 이론값,

하한 제한전압 =_______$[V]$: 측정값.

10장 멀티바이브레이터

10-1 비안정 멀티바이브레이터

10-1.1 비안정 멀티바이브레이터의 동작

정궤환(positive feedback)을 이용하면 입력신호가 없어도 출력신호가 발생하는 발진회로를 구성할 수 있다. 그림10.1은 op amp와 저항, 커패시터로 구성된 구형파를 발진하는 이장발진기(relaxation oscillator) 혹은 비안정 멀티바이브레이터(astable multivibrator) 회로이다. 이 발진기는 트랜지스터 혹은 디지털 IC를 이용하여 설계한 발진회로에 비하여 주파수의 안정성이 매우 높다.

회로에서 $v_o = \pm V_{sat}$이면, 임계전압(threshold voltage)은

$$v_{TH} = Bv_o = \pm BV_{sat} \tag{10.1}$$

이다. 여기에서 B는 궤환율이며

$$B = \frac{R_2}{R_1 + R_2} \tag{10.2}$$

이고, $V_{UT} = +BV_{sat}$, $V_{LT} = -BV_{sat}$으로 정의한다.

회로의 동작 상태를 몇 단계의 과정으로 나누어 설명해보자.

첫째, 만약 $v_o = +V_{sat}$으로 포화되었다면 $v_{TH} = V_{UT}$이고 동시에 커패시터에는 궤환저항 R_f를 통하여 충전 전류가 흐른다. 충전 전압 v_C는 시상수 $\tau = R_f C$로써 (+)방향으로 목표값 $+V_{sat}$을 향하여 지수함수적으로 증가한다. $v_C < v_{TH}$인 동안 여전히 $v_o = +V_{sat}$, $v_{TH} = V_{UT}$인 상태를 지속한다.

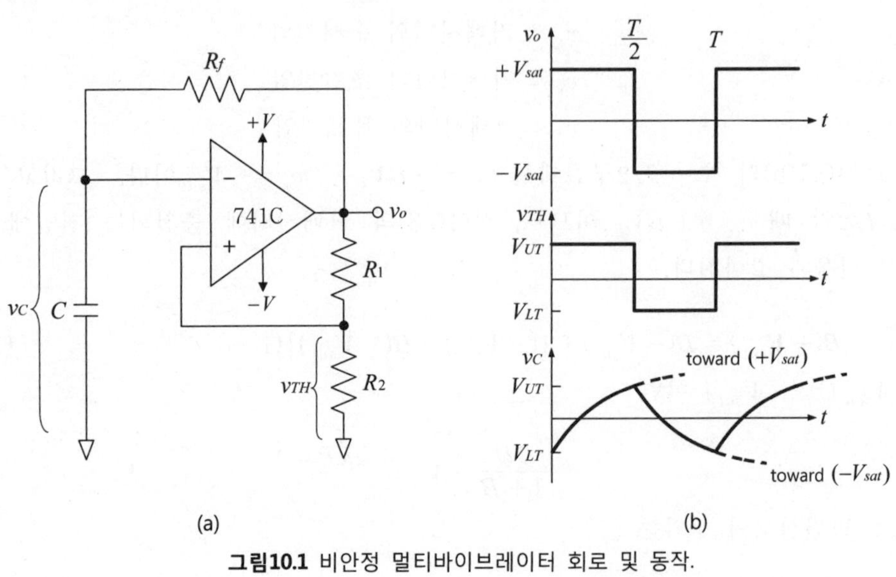

그림10.1 비안정 멀티바이브레이터 회로 및 동작.

둘째, $v_C > v_{TH}$ 되는 순간 즉, $v_C > V_{UT}$ 되는 순간 v_{TH} 와 v_C 의 차동전압은 $(v_{TH} - v_C) < 0$되고, 출력 v_o은 (-)방향으로 포화된다. 따라서 $v_o = +V_{sat}$에서 $v_o = -V_{sat}$으로 바뀌고, $v_{TH} = V_{LT}$가 된다. 동시에 커패시터는 $0[V]$까지 방전한 후 (-)방향으로 $-V_{sat}$을 향하여 시상수 $\tau = R_f C$로써 충전전류가 흐르기 시작한다. $|v_{TH}| > |v_C|$인 동안 여전히 $v_o = -V_{sat}$, $v_{TH} = V_{LT}$인 상태를 지속한다.

셋째, $v_C < v_{TH}$ 되는 순간 즉, $v_C < V_{LT}$되는 순간 $(v_{TH} - (-v_C)) > 0$되고, 출력 v_o은 다시 (+)방향으로 포화된다. 따라서 $v_o = +V_{sat}$로 바뀌고 $v_{TH} = V_{UT}$가 된다. 동시에 커패시터는 $0[V]$까지 방전한 후 (+)방향으로 $+V_{sat}$ 을 향하여 충전전류가 흐른다.

이 후 위의 과정을 반복하며 $-V_{sat}$과 $+V_{sat}$의 크기를 갖는 구형파의 파형을 발진하게 된다.

그림10.1(b)는 이 동작 상태를 설명하고 있으며, 예를 들어 첫째 상태는 구간 $0 \sim T/2$, 둘째 상태는 구간 $T/2 \sim T$, 셋째 상태는 구간 $T \sim 3T/2$에서의 동작과 일치한다.

이 출력은 두 개의 준안정상태($+V_{sat}$, $-V_{sat}$)를 갖기 때문에 비안정 멀티바이브레이터라고 부르며, op amp의 슬루우-율에 따라 발진신호의 주파수가 제한된다.

위 발진회로의 출력신호의 주기는 RC회로에서 시상수 $\tau = RC$로 충·방전하는 커패시터의 전압을 살펴봄으로써 알 수 있다. RC회로에서 커패시터에 충전되는 전압은 다음 식과 같이 지수함수적으로 증가한다.

$$v_C = v_i + (v_f - v_i)(1 - e^{-\frac{t}{RC}}) \tag{10.3}$$

v_C : 커패시터의 순시전압

v_i : 커패시터의 초기전압

v_f : 커패시터의 목표전압

그림10.1(b)의 $0 \sim T/2$구간에서 $v_i = -BV_{sat}$, $v_f = +V_{sat}$이다. 그리고 시간 $t = T/2$일 때 $v_C = +BV_{sat}$이므로, 식(10.3)의 커패시터에 충전되는 전압에 관한 식은 다음과 같아진다.

$$B(+V_{sat}) = B(-V_{sat}) + \{(+V_{sat}) - B(-V_{sat})\}(1 - e^{-\frac{T}{2R_f C}}) \tag{10.4}$$

$|+V_{sat}| = |-V_{sat}|$ 이면

$$\frac{2B}{1+B} = 1 - e^{-\frac{T}{2R_f C}}$$

이고, 발진신호의 주기는

$$T = 2R_f C \ln\left(\frac{1+B}{1-B}\right)$$
$$= 2R_f C \ln\left(1 + \frac{2R_2}{R_1}\right) \tag{10.5}$$

이다. 만약

$$\ln\left(1 + \frac{2R_2}{R_1}\right) = 1 \tag{10.6}$$

이면,

$$R_2 = 0.86R_1 \tag{10.7}$$

의 관계에 있다. 즉, 회로의 저항값이 식(10.7)의 조건을 만족하면 발진신호의 주기는

$$T = 2R_f C \ [\mathrm{sec}] \tag{10.8}$$

이고 주기 T가 시상수 $\tau = R_f C$에 의해서 결정된다.

> <예제>
> 그림10.1 회로에서 $R_1 = 100[K\Omega]$, $R_2 = 86[K\Omega]$, $R_f = 100[K\Omega]$, $C = 0.1[\mu F]$일 때 출력되는 발진신호의 주기를 구하시오.
> <해>
> 궤환율은
>
> $$B = \frac{R_2}{R_1 + R_2} = \frac{86[K\Omega]}{186[K\Omega]} = 0.46$$
>
> 이고, 시정수는
>
> $$\tau = R_f C = 100[K\Omega] \times 0.1[\mu F] = 10[m\,\mathrm{sec}]$$
>
> 이므로, 발진주기는 다음과 같다.
>
> $$T = 2R_f C \ln\left(\frac{1+B}{1-B}\right)$$
> $$= 2 \times (10 \times 10^{-3}) \times \ln\left(\frac{1.46}{0.54}\right) \simeq 20[m\,\mathrm{sec}]$$
>
> 이고, 발진신호의 주파수는
>
> $$f = \frac{1}{20[m\,\mathrm{sec}]} \simeq 50[Hz]$$
>
> 이다.

식(10.7)의 조건을 만족할 때의 파형을 다시 그리면 그림10.2와 같다. 그림에서 주기 T에 대하여 출력 v_o이 $+V_{sat}$인 구간의 비를 듀티-사이클(duty cycle) 혹은 듀티-비(duty ratio)라 한다. 그림과 같이 t_1과 t_2가 같다면 듀티-비는 50[%]이다.

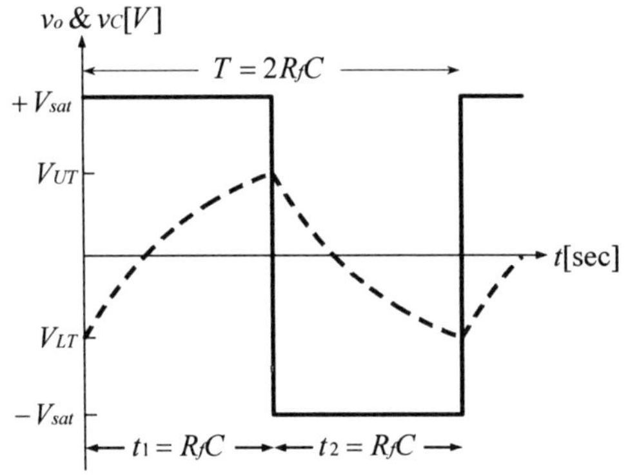

그림10.2 비안정 멀티바이브레이터의 출력.

식(10.5)에서 알 수 있는 바와 같이 발진신호의 주파수는 모든 수동소자와 관계가 있다. 따라서 수동소자의 값에 따라서 주파수가 바뀌며, 특히 발진 주파수를 변경하기 위해서는 R_f의 값을 조절하는 것이 간편하다. 예를 들어, R_f가 2배가 되면 주기 T는 R_f에 비례하므로 T도 2배가 된다. 즉 발진 주파수는 $0.5f$가 된다.

10-1.2 비안정 멀티바이브레이터의 듀티-비 조정

그림10.1의 회로에서 궤환경로를 그림10.3(a)와 같이 변경하면 $v_o = +V_{sat}$일 때 D_1은 도통하고 D_2는 차단되며, $v_o = -V_{sat}$으로 바뀌면 반대로 D_1은 차단, D_2는 도통하게 된다.

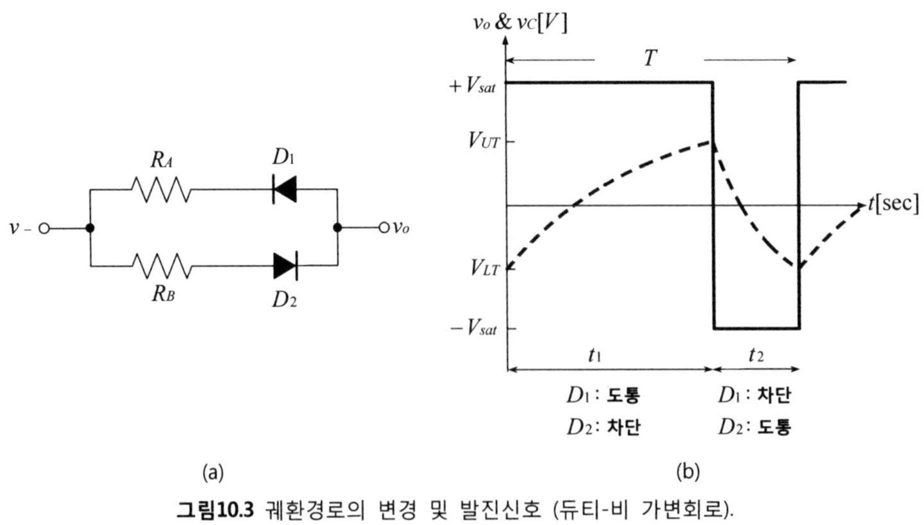

그림10.3 궤환경로의 변경 및 발진신호 (듀티-비 가변회로).

만약 R_A와 R_B의 값이 다르면 그림10.3(b)와 같이 시상수 $\tau_1 = R_A C$, $\tau_2 = R_B C$에 따라서 충·방전 시간이 달라진다. 그림에서는 $R_A > R_B$ 즉, $\tau_1 > \tau_2$인 경우이며 따라서 v_C가 $V_{LT} \rightarrow V_{UT}$에 도달하는 시간($t_1$)은 $V_{UT} \rightarrow V_{LT}$에 도달하는 시간($t_2$)보다 길어지고 결과적으로 출력 v_o의 한 주기에 대하여 $t_1 > t_2$이다. 그리고 듀티-비는 50[%] 이상이다.

또한 그림10.4처럼 op amp의 비반전 입력 v_+에 DC 전원을 접속하면 듀티-비를 가변 할 수 있는 회로의 설계가 가능하다. Op amp의 입력임피던스는 무한대라는 이상적인 조건을 따르면 임계전압(v_{TH})은 다음과 같다. 슈미트 회로의 트립 포인트 조정 회로를 생각해 보라.

$$v_{TH} = \frac{R_1 \| R_2}{R_3 + R_1 \| R_2} V_{ref} + \frac{R_2 \| R_3}{R_1 + R_2 \| R_3} v_o \tag{10.9}$$

v_o은 $+V_{sat}$ 혹은 $-V_{sat}$이고, V_{ref}는 전원전압($+V$ 혹은 $-V$)으로 설정하면

$$V^+ = \frac{R_1 \| R_2}{R_3 + R_1 \| R_2}(+V), \quad V^- = \frac{R_1 \| R_2}{R_3 + R_1 \| R_2}(-V)$$

$$V_{UT} = \frac{R_2 \| R_3}{R_1 + R_2 \| R_3}(+V_{sat}), \quad V_{LT} = \frac{R_2 \| R_3}{R_1 + R_2 \| R_3}(-V_{sat})$$

이다. V^+, V^-를 위의 식과 같이 정의하면, 임계전압 v_{TH}는 V_{UT}, V_{LT}가 V^+ 혹은 V^-만큼 레벨 쉬프트 되었음을 의미한다.

만약 V^+만큼 쉬프트 되었다면, v_C가 (+)방향으로 충전되기 위한 시간은 증가하고, (-)방향으로 충전되기 위한 시간은 감소한다. 즉, 출력이 $+V_{sat}$값으로 유지되는 시간이 $-V_{sat}$으로 유지되는 시간보다 길어지고 듀티-비는 50%이상이 된다(그림10.5(a)).

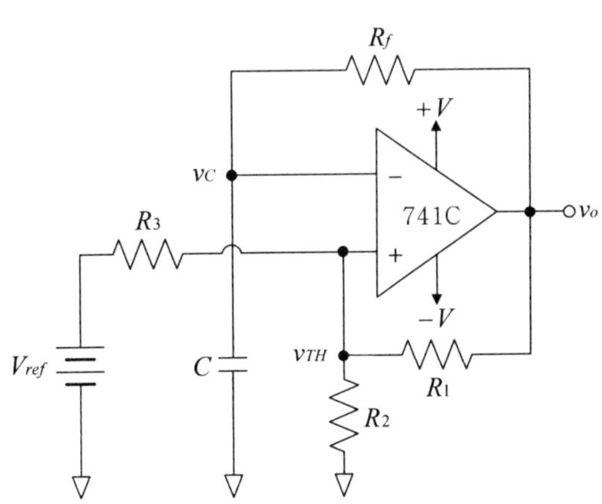

그림10.4 비안정 멀티바이브레이터의 듀티-비 조정을 위한 회로.

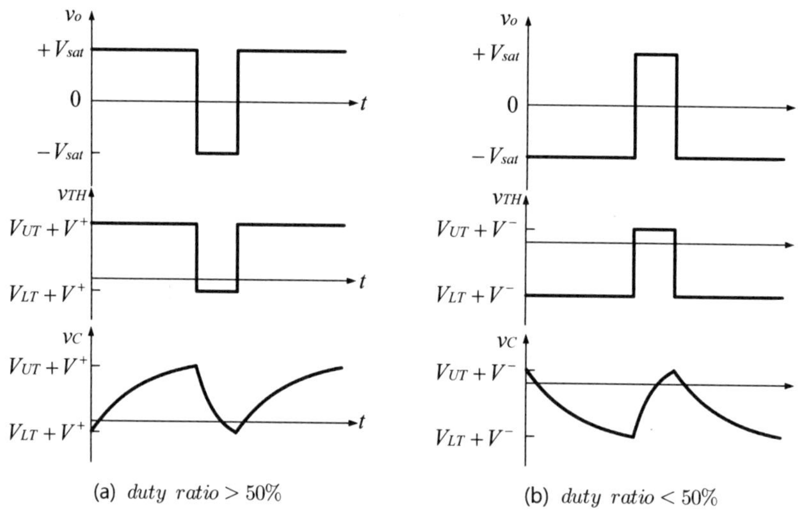

그림10.5 듀티-비 조정 비안정 멀티바이브레이터의 출력.

반대로 V^-만큼 쉬프트 되었다면, v_C가 (+)방향으로 충전되기 위한 시간은 감소하고, (−)방향으로 충전되기 위한 시간은 증가한다. 즉, 출력이 $-V_{sat}$값으로 유지되는 시간이 $+V_{sat}$으로 유지되는 시간보다 길어지고 듀티-비는 50%이하가 된다(그림10.5(b)).

10-2. 단안정 멀티바이브레이터(Mono-stable multivibrator)

다이오드를 이용하여 비안정 멀티바이브레이터의 커패시터를 클램프하면 외부의 한 개의 트리거 펄스 입력에 대하여 한 개의 출력 펄스를 생산하는 원-숏(one-shot) 멀티바이브레이터로 동작하며, 다음 트리거 펄스의 입력 때까지 안정 상태를 유지하므로 단안정 멀티바이브레이터로 불린다.

단안정 멀티바이브레이터 회로는 그림10.6(a)이고, 그 동작은 그림10.6(b)와 같다. 몇 가지의 상태로 그 동작을 설명하면 다음과 같다.

첫째, 그림10.6(a)에서 $v_o = +V_{sat}$이고 R_1과 R_2에 의해서 분압된 궤환 전압 $v_{TH} = V_{UT}$가 op amp의 비반전 입력단자에 입력된다면, 이 전압은 앞서 설명한 바와 같이 다음과 같다.

$$V_{UT} = \frac{R_2}{R_1 + R_2}(+V_{sat})$$

만약 D_1이 없다면 비안정 멀티바이브레이터와 같이 커패시터 C는 궤환 저항 R_f를 통하여 $v_C = V_{UT}$ 될 때까지 충전 되겠지만, $v_o = +V_{sat}$이므로 다이오드 D_1

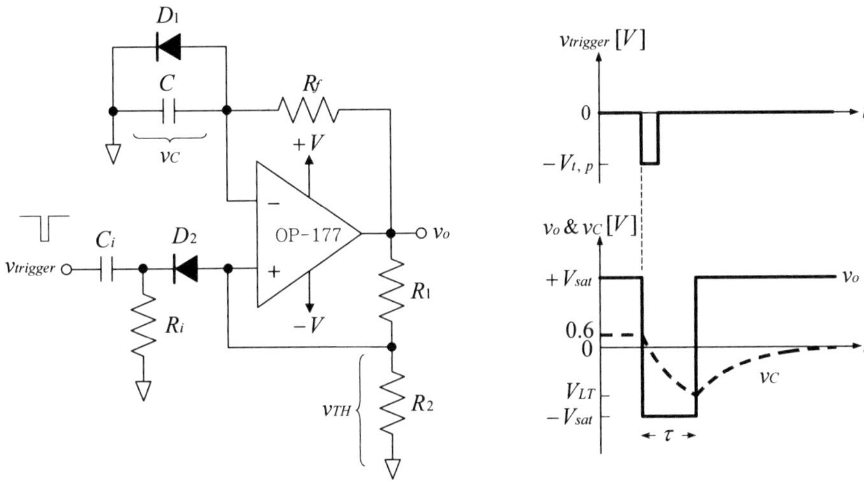

(a) 회로도 (b) v_o & v_C

그림10.6 단안정 멀티바이브레이터 회로 및 동작.

은 순방향 바이어스가 되고, 그림과 같이 커패시터 C를 다이오드 D_1으로 클램핑 시키면 op amp의 반전입력은 다이오드의 순방향 오프셋 전압 $0.6[V]$로 클램핑 된다. 따라서 op amp의 차동전압 $v_d=(v_{TH}-0.6)>0$이고, 출력 v_o은 $+V_{sat}$으로 포화된다.

둘째, 만약 $v_{trigger}$입력이 계속 0전위에 머물러 있으면 출력 v_o은 $+V_{sat}$으로 유지된다. 그러나 트리거 입력 $v_{trigger}$의 피크가 V_{UT}보다 크거나 같으면, op amp의 차동전압은 0보다 작아지므로 출력은 $-V_{sat}$으로 반전된다.

셋째, op amp의 비반전 입력으로 궤환되는 전압 $v_{TH}=V_{LT}$는 다음과 같고

$$V_{LT}=\frac{R_2}{R_1+R_2}(-V_{sat})$$

D_1은 $-V_{sat}$으로 역방향 바이어스 되므로 차단상태 즉, 개방된 상태가 된다. 따라서 C는 $v_C=0$이 될 때까지 방전한 후 V_{LT}와 같아질 때까지 반대방향으로 충전한다. 이 때 시상수 R_fC에 의해 펄스 폭 τ가 결정되며 일반적으로 시상수의 관계는 $R_iC_i \le 0.1R_fC$이다. v_C가 V_{LT}보다 더 작아지면 V_{LT}와 v_C의 차동전압은 0보다 커지므로, 출력 v_o은 $+V_{sat}$으로 반전된다.

이렇게 원-숏이 완성된 후, D_1은 순방향 바이어스 되므로 다시 C를 $0.6[V]$로 클램핑 한 상태로 유지되고 출력도 다음 트리거 신호가 입력될 때까지 안정된 상

태(위 설명에서는 $+V_{sat}$)가 지속된다.

그림10.6(b)에서 초기치 $v_i = 0.6[V]$, 최종값 $v_f = -V_{sat}$ 이므로 식(10.3)을 참조하면

$$V_{LT} = 0.6 + (-V_{sat} - 0.6)(1 - e^{-\frac{\tau}{R_f C}}) \tag{10.10}$$

이고, 펄스폭 τ는 다음과 같다.

$$\tau = R_f C \ln\left(\frac{-V_{sat} - 0.6[V]}{-V_{sat} - V_{LT}}\right) \tag{10.11}$$

<예제>

그림10.6에서 $\pm V_{sat} = \pm 10[V]$, $R_f = 100[K\Omega]$, $C = 0.1[\mu F]$, $R_1 = 10[K\Omega]$, $R_2 = 1.8[K\Omega]$일 때, 펄스폭 τ를 구하시오.

<해>

$$V_{LT} = \frac{R_2}{R_1 + R_2}(-V_{sat})$$
$$= \frac{1.8[K\Omega]}{10[K\Omega] + 1.8[K\Omega]} \times (-10[V]) \simeq -1.53[V]$$

그리고 펄스폭 τ는

$$\tau = 0.01 \times \ln\left(\frac{-10 - 0.6}{-10 - (-1.53)}\right) = 2.2[msec]$$

원-숏이 완성된 후 C가 $v_C = V_{LT}$ 로부터 클램프 전압 $0.6[V]$에 도달하기까지의 시간을 회복시간(recovery time)이라 하고, 회복시간이 길어지면 다음 트리거 입력신호에 대하여 회로의 동작을 보장할 수 없다. 예를 들어, 현재 v_C의 값이 $-0.2[V]$라고 하자. 이때 트리거 신호가 입력되고 비반전 입력 v_+의 크기가 0이 된다면 $((v_+) - (-0.2)) > 0$인 상태가 되고 결과적으로 출력 v_o은 $-V_{sat}$으로 절환되지 않고 여전히 $+V_{sat}$ 상태를 유지하기 때문이다.

따라서 회복시간이 짧을수록 회로의 트리거링 동작에 대하여 신뢰성을 보장할 수 있으며 그 방법으로 그림10.7(a)와 같이 궤환 경로에 다이오드 D_D와 저항 R_D의 직렬접속을 이용하면 회복시간을 단축할 수 있다. 일반적으로 $R_D = 0.1R_f$이면 회복시간이 1/10로 단축되며, 그 동작은 그림10.7(b)와 같다. $v_o = -V_{sat}$이면 D_D는 차단상태가 되어 궤환 경로는 R_f만으로 이루어지지만, $v_o = +V_{sat}$으로 절환되면 궤환저항은 $R_D \| R_f$가 되고 결국 시상수가 작아지게 되므로 회복시간은 단축된다.

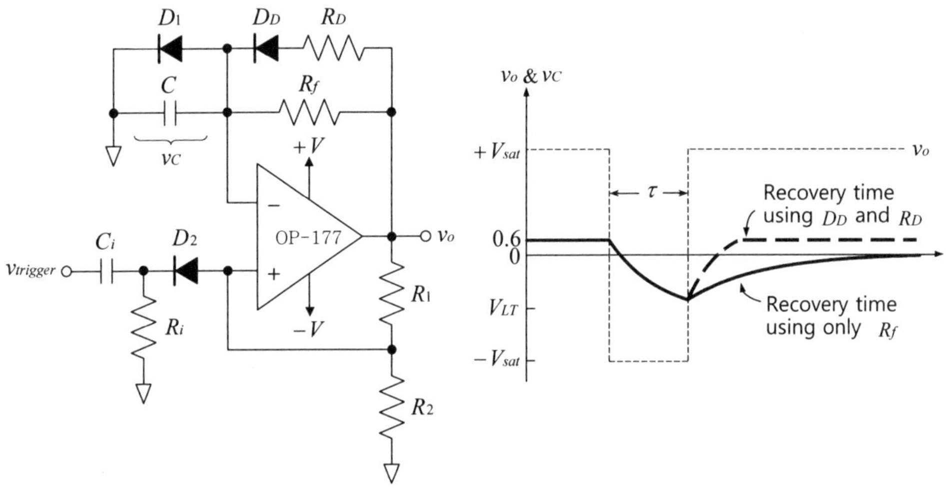

(a) 회로도　　　　　　　　　(b) D_D와 R_D를 이용한 회복시간 단축

그림10.7 회복시간 단축을 위하여 수정된 단안정 멀티바이브레이터 및 동작.

10-3 실험

10-3.1 비안정 멀티바이브레이터

i) 다음 회로를 구성하시오. LM311의 핀 배치는 그림10.9와 같다.

$R_1 = 39[K\Omega]$, $R_2 = 33[K\Omega]$, $R_3 = 10[K\Omega]$, $R_4 = 33[K\Omega]$, $R_5 = 10[K\Omega]$, $R_6 = 10[K\Omega]$, $R_7 = 1[K\Omega]$, $VR_1 = 50[K\Omega]$, $VR_2 = 50[K\Omega]$, $C = 0.033[\mu F]$

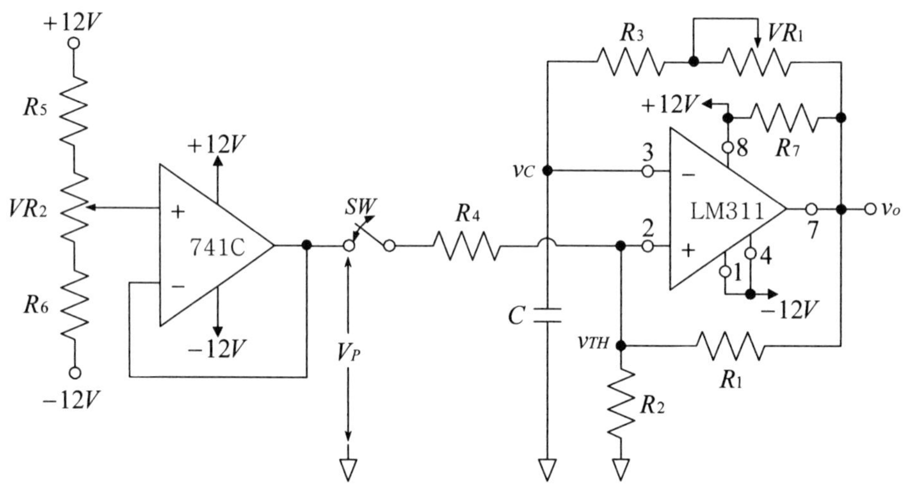

그림10.8 비안정 멀티바이브레이터의 실험회로.

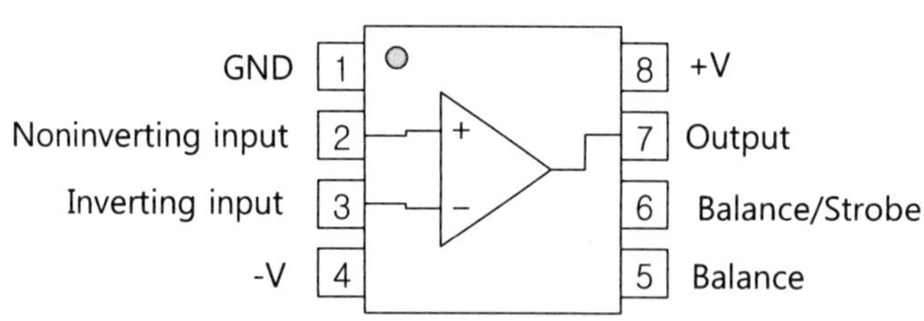

그림10.9 LM311의 핀 배치도.

ii) VR_1은 제거하고, SW는 개방하시오.

iii) 전원공급장치의 채널1을 $+12[V]$로 조정하고, 채널2를 $-12[V]$에 맞춘 후 전원공급장치의 스위치를 켜시오.

iv) v_C, v_{TH}, v_o을 측정하여 기록하시오.

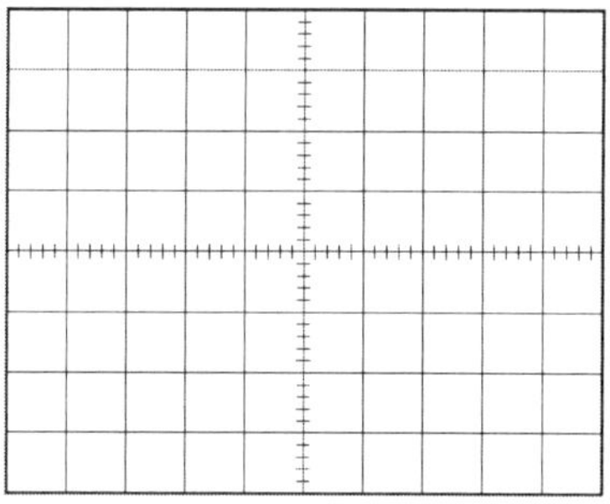

Time div : ______

Volt div

CH 1 (v_C) : ______ CH 2 (v_{TH}): ______

(a) v_C & v_{TH}

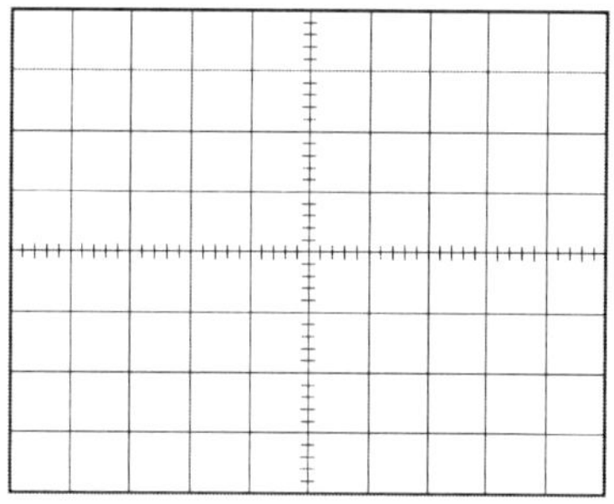

Time div : ______

Volt div

CH 1 (v_o) : ______

(b) v_o

v) v_{TH} (V_{UT}, V_{LT})와 $v_o(+V_{sat}, -V_{sat})$의 측정값과 이론값을 비교하시오.

	측정값 [V]	이론값 [V]
UTP		
LTP		
$+V_{sat}$		
$-V_{sat}$		

vi) 출력신호의 발진주파수의 측정값과 이론값을 비교하시오.

$f=$______________[Hz] : 측정값, $f=$______________[Hz] : 이론값

vii) VR_1을 회로에 삽입한 후, 출력신호의 주기가 단계iv)에서 측정한 신호의 주기의 2배가 되도록 VR_1을 조정하시오. 만약 주기가 2배가 되도록 조정되었다면 VR_1을 회로에서 분리한 후 VR_1값을 측정하시오. 그리고 R_3와 VR_1(측정값)의 직렬 저항값을 계산하시오.

$VR_1=$ ______________[Ω] : 측정값

$R_3+VR_1=$ ______________[Ω]

viii) VR_1을 회로에 다시 결선한 후, 단계vii)에서의 발진주파수를 측정하시오. 측정결과는 단계vi)에서의 결과와 어떠한 관계에 있는지, 또 그 이유는 무엇인지 설명하시오.

$$f = \underline{\qquad\qquad\qquad} [Hz]$$

<u>설명</u> :

<u>이유</u> :

10-3.2 비안정 멀티바이브레이터의 듀티-비 조정(1)

i) 전원공급장치의 스위치를 오프(off)한 후 그림10.8의 회로에서 VR_1을 제거(단락)하고 SW를 닫으시오.

ii) 전원공급장치의 스위치를 온(on)한 후 출력신호의 듀티-비가 50%가 되도록 VR_2를 조정하시오. 듀티-비가 50%가 되면 VR_2를 떼어낸 후 저항값을 측정하시오.

$$VR_2 = \underline{\qquad\qquad\qquad} [\Omega] \text{ for 50\% duty ratio}$$

iii) SW를 개방하고 $V_P = +8[V]$가 되도록 VR_2를 조정한 후 SW를 다시 닫으시오. 그리고 v_C, v_{TH}, v_o을 측정하여 기록하시오.

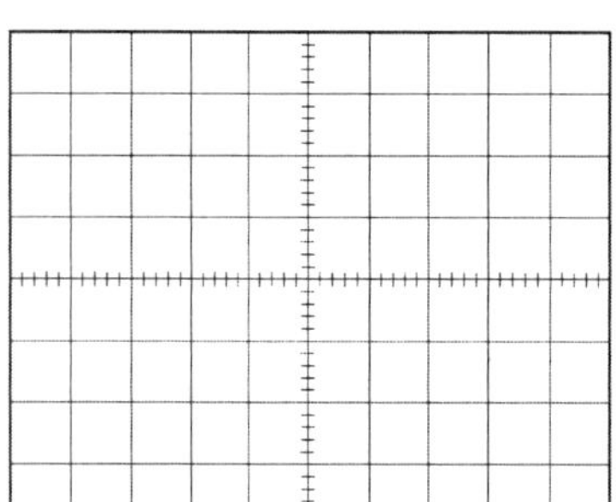

Time div : ______

Volt div

CH 1 (v_C) : ______ CH 2 (v_{TH}): ______

(a) v_C & v_{TH}

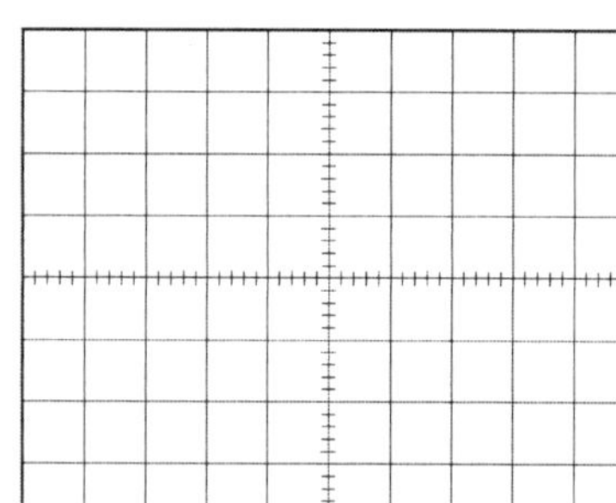

Time div : ______

Volt div

CH 1 (v_o) : ______

(b) v_o

iv) 출력신호 v_o의 펄스폭 t_1과 t_2를 각각 측정하시오. t_1, t_2는 그림10.3(b)를 참조하시오.

$$t_1 = \underline{\qquad\qquad\qquad} [\text{sec}], \ t_2 = \underline{\qquad\qquad\qquad} [\text{sec}]$$

v) t_1과 T의 측정값을 이용하여 듀티-비를 계산하시오.

$$\frac{t_1}{T} \times 100[\%] = \underline{\qquad\qquad} [\%]$$

vi) 출력이 절환되는 임계전압(v_{TH})의 측정값과 이론값을 비교하시오.

$+v_{TH} =$ __________ $[V]$: 측정값, $+v_{TH} =$ __________ $[V]$: 이론값(식(10.9))

$-v_{TH} =$ __________ $[V]$: 측정값, $-v_{TH} =$ __________ $[V]$: 이론값(식(10.9))

vii) SW를 개방하고 $V_P = -8[V]$가 되도록 VR_2를 조정한 후 SW를 다시 닫으시오. 그리고 v_C, v_{TH}, v_o을 측정하여 기록하시오.

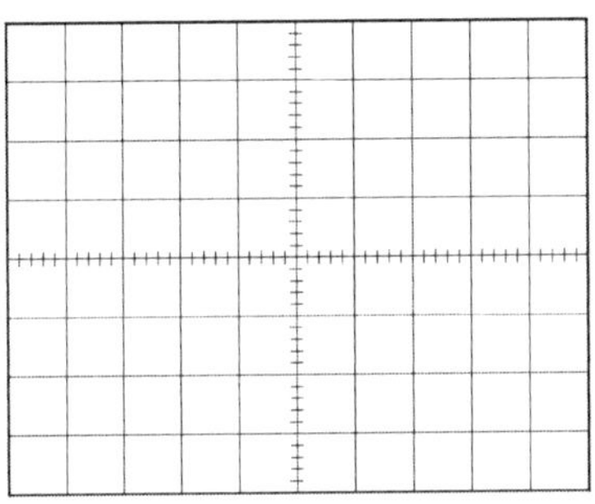

Time div : ______

Volt div

CH 1 (v_C) : ______ CH 2 (v_{TH}): ______

(a) v_C & v_{TH}

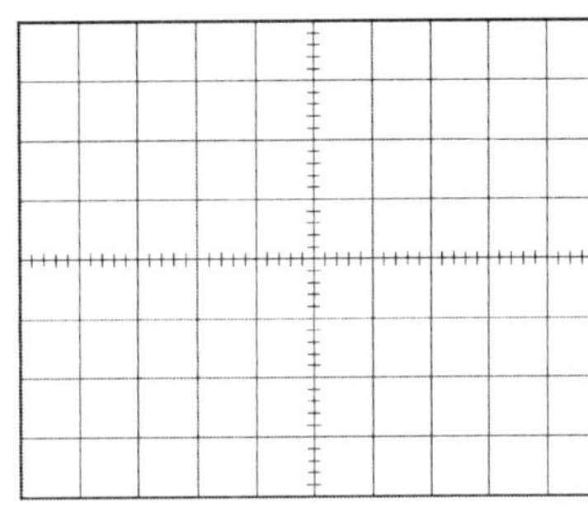

Time div : ______

Volt div

CH 1 (v_o) : ______

(b) v_o

viii) t_1과 t_2를 각각 측정하시오.

$$t_1 = \underline{\qquad\qquad} [\text{sec}],\ t_2 = \underline{\qquad\qquad} [\text{sec}]$$

ix) 듀티-비를 계산하시오.

$$\frac{t_1}{T} \times 100[\%] = \underline{\qquad\qquad} [\%]$$

x) 출력이 절환되는 임계전압의 측정값과 이론값을 비교하시오.

$+v_{TH} =$ __________ $[V]$: 측정값, $+v_{TH} =$ __________ $[V]$: 이론값

$-v_{TH} =$ __________ $[V]$: 측정값, $-v_{TH} =$ __________ $[V]$: 이론값

10-3.3 비안정 멀티바이브레이터의 듀티-비 조정(2)

i) 다음의 회로를 구성하시오.

D_1, D_2 : 1N914, $R_1 = 33[K\Omega]$, $R_2 = 33[K\Omega]$, $R_3 = 3.3[K\Omega]$, $R_4 = 1[K\Omega]$, $VR = 20[K\Omega]$, $C = 0.033[\mu F]$

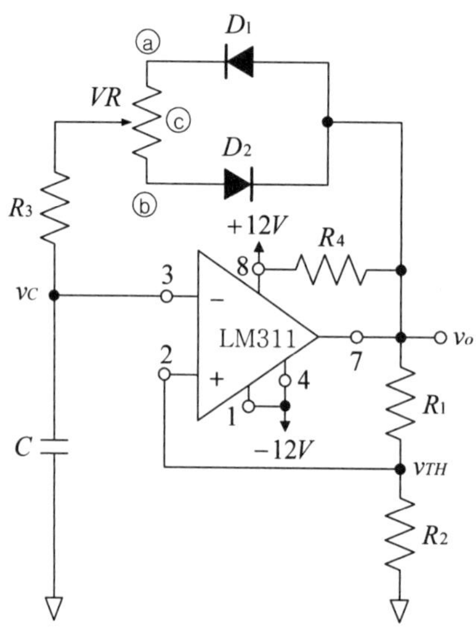

그림10.10 비안정 멀티바이브레이터의 듀티-비 조정회로.

ii) VR의 암이 가운데에 놓이도록 조정하고 v_C, v_{TH} 및 v_o를 측정하여 기록하시오.

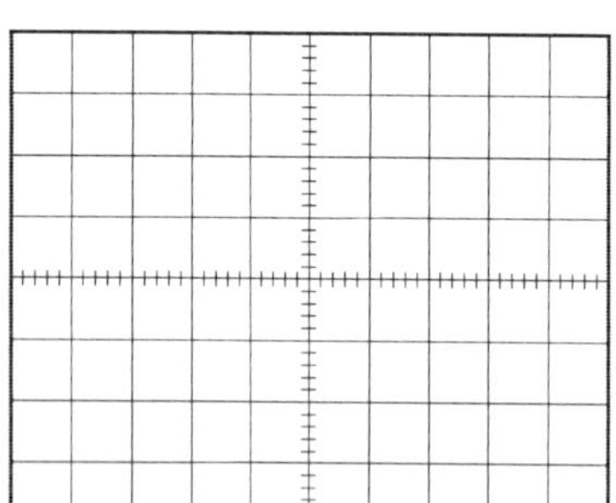

CH 1 (v_C) CH 2 (v_{TH})
Time div = ______ Time div = ______
Volt div = ______ Volt div = ______

(a) v_C & v_{TH}

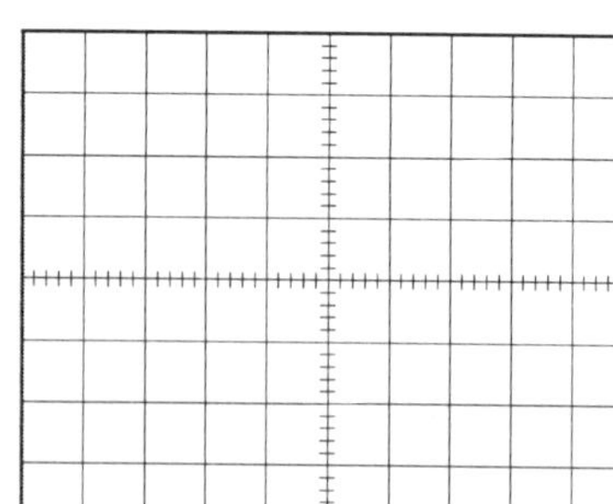

CH 1 (v_o)
Time div = ______
Volt div = ______

(b) v_o

iii) t_1, t_2를 측정하고, 듀티-비를 계산하시오.

$t_1 =$ __________[sec], $t_2 =$ __________[sec], $duty\ ratio =$ ___________[%]

iv) VR을 분리하여 ⓐ↔ⓒ가 2[$K\Omega$]이 되도록 조정하시오. 그리고 VR을 다시 결선한 후 v_C, v_{TH} 및 v_o를 측정하여 기록하시오.

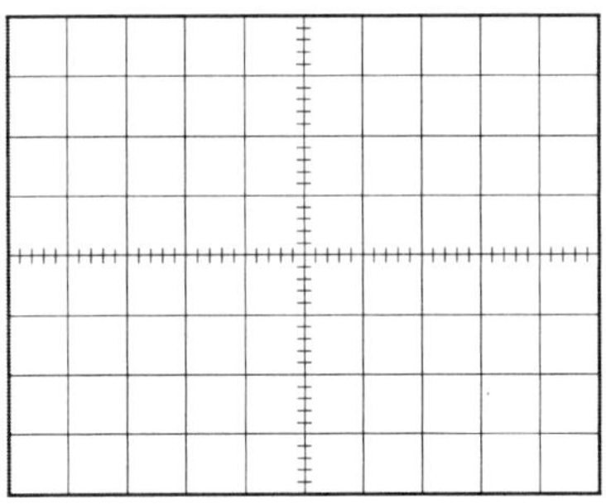

CH 1 (v_C) Time div = ______ Volt div = ______

CH 2 (v_{TH}) Time div = ______ Volt div = ______

(a) v_C & v_{TH}

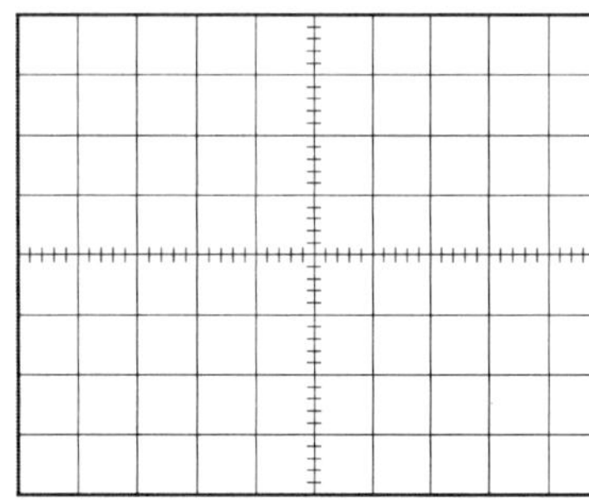

CH 1 (v_o) Time div = ______ Volt div = ______

(b) v_o

v) t_1, t_2를 측정하고, 듀티-비를 계산하시오.

$t_1 =$ __________[sec], $t_2 =$ __________[sec], $duty\ ratio =$ ___________[%]

vi) VR을 분리하여 ⓑ↔ⓒ가 2[$K\Omega$]이 되도록 조정하시오. 그리고 VR을 다시 결선한 후 v_C, v_{TH} 및 v_o를 측정하여 기록하시오.

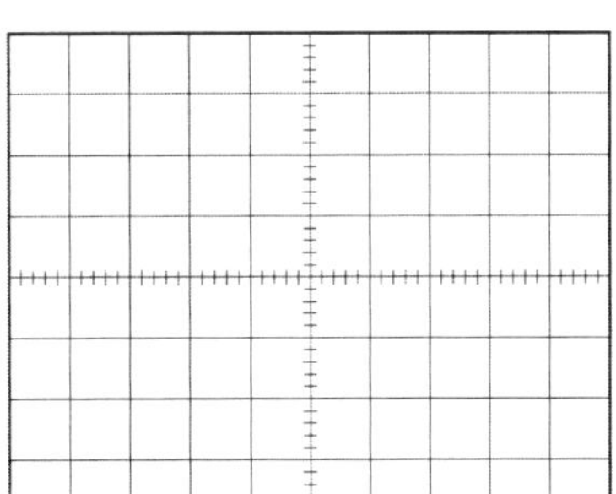

Time div : ______

Volt div

CH 1 (v_C) : ______ **CH 2** (v_{TH}): ______

(a) v_C & v_{TH}

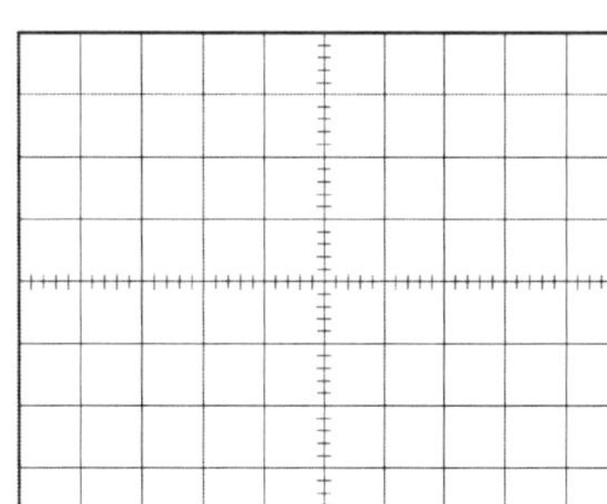

Time div : ______

Volt div

CH 1 (v_o) : ______

(b) v_o

vii) t_1, t_2를 측정하고, 듀티-비를 계산하시오.

$t_1 =$ ____________[sec], $t_2 =$ ____________[sec], $duty\ ratio =$ ______________[%]

10-3.4 단안정 멀티바이브레이터

i) 다음 그림10.11의 회로를 구성하고, 스위치 SW를 개방하시오.

D_1, D_2, D_3 : 1N 914, $R_1 = 10[K\Omega]$, $R_2 = 10[K\Omega]$, $R_3 = 10[K\Omega]$, $R_4 = 1.8[K\Omega]$, $R_5 = 10[K\Omega]$, $C_1 = 0.01[\mu F]$, $C_2 = 0.047[\mu F]$

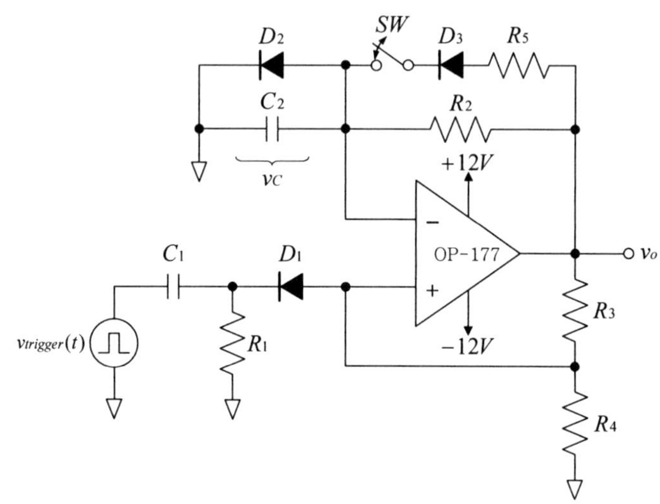

그림10.11 단안정 멀티바이브레이터의 실험 회로.

ii) 출력 펄스의 펄스폭 τ를 계산하시오.

$$\tau = \text{\_\_\_\_\_\_\_\_\_\_\_\_\_\_\_\_}[sec]$$

iii) 신호발생기의 출력을 구형파로 선택하고 다음과 같이 조정하시오. ($V_{t,p}$는 trigger 입력의 첨두값)

$$f = 500[Hz], \quad V_{t,p} = 5[V]$$

iv) 다음 각 신호($v_{trigger}$, v_C, v_o)를 측정하여 그림10.12에 기록하시오.

v) 신호발생기 출력의 크기를 가변하여 회로가 원-숏 동작을 보장하는 트리거 신호 $v_{trigger}$의 최소 크기를 찾으시오. 그리고 최소값이 측정값처럼 결정되는 이유를 설명하시오.

$$V_{t,p(min)} = \_\_\_\_\_\_\_\_\_\_\_\_\_\_\_ [V]$$

이유 :

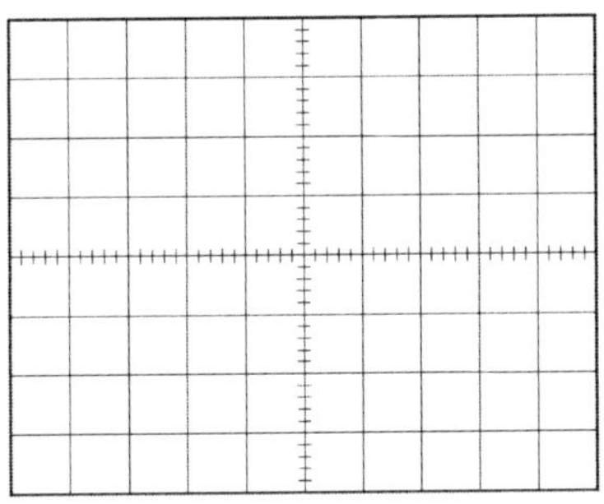

Time div : ________

Volt div

CH 1 ($v_{trigger}$) : ________ CH 2(v_o) : ________

(a) $v_{trigger}$ & v_o

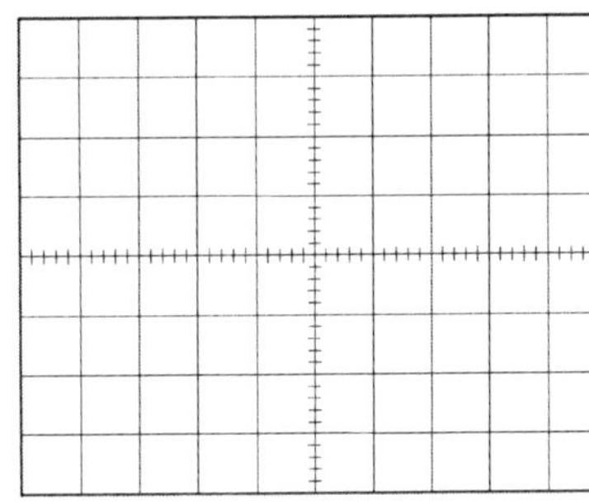

Time div : ________

Volt div

CH 1 (v_C) : ________ CH 2 (v_o) : ________

(b) v_C & v_o

그림10.12 단안정 멀티바이브레이터의 트리거신호와 커패시터의 전압.

vi) 회복시간을 측정하여 기록하시오. 또한 펄스폭 τ를 측정하여 단계 ii)의 이론값과 비교하시오.

$recovery\ time$: ________________[sec] for open SW

τ : ________________[sec]

vii) 트리거 신호의 크기를 단계 v)에서 측정한 값에 고정하고 SW를 닫으시오.

viii) v_C와 v_o을 측정하여 기록하시오.

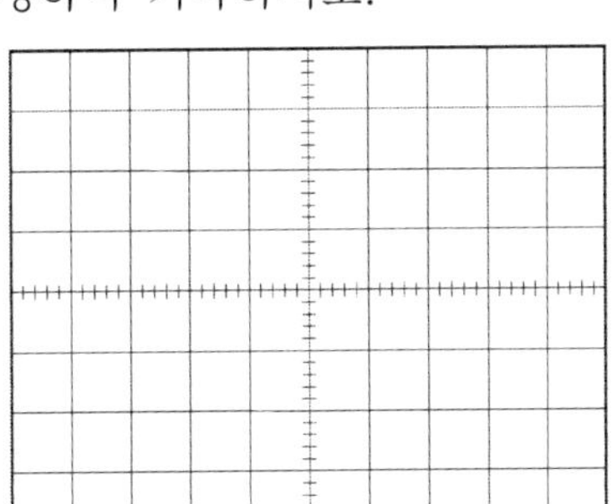

Time div : ________

Volt div

CH 1 (v_C) : ________

CH 2 (v_o) : ________

ix) 회복시간을 측정하여 기록하시오.

$recovery\ time$: ________________[sec] for closed SW

x) 단계vi)과 비교하여 회복시간은 어느 정도 단축되었는가? 또한 회복시간이 측정값만큼 단축된 이유를 설명하시오.

$decreased\ recovery\ time$: ________________[sec]

이유 :

11장 삼각파 및 톱니파 발생회로

11-1 슈미트 회로를 이용한 삼각파 발생회로

그림11.1은 비반전 슈미트 회로와 적분기를 이용하여 구형파와 삼각파를 발생하는 회로이며, op amp A는 적분기 회로이고 B는 비반전 슈미트 회로를 구성한다.

Op amp B의 비반전 입력 단자의 전위를 v_T로 정의하고 이 점에 KCL을 적용하면 식(11.1)과 같고

$$\frac{v_A - v_T}{R} + \frac{v_B - v_T}{R_f} = 0 \tag{11.1}$$

이 식을 정리하면

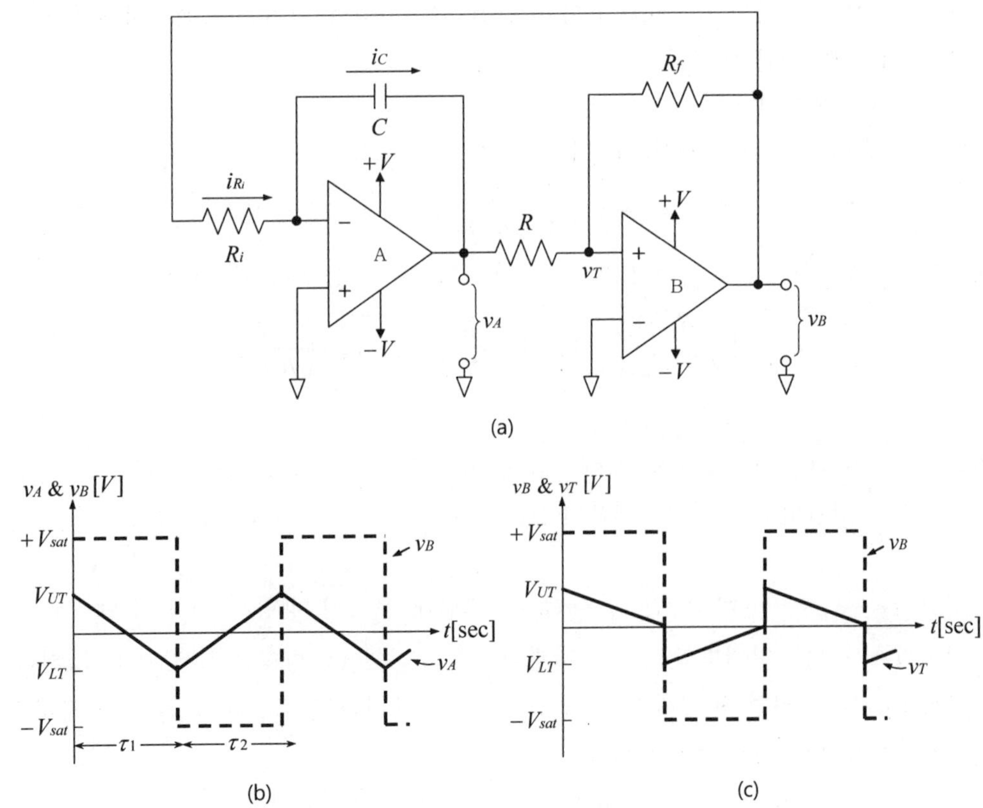

그림11.1 비반전 슈미트회로와 적분기를 이용한 삼각파 발생회로.

$$v_T = \frac{R_f}{R+R_f}v_A + \frac{R}{R+R_f}v_B \tag{11.2}$$

이다.

v_T에 관한 식은 삼각파 발생회로의 동작을 이해하는데 도움이 되며, 그림 11.1(b),(c)의 2 구간 τ_1, τ_2으로 구분하여 회로의 동작을 설명한다.

구간 τ_1 : 전원을 공급하면 출력 v_B는 $+V_{sat}$이라고 가정하자. A의 반전 입력은 가상접지이므로 저항 R_i를 통하여 전류 $i_{R_i} = (+V_{sat}/R_i)$가 흐르고, $i_C = i_{R_i}$는 커패시터 C를 충전한다. 앞서 적분기 회로에서 알 수 있는 바와 같이 i_C는 $(+V_{sat}/R_i)$으로 일정하며, 충전시간에 비례하여 출력 v_A는 (-) 방향으로 증가하게 된다. v_A가 V_{LT}(op amp B의 차동입력 전압 $v_d = v_T - 0 = v_T$가 0보다 작아지는 v_A)에 도달하기 전까지 비반전 슈미트 회로의 출력 v_B는 $+V_{sat}$을 유지하며, v_A가 V_{LT}에 도달하면 op amp B의 비반전 입력 v_T의 크기는 (-)로 바뀌게 되고 v_B는 $-V_{sat}$으로 절환 된다.

식(11.2)를 통하여 이 동작을 살펴보자.

비반전 슈미트 동작에서(식8.11 참조)

$$V_{LT} = |+V_{sat}|\left(-\frac{R}{R_f}\right) \tag{11.3}$$

이므로, $|-V_{sat}| = |+V_{sat}|$이라면, $v_A = V_{LT}$될 때 v_T는 다음과 같이 0이 된다.

$$v_T = \left(\frac{R_f}{R+R_f}\right)\left(|+V_{sat}|\left(-\frac{R}{R_f}\right)\right) + |+V_{sat}|\left(\frac{R}{R+R_f}\right)$$
$$= 0$$

따라서 v_A가 V_{LT}에 도달한 후에 op amp B의 차동입력은 (-)로 바뀌고 v_B는 $-V_{sat}$으로 절환되는 것이다. 그림11.1(c)는 v_T의 동작을 설명하고 있다.

구간 τ_2 : v_B가 $-V_{sat}$이면 $i_C = i_{R_i}$는 그림에 표시된 방향과 반대 방향으로 흐르며, 커패시터를 반대방향으로 충전한다. 즉 v_A는 (+)방향으로 증가하게 된다. v_A가 V_{UT}에 도달하기 전까지 v_B는 $-V_{sat}$을 유지하고, v_A가 V_{UT}에 도달하면 v_B는 $+V_{sat}$으로 절환 된다.(식8.9 참조)

$$V_{UT} = \left(\frac{R}{R_f}\right)|-V_{sat}| \tag{11.4}$$

이므로, 식(11.2)에서 $|-V_{sat}| = |+V_{sat}|$이라면, $v_A = V_{UT}$될 때 v_T는 다음과 같이 0이 된다.

$$v_T = \left(\frac{R_f}{R+R_f}\right)\left(|-V_{sat}|\frac{R}{R_f}\right) + (-V_{sat})\frac{R}{R+R_f}$$

$$= 0$$

따라서 v_A가 V_{UT}에 도달한 후에 op amp B의 차동입력은 (+)로 바뀌고 v_B는 $+V_{sat}$으로 절환되는 것이다.

피크-피크가 $(-V_{sat}) \sim (+V_{sat})$인 구형파 입력에 대한 적분기 출력의 피크-피크는

$$V_{o,p-p} = \frac{|+V_{sat}|T}{2R_iC} \tag{11.5}$$

임을 기억하면, 또한 그림11.1에서 삼각파의 피크-피크는 $V_{UT} - V_{LT}$이므로 식 (11.3),(11.4)로부터, 또한 식(11.5)로부터

$$V_{UT} - V_{LT} = 2|+V_{sat}|\frac{R}{R_f} = \frac{|+V_{sat}|T}{2R_iC} \tag{11.6}$$

이고, 발진주파수는 다음과 같다.

$$f = \frac{1}{T} = \frac{1}{4R_iC}\left(\frac{R_f}{R}\right) \tag{11.7}$$

만약, $R_f = pR$인 관계에 있다면

$$f = \frac{p}{4R_iC} \tag{11.8}$$

이다.

<예제>

피크가 약 $+5[V]$이고, 주파수가 $1[KHz]$인 삼각파 신호를 발생하기 위하여 그림11.1의 회로에서 R_i, C, R, R_f를 구하시오.

<해>

Op amp가 741이고 전원전압이 $\pm 12[V]$일 때, $+V_{sat} = +11[V]$이고 $-V_{sat} = -10[V]$이다. 따라서 포화전압이 $10[V]$라면 식(11.4)로부터 p는

$$p = \frac{|-V_{sat}|}{V_{UT}} = \frac{10[V]}{5[V]} = 2$$

이고, $R = 10[K\Omega]$로 선택하면

$$R_f = pR = 2 \times 10[K\Omega] = 20[K\Omega]$$

이다. 또한 $C = 0.047[\mu F]$로 선택하면 R_i는 다음과 같다.

$$R_i = \frac{p}{4fC} = \frac{2}{4(1{,}000Hz)(0.05\mu F)} = 10[K\Omega]$$

11-2 톱니파 발생회로

적분기와 비교기 및 트랜지스터를 이용하여 톱니파형을 발생할 수 있으며, 그림 11.2의 회로이다. 적분회로는 $-E_i$를 적분하고 있으므로 $V_{o,ramp}$는 (+)방향으로 증가하는 램프신호이다. $V_{o,ramp}$는 비교기의 비반전 입력을 구동하며 비교기의 반전 입력 V_{ref}보다 작으면 $V_{o,comp}$는 (-) 전압을 갖는다. 그러므로 $V_{o,ramp} \le V_{ref}$인 동안 다이오드 D_1, D_2는 차단 상태에 있게 되고 결과적으로 Q_D와 Q_1도 차단상태로 유지된다. 또한 비교기의 반전입력도 여전히 V_{ref}를 유지한다.

$V_{o,ramp}$가 V_{ref}를 초과하면 $V_{o,comp}$는 (+) 방향으로 포화되고 D_1, D_2가 도통함으로써 트랜지스터 Q_D와 Q_1이 포화되도록 바이어스 된다. 포화된 Q_D는 C에 대하여 단락회로로 동작하므로 C는 Q_D를 통하여 $0\,V$까지 빠르게 방전한다. 또한 포화된 Q_1은 비교기의 반전입력 전위가 거의 $0\,V$가 되도록 만든다.

$V_{o,ramp}$가 비교기의 반전입력($\approx 0\,V$)보다 작아지면 $V_{o,comp}$는 (-)방향으로 포화되고 D_1, D_2는 차단상태가 되고 C는 다시 선형적으로 (+)방향으로 충전하게 된다. 또한 Q_1도 차단상태가 되므로 비교기의 반전입력은 V_{ref}을 갖는다.

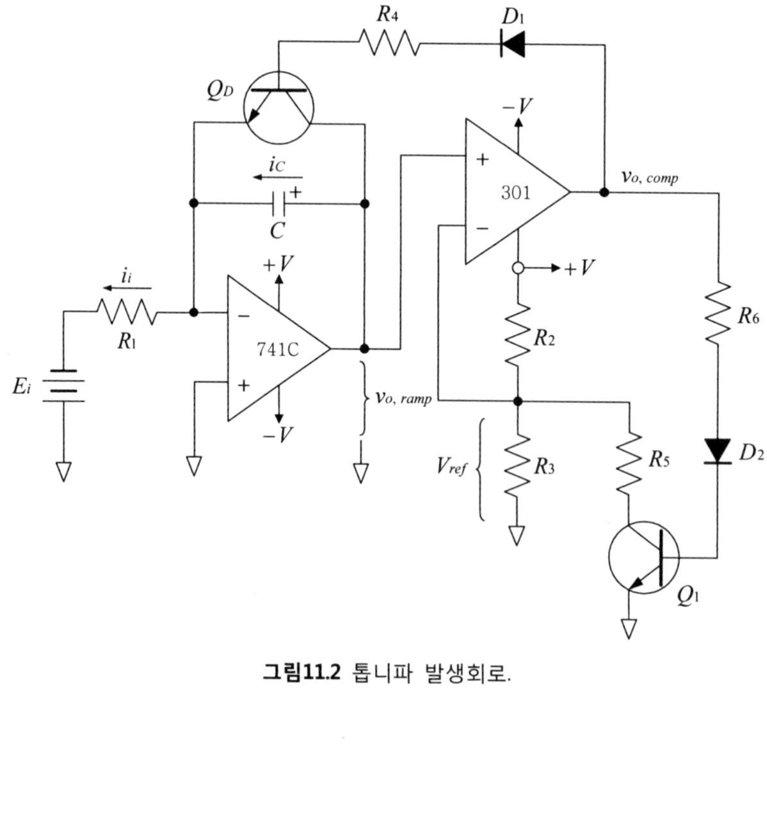

그림11.2 톱니파 발생회로.

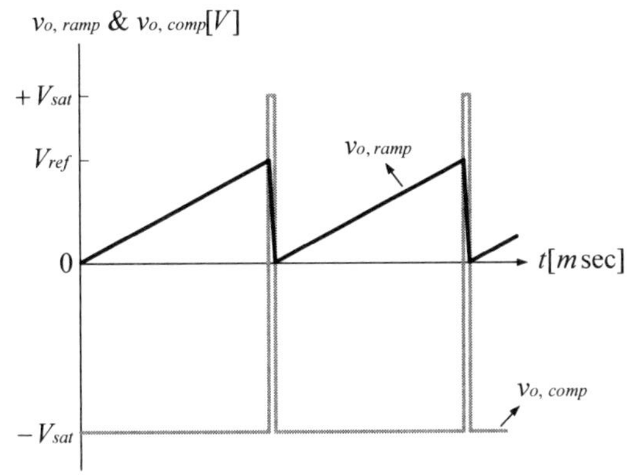

그림11.3 톱니파 발생회로의 동작.

이렇게 한 주기의 톱니파형을 발생하게 되며, 그 동작은 그림11.3과 같고 발진주파수는 다음과 같다.

$i_i = i_C$이므로

$$\frac{E_i}{R_1} = C\frac{dv_C}{dt} \tag{11.9}$$

이다. 톱니파형의 한 주기는 거의 $T(\Delta t \simeq T)$이고, 커패시터의 전압($v_C = v_{o,ramp}$)은 선형적으로 변화하며 한 주기 동안 $\Delta V_C \simeq V_{ref}$이다. 여기에서 V_{ref}의 크기는 다음과 같다.

$$\Delta V_C = \Delta V_{o,ramp} \simeq V_{ref} = \frac{R_3}{R_2 + R_3}(+V) \tag{11.10}$$

따라서 식(11.9)는

$$\frac{V_{ref}}{T} = \frac{|-E_i|}{R_1 C} \tag{11.11}$$

으로 변환된다. 따라서 발진주파수 f는

$$f = \left(\frac{1}{R_1 C}\right)\left(\frac{|-E_i|}{V_{ref}}\right) \tag{11.12}$$

이다.

$+E_i$의 적분을 통하여 그림11.3의 파형과 반대 방향의 톱니파형 즉, 그림11.4의 파형을 발생하는 회로를 설계할 수 있겠는가? 실험을 통하여 확인하기 바란다.

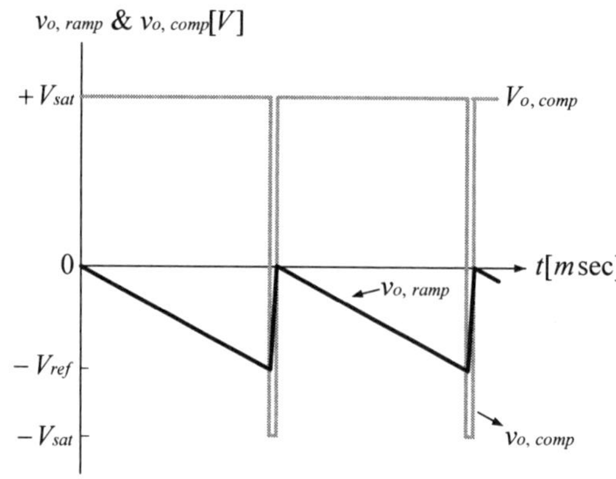

그림11.4 (-)방향 톱니파 발생회로의 동작.

11-3 실험

11-3.1 삼각파 발생회로

i) 다음 회로를 구성하시오. 적분회로의 오프셋 입력에 의한 포화를 막기 위하여 일반적으로 $R_2 \geq 10R_1$ 임을 기억하시오.

$R_1 = 10[K\Omega]$, $R_2 = 100[K\Omega]$, $R_3 = 10[K\Omega]$, $R_4 = 20[K\Omega]$, $R_5 = 1[K\Omega]$, $C = 0.05[\mu F]$

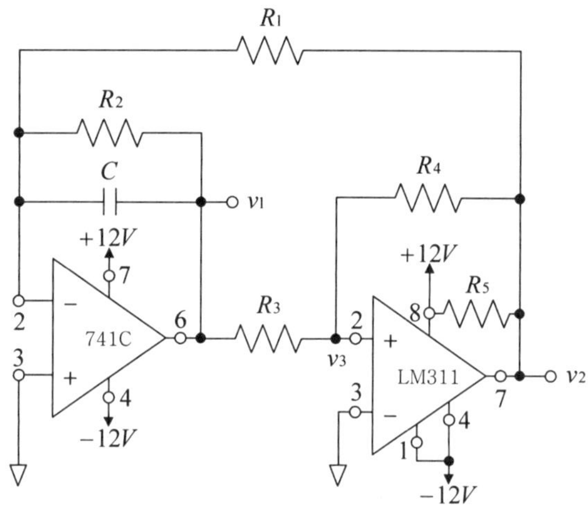

그림11.5 구형파 및 삼각파 발생을 위한 실험 회로.

ii) v_1, v_2 및 v_3를 측정하여 기록하시오.

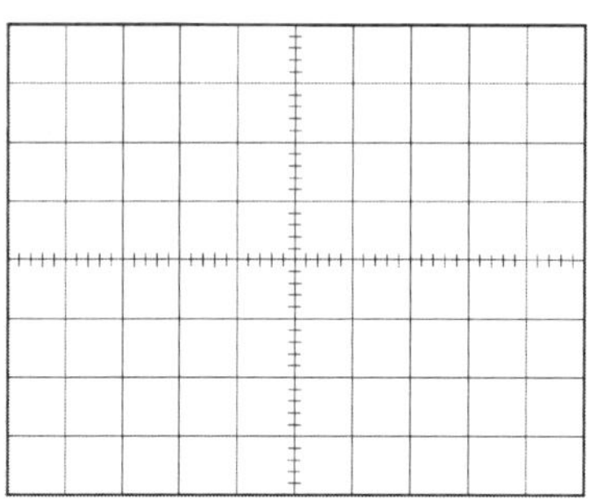

Time div : ______

Volt div

CH 1 (v_1) : ______ CH 2 (v_2) : ______

(a) v_1 & v_2

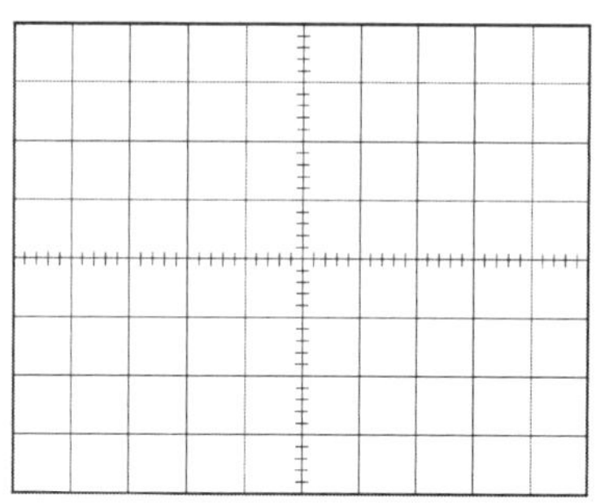

Time div : ______

Volt div

CH 1 (v_2) : ______ CH 2 (v_3) : ______

(b) v_2 & v_3

iii) 식(11.2)를 참고하여 v_3의 피크값의 이론값을 계산하고 측정값과 비교하시오.

$|v_3| =$ ______________ $[V]$: 측정값, $|v_3| =$ ______________ $[V]$: 이론값

iv) v_1의 피크값의 이론값을 계산하고 측정값과 비교하시오.

$|v_1|=$ ______________ $[V]$: 측정값, $|v_1|=$ ______________ $[V]$: 이론값

v) 삼각파의 발진주파수를 측정하고 이론값과 비교하시오.

$f=$ ______________ $[Hz]$: 이론값, $f=$ ______________ $[Hz]$: 측정값

11-3.2 톱니파 발생회로

(1) (+)방향 톱니파 발생회로

i) 다음 회로를 구성하시오.

$R_1=10[K\Omega]$, $R_2=10[K\Omega]$, $R_3=10[K\Omega]$, $R_4=4.7[K\Omega]$, $R_5=100[\Omega]$, $R_6=10[K\Omega]$, $C_1=0.1[\mu F]$, $C_2=30[pF]$, $VR_1=5[K\Omega]$, $VR_2=50[K\Omega]$, D_1, D_2 : 1N914, Q_1, Q_2 : 2N3904

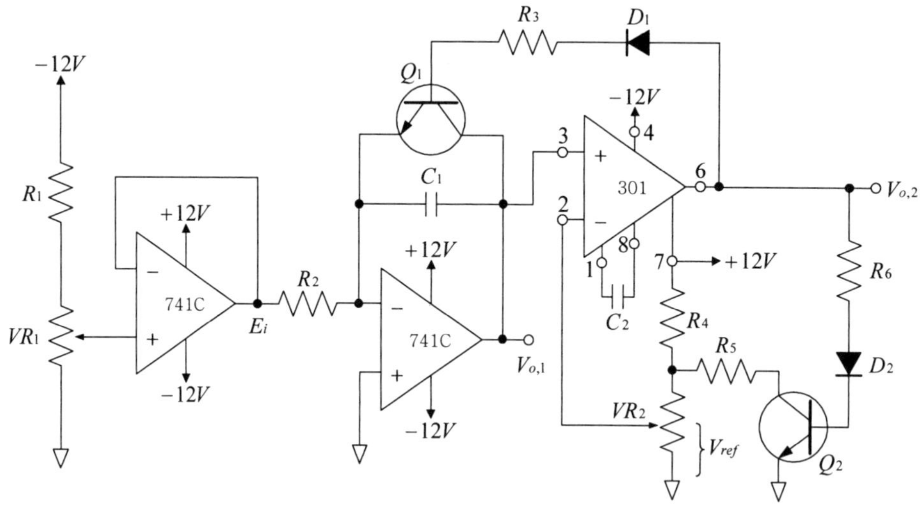

그림11.6 톱니파 발생을 위한 실험 회로.

ii) $E_i=-1[V]$가 되도록 VR_1을 조정하시오.

iii) $V_{ref}=8[V]$가 되도록 VR_2를 조정하시오.

iv) $v_{o,1}$ 및 $v_{o,2}$를 측정하여 다음 그림(a)에 기록하시오.

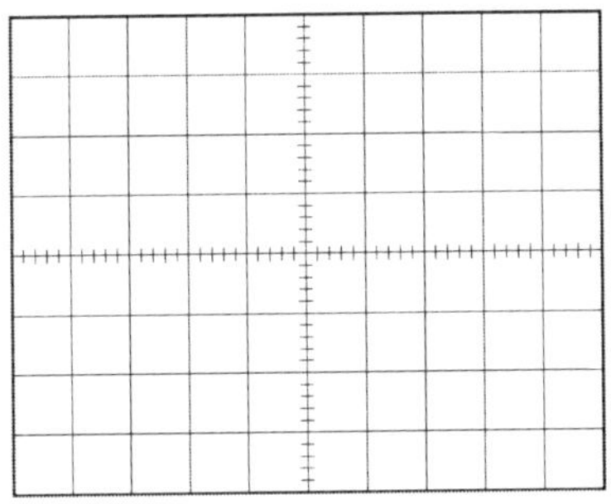

Time div : ________

Volt div

CH 1 (v_{o1}) : ________ CH 2 (v_{o2}) : ________

(a) $v_{o,1}$ & $v_{o,2}$

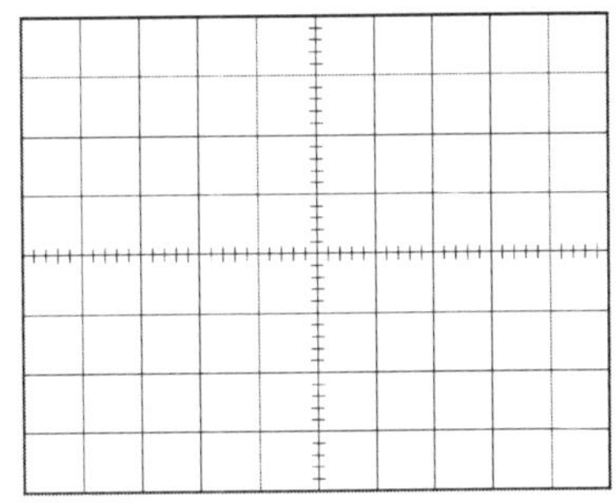

Time div : ________

Volt div

CH 1 (v_{o1}) : ________ CH 2 (v_{ref}) : ________

(b) $v_{o,1}$ & v_{ref}

v) $v_{o,1}$ 및 v_{ref}을 측정하여 위의 그림(b)에 기록하시오.

vi) $v_{o,1}$과 $v_{o,2}$의 피크값을 기록하시오.

$V_{o,1(peak)}$ = ____________________ $[V]$, $V_{o,2(peak)}$ = ____________________ $[V]$

vii) 발진 주파수의 이론값과 측정값을 비교하시오.

$f =$ ________________ $[Hz]$: 이론값, $f =$ ________________ $[Hz]$: 측정값

(2) (-)방향 톱니파 발생회로

다음 회로는 (-)방향의 톱니파(그림11.4)를 발생하는 회로이다. 그림11.6의 회로와 다른 점을 분별하여 회로를 구성하시오.

Q_1, Q_2 : 2N 3906

i) $E_i = +1[V]$가 되도록 VR_1을 조정하시오.

ii) $V_{ref} = -8[V]$가 되도록 VR_2를 조정하시오.

iii) $v_{o,1}$ 및 $v_{o,2}$를 측정하여 다음 그림(a)에 기록하시오.

iv) v_{ref} 및 $v_{o,1}$을 측정하여 다음 그림(b)에 기록하시오.

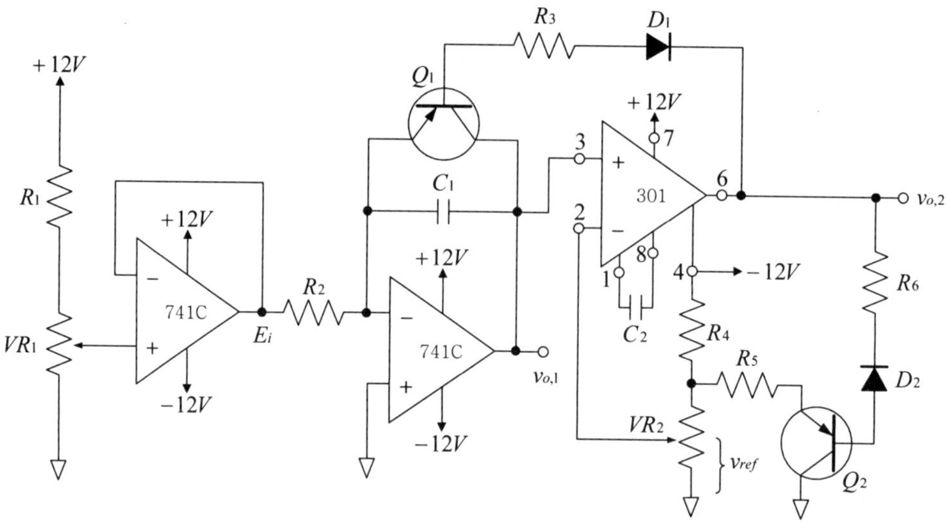

그림11.7 (-)방향 톱니파 발생을 위한 실험 회로.

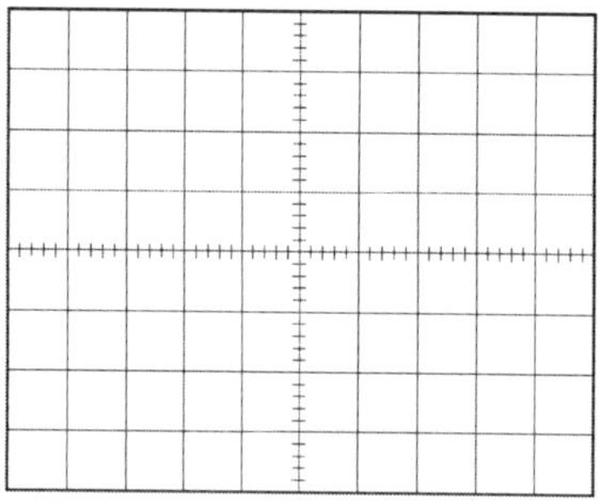

Time div :

Volt div

CH 1 (v_{o1}): CH 2 (v_{o2}):

(a) $v_{o,1}$ & $v_{o,2}$

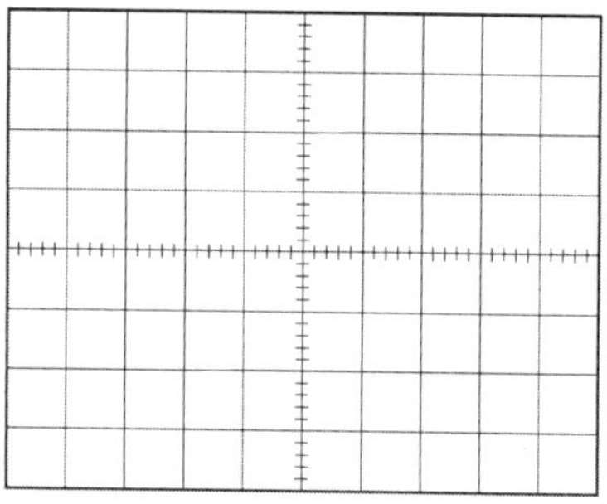

Time div :

Volt div

CH 1 (v_{o1}): CH 2 (v_{ref}):

(b) $v_{o,1}$ & v_{ref}

12장 정현파 발진회로

발진회로는 외부의 입력이 없어도 스스로 진동을 발생하는 회로이다. 이것은 어떻게 가능할 것인가? 회로에 전원을 공급하면 잡음이 발생하고 이때 발생하는 출력을 회로의 입력으로 궤환(feedback)하여 특정 주파수에서 공진하도록 회로를 구성함으로써 가능하다.

그림12.1은 이를 블록도로 나타낸 것으로서, 그림에서 엷은 색으로 표시된 v_{in}은 외부의 입력이 없음을 나타낸다. 따라서 입력신호와의 차동전압 v_e는 궤환전압 v_f와 같아지고 출력 v_o은 다음과 같고

$$v_o = Av_e = A\beta v_o \tag{12.1}$$

$(1-A\beta)v_o = 0$이다. 즉, $A\beta = 1 + j0$ 이다. 여기에서, A는 증폭율이고 β는 궤환율이며, 이 궤환회로에서 주파수 선택이 이루어진다.

따라서 식(12.1)로부터 다음과 같은 사실을 알 수 있으며, 이것은 회로가 발진하기 위한 조건으로서 *바크하우젠(Barkhausen) 발진조건*이라 불린다.

$$|A\beta| = 1 \tag{12.2a}$$

$$\angle A\beta = 0^\circ \tag{12.2b}$$

$|A\beta|$는 *루프이득(loop gain)*으로서 발진신호의 크기가 일정하게 되는 조건이다. 궤환회로의 출력 v_f는 발진출력 v_o을 궤환율 β에 따라 감쇄시키므로 출력을 일정하게 유지하기 위하여 $|A| = |1/\beta|$임을 나타낸다.

앞서 설명했듯이, 발진기를 시동하는 것은 전원을 공급할 때의 잡음이며 모든 주파수를 포함한다. 그리고 증폭된 잡음이 공진 궤환회로를 구동하면 식(12.2b)와 같이 *루프 위상천이(phase shift)*는 0° 이고, 선택된 주파수의 신호만 증폭하게 됨을 나타낸다.

또한, $|A\beta| > 1$이면 신호는 계속 증대되어 포화상태에 이르러 클리핑 되며 $|A\beta| < 1$이면 신호는 소멸된다.

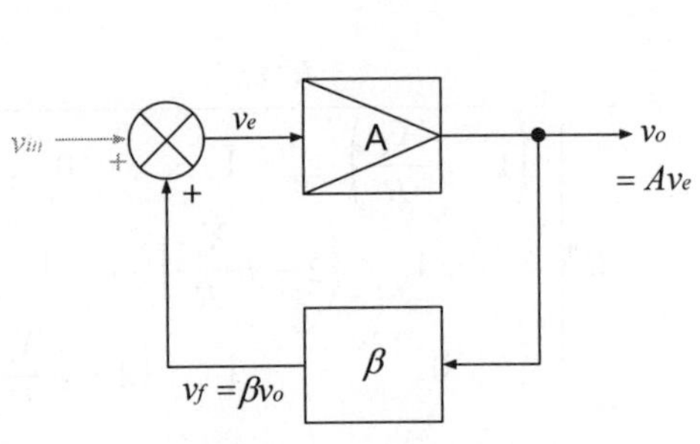

그림12.1 발진기의 블록도.

공진회로는 코일과 커패시터를 이용하여 LC 회로로 구성되지만, 주파수가 낮을 때는 코일의 부피가 커지고 특성이 나빠지므로 저주파 발진회로에서는 RC 회로를 이용한다.

12-1 이상 발진회로 (Phase-shift oscillator)

이상 발진회로는 CR 회로망에 의해 위상을 180° 변이시킨 후 이것을 반전하여 발진회로를 구성하는 방법으로 결국, 루프를 따라 회전한 전체 위상천이는 180° + 180° = 360° 가 된다. 이상 발진회로는 CR 회로망의 구성 방법에 따라 미분형과 적분형으로 구분하며 각각 그림12.2(a),(b)와 같다. 이렇게 구성되는 이상 발진회로는 op amp를 사용하여 구성된 발진기의 가장 간단한 것 중 하나이다. 회로의 해석을 위해서 *망전류 해석(mesh current analysis)*에 관한 약간의 회로망 지식과 *Crammer의 방법*에 의한 대수적인 방법을 도입하자. 다음의 해석은 미분형에 대한 것이다.

그림에 표시된 i_1, i_2, i_3는 망전류이며, 시계 방향으로 흐른다고 가정한다. 망전류를 이용하여 CR 회로망의 각 폐루프에 *KVL(Kirchoff's Voltage Law)*를 적용하면 다음 3개의 방정식을 얻는다.

$$\begin{aligned}(R-jX_C)i_1-Ri_2&=v_o\\ -Ri_1+(2R-jX_C)i_2-Ri_3&=0\\ -Ri_2+(2R-jX_C)i_3&=0\end{aligned}\tag{12.3}$$

$v_f = Ri_3$이므로 Crammer 방법에 의해 먼저 i_3를 구하면 다음과 같다.

$$i_3=\frac{\begin{vmatrix}(R-jX_C) & -R & v_o\\ -R & (2R-jX_C) & 0\\ 0 & -R & 0\end{vmatrix}}{\begin{vmatrix}(R-jX_C) & -R & 0\\ -R & (2R-jX_C) & -R\\ 0 & -R & (2R-jX_C)\end{vmatrix}}$$

$$=\frac{R^2v_o}{R^3\begin{vmatrix}\left(1-j\dfrac{X_C}{R}\right) & -1 & 0\\ -1 & \left(2-j\dfrac{X_C}{R}\right) & -1\\ 0 & -1 & \left(2-j\dfrac{X_c}{R}\right)\end{vmatrix}}$$

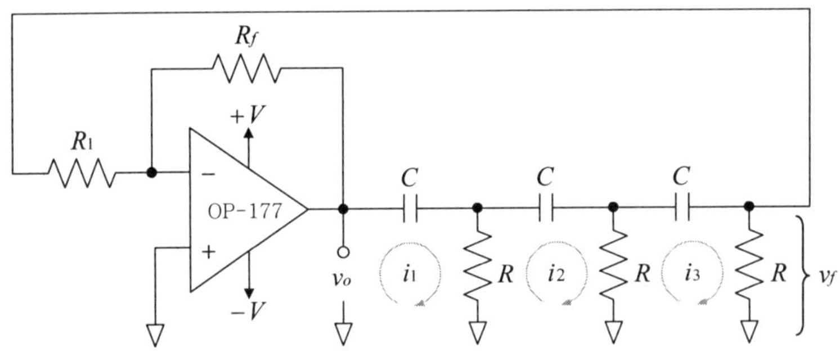

(a) 미분형

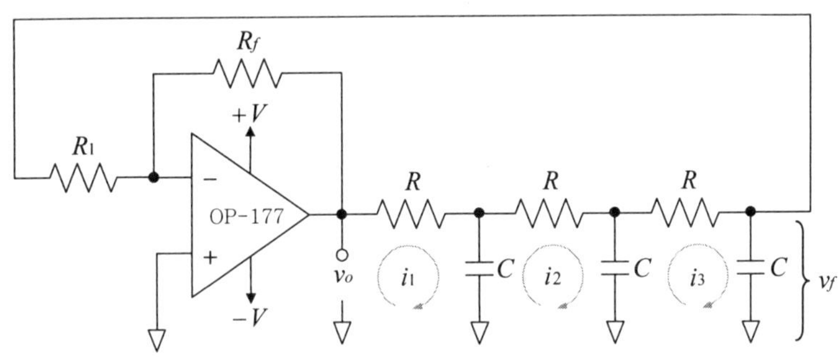

(b) 적분형

그림12.2 이상 발진회로.

$$= \frac{v_o}{R\begin{vmatrix} (1-j\alpha) & -1 & 0 \\ -1 & (2-j\alpha) & -1 \\ 0 & -1 & (2-j\alpha) \end{vmatrix}} \qquad \text{for } \alpha = \frac{X_C}{R}$$

$$= \frac{v_o}{R\{1-5\alpha^2 - j(\alpha^3 - 6\alpha)\}} \tag{12.4}$$

식(12.4)와 $v_f = Ri_3$으로부터

$$\beta = \frac{v_f}{v_o} = \frac{1}{1-5\alpha^2 - j(\alpha^3 - 6\alpha)} \tag{12.5}$$

이고, $\angle A\beta = 0^\circ$ 이기 위한 조건은 허수 항 $(\alpha^3 - 6\alpha)$는 0이다. 따라서

$$\alpha = \frac{X_C}{R} = \frac{1}{2\pi fRC} = \sqrt{6}$$

이고, 발진주파수 f는 다음과 같다.

$$f = \frac{1}{2\sqrt{6}\,\pi RC} \tag{12.6}$$

같은 방법으로 그림12.2(b)의 적분형에 대하여 CR 회로망을 해석하면 발진주파수는 식(12.7)과 같다.

$$f = \frac{\sqrt{6}}{2\pi RC} \tag{12.7}$$

미분형이나 적분형 모두 허수 항이 0일 때 β의 크기는

$$\beta = \frac{1}{1-5(\sqrt{6})^2} = -\frac{1}{29} \tag{12.8}$$

이다. 즉, CR 회로망에서 진폭이 1/29로 감쇄하기 때문에 이득 $A=29$인 반전증폭기를 이용하여 증폭하면 루프 이득이 1이 되고 따라서, 회로가 발진하게 된다.

그림의 이상발진기는 v_f를 입력으로 하는 반전증폭기와 같으므로

$$|A\beta| = \left|\left(-\frac{R_f}{R_1}\right)\left(-\frac{1}{29}\right)\right| \geq 1$$

이고, 따라서

$$R_f = 29R_1 \tag{12.9}$$

인 조건을 만족하면 발진한다. 물론 발진의 시동을 위하여 초기에는 $R_f > 29R_1$이어야 한다.

적분형은 CR 회로망이 저역통과 필터로 구성되므로 반전 증폭기에서 발생하는 왜곡을 억제할 수 있으므로 적분형은 미분형 보다 왜율이 작은 정현파를 발진할 수 있다. 같은 이유로 v_o 출력보다 3번째 CR 회로의 출력에서 왜율이 더 작다.

위의 CR 회로망의 이득 β는 $-1/29$이었다. 그런데 CR회로망이 서로 독립이라면, 즉 *부하효과(loading effect)*가 없다면 어떻게 될 것인가? 부하효과가 없다면

$$\beta = \left(\frac{1}{j\omega RC+1}\right)^3 \tag{12.10}$$

이다.

앞서 보듯이 CR 회로망의 위상지연은 180°이고 이것은 각각의 CR 회로의 위상지연이 60°일 때 실현된다. $\tan 60° = 1.732$이므로 식(12.10)에서

$$\omega = 2\pi f = \frac{1.732}{RC} \tag{12.11}$$

이고, 회로는 주파수 $f = 1.732/(2\pi RC)$로 발진한다.

예를 들어, 그림12.2(b)에서 $R = 10[K\Omega]$, $C = 0.01[\mu F]$일 때 부하효과가 없다면 발진주파수는 $2.76[KHz]$이지만 실제로는 부하효과로 인해 $3.9[KHz]$이다.

또한 부하효과가 없을 때 ω는 식(12.11)이므로 β의 크기는 식(12.10)으로부터 1/8이고 따라서, 증폭기 이득 $A=8$이 되어야 한다.

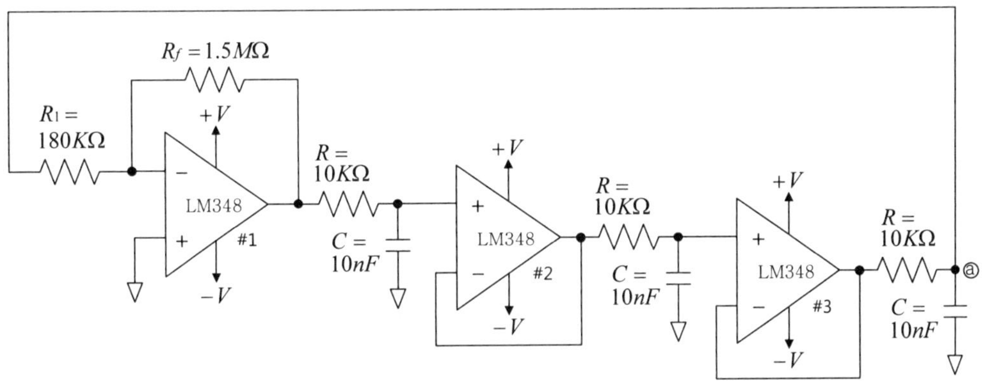

그림12.3 버퍼링된 이상발진회로(buffered phase shift oscillator).

이와 같이 부하효과가 없도록 설계된 이상발진회로는 그림12.3이며 버퍼링된 이상발진회로(buffered phase shift)이다. 한 개의 패키지에 4개의 op amp가 실장된 IC를 사용하여 설계한다.

그림에서 f의 이론값은 2.76[KHz]이고, 실측값은 2.9[KHz]이다. 또한 이득의 이론값은 8이고, 실제의 값은 8.33이다. 3번째 CR회로에 대한 R_1의 부하효과를 방지하기 위하여 ⓐ점에 패키지의 남아있는 op amp(#4)를 이용하여 버퍼회로를 삽입하면 고입력 임피던스를 가지기 때문에 부하의 변동에 의한 부하효과와 주파수 천이(frequency shifting) 현상을 방지할 수 있다.

12-2 Wien-bridge 발진회로

Wien-bridge 발진회로는 부궤환과 정궤환 경로를 갖는 회로이며, 부궤환 경로는 발진기의 이득을 조정하고 *진상(lead-angle)* 및 *지상(lag-angle)*회로로 이루어진 정궤환 경로는 $R-C$ 공진에 의한 발진주파수를 조정한다. 그림12.4(a)는 Wien-bridge 발진회로이고 브리지를 구성하는 회로의 부분은 그림12.4(b)이다. 회로에서 정궤환 경로의 R_1과 C_2는 진상회로이고 R_2와 C_1은 지상회로를 이룬다.

정궤환 경로를 다시 그리면 그림12.5(a)이며, 매우 낮은 주파수의 신호에 대해 C_1은 개방회로로 동작하므로 $v_f=0$이 되고 주파수가 매우 높은 신호에 대해 C_2는 단락회로로 동작하므로 $v_f=0$이 된다. 그 사이의 주파수 f_r인 신호에 대하여 v_f는 최대값에 도달하며 이 주파수가 공진주파수이다. 지상회로와 진상회로의 주파수응답 특성은 각각 추후 거론할 저역통과필터와 고역통과필터의 특성곡선이며, Wien-bridge 발진회로의 공진주파수 f_r은 그림12.5(b)와 같이 두 특성곡선이 만나는 주파수이다.

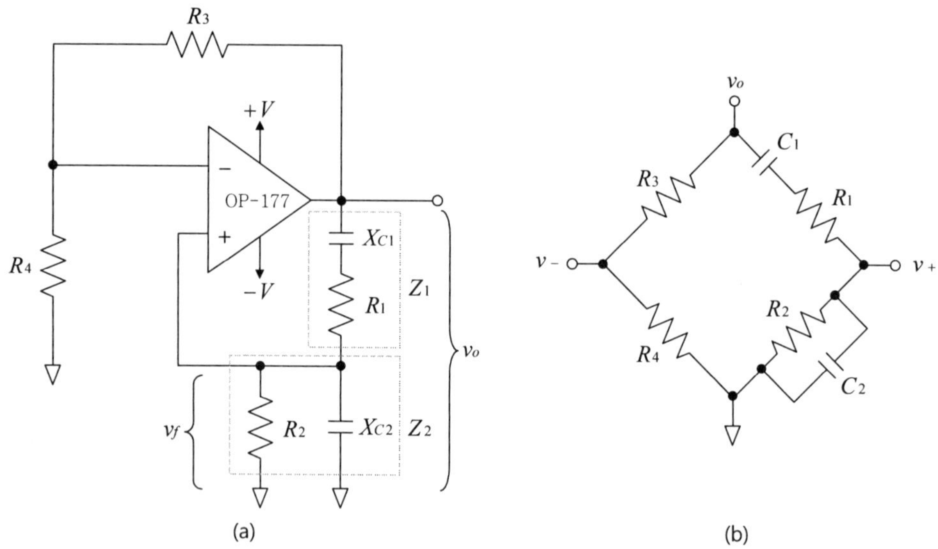

그림12.4 (a) Wien-bridge 정현파 발진회로, (b) bridge network.

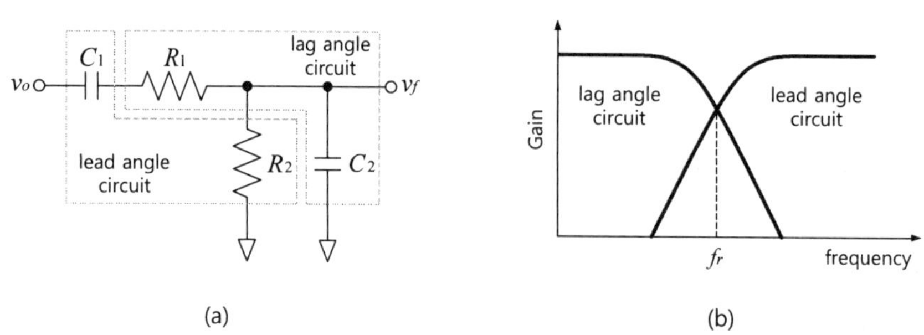

그림12.5 (a) 진상, 지상회로, (b) 진상, 지상회로의 주파수 응답 특성.

Wien-bridge 발진회로는 op amp의 비반전 입력이 발진신호의 일부 궤환되는 양 $v_f = \beta v_o$을 입력으로 하는 비반전 증폭기이므로

$$A = \left(1 + \frac{R_3}{R_4}\right) \tag{12.12}$$

이다. 또한 회로에서 정궤환 경로를 구성하는 임피던스는 식(12.13)과 같고,

$$Z_1 = R_1 - jX_{C1}$$

$$Z_2 = R_2 \parallel (-jX_{C2}) = -\frac{jR_2 X_{C2}}{R_2 - jX_{C2}} \tag{12.13}$$

궤환양 v_f에 대하여 β는

$$\beta = \frac{v_f}{v_o} = \frac{Z_2}{Z_1 + Z_2}$$

$$= \frac{R_2 \| (-jX_{C2})}{(R_1 - jX_{C1}) + (R_2 \| -jX_{C2})}$$

$$= \frac{R_2 X_{C2}}{(R_1 X_{C2} + R_2 X_{C1} + R_2 X_{C2}) + j(R_1 R_2 - X_{C1} X_{C2})} \tag{12.14}$$

이다. 회로가 발진하기 위한 조건은 $\angle A\beta = 0°$ 이므로 β의 허수 항은 0이 되어야 한다. 따라서 $R_1 R_2 = X_{C1} X_{C2}$ 이므로

$$f = \frac{1}{2\pi\sqrt{R_1 R_2 C_1 C_2}} \tag{12.15}$$

으로써 발진 주파수이다. 만약, $R = R_1 = R_2$, $C = C_1 = C_2$이면

$$f = \frac{1}{2\pi RC} \tag{12.16}$$

$$\beta = \frac{1}{3} \tag{12.17}$$

이고, 루프 이득의 크기 $|A\beta| = 1$이므로 전압이득은

$$A = \left(1 + \frac{R_3}{R_4}\right) = 3 \tag{12.18}$$

이다. 즉, 위의 Wien-bridge 회로가 발진하기 위해서 $R_3 = 2R_4$인 조건을 만족하여야 한다. 그러나 이것은 지속 발진을 위한 조건이며 초기에 발진기의 시동을 위하여서 $A > 3$이어야 한다. 따라서 그림12.4는 실용적인 방법은 아니며 이득을 결정하는 궤환저항 R_3 혹은 R_4중 한 개는 가변 할 수 있어야 하고, 이것을 위해 가변저항 소자를 사용한다. 이러한 가변저항 소자로는 다이오드, 텅스텐 램프, 서미스터, CdS, FET 등이 있고 이들로 *자동이득조정(AGC : Automatic Gain Control)* 회로를 구성하여 이득을 자동으로 조절함으로써 초기시동 조건과 지속발진 조건을 만족하도록 한다. 즉, 발진회로의 출력전압이 작은 동안(정상 발진 전)에는 이득이 $A > 3$이 되도록 동작하고 출력신호는 계속하여 증가하게 된다. 그 후, 정상발진 된 크기의 신호가 출력되면 자동으로 $A = 3$이 되도록 한다.

12-2.1 텅스텐램프 또는 서미스터를 이용한 자동이득조정 Wien-bridge 발진회로

텅스텐 램프는 실온에서는 저항값이 매우 작고, 온도가 증가하면 저항이 증가한다. 따라서 그림12.4 회로의 R_4를 텅스텐 램프로 대신하고 전원이 공급되면, 이 상태에서는 램프의 저항값이 작으므로 전압이득은 발진을 개시할 수 있도록 큰 값을 갖는다. 이후 회로가 발진하게 되면 더 많은 전류가 R_4(텅스텐 램프의 저항)를 통해 흐르고, 램프의 저항은 증가하게 된다. 따라서 텅스텐 램프의 저항이 가장 큰

값을 가질 때 정상발진($R_3 = 2R_4$) 하도록 설계되었다면, 이 때 회로는 정상발진 하게 된다.

서미스터는 텅스텐 램프와는 반대로 온도가 증가하면 저항이 감소하므로 그림 12.4 회로에서 R_3를 서미스터로 대신한다. 전원이 공급되면 회로가 발진하지 않은 상태에서는 출력전압의 크기가 매우 작으므로 R_3(서미스터)에는 거의 전류가 흐르지 않고, 그 때의 서미스터의 저항값의 절반 이하가 되도록 R_4의 값을 선정하면 $A > 3$ 되어서 발진을 개시한다. 이후 출력 v_o의 크기가 커지면 R_3를 경유하여 R_4에 흐르는 전류가 증가하고 따라서 서미스터의 저항은 감소한다. 이 때 이득은 점차로 감소하여 $A = 3$이 되어 정상발진 하게 된다. 즉, 정상발진을 위해서는 서미스터의 저항이 가장 작을 때 $R_3 = 2R_4$가 되도록 설계한다.

12-2.2 다이오드 리미터를 이용한 Wien-bridge 발진회로

그림12.6은 다이오드 리미터를 이용하여 이득을 조정하는 회로이다. 출력 v_o이 작은 동안 D_1, D_2는 차단상태이므로 개방회로로 동작한다. 이때 $R_2 = 2R_1$이 되도록 설정되었다면 ⓐ와 ⓑ점 사이의 저항 R_{ab}는 R_3이고, 이득은 $A = (R_1 + R_2 + R_3)/R_1 > 3$이 되어서 발진을 개시하고 출력이 점차 증가한다. 다이오드가 도통될 만큼 출력이 커지면 R_{ab}는 감소하게 되고 이득은 거의 $1 + R_2/R_1 = 3$이 되어 지속발진 하게 된다. 출력의 (-) 반주기 동안은 D_1, (+) 반주기 동안은 D_2가 도통한다.

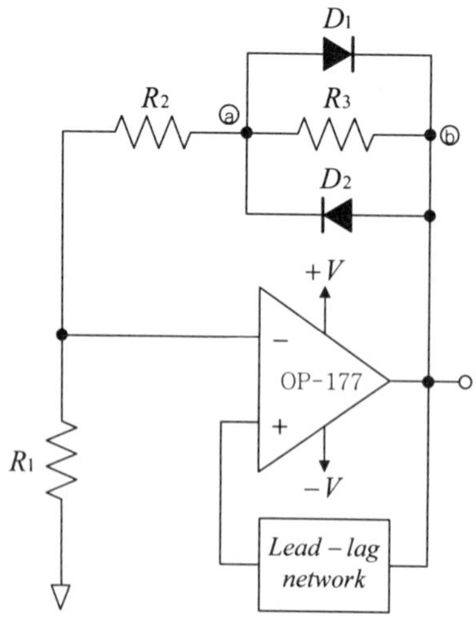

그림12.6 다이오드 리미터를 이용한 Wien-bridge 발진회로.

실제로는 다이오드가 도통하기 위해서는 0.6 ~ 0.7 V의 문턱전압(threshold voltage)이 필요하므로 발진파형에 왜곡이 발생한다. 만약 실리콘 다이오드 대신 게르마늄 다이오드를 사용하면 문턱전압이 0.2 ~ 0.3 V이므로 왜곡은 줄어든다.

12-2.3 FET를 이용한 자동이득조정 Wien-bridge 발진회로

전계효과 트랜지스터(FET : Field Effect Transistor)는 전류제어 소자인 쌍극성 트랜지스터(BJT : Bipolar Junction Transistor)와 달리 전압제어 소자이고, 게이트(G)에 인가하는 전압을 제어하여 드레인(D)-소오스(S) 간의 채널의 넓이를 조절하며 이로써 채널 저항 r_{DS}가 조절된다. JFET는 역방향 바이어스로 동작하고, 역방향 바이어스 전압이 커질수록 채널저항이 커진다. 이와 같은 원리에 따라 그림12.7 회로에서는 N-채널 JFET를 가변저항으로 이용하였다. 따라서 FET의 채널 저항을 조절하기 위하여 게이트 입력에 부(-)의 전압을 인가한다. 회로에서는 발진출력을 전파정류회로를 통하여 게이트 입력에 인가되는 바이어스 전압으로 변환하여 공급한다.

발진기의 출력 v_o이 양(+)의 전압일 때 D_2는 도통하고 D_3는 차단되므로 op

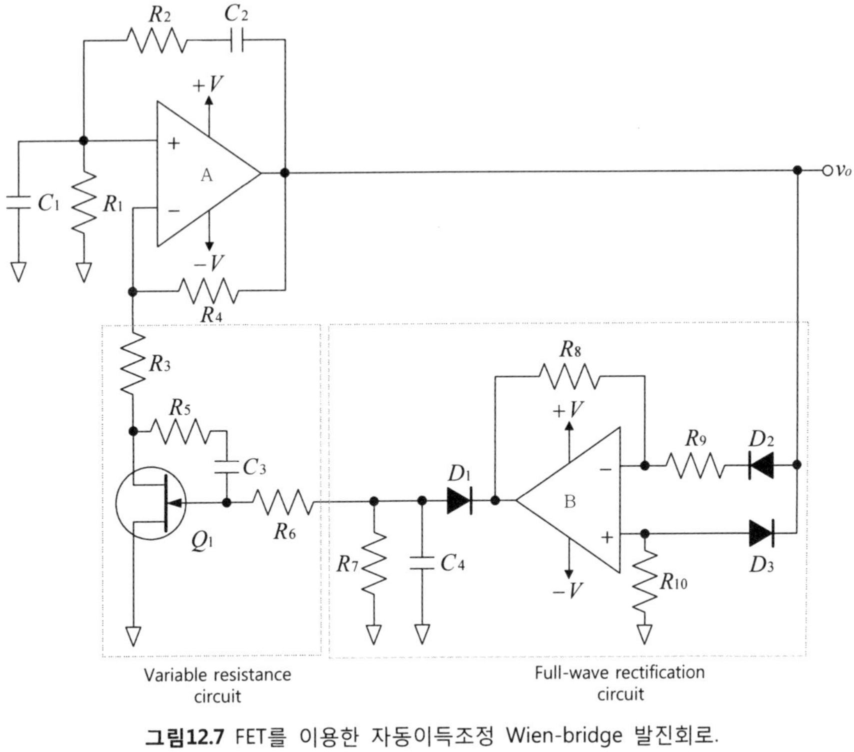

그림12.7 FET를 이용한 자동이득조정 Wien-bridge 발진회로.

amp B는 이득이 $|R_8/R_9|$인 반전증폭기로 동작한다. 그리고 v_o이 부(-)의 전압일 때 D_2는 차단되고 D_3는 도통하므로 op amp B는 전압 폴로워로 동작한다. 따라서 발진기의 출력에 대하여 op amp B의 출력은 항상 부(-)인 전파정류 신호가 되고 C_4, R_7은 정류된 신호에 대하여 평활회로로 동작하여 부의 직류전압을 만든다. 이 전압으로 JFET를 역방향으로 바이어스 한다.

정상 발진을 하기 전에는 발진기의 출력전압의 크기가 대단히 작으므로 JFET 바이어스 전압은 대단히 작으며, 따라서 JFET 채널 저항 r_{DS}의 값은 작다. 따라서

$$A=\left(1+\frac{R_4}{R_3+r_{DS}}\right)>3 \tag{12.19}$$

이고, 발진을 시동하기 위하여 $A>3$인 조건을 만족한다. 정상 발진에 이르면 발진기의 출력의 크기는 시동 때보다 커지게 되며 JFET의 역방향 바이어스 전압이 커지므로 JFET의 채널 저항도 커지게 된다. 따라서 A는 감소하게 되고 만약 r_{DS}가 가장 클 때

$$A=\left(1+\frac{R_4}{R_3+r_{DS}}\right)=3 \tag{12.20}$$

이 되도록 설계되었다면, 발진기는 지속 발진하게 된다.

그림12.8(a)는 JFET의 특성곡선이며, JFET을 가변저항으로 사용할 수 있는 영역은 특성곡선에서 선형영역이다. 그림12.8(b)는 그림(a)의 선형영역을 확대한 그림으로, $V_{GS}=0[V]$일 때 채널저항은 $320[\Omega]$이며 V_{GS}가 역방향으로 증가할수록

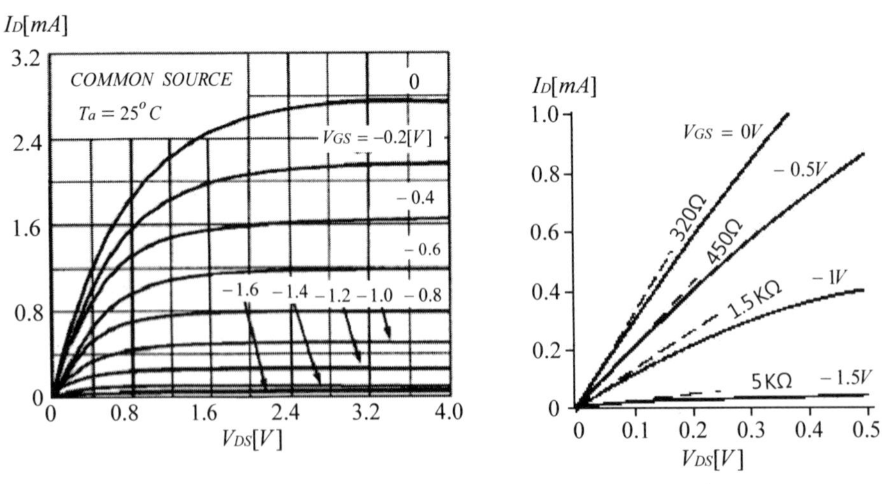

그림12.8 N-channel JFET 특성곡선 : (a) I_D-V_{DS}특성곡선, (b) 확대된 특성곡선의 선형 영역.

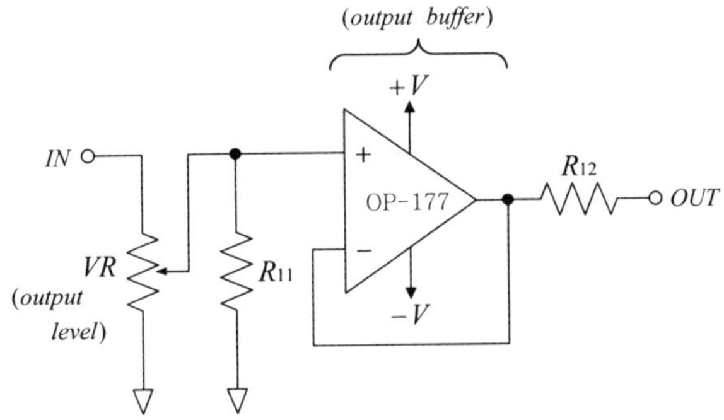

그림12.9 출력 레벨 조정회로.

수 $[K\Omega]$까지 증가함을 보인다. 큰 출력전압에서는 FET의 드레인 전압도 커지므로 왜곡이 증가할 가능성에 대해 주의해야 한다. 왜냐하면, 그림에서 보는 바와 같이, FET를 순 저항으로 취급할 수 있는 선형영역의 범위가 좁기 때문이다.

R_5와 C_3는 드레인에서 게이트로 교류궤환을 걸어 왜곡율을 작게하고, 동작을 안정화 하는 목적으로 사용한다. 일반적으로 R_5, R_6는 $100[K\Omega]$정도의 것을 사용한다. 또한 C_3와 R_5로 이루어지는 시정수는 최저 발진주파수보다 매우 작아야 한다.

예를 들어, 최저 발진주파수가 $1[Hz]$라 한다면

$$C_3 = \frac{1}{2\pi f R_5} = \frac{1}{2\pi \times 1 \times 100K\Omega} = 1.59[\mu F]$$

으로 선택한다.

출력신호의 레벨을 조정할 필요가 있을 때에는 그림12.9와 같이 버퍼 회로를 이용한다. 가변저항 VR을 조절하여 출력 레벨을 조정하며, VR과 R_{11}은 그림12.7의 op amp A에 대하여 부하로 동작하므로 $10[K\Omega]$ 이상의 것으로 한다.

R_{11}은 회로의 동작에서 반드시 필요한 것은 아니지만, op amp의 비반전 입력단자가 개방되는 것을 방지하기 위하여 사용되었다. 또한 R_{12}는 실드선 등의 용량성 부하가 접속되었을 때 발진하는 것을 방지하기 위한 것으로, 보통 수백 Ω~수 $K\Omega$이다.

12-3 직각위상 발진회로(Quadrature Oscillator)

앞서 설명한 방법과 다르게 2중 적분을 이용하여 정현파를 발생할 수 있고, 발진주파수가 변하여도 항상 90°의 위상차를 갖는 여현파를 함께 발진할 수 있으며 이를 직각위상 발진회로(quadrature oscillator)라 한다. 여기에서는 2가지의 방법을 설명한다.

첫째, 2개의 반전 적분회로를 이용한 상태변수형 직각위상 발진회로

둘째, 비반전 적분회로와 반전 적분회로를 이용한 직각위상 발진회로

발진은 증폭기의 입력신호의 위상과 출력으로부터 궤환되는 신호의 위상이 동위상일 때 이루어짐을 상기하면, 상태변수형 직각위상 발진기에서는 2개의 반전 적분회로의 입력과 출력의 위상차는 540°(180°)이므로 적분회로만으로는 발진하지 않는다. 따라서 반전 증폭회로(180°)를 삽입하여 발진 루프의 위상이 동위상이 되도록 한다.

두 번째 방법은 비반전 적분회로의 입・출력신호의 위상차는 90°이므로 반전 적분회로와의 결합으로 발진 루프의 위상이 동위상이 되도록 한다.

12-3.1 상태변수 필터형(state-variable filter type) 발진회로

그림12.10은 2개의 적분회로와 반전회로를 이용하여 정현파와 여현파를 동시에 발생하는 발진회로이며, 추후 설명되는 상태변수 필터(state-variable filter)회로 중 $A2$의 출력(ⓑ점)을 $A1$의 비반전 입력으로 궤환 시킴으로써 발진동작이 이루어지는 상태변수 필터형 직각위상발진회로이다. 회로에서 루프를 회전했을 때의 위상차는 다음과 같다.

$$180°(\text{반전증폭기 } A_1) + 270°(\text{반전 적분기 } A_2) + 270°(\text{반전 적분기 } A_3) = 720° \quad (12.21)$$

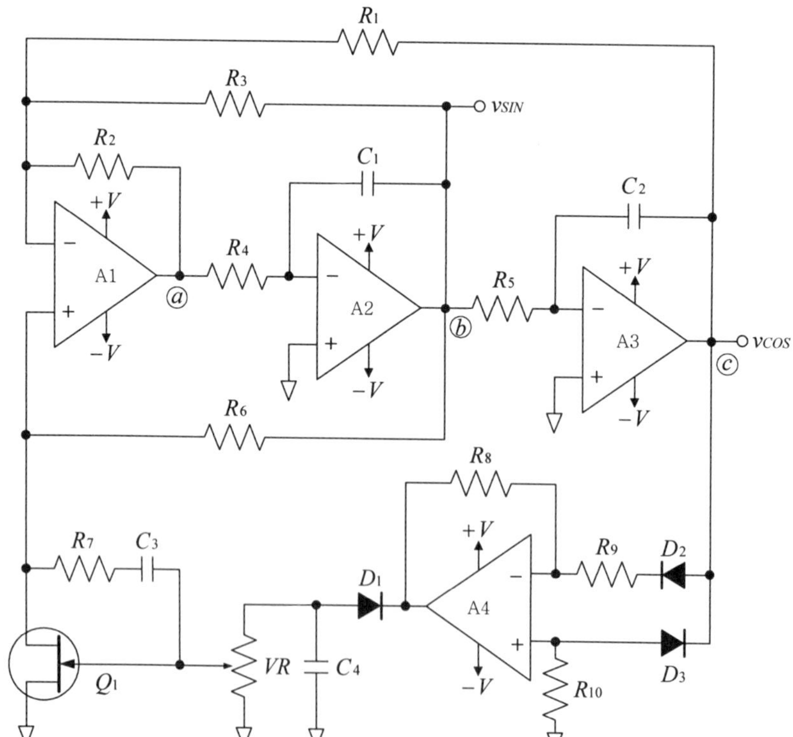

그림12.10 상태변수 필터형 직각위상 발진회로.

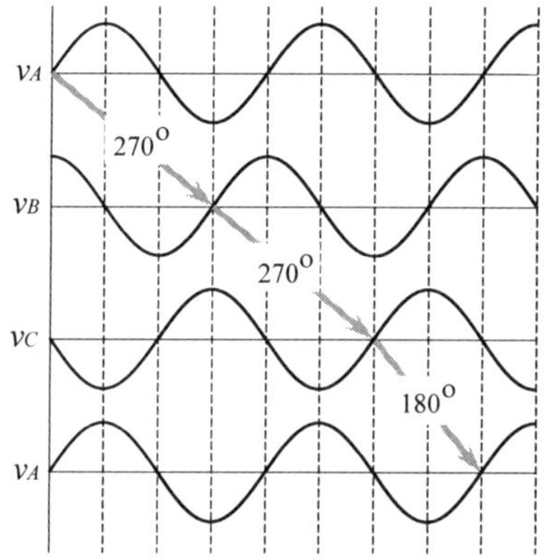

그림12.11 상태변수필터형 직각위상 발진회로의 위상관계.

즉, 루프를 회전했을 때의 위상차는 0° 가 된다. 이와 같은 위상관계는 그림12.11에 표시되었다.

수학적으로 너무나 당연한 이야기이지만, 회로에서 v_{SIN} 출력신호와 v_{COS} 출력신호의 위상차가 90° (270°)이므로 *직각위상(quadrature) 발진기*로 불리고 또는 *2상 발진기*로 불린다.

또한 발진을 위해서 루프이득은 1이다. 회로에서는 상태변수 필터의 출력 v_c 와 $A1$의 출력v_a가 같다면 이 조건을 만족한다. 이것은 $A1$이 v_c 를 입력으로 하는 반전증폭기로 생각하면 $R_1 = R_2$ 일 때

$$v_a = \left(-\frac{R_2}{R_1}\right) v_c = -v_c = -v_{COS} \tag{12.22}$$

이면 성립한다. 그러나 발진시동을 위하여 적분기 $A2$의 출력 v_b를 $A1$의 반전입력으로 궤환하면 $A1$은 v_b를 입력으로 하는 반전증폭기로 생각할 수 있고,

$$v_a = \left(-\frac{R_2}{R_3}\right) v_b = \left(-\frac{R_2}{R_3}\right) v_{SIN} \tag{12.23}$$

이다. 따라서 반전증폭기의 출력 v_a 는 식(12.22)와 식(12.23)을 중첩하여 얻는다.

$$v_a = \left(-\frac{R_2}{R_3}\right) v_{SIN} - v_{COS} \tag{12.24}$$

이때 $R_3 \gg R_2$ 이면 식(12.23)의 궤환양은 무시할 만큼 작아지고, 또한 $A1$의 비반전 입력으로 궤환되는 양을 고려하면 발진루프에 크게 영향을 미치지는 않는다. 예를 들어, 반전 입력으로의 궤환 양만 고려했을 때 식(12.22),(12.23)에서 $|v_{SIN}| = |v_{COS}|$이고, $R_1 = R_2 = 10K\Omega$, $R_3 = 100K\Omega$일 때의 중첩 결과는 그림12.12와 같으며, v_A 는 여현파 출력이 되고 v_{SIN} 의 궤환 양이 발진루프에 크게 영향을 미치

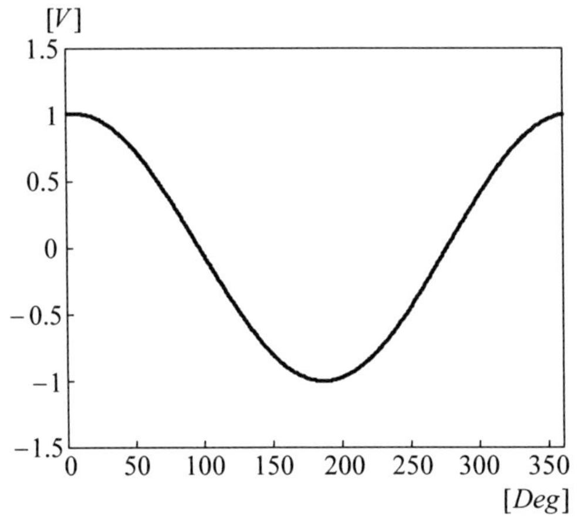

그림12.12 상태변수형 직각위상 발진기에서 $A1$의 반전입력으로의 궤환 양만 고려하였을 경우에 대하여 $A1$의 출력에 관한 예($|v_{SIN}| = |v_{COS}|$, $R_1 = R_2 = 10K\Omega$, $R_3 = 100K\Omega$).

지 않음을 알 수 있다. 그러나 이 상태로는 포화되어 출력에 클리핑이 발생하므로 안정 지속발진을 위하여 AGC가 필요하고, 그림의 회로에서는 그림12.7과 같이 FET를 이용하였다.

그림12.7의 자동이득제어 정현파 발진기와 그림12.10의 자동이득제어 상태변수 필터형 직각위상발진기와의 차이점을 구분할 수 있겠는가? 일반적으로 이득의 제어를 위하여 궤환은 반전입력을 통하여 이루어진다(그림12.7). 그러나 그림12.10 회로에서는 op 앰프의 반전입력은 발진 동작을 위하여 사용되었으므로 이와 같이 일반적인 방법을 통하여 이득을 제어할 수 없다. 이 회로에서는 $A2$의 출력으로부터 $A1$의 비반전 입력으로 궤환되는 신호를 자동으로 조절한다.

상태변수 필터의 저역통과 출력(그림12.10에서 ⓒ점 출력)에 관한 식(식(14.103))에서 알 수 있는 바와 같이 $A2$ 출력으로부터의 궤환 양($R_B/(R_A+R_B)$)이 증가하면 저역통과 출력의 크기가 감소한다는 것을 참조함으로써 그림12.10의 AGC 동작을 이해할 수 있다.

그림12.10의 직각위상 발진회로에서 출력 v_{COS}(ⓒ점 출력)이 증가하면 전파 정류기 $A4$의 (-) 방향 출력은 증가하고 따라서, 트랜지스터 $Q1$의 채널저항 r_{DS}가 증가한다. 그 결과로써, $A2$ 출력으로부터의 궤환 양($(r_{DS}/(R_6+r_{Ds})$)이 증가하므로 발진동작은 억제되어 안정한 상태로 지속발진 한다.

가변저항 VR을 조정함에 따라 발진신호의 크기가 결정되며, 발진주파수는 식(14.102)의 상태변수 필터의 대역통과 출력에 대한 전달함수로부터 다음과 같다. 단, 식(14.102)에서 $s=j\omega$이고 허수 항은 0이 되어야 하는 조건으로부터

$$f = \frac{1}{2\pi\sqrt{R_4R_5C_1C_2}} \tag{12.25}$$

이다. 만약 $R = R_4 = R_5$이고 $C = C_1 = C_2$이면 발진주파수는

$$f = \frac{1}{2\pi RC} \tag{12.26}$$

이다.

12-3.2 비반전 적분회로와 반전 적분회로를 이용한 직각위상 발진회로

그림12.13은 비반전 적분회로와 반전 적분회로를 이용하여 정현파와 여현파를 동시에 발생하는 직각위상 발진회로이다. 회로에서 v_{COS} 출력으로부터 v_{SIN} 출력까지의 위상차는 90° 이다. 회로에서 루프를 회전했을 때 다음의 위상지연을 갖는다.

$$90^\circ(\text{비반전형 적분기 } A) + 270^\circ(\text{반전형 적분기 } B) = 360^\circ \tag{12.27}$$

즉, 루프를 회전했을 때 위상차가 0° 이다.

그리고 루프이득은 비반전 적분기의 이득($A_{non-int}$)과 적분기의 이득(A_{int})의 곱이다. 그림12.14의 회로를 이용하여 비반전 적분기의 이득을 구하면 비반전 입력(v_+)은

$$v_+ = \frac{-jX_{C2}}{R_2 - jX_{C2}} v_{in} \tag{12.28}$$

이고, 이득은

$$A_v = \left(1 - \frac{jX_{C1}}{R_1}\right) \tag{12.29}$$

이다. 비반전 적분기의 출력은 $v_o = A_v v_+$ 이므로 비반전 적분기의 전체 폐루프 이득(A_1)은

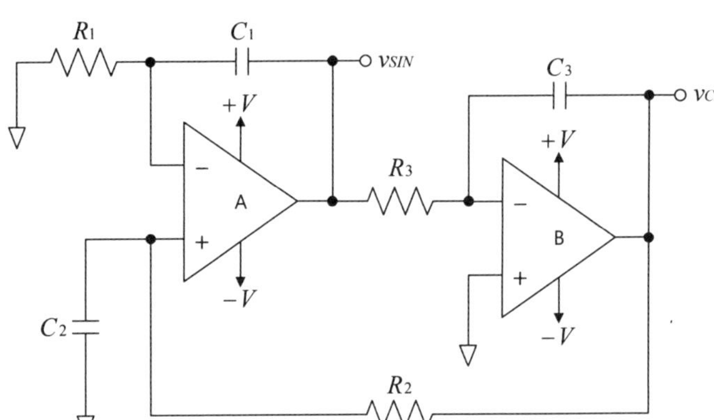

그림12.13 비반전 적분회로와 반전 적분회로를 이용한 직각위상 발진회로.

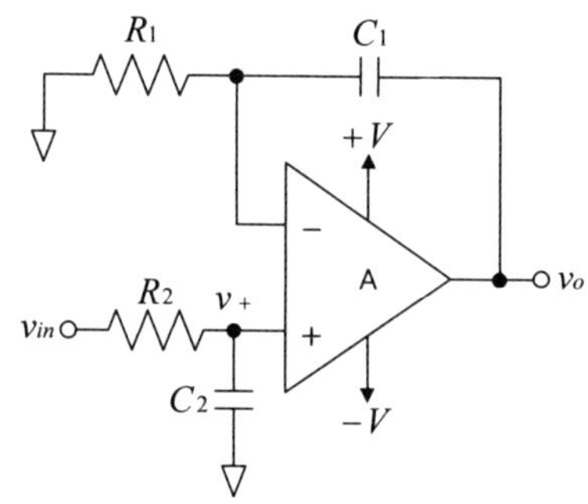

그림12.14 비반전 적분회로.

$$A_1 = \frac{v_o}{v_{in}} = \frac{1 + j\omega C_1 R_1}{(1 + j\omega C_2 R_2) j\omega C_1 R_1} \tag{12.30}$$

이고, 반전 적분기의 이득(A_2)는

$$A_2 = -\frac{1}{j\omega C_3 R_3} \tag{12.31}$$

이다. 이때 루프이득 $A_{loop} = A_1 \times A_2 = 1$이면 발진한다.

$$A_{loop} = \frac{1 + j\omega C_1 R_1}{\omega^2 C_1 C_3 R_1 R_3 (1 + j\omega C_2 R_2)} = 1 \tag{12.32}$$

$C_1 = C_2$, $R_1 = R_2$이면

$$A_{loop} = \frac{1}{\omega^2 C_1 C_3 R_1 R_3} = 1 \tag{12.33}$$

이고, 발진주파수는

$$f = \frac{1}{2\pi\sqrt{C_1 C_3 R_1 R_3}} \tag{12.34}$$

이다. 그리고 $R = R_1 = R_2 = R_3$, $C = C_1 = C_2 = C_3$이면

$$f = \frac{1}{2\pi CR} \tag{12.35}$$

이다. 실제로는 op amp의 차동이득의 영향으로 약간의 위상지연이 발생하므로 $C_2R_2 > C_1R_1$이 되도록 설정하며, 그 값은 5 ~ 10%정도 크게 한다.

그림14.8의 2차 VCVS(Voltage Controlled Voltage Source) 저역통과 필터는 차단주파수(cutoff frequency) f_c에서 90° 의 위상지연이 발생하고, 이득은 $3dB$ ($1/\sqrt{2}$) 감쇄한다. 예를 들어 $f_c = 100[Hz]$일 때 식(14.8)로 표시되는 2차 버터워스 저역통과 필터에 대한 보드선도(bode diagram)가 그림12.15이고, $100[Hz]$에서 크기가 $3[dB]$ 감소하고 90° 의 위상차가 발생하는 것을 확인할 수 있다.

따라서 그림12.13의 비반전 적분회로 대신에 그림12.16과 같이 2차 저역통과 필터를 이용하면 차단주파수에서

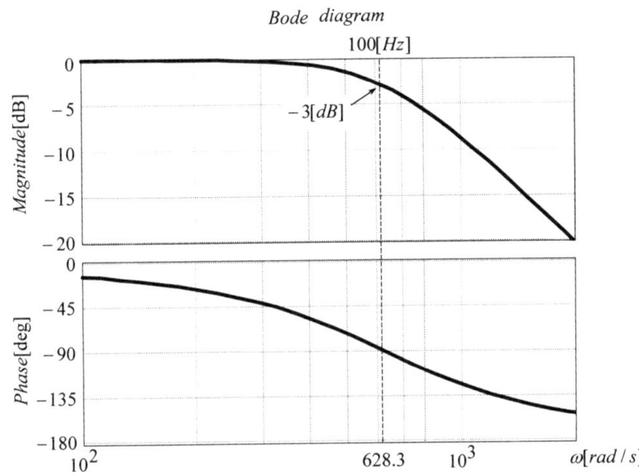

그림12.15 2차 저역통과 필터의 특성에 대한 보드선도.

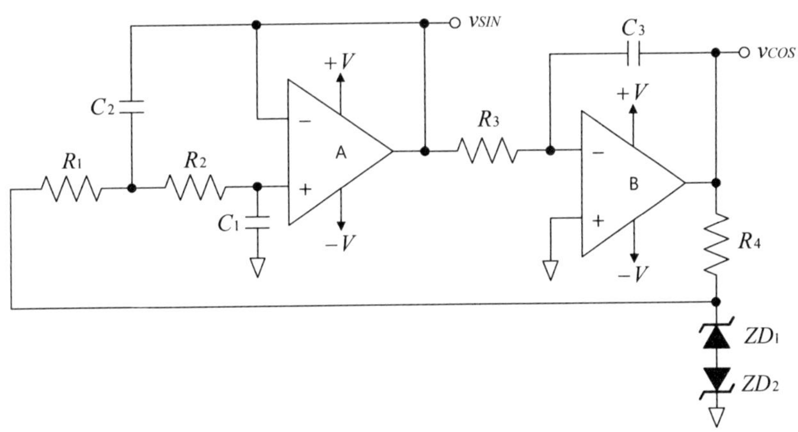

그림12.16 저역통과 필터를 이용한 쿼드러쳐 발진회로.

$$90^\circ(\text{저역통과 필터 } A_1) + 270^\circ(\text{반전 적분기 } A_2) = 360^\circ \tag{12.36}$$

의 위상지연이 발생하므로 결국 필터의 차단주파수로 발진하게 된다.

식(14.13(b))에 주어진 식으로부터 차단주파수는

$$f_c = \frac{1}{2\pi\sqrt{C_1 C_2 R_1 R_2}} \tag{12.37}$$

이므로 이 주파수로 발진한다.

루프 이득이 1이 되기 위해서는 저역통과 필터에서 $1/\sqrt{2}$ 만큼 감쇄하므로 f_c에서의 반전적분기의 이득은

$$A_2 = \frac{1}{\omega_c C_3 R_3} > \sqrt{2} \tag{12.38}$$

이다.

일반적으로 버터워스 필터에서는 $R_1 = R_2$, $C_2 = 2C_1$으로 선택하며 이때 f_c는 다음 식과 같다.

$$f_c = \frac{0.707}{2\pi C_1 R_1} \tag{12.39}$$

또한 반전 적분기 B의 이득은 1.4배 이상 필요로 하므로 *여유도(margin)*를 고려하여 2배로 하면 R_3는

$$R_3 = \frac{1}{2\omega_c C_1} \qquad (\text{단, } C_3 = C_1) \tag{12.40}$$

이고, R_3로 발진기의 안정도를 조정하도록 한다.

v_{COS} 출력에 클리핑이 발생하지 않도록 제너다이오드를 이용하여 크기를 제한한다.

12-4 실험

12-4.1 이상 발진회로

(1) 이상 발진회로

i) 다음의 회로를 구성하시오. 그리고 발진 출력이 나타나도록 VR을 조정하시오.

$R_1 = 10[K\Omega]$, $R_2 = 10[K\Omega]$, $R = 5[K\Omega] \times 3$, $VR = 1[M\Omega]$, $C = 0.01[\mu F] \times 3$

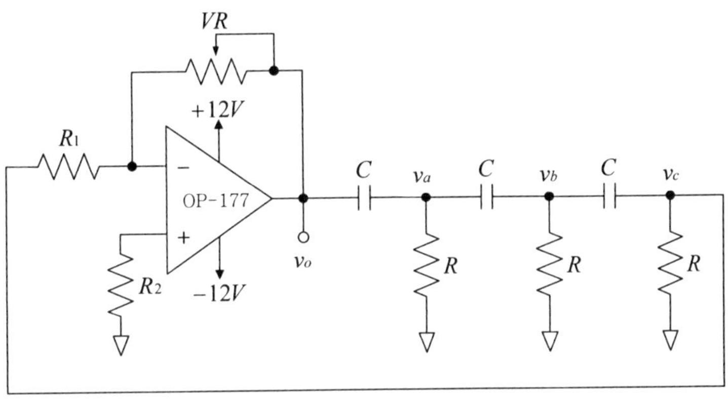

그림12.20 이상발진기의 실험 회로.

ii) 다음 각 파형을 측정하여 기록하고, 위상차(ϕ)를 측정하여 기록하시오.

참고 : 측정한 파형으로부터 위상차는 다음과 같이 계산된다.

$$\phi = \frac{360^\circ \times t}{T}$$ (단, T는 신호의 주기, t는 두 신호의 시간차)

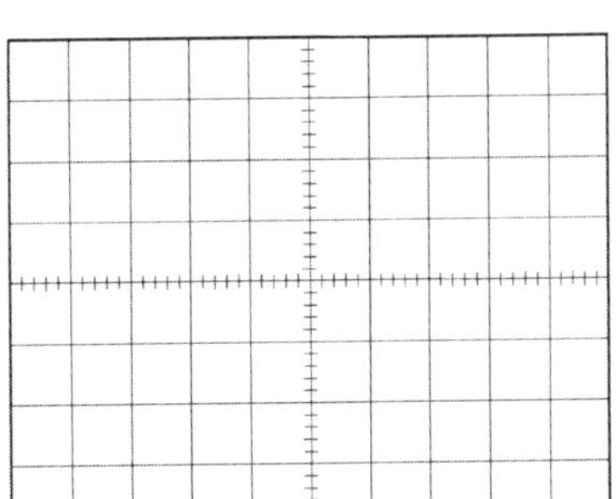

Time div : ________

Volt div

CH 1(v_o) : ________ CH 2(v_a) : ________

(a) v_o & v_a

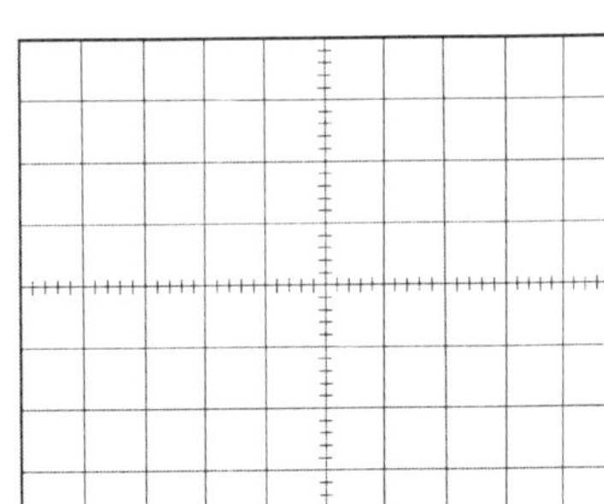

Time div : ________

Volt div

CH 1(v_o) : ________ CH 2(v_b) : ________

(b) v_o & v_b

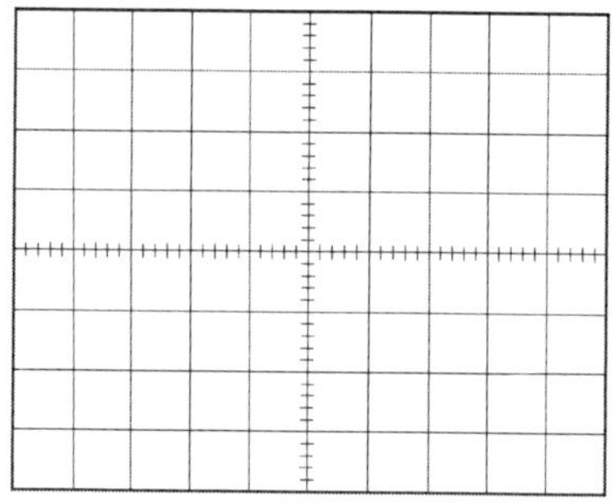

(c) v_o & v_c

$|v_o|=$_______$[V]$, $|v_a|=$_______$[V]$, $|v_b|=$_______$[V]$, $|v_c|=$_______$[V]$

$\phi=$_______° for v_o $Vs.$ v_a, $\phi=$_______° for v_o $Vs.$ v_b

$\phi=$_______° for v_o $Vs.$ v_c

iii) 발진신호의 주파수를 측정하여 이론값과 비교하시오.

$f=$____________$[Hz]$: 이론값, $f=$____________$[Hz]$: 측정값

iv) 궤환율 β의 크기를 구하여 이론값과 비교하시오.

$\beta=$ ____________ : 이론값, $\beta=\left|\frac{v_c}{v_o}\right|=$ ____________ : 측정값

v) 이득 A의 크기를 구하여 이론값과 비교하시오.

$A=$ ____________ : 이론값, $A=$ ____________ : 측정값

(2) 버퍼링된 이상 발진회로

i) 다음의 회로를 구성하시오.

$R_1=10[K\Omega]$, $R=5[K\Omega]\times 3$, $C=0.01[\mu F]\times 3$, $VR=100[K\Omega]$

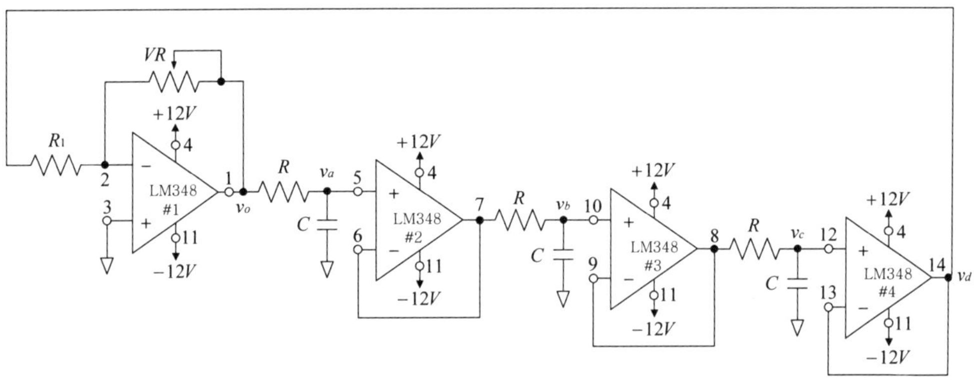

그림12.21 버퍼링된 이상발진기의 실험 회로.

ii) 다음 각 파형을 측정하여 기록하고, 위상차(ϕ)를 측정하여 기록하시오.

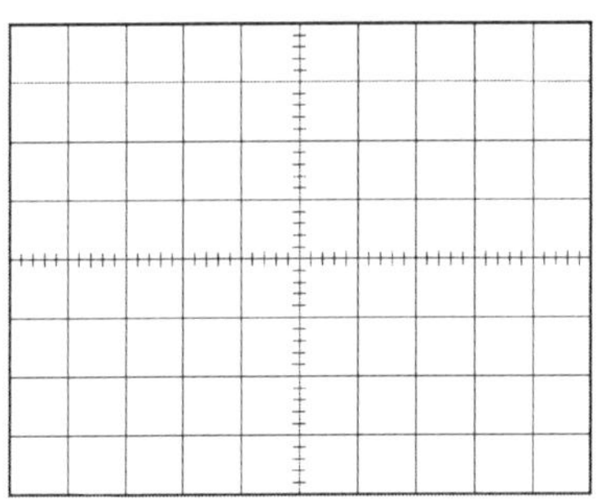

Time div : ________

Volt div

CH 1(v_o) : ________ CH 2(v_a) : ________

(a) v_o & v_a

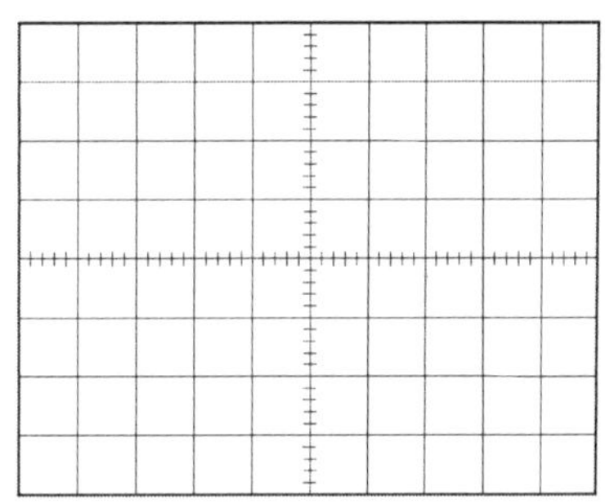

Time div : ________

Volt div

CH 1(v_o) : ________ CH 2(v_b) : ________

(b) v_o & v_b

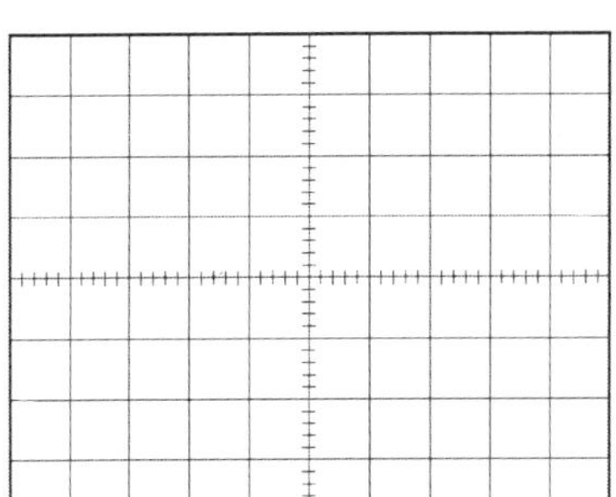

Time div : ________

Volt div

CH 1(v_o) : ________ CH 2(v_c) : ________

(c) v_o & v_c

$|v_o| =$ ____________ $[V]$,

$|v_a| =$ ____________ $[V]$,

$|v_b| =$ ____________ $[V]$,

$|v_c| =$ ____________ $[V]$

$\phi =$ ＿＿＿＿＿＿ ° for $v_o\ Vs.\ v_a$, $\phi =$ ＿＿＿＿＿＿ ° for $v_o\ Vs.\ v_b$

$\phi =$ ＿＿＿＿＿＿ ° for $v_o\ Vs.\ v_c$

iii) 발진신호의 주파수를 측정하여 이론값과 비교하시오.

$f =$ ＿＿＿＿＿＿＿ $[Hz]$: 이론값, $f =$ ＿＿＿＿＿＿＿ $[Hz]$: 측정값

iv) 궤환율 β의 크기를 구하여 이론값과 비교하시오.

$\beta =$ ＿＿＿＿＿＿＿ : 이론값, $\beta = \left| \frac{v_c}{v_o} \right| =$ ＿＿＿＿＿＿＿ : 측정값

v) 이득 A의 크기를 구하여 이론값과 비교하시오.

$A =$ ＿＿＿＿＿＿＿ : 이론값, $A =$ ＿＿＿＿＿＿＿＿＿ : 측정값

12-4.2 Wien-bridge 발진회로

(1) Wien-bridge 발진기

i) 다음 회로를 구성하시오.

$R_1 = 100[K\Omega]$, $R_2 = 100[K\Omega]$, $R_3 = 220[\Omega]$, $VR = 1[K\Omega]$, $C_1 = 0.001[\mu F]$, $C_2 = 0.001[\mu F]$

그리고 가변저항 VR의 암은 그림12.21(b)의 ⓐ방향으로 회전하여 놓으시오.

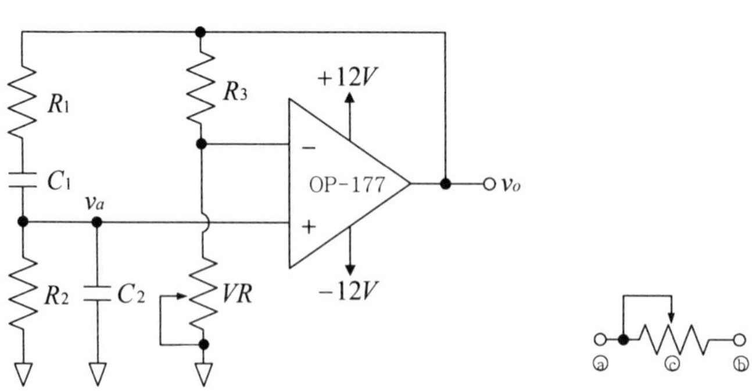

(a) (b)

그림12.22 Wien-bridge 발진 실험 회로.

ii) 회로는 발진하는가? 만약 발진하지 않는다면 그 이유를 설명하시오.

iii) 회로가 발진 할 때까지 가변저항의 암을 ⓑ방향으로 회전하시오. 회로가 발진하면 이 때 가변저항을 분리하여 저항값을 측정하시오. 이후 정확한 발진주파수를 비교하기 위하여 가변저항값은 고정되어야 한다.

$$VR = \underline{\hspace{6cm}} [\Omega]$$

iv) OP amp의 비반전 입력신호(v_+)와 출력 v_o을 측정하여 기록하시오.

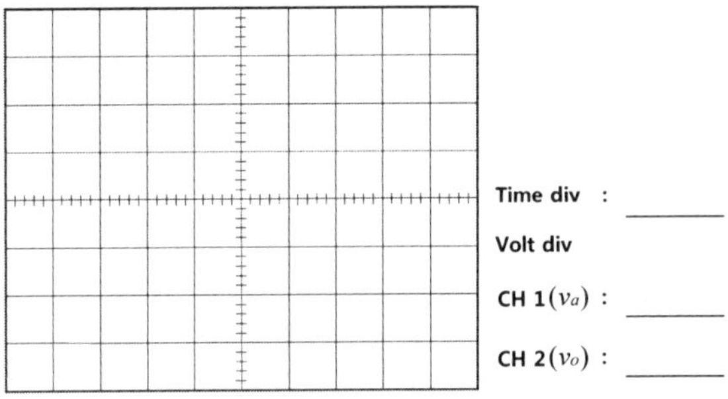

v) 단계iii)에서 측정한 VR값을 이용하여 A의 이론값을 계산하고, 또한 단계iv)의 측정신호로부터 A의 측정값을 계산하여 이를 비교하시오.

$A = \underline{\hspace{4cm}}$: 이론값, $A = \underline{\hspace{4cm}}$: 측정값

vi) 발진주파수를 측정하여 이론값과 비교하시오.

$f = \underline{\hspace{4cm}} [Hz]$: 이론값, $f = \underline{\hspace{4cm}} [Hz]$: 측정값

(2) 자동이득조정 Wien-bridge 발진기

i) 다음의 회로를 구성하시오.

$R_1 = 15[K\Omega]$, $R_2 = 15[K\Omega]$, $R_3 = 3.3[K\Omega]$, $R_4 = 10[K\Omega]$, $R_5 = 100[K\Omega]$,

$R_6 = 100[K\Omega]$, $R_7 = 1[M\Omega]$, $R_8 = 22[K\Omega]$, $R_9 = 22[K\Omega]$, $R_{10} = 22[K\Omega]$,

$R_{11} = 100[K\Omega]$, $R_{12} = 620[\Omega]$, $VR = 47[K\Omega]$

$C_1 = 0.01[\mu F]$, $C_2 = 0.01[\mu F]$, $C_3 = 10[\mu F]$, $C_4 = 1[\mu F]$, Q_1 : 2SK 30A,

D_1, D_2, D_3 : 1S1588

※ 그림12.23의 자동이득조정 Wien-bride 발진회로에서, 발진 개시 전, JFET Q_1의 게이트 전압 $V_{GS}=0[V]$이고, 이때 그림12.8(b)의 JFET 특성곡선에서 채널저항은 $320[\Omega]$이다. 그러므로 발진회로의 이득은

$$A=\left(1+\frac{10K\Omega}{3.3K\Omega+320\Omega}\right)=3.76$$

이고, 발진을 개시한다. 그리고 $V_{GS}=-0.9[V]$정도에서 안정된다.

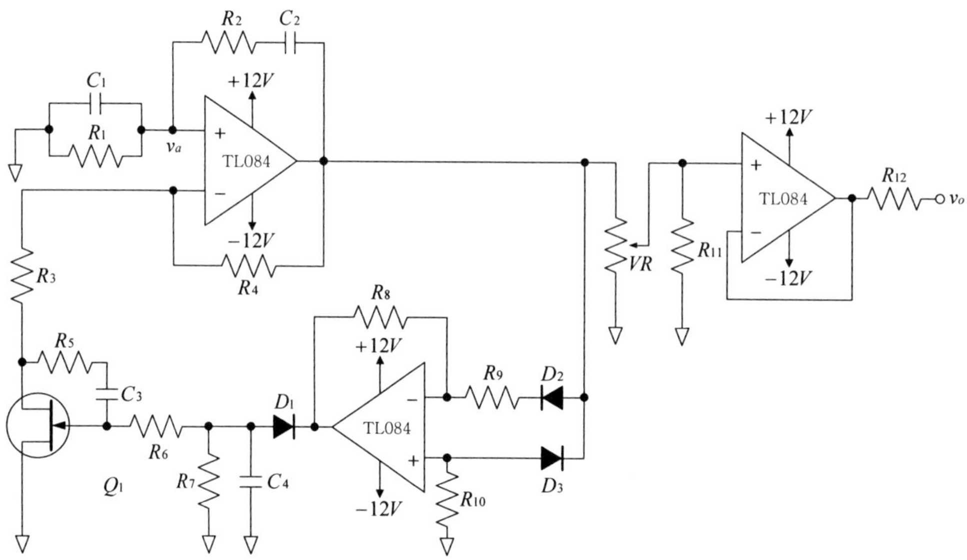

그림12.23 자동이득조정 Wien-bridge 발진기의 실험 회로.

ii) 발진 신호를 측정하여 기록하시오.

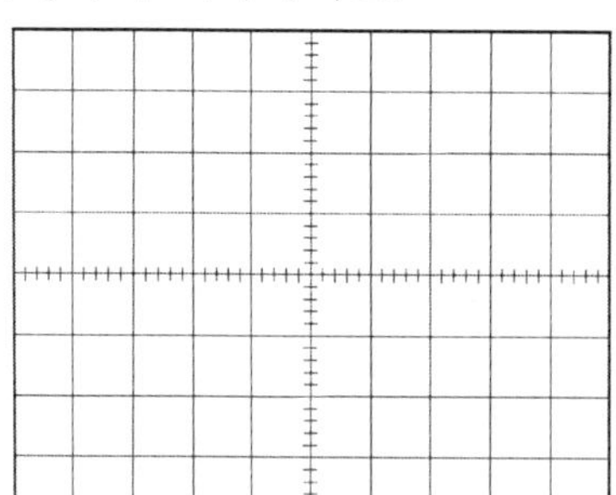

Time div : ______

Volt div

CH 1(v_a) : ______

CH 2(v_o) : ______

iii) 발진 신호의 주파수를 측정하여 이론값과 비교하시오.

$f=$______________$[Hz]$: 이론값, $f=$______________$[Hz]$: 측정값

iv) VR을 가변하며 출력 v_o의 크기를 관찰하고 그 결과를 적으시오.

<u>결과</u> :

12-4.3 2상 발진회로(직각위상 발진회로) I

i) 다음 회로를 구성하시오.

$R_1 = 10[K\Omega]$, $R_2 = 10[K\Omega]$, $R_3 = 12[K\Omega]$, $C_1 = C_2 = C_3 = 0.033[\mu F]$,

ZD_1, ZD_2 : RD3.3EB

$-(V_{ZD1}+0.6) < v_{o2} < (V_{ZD2}+0.6)$일 때 제너다이오드로 이루어진 루프는 개방 상태이므로 v_{o1}을 입력으로 하는 적분회로의 출력 v_{o2}는 v_{o1}과 90°의 위상차를 갖는 신호가 출력된다. 그리고 $|v_{o2}| > |V_z+0.6|$ 되면 v_{o2}의 크기는 $|V_z+0.6|$으로 제한되므로 v_{o1}과 v_{o2}는 피크-피크가 $2(V_z+0.6)[V]$인 신호를 발진하게 된다.

제너다이오드가 없다면 출력의 크기는 공급전압 $-12V$ 및 $+12V$에서 클리핑이 발생한다.

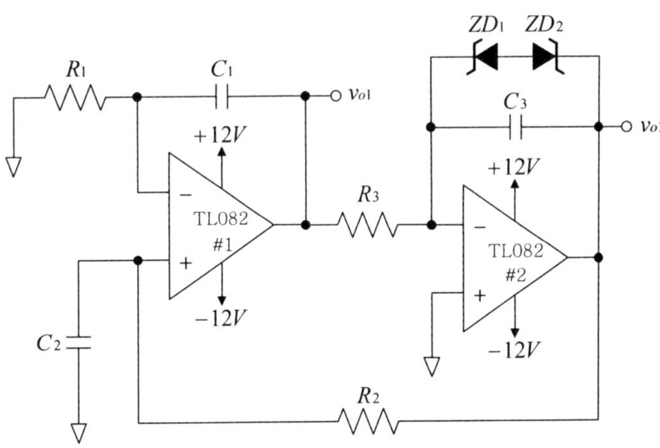

그림12.24 2개의 적분회로를 이용한 쿼드러쳐 발진기의 실험 회로.

ii) 제너다이오드를 제거하고 v_{o1}과 v_{o2}를 측정하여 다음 그림(a)에 기록하시오.

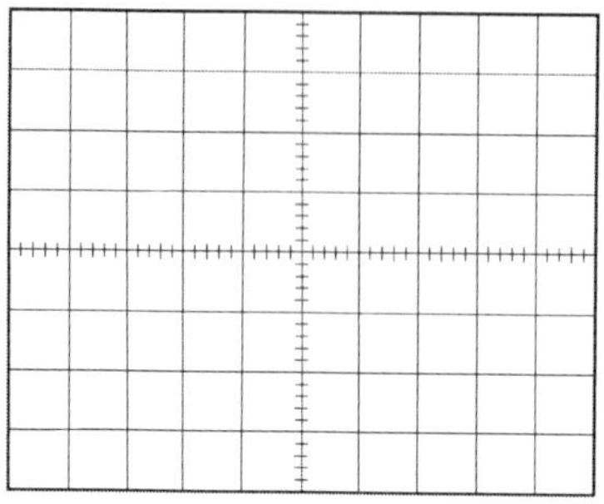

Time div : ______

Volt div

CH 1 (v_{o1}) : ______ CH 2 (v_{o2}) : ______

(a)

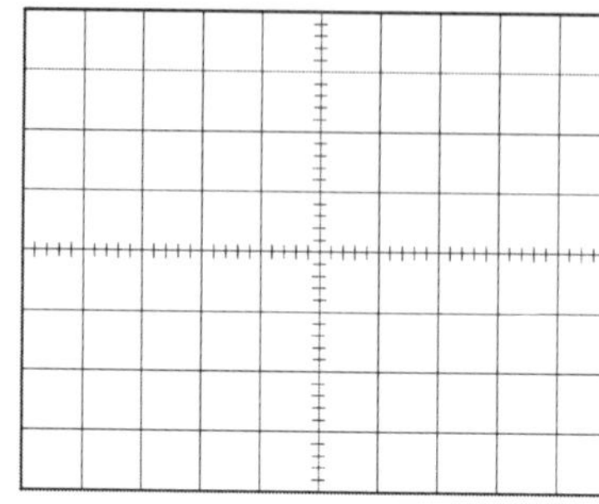

Time div : ______

Volt div

CH 1 (v_{o1}) : ______ CH 2 (v_{o2}) : ______

(b)

iii) 제너다이오드를 접속하고 v_{o1}과 v_{o2}를 측정하여 위의 그림(b)에 기록하고, 그 크기를 기록하시오.

$$|v_{o1}| = \_\_\_\_\_\_\_\_\_\_[V], \quad |v_{o2}| = \_\_\_\_\_\_\_\_\_\_[V]$$

iv) 단계 ii)와 iii)의 결과로부터 출력의 크기가 제너다이오드와 어떤 관계에 있는지 설명하시오.

v) v_{o1}과 v_{o2}의 주파수를 측정하여 기록하고, 이론값과 비교하시오.

f_{o1}= ______________[Hz], f_{o2}= ______________[Hz] : 측정값

f_{o2}= ______________[Hz] : 이론값

vi) v_{o1}과 v_{o2}의 위상을 측정하시오.

$$\phi = \_\_\_\_\_\_\_\_\_\_ ^\circ \quad \text{for } v_{o1}\ Vs.\ v_{o2}$$

12-4.4 2상 발진회로(직각위상 발진회로) II

i) 그림12.25의 회로를 구성하시오.

$R_1 = R_2 = 22.6[K\Omega]$, $R_3 = 10[K\Omega]$, $VR = 50[K\Omega]$, $C_1 = 0.1[\mu F]$, $C_2 = 0.2[\mu F]$, $C_3 = 0.1[\mu F]$, ZD_1, ZD_2 : RD6.2EB

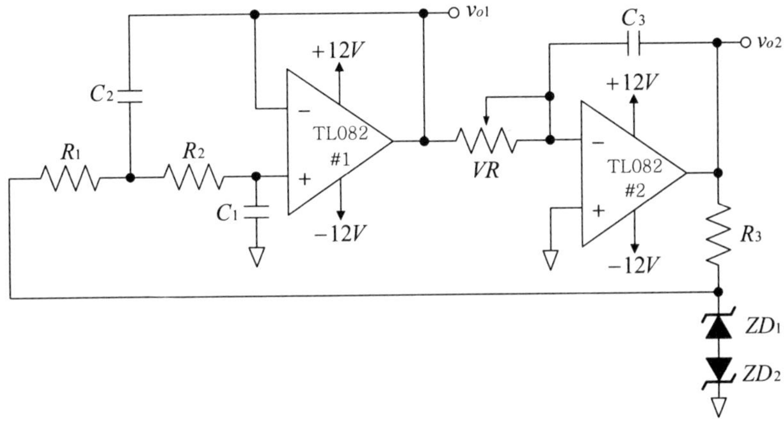

그림12.25 저역통과 필터와 적분회로를 이용한 쿼드러쳐 발진기의 실험 회로.

ii) v_{o2}를 관측하면서 왜곡되지 않을 때까지 가변저항 VR을 조정하시오 (고정저항을 사용할 경우 VR을 $27[K\Omega]$으로 대치하시오).

iii) v_{o1}과 v_{o2}를 측정하여 기록하시오.

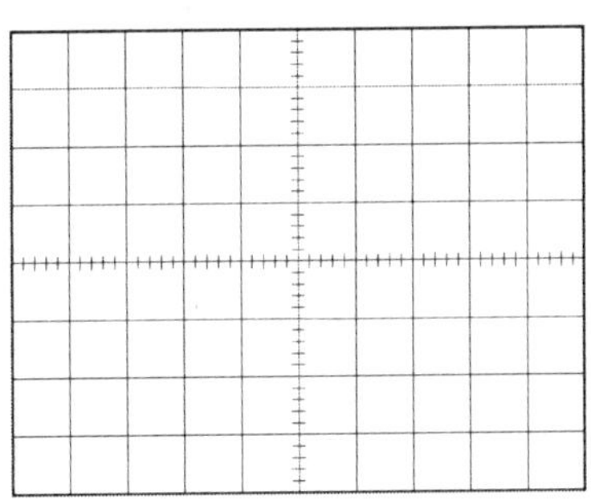

Time div : ______

Volt div

CH 1 (v_{o1}) : ______

CH 2 (v_{o2}) : ______

$|v_{o1}|=$ ____________ $[V]$, $|v_{o2}|=$ ____________ $[V]$

iv) 주파수를 측정하여 이론값과 비교하시오.

$f_o=$ ______________ $[Hz]$: 이론값, $f_o=$ ______________ $[Hz]$: 측정값

v) v_{o1}과 v_{o2}의 위상차를 측정하시오.

$\phi=$ __________ $^\circ$ for $v_{o1}\ Vs.\ v_{o2}$

12-4.5 상태변수 필터형 발진회로

i) 그림12.26의 상태변수 필터형 직각위상 발진회로를 구성하시오.
$R_1, R_2 = 10[K\Omega]$, $R_3 = 100[K\Omega]$, $R_4, R_5 = 15[K\Omega]$, $R_6 = 33[K\Omega]$, $R_7 = 68[K\Omega]$, $R_8 = 22[K\Omega]$, $R_9, R_{10} = 22[K\Omega]$, $VR = 10[K\Omega]$, $C_1, C_2 = 0.001[\mu F]$, C_3, $C_4 = 1[\mu F]$, D_1, D_2, D_3 : 1S1588, Q_1: 2SK30A

ii) 가변저항 VR의 arm의 위치를 중앙에 위치하도록 조정하시오.

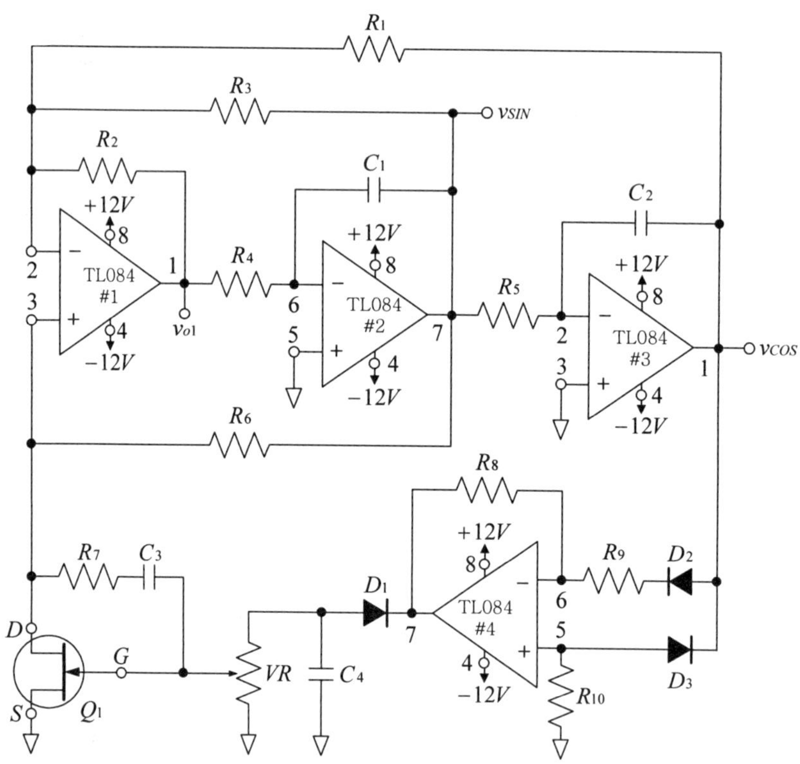

그림12.26 상태변수 필터형 직각위상 발진기의 실험 회로.

iii) v_{SIN} 출력과 v_{COS}출력을 측정하여 기록하시오.

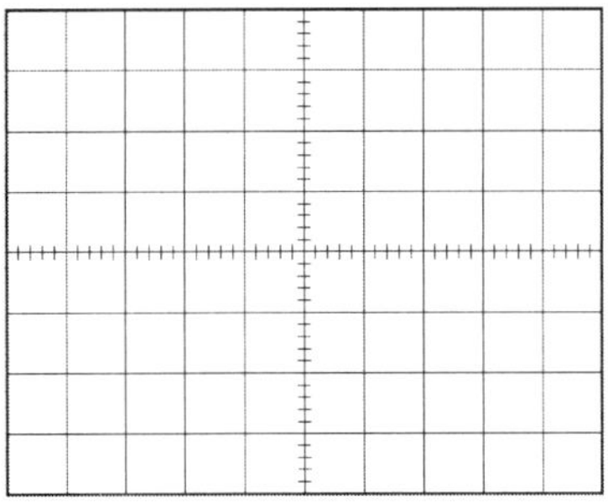

Time div : ______

Volt div

CH 1 (v_{SIN}) : ______

CH 2 (v_{COS}) : ______

$V_p =$ ____________ $[V]$

위상차 $\phi =$ __________ °

iv) v_{o1} 출력과 v_{SIN}출력을 측정하여 기록하시오.

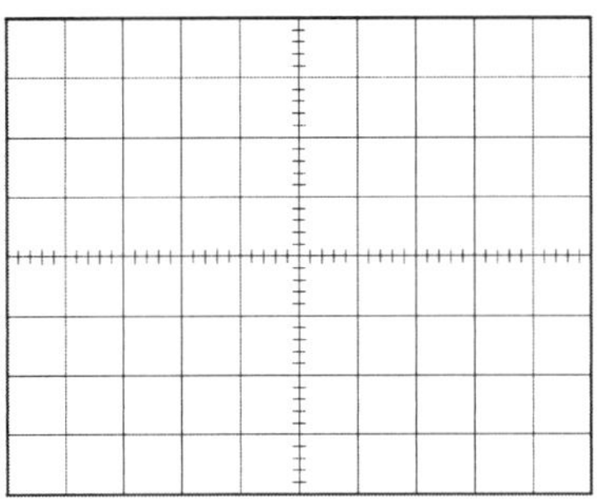

Time div : ______

Volt div

CH 1 (v_{o1}) : ______

CH 2 (v_{SIN}) : ______

위상차 $\phi =$ __________ °

v) v_{o1} 출력과 v_{COS}출력을 측정하여 기록하시오.

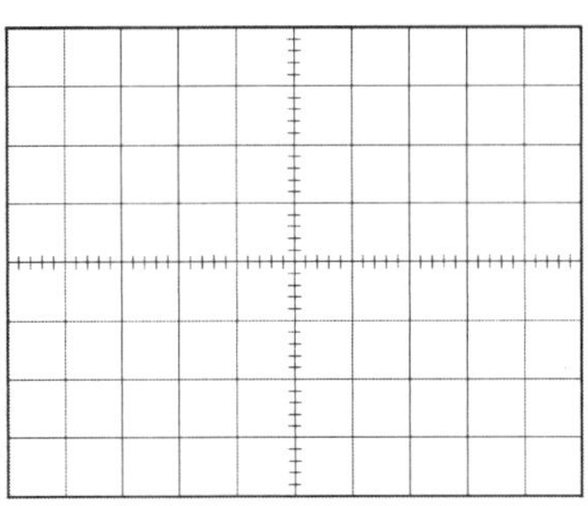

Time div : ______

Volt div

CH 1 (v_{o1}) : ______

CH 2 (v_{COS}) : ______

위상차 $\phi =$ __________ °

vi) 가변저항의 arm을 왼쪽으로 회전하여 $3[K\Omega]$이 되도록 조정한 후, v_{SIN} 출력과 v_{COS}출력을 측정하여 기록하시오.

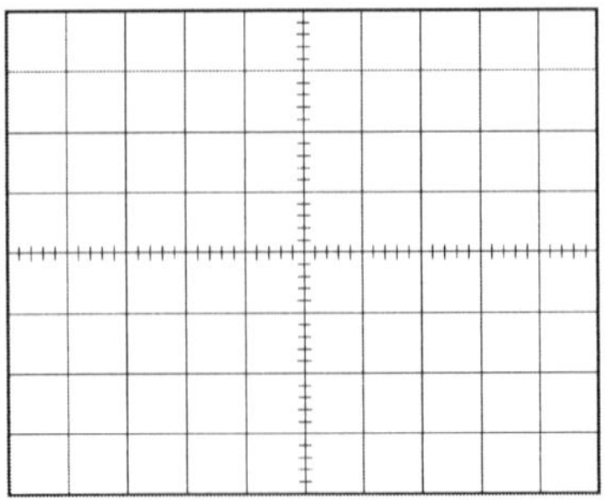

Time div : ______

Volt div

CH 1 (v_{SIN}) : ______

CH 2(v_{COS}) : ______

$V_p =$ ______________ $[V]$

vii) 가변저항의 arm을 왼쪽으로 회전하여 8$[K\Omega]$이 되도록 조정한 후, v_{SIN} 출력과 v_{COS}출력을 측정하여 기록하시오.

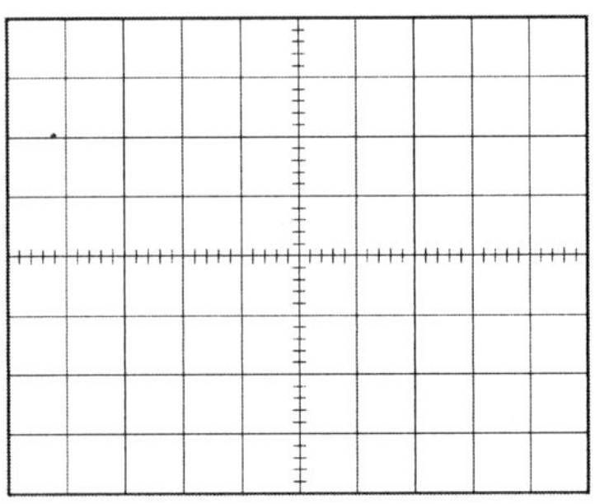

Time div : ______

Volt div

CH 1 (v_{SIN}) : ______

CH 2(v_{COS}) : ______

$V_p =$ ______________ $[V]$

13장 전압제어 발진기

13-1 전압제어 발진회로의 동작

발진기의 발진주파수를 연속으로 변화시키기 위해서는 주파수를 결정하는 요소 즉, 저항, 커패시터, 코일의 값을 가변 해 주어야 하지만, 전압제어 발진기는 제어 전압의 크기에 따라 발진주파수가 연속으로 가변한다.

VCO는 그림13.1과 같으며, 적분회로(op amp #1)와 슈미트 회로(op amp #2)로 구성되어 있다.

R_1, R_3, R_4로 구성된 입력측 회로를 통하여 op amp #1의 반전 입력단자와 비반전 입력단자의 차동전압이 $0V$가 되도록 한다.

$$R_2 = R_3 = R_4 = \frac{R_1}{2} \tag{13.1}$$

이면 R_3와 R_4의 전압은 모두 $V_{in}/2$이 되고, 적분기의 반전 및 비반전 입력의 전위는

$$V_- = V_+ = \frac{V_{in}}{2} \tag{13.2}$$

이다.

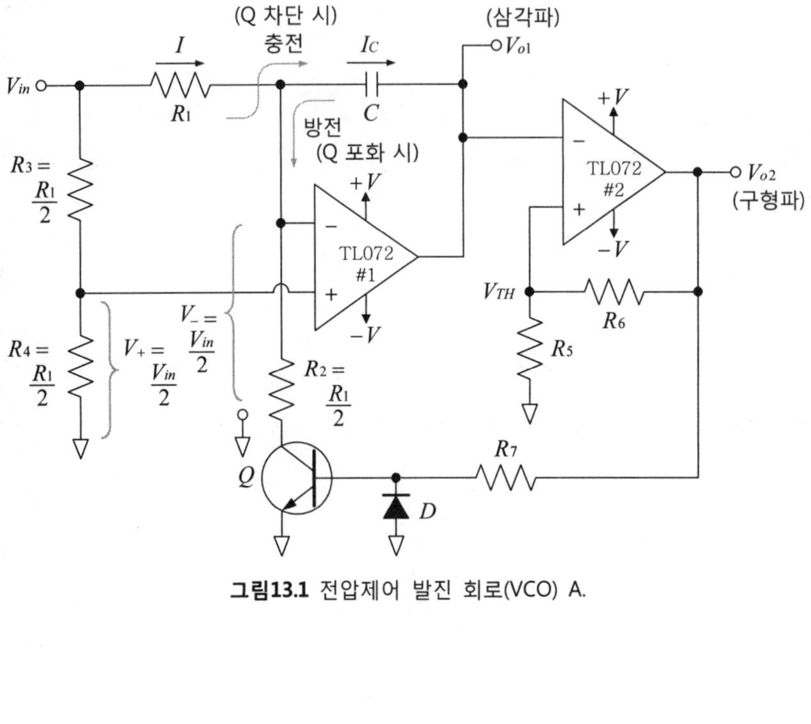

그림13.1 전압제어 발진 회로(VCO) A.

트랜지스터 Q는 스위치로 동작하며, V_{o2}의 구형파 출력이 Q가 포화 혹은 차단 상태가 되도록 구동한다. 다이오드 D는 트랜지스터가 차단될 때($V_{o2}=-V_{sat}$일 때) 트랜지스터의 베이스-이미터 간에 역방향 전압이 걸리지 않도록 한다.

슈미트 회로의 문턱전압은 다음과 같고,

$$V_{TH} = \pm\left(\frac{R_5}{R_5+R_6}\right)V_{o2}$$
$$= \pm\left(\frac{R_5}{R_5+R_6}\right)V_{sat} \qquad (13.3)$$

V_{o1}과의 비교를 통하여 크기가 $\pm V_{sat}$인 구형파가 출력된다.

그림에서 V_{in}이 입력되고, $V_{o2}=-V_{sat}$으로 가정하면, 트랜지스터는 차단되고 그림에 표시된 바와 같이 커패시터 C를 경유하여 충전전류가 흐른다. $I_C=I$이므로 V_{o1}은 점점 감소하고, V_{o2}는 $-V_{sat}$ 상태를 유지한다.

V_{o1}이 *하단-문턱(lower-threshold)* 전압에 도달하면 V_{o2}는 반전되어 $+V_{sat}$ 상태가 되고, 트랜지스터는 포화된다. 이 때 C는 R_2를 통하여 방전하고, $I_C=I$ (R_2로 인하여 정확하게 성립하지는 않는다)이기 위하여 V_{o1}은 점점 증가하며 V_{o2}는 $+V_{sat}$ 상태를 유지한다. V_{o1}이 상단-문턱(upper-threshold) 전압에 도달하면 V_{o2}는 $-V_{sat}$로 전환된다.

따라서 V_{o1}은 V_{TH}를 기점으로 방향을 전환하는 삼각파형이 되고, V_{o2}는 $-V_{sat}$과 $+V_{sat}$ 상태를 반복하는 구형파형이 된다.

그림13.2는 그림13.5의 실험회로를 예로 하였을 때의 V_{o1}과 V_{o2}의 발진출력의 시뮬레이션 파형이다. 그림(a)는 DC 입력에 대한 발진출력파형이며, 그림(b)는 연속적으로 변하는 삼각파 제어입력에 대한 발진출력 파형이다. 전압이 증가할수록 출력신호의 주파수가 높아진다. 즉, 제어전압에 따라 주파수가 가변하는 전압-주파수 변환회로로 동작한다.

V_{o1}은 슈미트 회로의 문턱전압에서 그 방향이 바뀌므로 V_{o1}(삼각파 발진출력)의 피크-피크($V_{o1(p-p)}$)는 다음과 같다.

$$V_{o1(p-p)} = 2|V_{TH}| = 2|V_{sat}|\frac{R_5}{R_5+R_6} \qquad (13.4)$$

트랜지스터가 차단되었을 때 커패시터에 충전되는 전류는

$$I_C = I = \frac{V_{in}-V_-}{R_1}$$
$$= \frac{V_{in}-\dfrac{V_{in}}{2}}{R_1} = \frac{V_{in}}{2R_1} \qquad (13.5)$$

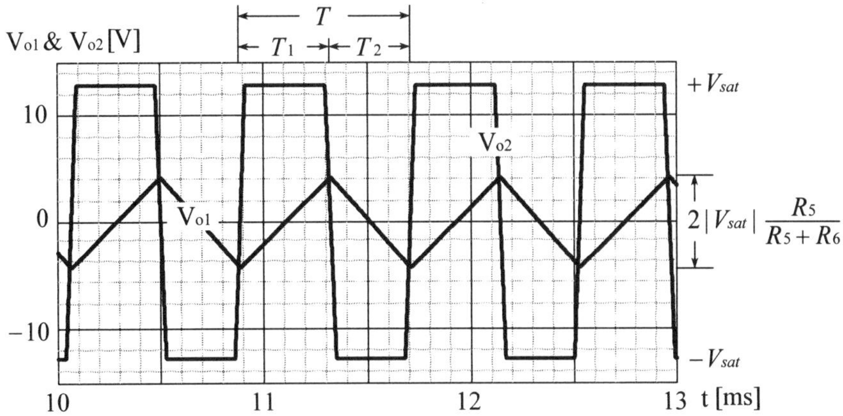

(a) 제어 입력 : DC

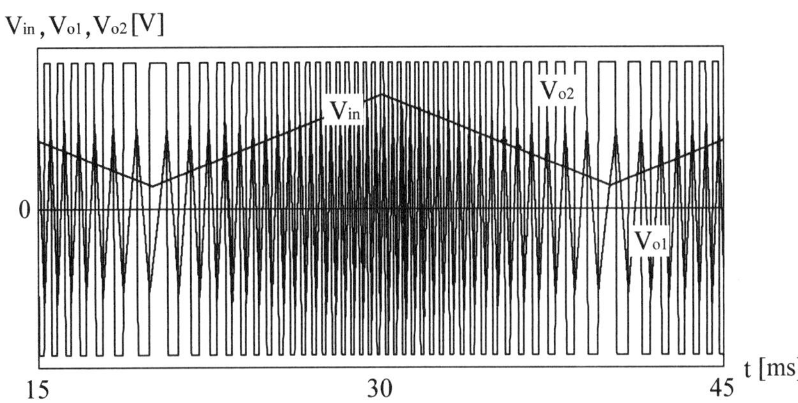

(b) 제어 입력 : 삼각파

그림13.2 DC 및 삼각파 제어입력에 대한 VCO의 발진 출력.

이다.

V_{o1}의 삼각파 출력의 빗변을 $V_x[V/s]$라 하면

$$V_x = \frac{I_C}{C} = \frac{V_{in}}{2R_1 C} \tag{13.6}$$

이고, 또한

$$V_x = \frac{dv_{o1}}{dt} = \frac{\Delta V_{o1}}{\Delta t} = \frac{V_{o1(p-p)}}{T_1} \tag{13.7}$$

$$T_1 = T_2 = \frac{1}{2f}$$

이므로 식(13.4), 식(13.6), 식(13.7)을 정리하면

$$f = \left(\frac{R_5 + R_6}{8R_1 R_5 C|V_{sat}|}\right) V_{in} \tag{13.8}$$

이다. 따라서 f는 입력전압 V_{in}값에 의해 제어된다.

또한, R_5(혹은 R_6)를 조절하면 발진 주파수 및 삼각파의 크기를 조절할 수 있다.

<예제>

그림13.1의 VCO회로에서 $R_1 = 100[K\Omega]$, $R_5 = 3.9[K\Omega]$, $R_6 = 10[K\Omega]$, $C = 470[pF]$, $|V_{sat}| = 14[V]$이고, $V_{in} = 2[V]$일 때 발진주파수를 구하시오.

<해>

$$f = \left(\frac{3.9[K\Omega] + 10[K\Omega]}{8 \times 100[K\Omega] \times 3.9[K\Omega] \times 470[pF] \times 14}\right) \times 2[V]$$
$$= 1,354[Hz]$$

그림13.3은 다른 형태의 전압제어 발진회로(추후 설명에서 VCO_B라 부른다)이고, 그림13.4는 $V_s = 5[V]$, $R_4 = 50[K\Omega]$, $C = 0.01[\mu F]$, ZD_1, ZD_2의 제너전압 $V_Z = 5.6[V]$인 경우에 대한 출력 V_{o1}, V_{o2}, V_{o3}의 결과이다.

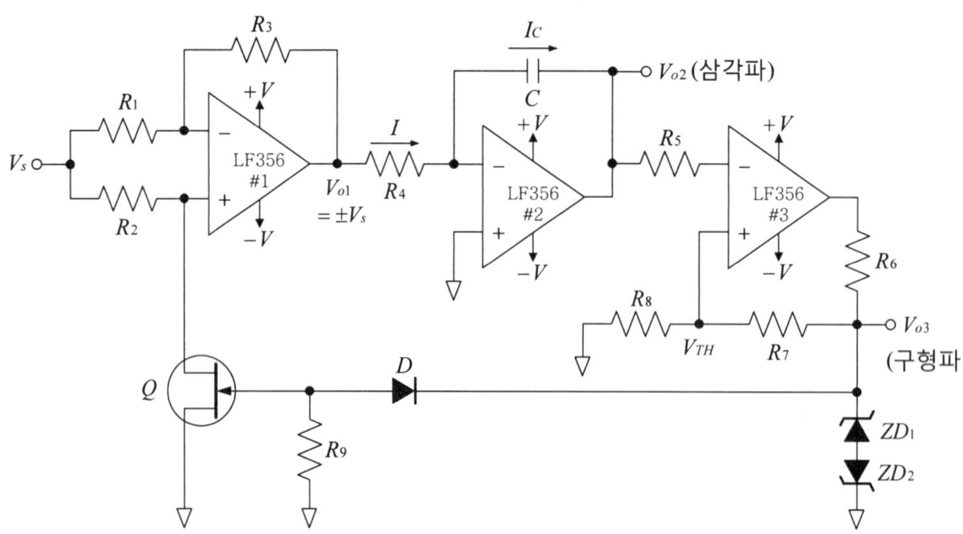

그림13.3 전압제어 주파수 발진회로(VCO) B.

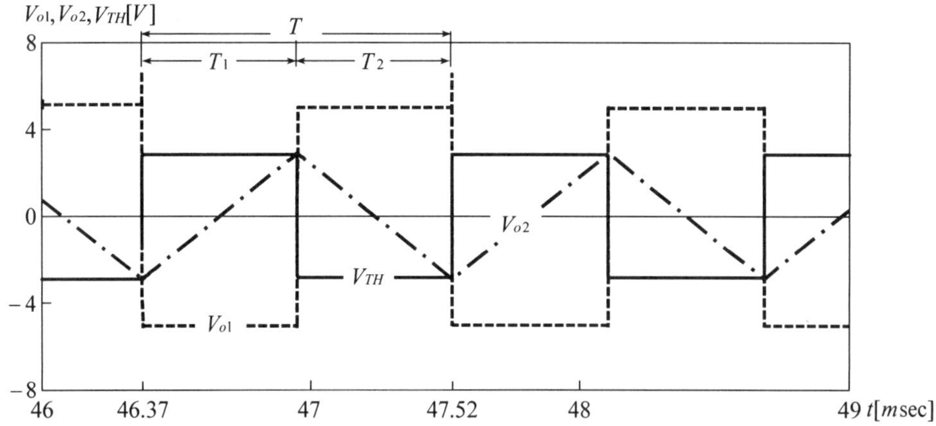

그림13.4 전압제어 주파수 발진회로(VCO) B의 출력 V_{o1}, V_{o2}, V_{TH}.

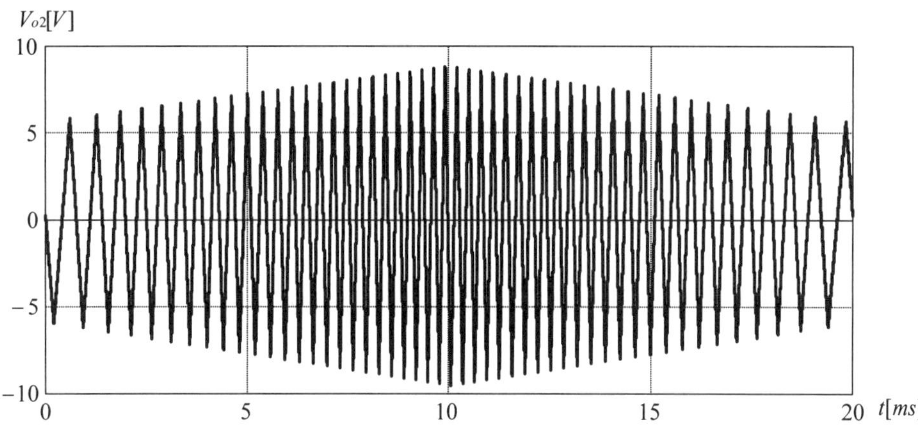

(a) VCO_A(그림13.1)의 삼각파 발진출력

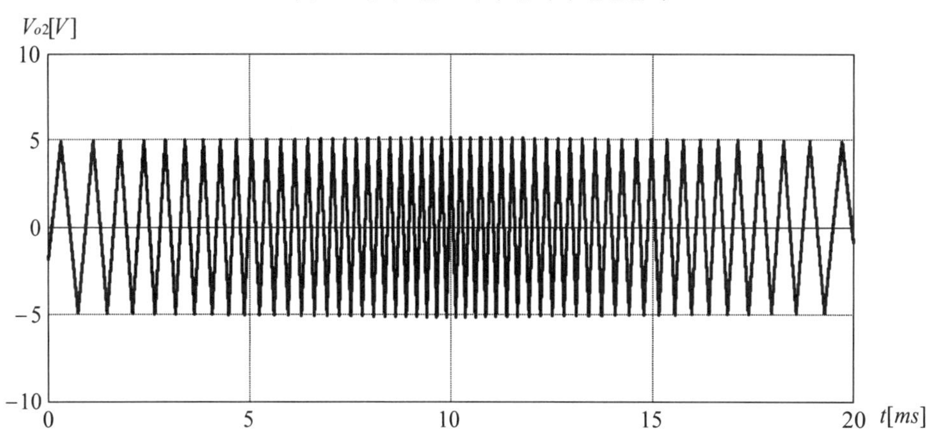

(b) VCO_B(그림13.3)의 삼각파 발진출력

그림13.5 입력 전압의 크기가 연속으로 변할 때 시뮬레이션에 의한 VCO_A와 VCO_B의 삼각파 발진출력의 비교. VCO_A는 입력 전압의 크기에 따라 그 값이 변한다.

그림13.1의 회로(추후 설명에서 VCO_A라 부른다)에서는 삼각파 출력의 방향((+) 혹은 (-) 기울기)이 트랜지터의 차단 혹은 포화에 따라 결정되었지만, VCO_B 회로에서는 op amp #1의 출력에 따라 삼각파 출력의 방향이 결정된다.

VCO_A는 R_2로 인하여 트랜지스터가 포화되었을 때는 정확하게 $I = I_C$가 성립하지 않지만, VCO_B에서는 적분기의 반전입력단자의 전위는 가상접지이므로 $I = I_C$가 성립한다. 따라서 그림13.5에서 보는 바와 같이, 연속적으로 변하는 제어입력에 대하여 VCO_B는 VCO_A에 비해서 입력전압의 크기에 따른 삼각파 발진출력의 크기의 변화가 적다.

그림13.3에서 $R_1 = R_2 = R_3$이고, 슈미트회로(op amp #3)에서 문턱전압은

$$V_{TH} = \left| \left(\frac{R_8}{R_7 + R_8} \right) V_{o3} \right| \simeq \left| \left(\frac{R_8}{R_7 + R_8} \right) V_Z \right| \tag{13.9}$$

이다. 만약, $V_{o3} \simeq + V_Z$ (op amp의 출력 V_{sat}를 제너 전압으로 제한)으로 가정하면, 다이오드 D는 차단되고 JFET의 gate 전압은 $0\,V$이다. 따라서 JFET의 채널저항은 $0\,\Omega$이므로 op amp #1은 이득이 1인 반전증폭기로 동작하고, $V_{o1} = - V_s$이다. 이에 대한 적분기 출력 V_{o2}는 점점 증가하며, V_{o2}가 V_{UT}에 도달하면 V_{o3}는 $- V_Z$로 전환된다.

V_{o3}가 $- V_Z$로 전환됨으로써 JFET가 *핀치-오프(pinch-off)*상태가 되면, op amp #1은 차동증폭기로 동작하고, 출력은 다음과 같다.

$$\begin{aligned} V_{o1} &= \left(1 + \frac{R_3}{R_1}\right)\left(\frac{r_{DS}}{R_2 + r_{DS}}\right) V_s + \left(- \frac{R_3}{R_1}\right) V_s \\ &= \left(1 + \frac{R_3}{R_1}\right) V_s + \left(- \frac{R_3}{R_1}\right) V_s \end{aligned} \tag{13.10}$$

$R_2 \gg r_{DS}$이면, $R_1 = R_3$이므로

$$V_{o1} = + V_s \tag{13.11}$$

이다. 따라서 V_{o2}는 점점 감소하게 되고, V_{o2}가 V_{LT}에 도달하면 V_{o3}는 $+ V_Z$로 전환된다. 따라서 V_{o2}는 V_{TH}를 기점으로 방향을 전환하는 삼각파형을 출력하고, V_{o3}는 $+ V_Z$와 $- V_Z$를 전환하는 구형파형을 출력하므로 삼각파 출력 V_{o2}의 크기는 다음과 같다.

$$V_{o2(p-p)} = 2 |V_{TH}| \tag{13.12}$$

또한, 시간 $0 \sim T/2$ (구간 T_1)일 때 적분기 회로(op amp #2)의 출력 $V_{o2(p-p)}$는 다음과 같다.

$$V_{o2(p-p)} = - \frac{1}{R_4 C} \int_0^{\frac{T}{2}} V_{o1} dt$$

$$= -\frac{V_{o1}T}{2R_4C} \tag{13.13}$$

그리고 적분기의 반전 입력단자는 가상접지 전위이므로 V_{o2}는 커패시터 전압 V_C와 같고, 시간 $0 \sim T/2$ (구간 T_1)일 때 $V_{o1} = -V_s$이다.
따라서

$$2|V_{TH}| = \frac{V_sT}{2R_4C} \tag{13.14}$$

이고, 발진주파수는

$$f = \frac{V_s}{4R_4C|V_{TH}|}$$
$$= \frac{(R_5+R_6)V_s}{4CR_4R_5|V_Z|} \tag{13.15}$$

이다.

그림13.4의 결과에서 발진 신호의 한 주기는 $T=1.157[msec]$ 즉, 발진 주파수는 $f=864.3[Hz]$이고, 식(13.5)에 의한 발진주파수의 이론값은

$$f = \frac{5}{4\times 50\times 10^3\times 0.01\times 10^{-6}\times 2.8} = 892.85[Hz]$$

이다.

13-2 실험

(1) VCO_A

i) 그림13.6의 회로를 구성하시오.

$R_1 = 1[K\Omega]$, $R_2 = R_3 = 10[K\Omega]$, $R_4 = R_5 = 5.1[K\Omega]$, $R_6 = R_7 = 51[K\Omega]$, $R_8 = 100[K\Omega]$, $R_9 = 47[K\Omega]$, $R_{10} = 3.9[K\Omega]$, $R_{11} = R_{12} = 10[K\Omega]$, $R_{13} = 680[\Omega]$, $R_{14} = 10[K\Omega]$, $VR_1 = 10[K\Omega]$, $VR_2 = VR_3 = 5[K\Omega]$, $C = 470[pF]$, D: 1S1588, ZD_1: RD 7.5EB1, ZD_2, ZD_3: RD 9.1EB, Q: 2N 3904

ii) 스위치를 개방하고 $v_{in}|_{DC} = 2[V]$가 되도록 VR_1을 조정시오.

iii) 그림13.6(a)의 제어 입력 단과 그림13.6(b)의 회로를 종속 접속하시오.

iv) v_{o2} 출력이 구형파로 발진이 되는지 확인하고, 만약 발진이 발생하지 않으면 발진 파형이 출력되도록 VR_3를 조정하시오.

v) 발진파형의 상한 값($+V_{sat}$)과 하한 값($-V_{sat}$)의 구간 T_1과 T_2가 대칭이 되도록 VR_2을 조정하시오.

vi) 스위치를 개방한 채로 v_{o1}과 v_{o2}를 측정하여 기록하시오.

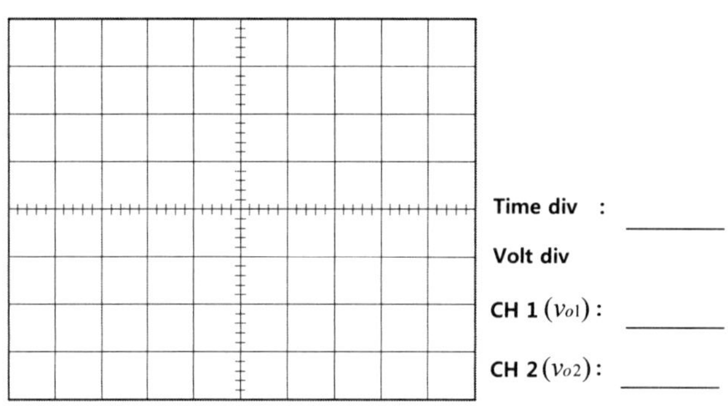

$f =$ __________ $[Hz]$: 실험값, $f =$ __________ $[Hz]$: 이론값

$|V_{o1,p-p}| =$ __________ $[V]$: 실험값, $|V_{o1,p-p}| =$ __________ $[V]$: 이론값

vii) 스위치를 개방하고, $v_{in}|_{DC} = 7[V]$가 되도록 VR_1을 조정하시오.

viii) 스위치를 개방하고, 함수발생기의 출력신호(삼각파)의 피크 $V_{s,p} = 5[V]$, 주파수 $f = 50[Hz]$가 되도록 조정하시오.

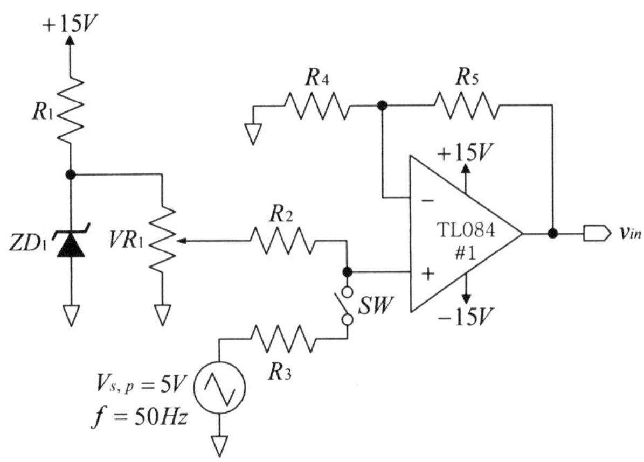

(a) 제어 입력(DC 및 삼각파) 단

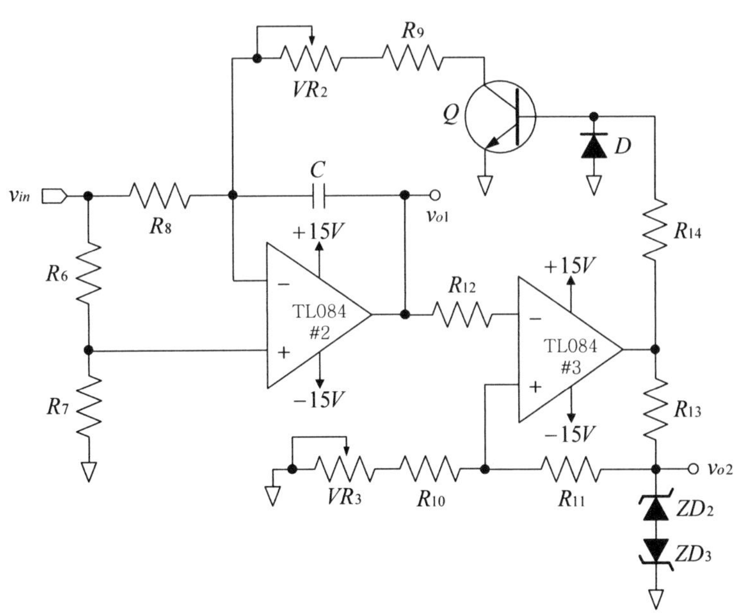

(b) 전압제어 발진회로

그림13.6 DC 제어 입력과 삼각파 제어 입력에 대한 전압제어 발진기(VCO)의 실험회로.

ix) 스위치를 닫고 v_{o1}과 v_{o2}를 측정하여 기록하시오.

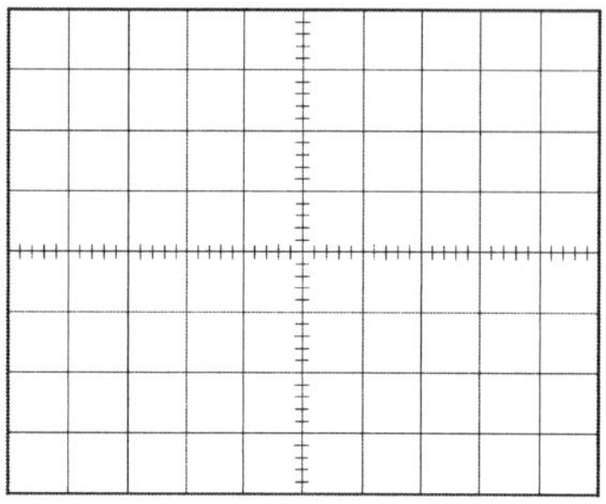

Time div : ______

Volt div

CH 1 (v_{in}) : ______ CH 2 (v_{o1}) : ______

(a) 삼각파 제어입력과 삼각파 발진 출력 v_{o1}

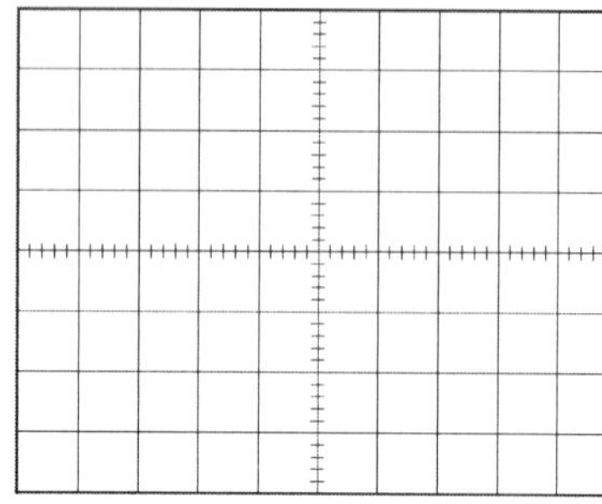

Time div : ______

Volt div

CH 1 (v_{in}) : ______ CH 2 (v_{o2}) : ______

(b) 삼각파 제어입력과 구형파 발진 출력 v_{o2}

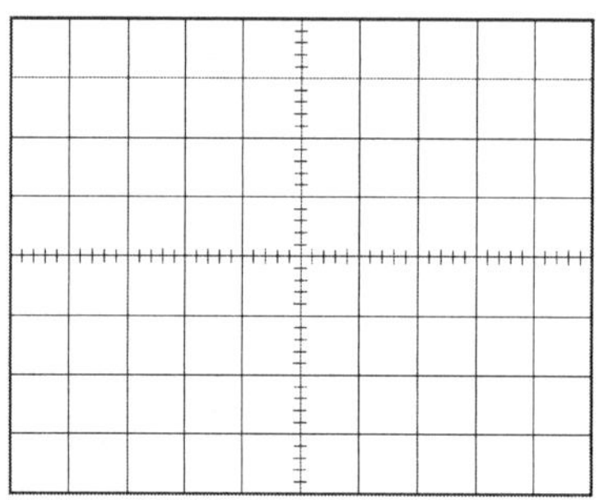

Time div : ______

Volt div

CH 1 (v_{o1}) : ______

CH 2 (v_{o2}) : ______

(C) 발진 출력 : v_{o1}(삼각파)과 v_{o2}(구형파)

※ 다음 실험을 위하여 제어입력 단(그림13.6(a)) 회로는 해체하지 마시오.

(2) VCO_B

i) 그림13.7의 회로를 구성하시오.

R_1, R_2, $R_3 = 100[K\Omega]$, $R_4 = 50[K\Omega]$, $R_5 = 10[K\Omega]$, $R_6 = 680[\Omega]$, R_7, $R_8 = 10[K\Omega]$, $R_9 = 100[K\Omega]$, $C = 0.01[\mu F]$, D:1S1588, ZD_1, ZD_2: RD9.1EB, Q: 2SK30A

ii) 그림13.6(a)의 회로와 그림13.7의 회로를 종속 접속하시오.

iii) 스위치를 개방하고 $v_{in}|_{DC} = 2[V]$가 되도록 VR_1을 조정시오.

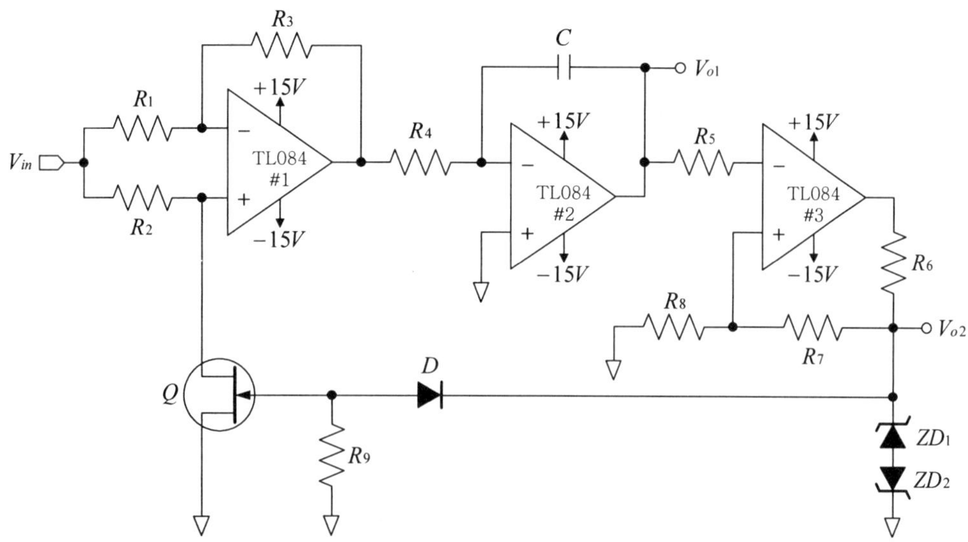

그림13.7 전압제어 발진기(VCO) B의 실험회로.

iv) 스위치를 개방한 채로 v_{o1}과 v_{o2}를 측정하여 기록하시오.

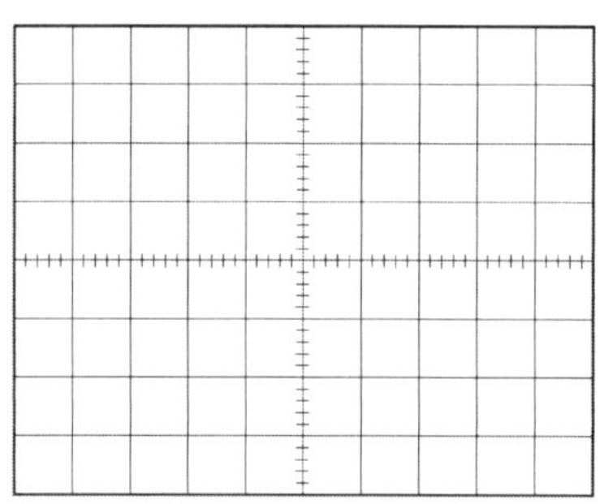

Time div : ______

Volt div

CH 1 (v_{o1}) : ______

CH 2 (v_{o2}) : ______

$f =$ __________ $[Hz]$: 실험값, $f =$ __________ $[Hz]$: 이론값

$|V_{o1,p-p}| =$ __________ $[V]$: 실험값, $|V_{o1,p-p}| =$ __________ $[V]$: 이론값

v) 스위치를 개방하고, $V_{in}|_{DC} = 7[V]$가 되도록 VR_1을 조정하시오.

vi) 스위치를 개방하고, 함수발생기의 출력신호(삼각파)의 피크 $V_{s,p} = 5[V]$, 주파수 $f = 50[Hz]$가 되도록 조정하시오.

vii) 스위치를 닫고 V_{o1}과 V_{o2}를 측정하여 기록하시오.

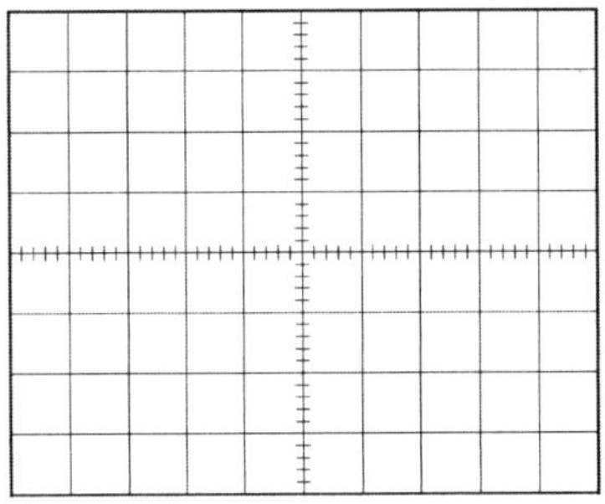

Time div : ________

Volt div

CH 1 (v_{in}) : ________ **CH 2**(v_{o1}) : ________

(a) 삼각파 제어입력과 삼각파 발진 출력 V_{o1}

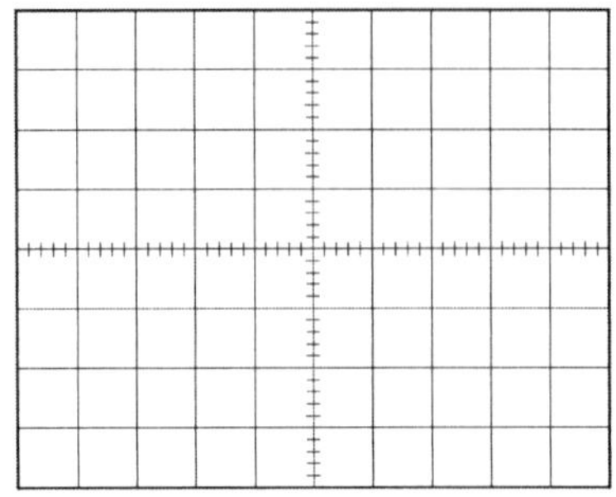

Time div : ________

Volt div

CH 1 (v_{in}) : ________ **CH 2**(v_{o2}) : ________

(b) 삼각파 제어입력과 구형파 발진 출력 V_{o2}

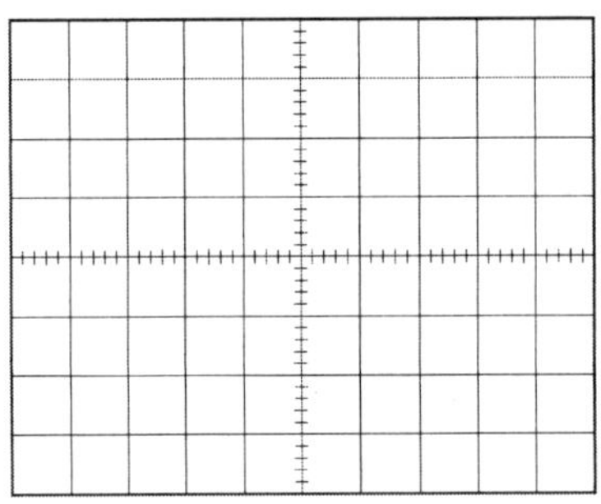

Time div : ________

Volt div

CH 1 (v_{o1}) : ________

CH 2 (v_{o2}) : ________

(C) 발진 출력 : V_{o1}(삼각파)과 V_{o2}(구형파)

14장 필터 회로

필터는 특정 주파수 대역의 신호는 통과하고 다른 주파수 대역의 신호는 감쇄(attenuate) 혹은 저지(block)하는 회로이며, 동작에 따라 *저역통과필터(LPF : low-pass filter*), *고역통과필터(HPF : high-pass filter)*, *대역통과필터(BPF : band-pass filter)*, *대역저지필터(BRF : band-reject filter)*, *전역통과필터(APF : all-pass filter)*로 분류된다.

14-1 선형 시스템(Linear System)

그림14.1은 *단일 입력-단일 출력 시스템 (single input - single output system)*을 블록도로 표시한 것이다. $x(t)$는 시스템의 입력, $y(t)$는 시스템의 출력을 나타내며, 전기회로에서는 전류 혹은 전압이다. 만약 입력 $x_1(t)$에 대한 출력을 $y_1(t)$이라 하고, 입력 $x_2(t)$에 대한 출력을 $y_2(t)$라 하자. 이때 $x_1(t)$와 $x_2(t)$의 선형결합 $x(t)$가 다음과 같을 때

$$x(t) = \alpha_1 x_1(t) + \alpha_2 x_2(t)$$

출력 $y(t)$가

$$y(t) = \alpha_1 y_1(t) + \alpha_2 y_2(t)$$

와 같이 $y_1(t)$와 $y_2(t)$의 선형결합으로 표시되면, 이 시스템을 *선형시스템(linear system)* 이라 하고 필터이론은 선형시스템을 가정한다.

입,출력 신호 $x(t)$, $y(t)$와 같이 시간 t의 연속 함수일 때, 이 시스템을 연속시간 시스템이라 한다. 또한, 이 시스템이 선형 *시불변(time invariant)*이라면 이 시스템은 다음과 같이 상 계수를 갖는 *선형 상미분 방정식 (ordinary differential equation)*으로 표현된다.

$$b_n \frac{d^n y(t)}{dt^n} + b_{n-1} \frac{d^{n-1} y(t)}{dt^{n-1}} + \ldots + b_0 y(t)$$
$$= a_m \frac{d^m x(t)}{dt^m} + a_{m-1} \frac{d^{m-1} x(t)}{dt^{m-1}} + \ldots + a_0 x(t) \qquad (14.1)$$

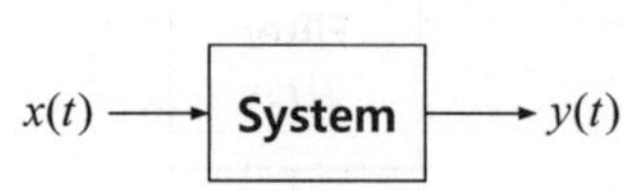

그림14.1 입력이 $x(t)$, 출력이 $y(t)$인 시스템의 표현.

또한, $t=0$에서 축적 에너지가 없을 때 위 식의 초기조건은 모두 0이 되고, 선형 상미분 방정식으로 표현된 시불변 선형시스템을 주파수 영역에서 해석하기 위하여 Laplace 변환을 행하면 식(14.1)은 다음과 같이 변환된다.

$$(b_n s^n + b_{n-1}s^{n-1} + ... + b_0)Y(s) = (a_m s^m + a_{m-1}s^{m-1} + ... + a_0)X(s) \tag{14.2}$$

여기에서, s는 라플라스 연산자이고 $X(s)$, $Y(s)$는 각각 $x(t)$, $y(t)$의 라플라스 변환이다.

이때, 회로망 함수 $H(s)$를 다음과 같이 s의 유리함수(rational function)로 정의한다.

$$H(s) = \frac{Y(s)}{X(s)} = \frac{a_m s^m + a_{m-1}s^{m-1} + ... + a_0}{b_n s^n + b_{n-1}s^{n-1} + ... + b_0} = \frac{N(s)}{D(s)} \tag{14.3}$$

$H(s)$가 실현가능한 회로망 함수이기 위해서 $m \le n$ 이고, $D(s)$, $N(s)$는 각각 전달함수 $H(s)$의 분모, 분자 다항식이다. 분자 다항식 $N(s) = a_m(s-z_1)(s-z_2)...(s-z_m)$으로 인수분해 되고, 분모 다항식 $D(s) = b_n(s-p_1)(s-p_2)...(s-p_n)$으로 인수분해 된다. $s = z_i$, $i = 1,...,m$일 때 $H(s) = 0$이 되기 때문에 z_i를 전달함수 $H(s)$의 *영점(zero)*이라고 하고, $s = p_i$, $i = 1,...,n$일 때 $H(s) = \infty$가 되기 때문에 p_i를 전달함수 $H(s)$의 *극(pole)*이라 한다.

그림 14.2와 같은 4단자망에 대한 $H(s)$를 *전달함수(transfer function)*라 하며, 다음 4가지의 경우를 생각할 수 있다.

$$H(s) = \frac{V_2(s)}{V_1(s)} \text{ : 전압이득 (voltage gain)}$$

$$H(s) = \frac{V_2(s)}{I_1(s)} \text{ : 전달 임피던스 (transfer impedance)}$$

$$H(s) = \frac{I_2(s)}{I_1(s)} \text{ : 전류이득 (current gain)}$$

$$H(s) = \frac{I_2(s)}{V_1(s)} \text{ : 전달 어드미턴스 (transfer admittance)}$$

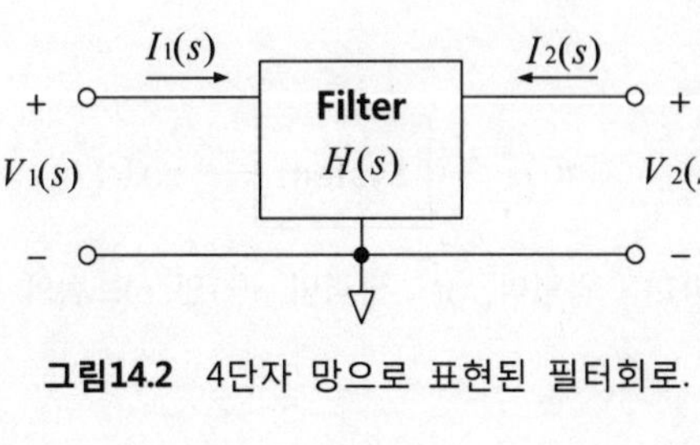

그림14.2 4단자 망으로 표현된 필터회로.

필터 시스템에 대해서는 전압이득 혹은 *전압전달비(voltage transfer ratio)*에 관한 전달함수를 이용하며, 정현파의 정상상태(steady state)에서 $s = j\omega$ 이고 $\omega = 2\pi f\ [rad/s]$ 이다.

$$H(s)|_{s=j\omega} = H(j\omega) = Ae^{j\phi(\omega)}$$

$H(s)$의 크기(magnitude)는

$$A = |H(j\omega)| = \left| \frac{V_2(s)}{V_1(s)} \right|$$

이고, 위상은

$$\phi = \angle H(j\omega)$$

이다.

14-2 필터의 종류

통과 대역에 따르는 필터의 동작은 다음과 같다.

i) 저역통과필터(LPF : low-pass filter) : 낮은 주파수 대역의 신호는 통과하고 높은 주파수 대역의 신호는 저지

ii) 고역통과필터(HPF : high-pass filter) : 높은 주파수 대역의 신호는 통과하고 낮은 주파수 대역의 신호는 저지

iii) 대역통과필터(BPF : band-pass filter) : 특정 주파수 대역의 신호는 통과하고 그보다 낮거나 높은 대역의 신호는 저지

iv) 대역저지필터(BRF : band-reject filter) : 특정 주파수 대역의 신호는 통과하지 않고 이보다 낮거나 높은 주파수 대역의 신호는 통과

v) 전역통과필터(APF : all-pass filter) : 주파수에 따라 진폭은 변하지 않고 위상만 변함

위의 각 필터에 대한 전달함수의 크기 $|H(j\omega)|$에 대한 주파수 응답은 그림14.3과 같다. 점선으로 표시된 것은 각각의 필터에 대하여 이상적인 응답을 나타내고, 실선은 실제의 응답을 나타내고 있다. 이상적인 저역 통과필터의 *통과대역(passband)*은 $0 < \omega < \omega_c$이고 $\omega_c > \omega$인 주파수 대역을 저지대역(*stopband*)이라 하며, $\omega_c\ [rad/s]$ 또는 $f_c = \omega_c/2\pi\ [Hz]$는 통과대역과 저지대역을 구분하는 *차단 주파수(cutoff- frequency)* 혹은 *차단점(cutoff point)*이다. 그러나 실제로는 이와 같은 이상적인 필터를 구현하는 것은 불가능하며, 실제의 필터는 이상적인 필터에 근사하도록 설계한다.

실선으로 표시된 근사화 된 실제의 필터에서는 크기가 매우 작은 A_2인 지점의 $\omega > \omega_1$은 저지대역이고, 통과대역과 저지대역 사이의 주파수대를 *천이대역(transition band)*이라 한다. 차단 주파수 ω_c는 최대 크기 A_0의 0.707배 되는 크기를 갖도록 동작하는 주파수를 나타낸다.

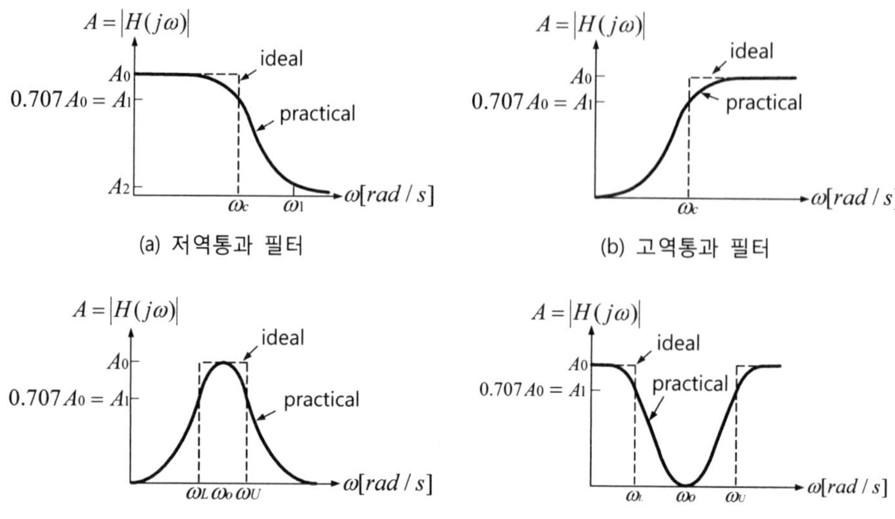

(a) 저역통과 필터 (b) 고역통과 필터

(c) 대역통과 필터 (d) 대역제거 필터

그림14.3 필터의 주파수 응답 $|H(j\omega)|$.

<예제>

예를 들어, 필터의 전달함수가 다음과 같다면, 차단주파수 ω_c를 구하시오.

$$H(s) = \frac{2}{s+1}$$

<해>

$s = j\omega$에 대해

$$H(j\omega) = \frac{2}{j\omega+1}$$

이고, 크기 $|H(j\omega)|$는

$$|H(j\omega)| = \frac{|2|}{|j\omega+1|} = \frac{2}{\sqrt{\omega^2+1^2}} = \frac{2}{\sqrt{1+\omega^2}}$$

이다. 이 전달함수의 크기는 $\omega = 0$에서 최대가 되고 ω가 증가할수록 점진적으로 감소하므로 저역통과필터의 전달함수이다. $\omega = 0$에서 최대값 $A_0 = |H(j\omega)|_{max} = 2$ 이므로 차단주파수 ω_c는 다음과 같다.

$$|H(j\omega_c)| = \frac{A_0}{\sqrt{2}} = \frac{2}{\sqrt{2}} = \frac{2}{\sqrt{1+\omega_c^2}}$$

이때, $\omega_c = 1\,[rad/s]$이다.

대역통과필터는 중심주파수가 $\omega_o\,[rad/s]$이고 대역폭 $B = \omega_U - \omega_L$인 주파수 대역의 신호를 통과하며 ω_L은 *저역 차단주파수(lower cutoff frequency)*, ω_U는 *고역 차단주파수(upper cutoff frequency)*이다. 통과대역은 $\omega_L \le \omega \le \omega_U$이고 저지대역은 $0 \le \omega < \omega_L$과 $\omega > \omega_U$으로서 2개의 저지대역을 갖는다. ω_L과 ω_U에서의 이득의 크기는 최대 크기 A_0의 0.707배이다.

대역저지필터 혹은 *노치필터(notch filter)*는 중심주파수 $\omega_o\,[rad/s]$ 혹은 $f_o = \omega_o/2\pi\,[Hz]$인 주파수 대역의 신호는 저지 혹은 제거하고, 다른 주파수 대역의 신호는 통과한다. 제거되는 주파수 대역은 $\omega_L \le \omega \le \omega_U$이고, $0 \le \omega \le \omega_L$의 대역과 $\omega \ge \omega_U$인 대역은 통과대역이다.

위에서 설명한 모든 필터가 이상적인 필터 특성에 더욱 근사화 되기 위해서는 천이 대역이 가능한 한 급격하게 감쇄가 생기도록 한다. 앞서 설명한 바와 같이 실제 필터의 전달함수는 s에 관한 두개의 다항식의 비이다. 이때, 분모 다항식의 차수 n을 필터의 *차수(order)*로 정의하고 차수가 높을수록 필터의 특성은 이상적인 필터의 특성에 가까워진다. 필터의 차수는 커패시터나 인덕터와 같은 에너지 저장 소자의 개수에 의해 결정되고 $H(s)$의 차수 n에 따라서 $20n$ dB/decade의 기울기로 변한다. 예를 들어 2차 및 6차의 저역통과필터에 대한 주파수 응답의 결과는 그림14.4와 같다.

기본파 및 고조파 신호와 고주파 잡음이 더해진 여러 가지 형태의 신호가 LPF, HPF, BPF, BRF 시스템을 통과 했을 때의 각각의 신호전달 효과는 그림14.5와 같다.

이와 같은 필터의 근사화는 버터워스(Butterworth) 필터 함수, 체비세프(Chebyshev) 필터 함수, 역 체비세프(inverse Chebyshev) 필터 함수, 카우엘(Cauer) 필터 함수, 베셀(Bessel) 필터 함수 등을 통하여 이루어진다. 이후 일반적으로 이용되는 버터워스 필터 함수와 체비세프 필터 함수를 이용한 근사화 방법을

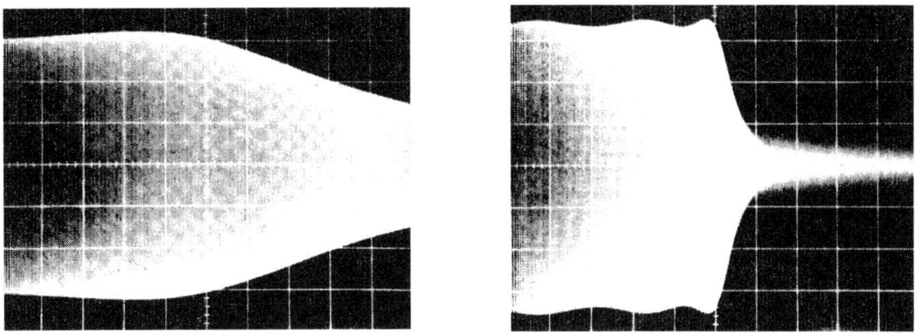

(a) 2차 필터　　(b) 6차 필터

그림14.4 차수에 따른 저역통과 필터의 주파수 응답.

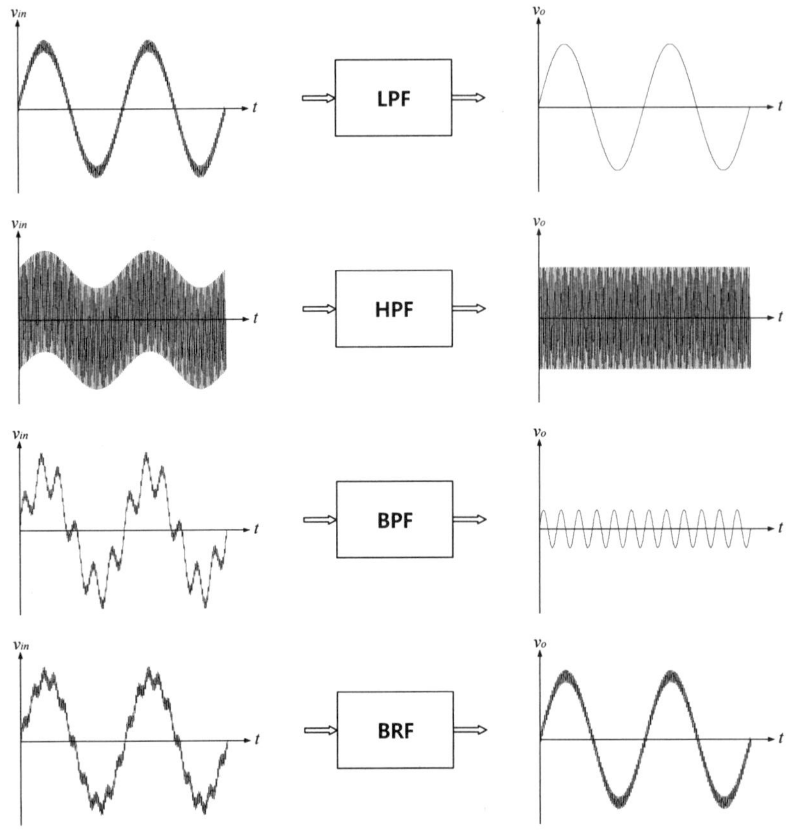

(a) 입력신호 (b) 필터 (c) 출력신호

그림14.5 각 필터에서의 신호전달 효과.

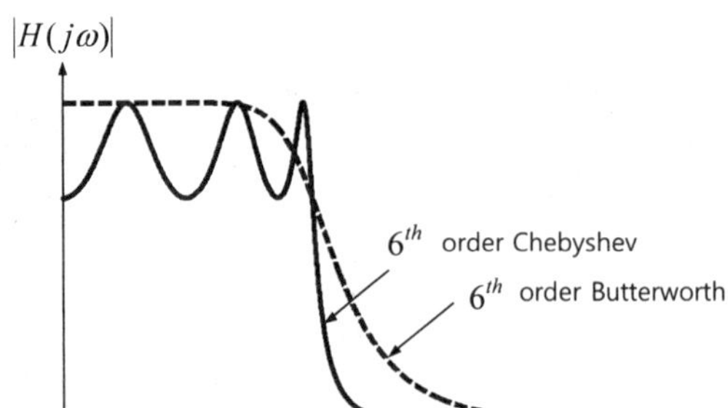

그림14.6 6차 버터워스 및 체비세프 저역통과 필터의 크기에 대한 주파수 응답.

설명한다.

다음 절에서 두 함수의 응답 특성에 대하여 설명하겠지만, 여기에서 6차 저역통과 필터의 크기에 대한 응답특성을 비교하면 그림14.6과 같다. 통과 대역에서 버터워스 함수는 체비세프 함수 응답에 비해 이상적인 응답에 더 근사하지만 차단주파수 근처와 저지대역에서의 응답 특성은 더 좋지 않다.

위상응답은 버터워스 함수가 체비세프 함수보다 더 좋은 특성을 보이며, 함수의 크기 $|H(j\omega)|$의 응답 특성이 좋을수록 위상 $\phi(\omega)$의 응답 특성은 오히려 더 좋지 않다.

이러한 필터회로는 수동소자인 인덕터와 커패시터, 저항을 이용하여 구성할 수 있으나 고차 필터를 구성할 때 삽입손실이 발생한다. 또한, 인덕터는 특히 저주파 영역에서 부피가 커지므로 필터의 소형화에 부적합하고 단가가 높다는 단점이 있다. 이에 반하여 능동 필터는 op amp와 저항, 커패시터로 구성되며, op amp는 이상적으로는 입력 임피던스가 무한대이고 출력 임피던스가 0이라는 특성을 갖고 있으므로 부하효과가 발생하지 않는다. 따라서 삽입손실이 발생하지 않으므로 여러 개의 단을 종속함으로써 쉽게 고차 필터를 설계할 수 있다. 그러나 능동 필터는 비록 많이 개선되었다고 하지만, 여전히 수동 필터에 비해 소자 변동에 대한 감도(sensitivity)가 높고 op amp의 주파수 특성에 따라 사용할 수 있는 주파수 대역에 제한이 있고, op amp를 구동하는 전원이 필요하다는 단점도 있다.

14-2.1 저역통과 필터 (low-pass filter)

저역통과 필터의 이득을 A_{LP}라 한다면 n차 저역통과 필터는 다음과 같이 상수와 다항식의 비(ratio)로 표현되는 전달함수를 가지며, 이와 같은 형태를 *전극 필터 (all-pole filter)*라 부른다.

$$H(s) = \frac{A_{LP}\, a_0}{s^n + a_{n-1}s^{n-1} + \ldots + a_1 s + a_0} \tag{14.4}$$

계수 $a_0, a_1, \ldots, a_{n-1}$은 설계하는 필터 함수(예를 들어, 버터워스 필터인가? 체비세프 필터인가?)에 따라 다르다.

1차 저역통과 필터와 2차 저역통과 필터 회로를 해석함으로써 저역통과 필터에 대한 전달함수 $H(s)$를 유도하여 그 결과식이 식(14.4)와 같아지는지 살펴보자.

(1) 1차 저역통과 필터

그림14.7은 op 앰프를 이용하여 설계한 1차 저역통과 능동필터회로이다. 그림에서 필터 회로는 op 앰프와 R_2, R_3 2개의 저항이 이득 $K = 1 + R_3/R_2$인 *전압제어 전압원 (VCVS : Voltage Controlled Voltage Source)*을 구성하므로 VCVS 필터로 정의한다(고안자의 이름을 따라 'Sallen-Key' 필터로 불린다). VCVS 필터는 다른 구조의 필터보다 회로 요소 값의 변화에 민감하다는 단점은 있으나, 회로의

구성이 간단하고 조정이 쉽다는 장점이 있으므로 앞으로 VCVS 필터회로에 대해서 설명하기로 한다. 그림에서 op 앰프의 비반전 입력의 전위를 v_a로 정의하고 이 점에 *KCL(Kirchhoff's Current Law)*를 적용한다.

$$\frac{V_a - V_{in}}{R_1} + sCV_a = 0 \tag{14.5a}$$

또한

$$V_a = \frac{V_o}{K} \tag{14.5.b}$$

이다. 식(14.5)로부터 1차 저역통과 필터의 전달함수는 다음과 같다.

$$H(s) = \frac{\dfrac{K}{R_1 C}}{s + \dfrac{1}{R_1 C}} \tag{14.6}$$

회로에서 $K = 1 + \frac{R_3}{R_2}$이고, 오프셋 감소를 위하여 $R_1 = R_2 \parallel R_3$이다.

(2) 2차 저역통과 필터

그림14.8은 2차 저역통과 필터 회로이다. R_2 양단의 전위를 각각 v_1, v_2로 정의하고 이 두 절점에 KCL을 적용하면 $s = j\omega$일 때,

$$\frac{V_{in} - V_1}{R_1} = \frac{V_1 - V_2}{R_2} + sC_1(V_1 - V_o) \tag{14.7a}$$

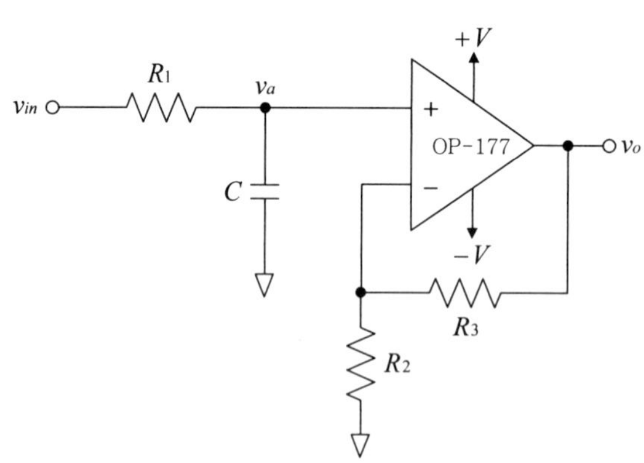

그림14.7 VCVS 1차 저역통과 필터 회로.

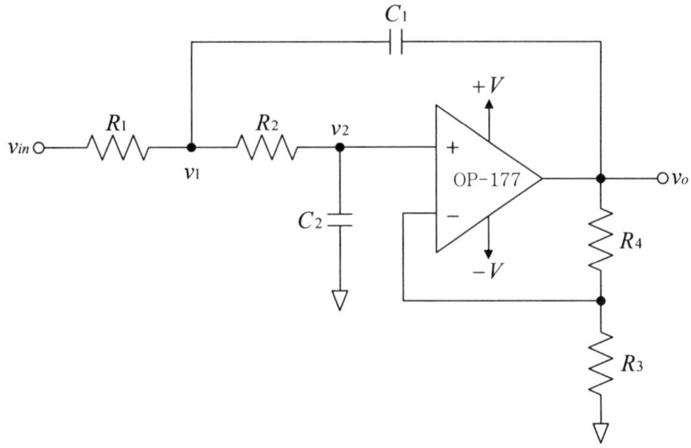

그림14.8 VCVS 2차 저역통과 필터 회로.

$$\frac{V_1 - V_2}{R_2} = sC_2V_2 \tag{14.7b}$$

그리고 $V_2 = \dfrac{V_o}{K}$이고 $K = 1 + \dfrac{R_4}{R_3}$이다.

V_{in}과 V_o에 대하여 정리하면

$$H(s) = \frac{V_o}{V_{in}} = \frac{\dfrac{K}{R_1R_2C_1C_2}}{s^2 + \dfrac{R_2C_2 + R_1C_2 + (1-K)R_1C_1}{R_1R_2C_1C_2}s + \dfrac{1}{R_1R_2C_1C_2}} \tag{14.8}$$

오프셋 감소를 위하여 $R_1 + R_2 = R_3 \parallel R_4$이 되도록 설계한다.

식(14.6)과 식(14.7)은 식(14.4)와 같은 전극필터의 구조임을 알 수 있고, 이 함수들은 차단주파수 $\omega_c(=2\pi f_c)\,[rad/s]$에 대하여 각각 다음과 같이 정리된다.

$$\text{1차 저역통과 필터함수 : } H(s) = \frac{Kb\omega_c}{s + b\omega_c} \tag{14.9}$$

$$\text{2차 저역통과 필터함수 : } H(s) = \frac{Kb\omega_c^2}{s^2 + a\omega_c s + b\omega_c^2} \tag{14.10}$$

1차 저역통과 필터함수에서

$$b\omega_c = \frac{1}{R_1C} \tag{14.11}$$

이고, 2차 저역통과 필터함수에서

$$a\omega_c = \frac{1}{C_1}\left(\frac{1}{R_1} + \frac{1}{R_2}\right) + \frac{1}{R_2C_2}(1-K) \tag{14.12}$$

$$b\omega_c^2 = \frac{1}{R_1 R_2 C_1 C_2}$$

이다. 여기에서 계수 a, b는 차단주파수 $\omega_c = 1\,[rad/s]$로 *정규화(normalization)* 했을 때의 값이다. 식(14.9)와 식(14.10)은 필터함수의 원형(prototype)으로서, 주파수 변환을 통하여 즉, s를 다른 영역($f(s)$)으로 사상함으로써 저역통과 외의 다른 필터의 전달함수를 구할 수 있다.

1차 및 2차 버터워스 저역통과 필터는 식(14.11)과 식(14.12)에서 $b=1$이므로 각각의 차단 주파수 f_c는 각각 다음과 같다.

$$\text{1차 저역통과 필터 : } f_c = \frac{1}{2\pi R_1 C} \tag{14.13a}$$

$$\text{2차 저역통과 필터 : } f_c = \frac{1}{2\pi\sqrt{R_1 R_2 C_1 C_2}} \tag{14.13b}$$

또한 그림14.7의 1차 필터, 그림14.8의 2차 필터는 출력 임피던스가 매우 작기 때문에, 이것들을 한 개의 단(stage)으로 하여 여러 단을 종속(cascade) 함으로써 고차의 필터회로를 구성할 수 있다. 이때 고차 필터의 전달함수는 각 단의 전달함수의 곱과 같고, 이득 역시 각 단의 이득을 곱한 결과와 같다.

$$H(s) = H_1(s) H_2(s) \ldots H_n(s) \tag{14.14a}$$

$$A_{LP} = K_1 K_2 \ldots K_n \tag{14.14b}$$

14-2.1.1 버터워스 LP 필터 (Butterworth LP filter)

n차 저역통과 필터의 크기에 대한 버터워스 함수는 다음과 같이 정의된다.

$$|H(j\omega)| = \frac{A_{LP}}{\sqrt{1+(\omega/\omega_c)^{2n}}}, \qquad n = 1,2,3,\ldots \tag{14.15}$$

A_{LP}는 $s=0$일 때의 전달함수 값으로서 저역통과 필터의 이득이고, ω_c는 차단주파수이다. 예를 들어 $A_{LP}=1$일 때, $n=2, 4, 6$인 경우에 대하여 크기에 대한 각각의 주파수응답의 모양이 그림14.9(a)와 같고, 차수가 높을수록 점선으로 표시된 이상적인 저역통과 특성에 접근한다. 버터워스 진폭은 주파수가 증가할수록 단조 감소하며, $\omega=0$의 부근에서는 어떤 다른 n차의 전극 필터보다 가장 평탄한 특성을 보이므로 *최대평탄(maximally flat)*이라 부른다. 저주파에서 버터워스 진폭은 이상적인 특성에 가장 근사하지만, 차단 주파수 부근에서는 체비세프 필터보다 두드러지게 좋지 않다. dB 단위로 변환한 버터워스 크기는 그림14.9(b)와 같다. 차수가 $n=1$, $n=2$, $n=3$일 때 각각 20dB/decade, 40dB/decade, 60dB/decade 감소한다.

필터의 크기 $|H(j\omega)|$의 설계조건이 주어지면 필터의 전달함수 $H(s)$를 구할 수 있다. 그 방법으로는 $\omega = s/j$이므로 $|H(j\omega)|^2$을 취한 후 ω^2을 $-s^2$으로 치환 한

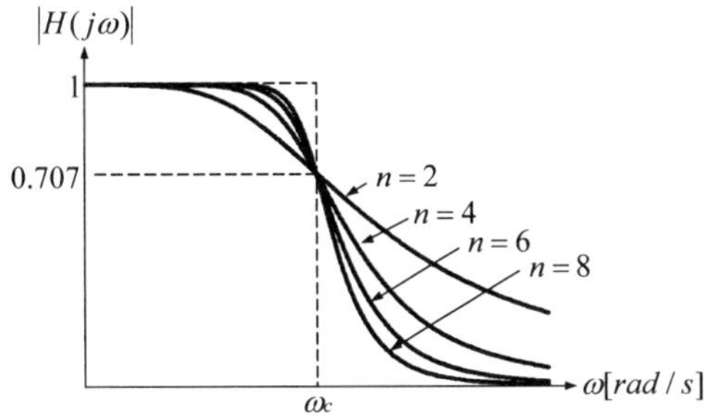

(a) 크기, $|H(j\omega)|$

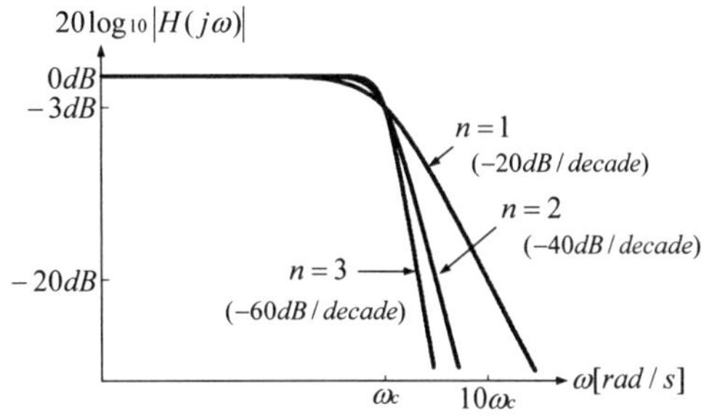

(b) dB로 변환된 크기, $20\log_{10}|H(j\omega)|$

그림14.9 차수에 따른 버터워스 저역통과 필터의 크기에 대한 주파수 응답

후 모든 영점과 극을 구함으로서 필터의 전달함수 $H(s)$를 구한다.

$H(s)$는 구한 영점과 극 중에서 s 평면의 좌반면에 있는 영점과 극을 취한다. 왜냐하면, 시스템이 안정하려면 극이 s 평면의 좌반면에 있어야 하고 또한, 영점이 s 평면의 좌반면에 있을 때 *최소위상 시스템(minimum phase system)* 이기 때문이다. 전극 필터함수의 분자는 상수이므로 영점은 구하지 않는다.

<예제>
이득이 A_{LP}이고, $\omega_c = 1\,\text{rad/s}$일 때 1차 저역통과 버터워스 필터의 전달함수 $H(s)$를 구하시오.

<해>
A_{LP}와 $\omega_c = 1$을 식(14.15)에 대입하면

$$|H(j\omega)|^2 = \frac{A_{LP}^2}{1+\omega^2}$$

이고, ω^2을 $-s^2$으로 치환하면

$$\frac{A_{LP}^2}{1-s^2} = \frac{A_{LP}^2}{(1-s)(1+s)} = \left(\frac{A_{LP}}{1-s}\right)\left(\frac{A_{LP}}{1+s}\right)$$

이다. 극은 $s=1$과 $s=-1$이고, 전극 필터이므로 영점은 구하지 않는다. s 평면의 좌반면에 있는 극 $s=-1$을 취하면 결과적인 전달함수 $H(s)$는 다음과 같다.

$$H(s) = \frac{A_{LP}}{s+1}$$

고차 필터함수는 각각 식(14.9)와 식(14.10)을 한 개의 단(stage)으로 하여 구성된다. 예를 들어 3차 필터는 2차 함수 한 개의 단과 1차 함수 한 개의 단으로 구

성되며, 4차 필터는 2차 함수 2개의 단으로 구성된다.

표14.1 버터워스 필터함수의 정규화된 계수

n	a	b
1	-	1
2	1.414214	1
3	1.000000	1
	-	1
4	0.765367	1
	1.847759	1
5	0.618034	1
	1.618034	1
	-	1
6	0.517638	1
	1.414214	1
	1.931852	1

식(14.9)와 식(14.10)에서 차수가 $n=1,2,...,6$일 때의 버터워스 필터함수의 정규화된 계수 a와 b는 표14.1과 같다.

<예제>

이득 $A_{LP}=4$이고 차단주파수 $f_c=2,000\,[Hz]$인 3차 저역통과 버터워스 필터를 설계하고자 한다. 전달함수 $H(s)$를 구하시오.

<해>

필터의 첫째 단 $H_1(s)$은 식(14.10)로 하고, 두 번째 단 $H_2(s)$는 식(14.9)로 구성한다. 첫째 단의 이득 $K=K_1$으로, 두 번째 단의 이득 $K=K_2$로 정의한다. 또한 표14.1에서 3차 버터워스 함수의 첫째 단의 계수는 $a=1$, $b=1$이고, 두 번째 단의 계수 $b=1$이다. 따라서 필터의 전달함수

$$H(s)=H_1(s)H_2(s)=\frac{K_1\omega_c^2}{s^2+\omega_c s+\omega_c^2}\cdot\frac{K_2\omega_c}{s+\omega_c}$$

이다. $A_{LP}=K_1K_2=4$이므로 $K_1=2$, $K_2=2$로 선택하면 결과적인 3차 버터워스 필터의 전달함수 $H(s)$는 다음과 같다.

$$H(s)=\frac{2\omega_c^2}{s^2+\omega_c s+\omega_c^2}\cdot\frac{2\omega_c}{s+\omega_c}$$

여기에서 $\omega_c=2\pi(2,000)=12,566\,[rad/s]$이다.

14-2.1.2 체비세프 LP 필터 (Chebyshev LP filter)

저역통과 필터의 크기에 대한 체비세프 함수는 식(14.16)과 같다.

$$|H(j\omega)| = \frac{K}{\sqrt{1+\epsilon^2 C_n^2(\omega/\omega_c)}}, \qquad n = 1,2,3,... \tag{14.16a}$$

C_n은 다음과 같이 결정되는 체비세프 다항식이다. ·

$$C_n(x) = \cos(n\cos^{-1}x) \tag{14.16b}$$

이 값들은 통과대역에 분포되므로 통과대역에는 리플이 발생하며 통과대역을 제외한 다른 주파수 대역에서는 크기가 단조 감소한다. ϵ은 리플의 크기를 제어하기 위한 상수이고 작을수록 리플은 작아지며, K는 필터의 이득이다.

체비세프 필터는 통과대역에서 같은 크기의 리플이 연속되므로 *등 리플 필터(equiripple filter)*라고 부른다. $K=1$인 경우 리플의 크기 (PRW : passband ripple width)는 다음과 같고,

$$PRW = 1 - \frac{1}{\sqrt{1+\epsilon^2}} \tag{14.17}$$

ϵ이 작을수록 PRW는 작아진다. PRW을 dB로 표시하면

$$\begin{aligned} \alpha &= -20\log_{10}\left(\frac{1}{\sqrt{1+\epsilon^2}}\right) \\ &= 10\log_{10}(1+\epsilon^2) \end{aligned} \tag{14.18}$$

이고, 만약 통과대역 리플이 $3[dB]$인 체비세프 필터를 설계한다면 $\epsilon = 0.99763$이다.

그림14.10은 $K=1$, $\omega_c = 1\,[rad/s]$인 경우에 대한 2차~5차의 체비세프 저역통과필터 함수의 크기에 대한 주파수 응답의 결과이다. 차수 n에 관계없이 통과대역에서의 리플의 크기가 같다. PRW가 $3[dB]$인 필터가 아니라면 ω_c가 차단주파수는 아니며, *차단점(cutoff point)* 혹은 *리플 채널의 종착점(end of the ripple channel)*으로 불린다. $3[dB]$ 되는 주파수 ω_{3dB}은 다음과 같다.

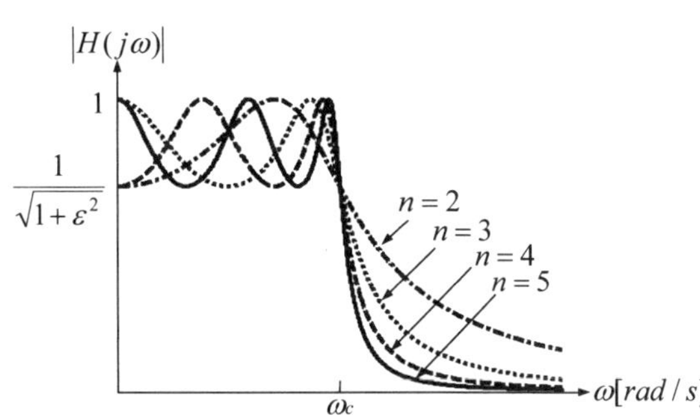

그림14.10 저역통과 체비세프 필터의 크기에 대한 주파수 응답.

$$\omega_{3dB} = \cosh\left(\frac{1}{n}\mathrm{arccosh}\frac{1}{\epsilon}\right) \tag{14.19}$$

체비세프 저역통과 필터의 전달함수의 형태는 앞서의 버터워스 필터의 전달함수와 일치한다(식(14.9), (14.10)). 그러나 체비세프 함수는 버터워스 함수와 다르게 차수가 같더라도 필터의 리플의 크기에 따라 계수가 달라지며, 표14.2에 $n=2,\ldots,5$에 대하여 통과대역 리플의 크기가 $0.1[dB]$, $0.5[dB]$, $1[dB]$, $2[dB]$, $3[dB]$인 체비세프 필터의 정규화된 계수가 정리 되어있다.

<예제>

PRW가 $1\,[dB]$인 5차 체비세프 필터의 정규화된 계수를 찾으시오.

<해>

5차 저역통과 필터는 3개의 단으로 이루어지며 첫째 단과 둘째 단은 2차 함수이고, 셋째 단은 1차 함수이다. 따라서 표14.2에서 $n=5$, $PRW=1$인 계수를 찾는다.

첫째 단 : $a=0.178917$, $b=0.988315$

둘째 단 : $a=0.468410$, $b=0.429298$

셋째 단 : $b=0.289493$

14-2.2 고역통과 필터 (high-pass filter)

차단 주파수가 $\omega_c\,[rad/s]$인 고역통과 필터의 전달함수는 원형함수(식(14.9), 식(14.10))의 ω_c를 $1[rad/s]$로 정규화 한 후, 정규화 된 함수에 대하여 s를 다음의 S로 주파수 변환을 행함으로써 구한다.

$$H(s)\,|_{HPF} = H(S)\,|_{prototype\ LPF} \qquad S = \frac{\omega_c}{s} \tag{14.20}$$

예를 들어, 주파수 변환된 1차 고역통과 필터의 전달함수는 다음과 같다.

$$H(s)|_{HPF} = \left.\frac{Kb}{S+b}\right|_{S\leftarrow\frac{\omega_c}{s}} = \frac{Ks}{s+\dfrac{\omega_c}{b}} \tag{14.21}$$

이와 같이 주파수 변환을 통한 2차 고역통과 필터의 전달함수는 다음과 같다.

표14.2 체비세프 저역통과필터 함수의 정규화된 계수

차수 n	PRW $[dB]$	a	b	차수 n	PRW $[dB]$	a	b
2	0.1	2.372356	3.314037	4	0.1	0.528313 1.275460	1.330031 0.622925
	0.5	1.425625	1.516203		0.5	0.350706 0.846680	1.063519 0.356412
	1.0	1.097734	1.102510		1.0	0.279072 0.673739	0.986505 0.279398
	2.0	0.803816	0.823060		2.0	0.209775 0.506440	0.928675 0.221568
	3.0	0.644900	0.707948		3.0	0.170341 0.411239	0.903087 0.195980
3	0.1	0.969406 -	1.689747 0.969406	5	0.1	0.333067 0.871982 -	1.194937 0.635920 0.538914
	0.5	0.626456 -	1.142448 0.626456		0.5	0.223926 0.586245 -	1.035784 0.476767 0.362320
	1.0	0.494171 -	0.994205 0.494171		1.0	0.178917 0.468410 -	0.988315 0.429298 0.289493
	2.0	0.368911 -	0.886095 0.368911		2.0	0.134922 0.353230 -	0.952167 0.393150 0.218308
	3.0	0.298620 -	0.839174 0.298620		3.0	0.109720 0.287250 -	0.936025 0.377009 0.177530

$$H(s) = \frac{Ks^2}{s^2 + \frac{a}{b}\omega_c s + \frac{\omega_c^2}{b}} \tag{14.22}$$

전달함수의 계수 a와 b는 정규화된 저역통과 필터함수의 계수와 같다. 2차 이상의 고차 필터에서 K는 $\lim\limits_{s \to \infty} H(s)$로 구해지는 각 단의 이득이며, 필터 이득 A_{HP}는 각 단의 이득 K_i $(i = 1, \ldots, n)$를 곱한 값이다.

그림14.11은 $A_{HP} = 1$일 때 $n = 2,4,5$차의 버터워스 및 체비세프 고역통과 필터의 크기응답의 결과이다.

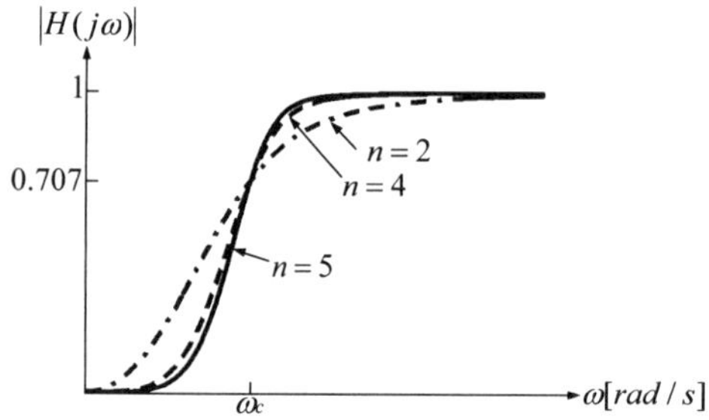

(a)버터워스 필터

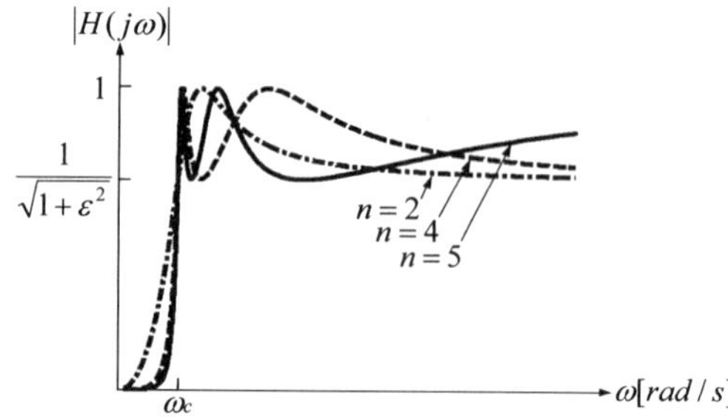

(b)체비세프 필터

그림14.11 $n = 2,4,5$차에 대한 고역통과 필터의 크기응답.

VCVS 고역통과 필터회로에 대하여 전달함수를 구하여 식(14.21),(14.22)와 비교하여 보자.

(1) 1차 고역통과 필터

1차 VCVS 고역통과 필터회로는 그림14.12와 같다. Op 앰프의 비반전 입력단자의 전위를 v_a로 정의하고 이 점에 키르히호프 전류법칙을 적용하고, $v_a = v_o/K$임을 상기하면 다음과 같은 식을 얻는다.

$$sC\left(\frac{V_o}{K} - V_{in}\right) + \frac{V_o/K}{R_1} = 0 \tag{14.23a}$$

따라서

$$H(s) = \frac{V_o}{V_{in}} = \frac{Ks}{s + \dfrac{1}{R_1 C}} \tag{14.23b}$$

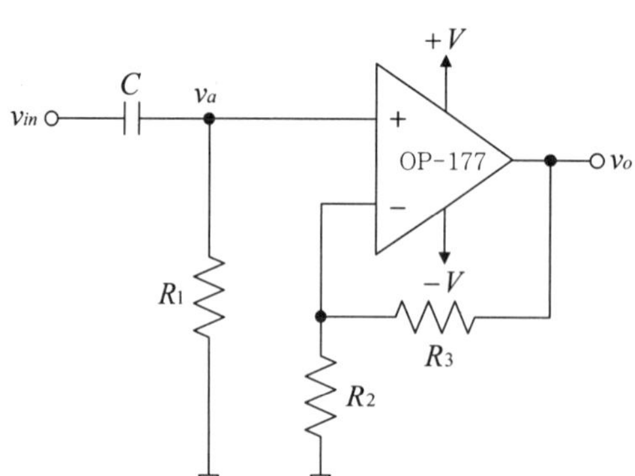

그림14.12 1차 VCVS 고역통과 필터.

이다. 식(14.23b)를 식 (14.21)과 비교하면

$$K = 1 + \frac{R_3}{R_2}$$
$$\frac{\omega_c}{b} = \frac{1}{R_1 C} \tag{14.24}$$

이다. 또한 오프셋 감소를 위하여 $R_1 = R_2 \parallel R_3$이다.

(2) 2차 고역통과 필터

그림14.13은 VCVS 2차 고역통과 필터회로이다. 회로에서 2개의 절점(node)의 전위를 각각 v_1, v_2로 정의하고, 이 2개의 절점에 키르히호프 전류법칙을 적용하면 다음과 같은 2개의 절점 방정식을 얻는다.

$$\text{절점 1 : } sC(V_{in} - V_1) + sC(V_2 - V_1) + \frac{V_o - V_1}{R_1} = 0 \tag{14.25a}$$

$$\text{절점 2 : } sC(V_2 - V_1) + \frac{V_2}{R_2} = 0 \tag{14.25b}$$

또한 $V_2 = \frac{V_o}{K}$, $K = 1 + \frac{R_4}{R_3}$ 이므로, 위 식들을 정리하면

$$H(s) = \frac{V_o}{V_{in}} = \frac{Ks^2}{s^2 + \frac{(2R_1 + R_2 - KR_2)}{R_1 R_2 C}s + \frac{1}{R_1 R_2 C^2}} \tag{14.26}$$

이고, 이 식을 식(14.22)와 비교하면

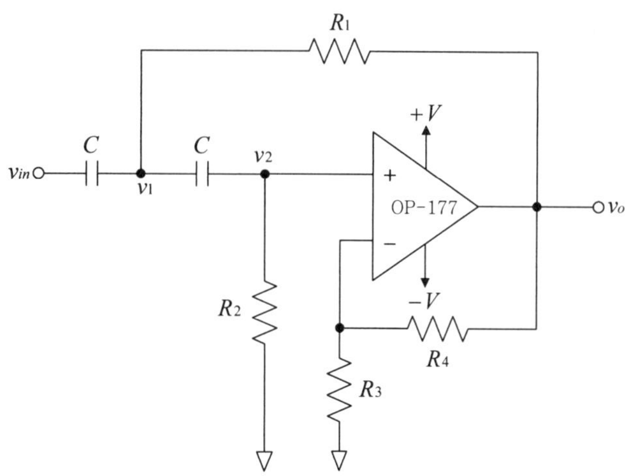

그림14.13 2차 VCVS 고역통과 필터.

$$\frac{a}{b}\omega_c = \frac{1-K}{R_1 C} + \frac{2}{R_2 C}$$

$$\frac{\omega_c^2}{b} = \frac{1}{R_1 R_2 C^2} \qquad (14.27)$$

$$K = 1 + \frac{R_4}{R_3}$$

이다.

식(14.24)와 식(14.27)로부터 고역통과 필터의 차단주파수는

$$\omega_c = \frac{1}{C\sqrt{R_1 R_2}} \qquad (14.28)$$

이다. 만약 $R = R_1 = R_2$ 이면

$$\omega_c = \frac{1}{RC} \qquad (14.29)$$

이다.

14-2.3 대역통과 필터 (band-pass filter)

저역 차단주파수 ω_L과 고역 차단주파수 ω_U 그리고 중심주파수 ω_o인 대역통과 필터의 전달함수는 식(14.9)와 식(14.10)의 저역통과 필터함수에서 $\omega_c = 1[rad/s]$로 정규화하고 s를 다음의 S로 주파수 변환을 행함으로써 구한다.

$$H(s)|_{BPF} = H(S)|_{prototype\ LPF}$$

$$S = \frac{s^2 + \omega_o^2}{Bs} = \frac{Q(s^2 + \omega_o^2)}{\omega_o s} \qquad (14.30)$$

B는 대역폭(bandwidth), Q는 첨두율(quality factor)을 나타내는 값이며 중심주파수 ω_o는 ω_L과 ω_U 의 기하학적 평균이다.

$$B = \omega_U - \omega_L\,[rad/s]$$

$$Q = \frac{\omega_o}{B} \qquad (14.31)$$

$$\omega_o = \sqrt{\omega_L \omega_U}$$

식(14.31)의 Q와 ω_o로부터 ω_L, ω_U는 다음과 같다.

$$\omega_L = \omega_o\left(-\frac{1}{2Q} + \sqrt{1 + \frac{1}{4Q^2}}\right) \qquad (14.32a)$$

$$\omega_U = \omega_o\left(\frac{1}{2Q} + \sqrt{1 + \frac{1}{4Q^2}}\right) \qquad (14.32b)$$

대역폭이 좁아지면 Q가 커지고, 대역폭이 넓어지면 Q는 작아진다. 또한 식(14.30)의 결과로 대역통과 필터의 차수는 해당하는 저역통과 필터 차수의 2배가

되고, 대역통과 필터의 차수는 항상 짝수이다.

식(14.30)에 따라 $s=j\omega$를 $S=j\Omega$로 주파수 변환하면

$$\Omega = \frac{Q(\omega^2-\omega_o^2)}{\omega\,\omega_o} \tag{14.33}$$

이고, 이득이 1인 4차 버터워스 및 체비세프 대역통과 필터에 대하여 Q가 2, 5, 10일 때의 크기 응답 $|H(j\omega)|_{BPF}=|H(j\Omega)|_{LPF}$은 그림14.14와 같다.
대역통과 필터의 Q가 클수록 $(\omega_o-\omega_L)\simeq(\omega_U-\omega_o)$이므로 크기 응답이 중심주파수 ω_o를 중심으로 거의 대칭이 되어간다. 버터워스 대역통과 필터의 크기 응답은 통과대역에서 최대평탄 특성을 보이고 피크 값 양쪽으로 단조감소한다.

또한 체비세프 대역통과 필터는 체비세프 저역통과 필터와 마찬가지로 통과대역에 리플 특성을 보인다.

식(14.9),(14.10)에서 $\omega_c=1[rad/s]$로 정규화하고, 식(14.30)을 대입하면 각각 2차와 4차의 대역통과 필터의 전달함수가 구해진다.

$$H(s)=\frac{V_o}{V_{in}}=\frac{K\omega_o s/Q}{s^2+(\omega_o/Q)s+\omega_o^2} \tag{14.34}$$

$$H(s)=\frac{(Kb\omega_o^2/Q^2)s^2}{s^4+(a\omega_o/Q)s^3+(2+b/Q^2)\omega_o^2s^2+(a\omega_o^3/Q)s+\omega_o^4} \tag{14.35}$$

계수 a, b는 버터워스 및 체비세프 필터 함수에 대하여 각각 표14.1과 표14.2의 계수를 따른다. 이득 K는 $\omega=\omega_o$에서 전달함수의 크기 즉, $K=|H(j\omega_o)|$이다. 식(14.35)의 4차 전달함수는 분해하면 다음과 같이 2개의 2차 함수로 분해된다.

$$H(s)=\frac{V_o}{V_{in}}=H_1(s)H_2(s)$$

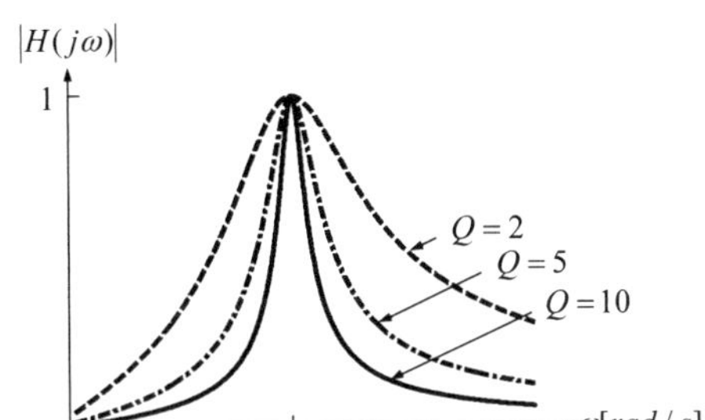

(a) 버터워스 필터

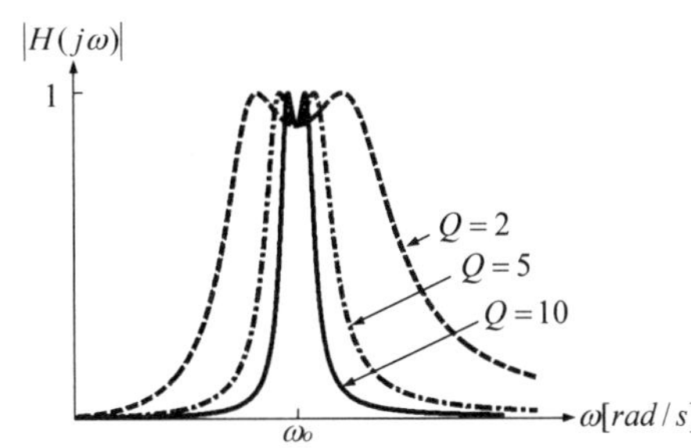

(b) 체비세프 필터

그림14.14 4차 대역통과 필터의 크기응답.

$$H_1(s) = \frac{\dfrac{(K_1\omega_o\sqrt{b}\,s)}{Q}}{s^2 + \dfrac{E\omega_o}{D}s + E^2\omega_o^2} \tag{14.36}$$

$$H_2(s) = \frac{\dfrac{(K_2\omega_o\sqrt{b}\,s)}{Q}}{s^2 + \dfrac{\omega_o}{DE}s + \dfrac{\omega_o^2}{E^2}} \tag{14.37}$$

D, E는 각각 다음과 같다.

$$\begin{aligned} D &= \frac{1}{a}\sqrt{\frac{b+4Q^2+\sqrt{(b+4Q^2)^2-(2aQ)^2}}{2}} \\ E &= \frac{1}{2}\left(\frac{aD}{Q}+\sqrt{\left(\frac{aD}{Q}\right)^2-4}\right) \end{aligned} \tag{14.38}$$

K_1, K_2는 각 단의 이득이며, 식(14.32)의 K는 대역통과 필터의 전체 이득 A_{BP}이고 $K = K_1K_2$이다.

<예제>

이득 $A_{BP} = 4$, 중심 주파수 $\omega_o = 1\,[rad/s]$, $Q = 5$인 4차 버터워스 대역통과 필터의 전달함수를 구하시오.

<해>

4차 대역통과 필터의 전달함수는 2차 저역통과 필터의 원형함수에 대하여 주파수변환을 행하여 얻으므로, 2차 저역통과 필터의 계수를 찾아서 선택하면 $a = 1.414214$, $b = 1$이다. $A_{BP} = 4$가 되도록 $K_1 = K_2 = 2$로 선택한다. $D = 7.0888$, $E = 1.0734$가 되므로

$$H_1(s) = \frac{0.4s}{s^2 + 0.151421s + 1.152181}$$

$$H_2(s) = \frac{0.4s}{s^2 + 0.131421s + 0.867919}$$

따라서

$$H(s) = H_1(s)H_2(s) = \frac{0.16s^2}{s^4 + 0.282842s^3 + 2.04s^2 + 0.282841s + 1}$$

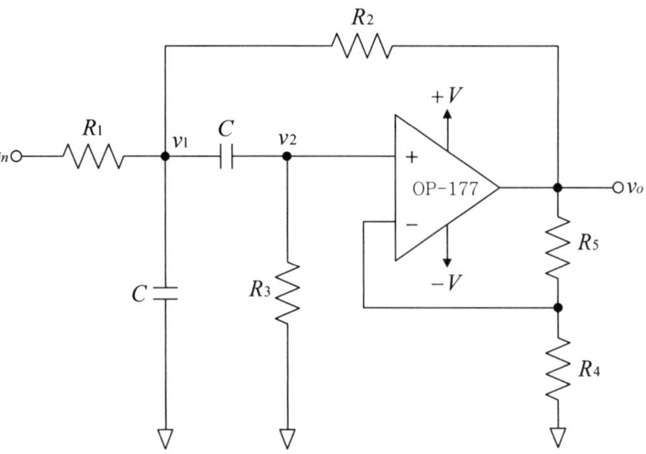

그림14.15 VCVS 대역통과 필터.

그림14.15는 2차 대역통과 필터함수를 실현한 VCVS 대역통과 필터회로이다. 그림에서 두 절점의 전위를 각각 v_1, v_2로 정의하고 키르히호프 정리를 이용하여 2개의 절점 방정식을 얻는다.

$$\text{절점 1 : } \frac{V_{in}-V_1}{R_1}+\frac{V_o-V_1}{R_2}-sCV_1+sC(V_2-V_1)=0 \tag{14.39a}$$

$$\text{절점 2 : } \frac{V_2}{R_3}+sC(V_2-V_1)=0 \tag{14.39b}$$

그리고 $V_2 = V_o/K$, $K=1+R_5/R_4$이다. 이 식들을 정리하면 식(14.40)과 같다.

$$H(s)=\frac{V_o}{V_{in}}=\frac{\frac{K}{R_1C}s}{s^2+\frac{1}{C}\left\{\frac{1}{R_1}+\frac{(1-K)}{R_2}+\frac{2}{R_3}\right\}s+\frac{1}{R_3C^2}\left(\frac{1}{R_1}+\frac{1}{R_2}\right)} \tag{14.40}$$

식(14.34),(14.36),(14.37)을 일반화하면 다음과 같다.

$$H(s)=\frac{\rho\omega_o s}{s^2+\beta\omega_o s+\gamma\omega_o^2} \tag{14.41}$$

$$\rho\omega_o=\frac{K}{R_1C}$$

$$\beta\omega_o=\frac{1}{C}\left\{\frac{1}{R_1}+\frac{1}{R_2}(1-K)+\frac{2}{R_3}\right\}$$

$$\gamma\omega_o^2=\frac{1}{R_3C^2}\left(\frac{1}{R_1}+\frac{1}{R_2}\right)$$

14-2.4 대역제거 필터 (band-reject filter)

대역제거 필터는 $0 \le \omega \le \omega_L$와 $\omega \ge \omega_U$인 2개의 통과대역을 가지며, $\omega_L \le \omega \le \omega_U$ 대역의 신호는 제거한다. 대역제거 필터의 전달함수는 식(14.9)와 식(14.10)의 저역통과 필터함수에서 $\omega_c = 1[rad/s]$로 정규화하고 s를 다음의 S로 주파수 변환을 행함으로써 얻어진다.

$$S = \frac{Bs}{s^2 + \omega_o^2} = \frac{\omega_o s}{Q(s^2 + \omega_o^2)} \tag{14.42}$$

B는 대역제거 필터의 대역폭으로서 대역통과 필터와 마찬가지로 $B = \omega_U - \omega_L$이고, $Q = \omega_o / B$로서 첨두율을 나타낸다. 첨두율 Q가 클수록 대역폭은 좁아지고 작을수록 대역폭은 넓어진다. 또한 중심주파수는 $\omega_o = \sqrt{\omega_L \omega_U}$ 이다. 주파수 변환을 행하면 대역통과 필터와 같이 항상 짝수 차의 전달함수를 갖게 된다. 주파수 변환을 행한 후 얻어지는 2차 전달함수는 식(14.43)과 같다.

$$H(s) = \frac{V_o}{V_{in}} = \frac{K(s^2 + \omega_o^2)}{s^2 + \left(\dfrac{w_o}{bQ}\right)s + \omega_o^2} \tag{14.43}$$

2차 대역제거 필터는 1차 저역통과 필터에 대하여 주파수 변환을 행하였으므로 $b = 1$이다. 따라서 식(14.43)은 다음과 같다.

$$H(s) = \frac{V_o}{V_{in}} = \frac{K(s^2 + \omega_o^2)}{s^2 + \left(\dfrac{w_o}{Q}\right)s + \omega_o^2} \tag{14.44}$$

이 함수는 $s = j\omega_o$에서 *노치(notch)* 특성을 갖는다.

또한 4차 대역제거 필터의 전달함수는 다음과 같다.

$$H(s) = \frac{V_o}{V_{in}} = \frac{K(s^2 + \omega_o^2)^2}{s^4 + \left(\dfrac{a\omega_o}{bQ}\right)s^3 + \left(2 + \dfrac{1}{bQ^2}\right)\omega_o^2 s^2 + \dfrac{a\omega_o^3}{bQ}s + \omega_o^4} \tag{14.45}$$

2차 전달함수에서 K는 각 단의 이득으로서 $K = |H(j0)|$이고, 4차 전달함수에서 K는 2개의 종속(cascade)된 2차 전달함수의 전체이득 A_{BR}이다. 4차 전달함수를 2개의 2차 전달함수로 분해하면

$$H_1(s) = \frac{K_1(s^2 + \omega_o^2)}{s^2 + \left(\dfrac{E\omega_o}{D}\right)s + E^2\omega_o^2} \tag{14.46}$$

$$H_2(s) = \frac{K_2(s^2 + \omega_o^2)}{s^2 + \left(\dfrac{\omega_o}{DE}\right)s + \dfrac{\omega_o^2}{E^2}} \tag{14.47}$$

이다. 여기에서

$$D=\frac{1}{a}\sqrt{\frac{b}{2}\left[1+4bQ^2+\sqrt{(1+4bQ^2)^2-(2aQ)^2}\right]}$$

$$E=\frac{1}{2}\left(\frac{aD}{bQ}+\sqrt{\left(\frac{aD}{bQ}\right)^2-4}\right) \qquad (14.48)$$

이고, $K=K_1K_2$이다.

$s=j\omega$를 $S=j\Omega$로 주파수 변환하면

$$\Omega=\frac{Q(\omega^2-\omega_o^2)}{\omega\,\omega_o} \qquad (14.49)$$

이고, 이득이 1인 4차 버터워스 및 체비세프 대역제거 필터에 대하여 Q가 2, 5, 10일 때의 크기 응답 $|H(j\omega)|_{BRF}=|H(j\Omega)|_{LPF}$은 그림14.16과 같다.

VCVS 대역제거필터 회로는 그림14.17과 같이 2중 T형 회로망 (twin T circuit)을 이용하여 구성할 수 있으며, 2중 T형 회로망은 특정의 주파수에서 급격한 감쇄를 갖는다. 차단 주파수를 경계로 하여 R_1, R_2, $2C$로 구성되는 T형 저역통과 필터의 출력의 크기는 감소하기 시작하고, C, C, R_3로 이루어진 T형 고역통과 필터의 출력은 상승한다. 즉 *노치 주파수(notch frequency)*가 생긴다.

$Y-\Delta$변환을 행하면, 회로로부터 전달함수는 식(14.50)과 같다. $Y-\Delta$변환은 부록B를 참조하기 바란다.

$$H(s)=\frac{V_o}{V_{in}}=\frac{K\left(s^2+\frac{1}{R_1R_2C^2}\right)}{s^2+\frac{4}{R_2C}\left(1-\frac{K}{2}\right)s+\frac{1}{R_1R_2C^2}} \qquad (14.50)$$

전압폴로워이므로 $K=1$이다. 따라서

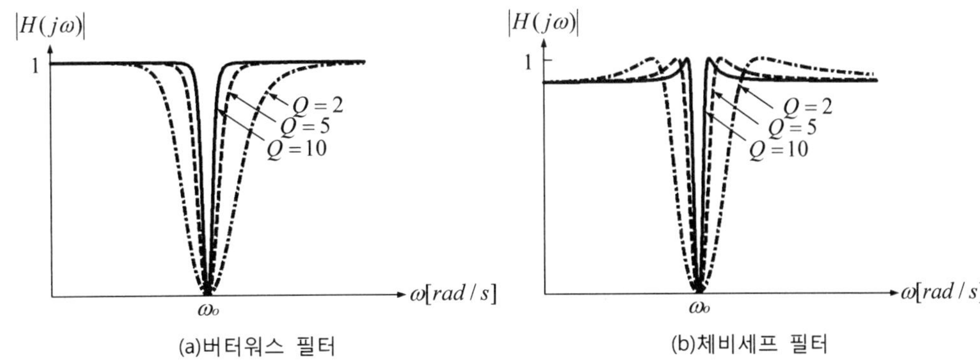

그림14.16 4차 대역제거 필터의 크기응답.

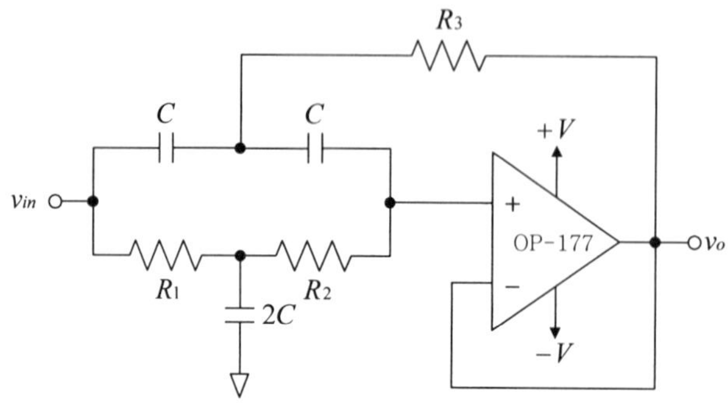

그림14.17 대역제거 필터회로.

$$H(s) = \frac{V_o}{V_{in}} = \frac{s^2 + \dfrac{1}{R_1R_2C^2}}{s^2 + \left(\dfrac{2}{R_2C}\right)s + \dfrac{1}{R_1R_2C^2}} \tag{14.51}$$

이다. 식(14.43),(14.44),(14.46),(14.47)을 일반적인 형태의 2차 대역제거 필터함수로 표현하면

$$H(s) = \frac{\rho(s^2 + \alpha\omega_o^2)}{s^2 + \beta\omega_o s + \gamma\omega_o^2} \tag{14.52}$$

이다. 여기에서,

$$\begin{aligned} \rho &= 1 \\ \alpha\omega_o^2 &= \gamma\omega_o^2 = \frac{1}{R_1R_2C^2} \\ \beta\omega_o &= \frac{2}{R_2C} \end{aligned} \tag{14.53}$$

이다. VCVS 2차 대역제거 필터(식(14.44)) 혹은 VCVS 고차 대역제거 필터의 한 단(stage)을 이루는 1차 저역통과 필터로부터 주파수 변환된 2차 대역제거 필터 함수(식(14.43))와 비교하면 $\alpha = \gamma = 1$인 경우로 제한되며, 이것은 구해지는 전달 함수로부터 분명하게 알 수 있다.

$\alpha = \gamma = 1$이므로 식(14.53)으로부터 노치 주파수는 다음과 같다.

$$f_o = \frac{1}{2\pi C\sqrt{R_1R_2}} \tag{14.54}$$

대역제거 필터는 일반적으로 넓은 범위의 주파수 대역의 신호를 제거하기보다는 특정 주파수 신호만을 제거하기 위하여 사용된다. 예를 들어, 60[Hz]의 교류 *험(hum)* 노이즈를 제거하기 위하여 사용된다.

14-3 필터 차수의 결정

앞서 설명한 바와 같이 필터의 차수가 높을수록 이상적인 필터의 특성에 가까워진다. 그러나 이것은 비용이 높아지는 것을 의미하므로 필터를 설계하기 전에 필터의 차수 n을 결정해야하며, 이것은 통과대역과 저지대역의 감쇄(attenuation)로부터 결정된다.

14-3.1 필터 차수를 결정하기 위한 설계사양

전달함수 $H(s)$에 대하여 이득(gain)과 감쇄는 각각 다음과 같이 정의될 때,

$$Gain: \ G(\omega) = 20\log_{10}|H(j\omega)| \ [dB] \tag{14.55a}$$

$$Attenuation: \ A(\omega) = -G(\omega) = 20\log_{10}\left|\frac{1}{H(j\omega)}\right| \ [dB] \tag{14.55b}$$

차수를 결정하기 위한 통과대역과 저지대역의 감쇄에 대한 필터의 설계사양은 그림14.18과 같다.

A_{max}: 통과대역에서의 최대 허용 감쇄 (3$[dB]$을 초과하지 않음)

A_{min} : 저지대역에서의 최소 허용 감쇄

ω_p : 통과대역의 끝 주파수

ω_s : 저지대역의 끝 주파수

예를 들어, 버터워스 및 체비세프 저역통과 필터의 차수를 결정하는 방법을 살펴보자.

(1) 버터워스 저역통과 필터의 차수 결정

식(14.15)와 식(14.55b)로부터 $A_{LP}=1$일 때 버터워스 필터의 감쇄 특성은 다음과 같고,

$$A = 10\log\left(1+\left(\frac{\omega}{\omega_c}\right)^{2n}\right) \tag{14.56}$$

차수 $n=1, ...,5$일 때의 감쇄 특성곡선은 그림14.19와 같다.

그림에서 y축은 감쇄 양이며, x축은 주파수 ω와 차단주파수 ω_c의 비를 log 스케일로 나타내었다. 그림으로부터 차단주파수($\omega/\omega_c=1$)에서 3$[dB]$ 감소함을 알 수 있다.

필터의 설계사양이 그림14.18(a)일 때, 버터워스 저역통과 필터의 최소 차수 n을 구하는 것이며, $A_{max}=3[dB]$인 경우에 $\omega_p=\omega_c$이므로, $A>A_{max}$ 되는 n의 최소값을 구하면 된다.

식(14.56)으로부터

$$\left(\frac{\omega}{\omega_c}\right)^{2n} = 10^{0.1A}-1 \tag{14.57}$$

이고 $\omega=\omega_p$, $A=A_{max}$을 대입하면

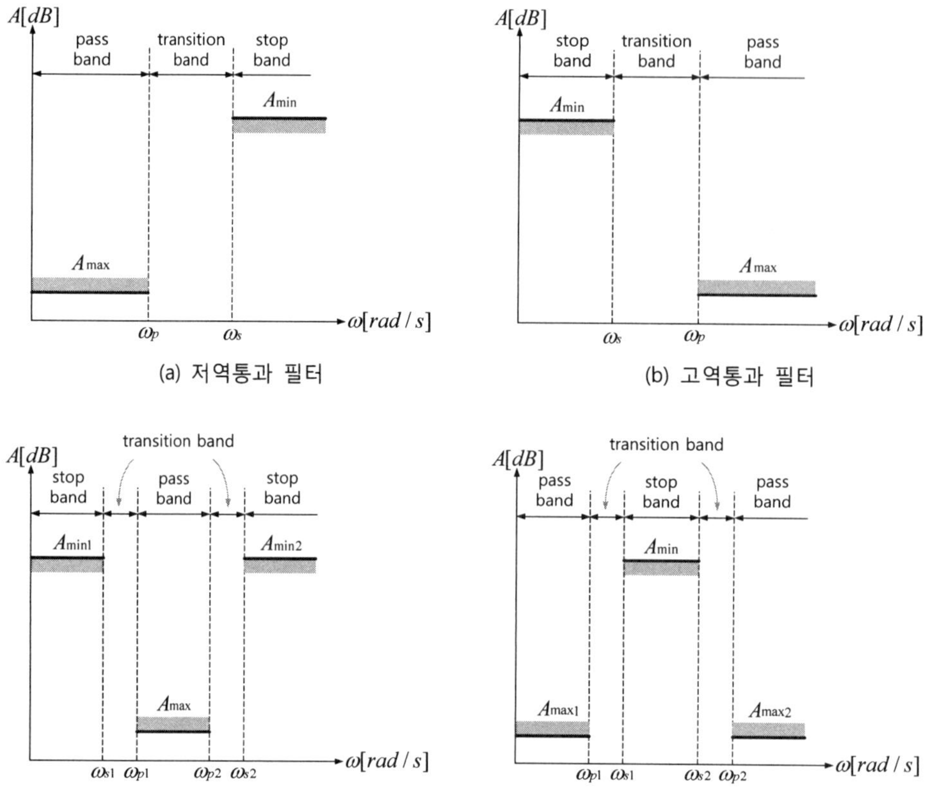

(a) 저역통과 필터 (b) 고역통과 필터

(c) 대역통과 필터 (d) 대역저지 필터

그림14.18 필터의 차수를 결정하기 위한 설계사양

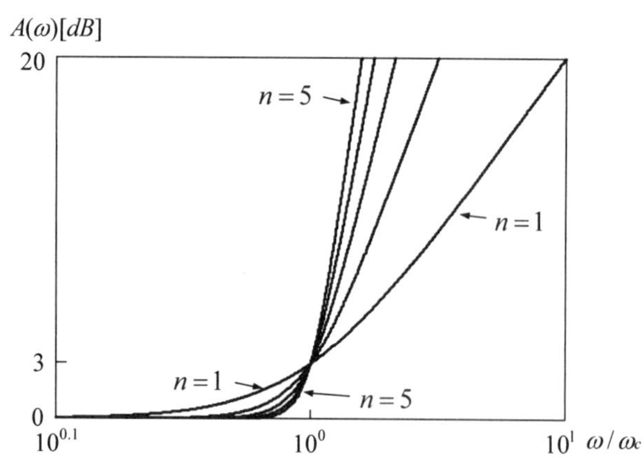

그림14.19 $n = 1, ..., 5$일 때의 버터워스 저역통과 필터의 감쇄 특성. x축은 log 스케일.

$$\left(\frac{\omega_p}{\omega_c}\right)^{2n} = 10^{0.1A_{\max}} - 1 \tag{14.58}$$

또한, $\omega = \omega_s$, $A = A_{\min}$을 대입하면

$$\left(\frac{\omega_s}{\omega_c}\right)^{2n} = 10^{0.1A_{\min}} - 1 \tag{14.59}$$

이고, 식(14.58),(14.59)로부터

$$\left(\frac{\omega_s}{\omega_p}\right)^{2n} = \frac{10^{0.1A_{\min}} - 1}{10^{0.1A_{\max}} - 1} \tag{14.60}$$

이다. 따라서

$$n = \frac{1}{2}\frac{\log\left[(10^{0.1A_{\min}} - 1)/(10^{0.1A_{\max}} - 1)\right]}{\log(\omega_s/\omega_p)} \tag{14.61}$$

이고, 이 식을 만족하는 최소 정수를 선택한다.

<예제>

설계하고자 하는 저역통과 필터의 설계사양이 다음과 같을 때, 사양을 만족하는 버터워스 저역통과 필터의 최소 차수 n을 구하시오.

설계사양 : $A_{\max} = 0.5\,[dB]$, $A_{\min} = 22\,[dB]$, $\omega_p = 1{,}000\,[rad/s]$,
$\omega_s = 2{,}330\,[rad/s]$.

<해>

$$n = \frac{1}{2}\frac{\log\left[(10^{2.2} - 1)/(10^{0.05} - 1)\right]}{\log(2{,}330/1000)} = \frac{\log 1290.7}{2\log 2.33} = 4.234$$

따라서, $n = 5$를 선택한다.

(2) 체비세프 저역통과 필터의 차수 결정

앞서 설명한 체비세프 다항식은 $|x| \geq 1$일 때, *쌍곡 함수(hyperbolic function)*를 이용하여 식(14.62b)의 형태를 갖는다.

$$C_n(x) = \cos(n\cos^{-1}x), \quad 0 \leq |x| \leq 1 \tag{14.62a}$$

$$C_n(x) = \cosh(n\cosh^{-1}x), \quad |x| \geq 1 \tag{14.62b}$$

식(14.16)에서 $K = 1$이고, $\omega_c = 1\,[rad/s]$로 정규화 하면, 체비세프 저역통과 필터의 감쇄함수는 다음과 같으며,

$$A = 10\log[1+\epsilon^2 C_n^2(\omega)]\,[dB] \tag{14.63a}$$

$$= 10\log[1+\epsilon^2\cosh^2(n\cosh^{-1}\omega)]\,[dB] \tag{14.63b}$$

통과대역의 리플이 각각 $0.5[dB]$ 및 $3[dB]$인 체비세프 저역통과 필터의 감쇄특성은 그림14.20과 같고, $n=1,\ldots 5$일 때의 감쇄 특성을 나타낸다.

ω_c는 $1[rad/s]$로 정규화 되어 있으므로, $\omega=\omega_p(=\omega_c)=1[rad/s]$일 때는 식(14.62a)에서 $C_n(1)=1$이므로 식(14.63a)로부터

$$A_{\max} = 10\log(1+\epsilon^2)\,[dB] \tag{14.64a}$$

이고, 따라서

$$\epsilon = (10^{0.1A_{\max}}-1)^{1/2} \tag{14.64b}$$

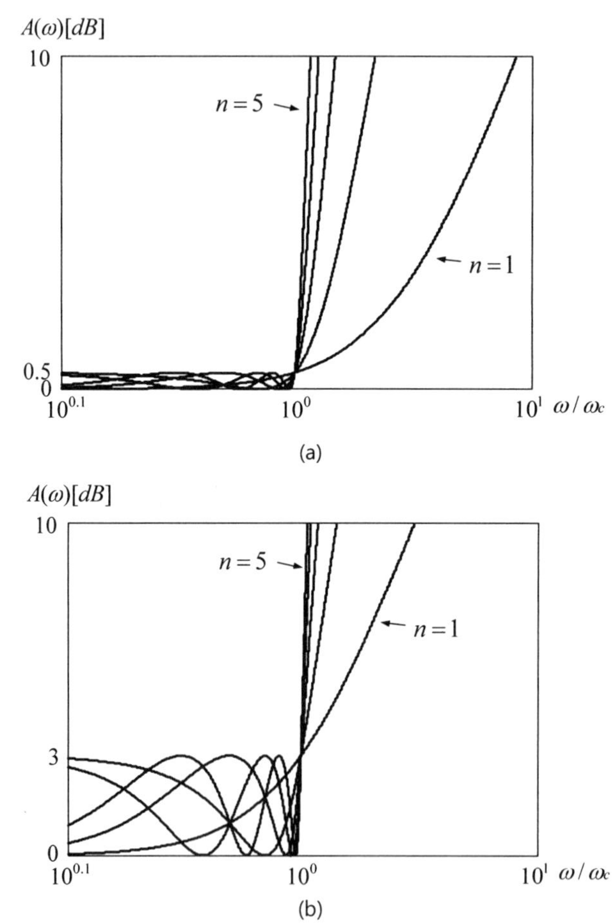

그림14.20 $n=1,\ldots,5$일 때의 체비세프 저역통과 필터의 감쇄 특성($\omega_p=1[rad/s]$) : (a) $PRW=0.5[dB]$, (b) $PRW=3[dB]$. x축은 log 스케일.

이다. 또한, $\omega = \omega_s$ 일 때는 $|\omega| \geq 1$이고, 식(14.62b)와 식(14.63b)에 따라서

$$\epsilon^2 \cosh^2 (n \cosh^{-1} \omega_s) = 10^{0.1A_{\min}} - 1 \tag{14.65}$$

이다. 식(14.64b)와 식(14.65)로부터

$$\cosh (n \cosh^{-1} \omega_s) = \left(\frac{10^{0.1A_{\min}} - 1}{10^{0.1A_{\max}} - 1} \right)^{1/2} \tag{14.66}$$

이다. 따라서 체비세프 필터의 차수는

$$n = \frac{\cosh^{-1} [(10^{0.1A_{\min}} - 1)/(10^{0.1A_{\max}} - 1)]^{1/2}}{\cosh^{-1} \omega_s} \tag{14.67}$$

이고, 이 식을 만족하는 최소 정수를 선택한다.

<예제>

버터워스 저역통과 필터의 <예제>와 같은 설계사양을 만족하는 체비세프 저역통과 필터에 대하여 (1)최소 차수 n을 구하고, (2)차수에 해당하는 전달 함수를 구하시오.

<해>

(1) ω를 ω_p로 정규화하면, 설계사양은 다음의 그림과 같다.

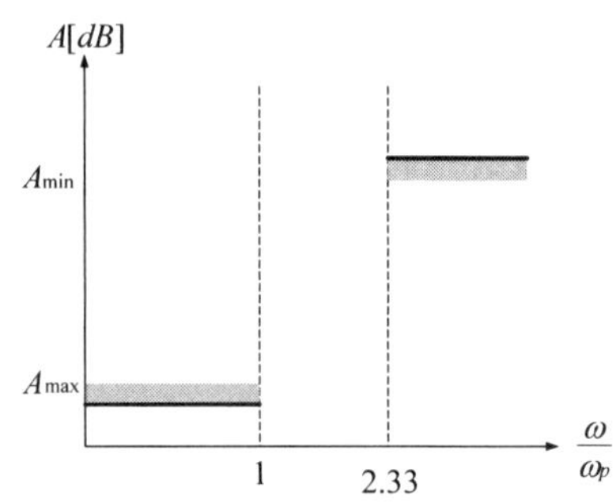

$\omega_c = 1[rad/s]$로 정규화 했을 때 체비세프 필터의 차수는 식(14.67)과 같으므로

$$n = \frac{\cosh^{-1} [(10^{2.2} - 1)/(10^{0.05} - 1)]^{1/2}}{\cosh^{-1} 2.33} = \frac{\cosh^{-1} 35.93}{\cosh^{-1} 2.33} = 2.87$$

이다. 따라서, $n = 3$을 선택한다.

(2) 식(14.64b)로부터

$$\epsilon = \sqrt{10^{0.1A_{\max}} - 1} = \sqrt{10^{0.05} - 1} = 0.34931$$

이므로 식(14.18)로부터 PRW는 다음과 같다.

$$\alpha = 10\log_{10}(1 + 0.34931^2) = 0.5[dB]$$

표14.2로부터 통과대역 리플 폭이 $0.5[dB]$인 3차 필터의 계수는 다음과 같고,

$$H_1 : \ a_1 = 0.626456, \ b_1 = 1.142448$$

$$H_2 : \qquad b_2 = 0.626456$$

전달함수는 다음의 형태이다.

$$H(s) = H_1(s)H_2(s) = \frac{x}{(s^2 + 0.626456s + 1.142448)(s + 0.626456)}$$

위의 분자 항 x는 그림14.10의 저역통과 체비세프 필터의 크기에 대한 주파수 응답으로부터 구할 수 있다. 그림으로부터 홀수 차 및 짝수 차에 대한 응답의 최대 크기는 다음과 같다.

$$|H(0)| = 1 \quad : \text{홀수 차수}$$

$$|H(0)| = \frac{1}{\sqrt{1+\epsilon^2}} \quad : \text{짝수 차수}$$

따라서 $\omega = 0$일 때 홀수 차의 응답의 크기가 1이 되도록 결정하면

$$|H(0)| = \frac{x}{1.142448 \times 0.626456} = 1$$

이고, $x = 0.716$이다.

완성된 전달함수는 다음과 같다.

$$H(s) = H_1(s)H_2(s) = \frac{0.716}{(s^2 + 0.626456s + 1.142448)(s + 0.626456)}$$

14-4 VCVS 필터의 설계

14-4.1 VCVS 저역통과 필터의 설계

(1) 1차 저역통과 필터

i) 표14.1, 표14.2로부터 b값을 찾는다.

ii) 일반적으로 저항값의 크기는 커패시턴스 크기에 비해 가변이 용이하므로 C의 값을 임의로 결정하되 $C = 10/f_c[\mu F]$로 하면 적절하다.

iii) 식(14.11)로부터

$$R_1 = \frac{1}{b\omega_c C} \tag{14.68a}$$

iv) $\dfrac{R_3}{R_2} = K-1$, DC 오프셋 제거를 위해 $R_1 = R_2 \parallel R_3 = \dfrac{R_2 R_3}{R_2 + R_3}$이므로

$$R_2 = \frac{K}{K-1} R_1 \tag{14.68b}$$

$$R_3 = KR_1 \tag{14.68c}$$

(2) 2차 저역통과 필터

i) 버터워스 필터와 체비세프 필터에 대해 각각 표14.1과 표14.2에서 a, b 값을 찾는다.

ii) C_1의 값을 임의로 결정하되 $C_1 = 10/f_c\,[\mu F]$로 하면 적절하다.

iii) 다음 단계 iv)에서 R_1값이 실수 값을 갖기 위해

$$C_2 \le \frac{[a^2 + 4b(K-1)]\,C_1}{4b} \tag{14.69}$$

이 되도록 결정한다.

iv) $K = 1 + \dfrac{R_4}{R_3}$와 식(14.12)로부터

$$\begin{aligned} R_1 &= \frac{2}{\left[aC_1 + \sqrt{[a^2 + 4b(K-1)]C_1^2 - 4bC_1C_2}\,\right]\omega_c} \\ R_2 &= \frac{1}{bC_1C_2R_1\omega_c^2} \\ R_3 &= \frac{K(R_1 + R_2)}{K-1}, \qquad (K \ne 1) \\ R_4 &= K(R_1 + R_2) \end{aligned} \tag{14.70}$$

참고로 $K=1$이면 $R_3 = \infty$ (개방회로)가 되어 VCVS는 전압폴로워 동작을 하며, 출력전압은 입력전압과 같아진다. DC 오프셋이 최소화 되도록 $R_4 = R_1 + R_2$이지만, 엄격한 동작조건이 아니라면 $R_4 = 0$ (단락회로)이 되도록 설계한다.

<예제>

이득 $A_{LP} = 4$, 차단점 주파수 $f_c = 1{,}000\,[Hz]$, $PRW = 1\,[dB]$인 VCVS 4차 체비세프 저역통과 필터를 설계하시오.

<해>

i) 표14.2에서 $PRW = 1\,[dB]$인 4차 체비세프 필터함수의 계수는 다음과 같다.

$$a_1 = 0.279072,\ b_1 = 0.986505,\ a_2 = 0.673739,\ b_2 = 0.279398$$

ii) $K_1 = K_2 = 2$로 놓는다.

iii) <u>첫째 단</u>

$$C_{1,1} = 10/f_c = 10/1{,}000\,[\mu F] = 0.01\ [\mu F]$$

$$C_{1,2} = \frac{\left[a_1^2 + 4b_1(K_1 - 1)\right] C_{1,1}}{4b_1} \simeq 0.01\ [\mu F]$$

$$R_{1,1} = \frac{2}{\left[a_1 C_{1,1} + \sqrt{\left[a_1^2 + 4b_1(K_1 - 1)\right] C_{1,1}^2 - 4b_1 C_{1,1} C_{1,2}}\ \right] \omega_c} = 57.03\,[K\Omega]$$

$$R_{1,2} = \frac{1}{b_1 C_{1,1} C_{1,2} R_{1,1} \omega_c^2} = 4.502\,[K\Omega]$$

$$R_{1,3} = \frac{K_1(R_{1,1} + R_{1,2})}{K_1 - 1} = 123.064\,[K\Omega]$$

$$R_{1,4} = K_1(R_{1,1} + R_{1,2}) = 123.064\,[K\Omega]$$

<u>둘째 단</u>

$$C_{2,1} = 10/f_c = 10/1{,}000\,[\mu F] = 0.01\ [\mu F]$$

$$C_{2,2} = \frac{\left[a_2^2 + 4b_2(K_2 - 1)\right] C_{2,1}}{4b_2} \simeq 0.014\ [\mu F]$$

$$R_{2,1} = \frac{2}{\left[a_2 C_{2,1} + \sqrt{\left[a_2^2 + 4b_2(K_2 - 1)\right] C_{2,1}^2 - 4b_2 C_{2,1} C_{2,2}}\ \right] \omega_c} = 23.623\,[K\Omega]$$

$$R_{2,2} = \frac{1}{b_2 C_{2,1} C_{2,2} R_{2,1} \omega_c^2} = 38.379\,[K\Omega]$$

$$R_{2,3} = \frac{K_2(R_{2,1} + R_{2,2})}{K_2 - 1} = 124\,[K\Omega]$$

$$R_{2,4} = K_2(R_{2,1} + R_{2,2}) = 124\,[K\Omega]$$

iv) 공칭 저항 및 커패시턴스 값

$$R_{1,1} = 57.6\,[K\Omega],\ R_{1,2} = 4.53\,[K\Omega],\ R_{1,3} = 124\,[K\Omega],\ R_{1,4} = 124\,[K\Omega]$$

$$R_{2,1} = 23.7\,[K\Omega],\ R_{2,2} = 38.3\,[K\Omega],\ R_{2,3} = 124\,[K\Omega],\ R_{2,4} = 124\,[K\Omega]$$

C_2에 관한 조건을 만족하도록 $C_{1,1} = C_{1,2} = C_{2,1} = C_{2,2} = 0.01\,[\mu F]$으로 선택한다.

v) 공칭 저항 및 커패시턴스 값을 식(14.8)에 대입하여 첫째 단 및 둘째 단의 전달함수 $H_1(s)$, $H_2(s)$와 전체 전달함수 $H(s) = H_1(s)H_2(s)$를 구한다.

$$H_1(s)=\frac{7.665\times10^7}{s^2+1,736s+3.832\times10^7},\ H_2(s)=\frac{2.203\times10^7}{s^2+4,219s+1.102\times10^7}$$

$$H(s)=H_1(s)H_2(S)=\frac{1.689\times10^{15}}{s^4+5,956s^3+5.667\times10^7s^2+1.808\times10^{11}s+4.222\times10^{14}}$$

vi) 설계한 4차 체비세프 저역통과 필터의 주파수 응답의 결과는 다음과 같다.

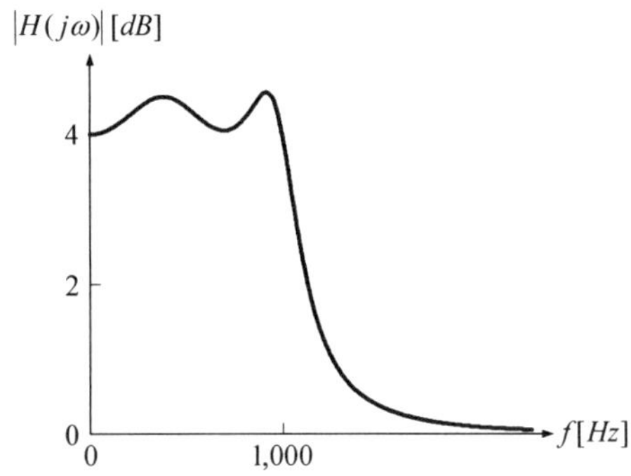

그림14.21 설계한 VCVS 4차 체비세프 저역통과 필터의 크기응답 : $A_{LP}=4$, $f_c=1[KHz]$ $PRW=1[dB]$.

14-4.2 VCVS 고역통과 필터의 설계

i) 버터워스 필터와 체비세프 필터에 대해 각각 표14.1과 표14.2에서 정규화된 저역통과 필터함수의 계수 a, b 값을 찾는다.

ii) C의 값을 임의로 결정하되 $C=10/f_c[\mu F]$로 하면 적절하다.

iii) 식(14.27)로부터 다음의 저항값을 구한다.

$$\begin{aligned} R_2 &= \frac{4b}{\left[a+\sqrt{a^2+8C(K-1)}\,\right]\omega_c C} \\ R_1 &= \frac{b}{\omega_c^2 C^2 R_2} \\ R_3 &= \frac{KR_2}{K-1} \\ R_4 &= KR_2 \end{aligned} \qquad (14.71)$$

14-4.3 VCVS 대역통과 필터의 설계

통과대역이 넓은 광-대역통과필터(wide-band pass filter)는 고역통과필터와 저역통과필터의 종속접속으로 실현할 수 있지만, 협-대역통과필터(narrow-band pass filter)는 서로의 위상특성의 간섭 때문에 이와 같이 실현되지 않는다. 천이대역의 감쇄가 큰 협-대역통과필터는 중심 주파수가 다른 2차의 대역통과필터를 종속접속 함으로써 실현된다.

다음은 2차 VCVS 대역통과 필터 및 2차 VCVS 대역통과필터 2개가 종속접속된 4차 대역통과 필터의 설계 방법이다.

i) 1차 버터워스 필터와 체비세프 필터에 대한 계수 a, b를 각각 표14.1 및 표14.2에서 찾는다.

ii) 식(14.38)의 D, E를 구한다.

iii) 식(14.41)과 식(14.34),(14.36),(14.37)과 비교하면 ρ, β, γ를 구한다. 이 때 (a) 2차 대역통과 필터(식(14.34)), (b) 첫째 단의 2차 대역통과 필터(식(14.36)), (c) 둘째 단의 2차 대역통과 필터(식(14.37))에 따라 서로 다른 ρ, β, γ값을 갖는다.

ⓐ 2차 대역통과 필터

$$\rho = \frac{K}{Q} \qquad \beta = \frac{1}{Q} \qquad \gamma = 1 \tag{14.72}$$

ⓑ 첫째 단의 2차 대역통과 필터

$$\rho = \frac{K\sqrt{b}}{Q} \qquad \beta = \frac{E}{D} \qquad \gamma = E^2 \tag{14.73}$$

ⓒ 둘째 단의 2차 대역통과 필터

$$\rho = \frac{K\sqrt{b}}{Q} \qquad \beta = \frac{1}{DE} \qquad \gamma = \frac{1}{E^2} \tag{14.74}$$

iv) C를 임의로 결정한다. ($10/f_o\,[\mu F]$로 결정하면 적절하다.)

v) 식(14.41)과 $K = 1 + R_5/R_4$로부터

$$R_1 = \frac{K}{\rho\omega_o C}$$

$$R_2 = \frac{2(K-1)}{\left[\rho(2/K-1) - \beta + \sqrt{(\rho-\beta)^2 + 8\gamma(K-1)}\,\right]\omega_o C}$$

$$R_3 = \frac{1}{\gamma\omega_o^2 C^2}\left(\frac{1}{R_1} + \frac{1}{R_2}\right) \tag{14.75}$$

$$R_4 = \frac{K}{K-1}R_3$$

$$R_5 = KR_3$$

4차 대역통과 필터인 경우 $A_{BP} = K = K_{1^{st}stage}K_{2^{nd}stage}$ 이다.

<예제>

이득 $A_{BP} = 4$, 중심 주파수 $f_o = 1{,}000\,[Hz]$, $Q = 5$인 VCVS 4차 버터워스 대역통과 필터를 설계하시오.

<해>

$A_{BP} = K_1K_2$이므로 $K_1 = 2$, $K_2 = 2$로 결정하고, $\omega_o = 2\pi f_o = 6283.185\,[rad/s]$ 이다.

i) 4차 대역통과 필터 함수는 2차 저역통과 필터 함수로부터 주파수 변환된 함수이므로 표14.1에서 2차 저역통과 필터 함수의 계수 a, b를 찾는다.

$$a = 1.414214, \quad b = 1$$

ii) $$D = \frac{1}{a}\sqrt{\frac{b + 4Q^2 + \sqrt{(b+4Q^2)^2 - (2aQ)^2}}{2}}$$

$$= \frac{1}{1.414214}\sqrt{\frac{101 + \sqrt{101^2 - 200}}{2}} = 7.0888$$

$$E = \frac{1}{2}\left[\frac{1.414 \times 7.0888}{5} + \sqrt{\left(\frac{1.414 \times 7.0888}{5}\right)^2 - 4}\right] = 1.0734$$

iii) 첫째 단 및 둘째 단 대역통과 필터의 계수

첫째 단 2차 대역통과 필터의 계수

$$\rho_1 = \frac{K_1\sqrt{b}}{Q} = \frac{2 \times 1}{5} = 0.4$$

$$\beta_1 = \frac{E}{D} = \frac{1.0734}{7.0888} = 0.1514$$

$$\gamma_1 = E^2 = 1.0734^2 = 1.1522$$

둘째 단 2차 대역통과 필터의 계수

$$\rho_2 = \frac{K_2\sqrt{b}}{Q} = \frac{2 \times 1}{5} = 0.4$$

$$\beta_2 = \frac{1}{DE} = \frac{1}{7.0888 \times 1.0734} = 0.1314$$

$$\gamma_2 = \frac{1}{E^2} = \frac{1}{1.1522} = 0.8679$$

iv) $C = \frac{10}{f_o} = \frac{10}{1{,}000} = 0.01[\mu F]$

v) 저항값의 계산

<u>첫째 단의 저항값</u>

$$R_1|_{1^{st}stage} = \frac{K_1}{\rho_1 \omega_o C} = \frac{2}{0.4 \times 2{,}000\pi \times 10^{-8}} = 79.577[K\Omega]$$

$$R_2|_{1^{st}stage} = \frac{2(K_1 - 1)}{\left[\rho_1(2/K_1 - 1) - \beta_1 + \sqrt{(\rho_1 - \beta_1)^2 + 8\gamma_1(K_1 - 1)}\ \right]\omega_o C}$$

$$= \frac{2}{\left\{-0.1514 + \sqrt{(0.4 - 0.1514)^2 + 8 \times 1.1522}\right\} \times 2{,}000\pi \times 10^{-8}}$$

$$= 10.996\ [K\Omega]$$

$$R_3|_{1^{st}stage} = \frac{1}{\gamma_1 \omega_o^2 C^2}\left(\frac{1}{R_{1,1^{st}stage}} + \frac{1}{R_{2,1^{st}stage}}\right)$$

$$= \frac{1}{1.1522(2{,}000\pi \times 10^{-8})^2}\left(\frac{1}{79{,}577} + \frac{1}{9{,}955}\right)$$

$$= 22.756\ [K\Omega]$$

$$R_4|_{1^{st}stage} = \frac{K_1}{K_1 - 1} R_{3,1^{st}stage} = 2 \times 22.756[K\Omega] = 45.512[K\Omega]$$

$$R_5|_{1^{st}stage} = K_1 R_{3,1^{st}stage} = 2 \times 22.756[K\Omega] = 45.512[K\Omega]$$

<u>둘째 단의 저항값</u>

$$R_1|_{2^{nd}stage} = \frac{K_2}{\rho_2 \omega_o C} = \frac{2}{0.4 \times 2{,}000\pi \times 10^{-8}} = 79.577[K\Omega]$$

$$R_2|_{2^{nd}stage} = \frac{2(K_2 - 1)}{\left[\rho_2(2/K_2 - 1) - \beta_2 + \sqrt{(\rho_2 - \beta_2)^2 + 8\gamma_2(K_2 - 1)}\ \right]\omega_o C}$$

$$= \frac{2}{\left\{-0.1314 + \sqrt{(0.4 - 0.1314)^2 + 8 \times 0.8679}\right\} \times 2{,}000\pi \times 10^{-8}}$$

$$= 12.645\ [K\Omega]$$

$$R_3|_{2^{nd}stage} = \frac{1}{\gamma_2\omega_o^2 C^2}\left(\frac{1}{R_{1,2^{nd}stage}} + \frac{1}{R_{2,2^{nd}stage}}\right)$$
$$= \frac{1}{0.8679(2{,}000\pi\times10^{-8})^2}\left(\frac{1}{79{,}577} + \frac{1}{12{,}645}\right)$$
$$= 26.748\,[K\Omega]$$

$$R_4|_{2^{nd}stage} = \frac{K_2}{K_2-1}R_{3,2^{nd}stage} = 2\times26.748[K\Omega] = 53.497[K\Omega]$$

$$R_5|_{2^{nd}stage} = K_2R_{3,2^{nd}stage} = 2\times26.748[K\Omega] = 53.497[K\Omega]$$

vi) 위의 저항 값들과 가장 근사한 허용오차 1%인 공칭 저항 값은 다음과 같다.

첫째 단의 공칭 저항값

$R_1|_{1^{st}stage} = 78.7[K\Omega]$, $R_2|_{1^{st}stage} = 11[K\Omega]$, $R_3|_{1^{st}stage} = 22.6[K\Omega]$,

$R_4|_{1^{st}stage} = 45.3[K\Omega]$, $R_5|_{1^{st}stage} = 45.3[K\Omega]$

둘째 단의 공칭 저항값

$R_1|_{2^{nd}stage} = 78.7[K\Omega]$, $R_2|_{2^{nd}stage} = 12.7[K\Omega]$, $R_3|_{2^{nd}stage} = 26.7[K\Omega]$,

$R_4|_{2^{nd}stage} = 53.6[K\Omega]$, $R_5|_{2^{nd}stage} = 53.6[K\Omega]$

vii) 공칭 저항값을 이용하여 설계된 4차 대역통과 필터의 전달함수는 다음과 같다.

$$H(s) = H_1(s)H_2(s) = \left(\frac{2{,}541s}{s^2+1{,}029s+4.585\times10^7}\right)\left(\frac{2{,}541s}{s^2+887.3s+3.425\times10^7}\right)$$
$$= \frac{(6.458\times10^6)s^2}{s^4+1{,}917s^3+(8.101\times10^7)s^2+(7.593\times10^{10})s+(1.57\times10^{15})}$$

viii) 공칭 저항값을 이용하여 설계된 4차 대역통과 필터의 크기응답은 그림 14.22와 같고 이득 $A_{BP}=3.675$ ($20\log_{10}3.675 = 11.3[dB]$)로 설계값 $A_{BP}=4$ ($20\log_{10}4 = 12[dB]$)와는 약간의 오차가 발생한다. 첫째 단의 중심주파수는 $f_{o1} = 1.077[KHz]$이고, 둘째 단의 중심 주파수는 $f_{o2} = 934.52[Hz]$이다. 이 때, 중심주파수 w_o는 $6{,}283[rad/s] = 1K[Hz]$이고, 이 주파수는 첫째 단과 둘째 단의 크기가 1.917(설계 값은 2)로 서로 교차하는 점이다.

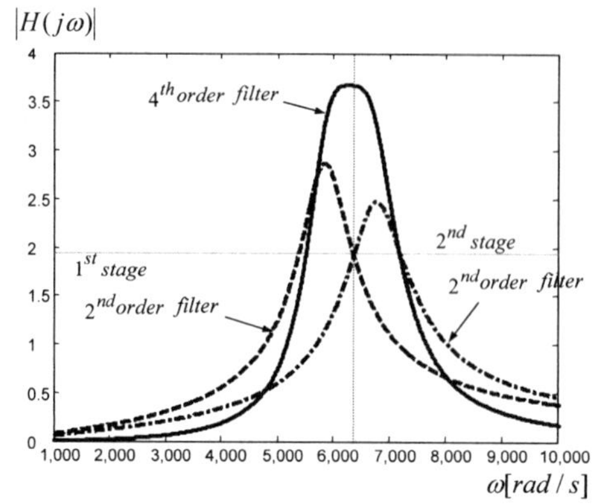

그림14.22 설계한 VCVS 4차 버터워스 대역통과 필터의 크기응답 : $A_{BP}=4$, $f_o=1[KHz]$, $Q=5$.

14-4.4 VCVS 대역제거 필터의 설계

VCVS 대역제거 필터는 (a) 2차 대역제거 필터(식(14.44)) 또는 (b) 고차 대역제거 필터의 한 단(stage)을 이루는 1차 저역통과 필터로부터 주파수 변환된 2차 대역제거 필터함수(식(14.43))에 대해 설계가 가능하다.

i) (a)의 경우에는 $b=1$이고, (b)의 경우는 표14.1, 표14.2로부터 b값을 구한다.

ii) $C=10/f_o[\mu F]$으로 선택한다.

iii) 식(14.53)과 VCVS 2차 대역제거 필터에 대해 $\alpha=\gamma=1$이라는 사실로부터

$$R_1 = \frac{\beta}{2\alpha\omega_o C} = \frac{1}{2b\omega_o QC}$$

$$R_2 = \frac{2}{\beta\omega_o C} = \frac{2bQ}{\omega_o C} \qquad (14.76)$$

$$R_3 = R_1 \parallel R_2 = \frac{R_1 R_2}{R_1 + R_2}$$

이다.

14-5 다중 궤환 필터(MFB : Multiple Feedback filter)의 설계

버터워스 필터와 체비세프 필터회로를 구성하는 방법은 VCVS 필터 외에 다중 궤환 경로를 갖는 다중 궤환 필터(MFB : Multiple Feedback Filter)와 바이쿼드(biquad)필터 회로 및 그 외 많은 종류가 있다. 이 중 MFB는 회로의 구성 소자의 수가 적고 안정도 특성이 좋다. 그러나 이 필터는 반전 이득을 갖는 회로이다. 바이쿼드 회로는 VCVS와 MFB에 비하여 소자의 수는 많지만, 파라미터의 조정이

쉽고, 안정도가 뛰어나다.

여기에서, VCVS처럼 구조가 간단하여 많이 이용되고 있는 MFB 필터 회로의 설계 방법에 대하여 간단하게 설명한다.

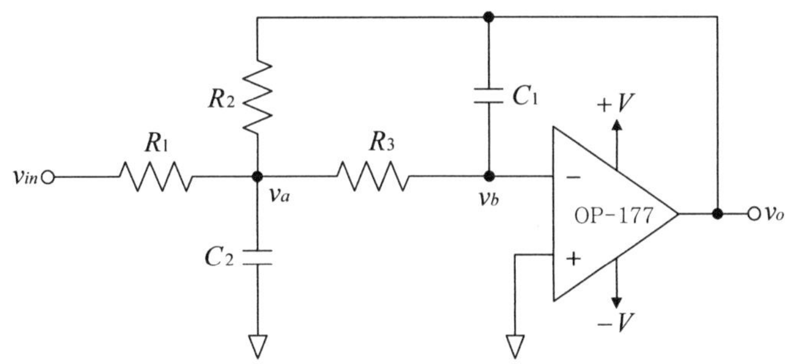

그림14.23 MFB 저역통과 필터.

14-5.1 MFB 저역통과 필터

그림14.23의 저역통과 필터회로는 R_2와 C_1를 통한 2개의 궤환 경로를 가지고 있으며, 따라서 다중 궤환 저역통과 필터라 부른다. 회로에서 v_a 절점에 다음 2개의 절점방정식을 얻으며, op amp의 반전입력은 가상접지이므로 $v_b = 0$이다.

$$\begin{aligned} &\text{절점 1 :} \quad \frac{V_{in} - V_a}{R_1} - sC_2 v_a + \frac{V_o - V_a}{R_2} - \frac{V_a}{R_3} = 0 \\ &\text{절점 2 :} \quad \frac{V_a}{R_3} + sC_1 V_o = 0 \end{aligned} \tag{14.77}$$

두 절점방정식을 정리하면, 전달함수는 다음과 같다.

$$H(s) = \frac{V_o}{V_{in}} = \frac{\dfrac{-1}{R_1 R_3 C_1 C_2}}{s^2 + \dfrac{1}{C_2}\left(\dfrac{1}{R_1} + \dfrac{1}{R_2} + \dfrac{1}{R_3}\right)s + \dfrac{1}{R_2 R_3 C_1 C_2}} \tag{14.78}$$

그리고 반전 이득을 갖는 위 식에 맞추어 전형적인 저역통과 필터함수인 식(14.10)을 다시 쓰면

$$H(s) = \frac{-Kb\omega_c^2}{s^2 + a\omega_c s + b\omega_c^2} \tag{14.79}$$

이고, 식(14.78)과 비교하면

$$\begin{aligned} b\omega_c^2 &= \frac{1}{R_2 R_3 C_1 C_2} \\ a\omega_c &= \frac{1}{C_2}\left(\frac{1}{R_1} + \frac{1}{R_2} + \frac{1}{R_3}\right) \end{aligned} \tag{14.80}$$

$$K = \frac{R_2}{R_1}$$

이다. 식(14.80)으로부터 저항값을 구하면

$$R_2 = \frac{2(K+1)}{\left[aC_2 + \sqrt{a^2C_2^2 - 4bC_1C_2(K+1)}\,\right]\omega_c}$$

$$R_1 = \frac{R_2}{K} \tag{14.81}$$

$$R_3 = \frac{1}{b\omega_c^2 C_1 C_2 R_2}$$

이다. 또한 C_2를 임의의 값 $10/f_c[\mu F]$로 결정하면 식(14.81)에서 R_2값의 분모가 실수가 되기 위하여

$$C_1 \le \frac{a^2 C_2}{4b(K+1)} \tag{14.82}$$

되도록 결정한다. 물론, a와 b는 정규화된 필터 계수이다.

14-5.2 MFB 고역통과 필터

그림14.24는 MFB 고역통과 필터회로이며, $v_b = 0$임을 기억하면 v_a, v_b 두 절점에 대한 방정식은 다음과 같다.

$$\text{절점 1 : } sC_1V_{in} + sC_2V_o - \left\{\frac{s(2C_1 + C_2)+1}{R_1}\right\}V_a = 0 \tag{14.83a}$$

$$\text{절점 2 : } sC_1V_a + \frac{V_o}{R_2} = 0 \tag{14.83b}$$

2개의 절점 방정식으로부터 이 회로에 대한 전달함수는 다음과 같다.

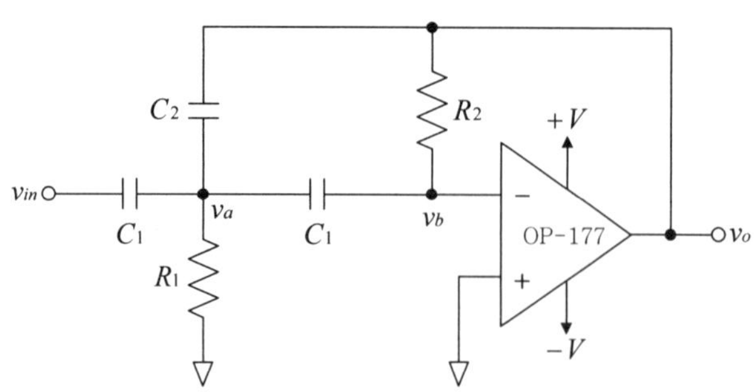

그림14.24 MFB 고역통과 필터.

$$H(s) = \frac{-\dfrac{C_1}{C_2}s^2}{s^2 + \dfrac{2C_1 + C_2}{R_2 C_1 C_2}s + \dfrac{1}{R_1 R_2 C_1 C_2}} \tag{14.84}$$

그리고 반전 이득을 갖는 위 식에 맞추어 고역통과 필터함수인 식(14.22)를 다시 쓰면

$$H(s) = \frac{-Ks^2}{s^2 + \dfrac{a}{b}\omega_c s + \dfrac{\omega_c^2}{b}} \tag{14.85}$$

이고, 식(14.84)와 비교하면

$$\begin{aligned} K &= \frac{C_1}{C_2} \\ \frac{a\omega_c}{b} &= \frac{2C_1 + C_2}{R_2 C_1 C_2} \\ \frac{\omega_c^2}{b} &= \frac{1}{R_1 R_2 C_1 C_2} \end{aligned} \tag{14.86}$$

이다. 이때, 식(14.86)으로부터 C_1의 값을 $10/f_c[\mu F]$으로 결정하면

$$C_2 = \frac{C_1}{K} \tag{14.87a}$$

이고, R_1, R_2는 각각 다음과 같다.

$$\begin{aligned} R_1 &= \frac{a}{(2C_1 + C_2)\omega_c} \\ R_2 &= \frac{b(2C_1 + C_2)}{aC_1 C_2 \omega_c} \end{aligned} \tag{14.87b}$$

14-5.3 MFB 대역통과 필터

다중 궤환 경로를 갖는 MFB 대역통과 필터 회로는 그림14.25와 같다. 회로에서 다음 2개의 절점 방정식을 얻는다.

$$\text{절점 1 : } \frac{V_{in}}{R_1} + sC_1 V_o - \left\{ s(C_1 + C_2) + \frac{1}{R_1} + \frac{1}{R_2} \right\} V_a = 0 \tag{14.88a}$$

$$\text{절점 2 : } sC_2 V_a + \frac{V_o}{R_3} = 0 \tag{14.88b}$$

이 때 필터회로의 전달함수는 식(14.89)와 같다.

$$H(s) = -\frac{\dfrac{1}{R_1 C_1}s}{s^2 + \dfrac{1}{R_3}\left(\dfrac{1}{C_1} + \dfrac{1}{C_2}\right)s + \dfrac{1}{R_3 C_1 C_2}\left(\dfrac{1}{R_1} + \dfrac{1}{R_2}\right)} \tag{14.89}$$

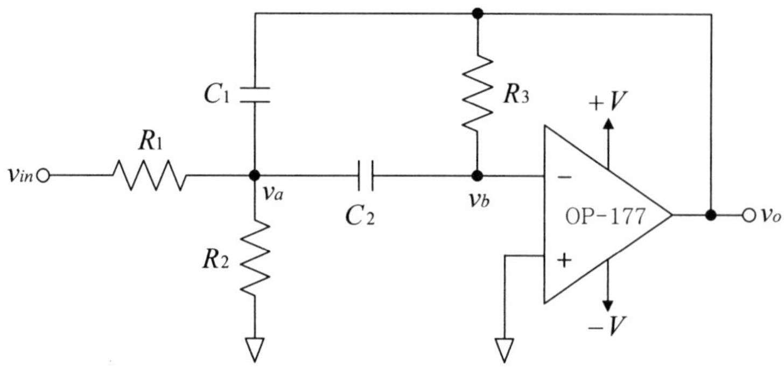

그림14.25 MFB 대역통과 필터.

식(14.41)과 비교하면

$$\rho\omega_o = \frac{1}{R_1 C_1}$$
$$\beta\omega_o = \frac{1}{R_3}\left(\frac{1}{C_1} + \frac{1}{C_2}\right) \tag{14.90}$$
$$\gamma\omega_o^2 = \frac{1}{R_3 C_1 C_2}\left(\frac{1}{R_1} + \frac{1}{R_2}\right)$$

이다. 따라서 식(14.90)으로부터 R_1, R_2, R_3를 구할 수 있다.

$$R_1 = \frac{1}{\rho\omega_o C_1}$$
$$R_2 = \frac{\beta}{[C_1(\gamma - \rho\beta) + \gamma C_2]\omega_o} \tag{14.91}$$
$$R_3 = \frac{1}{\beta\omega_o}\left(\frac{1}{C_1} + \frac{1}{C_2}\right)$$

C_1, C_2는 임의의 값을 가질 수 있으며, $C_1 = 10/f_c[\mu F]$으로 선정하면 $R_2 > 0$인 값을 갖기 위하여

$$C_2 > \frac{C_1(\rho\beta - \gamma)}{\gamma} \tag{14.92}$$

이다. ρ, β, γ는 14-4.3절에서 구한 바와 같다.

이득은 식(14.89)와 식(14.34)를 비교하면

$$K = \frac{R_3 C_2}{R_1(C_1 + C_2)} \tag{14.93}$$

임을 알 수 있다.

14-5.4 MFB 대역제거 필터

2차 MFB 대역제거 필터회로는 그림14.26과 같다. 회로에서 op amp #1은 대역통과 필터회로이고 op amp #2는 입력신호 v_{in}과 반전된 대역통과 필터의 출력 v_{o1}의 가산회로이다. 대역통과필터의 전달함수 식(14.89)로부터 V_{o1}은 다음과 같고,

$$V_{o1} = -\frac{\frac{1}{CR_1}s}{s^2 + \frac{2}{CR_4}s + \frac{1}{C^2R_4}\left(\frac{1}{R_1}+\frac{1}{R_2}\right)}V_{in} \tag{14.94}$$

출력 V_o은 다음과 같다.

$$V_o = -\left(\frac{R_6}{R_3}V_{in} + \frac{R_6}{R_5}V_{o1}\right) \tag{14.95}$$

식(14.94)를 식(14.95)에 대입하여 정리하면 대역제거 필터회로의 전달함수는 다음과 같다.

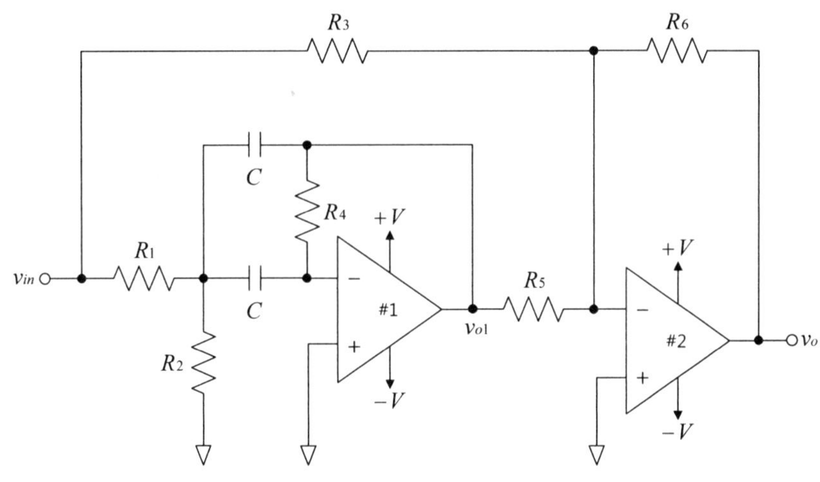

그림14.26 MFB 대역제거 필터.

$$H(s) = \left|\frac{V_o(s)}{V_{in}(s)}\right| = \frac{-\frac{R_6}{R_3}\left\{s^2 + \frac{1}{C^2R_4}\left(\frac{1}{R_1}+\frac{1}{R_2}\right)\right\}}{s^2 + \frac{2}{CR_4}s + \frac{1}{C^2R_4}\left(\frac{1}{R_1}+\frac{1}{R_2}\right)} \tag{14.96}$$

2차 대역제거 필터함수에 관한 식(14.52)와 비교하면

$$\rho = -\frac{R_6}{R_3}$$

$$\alpha\omega_o^2 = \gamma\omega_o^2 = \frac{1}{C^2 R_4}\left(\frac{1}{R_1} + \frac{1}{R_2}\right) \tag{14.97}$$

$$\beta\omega_o = \frac{2}{CR_4}$$

단, 식(14.44)의 대역제거 필터회로 함수와 같아지기 위하여 $2R_1R_5 = R_3R_4$이다.

식(14.97)에서 $\alpha = \gamma$이고 더욱이 $\alpha = \gamma = 1$이다. 그러므로 MFB 대역제거 필터 함수는 VCVS 대역제거 필터와 마찬가지로 2차 대역제거 필터(식(14.44))와 고차 대역제거 필터의 한 개의 단을 구성하는 1차 저역통과 필터함수로부터 함수 변환된 2차 대역제거 필터함수(식(14.43))로 제한된다.

식(14.52)와 식(14.43)을 비교하면

$$\begin{aligned} \rho &= K \\ \alpha &= \gamma = 1 \\ \beta &= \frac{1}{bQ} \end{aligned} \tag{14.98}$$

이다. 따라서 회로의 저항값들은 다음과 같다.

$$\begin{aligned} R_1 &= \frac{bQ}{2\omega_o C} \\ R_2 &= \frac{R_1}{b^2Q^2 - 1} \\ R_4 &= 4R_1 \\ R_5 &= 2R_3 \\ R_6 &= KR_3 \end{aligned} \tag{14.99}$$

R_3는 소자값의 퍼짐이 최소화되도록 하기 위하여 $R_3 = 1/\omega_o C$으로 결정하는 임의의 값이고, $C = 10/f_o[\mu F]$으로 한다.

VCVS 대역제거 필터는 회로의 구성이 간단하지만, $Q > 10$이 되면 소자 값의 퍼짐이 커지고, 이득이 1로 제한되는 결점이 있다. 이에 반하여 MFB 대역제거 필터는 VCVS에 비해 소자의 수는 많지만, Q가 25정도까지 가능하며 이득이 R_6/R_3로 조정가능하다는 장점이 있다.

14-6 상태변수 필터(State-variable filter)

14-6.1 상태변수의 정의

상태변수 필터는 아날로그 컴퓨터 프로그래밍으로부터 기인한 것이며, 그 기본적인 구조에 대한 블록도는 그림14.27과 같다.

블록도로부터 $x(t)$, $\frac{dx(t)}{dt}$, $\frac{d^2x(t)}{dt^2}$는 시스템 내부의 상태변수이다. $\int x(t)dt$에 대한 라플라스 변환은 $X(s)/s$이고, 초기조건은 0일 때 위의 상태변수에 대한 라

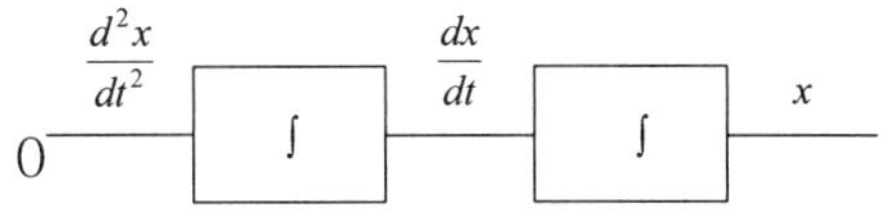

그림14.27 적분기의 종속접속과 상태변수.

플라스 변환은 각각 $X(s)$, $sX(s)$, $s^2X(s)$라는 것을 기억하자.

또한, $V_1(s)$, $V_n(s)$는 각각 입력 $v_1(t)$, 출력 $v_n(t)$에 대한 라플라스 변환이다. 그리고 다음 식(14.100)은 단위이득을 갖는 HPF, BPF, LPF의 함수이다.

$$H(s)|_{LP} = \frac{V_4(s)}{V_1(s)} = \frac{a_0}{s^2 + a_1 s + a_0} \tag{14.100a}$$

$$H(s)|_{BP} = \frac{V_3(s)}{V_1(s)} = \frac{a_1 s}{s^2 + a_1 s + a_0} \tag{14.100b}$$

$$H(s)|_{HP} = \frac{V_2(s)}{V_1(s)} = \frac{s^2}{s^2 + a_1 s + a_0} \tag{14.100c}$$

여기에서, $V_4(s)$, $V_3(s)$, $V_2(s)$는 각각 입력 $V_1(s)$로부터 LPF, BPF, HPF의 출력이다. 식(14.100)에서 $H(s)|_{BP} = \frac{a_1}{s} H(s)|_{HP}$, $H(s)|_{LP} = \frac{a_0}{s^2} H(s)|_{HP}$임을 알 수 있고, 결국 $V_3(s)$, $V_4(s)$는 다음과 같다.

$$\begin{aligned} V_3(s) &= \frac{a_1}{s} V_2(s) \\ V_4(s) &= \frac{a_0}{s^2} V_2(s) \end{aligned} \tag{14.101}$$

따라서 그림14.28과 같이 2개의 적분기를 이용하여 LPF, BPF, HPF를 동시에 실현할 수 있는 상태변수 필터의 설계가 가능하다.

14-6.2 상태변수 필터의 실현

우선, HPF에 관한 전달함수로부터

$$V_2(s) = V_1(s) - \frac{a_1 V_2(s)}{s} - \frac{a_0 V_2(s)}{s^2} \tag{14.102}$$

이다. 그림14.28과 식(14.101)을 비교하면, $V_2(s) = s^2 X(s)$, $V_3(s) = a_1 s X(s)$, $V_4(s) = a_0 X(s)$이다. 따라서 고역통과 필터 동작은 입력 $V_1(s)$와 궤환되는 대역통

과 필터 출력 및 저역통과 필터 출력 $V_3(s)$, $V_4(s)$의 합으로 이루어진다. 그러므로 상태변수 필터는 2개의 적분회로와 덧셈회로가 필요하고, 이를 블록도로 나타내면 식(14.101)과 식(14.102)로부터 그림14.28과 같다.

이와 같은 블록도를 실현하는 상태변수 필터회로는 여러 가지 방법으로 설계되고 있으며 그림14.29는 그 중 하나인 Kerwin-Huelsman-Newcomb(KHN) 바이쿼드 필터회로이다. 회로의 해석을 통하여 HPF, BPF, LPF동작에 대한 전달함수를 구하고 이의 동작을 살펴보자.

$$V_3 = -\left(\frac{1}{C_1 R_3}\right)\frac{1}{s} V_2 \tag{14.103}$$

$$V_4 = -\left(\frac{1}{C_2 R_4}\right)\frac{1}{s} V_3 \tag{14.104}$$

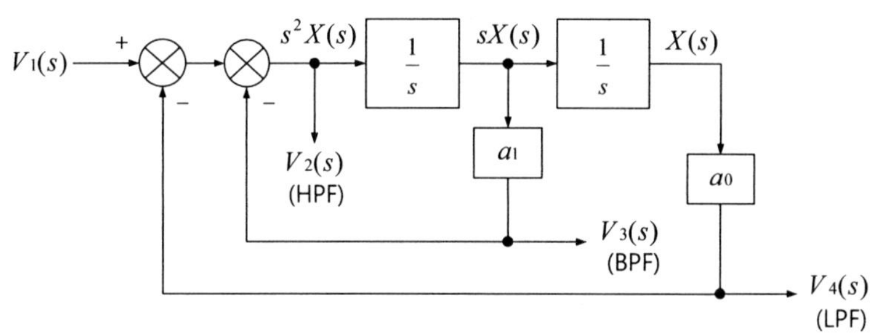

그림14.28 상태변수 필터의 블록도.

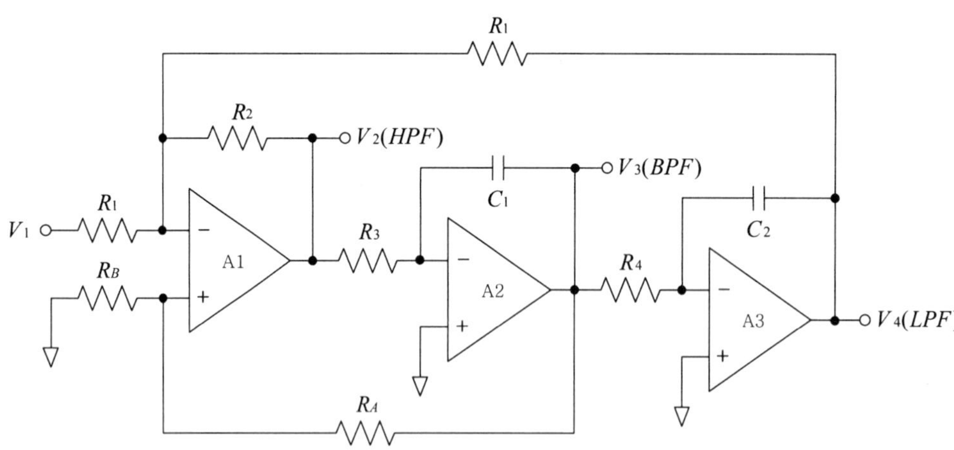

그림14.29 상태변수 필터회로.

$$V_2 = \left(-\frac{R_2}{R_1}\right)V_4 - \left(\frac{R_2}{R_1}\right)V_1 + \left(\frac{R_B}{R_A+R_B}\right)\left(1+\frac{R_2}{R_1/2}\right)V_3 \tag{14.105}$$

이다. 식(14.103)과 식(14.104)를 식(14.105)에 대입하면

$$\left[1+\frac{R_2}{R_1R_3R_4C_1C_2}\cdot\frac{1}{s^2}+\frac{R_B(R_1+2R_2)}{R_1R_3(R_A+R_B)C_1}\cdot\frac{1}{s}\right]V_2 = \left(-\frac{R_2}{R_1}\right)V_1 \tag{14.106}$$

이다. 만약, $R_1 = R_2 = R$이면

$$H(s)|_{HP} = \frac{V_2}{V_1} = -\frac{s^2}{s^2+\dfrac{3R_B}{C_1R_3(R_A+R_B)}s+\dfrac{1}{C_1C_2R_3R_4}} \tag{14.107}$$

이다. 식(14.103)을 식(14.107)에 대입하여 정리하면 BPF의 전달함수는 다음과 같고,

$$H(s)|_{BP} = \frac{V_3}{V_1} = \frac{\dfrac{1}{C_1R_3}s}{s^2+\dfrac{3R_B}{C_1R_3(R_A+R_B)}s+\dfrac{1}{C_1C_2R_3R_4}} \tag{14.108}$$

LPF의 전달함수는 식(14.103) ~ 식(14.105)로부터

$$H(s)|_{LP} = \frac{V_4}{V_1} = -\frac{\dfrac{1}{C_1C_2R_3R_4}}{s^2+\dfrac{3R_B}{C_1R_3(R_A+R_B)}s+\dfrac{1}{C_1C_2R_3R_4}} \tag{14.109}$$

이다.

일반적인 2차 대역통과 필터함수 식(14.34)를 다시 쓰면

$$H(s) = \frac{K\dfrac{\omega_o}{Q}s}{s^2+\left(\dfrac{\omega_o}{Q}\right)s+\omega_o^2}$$

이고, 이 식과 식(14.108)을 비교하면 중심주파수 ω_o와 Q는 다음과 같다.

$$\omega_o = \frac{1}{\sqrt{C_1C_2R_3R_4}} \tag{14.110a}$$

$$Q = \frac{R_A+R_B}{3R_B}\sqrt{\frac{C_1R_3}{C_2R_4}} \tag{14.110b}$$

만약 $C = C_1 = C_2$, $R_e = R_3 = R_4$이면,

$$\omega_o = \frac{1}{CR_e} \tag{14.111a}$$

$$Q = \frac{R_A+R_B}{3R_B} \tag{14.111b}$$

이고, Q와 ω_o는 독립적이므로 조정이 쉬운 장점이 있다.

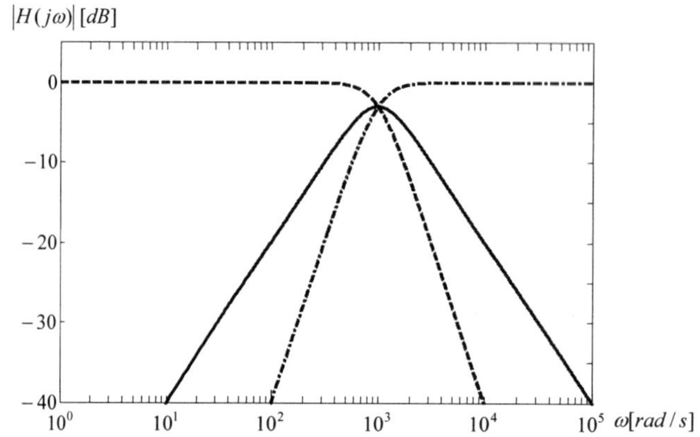

그림14.30 상태변수 필터의 크기응답.

그림14.30은 $R_1 = R_2 = R_3 = R_4 = R_B = 10[K\Omega]$, $\omega_o = 1{,}000[rad/s]$, $Q = 0.707$ 일 때의 상태변수 필터의 HPF, BPF, LPF의 크기응답이다. 식(14.34)와 식(14.110), 식(14.111)로부터 $C = 0.1[\mu F]$, $R_A = (3Q-1)R_B$ 및 대역통과 필터의 이득은 $K_{BP} = Q$이다.

상태변수 필터회로의 또 다른 장점 중의 하나는 이 회로를 변경하지 않은 상태로 op amp 한 개와 저항을 추가하면 쉽게 대역제거 필터를 설계할 수 있다는 것이다.

식(14.100)과 비교해서 대역제거 필터함수는 다음과 같다.

$$H(s)\,|_{BR} = \frac{s^2 + a_0}{s^2 + a_1 s + a_0} \tag{14.112}$$

이 함수는 저역통과 필터와 고역통과 필터의 합으로 실현된다. 식(14.107)과 식(14.109)의 고역통과 필터함수와 저역통과 필터함수의 극이 같으므로 대역제거 필터함수는

$$H(s)\,|_{BR} = H(s)\,|_{HP} + H(s)\,|_{LP} \tag{14.113}$$

임을 알 수 있고, 그림14.31과 같이 덧셈회로를 이용하여 쉽게 실현된다.

$$V_5 = \left(-\frac{R_7}{R_5}\right)V_4 - \left(\frac{R_7}{R_6}\right)V_2 \tag{14.114}$$

식(14.103), 식(14.104)로부터, 그리고 $R_e = R_3 = R_4$, $C = C_1 = C_2$이면

$$V_4 = \frac{1}{C^2 R_e^2 s^2} V_2 \tag{14.115}$$

이므로

$$V_5 = \left(-\frac{R_7}{R_5}\right)\left(\frac{1}{C^2 R_e^2}\right)\frac{1}{s^2} V_2 - \left(\frac{R_7}{R_6}\right)V_2 \tag{14.116}$$

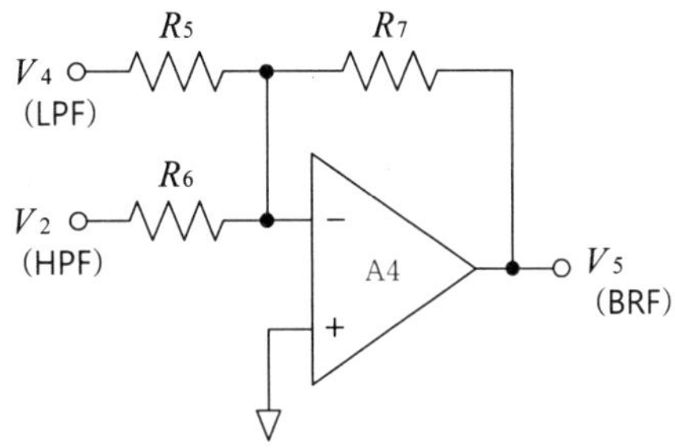

그림14.31 상태변수 필터회로를 이용한 대역제거 필터회로의 실현.

이다. 이때 대역제거 필터의 전달함수는 식(14.107), 식(14.116)으로부터

$$H(s)|_{BR} = \frac{V_5}{V_1} = \left(\frac{V_2}{V_1}\right)\left(\frac{V_5}{V_2}\right)$$

$$= -\frac{\left(\frac{R_7}{R_6}\right)s^2 + \left(\frac{R_7}{R_5}\right)\frac{1}{C^2 R_e^2}}{s^2 + \frac{3R_B}{CR_e(R_A+R_B)}s + \frac{1}{C^2 R_e^2}} \tag{14.117}$$

이다. 2차 대역제거 필터함수 식(14.44)와 비교하면 $R_x = R_5 = R_6$일 때 $K_{BR} = R_7 / R_x$이다.

14-7 능동 필터의 트러블과 대책

Op amp의 주파수 대역은 능동 필터의 성능에 영향을 미칠 수 있다. 예를 들어 그림14.32의 차단주파수 $f_c = 23[Hz]$인 저역통과 필터에 대하여 차단주파수보다 높은 성분은 통과하지 않아야 되지만, 실제적으로는 op amp의 대역폭 보다 높은 주파수의 신호는 C_1을 통과하게 된다.

입력이 펄스 파형인 경우에 파형에 포함된 고주파 성분은 op amp의 출력 임피던스가 충분히 작지 않으면 출력에 포함되어 나타나고, 그림처럼 뾰족한 부분으로 나타난다. 이것을 방지하기 위해서는 주파수 대역이 넓은 것을 사용하면 되지만, 어느 정도의 광대역의 특성을 갖는다 하더라도 그것보다 빠른 신호성분은 결국 통과하게 된다.

이것을 해결하는 방법으로는 수동소자를 이용하여 RC 또는 LC 필터를 삽입하는 것이 효과적이다. 수동 필터의 정수는 능동 필터의 f_c와는 관계없고, op amp의 주파수 대역 외의 성분을 감쇄시키면 된다. 따라서 광대역 op amp라면 어느 정도 작은 RC로 충분하다.

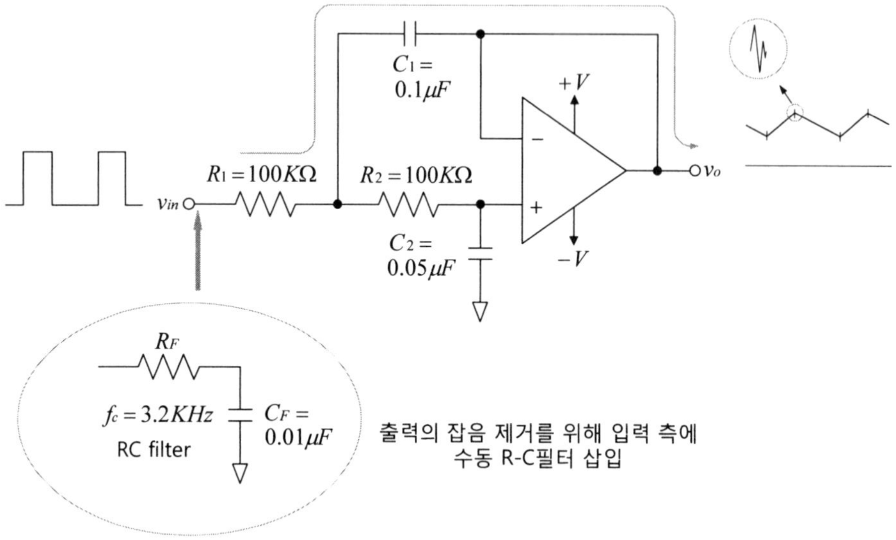

그림14.32 Op amp 주파수 대역보다 높은 주파수의 신호는 저역통과 필터의 출력에 나타날 수 있으며, 이를 제거하기 위하여 입력 측에 수동 RC 혹은 LC 필터를 삽입한다. C_F는 고주파 특성이 좋은 디스크 세라믹 커패시터를 사용한다.

14-8 실험

14-8.1 저역통과 필터

(1) 버터워스 필터

i) 다음 회로를 결선하시오. 단, 저항은 1% 저항을 이용하시오.

$R_1 = 6.8[K\Omega]$, $R_2 = 36.5[K\Omega]$, $R_3 = 57.6[K\Omega]$, $R_4 = 174[K\Omega]$, $C_1 = C_2 = 0.01[\mu F]$

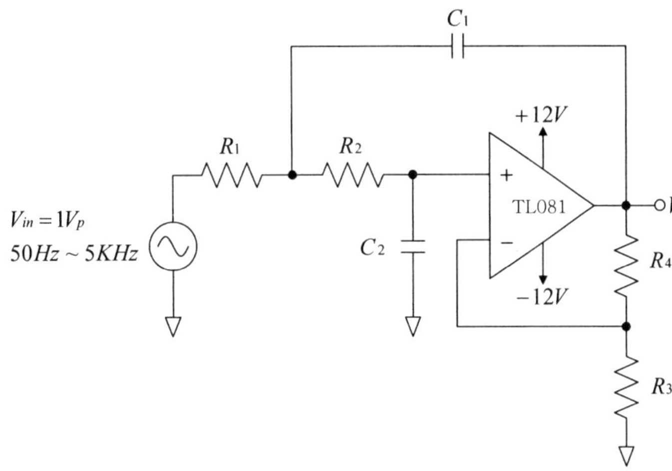

그림14.33 2차 저역통과 필터 실험회로($A_{LP} = 4$, $f_c = 1[KHz]$).

ii) 신호발생기의 출력을 정현파 $1V_p$, $50Hz$로 맞추시오.

iii) 신호발생기와 회로의 입력을 접속한 후, 출력신호의 크기 V_o를 측정하여 표 14-8.1(a)에 기록하고, 그림14.34의 semi-log 그래프에 표시하여 저역통과 필터의 응답특성을 나타내시오 (입력의 크기가 $1V$임을 기억하시오). 그림에 표시하는 값은 표에 기입하는 것보다 주파수 간격을 좁혀 측정하고 특히, 차단주파수 부근에서는 세밀하게 측정하시오. 단, 주파수를 변경할 때마다 정현파 입력신호의 크기가 $1V_p$를 유지하도록 하시오.

iv) 단계 ii)의 결과에 0.707을 곱하여 차단주파수에서의 크기를 계산하시오.

$$V_o \ at \ cutoff \ \ frequency = \ 0.707 \times V_o|_{f=50Hz} = \underline{\qquad\qquad\qquad} [V]$$

v) 신호발생기의 주파수를 가변하여 출력신호 V_o의 크기가 단계 iii)의 결과와 같아지도록 하고, 이때의 주파수 즉, 차단주파수 f_c를 측정하고, 식(14.12)를 참조하여 이론값과 비교하시오.

표14-8.1 2차 및 4차의 VCVS 저역통과 버터워스 필터의 주파수 응답

주파수 $f[Hz]$ / 출력 $V_o[dB]$	50	100	300	600	900	950	980	$1K$	$1.02K$	$1.05K$
(a) 2차										
(b) 4차										
	$1.08K$	$1.1K$	$1.15K$	$2K$	$2.5K$	$3K$	$3.5K$	$4K$	$4.5K$	$5K$
(a) 2차										
(b) 4차										

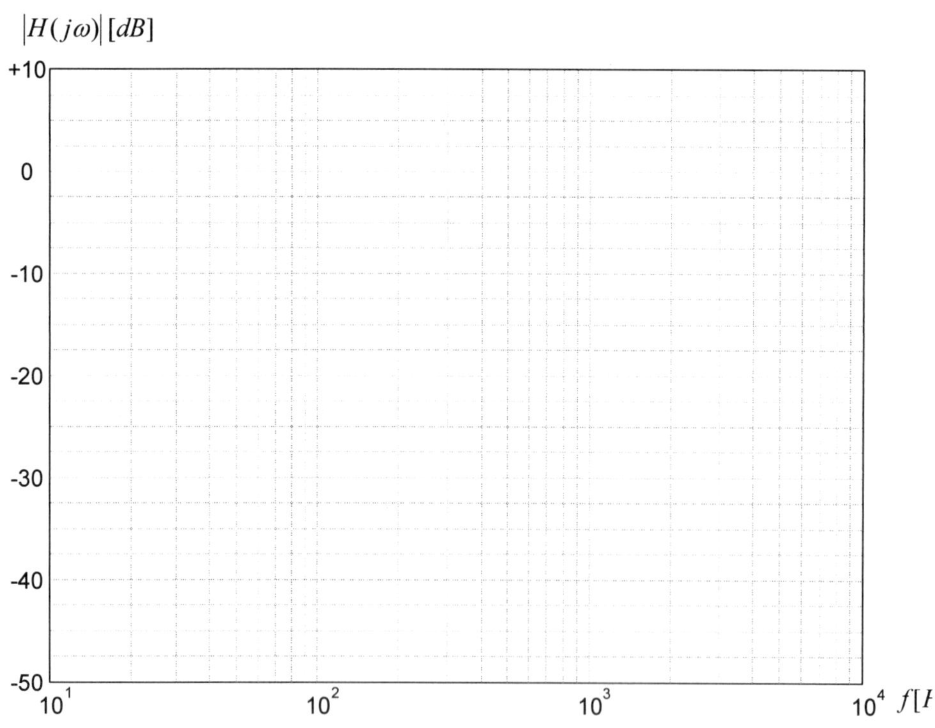

그림14.34 Semi-log 그래프 (저역통과 필터의 주파수 응답).

$$f_c = \underline{\qquad\qquad\qquad} [Hz]$$: 측정값

$$f_c = \frac{1}{2\pi RC} = \underline{\qquad\qquad\qquad} [Hz]$$: 이론값

vi) 통과대역에서의 이득의 측정값과 이론값을 기록하시오.

$$A_{LP} = |H(j\omega)| = \underline{\qquad\qquad\qquad\qquad}$$: 측정값

$$A_{LP} = 1 + \frac{R_4}{R_3} = \underline{\qquad\qquad\qquad\qquad}$$: 이론값

vii) 다음 회로를 구성하시오.

$R_{1,1} = 20[K\Omega]$, $R_{1,2} = 12.1[K\Omega]$, $R_{1,3} = 66.5[K\Omega]$, $R_{1,4} = 66.5[K\Omega]$, $R_{2,1} = 8.6[K\Omega]$, $R_{2,2} = 29.4[K\Omega]$, $R_{2,3} = 76.8[K\Omega]$, $R_{2,4} = 76.8[K\Omega]$, $C_{1,1} = C_{1,2} = C_{2,1} = C_{2,2} = 0.01[\mu F]$

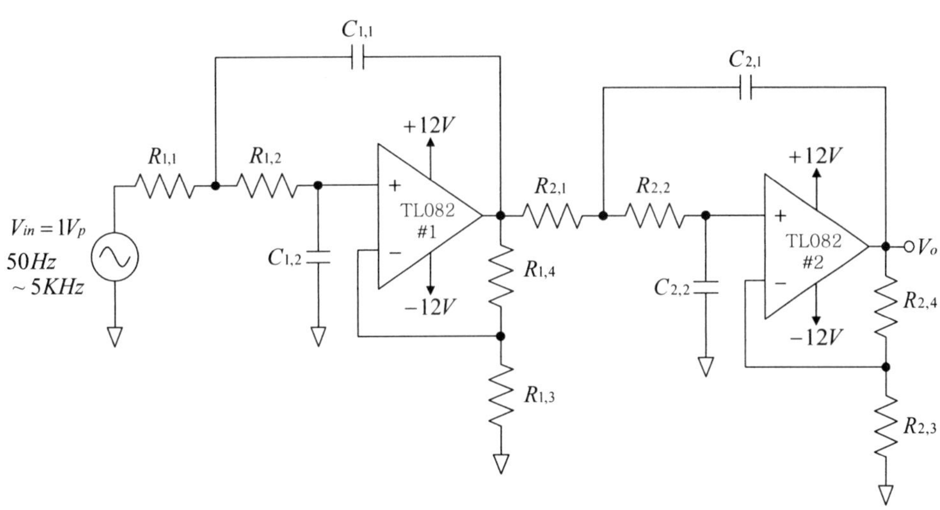

그림14.35 VCVS 4차 저역통과 필터의 실험 회로 ($A_{LP} = 4$, $f_c = 1[KHz]$).

viii) 신호발생기의 출력을 정현파 $1[V_p]$, $50[Hz]$로 맞추시오.

ix) 신호발생기와 회로의 입력을 접속한 후, 출력신호의 크기 V_o를 측정하여 표 14-8.1(b)에 기록하고, 그림14.34의 semi-log 그래프에 표시하여 저역통과 필터

의 응답특성을 나타내시오 (입력의 크기가 $1[V]$ 임을 기억하시오). 그림에 표시하는 값은 표에 기입하는 것보다 주파수 간격을 좁혀 측정하고 특히, 차단주파수 부근에서는 세밀하게 측정하시오. 단, 주파수를 변경할 때마다 정현파 입력신호의 크기가 $1[V_p]$를 유지하도록 하시오.

또한 함수 발생기의 'SWEEP'기능을 이용하여 $5[KHz]$까지 스위핑 하고, 그 결과를 촬영하여 semi-log 그래프에 표시한 결과와 비교하시오.

사진 촬영 결과

x) 단계 vii)의 결과에 0.707을 곱하여 차단주파수에서의 크기를 계산하시오.

$$V_o\ at\ cutoff\ \ frequency = \ 0.707 \times V_o|_{f=50Hz} = \underline{\qquad\qquad\qquad}[V]$$

xi) 신호발생기의 주파수를 가변하여 출력신호 V_o의 크기가 단계 ix)의 결과와 같아지도록 하고, 이때의 주파수 즉, 차단주파수 f_c를 측정하여 기록하시오.

$$f_c = \underline{\qquad\qquad\qquad}[Hz] \quad : \text{측정값}$$

xii) 통과대역에서의 이득의 측정값과 이론값을 기록하시오.

$$A_{LP} = |H(j\omega)| = \underline{\qquad\qquad\qquad\qquad} \ : \text{측정값}$$

$$A_{LP} = K_{1^{st}stage}K_{2^{nd}stage} = \underline{\qquad\qquad\qquad\qquad} \ : \text{이론값}$$

(2) 체비세프 필터

i) 그림14.35의 회로를 다음의 조건1과 같이 설계하시오.

<u>조건1 : $PRW = 1[dB]$인 경우</u>

$R_{1,1} = 57[K\Omega]$, $R_{1,2} = 4.5[K\Omega]$, $R_{1,3} = 124[K\Omega]$, $R_{1,4} = 124[K\Omega]$, $R_{2,1} = 23.7[K\Omega]$, $R_{2,2} = 38.3[K\Omega]$, $R_{2,3} = 124[K\Omega]$, $R_{2,4} = 124[K\Omega]$, $C_{1,1} = C_{1,2} = C_{2,1} = C_{2,2} = 0.01[\mu F]$

표14-8.2 VCVS 4차 저역통과 체비세프 필터의 주파수 응답

주파수 [Hz] / 출력 (V_o) [dB]	50	100	150	200	250	300	350	400	450	500
(a) 조건1										
(b) 조건2										
	550	600	650	700	750	800	850	900	950	$1K$
(a) 조건1										
(b) 조건2										
	$1.05K$	$1.1K$	$1.15K$	$2K$	$2.5K$	$3K$	$3.5K$	$4K$	$4.5K$	$5K$
(a) 조건1										
(b) 조건2										

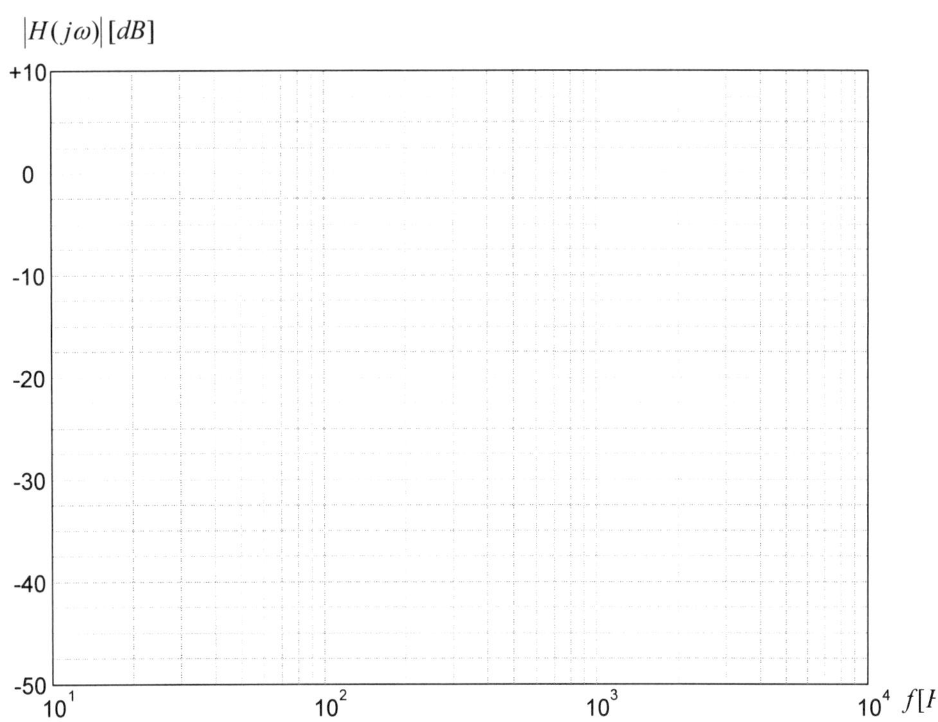

그림14.36 Semi-log 그래프 (저역통과 필터의 주파수 응답).

ii) 그리고 입력신호의 주파수를 50[Hz] ~ 5[KHz]까지 변화하며 출력신호의 크기를 표14-8.2(a)에 기록하고, 다음의 그림14.36의 semi-log 그래프에 표시하시오. 주파수 간격은 단계 ii)보다 더욱 세밀하게 측정하시오. 단, 주파수를 변경할 때마다 정현파 입력신호의 크기가 1[V_p]를 유지하도록 하시오.

iii) 통과대역에서 발생하는 리플의 크기를 측정하시오.

$$PRW = 20\log\left(\frac{maximum\ \ value\ \ of\ \ ripple}{minimum\ \ value\ \ of\ \ ripple}\right) = \underline{\qquad\qquad\qquad} \quad [dB]$$

iv) 차단점(cutoff point)에서의 주파수를 측정하시오.

$$f_{cutoff\ \ point} = \underline{\qquad\qquad\qquad\qquad} [Hz]$$

v) 그림14.35의 회로를 다음 조건2에 따라 설계하고, 입력신호의 주파수를 50[Hz] ~ 5[KHz]까지 변화하며 출력의 크기를 측정하여 표14-8.2(b) 항에 기록하시오. 또한 그림14.35의 semi-log 그래프에 그 값을 표시하여 단계 ii)의 결과와 비교하시오.

<u>조건2 : $PRW = 3[dB]$인 경우</u>

$R_{1,1} = 93.1[K\Omega]$, $R_{1,2} = 3[K\Omega]$, $R_{1,3} = 191[K\Omega]$, $R_{1,4} = 191[K\Omega]$, $R_{2,1} = 38.3[K\Omega]$, $R_{2,2} = 33.2[K\Omega]$, $R_{2,3} = 143[K\Omega]$, $R_{2,4} = 143[K\Omega]$, $C_{1,1} = C_{1,2} = C_{2,1} = C_{2,2} = 0.01[\mu F]$

vi) 통과대역에서 발생하는 리플의 크기를 측정하시오.

$$PRW = 20\log\left(\frac{maximum\ \ value\ \ of\ \ ripple}{minimum\ \ value\ \ of\ \ ripple}\right) = \underline{\qquad\qquad\qquad} \quad [dB]$$

vii) 차단주파수(cut-off frequency)를 측정하시오.

$$f_c = \underline{\qquad\qquad\qquad\qquad} [Hz]$$

viii) 함수 발생기의 'SWEEP'기능을 이용하여 5[KHz]까지 스위핑 하고, 그 결과를 촬영하여 semi-log 그래프에 표시한 결과와 비교하시오.

사진 촬영 결과

14-8.2 고역통과 필터

(1) 다음 회로를 결선하시오. 단, 저항은 1% 저항을 이용하시오.

<u>조건 1</u> : $R_1 = R_2 = 15.9[K\Omega]$, $C_1 = C_2 = 0.01[\mu F]$, $R_3 = 30[K\Omega]$, $R_4 = 18[K\Omega]$

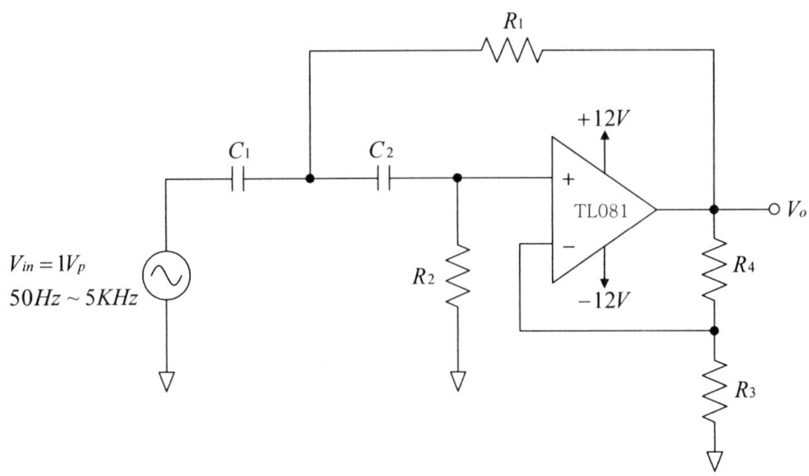

그림14.37 VCVS 2차 고역통과 필터의 실험 회로.

i) 신호발생기의 출력을 정현파 $1[V_p]$, $5K[Hz]$로 맞추시오.

ii) 신호발생기와 회로의 입력을 접속한 후 출력신호의 크기 V_o를 측정하여 표 14-8.3에 기록하시오.

iii) 단계 ii)의 결과에 0.707을 곱하여 차단주파수에서의 크기를 계산하시오.

$$V_o\ at\ cutoff\ \ frequency = 0.707 \times V_o|_{f=10KHz} = \underline{\qquad\qquad\qquad}[V]$$

표14-8.3 VCVS 2차 고역통과 필터의 주파수 응답

주파수 $f[Hz]$ / 출력 $V_o[dB]$	50	100	300	600	900	950	980	$1K$	$1.02K$	$1.05K$
(a) 조건1										
(b) 조건2										
	$1.08K$	$1.1K$	$1.15K$	$2K$	$2.5K$	$3K$	$3.5K$	$4K$	$4.5K$	$5K$
(a) 조건1										
(b) 조건2										

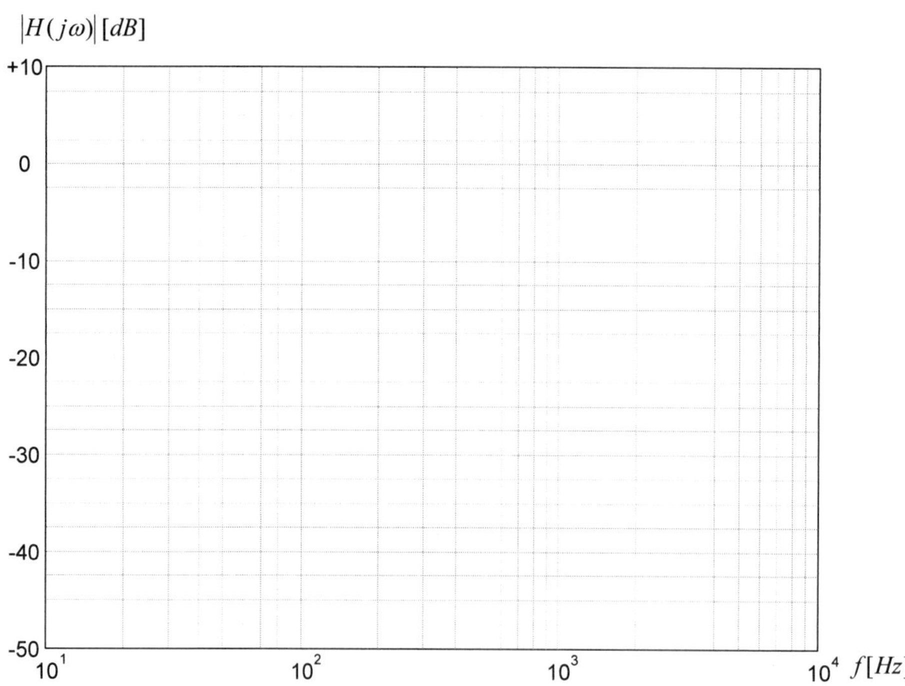

그림14.38 Semi-log 그래프 (고역통과 필터의 주파수 응답).

iv) 신호발생기의 주파수를 가변하여 출력신호 V_o의 크기가 단계 iii)의 결과와 같아지도록 하고, 이때의 주파수 즉, 차단주파수 f_c를 측정하고, 식(14.26)을 참조하여 이론값과 비교하시오.

$f_c =$ ____________ $[Hz]$: 측정값, $f_c = \dfrac{1}{2\pi RC} =$ ____________ $[Hz]$: 이론값

v) 주파수를 $5K[Hz] \sim 50[Hz]$까지 가변시키면서 출력신호의 크기 V_o를 측정하여 표14-8.3에 기입하고, 그림14.38의 semi-log 그래프에 표시하여 고역통과 필터의 응답특성을 나타내시오 (입력의 크기가 $1[V]$임을 기억하시오). 그림에 표시하는 값은 표에 기입하는 것보다 주파수 간격을 좁혀 측정하고 특히, 차단주파수 부근에서는 세밀하게 측정하시오. 단, 주파수를 변경할 때마다 정현파 입력신호의 크기가 $1[V_p]$를 유지하도록 하시오.

vi) 통과대역에서의 이득의 측정값과 이론값을 기록하시오.

$A = |H(j\omega)| =$ ____________________ : 측정값

$A = |H(j\omega)| = 1 + \dfrac{R_4}{R_3} =$ ____________________ : 이론값

vii) 함수 발생기의 'SWEEP'기능을 이용하여 $5[KHz]$까지 스위핑 하고, 그 결과를 촬영하여 semi-log 그래프에 표시한 결과와 비교하시오.

사진 촬영 결과

(2) 회로의 소자를 다음과 같은 조건2에 따라 교체하고 과정 i) ~ vi)을 반복하시오.

조건 2 : $R_1 = 10.2[K\Omega]$, $R_2 = 17.4[K\Omega]$, $R_3 = 47[K\Omega]$, $R_4 = 27[K\Omega]$, $C_1 = 0.01[\mu F]$, $C_2 = 0.01[\mu F]$

14-8.3 대역통과 필터

i) 그림14.39의 2개의 2차 VCVS 대역통과필터 단(stage)이 종속접속 된 4차 VCVS 대역통과 필터회로를 결선하시오. 저항과 커패시터 값은 다음과 같다.

$R_{1,1} = 78.7[K\Omega]$, $R_{1,2} = 11[K\Omega]$, $R_{1,3} = 22.6[K\Omega]$, $R_{1,4} = 45.3[K\Omega]$,
$R_{1,5} = 45.3[K\Omega]$, $R_{2,1} = 78.7[K\Omega]$, $R_{2,2} = 12.7[K\Omega]$, $R_{2,3} = 26.7[K\Omega]$,
$R_{2,4} = 53.6[K\Omega]$, $R_{2,5} = 53.6[K\Omega]$, $C = 0.01[\mu F]$

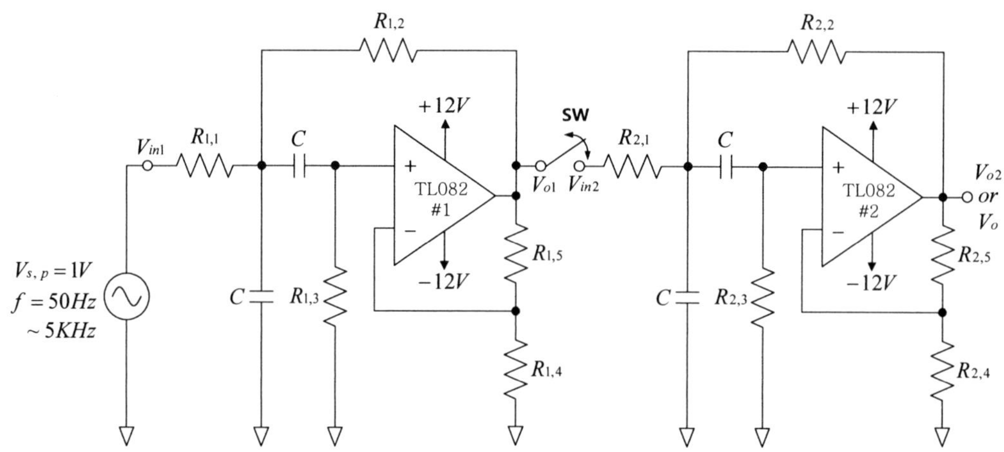

그림14.39 종속접속된 4차 VCVS 대역통과 필터의 실험 회로.

ii) 신호발생기의 출력을 정현파 $1[V_p]$로 맞추시오.

iii) 다음 조건에 맞추어 신호발생기의 주파수를 가변하면서 각각의 최대 출력과 중심주파수를 측정하고, 기록하시오.

<u>조건 1</u> : 신호발생기를 V_{in1}에 접속한 후 스위치를 개방하고 V_{o1}을 측정

$V_{o1,\max} =$ ________________ $[V]$, $f_{o1} =$ ________________ $[Hz]$

<u>조건 2</u> : 스위치를 개방하고 신호발생기를 V_{in2}에 접속한 후 V_{o2}를 측정

$V_{o2,\max} =$ ________________ $[V]$, $f_{o2} =$ ________________ $[Hz]$

<u>조건 3</u> : 신호발생기를 V_{in1}에 접속한 후 스위치를 닫고 V_o를 측정

$V_{o,\max} =$ ________________ $[V]$, $f_o =$ ________________ $[Hz]$

iv) 단계 iii)의 결과 중 $V_{o,\max}$에 0.707을 곱하여 차단주파수에서의 출력 $V_o|_{f=f_c}$

를 계산하시오.

$$V_o\big|_{f=f_c} = 0.707 \times V_{o,\max} = \underline{\qquad\qquad\qquad} [V]$$

v) 신호발생기의 주파수를 가변하여 출력신호 V_o의 크기가 단계 iv)의 결과와 같아지도록 하고, 이때의 저역 차단주파수 f_L 및 고역 차단주파수 f_U를 측정하시오.

$$f_L = \underline{\qquad\qquad\qquad} [Hz], \quad f_U = \underline{\qquad\qquad\qquad} [Hz]$$

vi) 식(14.28)을 참조하여 중심 주파수의 이론값을 구하시오. 이 값을 단계 iii)에서의 측정값과 비교하시오.

$$f_o = \underline{\qquad\qquad} [Hz] \text{ : 측정값}, \quad f_o = \sqrt{f_L f_U} = \underline{\qquad\qquad} [Hz] \text{ : 이론값}$$

vii) 대역폭 B와 첨두율 Q를 구하시오.

$$B = \underline{\qquad\qquad\qquad} [rad/s], \quad Q = \frac{f_o}{B} = \underline{\qquad\qquad\qquad}$$

viii) f_L 및 f_U의 값을 계산하여 단계 v)의 저역 및 고역 차단주파수와 비교하시오.

$$f_L = f_o\left(-\frac{1}{2Q} + \sqrt{1 + \frac{1}{4Q^2}}\right) = \underline{\qquad\qquad\qquad} [Hz]$$

$$f_U = f_o\left(\frac{1}{2Q} + \sqrt{1 + \frac{1}{4Q^2}}\right) = \underline{\qquad\qquad\qquad} [Hz]$$

ix) 신호발생기의 주파수를 $50[Hz] \sim 5K[Hz]$까지 가변시키면서 출력신호의 크기 V_{o1}, V_{o2}, V_o를 측정하여 표14-8.4에 기록하고, 그림14.40의 semi-log 그래프에 표시하여 대역통과 필터의 응답특성을 나타내시오 (입력의 크기가 $1\,V$임을 기억하시오). Semi-log 그래프에 표시하는 값은 표에 기입하는 것보다 주파수 간격을 좁혀 측정하고 특히, 차단주파수 부근에서는 세밀하게 측정하시오. 단, 주파수를 변경할 때마다 정현파 입력신호의 크기가 $1[V_p]$를 유지하도록 하시오.

x) 통과대역에서의 이득의 측정값과 이론값을 기록하시오.

$$A_{BP} = |H(j\omega_o)| = \underline{\qquad\qquad\qquad} \text{ : 측정값}$$

$$A_{BP} = K_{1^{st}stage} K_{2^{nd}stage} = \_\_\_\_\_\_\_\_\_\_ \quad : \text{이론값}$$

xi) 함수 발생기의 'SWEEP'기능을 이용하여 $5[KHz]$까지 스위핑 하고, 그 결과를 촬영하여 semi-log 그래프에 표시한 결과와 비교하시오.

표14-8.4 VCVS 4차 대역통과 필터의 주파수 응답

$f[Hz]$	50	100	300	600	900	920	940	960	980	$1K$
$V_{o1}[dB]$										
$V_{o2}[dB]$										
$V_o[dB]$										
$f[Hz]$	$1.02K$	$1.04K$	$1.06K$	$1.08K$	$1.1K$	$1.15K$	$1.2K$	$1.25K$	$1.3K$	$1.5K$
$V_{o1}[dB]$										
$V_{o2}[dB]$										
$V_o[dB]$										
$f[Hz]$	$2K$	$2.5K$	$3K$	$3.5K$	$4K$	$4.5K$	$5K$			
$V_{o1}[dB]$										
$V_{o2}[dB]$										
$V_o[dB]$										

사진 촬영 결과

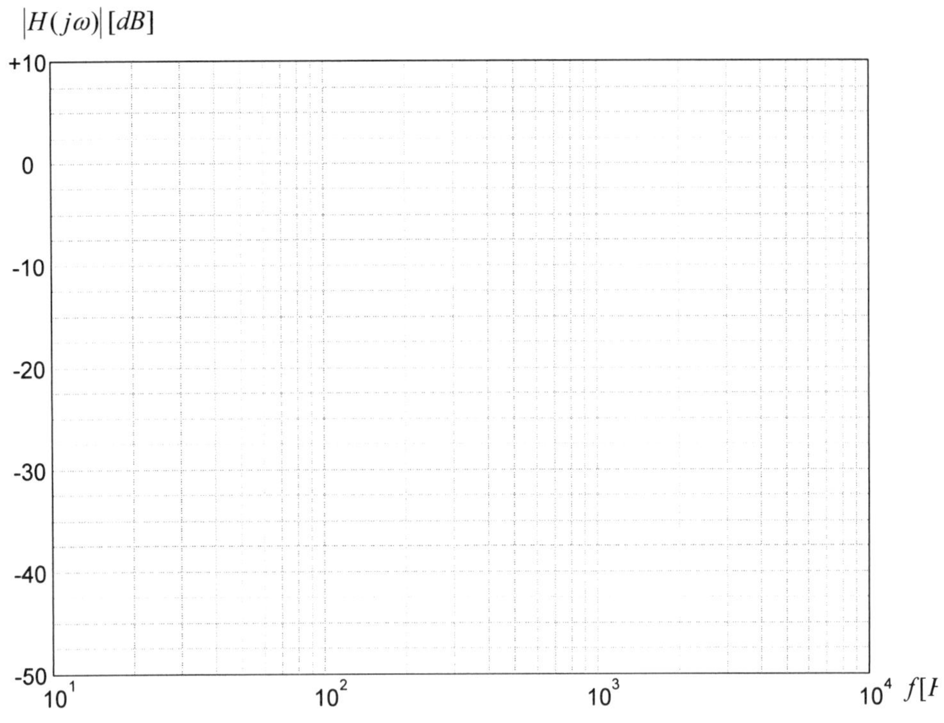

그림14.40 Semi-log 그래프 (VCVS 4차 대역통과 필터의 주파수 응답).

14-8.4 대역제거 필터

i) 다음의 회로를 구성하시오.

$R_1 = 1.58[K\Omega]$, $R_2 = 158[K\Omega]$, $R_3 = 1.58[K\Omega]$, $C_1 = C_2 = 0.01[\mu F]$, $C_3 = 0.02[\mu F]$

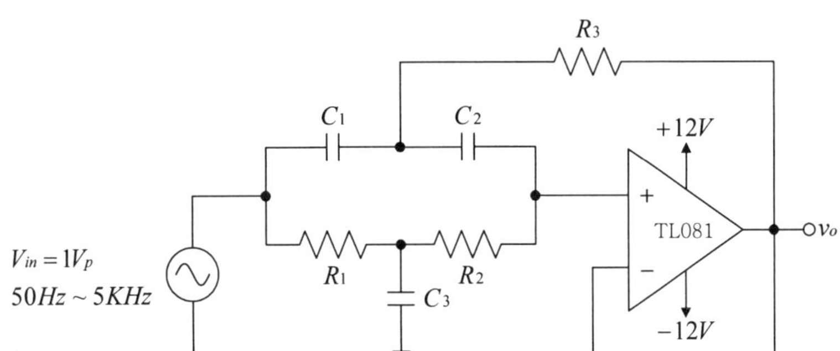

그림 14.41 $Q=5$, $|H(jw)|=1$, $f_o = 1[KHz]$인 대역제거 필터회로.

ii) 신호발생기의 출력을 정현파 $1[V_p]$로 맞추시오.

iii) 신호발생기와 회로의 입력을 접속한 후, 신호발생기의 주파수를 가변하면서 출력 V_o의 최대값과 최소값을 찾아 기록하시오. 이때의 주파수 f_o를 측정하여 기록하시오.

$$V_{o,\max} = \underline{\qquad\qquad\qquad}[V], \quad V_{o,\min} = \underline{\qquad\qquad\qquad}[V]$$

iv) 출력 V_o이 최소인 주파수 f_o를 측정하여 기록하시오.

$$f_o = \underline{\qquad\qquad\qquad}[Hz]$$

v) 단계 iii)의 결과 중 $V_{o,\max}$에 0.707을 곱하여 차단주파수에서의 출력 $V_o|_{f=f_c}$를 계산하시오.

$$V_o|_{f=f_c} = 0.707 \times V_{o,\max} = \underline{\qquad\qquad\qquad}[V]$$

vi) 신호발생기의 주파수를 가변하여 출력신호 V_o의 크기가 단계 v)의 결과와 같아지도록 하고, 이때의 주파수 즉, 저역 차단주파수 f_L 및 고역 차단주파수 f_U를 측정하시오. 그리고 이론값과 비교하시오.

$$f_L = \underline{\qquad\qquad\qquad}[Hz], \quad f_U = \underline{\qquad\qquad\qquad}[Hz] \text{ : 측정값}$$

vii) 식(14.28)을 참조하여 중심 주파수의 이론값을 구하시오. 이 값을 단계 iv)에서의 측정값과 비교하시오.

$$f_o = \underline{\qquad\qquad}[Hz] \text{ : 측정값}, \quad f_o = \sqrt{f_L f_U} = \underline{\qquad\qquad}[Hz] \text{ : 이론값}$$

viii) 대역폭 B와 첨두율 Q를 구하시오.

$$B = \underline{\qquad\qquad\qquad}[rad/s], \quad Q = \frac{f_o}{B} = \underline{\qquad\qquad\qquad}$$

ix) f_L 및 f_U의 값을 계산하여 단계vi)의 저역 및 고역 차단주파수와 비교하시오.

$$f_L = f_o\left(-\frac{1}{2Q}+\sqrt{1+\frac{1}{4Q^2}}\right)= \_\_\_\_\_\_\_\_\_\_\_\_\_\_\_\_ [Hz]$$

$$f_U = f_o\left(\frac{1}{2Q}+\sqrt{1+\frac{1}{4Q^2}}\right)= \_\_\_\_\_\_\_\_\_\_\_\_\_\_\_\_ [Hz]$$

x) 신호발생기의 주파수를 $50[Hz] \sim 5K[Hz]$까지 가변시키면서 출력신호의 크기 V_o를 측정하여 표14-8.5에 기입하고, 그림14.42의 semi-log 그래프에 표시하여 대역제거 필터의 응답특성을 나타내시오 (입력의 크기가 $1[V]$임을 기억하시오). 그림에 표시하는 값은 표에 기입하는 것보다 주파수 간격을 좁혀 측정하고 특히, 차단주파수 부근에서는 세밀하게 측정하시오. 단, 주파수를 변경할 때마다 정현파 입력신호의 크기가 $1[V_p]$를 유지하도록 하시오.

표14-8.5 VCVS 대역제거 필터의 주파수 응답

$f[Hz]$	50	100	300	600	900	920	940	960	980	$1K$
$V_o[dB]$										
$f[Hz]$	$1.02K$	$1.04K$	$1.06K$	$1.08K$	$1.1K$	$1.15K$	$1.2K$	$1.25K$	$1.3K$	$1.5K$
$V_o[dB]$										
$f[Hz]$	$2K$	$2.5K$	$3K$	$3.5K$	$4K$	$4.5K$	$5K$			
$V_o[dB]$										

xi) 통과대역에서의 이득의 측정값과 이론값을 기록하시오.

$$A_{BRF} = |H(j0)| = \_\_\_\_\_\_\_\_\_\_\_\_ \text{ : 측정값}$$

$$A_{BRF} = K_{1^{st}stage}K_{2^{nd}stage} = \_\_\_\_\_\_\_\_\_ \text{ : 이론값}$$

xii) 함수 발생기의 'SWEEP'기능을 이용하여 $5[KHz]$까지 스위핑 하고, 그 결과를 촬영하여 그림14.42의 semi-log 그래프에 표시한 결과와 비교하시오.

사진 촬영 결과

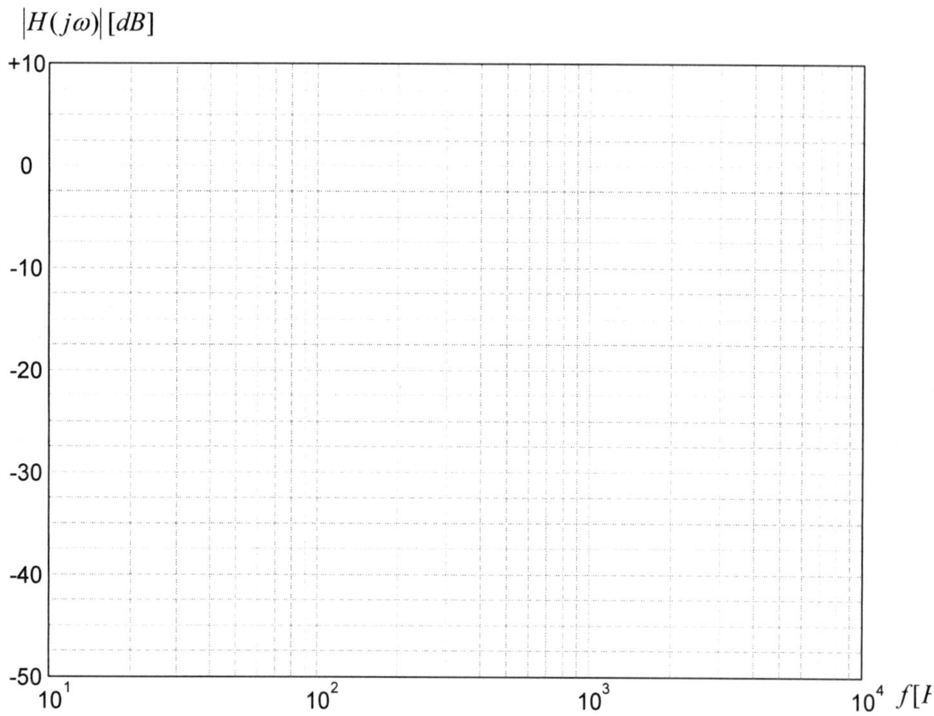

그림14.42 Semi-log 그래프 (VCVS 4차 대역제거 필터의 주파수 응답).

그림14.43은 2개의 전압 폴로워를 이용하여 Q를 가변 할 수 있는 twin-T 필터 회로이며, 전압 폴로워 #2의 출력이 v_o과 같도록 가변저항을 조정하면 Q가 커지고, 0이 되도록 가변저항을 조정하면 Q는 작아진다.

회로의 부품 값은 $60[Hz]$의 험 노이즈를 제거할 수 있는 노치 필터를 실현한다. 회로에서 C_3는 2개의 C_1을 병렬로 접속하여 사용하는 것이 좋다.

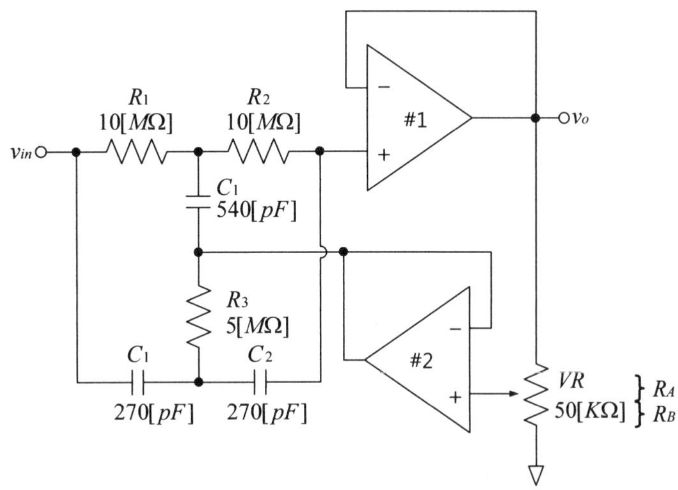

그림14.43 Q 가변 형 twin-T 노치 필터. 주어진 소자값에 대한 노치 주파수는 $60[Hz]$이다.

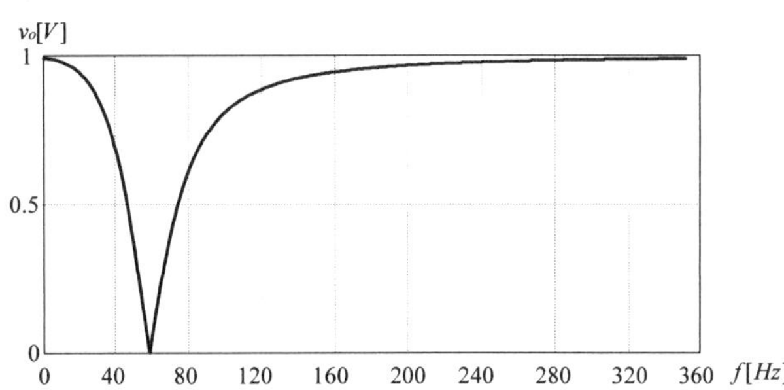

(a) $R_A = 10[K\Omega]$, $R_B = 40[K\Omega]$ 일 때

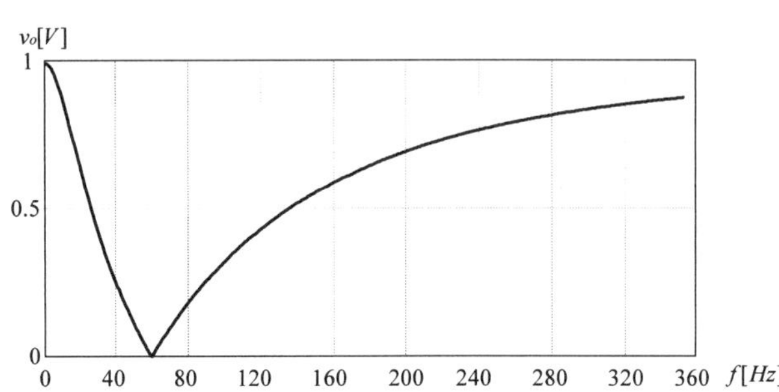

(b) $R_A = 40[K\Omega]$, $R_B = 10[K\Omega]$ 일 때

그림14.44 Q 가변 형 twin-T 노치 필터의 동작 ($60[Hz]$ 험 노이즈 필터링 동작).

그림14.44는 이 회로에 대한 시뮬레이션 결과이다. 그림(a)는 가변저항의 분배가 $R_A = 10[K\Omega]$, $R_B = 40[K\Omega]$인 경우이고, 그림(b)는 $R_A = 40[K\Omega]$, $R_B = 10[K\Omega]$인 경우로서 그림(a)가 Q가 크다.

14-8.5 MFB 저역통과 필터

i) 그림14.45의 다중 궤환 저역통과 필터 회로를 구성하시오.

$R_1 = 2.5[K\Omega]$, $R_2 = 5[K\Omega]$, $R_3 = 3.3[K\Omega]$, $C_1 = 0.015[\mu F]$, $C_2 = 0.1[\mu F]$

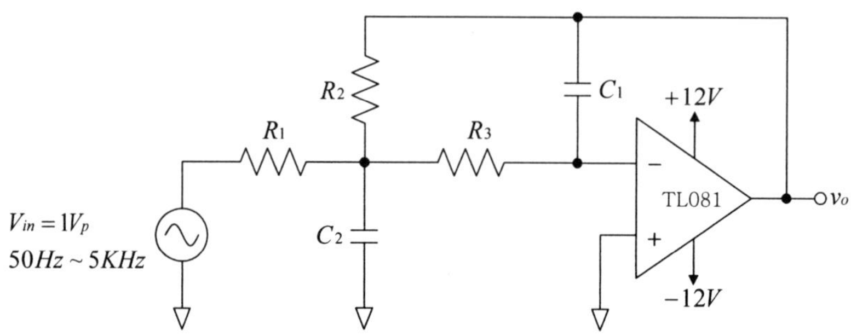

그림14.45 다중 궤환 저역통과 필터.

ii) 주파수를 변화하며 그 크기를 측정하여 기록하고, 그 결과를 그림14.46의 semi-log 그래프에 표시하시오.

주파수 $f[Hz]$	20	80	100	800	900	1,000	1,100	1,200	2,000
크기 $\|V_o\|[dB]$									

iii) 차단주파수를 찾고, 이론값과 비교하시오.

$$f_c = \underline{\qquad\qquad\qquad} [Hz] \quad : 측정값$$

$$f_c = \frac{1}{2\pi\sqrt{R_2R_3C_1C_2}} = \underline{\qquad\qquad\qquad} [Hz] \quad : 이론값\ (식14.78)$$

iv) 통과대역에서의 이득의 측정값과 이론값을 기록하시오.

$$A_{LP} = |H(j\omega)| = \underline{\qquad\qquad\qquad} \quad : 측정값$$

$$A_{LP} = \frac{R_2}{R_1} = \underline{\qquad\qquad\qquad} \quad : 이론값\ (식14.78)$$

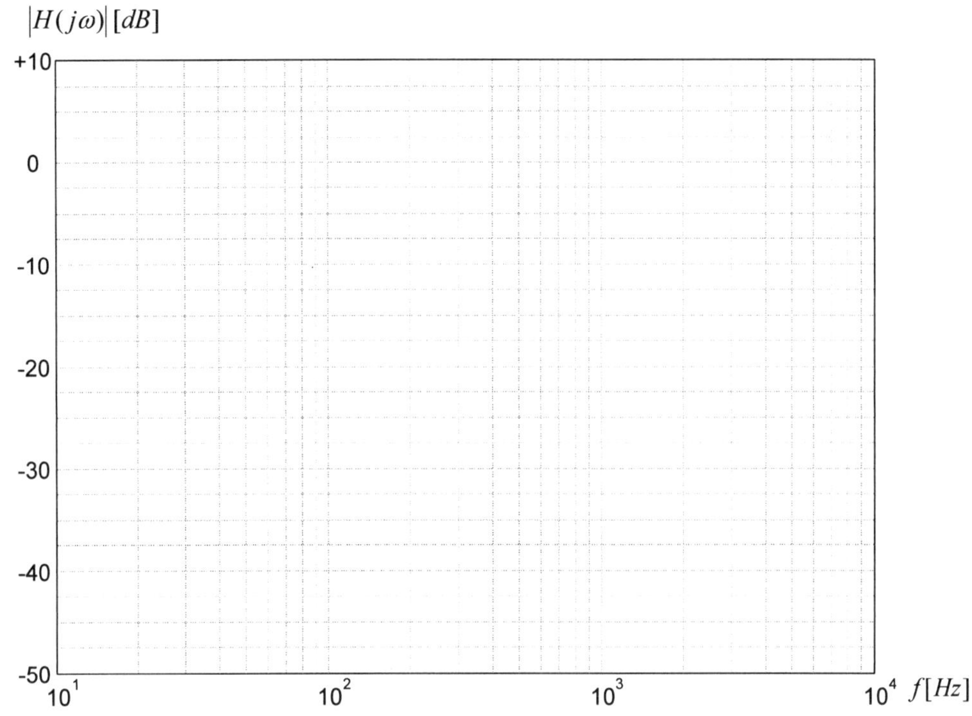

그림14.46 다중 궤환 저역통과필터의 주파수 응답.

14-8.6 MFB 고역통과 필터

i) 다음의 회로를 구성하시오.

$R_1 = 8.9[K\Omega]$, $R_2 = 56[K\Omega]$, $C_1 = 0.01[\mu F] \times 2$, $C_2 = 0.0047[\mu F]$

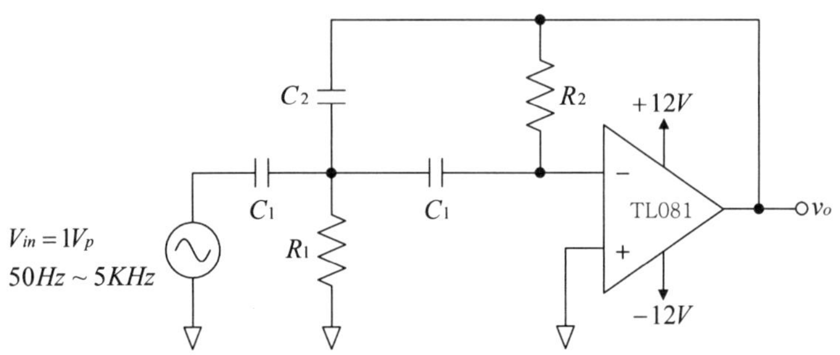

그림14.47 MFB 고역통과 필터 실험회로.

ii) 주파수를 변화하며 그 크기를 측정하여 기록하고, 그 결과를 그림14.48의 semi-log 그래프에 표시하시오.

주파수 $f[Hz]$	20	80	100	800	900	1,000	1,100	1,200	2,000
크기 $\lvert V_o \rvert [dB]$									

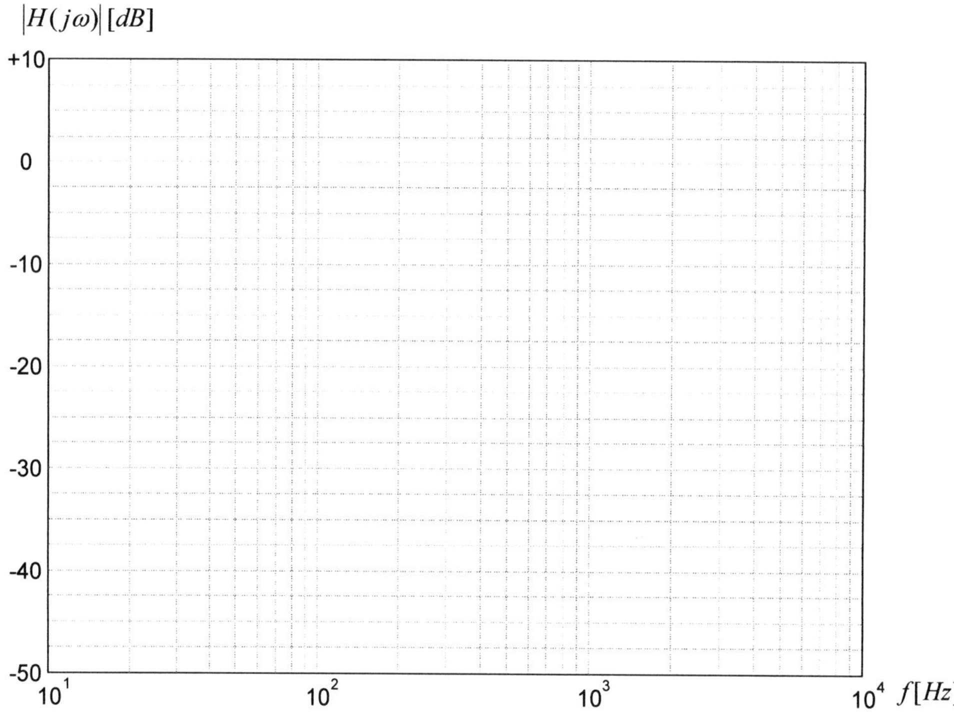

그림14.48 다중 궤환 고역통과필터의 주파수 응답.

iii) 차단주파수를 찾고, 이론값과 비교하시오.

$$f_c = \underline{\qquad\qquad\qquad} [Hz] \quad : 측정값$$

$$f_c = \frac{1}{2\pi\sqrt{R_1 R_2 C_1 C_2}} = \underline{\qquad\qquad\qquad} [Hz] \quad : 이론값 \ (식14.84)$$

iv) 통과대역에서의 이득의 측정값과 이론값을 기록하시오.

$$A_{HP} = |H(j\omega)| = \underline{\qquad\qquad\qquad\qquad} \quad : 측정값$$

$$A_{HP} = \frac{C_1}{C_2} = \underline{\qquad\qquad\qquad\qquad\qquad}$$: 이론값 (식14.84)

14-8.7 MFB 대역통과 필터

i) 다음 조건1에 맞추어 그림14.49의 회로를 구성하시오.

<u>조건1 : $Q=2$인 경우</u>

$R_1 = 27[K\Omega] \| 39[K\Omega]$, $R_2 = 5.6[K\Omega] \| 109[K\Omega]$, $R_3 = 100[K\Omega] \| 180[K\Omega]$, $C_1 = C_2 = 0.01[\mu F]$

<u>조건2 : $Q=8$인 경우</u>

$R_1 = 100[K\Omega] \| 180[K\Omega]$, $R_2 = 1[K\Omega]$, $R_3 = 470[K\Omega] \| 560[K\Omega]$, $C_1 = C_2 = 0.01[\mu F]$

ii) 주파수를 다음과 같이 변환하며 크기를 측정하고, 그림14.50의 semi-log 그래프에 표시하시오.

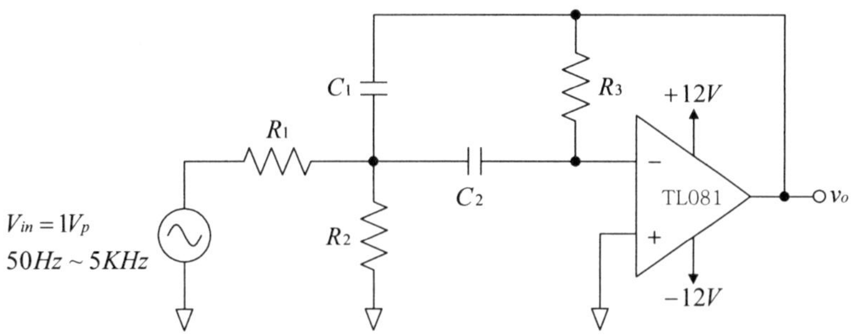

그림14.49 다중 궤환 대역통과 필터.

주파수 $f[Hz]$	20	80	100	800	900	1,000	1,100	1,200	2,000
크기 $\|V_o\|[dB]$									

iii) 중심주파수의 측정값과 이론값을 비교하시오.

$f_o = \underline{\qquad\qquad}[Hz]$: 측정값

$$f_o = \frac{1}{2\pi}\sqrt{\frac{1}{R_3 C_1 C_2}\left(\frac{1}{R_1} + \frac{1}{R_2}\right)} = \underline{\qquad\qquad}$$ $[Hz]$: 이론값 (식14.70), (식14.88)

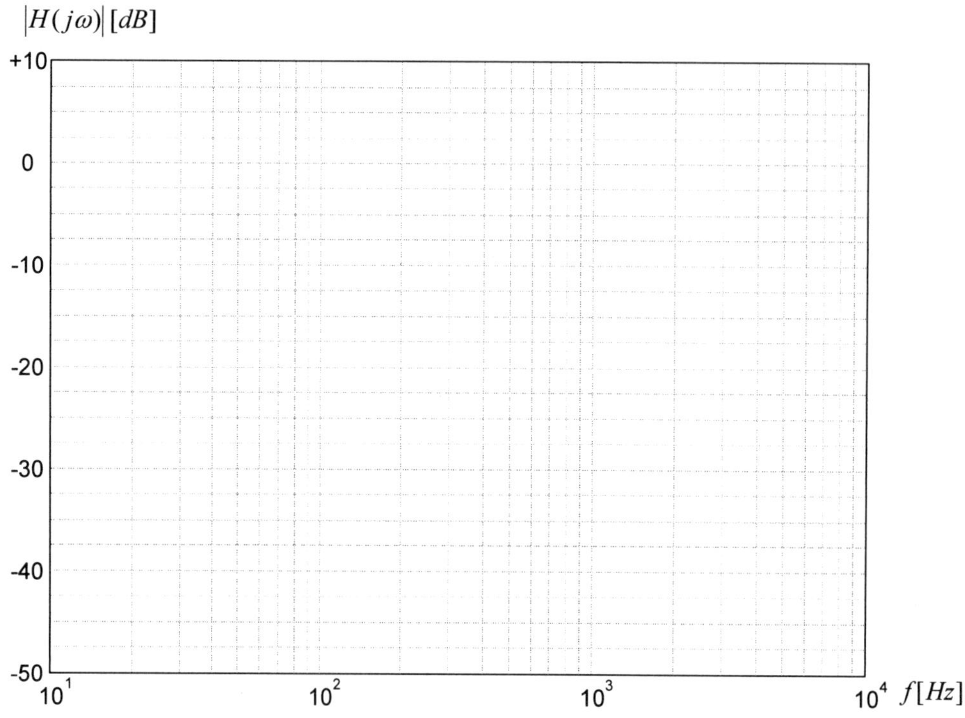

그림14.50 Q에 따른 다중 궤환 대역통과 필터의 주파수 응답.

iv) 저역 및 고역 차단주파수를 측정하고, 이론값과 비교하시오.

<u>측정값</u>

$f_L =$ ____________________ $[Hz]$, $f_U =$ ____________________ $[Hz]$

<u>이론값(식14.29)</u>

$$f_L = f_o\left(-\frac{1}{2Q} + \sqrt{1 + \frac{1}{4Q^2}}\right) = \_\_\_\_\_\_\_\_\_\_\_\_\_\_\_\_\_\_\_\_ \ [Hz]$$

$$f_U = f_o\left(\frac{1}{2Q} + \sqrt{1 + \frac{1}{4Q^2}}\right) = \_\_\_\_\_\_\_\_\_\_\_\_\_\_\_\_\_\_\_\_ \ [Hz]$$

v) 단계 iii)과 단계 iv)의 측정값을 이용하여 $Q = 2$가 되는지 확인하시오.

$$Q = \frac{f_o}{BW} = \frac{f_o}{f_U - f_L} = \_\_\_\_\_\_\_\_\_\_\_\_\_\_\_\_$$

vi) 통과대역의 크기의 측정값과 이론값을 비교하시오.

$$A_{BP} = |H(j\omega)| = \underline{\qquad\qquad\qquad\qquad} \text{ : 측정값}$$

$$A_{BP} = \frac{R_3 C_2}{R_1(C_1 + C_2)} = \underline{\qquad\qquad\qquad\qquad} \text{ : 이론값 (식14.91)}$$

vii) 회로를 조건2($Q=8$)에 맞추어 회로를 다시 설계하시오.
viii) 주파수를 변환하며 크기를 측정하고, 그림14.50의 semi-log 그래프에 표시하시오. 그리고 중간주파수 f_o와 통과대역 이득을 측정하여 기록하시오.

$$f_o = \underline{\qquad\qquad\qquad} [Hz], \qquad A_{BP} = |H(j\omega)| = \underline{\qquad\qquad\qquad}$$

14-8.8 상태변수 필터

i) 그림14.51은 상태변수 필터 및 상태변수 필터를 이용한 노치 필터 회로이다. 이를 구성 하시오.
$R_1 = R_2 = R_3 = R_8 = R_9 = R_{10} = 9.1[K\Omega]$, $R_4 = R_5 = 3.3[K\Omega]$, $R_6 = 5.61[K\Omega]$, $R_7 = 5.1[K\Omega]$, $C_1 = C_2 = 0.047[\mu F]$

ii) 신호발생기의 출력의 크기를 $1[V_p]$에 맞추고 주파수를 $20[Hz] \sim 20K[Hz]$로 가변하면서 V_{HP}, V_{BP}, V_{LP}, V_{BR} 신호를 측정하여 크기를 표14-8.6에 기입하시오. 단, 주파수를 가변 할 때마다 $V_{in} = 1[V_p]$를 유지하도록 하시오. 그리고 표에 표시된 것보다 주파수 간격을 좁혀서 측정하도록 하시오.

iii) 측정된 값을 그림14.52의 semi-log 그래프에 표시하여 각 필터 출력 크기의 주파수 응답곡선을 완성하시오. 입력신호의 크기 $V_{in} = 1[V_p]$임을 기억하시오.

iv) 각 필터의 이득 K_{HP}, K_{BP}, K_{LP}의 측정값을 적으시오.

$$K_{HP} = \underline{\qquad\qquad\qquad}, \; K_{BP} = \underline{\qquad\qquad\qquad}, \; K_{LP} = \underline{\qquad\qquad\qquad}$$

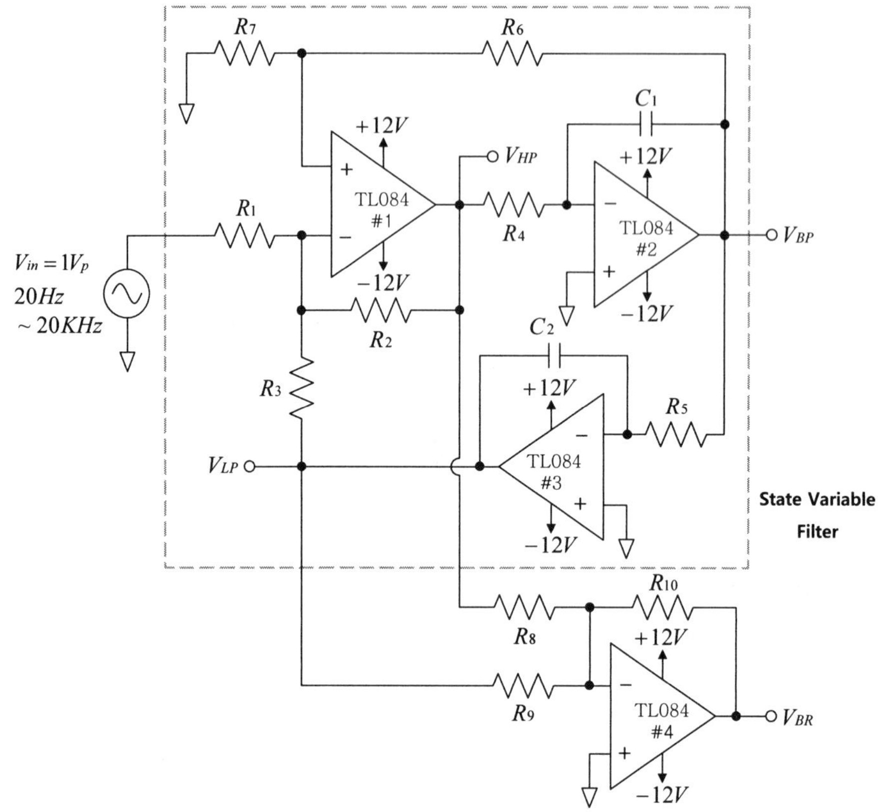

그림14.51 상태변수 필터 및 반전 가산회로를 이용한 대역제거 필터에 대한 실험 회로.

표14-8.6 상태변수 필터의 주파수 응답

주파수 $f[Hz]$ / 출력 $V_o[dB]$	50	100	200	400	800	900	1K	2K	4K	8K	10K
V_{HP}											
V_{BP}											
V_{LP}											
V_{BR}											

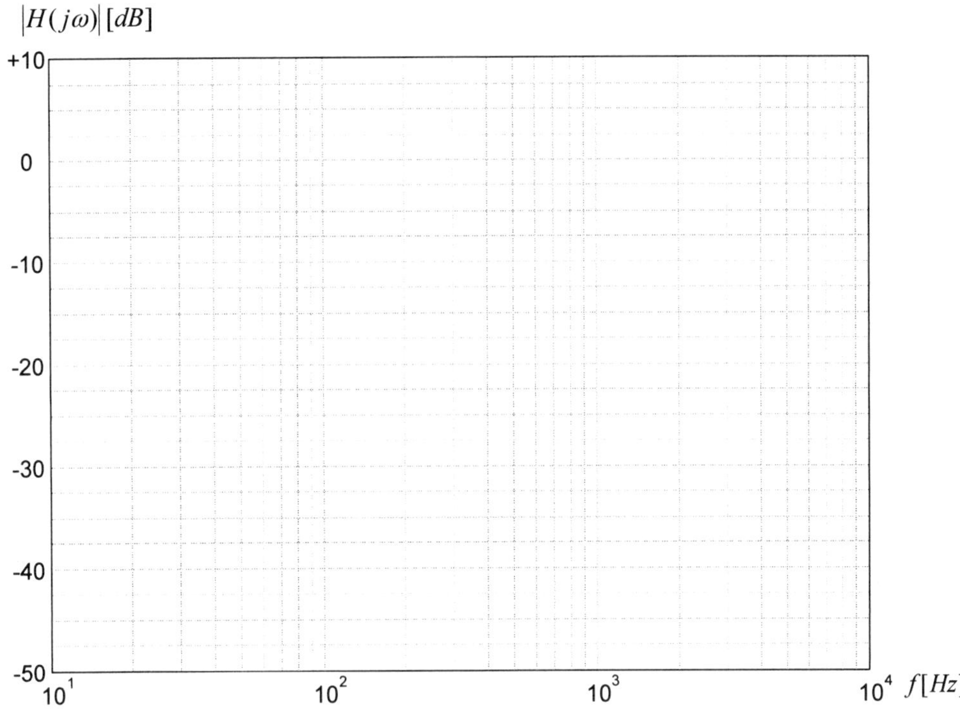

그림14.52 Semi-log 그래프 (상태변수 필터의 주파수 응답 : HPF, BPF, LPF) 및 BRF.

v) 식(14.105)~(14.108)을 참조하여 고역통과 필터 및 저역통과 필터의 차단 주파수와 대역통과 필터의 중심 주파수를 구하시오. 또한 단계 iv)에서 얻어진 K_{HP}, K_{LP}의 0.707배의 값에 해당하는 차단 주파수 $f_{c,HP}$, $f_{c,LP}$ 및 대역통과 응답에서의 중심 주파수 $f_{o,BP}$를 찾아서 이론값과 비교하시오.

	$f_{c,HP}$ $[Hz]$	$f_{c,LP}$ $[Hz]$	$f_{o,BP}$ $[Hz]$
실험값			
이론값			

vi) 식(14.115)를 참조하여 대역제거 필터의 중간주파수의 이론값과 측정값을 비교하시오.

$f_{o,BR}=$____________$[Hz]$: 이론값, $f_{o,BR}=$____________$[Hz]$: 측정값

vii) 신호발생기에서 발생하는 구형파와 삼각파(물론, 이뿐 아니라 정현파를 제외한

모든 신호) 신호는 기본파와 크기가 서로 다른 고조파들의 합으로 표현되는 푸리에 급수로 전개되는 것을 기억하는가? 구형파를 입력으로 했을 때 그림14.51의 각각의 출력을 측정하시오. 또한, 차단주파수 또는 중심주파수를 바꾸어 회로를 다시 설계하고 출력 신호의 변화를 관찰하시오.

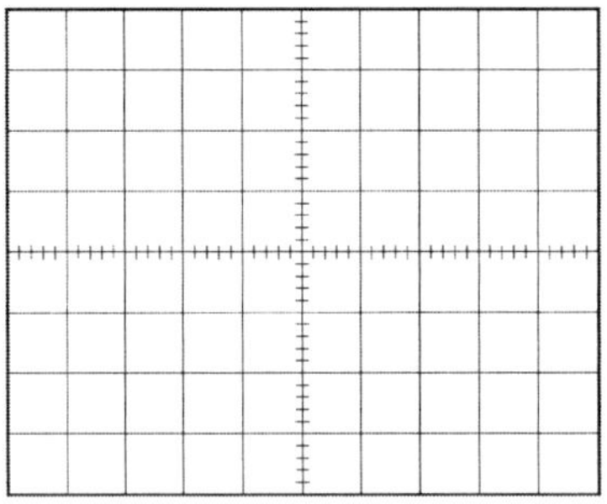

(a) LPF

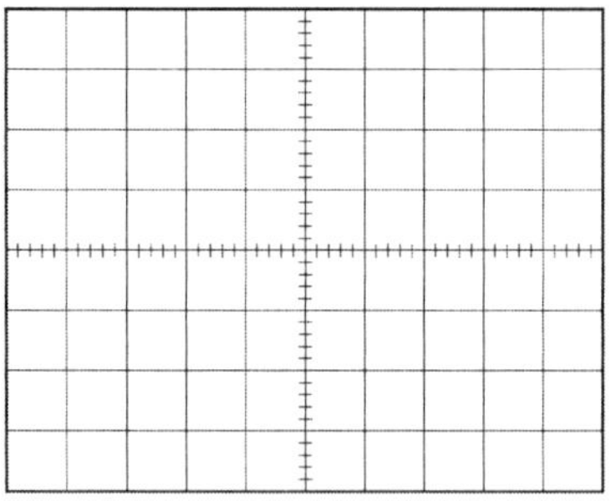

(b) HPF

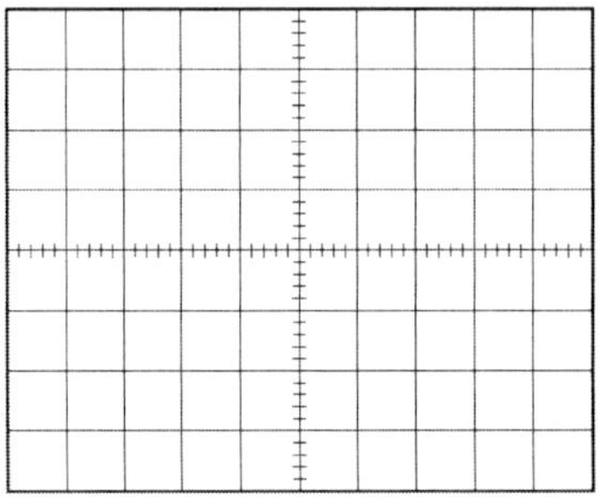

(c) BPF

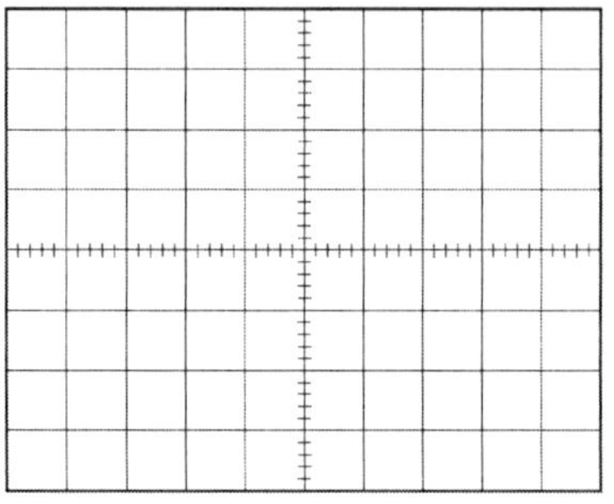

(d) BRF

15장 범용 임피던스 변환회로

범용 임피던스 변환회로는 2개의 op amp와 커패시터, 저항으로 구성되며, 이 회로는 커패시터와 저항의 배치에 따라서 등가적인 다른 형태의 임피던스로 변환된다.

15-1 범용 임피던스 변환회로의 구성

그림15.1은 범용 임피던스 변환회로이며, 2개의 op amp의 궤환에 의해 절점 1과 절점 3의 전위차 $V_1 - V_3$와 절점 3과 절점 5의 전위차 $V_3 - V_5$는 0이 된다. 따라서 입력신호를 V_x라 할 때, 다음의 관계가 성립한다.

$$V_x = V_1 = V_3 = V_5 \tag{15.1}$$

이 때 V_1과 V_5의 전위차가 0이므로 Z_5에 흐르는 전류는

$$I_{Z5} = \frac{V_x}{Z_5} \tag{15.2}$$

이고, $I_{Z4} = I_{Z5}$이다.

$$V_4 = I_{Z4}Z_4 + V_5 = Z_4\frac{V_x}{Z_5} + V_5 \tag{15.3}$$

이고,

$$I_{Z3} = \frac{V_4 - V_3}{Z_3}$$

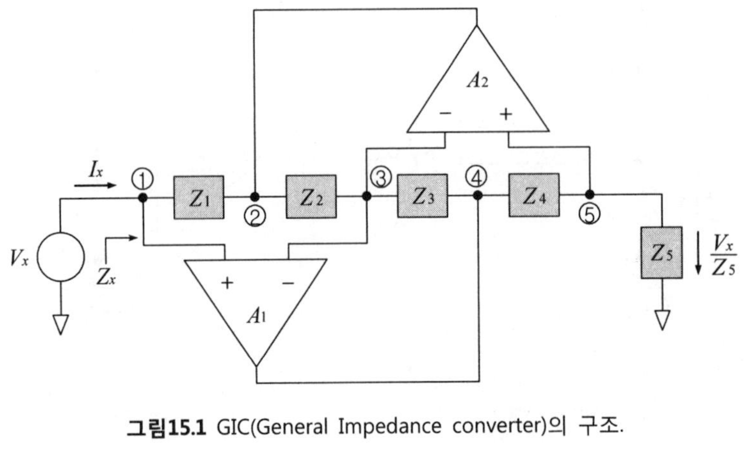

그림15.1 GIC(General Impedance converter)의 구조.

$$=\left(\frac{V_x}{Z_5}\right)\left(\frac{Z_4}{Z_3}\right) \tag{15.4}$$

이다. $I_{Z2}=I_{Z3}$이고, 식(15.1)과 식(15.4)로부터

$$V_2 = V_3 - I_{Z3}Z_2 = V_3 - I_{Z2}Z_2$$
$$=\left(1-\frac{Z_2Z_4}{Z_3Z_5}\right)V_x \tag{15.5}$$

이다. 그리고 $V_x = V_2 - I_{Z1}Z_1 = V_2 - I_xZ_1$이므로

$$I_x = \frac{V_2 - V_x}{Z_1} \tag{15.6}$$

이고, 결국 임피던스 Z_x는

$$Z_x = \frac{V_x}{I_x} = \left(\frac{Z_1Z_3}{Z_2Z_4}\right)Z_5 \tag{15.7}$$

이다. 따라서 $Z_1 \sim Z_4$의 선택에 따라서 Z_5는 다른 형태의 임피던스로 변환된다.

15-2 FDNR(주파수 의존성 부성저항) 및 GIC 인덕터

그림15.1에서 Z_1과 Z_3는 커패시터, Z_2, Z_4는 저항으로 배치하면 그림15.2(a)와 같고, 회로의 임피던스 Z_x는

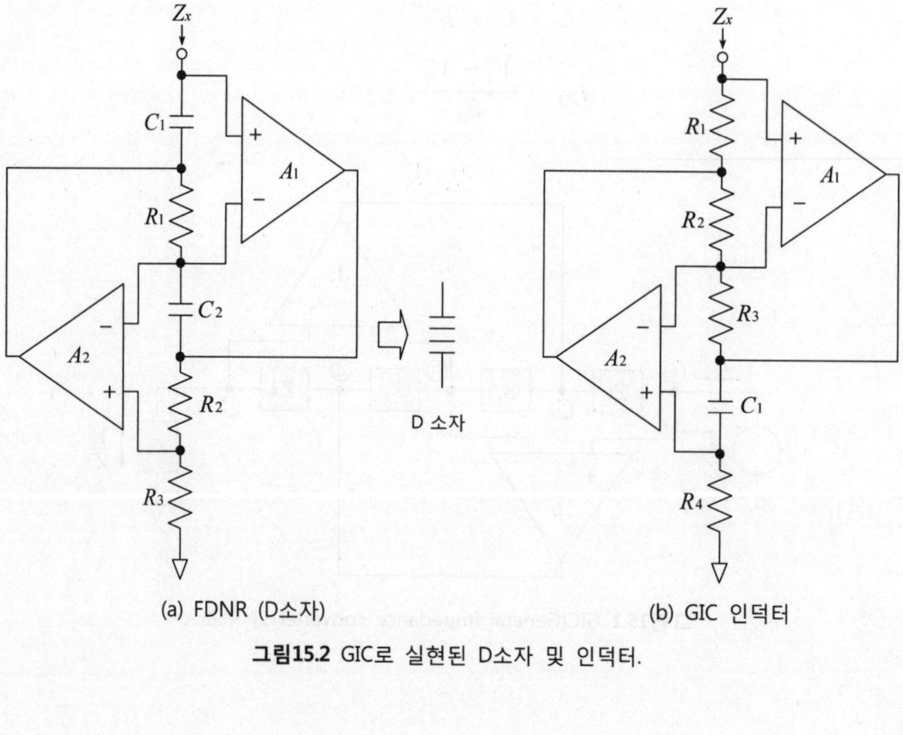

(a) FDNR (D소자) (b) GIC 인덕터

그림15.2 GIC로 실현된 D소자 및 인덕터.

$$Z_x = \frac{R_3}{s^2 C_1 C_2 R_1 R_2} \tag{15.8}$$

이다. 식으로부터 $s^2 = -\omega^2$이므로 Z_x는 ω^2에 반비례하고, (-)극성을 갖는 부성저항을 가지므로 이를 '*주파수 의존성 부성저항* (*FDNR : Frequency Dependent Negative Resistance*)'이라 하고 op amp로 구현한 이 소자를 '*D소자*' 라 부른다. D소자의 회로기호는 그림15.2(a)와 같다.
이때 식(15.8)은

$$Z_x = \frac{1}{s^2 D} \tag{15.9a}$$

$$D = \frac{C_1 C_2 R_1 R_2}{R_3} \tag{15.9b}$$

이고, 이것은 저항 R_3를 D소자로 변환한 것이다.
만약, $C = C_1 = C_2$이고 R_1 혹은 R_2 값이 R_3와 같다면 D는 다음과 같다.

$$D = \begin{cases} C^2 R_2 & : \ \text{for}\, R_1 = R_3 \\ \\ C^2 R_1 & : \ \text{for}\, R_2 = R_3 \end{cases} \tag{15.10}$$

그림15.1에서 Z_1, Z_2, Z_3는 저항, Z_4는 커패시터 그리고 Z_5는 저항인 경우 즉, 그림15.2(b)와 같은 경우에 Z_x 는 다음과 같다.

$$Z_x = \frac{s C_1 R_1 R_3 R_4}{R_2} = s L_{eq} \tag{15.11a}$$

이것은 L_{eq}가 등가적인 인덕턴스 성분임을 나타내고,

$$L_{eq} = \frac{C_1 R_1 R_3 R_4}{R_2} \tag{15.11b}$$

이다.

만약, $R_1 = R_2 = R_3$ 이면

$$Z_x = s C_1 R_1 R_4 \tag{15.12}$$

이다. 이것은 저항 R_4를 인덕터로 변환한 것이며, 이를 *emulated inductor* 혹은 *simulated inductor* 라 부른다.

15-3 GIC 인덕터 및 FDNR을 이용한 LC 필터

저주파 대역에서의 필터는 앞서 살펴본 능동필터로 충분하지만, 고주파 대역에서는 op amp의 주파수 특성에 따라 제한된다. 그러나 LC 필터는 사용할 수 있는 주파수 범위가 수 십$[Hz]$ ~ 수 백$[MHz]$까지 이므로, 차단주파수가 $10[KHz]$ 이상일 때는 능동 필터와 비교해서 좋은 특성을 갖는다.

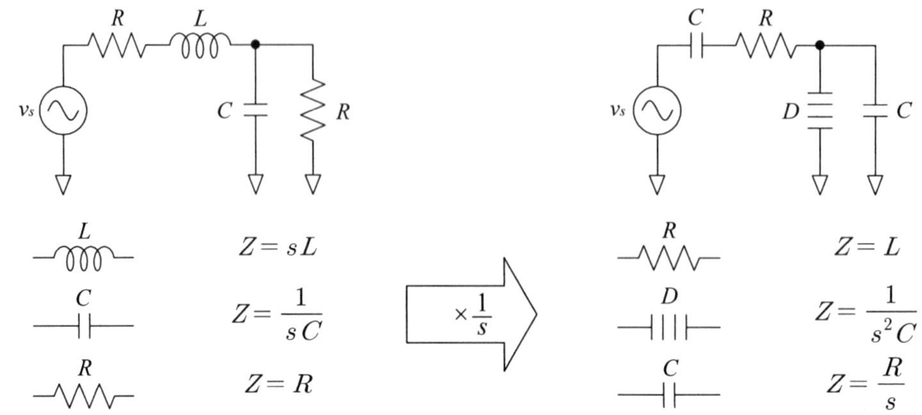

그림15.3 Bruton 변환. L, C, R의 임피던스에 $1/s$를 곱하면 각각 R, D, C의 성분으로 변환된다.

더구나 고차의 필터를 구성하기 위하여 능동 필터는 여러 개의 단으로 구성되고, 각 단의 특성에 대하여 상당히 높은 정확도가 요구된다. 특히 4차 능동 대역통과 필터의 설계 예를 보면 식(14.70), 식(14.71)과 같이 각 단의 설계를 위하여 서로 다른 설계 변수를 구해야 한다. 그러나 LC 필터는 단으로 구별되지 않으므로 고차 필터의 설계가 간단하고, 특히 대역통과 필터의 설계에서 유리하다.

그러나 LC 필터는 능동 필터에 비해 증폭이 되지 않는다는 기본적인 단점은 논하지 않더라도, 코일의 특성이 나쁘고 저주파 대역에서는 그 부피가 커지고 가격이 상승하는 단점이 있다.

이와 같은 특성 때문에 코일을 사용하지 않는 여러 방법들이 고안되었으며, FDNR 회로도 그 중의 한 방법이다.

15-3.1 Bruton 변환

그림15.3과 같이 인덕터와 커패시터 및 저항의 임피던스 성분에 $1/s$를 곱하여도 LC 필터회로의 입·출력 특성에는 변화 없으며, 이를 'Bruton 변환'이라 한다. 그림과 같이 인덕터, 커패시터 및 저항 성분은 각각 저항, D소자, 커패시터 성분으로 변환되며, D소자와 GIC 인덕터를 이용하여 LC 필터를 구현할 수 있다.

$$\begin{matrix} sL \\ \dfrac{1}{sC} \\ R \end{matrix} \quad \times \quad \frac{1}{s} \quad = \quad \begin{matrix} L & : \text{인덕터} \rightarrow \text{저항} \\ \dfrac{1}{s^2 C} & : \text{커패시터} \rightarrow D \\ \dfrac{R}{s} & : \text{저항} \rightarrow \text{커패시터} \end{matrix}$$

15-3.2 D 소자로 실현한 LC 저역통과 필터

그림15.4(a)는 통과대역 리플 폭(PRW)이 0.5[dB]인 3차 LC 체비세프 저역통과 필터 회로이다. 괄호 안의 숫자는 정규화 된 계수이고, 계수 값은 LC 필터 설계에 관한 서적을 참고하기 바란다. 이 회로에 Bruton 변환을 적용하면 그림15.4(b)와 같고 변환을 행하여도 입·출력 특성은 변하지 않는다. 그림15.4(b)회로를 D소자로 실현하면 그림15.4(c)이다.

이렇게 실현된 필터는 능동 필터회로와 같이 이득을 갖지는 않지만, LC 필터 설계에 관한 계수를 그대로 이용할 수 있으므로 고차의 필터를 설계하기 쉽고, 코일을 사용하지 않으므로 소형으로 일그러짐이 적은 필터를 실현할 수 있다.

그림15.4(c)에서 커패시터의 용량을 모두 같도록 하고 임의의 값을 선택하면, 커패시터의 용량성 리액턴스는 다음과 같다.

$$X_C = \frac{1}{2\pi f_c C} \tag{15.13}$$

그리고 회로에서 커패시터의 표준화된 계수는 1이므로, 임피던스 정합을 위하여 저항값은 다음과 같이 구한다.

$$R = K \times X_C \tag{15.14}$$

K: 정규화 된 파라미터 값
f_c: 차단 주파수

<예제>

그림15.4(c)의 Bruton 변환된 회로에서, 차단 주파수 $f_c = 1[KHz]$이고 $C = C_1 = C_2 = 0.01592[\mu F]$으로 선택한다. 정규화 된 계수가 K_1, $K_2 = 1.8636$, K_3, $K_5 = 1$, $K_4 = 1.2804$일 때 각각의 저항 값을 구하시오.

<해>

커패시터의 용량성 리액턴스는

$$X_C = \frac{1}{2\pi f_c C} = \frac{1}{2\pi \times 10^3 \times 0.01592 \times 10^{-6}} = 9,997[\Omega] \simeq 10[K\Omega]$$

이고, 각 저항값은 다음과 같다.

$$R_1,\ R_2 = K_1 \times X_C = 1.8636 \times 10[K\Omega] = 18.6[K\Omega]$$

$$R_3,\ R_5 = K_3 \times X_C = 1 \times 10[K\Omega] = 10[K\Omega]$$

$$R_4 = K_4 \times X_C = 1.2804 \times 10[K\Omega] = 12.8[K\Omega]$$

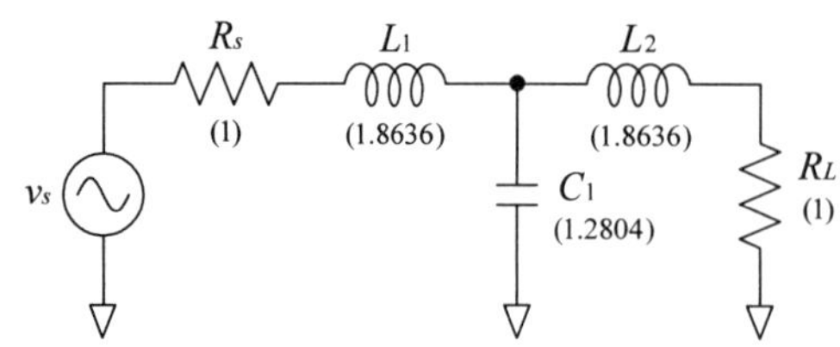

(a) LC 저역통과필터 회로(3차 0.5dB 체비세프)

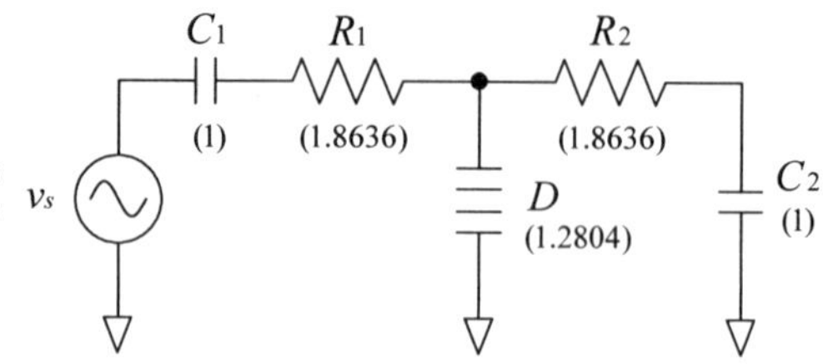

(b) LC 저역통과필터 회로에 대한 Bruton변환

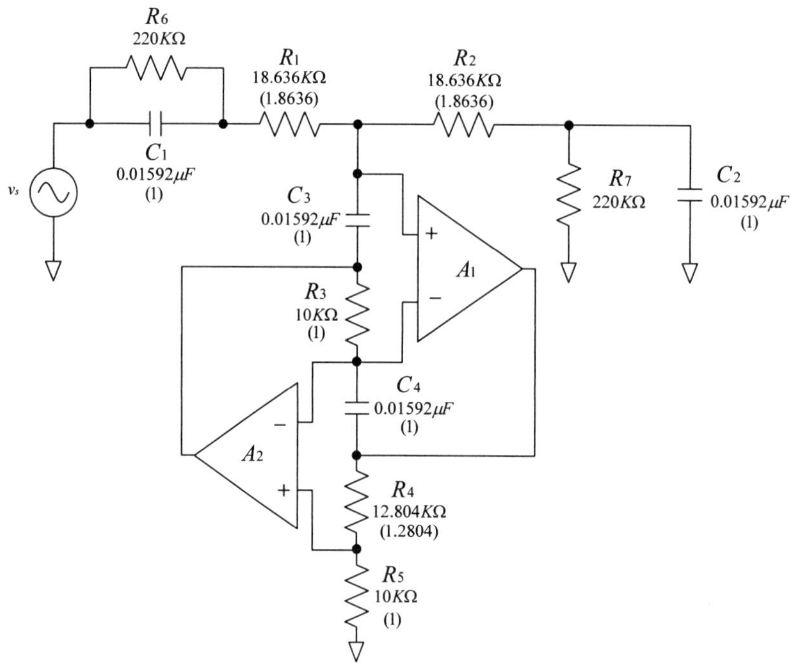

(c) 그림(b)의 Bruton변환된 회로에서 D소자의 구현

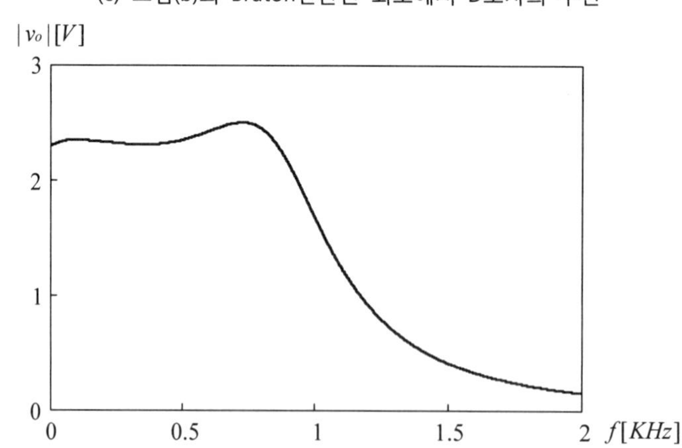

(d) 주파수 응답에 대한 시뮬레이션 결과

그림15.4 D소자를 이용한 저역통과필터 회로 및 주파수 응답.

D소자의 정규화 된 계수는 1.2804이고, R_5를 변환한 값이므로 식(15.8)로부터 $R_3 = 12.804[K\Omega]$, $R_4 = 10[K\Omega]$일 때도 같은 결과를 얻는다.

회로에서 신호원 저항 R_s가 변환된 C_1에 의해 직류 성분이 통과되지 않으므로 저역통과필터로 동작하지 않는다. 따라서 직류전압을 통과하기 위하여 R_6를 C_1과 병렬로 배치한다. 이때 R_6는 R_1, R_2 보다 매우 커야 한다. 또한 출력 신호의 위상 관계를 고려하여 출력 측에 R_7을 C_2와 병렬로 배치한다. 일반적으로 R_6는 $(R_1 + R_2)$의 100배 정도 되도록 하고, $R_7 = R_1 + R_2 + R_6$가 되도록 하여 직류성분 분압비를 1/2로 한다.

그러나 R_6의 값이 수 백$[K\Omega]$으로 매우 커지면, 필터 다음에 접속되는 op amp의 바이어스 전류와 R_6에 의해 발생하는 직류 오프셋 전압이 무시할 수 없게 되므로 FET 입력 op amp를 사용한다.

15-3.3 GIC 인덕터를 이용한 고역통과 필터

LC 고역통과 필터는 LC 저역통과 필터로부터 간단하게 구할 수 있으며, C는 L로 치환하고, 반대로 L은 C로 치환한다. 그리고 정규화 된 계수는 역수를 취한다.

그림15.5(a)는 그림15.4(a)의 LC 저역통과 필터에 대하여 치환한 결과이다. 정규화 된 계수가 1.8636인 인덕터는 계수가 0.5366인 커패시터로, 또한 계수가 1.2804인 커패시터는 계수가 0.781인 인덕터로 치환되었다.

그림15.4(a)의 $f_c = 1[KHz]$인 3차 저역통과 필터에 대하여 그림15.5(a)는 $f_c = 1[KHz]$인 3차 고역통과 필터회로이다. GIC 인덕터(그림15.2(b))는 한 쪽이 접지에 접속된 회로이고, 그림15.5(a)의 고역통과 필터회로의 코일의 한 쪽이 접지에 접속되어 있으므로 코일은 GIC 인덕터로 대치한다. 그 회로가 그림15.5(b)이고 이에 대한 주파수 응답은 그림15.5(c)와 같다.

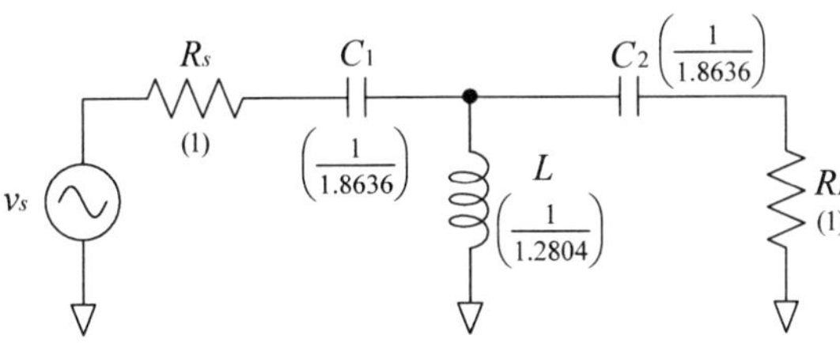

(a) LC 고역통과필터 회로

그림15.5 고역통과필터회로의 구현

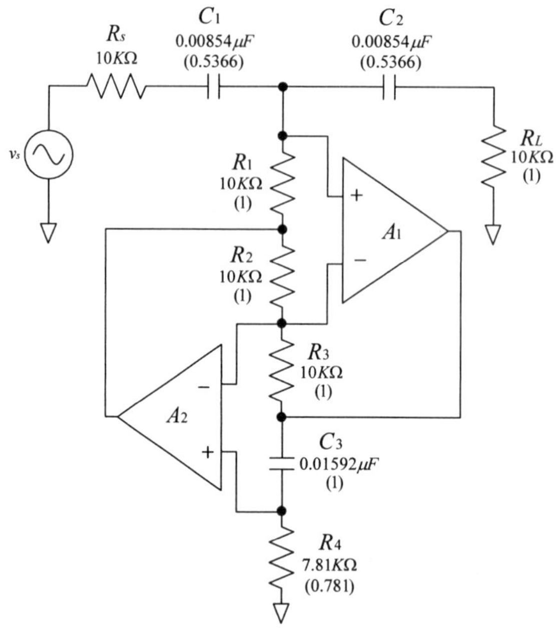

(b) GIC 인덕터를 이용한 고역통과 필터

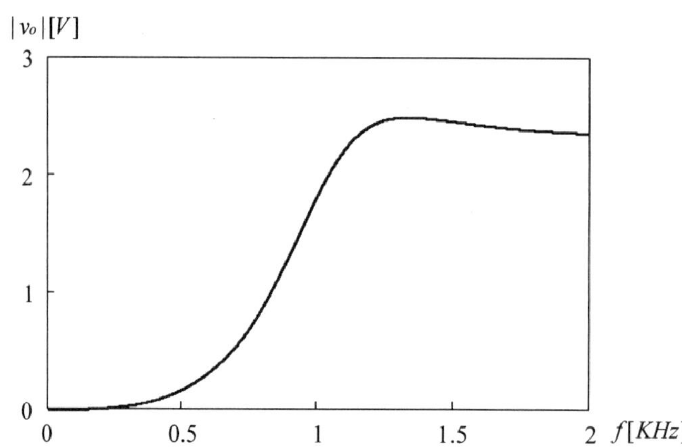

(c) 주파수 응답

그림15.5 계속.

그림15.2(b)와 식(15.12)를 참조하면, $R_1 = R_2 = R_3$ 일 때

$$L_{eq} = C_3 R_1 R_4$$

이다. 따라서 C_1과 R_1의 계수가 1일 때, R_4의 계수는

$$R_4 = L_{eq}/(C_1 R_1) = 1/1.2804 = 0.781$$

이 된다.

앞서 저역통과 필터에서처럼 차단주파수 f_c가 $1KHz$일 때, $X_C = 10K\Omega$이다. R_1, R_2, R_3의 계수가 1이므로, R_1, R_2, R_3, R_4의 값은 다음과 같이 결정된다.

$$R_1, R_2, R_3 = 1 \times 10K\Omega = 10K\Omega$$

$$R_4 = 0.781R_1 = 7.81K\Omega$$

$C_3 = 0.01592\mu F$로 결정하면,

$$C_1, C_2 = 0.53661 \times 0.01592\mu F = 0.00854\mu F$$

이다.

15-3.4 FDNR을 이용한 대역통과 필터

고역통과 필터와 마찬가지로 대역통과 필터 또한 저역통과 필터를 변환함으로써 구할 수 있다. 그 방법은 그림15.6과 같으며, C는 C와 L의 병렬로 변환하고, L은 C와 L의 직렬로 변환한다. 이때 변환된 소자 값은 다음과 같이 결정된다.

i) $C \rightarrow C$와 L의 병렬로 변환

$$C = K \times \frac{Q}{2\pi f_m R}\ ,\ L = \frac{1}{K} \times \frac{R}{2\pi f_m Q}$$

ii) $L \rightarrow C$와 L의 직렬로 변환

$$L = K \times \frac{QR}{2\pi f_m}\ ,\ C = \frac{1}{K} \times \frac{1}{2\pi f_m QR}$$

단, f_m :중심주파수, $Q = f_m / BW$, $f_m = \sqrt{f_{cl} f_{ch}}$, f_{cl}:저역 차단주파수, f_{ch}:고역차단주파수이다.

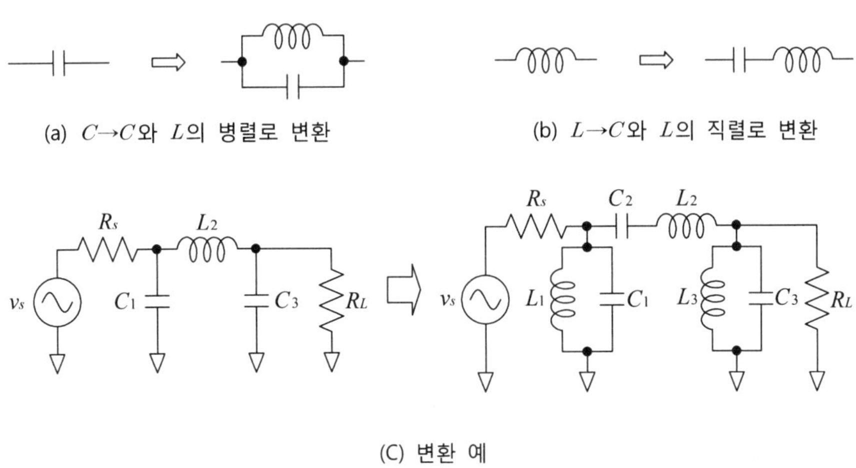

그림15.6 3차 LC 저역통과 필터로부터 대역통과 필터로의 변환 방법.

그림15.7(a)는 LC 5차 대역통과 필터회로이며, 그림15.6과 비교할 때 병렬 연결된 인덕터를 제거하기 위하여 용량결합형으로 하여 소자의 수를 감소한다. 그림(a)에서 인덕터를 다른 형태의 임피던스를 갖는 소자로 변환하기 위하여 먼저 쌍대변환을 행한다. 쌍대변환은 다음과 같은 방법으로 수행된다.

첫째, 인덕터는 커패시터로, 또한 커패시터는 인덕터로 치환한다.

둘째, 직렬회로는 병렬회로로, 또한 병렬회로는 직렬회로로 대치한다.

그 결과는 그림15.7(b)이며, 이 회로에 대하여 Bruton 변환을 행하면 그림15.7(c)와 같고 커패시터, 저항, D소자로만 구성된 대역통과 회로로 변환된다. D소자에 대하여 FDNR 회로를 이용하여 완성하면 그림15.7(d)의 회로이다.

중심주파수 $f_m = 1{,}024[Hz]$이고 $C = 0.01[\mu F]$으로 선택하면, $K = 1.414$인 정규화 된 계수를 갖는 저항값은

$$R = 1.414 \times \frac{1}{2\pi \times 1{,}024 \times 0.01 \times 10^{-6}} = 22[K\Omega]$$

이고, $K = 4.32$이면 그 저항값은 $67.2[K\Omega]$이다.

그림15.7(d)의 회로에 적용된 소자값에 대한 주파수 응답은 그림15.7(e)와 같다.

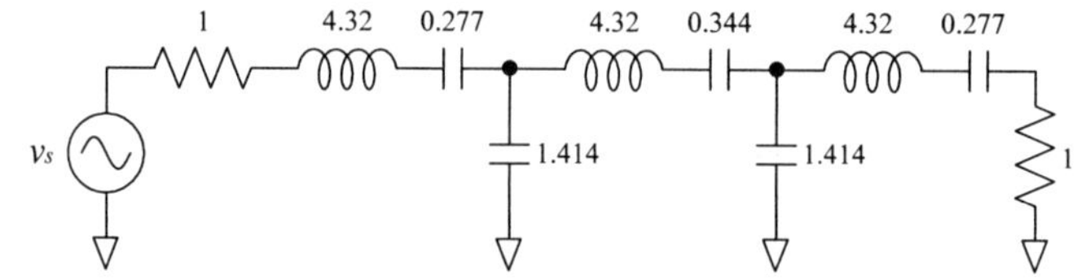

(a) 5차 LC 밴드패스 필터

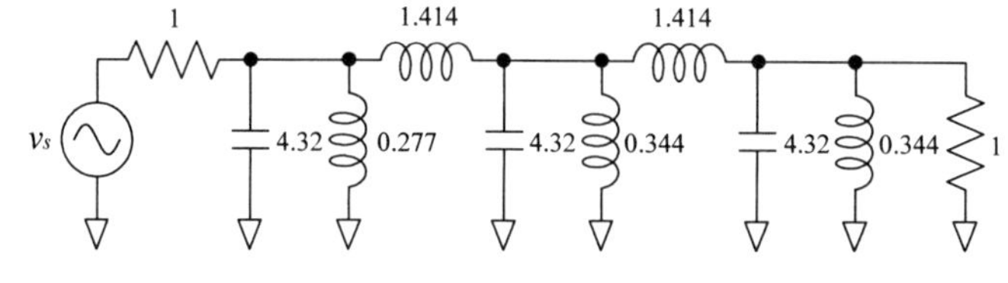

(b) Bruton 변환을 위하여 그림15.7(a) 회로에 대한 쌍대변환

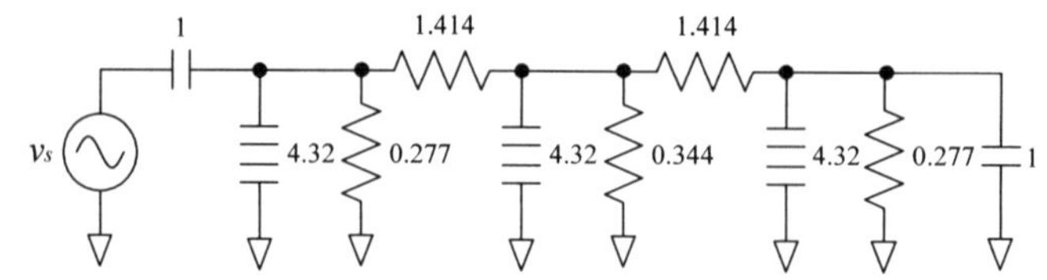

(c) Bruton 변환

그림15.7 FDNR을 이용한 5차 버터워스 대역통과필터 회로의 구현 (중심주파수 $f_m = 1{,}024[Hz]$)

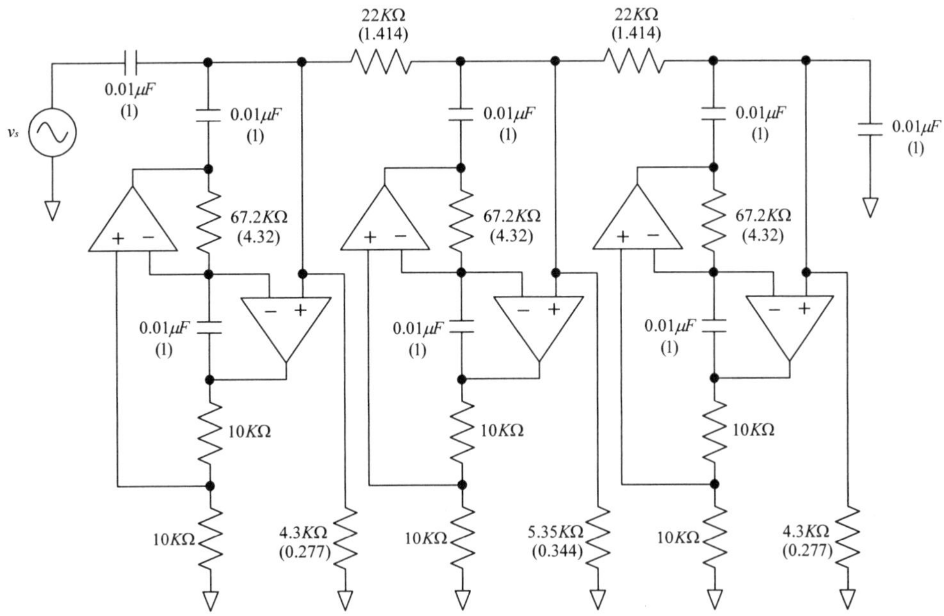

(d) FDNR을 이용하여 실현한 5차 대역통과필터

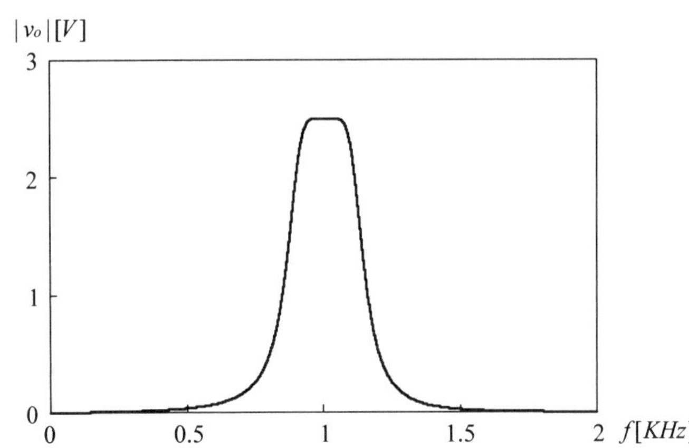

(e) 주파수 응답

그림15.7 계속

15-4 실험

15-4.1 GIC 인덕터 회로

i) 그림15.8(a)의 R-L 회로의 주파수 응답은 그림15.8(b)와 같다. 그리고 그림 15.8(c)는 그림(a)에 대하여 GIC 인덕터를 이용하여 변환 한 회로이다. 다음과 같이 회로를 구성하시오.

$R_1,\ R_2,\ R_3 = 1[K\Omega],\ \ R_4 = 4[K\Omega],\ \ R_5,\ R_6 = 1[K\Omega],\ \ C_1 = 0.025[\mu F]$

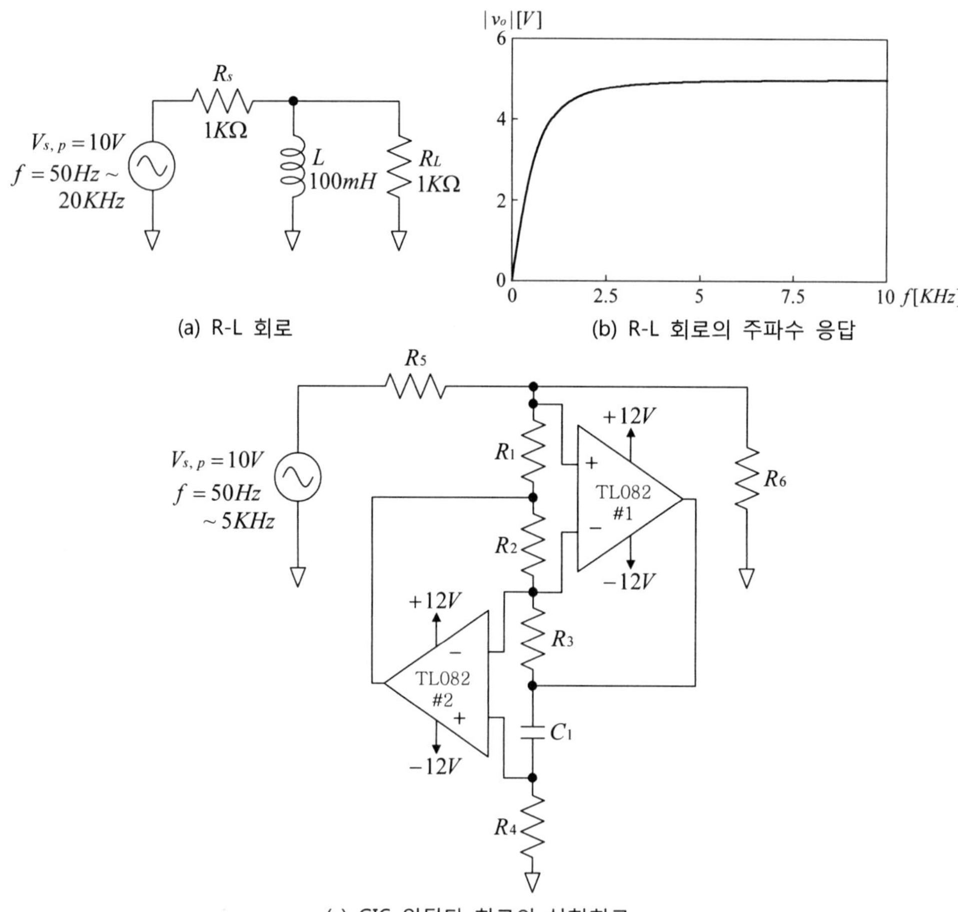

(a) R-L 회로

(b) R-L 회로의 주파수 응답

(c) GIC 인덕터 회로의 실험회로

그림15.8 그림(C)는 그림(a)와 같이 동작하도록 구현된 GIC 인덕터 회로이다. 주파수가 증가함에 따라 인덕터의 리액턴스가 증가하므로 출력의 크기는 증가하지만, $X_L \gg R_L$이면 X_L은 무시된다. 따라서 $R_5 = R_6 = 1K\Omega$일 때 주파수가 증가함에 따라 출력전압은 $5V$에 도달한다.

ii) 함수 발생기의 'SWEEP'기능을 이용하여 $5[KHz]$까지 스위핑하고, 그 결과를 촬영하여 그림(b)의 결과와 비교하시오.

사진 촬영 결과

15-4.2 D 소자를 이용한 5차 버터워스 저역통과 필터

i) 그림15.9 회로는 D소자를 이용하여 구현한 5차 버터워스 저역통과 필터 회로이다. 다음과 같이 회로를 구성하시오.

$R_1 = 4.47K\Omega$, $R_2 = 14.47K\Omega$, $R_3 = 4.47K\Omega$, $R_4 = 100K\Omega$, $R_5 = R_8 = 11.7K\Omega$, $R_6 = R_7 = R_9 = R_{10} = 10K\Omega$, $R_{11} = 123.4K\Omega$, $C_1 = C_2 = C_3 = C_4 = C_5 = C_6 = 22nF$

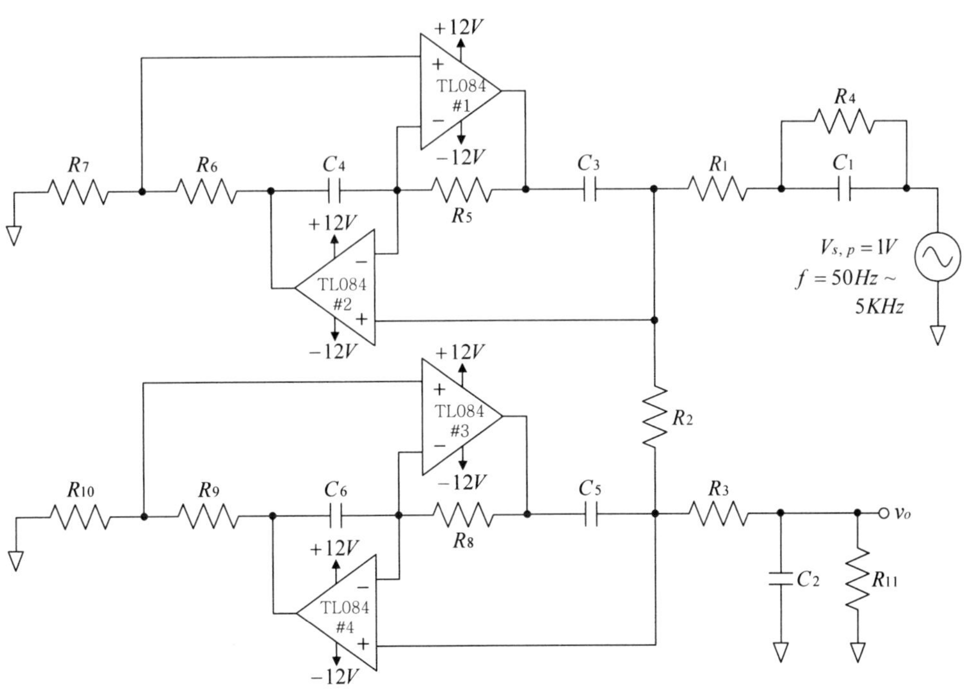

그림15.9 FDNR로 실현한 5차 버터워스 저역통과 필터 실험회로($f_c = 1[KHz]$).

ii) 함수 발생기의 'SWEEP'기능을 이용하여 $5[KHz]$까지 스위핑 하고, 그 결과를 촬영하여 확인하시오.

사진 촬영 결과

15-4.3 GIC 인덕터를 이용한 5차 버터워스 고역통과 필터

i) 그림15.10은 LC 고역통과 필터의 인덕터를 GIC 인덕터로 구현한 회로이다. 다음과 같이 회로를 구성하시오.

$R_1 = R_2 = R_3 = 4.7K\Omega$, $R_4 = 2.905K\Omega$, $R_5 = R_6 = R_7 = 4.7K\Omega$, $R_8 = 2.905K\Omega$ $R_9 = 4.7K\Omega$, $R_{10} = 4.7K\Omega$, $C_1 = 5{,}479pF$, $C_2 = 3{,}386pF$, $C_3 = 1{,}693pF$, $C_4 = 3{,}386pF$, $C_5 = 5{,}479pF$

ii) 함수 발생기의 'SWEEP'기능을 이용하여 $20[KHz]$까지 스위핑 하고, 그 결과를 촬영하여 확인하시오.

사진 촬영 결과

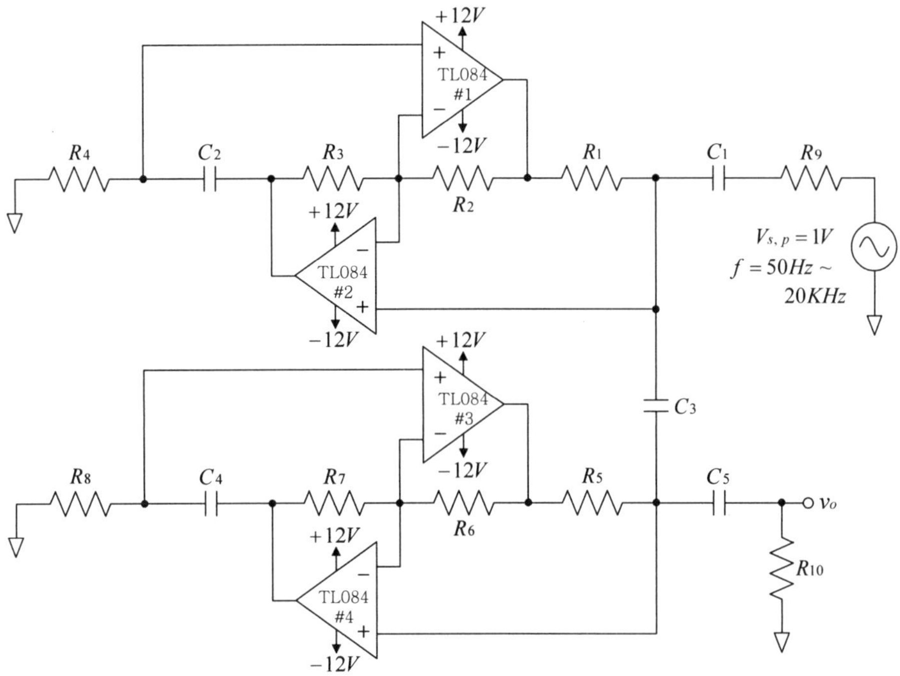

그림15.10 GIC 인덕터를 이용하여 실현한 5차 버터워스 고역통과 필터 실험회로($f_c = 10[K\Omega]$).

15-4.4 D 소자를 이용한 5차 버터워스 대역통과 필터

i) 그림15.11은 D소자를 이용하여 구현한 5차 버터워스 대역통과 필터 회로이다. 회로를 구성하시오.

$R_1 = R_5 = R_9 = 67.2[K\Omega]$, $R_2 = R_3 = R_6 = R_7 = R_{10} = R_{11} = 10[K\Omega]$, $R_4 = R_8 = 22[K\Omega]$, $R_{12} = R_{14} = 4.3[K\Omega]$, $R_{13} = 5.35[K\Omega]$, $C_1 = C_2 = C_3 = C_4 = C_5 = C_6 = C_7 = C_8 = 0.01[\mu F]$

ii) 함수 발생기의 'SWEEP' 기능을 이용하여 스위핑 결과를 촬영하고, 그림 15.7(e)의 결과와 비교하시오.

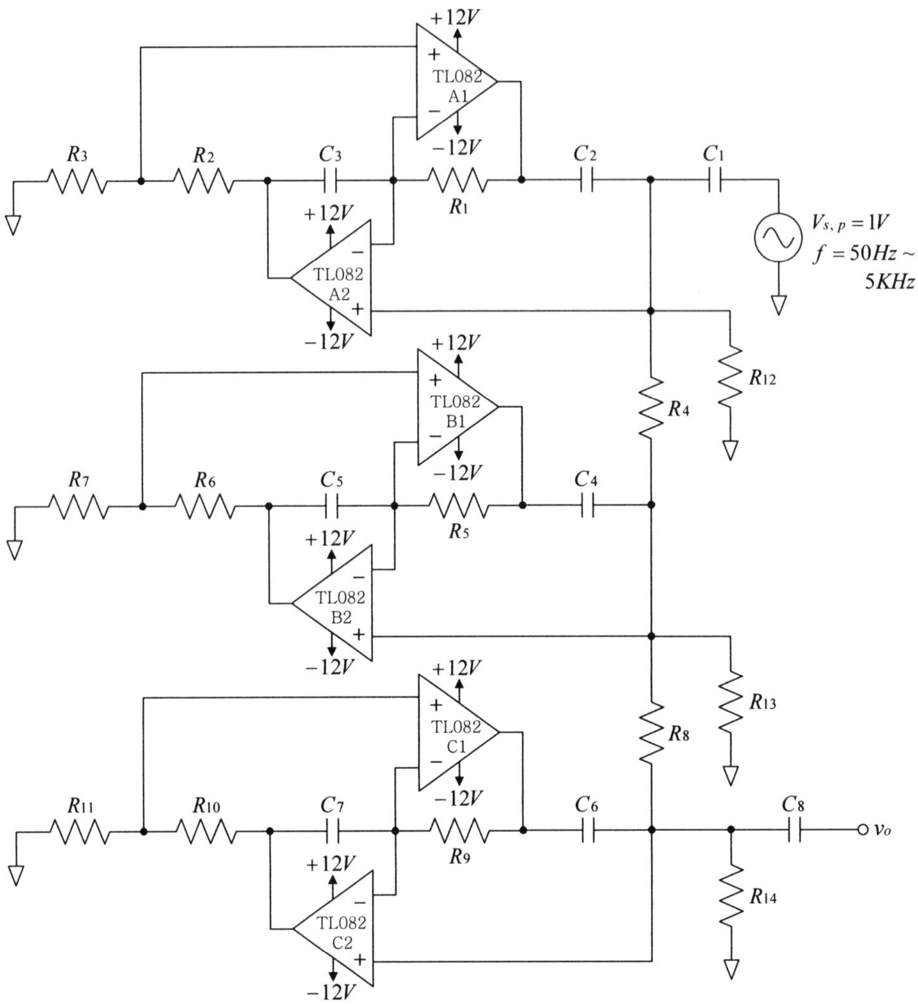

그림15.11 D소자를 이용하여 실현한 5차 버터워스 대역통과 필터의 실험회로 ($f_o = 1[KHz]$).

사진 촬영 결과

16장 전원회로

16-1 Op amp 정전압회로의 기본 동작

그림16.1은 입력전압이 V_Z인 비반전 증폭기 회로이며, 부하전류 I_L이 변하더라도 V_o은 일정한 값을 유지하는 op amp 정전압 회로이다.

만약, 부하가 낮아져 V_o이 설정된 전압보다 감소하면 op amp의 반전입력 단자로 궤환되는 전압 V_{R_i}가 낮아지므로 op amp의 차동 입력전압 $V_d = (V_Z - V_{R_i})$는 증가한다. 따라서 op amp의 출력전압 $V_o = A\,V_d$는 증가한다.

반대로, 부하가 높아져 V_o이 설정된 전압보다 증가하면 궤환전압도 증가하므로 op amp의 차동 입력전압은 감소하고, 결과적으로 V_o을 감소시킨다.

즉, 부하가 변동되어도 V_o은 일정하게 유지함으로써 정전압 특성을 갖는다.

출력전압은

$$V_o = \left(\frac{R_f + R_i}{R_i}\right) V_Z \tag{16.1}$$

이다. 회로에서 저항 R_D는 제너다이오드 바이어스 저항이고, 제너다이오드가 항복영역에서 동작하도록 하기 위하여 op amp의 출력 전압은 비반전 단자 입력전압보다 수[V] 이상 커야 한다. 또한 op amp가 포화되는 것을 막기 위하여 레귤레이트 되지 않은 전원전압 V_{in}은 레귤레이트 된 V_o보다 약 2[V] 정도 커야 한다.

그림16.2는 부궤환 경로에 제너다이오드가 접속되어 있으며, 다음과 같이 동작하는 정전압 회로이다.

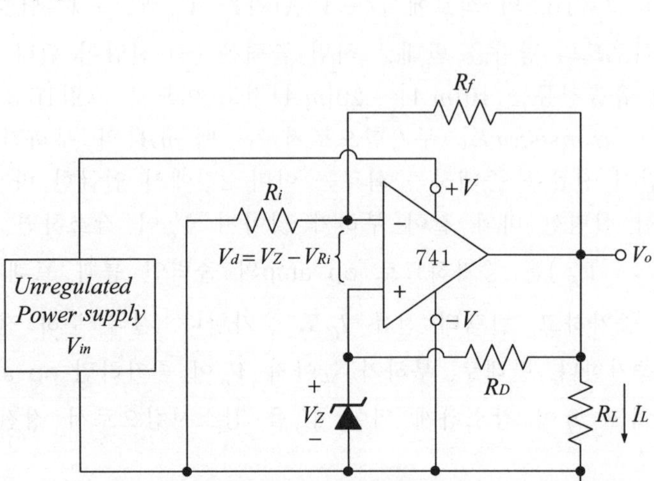

그림16.1 Op amp 정전압회로.

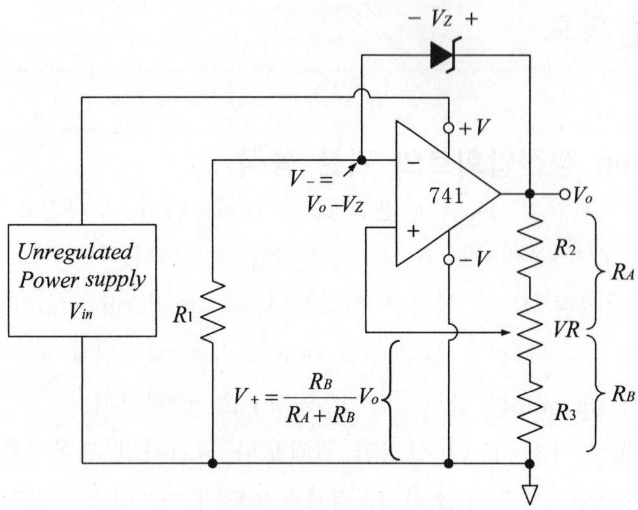

그림16.2 정밀 정전압회로.

$$V_- = V_o - V_Z \tag{16.2a}$$

$$V_+ = \frac{R_B}{R_A + R_B} V_o \tag{16.2b}$$

$V_- = V_+$ 이므로 출력은

$$V_o = \left(1 + \frac{R_B}{R_A}\right) V_Z \tag{16.3}$$

이다. R_2와 R_3를 크게 하고 VR을 작게 선택하면 정밀한 전압조정이 가능하다.

그림16.1과 그림16.2의 회로에서 $-V$ 단자는 V_{in}에, $+V$ 단자는 접지에 접속하고 제너다이오드의 방향을 반대로 하면 출력은 (-) 전압이 된다.

Op amp의 유출전류는 $10[mA] \sim 20[mA]$정도 이므로 그림16.3과 같이 *통과 트랜지스터(pass transistor)*를 부가함으로써 수 백$[mA]$의 부하전류를 공급할 수 있다. 이와 같이 전류를 증대하는 회로는 이미 2장에서 언급한 바 있다.

또한, 앞서 설명한 바와 같이 부하가 낮아져 V_o이 감소하면 op amp의 차동 입력전압 $(V_Z - V_{R_i})$은 증가하므로 op amp의 출력인 통과 트랜지스터 Q_1의 베이스 전압이 증가하고, 컬렉터 전류 I_C도 증가한다. 결국 부하 전류 I_L이 증가하므로 V_o은 증가한다. 반대로, 부하가 높아져 V_o이 증가하면 op amp의 차동 입력전압은 감소하고 I_L이 감소하게 되어 V_o을 감소시킴으로서 정전압 특성을 갖는다.

예를 들어, 식(6.1)에 따라서 $V_o = 15[V]$가 얻어졌다고 가정하자. 이때 부하가

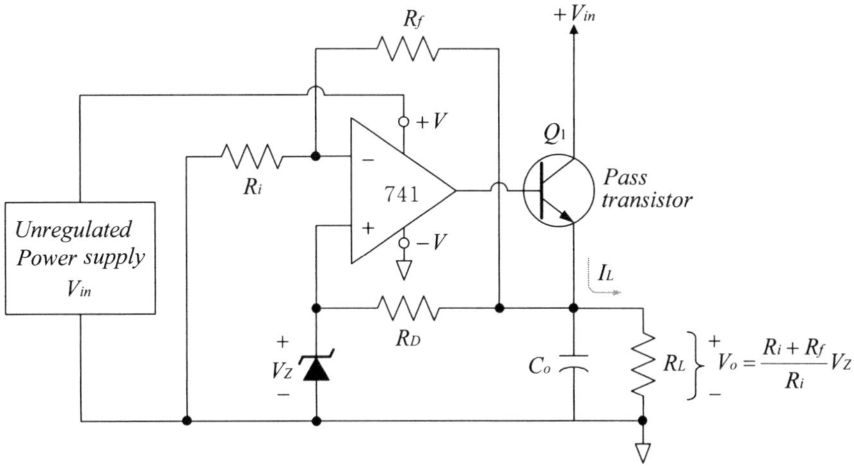

그림16.3 통과 트랜지스터(pass transistor)를 포함한 op amp 정전압 전원공급회로.

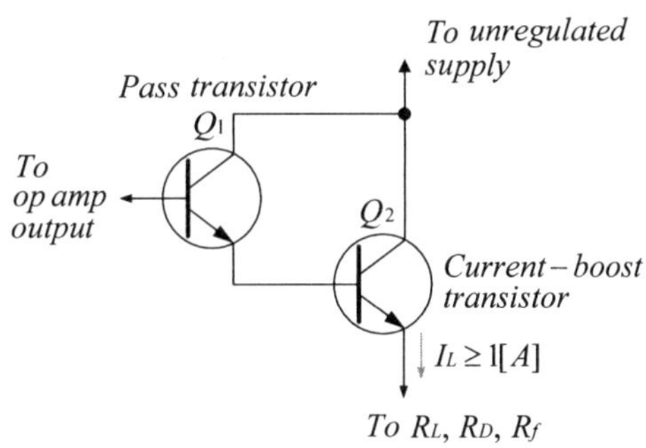

그림16.4 통과 트랜지스터와 전류-부스트 트랜지스터를 다알링톤 접속함으로써 출력전류를 증대한다.

$R_L = 30[\Omega]$ 이라면, 통과 트랜지스터의 이미터(emitter)에 접속되어 있는 부하에 흐르는 전류는 $I_L = V_o/R_L = 500[mA]$ 이다. 트랜지스터의 전류증폭율이 $\beta = 100$ 이면, 트랜지스터를 구동하는 베이스 전류는

$$I_B = \frac{I_L}{\beta} = \frac{500[mA]}{100} = 5[mA]$$

이다. 트랜지스터의 베이스 단자와 op amp의 출력단자는 직접 결합되어 있으며, op amp의 출력으로 $500[mA]$ 의 부하 전류를 드라이브 할 수 있다.

통과 트랜지스터는 다음과 같은 전력 P_D 의 *히트-싱크(heat sink)*를 필요로 한다.

$$P_D = (V_{in} - V_o) I_{L,\ all\ load} \tag{16.4}$$

예를 들어, 그림16.3에서 $V_L = 24[V]$, $I_{L,\ all\ load} = 0.5[A]$, $V_o = 15[V]$일 때, 통과

트랜지스터의 전력손실은 $P_D = (24-15)[V] \times 0.5[A] = 4.5[W]$이다.
회로에서 커패시터 C_o은 레귤레이트 되지 않은 입력에 포함된 교류 성분을 제거하기 위하여 부하저항 R_L과 병렬로 접속된다.

그림16.4와 같이 통과 트랜지스터와 *전류-부스트(current boost)* 트랜지스터를 다알링톤 접속함으로써 op amp의 출력으로 1[A] 이상의 대 전류를 드라이브 할 수 있다. 다알링톤 접속된 트랜지스터의 전류증폭율은 $\beta_{darlington} = \beta_1 \times \beta_2$임을 기억하고 있을 것이다.

실제로는 전류-부스트 트랜지스터의 전력 손실에 대한 제한 때문에 부하전류는 수 [A]로 제한된다.

16-2 과부하(over load)에 대한 보호회로

그림16.3의 회로에서 과부하 되거나 부하가 단락되면 통과 트랜지스터가 손상된다. 이 때문에 그림16.5와 같이 전류-제한(current-limiting) 트랜지스터 Q_s와 전류-감지(current-sensing) 저항 R_s를 이용하여 전류-제한 회로를 구성함으로서 과부하 또는 부하의 단락으로부터 회로를 보호할 수 있다. 즉, 부하가 단락되더라도 전류가 전원 V_L으로부터 제한된 최대의 크기까지만 유출되도록 하는 것이다.

부하전류 I_L은 전류-감지 저항 R_s를 통하여 흐르고 있으며, 일반적으로 정전압회로는 제한된 최대의 부하전류 $I_{L,\max}$를 가정하여 설계된다.

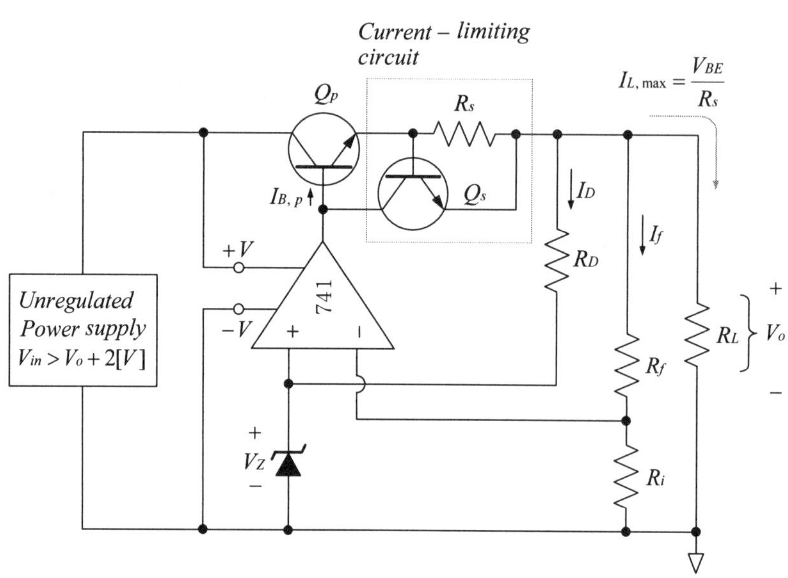

그림16.5 전류제한 회로가 포함된 레귤레이터.

저항 R_s는 너무 많은 부하 전류 I_L이 흐르지 않도록 감시하며, I_L이 $I_{L,\max}$에 도달하면 R_s의 *전압 강하(voltage drop)*가 트랜지스터 Q_s의 *컷-인 전압(cut-in or threshold voltage)* 과 같아진다. 이것이 R_s를 설계하기 위한 설계조건이 된다. 만약, 컷-인 전압이 0.6[V]라면 최대 부하전류는

$$I_{L,\max} = \frac{V_{BE}}{R_s} = \frac{0.6[V]}{R_s} \tag{16.5}$$

이다.

R_s 양단에 발생한 전압강하로 Q_s가 도전(conduction)하면 Q_s의 동작 컬렉터 전류가 흐른다. 따라서 통과 트랜지스터 Q_p의 베이스 전압은 $2V_{BE}$로 감소하고 베이스 전류 $I_{B,p}$도 감소하므로, 결과적으로 R_s를 통하여 흐르는 통과 트랜지스터의 동작 전류는 제한된 최대 크기까지만 흐르게 된다.

<예제 1>

그림16.5의 전류제한 회로가 포함된 레귤레이터 회로에서 레귤레이트 되지 않은 입력전압 $V_{in} = 20[V]$, 기준전압 $V_Z = 5[V]$, $R_D = 2[K\Omega]$, $R_f = 6.7[K\Omega]$, $R_i = 3.3[K\Omega]$이다. 부하 단락 시 흐르는 최대전류 $I_{L,\max}$는 0.5[A]가 되도록 전류-제한저항 R_s의 값을 구하시오. 단, 전류-제한 트랜지스터 Q_s의 $V_{BE} =$ 0.6[V]로 가정한다.

<해>

부하가 단락되었다면 부하에 최대전류 $I_{L,\max}$가 흐르고

$$R_s = \frac{V_{BE}}{I_{L,\max}} = \frac{0.6[V]}{0.5[A]} = 1.2[\Omega]$$

이다.

<예제 2>

그림16.5의 레귤레이터 회로에서 부하저항 $R_L = 1[K\Omega]$일 때 레귤레이트 된 출력전압 V_o를 구하고 전류-제한 회로의 동작에 대하여 설명하시오.

<해>

i) 출력 전압 : $V_o = \left(1 + \frac{R_f}{R_i}\right)V_Z = \left(1 + \frac{6.7[K\Omega]}{3.3[K\Omega]}\right) \times 5[V] \simeq 15[V]$

ii) 부하 전류 : $I_L = \frac{V_o}{R_L} = \frac{15[V]}{1[K\Omega]} = 15[mA]$

iii) 부궤환 전류 : 부궤환을 구성하는 저항 R_i의 전압은 전압분배에 따라

$$V_{R_i} = \frac{R_i}{R_f + R_i} V_o = \frac{3.3[K\Omega]}{6.7[K\Omega] + 3.3[K\Omega]} \times 15[V] = 4.95[V]$$

이므로, 부궤환 전류는

$$I_f = \frac{V_{R_i}}{R_i} = \frac{4.95[V]}{3.3[K\Omega]} = 1.5[mA]$$

이다.

iv) 제너다이오드 바이어스 전류 : $I_D = \dfrac{V_o - V_Z}{R_D} = \dfrac{15[V] - 5[V]}{2[K\Omega]} = 5[mA]$

v) R_s를 통과하는 전압 :

$$V_{R_s} = R_s \times (I_D + I_f + I_L) = 1.2[\Omega] \times 21.5[mA] = 0.026[V]$$

이므로 Q_s는 차단상태에 있다.

<예제 3>
그림16.5의 레귤레이터 회로에서 부하가 단락되었을 때의 통과 트랜지스터의 소비전력을 구하시오.

<해>

$$\begin{aligned} P_D &= (V_{in} - 0.6) \times I_{L,\max} \\ &= 19.4[V] \times 0.5[A] = 9.7[W] \end{aligned}$$

으로 통과 트랜지스터는 히트-싱크 되어야 한다.

이와 같은 레귤레이터의 동작 특성은 그림16.6과 같다. 부하전류는 부하가 단락되었을 때 $I_{L,\max}$보다 약간 증가하는 특성을 보인다. 이것은 전류제한 동작이 발생

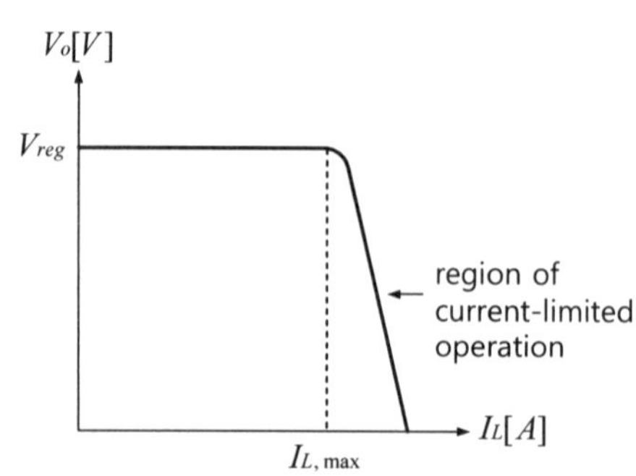

그림16.6 그림16.5의 전류-제한회로가 있는 레귤레이터의 부하 전압-전류 특성. V_{reg} : *regulated output*.

할때 Q_s가 도전함으로써 흐르는 Q_s의 동작전류 $I_{E,s}$가 단락 회로로 흐르기 때문이다.

전류-제한 회로의 부가로 부하가 단락 되었을 때 통과 트랜지스터의 손상을 방지할 수 있지만, 통과 트랜지스터에 최대 부하 전류가 흐르고, 레귤레이트 되지 않은 공급전압 V_{in}의 거의 모두가 트랜지스터 출력 양단(V_{CE})에 나타나므로 과도한 전력소비가 발생한다. 이러한 문제를 해결한 것이 그림16.7의 *폴드-백(fold-back)* 전류 제한회로이며, 이것은 출력전압의 감소를 감지하여, 부하로 흐를 수 있는 전류의 양을 더욱 감소시키는 방법이다.

부하가 단락되면 Q_s의 이미터 전압 $V_{E,s} = V_o = 0[V]$이므로 Q_s의 베이스 전압은 다음과 같다.

$$V_{B,s} = V_{BE,s} = \frac{R_B}{R_A + R_B} \times V_{R_s} \tag{16.6}$$

단락 부하에 대한 전류를 그림16.5의 회로에서와 같게 정의하기 위하여 $I_{L,\max}$로 정의하면

$$V_{BE,s} = KR_s I_{L,\max} \tag{16.7}$$

이다. 단,

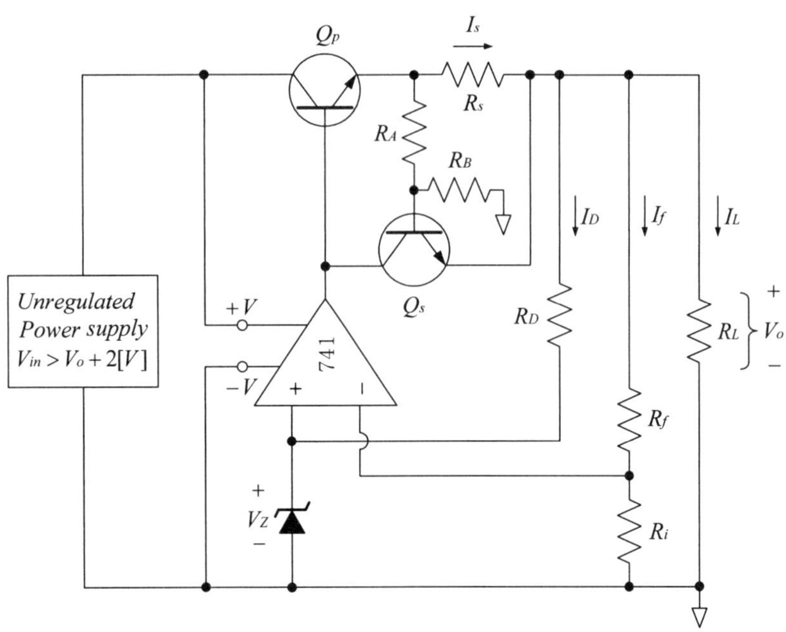

그림16.7 폴드-백(fold-back) 전류제한 회로가 포함된 레귤레이터.

$$K = \frac{R_B}{R_A + R_B}$$

따라서 단락 부하전류는 다음과 같다.

$$I_{L,\max} = \frac{V_{BE,s}}{KR_s} \tag{16.8}$$

정상적으로 레귤레이션 동작을 한다면 Q_s의 베이스-이미터 전압은

$$V_{BE,s} = V_{B,s} - V_{E,s} = V_{B,s} - V_o \tag{16.9}$$

이고, 베이스 전압은 다음과 같다.

$$V_{B,s} = \left(\frac{R_B}{R_A + R_B}\right)(R_s I_s + V_o) = K(R_s I_s + V_o) \tag{16.10}$$

식(16.10)을 식(16.9)에 대입하여 정리하고, 식(16.8)의 정의를 따르면 전류-감지 저항 R_s를 통하여 흐르는 출력 전류는 다음과 같다.

$$\begin{aligned} I_s &= \frac{V_{BE,s}}{KR_s} + \frac{(1-K)V_o}{KR_s} \\ &= I_{L,\max} + \frac{(1-K)V_o}{KR_s} \end{aligned} \tag{16.11}$$

회로에서 $I_s = I_D + I_f + I_L$이지만, 여기에서는 I_s(더 엄격하게는 $I_s + I_{E,s}$이지만, 정상적으로 레귤레이션 동작을 한다면 $I_{E,s}$는 무시할 수 있다.)는 출력 전류 I_L을 의미하는 것으로 하기로 한다. 왜냐하면, 보통 $I_f = 0.1 I_L$이고 제너다이오드의 바이어스 전류인 I_D는 관심의 대상이 아니기 때문이다. 만약 제너다이오드를 공급전원으로부터 직접 바이어스 한다면 I_D는 무시된다.

식(16.11)은 *폴드-백* 전류제한의 의미를 설명한다. 부하전류가 단락전류 $I_{L,\max}$보다 큰데 그것은 부하전류가 흐르다가 부하가 단락되면 전류가 감소함을 의미한다. 즉, 부하전류가 제한된 전류($I_{s,\max}$를 의미)보다 커지면 앞서 회로의 해석과 마찬가지로, 피드백 전압 V_{R_i}가 증가하므로 op amp의 차동전압 ($V_d = V_Z - V_{R_i}$)은 감소하고 $V_o < V_{reg}$이다. 또한 I_s는 감소한다. 부하가 단락되면 $V_o = 0$이므로 $I_s = I_{L,\max}$로 감소하게 된다. 여기에서 V_{reg}은 식(16.1)과 같다.

예를 들어, 정상적인 부하에서는 $V_{E,s} = V_o$이지만 식(16.10)에서 $I_s < I_{s,\max}$이므로 R_s 양단의 전압강하는 무시하면 (R_s의 값의 설계조건에 따라) $V_{B,s}$는 $V_{E,s}$를 분압 한 결과와 같다. 따라서 $V_{B,s} < V_{E,s}$가 되므로 $V_{BE,s}$는 (-)값을 갖고 Q_s는 차단된 상태이다.

만약, 과부하로 인하여 $I_{s,\max}$를 초과하는 부하전류가 흐르면 R_s 양단의 전압이 증가하게 되고, 분압 된 전압 $V_{B,s}$(식(16.10))는 정상적인 부하일 때 보다 증가한

다. $(V_{B,s} - V_{E,s}) > 0.6[V]$가 되도록 $V_{B,s}$가 증가하면 Q_s는 도전하고 Q_p의 전류, 결국 I_s는 감소한다. 또한, 부하가 단락되어 $I_{s,\max}$를 크게 초과하는 부하전류가 흐르면, $V_{E,s} = V_o = 0[V]$이고 $V_{B,s} = (R_B/(R_A + R_B)) \times (I_s R_s)$로 Q_s가 강하게 도전됨으로 Q_p의 통과전류, 결국 I_s는 $I_{L,\max}$로 감소한다.

이것으로부터 R_A, R_B로 이루어진 분압회로는 부하전류가 제한된 전류를 초과하는지를 감시하고, 초과할 경우에는 부하전류가 감소하도록(fold-back) 제어하는 역할을 하고 있음을 알 수 있다.

이 회로의 설계 시 단락전류 $I_{L,\max}$와 제한된 최대 출력 전류의 관계는 다음과 같고,

$$\frac{I_{s,\max}}{I_{L,\max}} = 1 + \frac{V_o}{V_{BE}}(1 - K)$$
$$= 1 + \frac{V_o}{V_{BE}}\left(\frac{R_A}{R_A + R_B}\right) \tag{16.12}$$

$I_{L,\max}$는 I_s의 30% ~ 50% 정도가 되도록 설계한다. 예를 들어 부하 전류를 $500[mA]$로 제한하려면 단락전류는 $150[mA] \sim 250[mA]$가 되도록 설계한다.

그림16.8은 폴드-백 동작을 설명하는 특성 그래프이다.

그림16.7의 회로에서 약간의 변경을 통하여 (-)정전압 출력을 얻을 수 있다. 레귤레이트 되지 않은 전압 $-V_{in}$에 대하여 $-V_{reg}$의 기준전압을 제공하기 위하여 제너다이오드의 극을 서로 바꾼다. 또한 op amp의 (+)전원 단자를 접지에, 그리고 (-)전원 단자를 $-V_{in}$의 공급전원에 접속하며, Q_p와 Q_s를 PNP 트랜지스터로 변경한다.

기준전압에 대하여 V_Z, R_i, R_f 값에 따라 출력전압을 결정하는 것을 '*voltage programming*'이라 하며, IC화된 레귤레이터에는 이러한 voltage programming 회로와 전류증대 회로, 과부하 보호회로와 함께 온도 보상회로를 포함하고 있다.

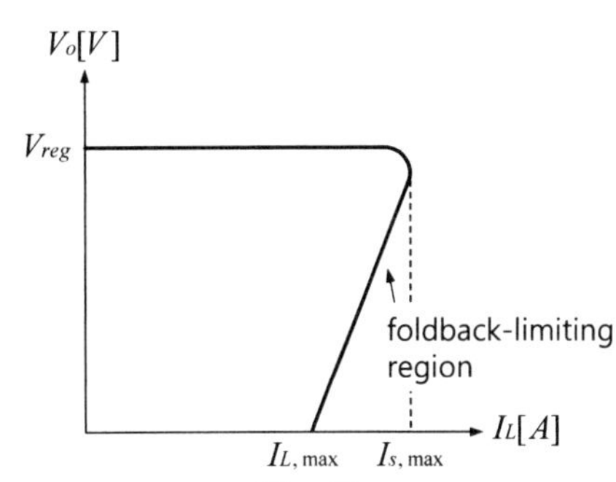

그림16.8 Fold-back 전류-제한 회로의 전압-전류 특성.

일반적으로 많이 사용되는 고정된 출력 전압을 갖는 레귤레이터는 $LM78XX$, $LM340-X$ 계열이 있으며, 이들은 X의 숫자에 따라 $+5\sim+24[V]$를 출력하고, $LM79XX$, $LM320-X$는 $-5\sim-24[V]$를 출력한다. 또한 출력전류는 $0.1[A]$, $0.5[A]$, $1[A]$의 것이 있다.

이들 고정된 (+), (-)값을 출력하는 IC 뿐만 아니라 가변 출력을 갖는 레귤레이터(예를 들어, $LM317$: $+1.2\sim+37[V]$, $LM337$: $-1.2\sim-37[V]$)와 (+), (-) 값을 모두 출력하는 IC(예를 들어, 고정형 $RC4195$: $\pm15[V]$, 가변형 $M5230$: $\pm3[V]\sim\pm30[V]$)도 있다.

<예제 4>

그림16.7의 폴드-백 전류 제한 회로가 있는 정전압 회로에서 $R_A=1.5[K\Omega]$, $R_B=15[K\Omega]$일 때, 부하의 최대 전류 $I_{s,\max}=500[mA]$가 되도록 R_s의 값을 설계하시오.

<해>

i) $I_{L,\max}$는 $I_{s,\max}$의 30%가 되도록 선택하면,

$$I_{L,\max}=0.3\times500[mA]=150[mA]$$

ii) 단락 부하에 대하여 $V_{E,s}=0[V]$이므로 $V_{BE,s}=0.6[V]$가 되도록 결정하기 위하여 Q_s의 베이스 전압 $V_{B,s}$ 즉, R_B 양단의 전압은 $0.6[V]$이다. 단락부하이므로 $V_{B,s}$는 R_A와 R_B의 전압분배기에 의해

$$V_{B,s}=\frac{R_B}{R_A+R_B}\times I_sR_s$$

이다. 따라서

$$R_s=\left(1+\frac{R_A}{R_B}\right)\left(\frac{V_{B,s}}{I_s}\right)=1.1\times\left(\frac{0.6}{0.15}\right)=4.77[\Omega]$$

16-3 3단자 레귤레이터와 op amp 전압 폴로워를 이용한 비표준 전압 전원회로

IC화된 3단자 레귤레이터의 예로써, 7805는 $+5[V]$의 레귤레이션 된 전압을 출력한다. 이를 이용한 레귤레이션 회로는 그림16.9와 같으며, 입력(IN) 단자와 출력(OUT) 단자에 각각 *바이패스(bypass)* 커패시터를 부착한다. C_1은 레귤레이트 되지 않은 공급전원과 IC의 입력단자 사이의 리드선의 인덕턴스 때문에 발진이 일어나는 것을 방지하고, C_2는 부하의 과도응답특성을 개선한다. 실장 회로에서는 C_1, C_2는 IC와 가까운 곳에 배치하여야 한다.

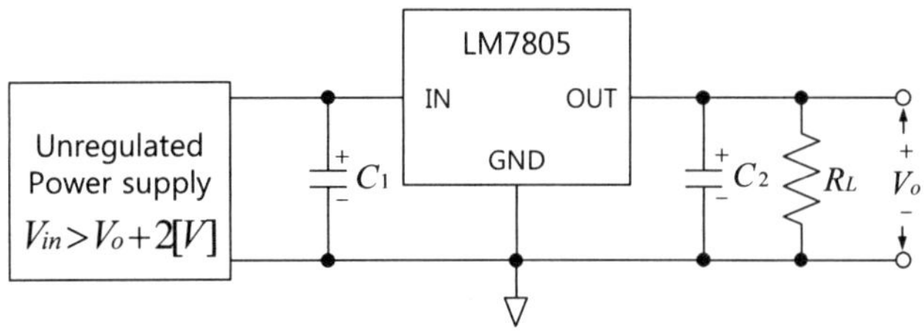

그림16.9 IC화 된 3단자 레귤레이터를 이용한 기본적인 정전압 회로.

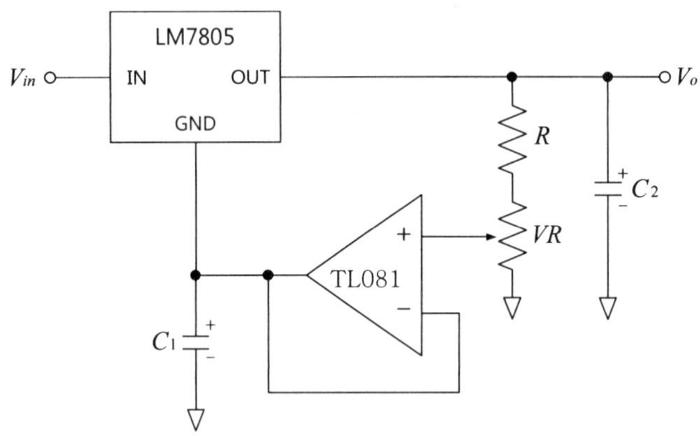

그림16.10 3단자 레귤레이터와 op amp 전압 폴로워를 이용한 가변전압전원회로.

그림16.9에서 드롭-아웃(drop out)은 $2[V]$이며, 입출력 간 전압 차를 극단적으로 작게 하면 평활회로에서 발생한 리플(ripple)에 의해 IC가 동작할 수 없게 되며, 출력에 큰 리플 노이즈가 발생한다. 반대로 입출력 간 전압 차가 너무 크면 손실이 발생되어 발열이 증가하므로 주의하여야 한다.

여기에서는 고정전압을 출력하는 3단자 레귤레이터 IC와 op amp 전압 폴로워를 이용하여 출력전압을 가변 할 수 있는 회로에 대하여 설명한다.

그림16.10은 저항 R과 가변저항 VR을 이용하여 출력전압 V_o을 분압하고, 그 전압을 전압폴로워를 통하여 $+5[V]$용 3단자 레귤레이터(7805)의 GND 단자에 궤환시킨 회로이다.

회로에서 $V_{in} = +12[V]$일 때, VR을 접지전위로 하면 $V_o = 5[V]$이고, $VR = R$이 되도록 조정하면 $V_o = 10[V]$이다. 정확한 출력전압이 필요할 때는 다회전 VR을 이용한다. 출력전류는 3단자 레귤레이터의 사양에 따라 결정되고, 7805는 $1[A]$까지 가능하다. 물론 $1[A]$ 이상의 출력전류를 요구할 때에는 IC 외부에 트랜지스터를 이용하여 설계하지만, 여기에서는 언급하지 않는다.

16-4 스위칭 레귤레이터

앞서 설명한 정전압 회로는 레귤레이션과 리플 제거 능력에서 뛰어난 성능을 보이므로 많이 이용된다. 그러나 통과 트랜지스터가 *능동영역(active region)*에서 동작하므로 트랜지스터의 전력소비는 거의 $P_Q = (V_{in} - V_o) \times I_L$ (단, V_{in} : 레귤레이트 되지 않은 입력전압, V_o : 레귤레이트 된 부하 전압, I_L : 부하 전류)로서 그 값이 매우 크고 히트-싱크를 필요로 한다. 따라서 효율 즉, 부하전력 대 총 입력전력의 비가 낮다.

효율이 중요한 설계 조건일 경우 스위칭 레귤레이터를 이용한다. 스위칭 레귤레이터는 통과 트랜지스터를 스위치로 동작하도록 on, off 시키며, 출력 전압레벨은 on, off 시간의 변화로 제어된다. 앞서 정전압 회로에서 통과 트랜지스터는 능동영역에서 동작하였지만, 스위칭 레귤레이터는 *차단영역(cut-off region)*과 *포화영역(saturation region)*에서 동작한다. 따라서 이상적으로(차단영역 : $I_C = 0$, 포화영역: $V_{CE} = 0$)는 통과 트랜지스터의 전력소비는 0으로 효율이 좋으며, 일반적으로 80% ~ 90%의 높은 전력효율을 갖는다.

스위칭 레귤레이터는 직류전력을 교류로 변환하여 제어하므로 입력전압보다 높은 출력전압을 얻을 수 있고, 하나의 전원에서 서로 다른 레귤레이션 된 정전압(예를 들어 $+5[V]$, $\pm 15[V]$)을 출력할 수 있는 장점도 가지고 있다.

그러나 스위칭 주파수가 수 십~수 백$[KHz]$이므로 RFI(라디오 주파수 간섭)에 의한 잡음발생, 비교적 큰 출력 리플이 발생하는 단점도 있다.

스위칭 레귤레이터는 출력전압이 입력전압 보다 작은 *스텝-다운(step down)*형과 출력전압이 입력전압 보다 큰 *스텝-업(step up)*형, 입력전압에 대하여 출력전압의 위상이 반전되는 *반전(inverting)*형, 한 개 혹은 반대 극성을 포함하는 여러 개의 출력(예를 들어 $+5V$, $+12V$, $-12V$)을 갖는 *플라이-백(fly-back)*형이 있고, 그 외에도 여러 종류의 스위칭 레귤레이터가 있다.

스위칭 레귤레이터는 스위치의 on/off를 위해 PWM(Pulse Width Modulation)을 이용하며, 궤환 루프를 통해 궤환된 전압은 오차증폭기를 통하여 기준전압과 비교 증폭되고, 스위치 트랜지스터가 on되는 시간 t_{on}을 제어한다. 스위치의 on/off에 따라 직류에서 교류로 변환된 신호는 LC 필터에 의해 직류전압을 출력하고, 출력전압은 스위치 동작의 듀티-비(duty cycle)에 비례한다(예를 들어, 스텝-다운형은 t_{on}에 비례).

여기에서는 op amp 비교회로를 이용한 PWM 방식의 DC-DC 컨버터 형 레귤레이터 회로를 살펴보고, 스위칭 레귤레이터 IC에 관한 예는 실험을 통하여 살펴본다.

16-4.1 스텝-다운 스위칭 레귤레이터(Step-down switching regulator)

기준전압 발생회로, 오차증폭기, PWM 발생회로, 트랜지스터와 온도 보상, 과부하 방지회로 등을 포함하는 스위칭 레귤레이션 IC가 있으며, 그림16.11은 그 중 일부분을 포함하는 스텝-다운 스위칭 레귤레이션 회로이다.

Op amp는 기준전압 V_{ref}와 부궤환 전압 V_f의 차동전압 V_d에 대한 오차증폭기로 동작한다. V_o이 감소하면 오차증폭기의 출력은 증가하고, PWM 파형의 듀티-비가 커지므로 출력은 증가한다. 반대로 V_o이 증가하면 PWM 파형의 듀티-비가 작아지고 결국 출력은 감소한다. 이러한 동작을 통하여 출력 V_o이 일정하게 유지되도록 한다.

그림16.11의 회로에서 트랜지스터는 발진기의 PWM 출력에 따라서 on/off를 반복하며, 이와 같은 스위칭에 대한 스텝-다운 레귤레이션 동작을 그림16.12에 설명하고 있다.

인덕터는 DC 전류에 대하여 단락회로이며, 전류가 흐를 때 $E_L = LI^2/2[J]$의 에너지를 저장하고, 스위치를 off 하더라도 계속하여 전류가 흐르려고 하는 성질(Lenz's law)을 가지고 있음을 기억하면 스위치의 on/off에 따른 회로의 동작은

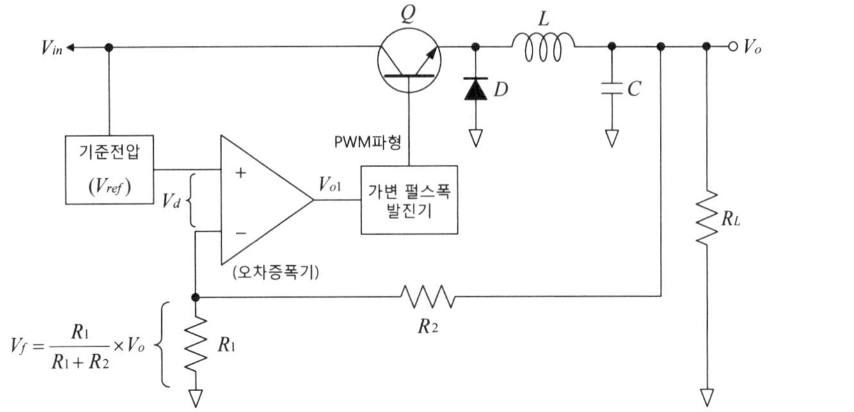

그림16.11 스텝-다운 스위칭 레귤레이터.

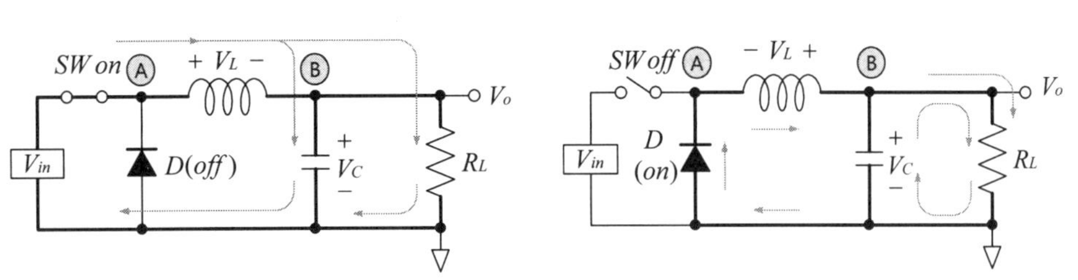

(a) 스위치 on (b) 스위치 off

그림16.12 스위치 on/off에 대한 스텝-다운 스위칭 레귤레이터의 동작.

다음과 같으며, on/off에 따른 전류의 경로는 굵은 실선으로 표시되었다.

i) 스위치 on일 때

다이오드는 차단상태에 있게 되며, 인덕터를 통과하여 커패시터와 부하에 전류가 흐르며, 커패시터에는 에너지($E_C = CV^2/2[J]$)가 저장된다. 물론 스위치가 on 되는 시간 t_{on}이 길어지면 커패시터의 충전 전류가 증가하므로 출력전압이 증가한다.

ii) 스위치 off일 때

스위치가 off되면 인덕터와 커패시터에 저장된 에너지는 부하를 통하여 방출된다. 인덕터는 스위치가 off 되어도 계속하여 전류가 흐르려고 하는 성질이 있으며, 이 전류는 다이오드를 통하여 흐른다. 만약 이 다이오드가 없다면 스위치가 off 되는 순간에 트랜지스터에 큰 역전압이 인가되고, 트랜지스터는 파손된다. 이 다이오드는 *fly-wheel diode* 라 부르며, 수 백$[KHz]$까지의 스위칭 속도를 위하여 *Schottky barrier diode*를 이용한다.

스위치의 on/off에 따라 커패시터는 충전, 방전을 반복함으로 출력은 그림16.13과 같이 리플이 발생한다.

만약 t_{on}이 지속된다면 인덕터의 유도전압은 0이 되므로 $V_o = V_{in}$이다. 따라서, 스텝-다운 스위칭 레귤레이터는 출력전압은 항상 입력전압보다 낮다.

출력전압은 다음과 같다.

$$V_o = D \times V_{in} \tag{16.13}$$

$$D = \frac{t_{on}}{T} \ : \text{duty cycle}$$

$$T = t_{on} + t_{off} \ : \text{펄스 주기}$$

$$t_{on} \ : \text{스위치 on 시간}$$

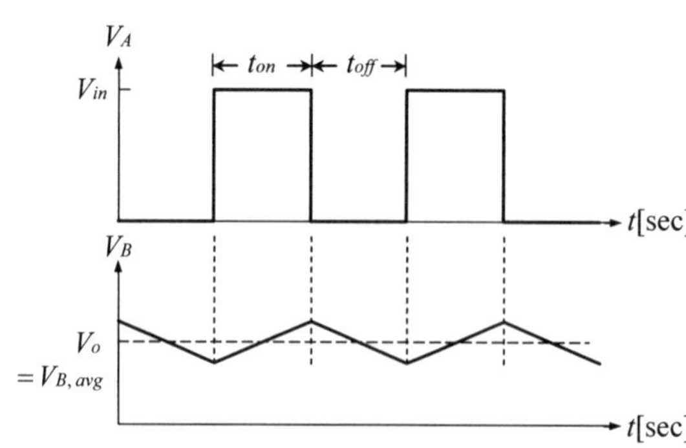

그림16.13 스텝-다운 스위칭 레귤레이터의 각 부분 파형.

t_{off} : 스위치 off 시간

그리고 출력 V_o은 기준전압 V_{ref}는 다음의 관계가 있다.

$$V_o = \left(1 + \frac{R_2}{R_1}\right) V_{ref} \tag{16.14}$$

회로에서 인덕터의 리액턴스($X_L = \omega L$)가 클수록 출력신호의 리플 전류가 감소하고, 커패시터의 리액턴스($X_C = 1/(wC)$)이 부하저항 R_L에 비하여 작을수록 리플 전류의 바이패스가 잘 이루어지므로, 출력의 리플 전압이 감소한다. 일반적으로 L 및 C의 값은 다음과 같이 결정한다.

$$\frac{1}{\omega C} \leq 0.05 R_{L,\max}, \quad \omega L \geq 0.1 \times \frac{1}{\omega C} \tag{16.15}$$

여기에서, $R_{L,\max}$는 레귤레이션이 요구되는 최소 부하전류에 대한 부하저항이다.

16-4.2 스텝-업 스위칭 레귤레이터 (step-up switching regulator)

스텝-업 스위칭 레귤레이터는 DC 입력전압보다 큰 DC 출력을 출력하며, op amp를 오차증폭기로 사용하는 스텝-업 스위칭 레귤레이터의 구조는 그림16.14와 같고, 스위치의 on/off에 따른 회로의 동작은 그림16.15와 같다.

i) 스위치 on일 때

인덕터를 통과하여 흐르는 전류로 인하여 인덕터는 에너지를 저장하며, 다이오드는 역방향 바이어스이므로 차단된다. 이때 커패시터는 부하를 통하여 방전 한다. A점의 전위는 0[V]이고, 커패시터는 방전하므로 B점의 전위는 스위치가 off되어 커패시터가 충전되기 전까지는 감소한다. 이 동작은 그림16.16의 t_{on} 구간에 설명되고 있다.

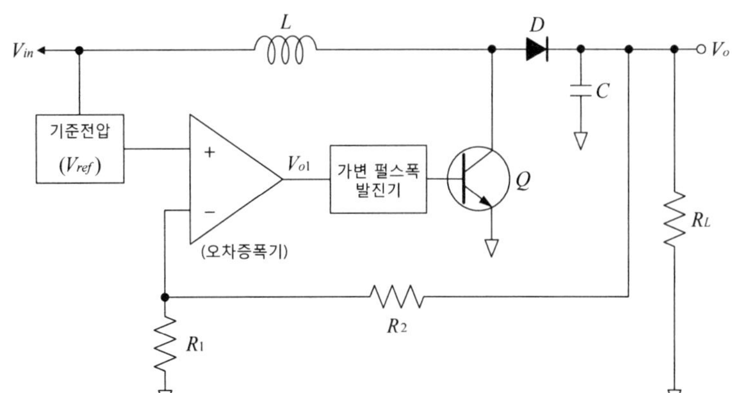

그림16.14 스텝-업 스위칭 레귤레이터.

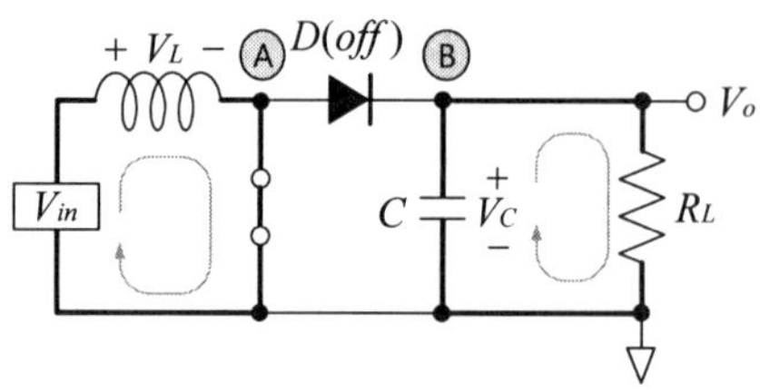

(a) 스위치 on

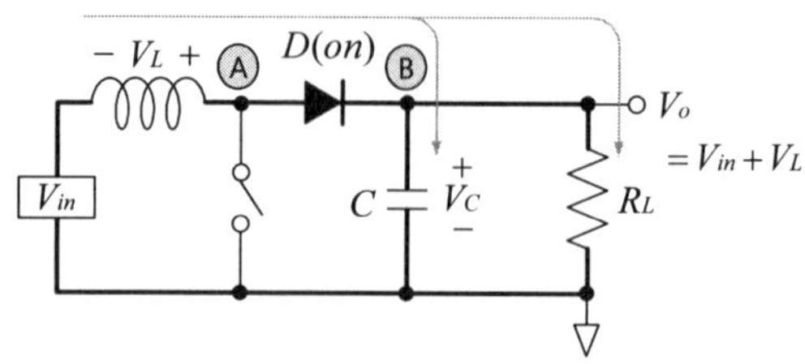

(b) 스위치 off

그림16.15 스위치 on/off에 대한 스텝-업 스위칭 레귤레이터의 동작.

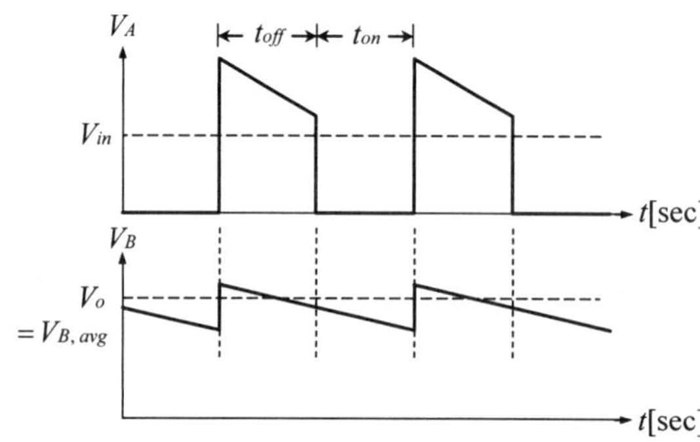

그림16.16 스텝-업 스위칭 레귤레이터의 각 부분 파형.

ii) 스위치 off일 때

스위치가 on인 동안 B점의 전위는 낮아지고 있으며, 다이오드의 순방향 전압을 무시한다면 스위치가 off 되었을 때 입력전압 V_{in}과 인덕터 전압 V_L의 합이 커패시터 양단에 발생한다. 따라서 출력전압 V_o은 입력전압 V_{in}보다 크다.

A점의 전위는 V_{in}과 V_L의 합이 된 후, 인덕터는 에너지를 방출하기 시작하므로 감소하기 시작한다. 이 때 커패시터와 부하에 전류가 흐르고, 커패시터는 충전된다. 이 동작은 그림16.16의 t_{off} 구간에 설명되고 있다.

출력전압은 근사적으로 다음과 같다.

$$V_o = \frac{V_{in}}{1-D} \tag{16.16}$$

이 식은 듀티-비가 커지면 출력은 증가하고, 듀티-비가 작아지면 출력은 감소함을 설명하고 있다. 즉, t_{on}이 길수록 인덕터의 저장 에너지($=LI^2/2$)는 증가하고, t_{off}가 짧을수록 인덕터의 에너지 방출시간이 짧아지므로 출력은 증가한다. 만약 인덕터의 에너지가 모두 방출될 만큼 t_{off}가 길어지면 커패시터 전압 V_C는 V_{in}까지 감소한다.

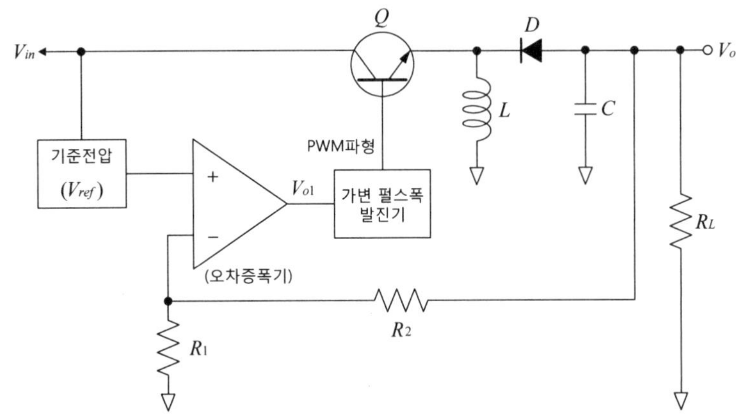

그림16.17 반전 스위칭 레귤레이터.

레귤레이션 동작은 앞서 설명한 바와 같이 궤환전압에 의해 PWM 레벨을 조정함으로써 이루어진다.

16-4.3 반전 스위칭 레귤레이터 (inverting switching regulator)

반전 스위칭 레귤레이터는 DC 입력전압에 대하여 극성이 반대인 DC 전압을 출력하는 동작을 한다. 출력전압의 크기는 입력전압보다 클 수도 있고, 작을 수도 있다. 그림16.17은 반전 스위칭 레귤레이터 회로이다.

그림16.18과 그림16.19는 각각 반전 스위칭 레귤레이터의 동작과 파형을 설명하고 있으며, 그 동작은 다음과 같다.

i) 스위치 on일 때

전류는 L을 통과하여 흐르며, L은 에너지를 저장하며, 이때 커패시터는 부하를 통하여 방전한다. 인덕터의 전압 V_L은 스위치 on 되는 순간에 V_{in}과 같아지지만 이 후 직류 전류에 대하여 그 전압이 0으로 감소하게 된다. 그러나 커패시터의 전압은 (-)이므로 다이오드는 여전히 차단 상태에 있다.

ii) 스위치가 off일 때

스위치가 off되면 인덕터는 전류가 계속 흐르려고 하는 성질을 가지고 있으므로 V_L의 전위는 그림16.18(b)와 같은 방향이 되고 다이오드는 도통하다. 따라서 인덕터는 커패시터와 부하를 통하여 에너지를 방출하고, 커패시터는 충전된다.

반전 스위칭 레귤레이터의 출력전압은 스텝-업 레귤레이터와 마찬가지로 스위치의 on 시간 t_{on}에 반비례한다.

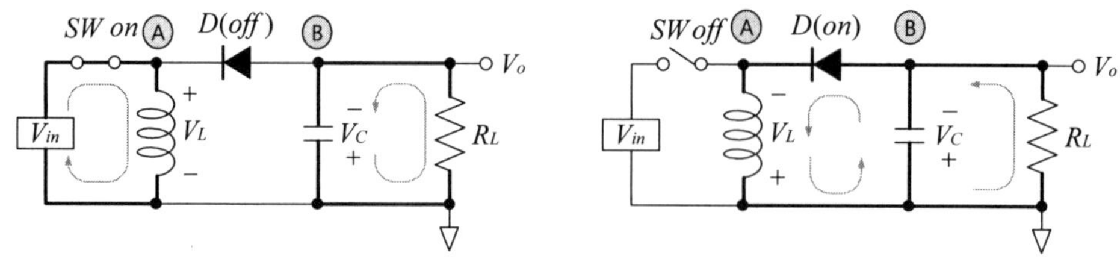

(a) 스위치 on (b) 스위치 off

그림16.18 스위치 on/off에 대한 반전 스위칭 레귤레이터의 동작.

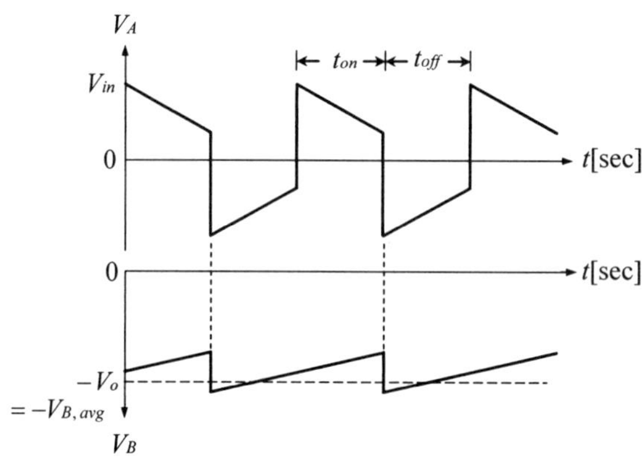

그림16.19 반전 스위칭 레귤레이터의 각 부분 파형.

스위칭 레귤레이터의 효율은 사용하는 부품의 특성에 좌우되므로 스위칭 특성이 뛰어난 트랜지스터 또는 FET, 고속의 Schottky 다이오드, 직렬저항이 작고 손실이 적은 자성재료를 사용한 초크코일 그리고 등가직렬저항(ESR : Equivalent series resistance)이 작은 저손실의 콘덴서를 이용한다.

16-5 전압-전류(V-I) 변환회로

16-5.1 플로팅(floating) 부하에 대한 전압-전류 변환회로

전압-전류변환 회로는 부하에 흐르는 전류를 전압으로 제어하는 회로로서 전압제어 정전류원 회로이다.

그림16.20은 부하가 *플로팅(floating)* 상태의 전압-전류 변환회로이며, 그 모양은 앞서 공부한 반전 및 비반전 증폭기 회로와 같지만 궤환저항 R_f를 부하저항 R_L로 대치함으로써 이루어진다. 그림16.20 (a),(b)는 각각 반전형과 비반전형 전압-전류변환 회로이다.

반전형은 op amp의 반전 입력단자는 가상접지이므로 전류 I는 부하전류 I_L과 같고

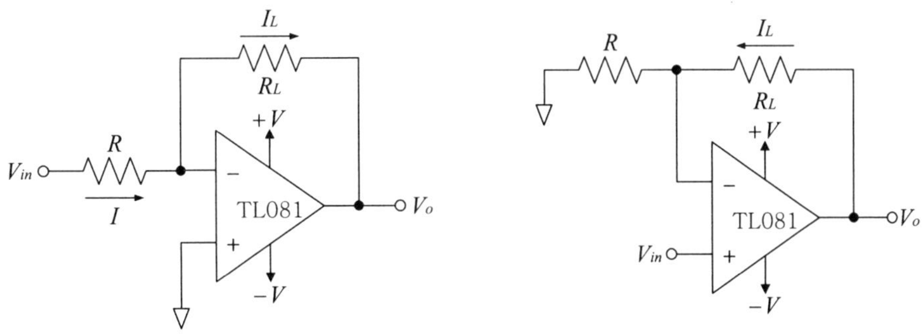

(a) 반전 전압-전류 변환회로 (b) 비반전 전압-전류 변환회로

그림16.20 플로팅(floating) 전압-전류 변환회로.

$$I_L = I = \frac{V_{in}}{R} \tag{16.17}$$

이다.

또한, 비반전형에서 op amp의 반전 입력단자는 가상단락이므로

$$I_L = \frac{V_o - V_{in}}{R_L} \tag{16.18}$$

이고, $V_o = (1 + R_L / R) V_{in}$ 이므로

$$I_L = \frac{V_{in}}{R} \tag{16.19}$$

으로서, 부하에 상관없이 입력전압과 저항 R로 부하전류를 제어한다. 부하저항의 크기는 $I_L R_L <$ ($op\ amp$의 최대 출력전압 : $\pm V_{sat}$)을 만족해야 한다.

즉,

$$R_L < \frac{R\,|V_{sat}|}{V_{in}} \quad : \text{반전형} \tag{16.20a}$$

$$R_L < R\left(\frac{|V_{sat}|}{V_{in}} - 1\right) \quad : \text{비반전형} \tag{16.20b}$$

반전형을 예로 들면, 전원전압이 $12[V]$이고 $V_{sat} = \pm 10[V]$, $V_{in} = 12V$, $R = 10K\Omega$일 때, $I = I_L = 1.2mA$이다. 이 때, 부하저항 R_L은 $0 \sim 8.3K\Omega$의 범위이다.

Op amp의 출력전류는 일반적으로 $10[mA]$이므로 플로팅 부하에 더 큰 전류를 필요로 할 때는, 전류 부스터 트랜지스터를 op amp의 출력 단에 접속한다. 예를 들어, 그림16.21은 LED를 구동하기 위하여 $20[mA]$의 전류를 필요로 하는 경우의 회로이다. 가상단락으로 op amp의 반전 단자의 전압은 $E_i = -2[V]$와 같고, op amp의 반전 단자로 입력되는 전류는 0이므로 부하에 흐르는 전류 $I_L = I = E_i / R = -2[V]/100[\Omega] = -20[mA]$이다. Op amp의 출력전류가 부스트 트랜지스터의

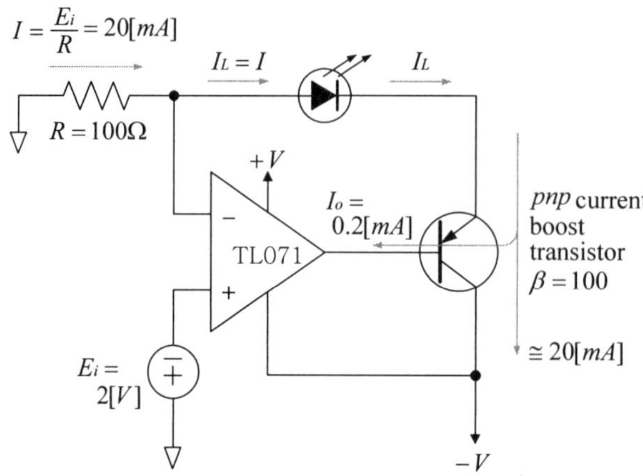

그림16.21 큰 부하전류를 필요로 하는 플로팅(floating) 전압-전류 변환회로.

베이스에 최대 $5[mA]$의 전류를 공급한다면, 이때 부하전류는 $I_L = \beta \times I_B = 0.5[A]$까지 공급할 수 있다.

16-5.2 비 플로팅(non floating) 전압-전류 변환회로

(1) 비 플로팅 전압-전류 변환회로

그림16.22는 부하의 한 쪽 단이 접지에 연결된 *비 플로팅(non floating)* 전압-전류 변환회로이다. Op amp B는 전압폴로워이므로 그 출력은 V_L이고, op amp A는 비반전 가산기로 동작한다. op amp A의 비반전 입력단자에 키르히호프 전류 법칙을 적용하면

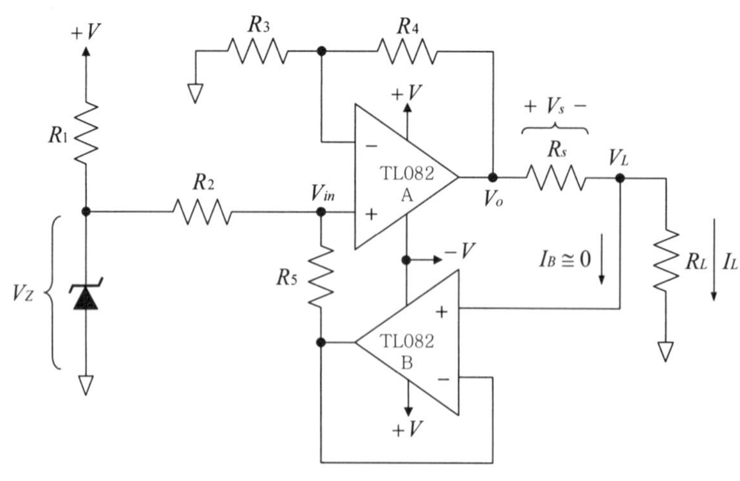

그림16.22 부하가 접지에 접속된 비 플로팅(non floating) 전압-전류 변환회로.

$$V_{in} = \frac{R_5}{R_2 + R_5} V_Z + \frac{R_2}{R_2 + R_5} V_L \tag{16.21}$$

이고, op amp A의 출력 V_o은

$$V_o = \left(1 + \frac{R_4}{R_3}\right) V_{in}$$

$$= \left(1 + \frac{R_4}{R_3}\right)\left(\frac{R_5}{R_2 + R_5}\right) V_Z + \left(1 + \frac{R_4}{R_3}\right)\left(\frac{R_2}{R_2 + R_5}\right) V_L \tag{16.22a}$$

이다. $R_2 = R_3 = R_4 = R_5$이면

$$V_o = V_Z + V_L \tag{16.22b}$$

이다.

Op amp B의 비반전 단자에 입력되는 전류는 $I_B \approx 0$이므로 $V_s = V_o - V_L$로 정의하면

$$I_L \approx \frac{V_s}{R_s} \tag{16.23}$$

이다. 식(16.19b)로부터 부하전류는

$$I_L \approx \frac{V_Z}{R_s} \tag{16.24}$$

이 되고, 부하의 크기에 관계없이 전류 I_L은 제너전압 V_Z와 저항 R_s에 의해 결정되는 일정한 값을 갖는다.

즉, 부하 R_L이 변동하는 경우, $I_L \times R_L$의 전압이 궤환 되어서 $V_s = V_Z$를 유지하도록 한다.

Op amp B의 비반전 단자에 입력되는 전류는 $I_B \approx 0$이므로, 부하저항의 크기는 $V_L (= I_L R_L) \leqq (|V_{sat}| - V_s)$을 만족하도록 결정된다. 즉,

$$R_L \leqq \frac{|V_{sat}| - V_s}{I_L} \tag{16.25}$$

이다. 여기에서 V_{sat}은 출력 V_o의 최대크기(포화전압)이다. 예를 들어, $|V_{sat}| = 10[V]$, $V_Z = 5[V]$, $R_s = 1[K\Omega]$이면 부하전류 I_L은 최대 $5[mA]$까지 흐를 수 있으며, 이때 부하저항 R_L의 크기는 $0 \sim 1[K\Omega]$이다.

이 회로에서 부하에 흐르는 전류는 op amp의 최대 출력전류에 의해 결정되므로 수 mA 이상의 공급전류가 필요하면 op amp A의 출력에 전류 부스터를 추가한다.

(2) 비 플로팅 전압-전류 변환회로 : 큰 부하전류를 필요로 할 때

접지된 부하에 큰 전류를 필요로 하는 응용에서는 그림16.23의 회로를 이용한다. 회로에 표시된 소자 값에 대하여 부하전류는 $100[mA]$이다.

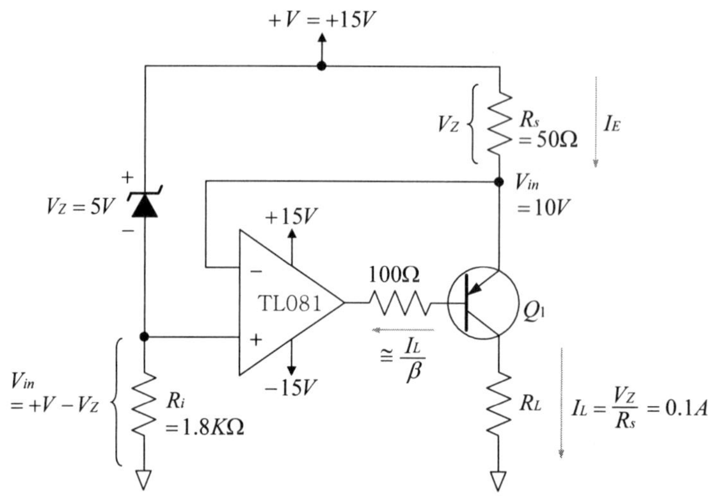

그림16.23 큰 부하전류가 흐르는 비 플로팅 전압-전류 변환회로.

회로에서 op amp의 비반전 입력단자의 전압은 공급전압과 제너전압의 차

$$V_{in} = +V - V_Z \tag{16.26}$$

이고, op amp의 비반전 단자와 반전 단자의 차동전압은 $0[V]$ 이므로 op amp의 반전 입력단자 즉, 트랜지스터의 이미터 단자의 전압은 V_{in}과 같다. 따라서 전류 감지 저항 R_s 양단 전압은 제너전압 V_Z와 같다.

그리고 op amp의 반전 입력단자에 흐르는 전류는 거의 0 이므로 트랜지스터의 이미터 전류는

$$I_E = \frac{V_Z}{R_s} \tag{16.27a}$$

이다. 또한 이미터 전류 I_E와 컬렉터 전류 I_C는 거의 같으므로 결국 컬렉터에 접속된 부하에 흐르는 전류 I_L은 I_E와 같으며,

$$I_L = I_E = \frac{V_Z}{R_s} \tag{16.27b}$$

부하 전류는 부하의 크기와 상관없이 저항 R_s와 V_Z값에 따라 결정된다.

R_L값은 다음과 같이 결정된다.

$$R_L \leqq \frac{V_{in}}{I_L} \tag{16.28}$$

위 회로에서 R_L은 $100[\Omega]$ 이하이다.

(3) 마이크로프로세서와의 인터페이스($4 \sim 20[mA]$의 트랜스미터)

TTL 디지털 회로나 마이크로프로세서는 'low'($< 0.8[V]$) 혹은 'high'($> 2.4[V]$) 상태로 동작하며, 프로세스 제어에 이용되는 밸브나 여러 종류의 액튜에이터는

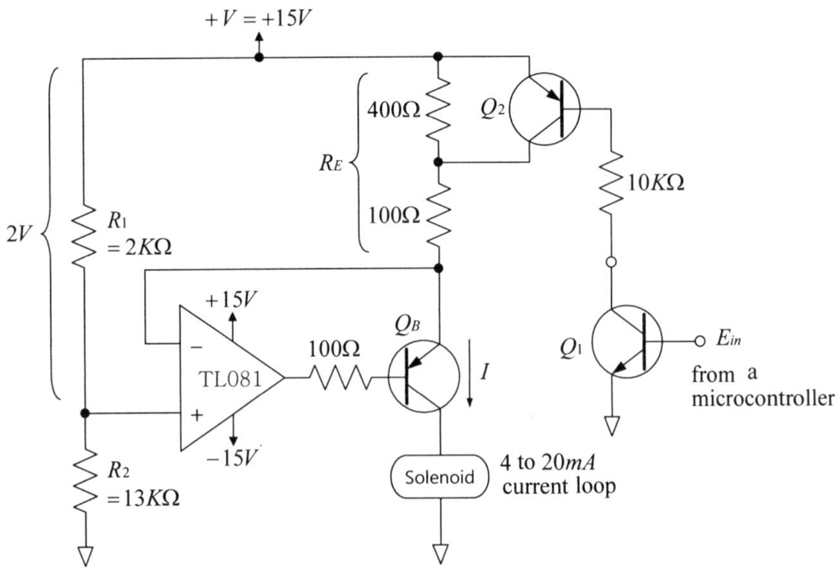

그림16.24 $4[mA]$ 혹은 $20[mA]$로 구동되는 솔레노이드 부하와 마이크로컨트롤러와의 인터페이스.

$20[mA]$ 혹은 $4[mA]$의 전류 펄스로 동작한다.

그림16.24는 $20[mA]$ 혹은 $4[mA]$의 전류 펄스로 솔레노이드를 동작하는 인터페이스 회로이며, 이를 위한 전용 IC(예를 들어, AD694)가 있지만 단일 인터페이스나 혹은 시스템의 테스트를 위해서 사용할 수 있다.

회로에서 op amp의 차동전압은 $0[V]$이므로, 전류 부스터 트랜지스터 Q_B의 이미터 전압은 $13[V]$이고, R_E 양단의 전압은 R_1 양단의 전압과 같은 $2[V]$이다. 이때, 마이크로컨트롤러의 출력이 'high'이면 Q_1, Q_2는 포화되고 $R_E = 100[\Omega]$이다. 따라서 솔레노이드 부하에 흐르는 전류는 $I = 2[V]/100[\Omega] = 20[mA]$이다. 마찬가지로, 마이크로컨트롤러의 출력이 'low'이면 Q_1과 Q_2는 차단되므로 $R_E = 500[\Omega]$이고, $I = 2[V]/500[\Omega] = 4[mA]$이다.

Q_1, Q_2가 포화될 때 Q_1의 컬렉터 전류 즉, Q_2의 베이스 전류는 약 $1.4[mA]$이다.

E_{in}은 TTL 논리 및 오픈 컬렉터 게이트 회로의 출력, 마이크로컨트롤러의 출력, 개별 BJT (Q_1)이다. Q_1을 단독으로 이용할 때는 Q_1의 베이스 단자에 $2.2[K\Omega]$의 저항을 직렬로 접속한다.

16-5.3 차동전압-전류 변환회로

그림16.25의 회로는 부하 전류가 두 개의 입력전압 E_1과 E_2의 차동전압에 의해 조절되는 차동전압-전류 변환회로이며, 부하 전류는 E_1과 E_2의 크기에 따라

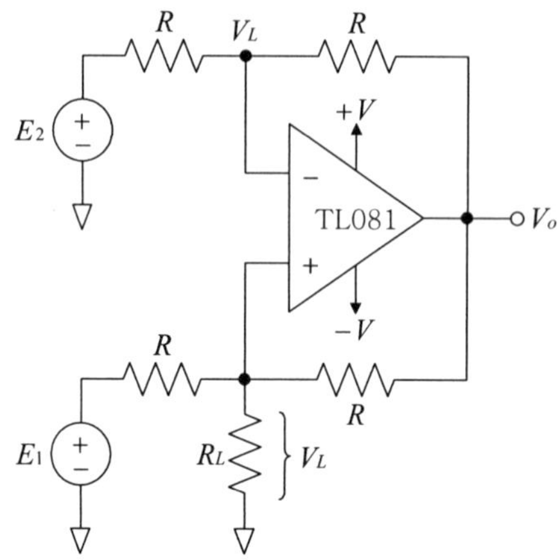

그림16.25 비 플로팅 차동전압-전류 변환회로.

방향이 반대이다.

회로에서 비반전 입력단자 전압은 부하 저항에 걸리는 전압 V_L이고, op amp의 비반전 입력단자와 반전 입력단자의 차동전압은 $0[V]$이므로 반전 입력단자 전압도 V_L이다. 따라서 두 입력단자에 각각 키르히호프 정리를 적용하면 다음과 같다.

$$\frac{E_2 - V_L}{R} + \frac{V_o - V_L}{R} = 0 \text{ : 반전 입력단자} \tag{16.29a}$$

$$\frac{E_1 - V_L}{R} + \frac{V_o - V_L}{R} - \frac{V_L}{R_L} = 0 \text{ : 비반전 입력단자} \tag{16.29b}$$

식(16.29)를 정리하면 식(16.30)이고,

$$\frac{2V_L}{R} = \frac{E_2 + V_o}{R} \tag{16.30a}$$

$$\frac{-2V_L}{R} + \frac{E_1 + V_o}{R} = \frac{V_L}{R_L} \tag{16.30b}$$

$I_L = V_L / R_L$이므로, 식(16.30)을 정리하면 부하전류 I_L은 다음과 같다.

$$I_L = \frac{E_1 - E_2}{R} \tag{16.31}$$

부하전류는 부하 저항의 값과 상관없고, 두 개의 입력전압 E_1과 E_2 및 저항 R에 의해 결정된다.

$R_L = V_L / I_L$이고, 식(16.31)로부터 R_L의 값은 다음과 같이 결정된다.

Op amp의 비반전 입력단자에 중첩정리를 이용하면

$$V_L = \frac{R \| R_L}{R + R \| R_L}(E_1 + V_o) \tag{16.32a}$$

이고, V_o의 최대크기(포화값)을 V_{sat}이라 하면

$$V_L \leq \frac{R\|R_L}{R+R\|R_L}(E_1+V_{sat}) \tag{16.32b}$$

이다. 그리고 식(16.31)과 식(16.32b)를 $R_L = V_L/I_L$에 대입하여 정리하면,

$$R_L \leq \frac{1}{2}\left[\frac{R(E_2+V_{sat})}{E_1-E_2}\right] \tag{16.33}$$

이다.

<예제>
그림16.25에서 $V_{sat}=10[V]$, $E_1=3[V]$, $E_2=9[V]$, $R=10[K\Omega]$일 때 부하저항 R_L의 최대 크기를 구하시오. 그리고 부하전류의 양을 구하시오.

<해>
그림에서 $E_1 < E_2$이므로 V_o은 $-V_{sat}$값을 갖는다. 따라서 부하저항 R_L은

$$R_L \leq \frac{1}{2}\left[\frac{10K\Omega\times(9V-10V)}{3V-9V}\right]$$
$$=833[\Omega]$$

이다.

$$I_L=\frac{3[V]-9[V]}{10[K\Omega]}=-0.6[mA]$$

이고, 부하저항이 위에서 구한 값보다 커지면 이 전류의 양은 점차 감소한다.

16-6 전류-전압(I-V) 변환회로

그림16.26의 회로는 전류-전압 변환 회로이며, 출력전압은 부하에 관계없이 입력전류의 크기에 비례한다. 이 회로는 전류를 측정하고자 할 때 유용하며, 전압 측정이 전류를 측정하는 것 보다 간편하기 때문이다. 예를 들어, 옵토 트랜지스터(opto transistor)와 포토 다이오드(photo diode)는 빛이 입사되면 전류를 발생한다. 따라서 광량을 측정하기 위해서는 전류를 측정해야 하며, 이 때 전류를 전압으로 변환하고, 전압계를 이용하여 측정한다.

또한 수 십 μA이하의 미세전류는 일반 전류계로 측정할 수 없다. 즉, 측정 할 회로를 단락하고 전류측정을 실행 할 경우 측정기의 입력저항이 크면 회로의 전체 저항값이 변하게 된다. 그림16.27은 이 관계를 설명하고 있다.

트랜스듀서를 그림16.27(a)와 같이 신호 발생기로 대치하고, 트랜스듀서를 단락한 상태로 흐르는 최대의 전류를 측정한다고 하자. 이때 전류를 측정하기 위하여 단락회로를 절단하고 단락된 양단과 전류측정기를 직렬로 접속한다.

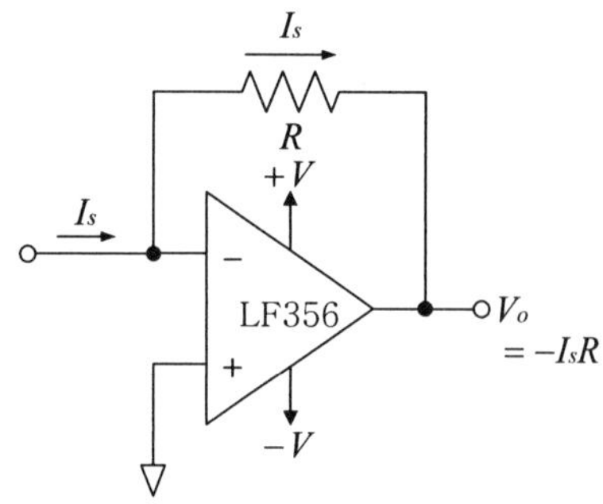

그림16.26 전류-전압 변환 회로.

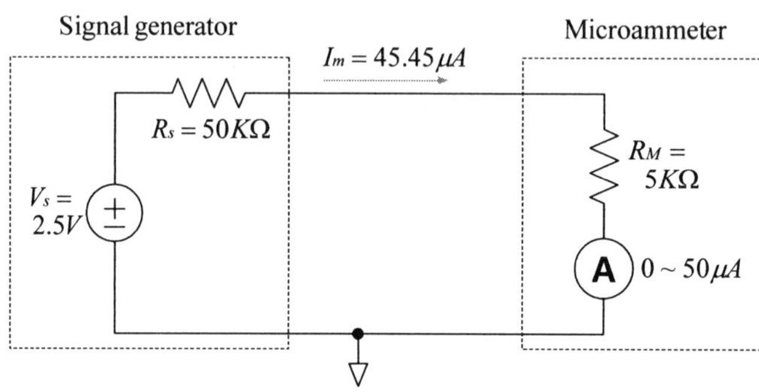

(a) 신호원으로 대치 된 트랜스듀서의 최대전류(단락 전류)를 측정하기 위한 전류측정기의 접속

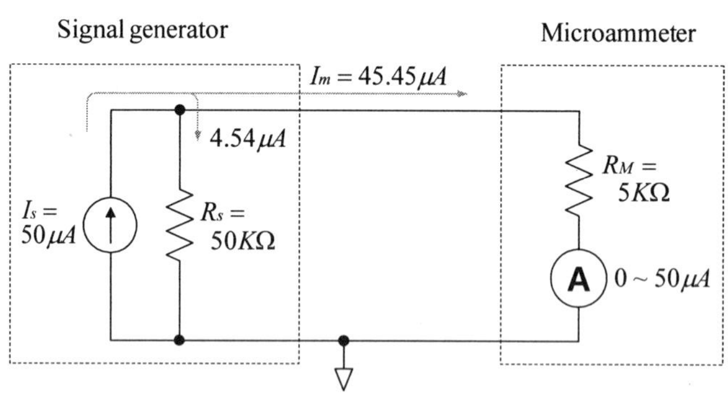

(b) 그림(a)의 트랜스듀서의 Norton 등가변환

그림16.27 전류-전압 변환회로를 이용한 전류 측정

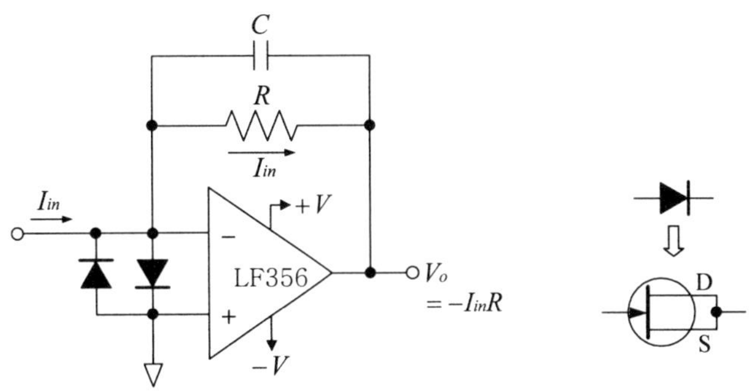

(c) 그림16.26의 실제적인 회로

그림16.27 계속.

트랜스듀서의 내부저항 R_s가 $50[K\Omega]$이고, $V_s = 2.5[V]$일 때, 단락회로에 흐르는 측정전류는 $50[\mu A]$일 것으로 예측하나, 실제로는 전류측정기의 내부저항 $R_M = 5[K\Omega]$로 인하여 약 $45[\mu A]$로 측정된다. 그림16.27(b)는 신호원으로 대치된 트랜스듀서를 Norton 등가변환 한 것이며, 이상적인 트랜스듀서의 전류 $I_s = 50[\mu A]$에 대하여 실제 측정전류는 다음과 같다.

$$I_m = \left(\frac{R_s}{R_s + R_M}\right) I_s = \left(\frac{50[K\Omega]}{50[K\Omega] + 5[K\Omega]}\right) \times 50[\mu A] \cong 45[\mu A]$$

이때 전류-전압 변환회로를 이용하며, 그림16.26의 회로에서 op amp의 반전단자에 흐르는 전류는 없으므로, 입력전류(예를 들어, 트랜스듀서 전류) I_s는 피드백 저항 R값에 상관없이 모두 R을 통하여 흐른다. 즉, $I_s = 50[\mu A]$이면, 피드백 저항 R을 통하여 흐르는 전류는 $50[\mu A]$이다.

반전입력 전위는 가상접지이므로 출력전압은

$$V_o = -I_s R \tag{16.34}$$

으로서, 결국 피드백 저항 R은 전류 I_s를 전압 V_o으로 변환한다.

예를 들어, $V_o = 1[V]$에 맞추려면, $I_s = 1[\mu A] \leftrightarrow R = 1[M\Omega]$, $I_s = 1[mA] \leftrightarrow R = 1[M\Omega]$ 등의 관계가 성립한다.

그림16.27(c)는 그림16.26의 실제적인 회로이며, 그림에서 op amp의 반전단자에 삽입된 다이오드는 op amp의 입력보호를 위한 것이며, 저 임피던스에서 반전입력을 드라이브 했을 때, 또는 큰 차동전압이 들어오는 것을 억제한다. 다이오드는 누설전류가 작아야 하며, JFET(예를 들어, 2SK30A)를 그림16.27(c)에 표시한 것처럼 다이오드 접속한 것을 사용한다. 또한 접지 사이의 정전용량으로 인하여 발진이 생기거나, 불안정 하게 될 수 있으므로 피드백 저항 R과 병렬로 커패시터 C를 접속하여 이와 같은 현상을 방지한다.

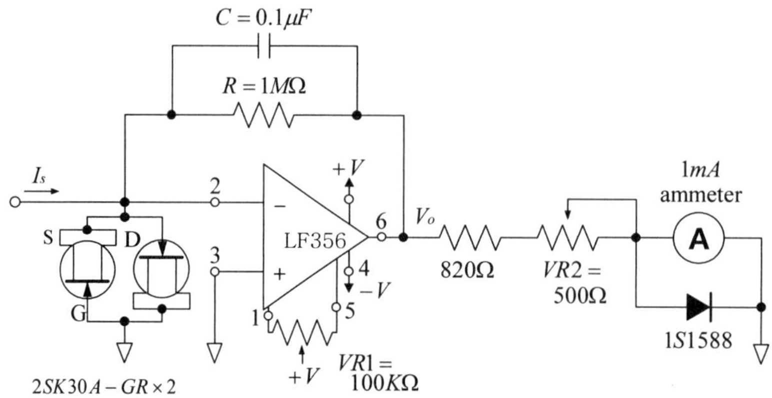

그림16.28 1[mA] 전류계를 이용한 1[μA] 풀-스케일 전류계(I-V회로의 응용 예).

미세전류의 측정 시 op amp의 입력 바이어스 전류가 매우 작아야 하며, 온도계수가 낮아야 한다. 따라서 미세전류를 측정할 때는 MOSFET 입력형 op amp를 이용한다.

그림16.28은 I-V 변환회로의 응용으로서 1[mA]의 전류계를 이용한 1[μA] 풀-스케일(full-scale) 직류전류계이다. 이것은 입력전류 I_s를 먼저 $V_o = I_s \times R$로 변환하고, 전류계에 직렬저항을 접속하여 구동한다.

$V_o = 1[V]$로 놓으면, 1[μA]를 측정하기 위하여 I-V 변환 저항 R은

$$R = V_o / I_s = 1[V]/1[\mu A] = 1[M\Omega]$$

이다. 또한 시정수를 100[$msec$]로 한다면,

$$C = \tau / R = 100[msec]/1[M\Omega] = 0.1[\mu F]$$

이다.

오프셋 조정 후, $V_o = 1[V]$이므로 가변저항 $VR2$를 회전하여 전류계의 풀-스케일로 맞춘다.

16-7 전류-제어 전류원(current-controlled current source)

그림16.29는 플로팅 부하 R_L에 흐르는 전류 I_L이 입력전류 부하에 상관없이 저항에 의한 일정한 상수에 비례(전류증폭)하는 플로팅 전류-제어 전류원 회로이다.

Op amp의 반전입력 단자에는 전류가 흐르지 않으므로 저항 R_2에 흐르는 전류는 입력전류 I_{in}과 같고, 반전입력 단자의 전위는 가상접지이므로

$$V_2 = -I_{in} R_2 \qquad (16.35)$$

이다. 그리고 R_1에 흐르는 전류 I_1은

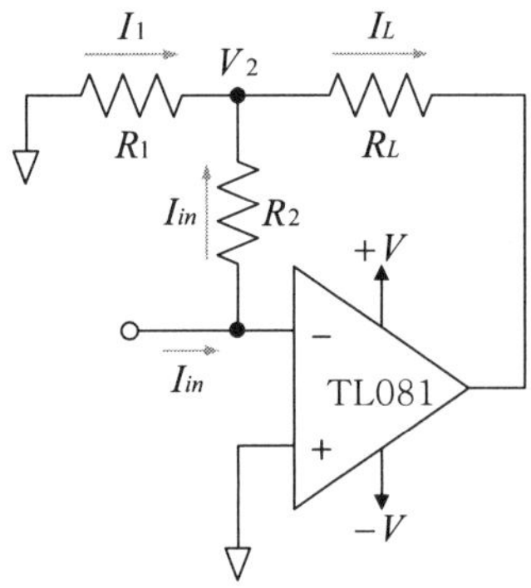

그림16.29 플로팅 전류 제어 전류원.

$$I_1 = \frac{-V_2}{R_1} = \frac{R_2}{R_1} I_{in} \tag{16.36}$$

이므로 부하전류 I_L은

$$I_L = I_1 + I_{in} = \left(1 + \frac{R_2}{R_1}\right) I_{in} \tag{16.37}$$

이며, 부하전류는 입력전류의 $(1 + R_2/R_1)$배가 되고 부하저항과는 상관없다.

회로에서 $I_L = (V_2 - V_o)/R_L$이고 V_{sat}이 V_o의 최대값이라면, 식(16.37)로부터 R_L의 값은 다음과 같이 결정된다.

$$R_L < \left(\frac{V_{sat}}{I_{in}} - R_2\right)\left(\frac{R_1}{R_1 + R_2}\right) \tag{16.38}$$

그림16.30은 가변저항을 이용하여 $R_1 = R$, $R_2 = mR$이 되도록 하고, 광-결합기 (optical coupler)를 부하로 하여 op amp 회로와 고-전압 부하를 절연하는 전류-제어 전류원의 응용 예이다. Op amp의 반전 단자는 가상접지이므로 R과 mR은

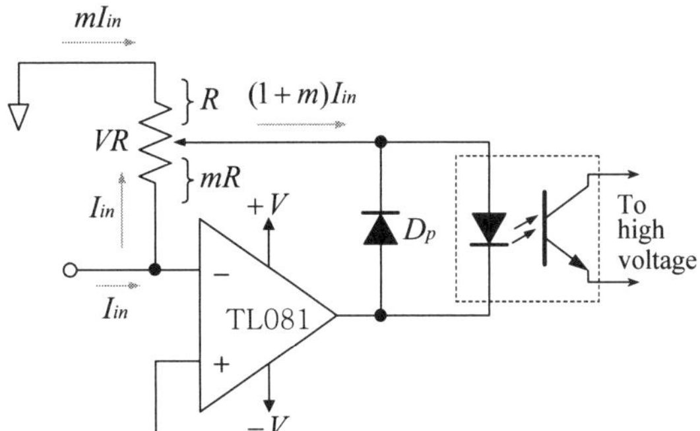

그림16.30 플로팅 전류 제어 전류원 응용 예.

병렬이고, mR에 흐르는 전류는 I_{in}이므로 R에 흐르는 전류는 mI_{in}이다. 따라서 부하전류는 $I_L=(1+m)I_{in}$이다. 다이오드 D_p는 LED에 역 바이어스가 걸릴 때에 이를 보호하는 역할을 한다.

예를 들어, 회로에서 $I_{in}=100[\mu A]$, $R=1[K\Omega]$, $mR=99[K\Omega]$일 때 광-결합기의 LED에 흐르는 전류는 $I_L=(1+99)\times 100[\mu A]=10[mA]$이다.

16-8 실험

16-8.1 폴드-백 제한회로가 있는 정전압 회로

i) 다음 회로를 구성하시오.

$R_1 = 1.5[K\Omega]$, $R_2 = 15[K\Omega]$, $R_3 = 6.8[\Omega]/2[W]$, $R_4 = 6.2[K\Omega]$, $R_5 = 3.6[K\Omega]$, $R_6 = 1[K\Omega]$, $R_7 = 1K[\Omega]$, $VR_1 = 10[K\Omega]$, $VR_2 =(5[\Omega]$, $10[\Omega]$, $20[\Omega]$, $220[\Omega]$, $510[\Omega]$, $1[K\Omega]/1[W]$, $39[\Omega]/2[W])$, Q_p : 2SC 5669 및 방열판, Q_s : 2SC 372, $C_1 = 10[\mu F]$, ZD: RD3.9EB

※ 통과트랜지스터 Q_p에 반드시 방열판을 부착하도록 하시오.

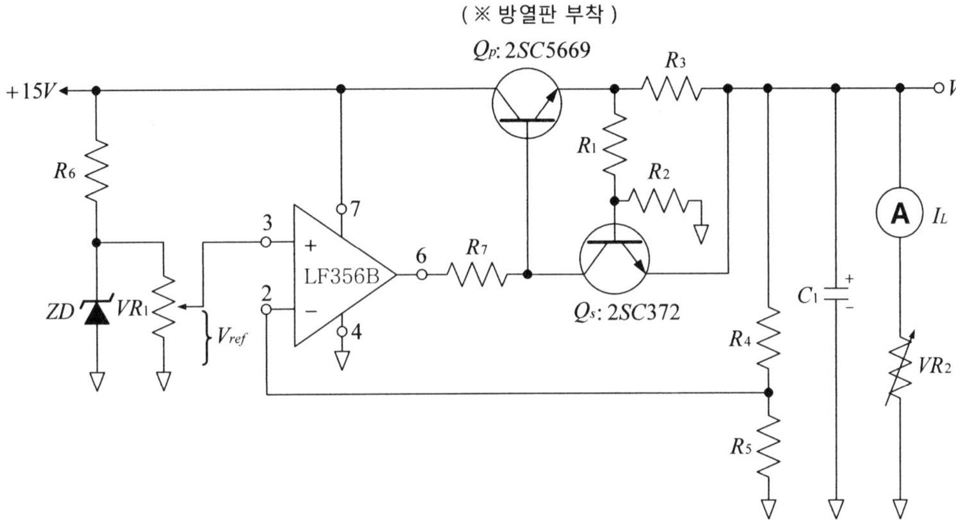

그림16.31 폴드-백 제한회로가 있는 레귤레이터 실험회로. $V_{reg} = 10[V]$.

ii) $VR_2 = 1[K\Omega]$일 때, 출력전압 $V_o = V_{reg} = 10[V]$가 되도록 VR_1을 조정하시오. 이 때 V_{ref} 값을 측정하시오.

$$V_{ref} = \frac{V_{reg}}{(1+R_4/R_5)} = \underline{\qquad\qquad}[V]:\text{이론값},\ V_{ref} = \underline{\qquad\qquad}[V]:\text{실험값}$$

iii) VR_2를 가변하면서, V_o과 I_L을 측정하시오.

$VR_2[\Omega]$	$1[K\Omega]$ $0.5[W]$	510 $0.5[W]$	220 $0.5[W]$	100 $1[W]$	39 $2[W]$	20 $1[W]$	10 $1[W]$	5 $1[W]$	단락
$V_o[V]$									
$I_L[mA]$									

iv) 단계iii)의 실험결과를 다음 그래프에 표시하여 폴드-백 전류제한 효과를 확인하시오.

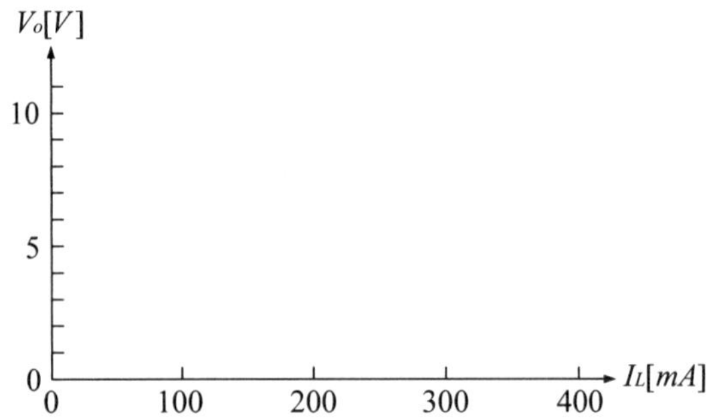

v) $VR_2 = 510[\Omega]$로 고정한 후 공급전압 $+V$를 다음과 같이 가변하면서 출력전압 V_o과 전류 I_L을 측정하시오.

공급전압 $+V[V]$	15	18	20
출력전압 $V_o[V]$			
부하전류 $I_L[mA]$			

16-8.2 3단자 레귤레이터를 이용한 가변전압전원

$+5[V]$를 출력하는 레귤레이터 7805와 $-5[V]$를 출력하는 7905의 핀 배치는 각각 그림16.32와 같다.

그림16.32 3단자 레귤레이터 7805 및 7905의 핀 배치

i) 7805와 op amp 전압 폴로워를 이용하여 비표준 전압을 출력하고자 한다. 다음 회로를 구성하시오.
$R_1 = 10[K\Omega]$, $R_2 = 1[K\Omega]$, $10[K\Omega]$, $R_3 = 560[\Omega]$, $VR = 10[K\Omega]$, $C_1 = 100[\mu F]$, $C_2 = 100[\mu F]$.

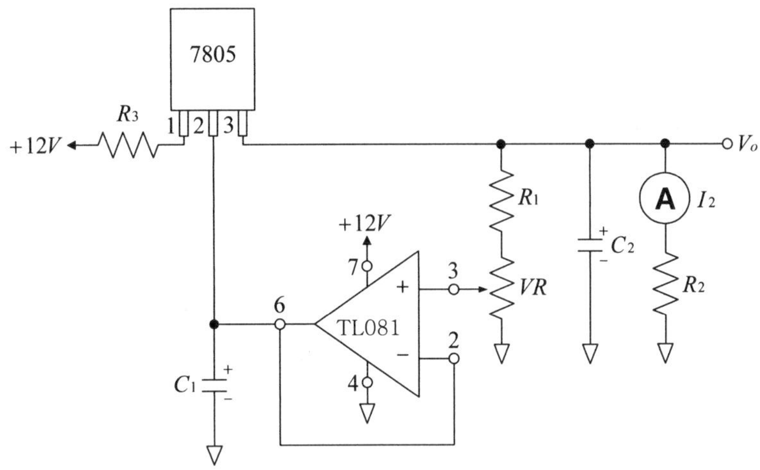

그림16.33 3단자 레귤레이터 및 op amp 전압 폴로워를 이용한 가변전압전원 실험회로. R_3는 전압 강하용으로 삽입되었다.

ii) $R_2 = 1[K\Omega]$으로 결선하시오. 그리고 가변저항 전위가 $0[V]$가 되도록 조정하고, 출력전압 V_o 및 부하전류 I_2를 측정하시오.

$V_o =$ __________ $[V]$, $I_2 =$ __________ $[A]$ for $VR = 0[\Omega]$, $R_2 = 1[K\Omega]$

iii) $R_2 = 1[K\Omega]$으로 결선하시오. 그리고 가변저항을 반대 방향으로 끝까지 조정하여 $10[K\Omega]$이 되도록 조정하시오.(회로에서 분리하여 조정한 후 재 결선하시오.) 그리고 출력을 측정하시오.

$V_o =$ __________ $[V]$, $I_2 =$ __________ $[A]$ for $VR = 10[K\Omega]$, $R_2 = 1[K\Omega]$

iv) $R_2 = 10[K\Omega]$으로 바꾸어 결선하시오. 그리고 $VR = 0[\Omega]$, $10[K\Omega]$일 때의 출력전압 및 부하전류를 각각 측정하여 기록하시오.

$V_o =$ __________ $[V]$, $I_2 =$ __________ $[A]$ for $VR = 0[\Omega]$, $R_2 = 10[K\Omega]$

$V_o =$ __________ $[V]$, $I_2 =$ __________ $[A]$ for $VR = 10[K\Omega]$, $R_2 = 10[K\Omega]$

16-8.3 스텝다운 스위칭 정전압회로

i) 그림16.34는 그림16.11의 스텝-다운 스위칭 정전압회로의 블럭도를 구성한 간단한 실험회로이다. 이를 통하여 스텝-다운 스위칭 회로의 기본적인 동작 원리를 살펴보도록 하자. 회로를 구성하시오.

$R_1 = 1[K\Omega]$, $R_2 = 1.2[K\Omega]$, $R_3 = 1[M\Omega]$, $R_4 = 1[K\Omega]$, $R_5 = 470[\Omega]$, $VR_1 = 10[K\Omega]$(가변저항), $VR_2 = (3.8[K\Omega]$, $10[K\Omega])$(고정저항), $VR_3 = (60[\Omega]/1[W]$, $100[\Omega]/1[W]$, $500[\Omega]/0.5[W]$, $1[K\Omega]/0.5[W]$, $10[K\Omega]/0.5[W])$, Q: 2N5320, D: 1N5819(쇼트키 다이오드), ZD : RD5.1EB, L(초크 코일 인덕터)$=220[\mu H]$, $C = 100[\mu F]$

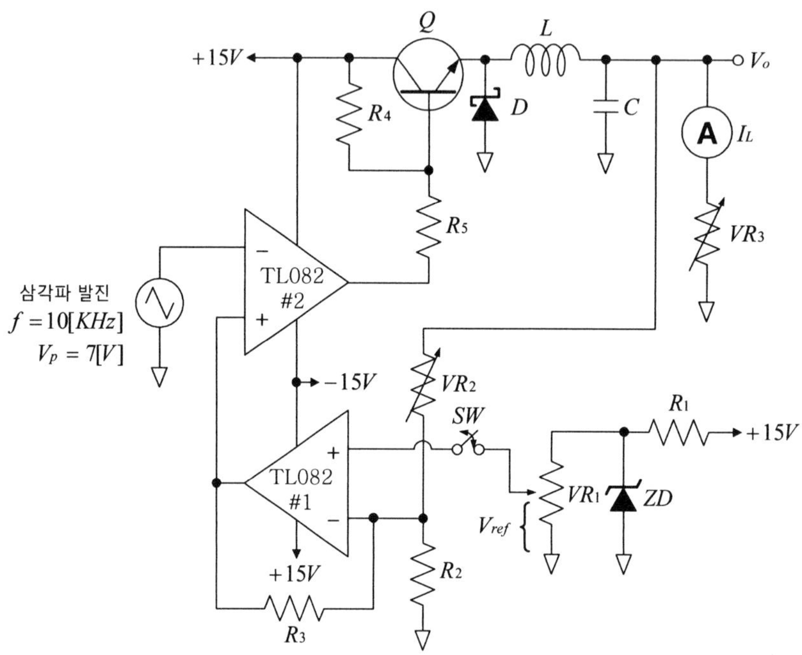

그림16.34 스텝-다운 스위칭 레귤레이터의 실험회로.

ii) 전원 공급장치의 전원을 차단하시오. VR_2는 고정저항 $3.8[K\Omega]/0.5[W]$, VR_3는 고정저항 $10[K\Omega]/0.5[W]$로 구성하시오.

iii) 스위치 SW을 개방하고, 전원 공급장치의 전원을 켜시오. 그리고 $V_{ref} = 1.25[V]$가 되도록 VR_1을 조정한 후, 스위치를 닫으시오.

iv) V_o 및 V_{PWM}을 측정하여 기록하시오.

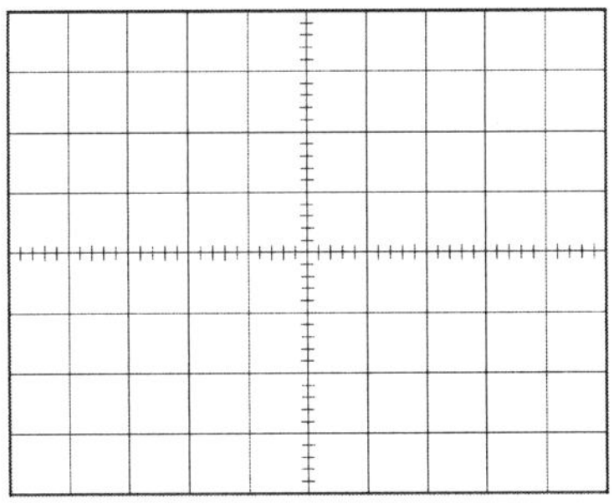

Time div : ______

Volt div

CH 1(삼각파 입력) : ______

CH 2 (V_{PWM}) : ______

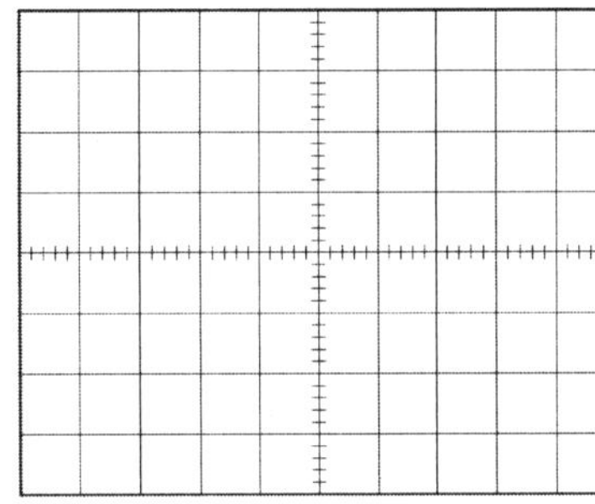

Time div : ______

Volt div

CH 1 (V_o) : ______

$$V_o = \left(1 + \frac{VR_2}{R_2}\right) V_{ref} = \_\_\_\_\_\_ [V] \text{ : 이론값}, \quad V_o = \_\_\_\_\_\_ [V] \text{ : 실험값}$$

$$t_{ON} = \_\_\_\_\_\_ [msec] \text{ for } V_{PWM}$$

v) VR_3를 $60[\Omega]/1[W]$로 교체한 후, V_o 및 V_{PWM}을 측정하여 기록하시오.

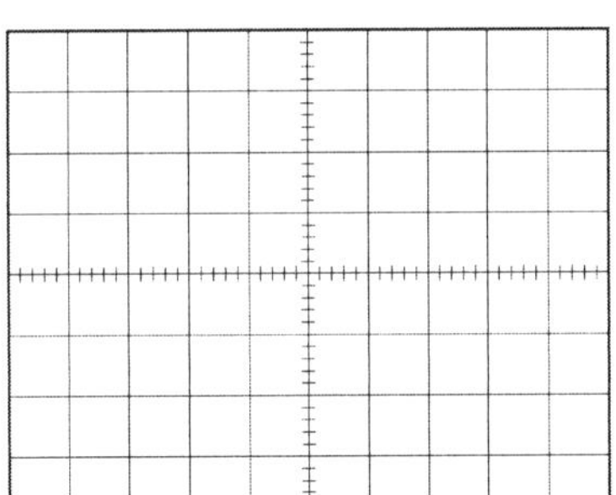

Time div : ______

Volt div

CH 1(삼각파 입력) : ______

CH 2 (V_{PWM}) : ______

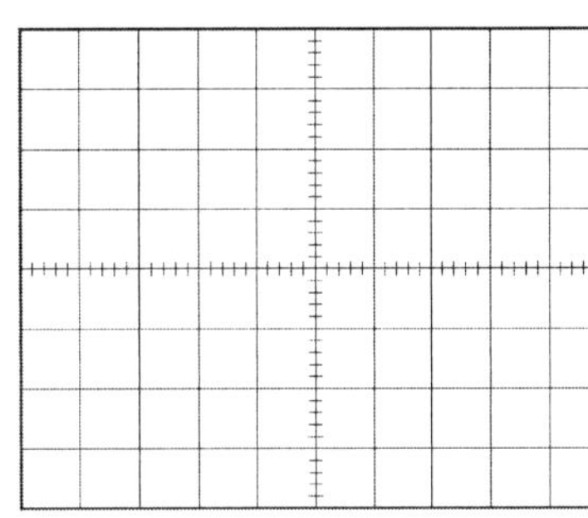

Time div : ______

Volt div

CH 1 (V_o) : ______

$$V_o = \left(1 + \frac{VR_2}{R_2}\right) V_{ref} = \_\_\_\_\_\_ [V] \text{ : 이론값}, \quad V_o = \_\_\_\_\_\_ [V] \text{ : 실험값}$$

$$t_{ON} = \_\_\_\_\_\_ [msec] \text{ for } V_{PWM}$$

vi) VR_3를 다음과 같이 조정하면서 출력전압과 부하전류를 측정하여 기록하시오.

$VR_3[\Omega]$ /정격전력	$10K$ /0.5[W]	$1K$ /0.5[W]	500 /0.5[W]	100 /1[W]	60 /1[W]
$V_o[V]$					
$I_L[A]$					

vii) $VR_2 = 10[K\Omega]$, $VR_3 = 10[K\Omega]/0.5[W]$ 저항으로 교체한 후, V_o 및 V_{PWM}을 측정하여 기록하시오.

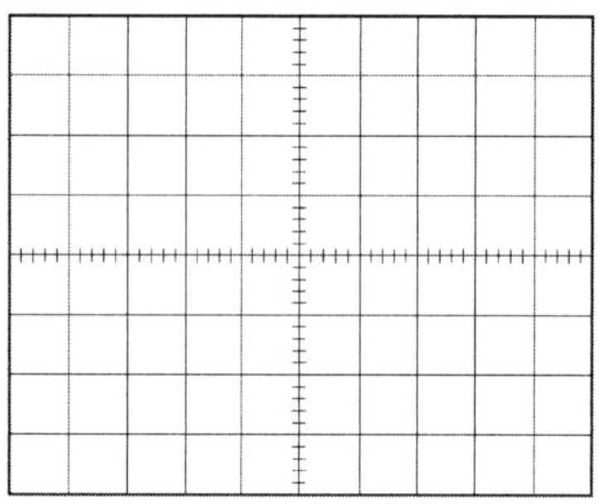

Time div : ______

Volt div

CH 1(삼각파 입력) : ______

CH 2 (V_{PWM}) : ______

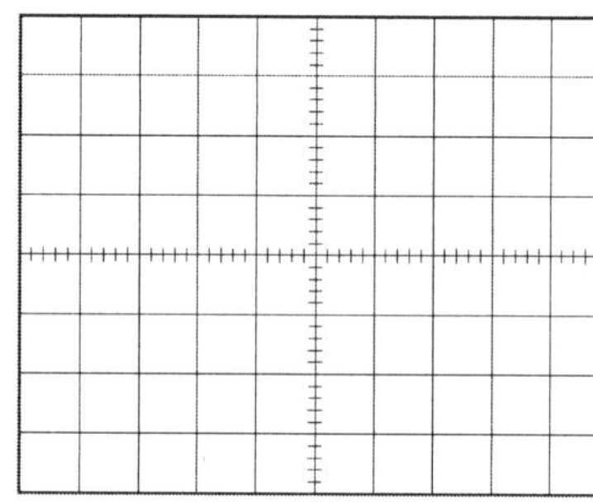

Time div : ______

Volt div

CH 1 (V_o) : ______

$$V_o = \left(1 + \frac{VR_2}{R_2}\right)V_{ref} = \underline{\qquad\qquad}[V] : \text{이론값}, \quad V_o = \underline{\qquad\qquad}[V] : \text{실험값}$$

$$t_{ON} = \underline{\qquad\qquad}[msec] \text{ for } V_{PWM}$$

viii) $VR_2 = 10[K\Omega]$으로 고정하고, VR_3를 다음과 같이 조정하면서 출력전압과 부하전류를 측정하여 기록하시오.

$VR_3[\Omega]$ /정격전력	$10K$ /0.5[W]	$1K$ /0.5[W]	500 /0.5[W]	100 /1[W]	60 /1[W]
$V_o[V]$					
$I_L[A]$					

16-8.4 스위칭 전압 레귤레이터 IC

그림16.35는 스위칭 레귤레이터 IC인 MC34063A를 이용하여 설계한 스텝-다

운, 스텝-업, 전압-반전 스위칭 정전압회로의 예이다(Texas Instrument사의 data sheet 참조).

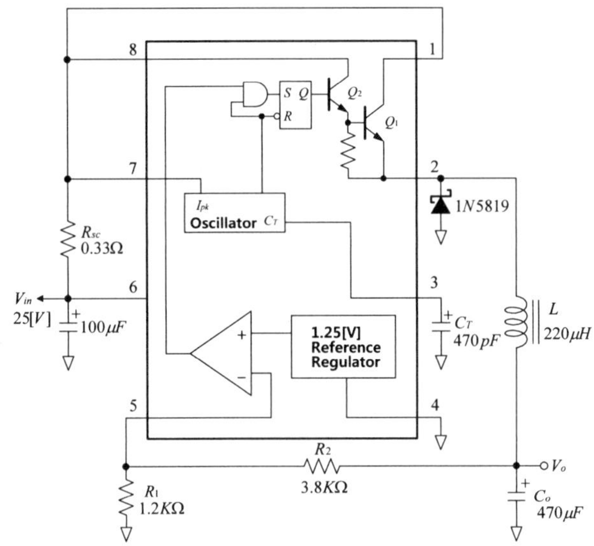

(a) 스텝-다운 스위칭 레귤레이션 회로

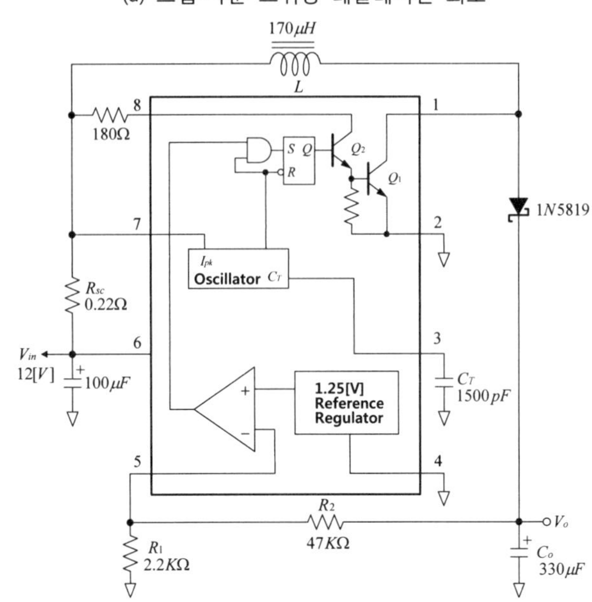

(b) 스텝-업 스위칭 레귤레이션 회로

그림16.35 스위칭 레귤레이터 IC인 MC34063A를 이용하여 설계한 스위칭 레귤레이션 회로의 예

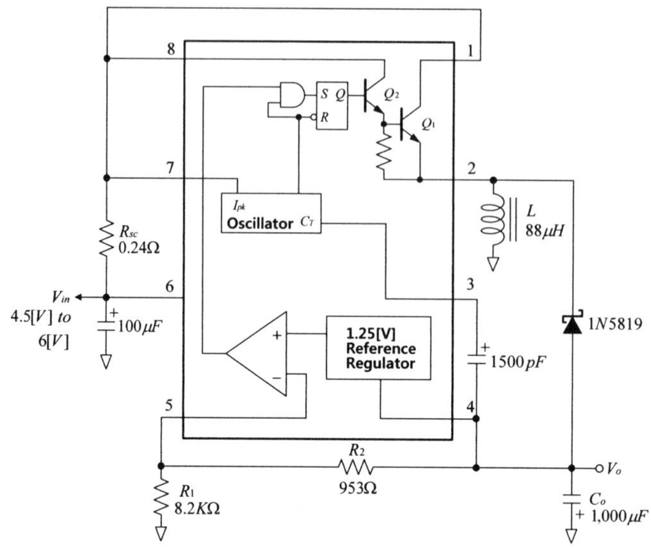

(c) 전압-반전 스위칭 레귤레이션 회로

그림16.35 계속.

※ IC를 이용한 스위칭 레귤레이션회로의 실험은 본 교재의 목적에 맞지 않으므로 별도의 실험은 하지 않는다. 관심 있는 독자는 실험을 통하여 그 동작을 확인하기 바란다.

회로에서 C_T는 시상수 조절용 커패시터이며, 리플 감소를 위하여 V_o단자에 추가의 LC 필터를 설치한다.

16-8.5 전압-전류 변환회로

(1) 플로팅 전압-전류 변환회로

i) 다음 회로를 구성하시오.

R_1, $R_2 = 1[K\Omega]$, VR_1: $1[K\Omega]$, $4.7[K\Omega]$, $10[K\Omega]$, $VR_2 = 5[K\Omega]$, ZD: RD5.1EB

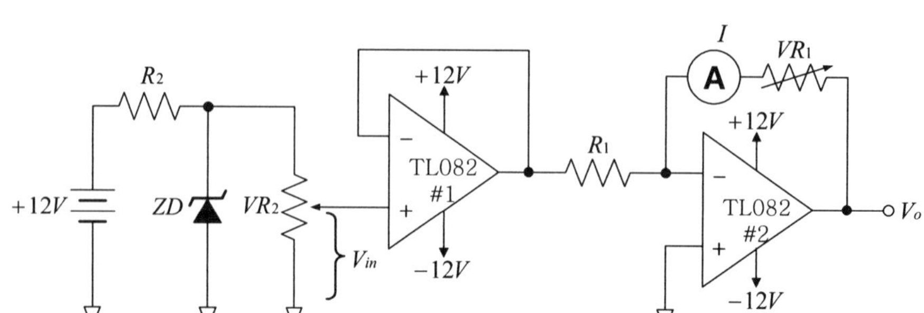

그림16.36 반전 플로팅 전압-전류 변환 실험 회로.

ii) $V_{in} = 1[V]$가 되도록 VR_2를 조정하시오.

iii) VR_1을 다음과 같이 조정하면서 전류 I를 측정하여 기록하시오.

$VR_1[K\Omega]$	1	4.7	10
$V_o[V]$			
$I[mA]$			

iv) VR_1을 $1[K\Omega]$으로 고정하시오. 그리고 V_{in}을 다음과 같이 가변하면서 전류 I를 측정하여 기록하시오.

$V_{in}[V]$	1	5	10
$V_o[V]$			
$I[mA]$			

v) 다음 회로를 구성하시오.
R_1, $R_2 = 1[K\Omega]$, VR_1: $1[K\Omega]$, $4.7[K\Omega]$, $10[K\Omega]$, $VR_2 = 5[K\Omega]$, ZD:RD5.1EB

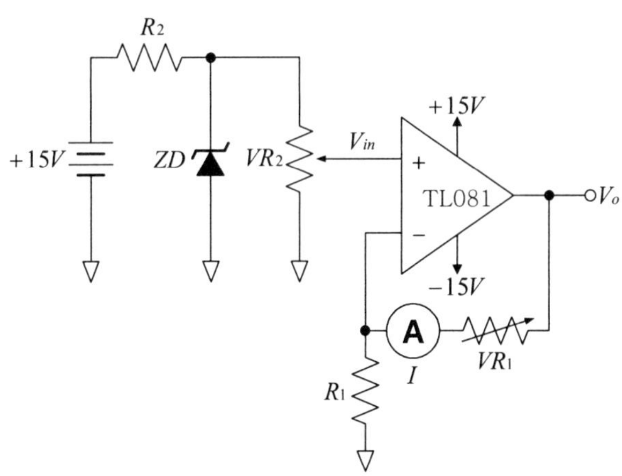

그림16.37 비반전 플로팅 전압-전류 변환 실험 회로.

vi) $V_{in} = 1[V]$가 되도록 VR_2를 조정하시오.

vii) VR_1 을 다음과 같이 조정하면서 전류 I를 측정하여 기록하시오.

$VR_1[K\Omega]$	1	4.7	10
$V_o[V]$			
$I[mA]$			

viii) VR_1 을 $1[K\Omega]$으로 고정하시오. 그리고 V_{in} 을 다음과 같이 가변하면서 전류 I 를 측정하여 기록하시오.

$V_{in}[V]$	1	3	6
$V_o[V]$			
$I[mA]$			

ix) 단계iii),iv),vii),viii)의 결과로부터 플로팅 전압-전류 변환회로의 동작을 설명하시오.

(2) 비 플로팅 전압-전류 변환회로

i) 다음 회로를 구성하시오.

$R_1 = 1[K\Omega]$, $R_2, R_3, R_4, R_5 = 10[K\Omega]$, $R_6 = 1[K\Omega]$, $VR = 5[K\Omega]$, ZD : RD 5.1E

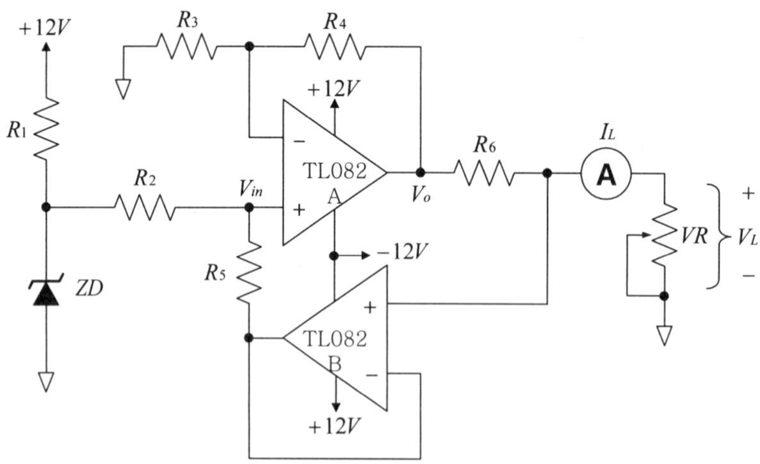

그림16.38 비 플로팅 전압-전류 변환 실험회로.

ii) 가변저항 VR을 $0 \sim 1[K\Omega]$까지 가변하면서 전류계를 이용하여 전류 I_L을 측정하고, 또한 전압 V_L을 측정하여 기록하시오.

$VR[\Omega]$	5	50	100	300	800	$1K$
V_L $[V]$						
I_L $[mA]$						

iii) 실험 ii)의 결과에 대하여 설명하시오.

(3) 마이크로컨트롤러와의 인터페이스 회로

i) 다음 회로를 구성하시오.

$R_1 = 2[K\Omega]$, $R_2 = 13[K\Omega]$, $R_3 = 400[\Omega]$, $R_4 = 100[\Omega]$, $R_5 = 100[\Omega]$, $R_6 = 10[K\Omega]$, $R_7 = 2.2[K\Omega]$, $R_8 = 1[K\Omega]$, $R_9 = 4.7[K\Omega]$, $VR = (10[\Omega],\ 220[\Omega],\ 560[\Omega])$, Q_1 : 2SA2031, Q_2 : 2N2907A, Q_3 : 2N2222A, ZD : RD5.1EB

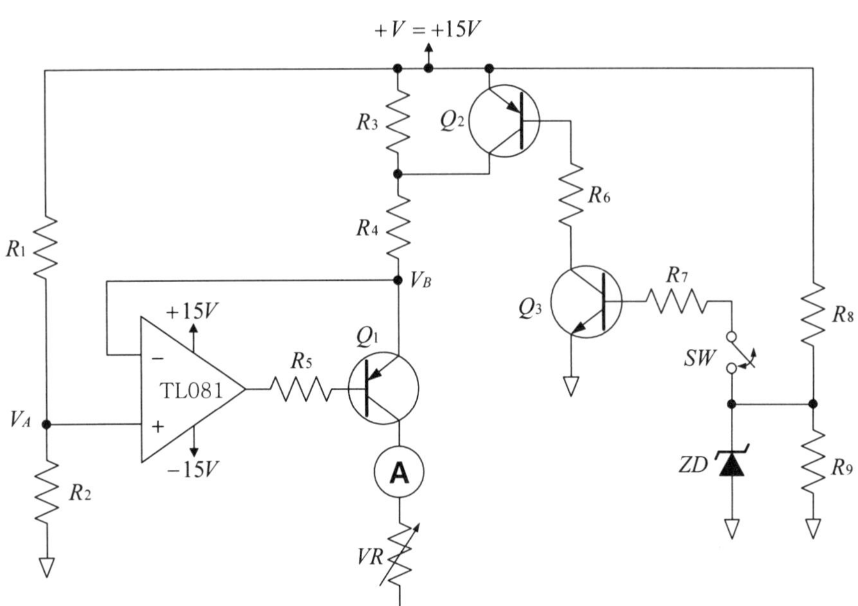

그림16.39 $4[mA]$ 혹은 $20[mA]$의 부하전류가 흐르는 비 플로팅 전압-전류 변환회로.

ii) 다음과 같은 SW의 조건에서 V_A와 V_B를 측정하여 기록하시오.

	$V_A[V]$	$V_B[V]$
SW 개방		
SW 닫음		

iii) SW를 개방하고, VR을 다음과 같이 변화하며 VR에 흐르는 전류를 측정하시오.

VR $[\Omega]$	10	220	560
I_L $[mA]$			

iv) I_L의 이론값을 구하고, 단계 iii)의 결과와 비교하여 설명하시오.

v) SW를 닫은 후, VR을 다음과 같이 변화하며 VR에 흐르는 전류를 측정하시오.

VR $[\Omega]$	10	220	560
I_L $[mA]$			

vi) I_L의 이론값을 구하고, 단계 v)의 결과와 비교하여 설명하시오.

(4) 비 플로팅 차동전압-전류 변환회로

i) 그림16.40의 회로를 구성하시오.

$R_1 = 2[K\Omega]$, $R_2 = 3[K\Omega]$, $R = 10[K\Omega] \times 4$, $VR_1 = 10[K\Omega]$, $VR_2 = 10[K\Omega]$

ii) $E_2 = 9[V]$, $E_1 = 4[V]$가 되도록 가변저항 VR_1을 조정하시오.

iii) 부하저항 R_L을 다음 표와 같이 가변하며 부하전류 I_L을 측정하여 기록하시오.

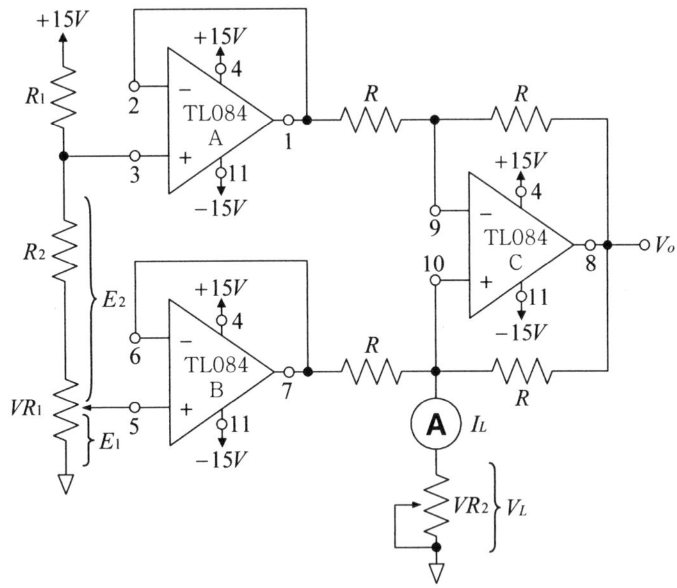

그림16.40 비 플로팅 차동전압-전류 변환 실험회로.

<table>
<tr><td colspan="2">$R_L[K\Omega]$</td><td>0.01</td><td>0.1</td><td>1</td><td>5</td><td>8.2</td></tr>
<tr><td colspan="2">$I_L[mA]$</td><td></td><td></td><td></td><td></td><td></td></tr>
<tr><td rowspan="2">$V_L[V]$</td><td>이론값 : $I_L \times R_L$</td><td></td><td></td><td></td><td></td><td></td></tr>
<tr><td>실험값</td><td></td><td></td><td></td><td></td><td></td></tr>
<tr><td rowspan="2">$V_o[V]$</td><td>이론값 : $2V_L - E_2$</td><td></td><td></td><td></td><td></td><td></td></tr>
<tr><td>실험값</td><td></td><td></td><td></td><td></td><td></td></tr>
</table>

iv) VR_2를 $1[K\Omega]$의 저항으로 고정하시오. 그리고 E_2, E_1이 다음과 같이 되도록 VR_1을 조정하면서 부하전류 I_L을 측정하시오.

E_2, $E_1\,[V]$	10 , 3	6 , 7
$V_L\,[V]$		
$I_L\,[mA]$		

16-8.6 전류-전압 변환회로

i) 그림16.41의 회로를 구성하시오. 입력 전류원(I_{in})으로서 그림16.23의 비 플로팅 전압-전류 변환회로를 이용한다. 비 플로팅 전압-전류 변환회로를 단독으로 실험하지 않고, 이 실험을 통하여 그 동작을 확인하기 바란다.

$R_1 = 1.8[K\Omega]$, $R_2 = 100[\Omega]$, $R_3 = (51[\Omega],\ 100[\Omega])$, $R_4 = (22[\Omega],\ 51[\Omega],\ 100[\Omega])$, Q_1: 2SA2031, Q_2, Q_3 : 2SK30A, ZD: RD5.1EB

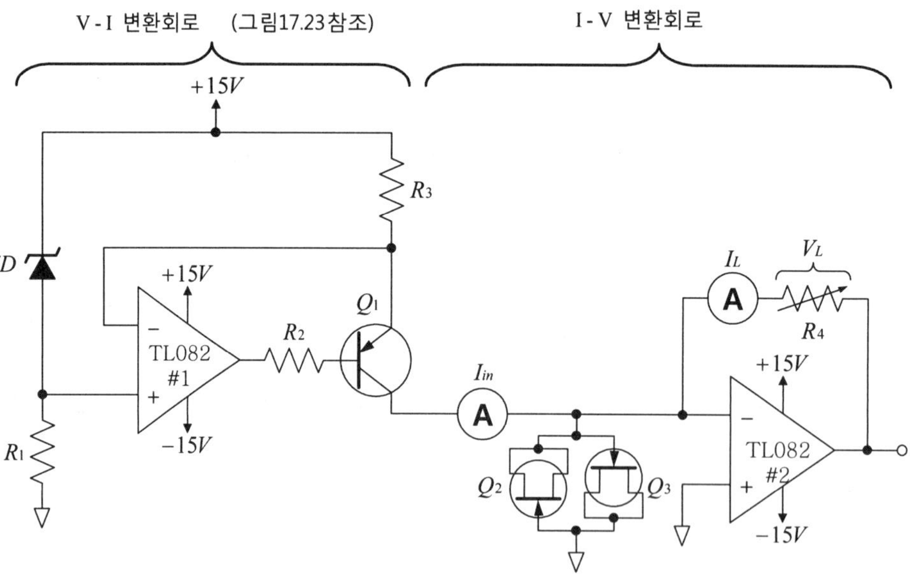

그림16.41 전류-전압 변환 실험회로.

ii) $R_3 = 51[\Omega]$일 때, 궤환 저항 R_4를 다음과 같이 변화하며, 멀티테스터를 이용하여 전류 I_L과 V_L을 측정하시오.

$R_4[\Omega]$	22	51	100
$I_L[mA]$			
$V_L[mV]$			

iii) $R_3 = 100[\Omega]$일 때, 단계 ii)의 과정을 반복하시오.

$R_4[\Omega]$	22	51	100
$I_L[mA]$			
$V_L[mV]$			

iv) 단계ii)와 단계iii)을 비교하고, 설명하시오.

16-8.7 전류-제어 전류원

i) 그림16.42 회로를 구성하시오.

$R_1 = 1.8[K\Omega]$, $R_2 = 100[K\Omega]$, $R_3 = 6.2[K\Omega]$, $VR_1 = 1[K\Omega]$, $VR_2 =(20[\Omega]$, $100[\Omega]$, $510[\Omega]$, $680\Omega]$, $1.5[K\Omega])$, Q_1: 2SA2031, ZD: RD5.1EB

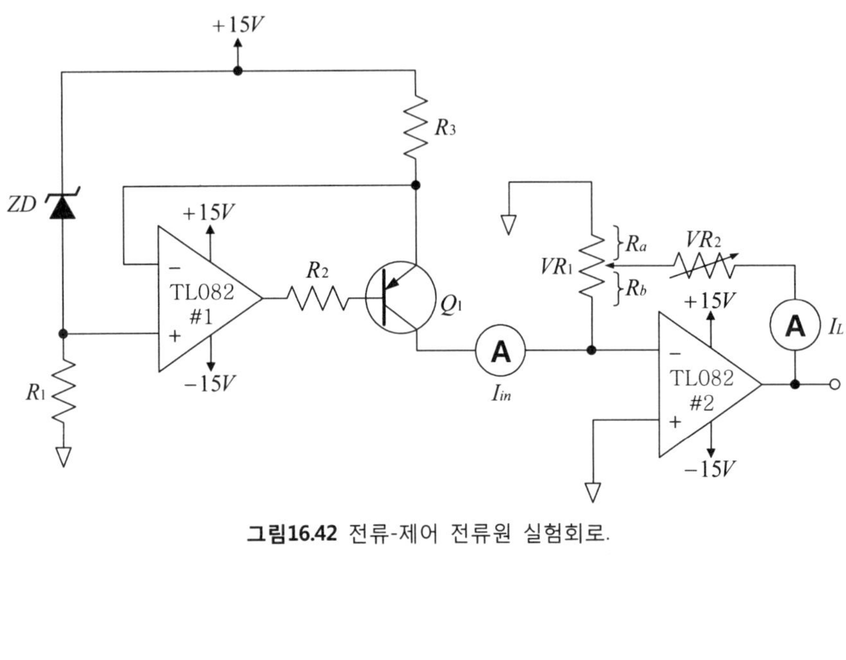

그림16.42 전류-제어 전류원 실험회로.

ii) 가변저항 VR_1을 분리하여 $R_a = 50[\Omega]$, $R_b = 950[\Omega]$가 되도록 조정한 후, 결선하시오.

iii) VR_2가 $20[\Omega]$일 때와 $680[\Omega]$일 때의 I_{in}을 각각 측정하시오.

$I_{in} =$ ________ $[\mu A]$ for $VR_2 = 20[\Omega]$, $I_{in} =$ ________ $[\mu A]$ for $VR_2 = 680[\Omega]$

iv) 단계 iii)의 결과를 이용하여 $R_a = 50[\Omega]$, $R_b = 950[\Omega]$일 때, VR_2의 범위를 결정하시오.(단, $V_{sat} = 14[V]$)

$VR_2 =$ ______________ $[\Omega]$ (식16.36)

v) VR_2를 다음과 같이 가변하며 전류 I_L을 측정하여 이론값(식16.35)과 비교 하시오.

$VR_2\ [\Omega]$	20	100	680
$I_L\ [mA]$ (측정값)			
$I_L\ [mA]$ (이론값)			

vi) 가변저항 VR_1을 분리하여 $R_a = 100[\Omega]$, $R_b = 900[\Omega]$가 되도록 조정한 후, 결선하시오.

vii) VR_2가 $20[\Omega]$일 때와 $1.5[K\Omega]$일 때의 I_{in}을 각각 측정하시오.

$I_{in} =$ ________ $[\mu A]$ for $VR_2 = 20[\Omega]$, $I_{in} =$ ________ $[\mu A]$ for $VR_2 = 1.5[K\Omega]$
※ 결과는 단계 iii)과 같음을 확인하시오.

viii) 단계 vii)의 결과를 이용하여 $R_a = 100[\Omega]$, $R_b = 900[\Omega]$일 때, VR_2의 범위를 결정하시오.(단, $V_{sat} = 14[V]$)

$VR_2 =$ ______________ $[\Omega]$ (식16.36)

ix) VR_2를 다음과 같이 가변하며 전류 I_L을 측정하여 이론값(식16.35)과 비교 하시오.

$VR_2\,[\Omega]$	20	510	1,500
$I_L\,[mA]$ (측정값)			
$I_L\,[mA]$ (이론값)			

부록A OP amp의 특성

이상적인 op amp는 무한대의 이득과 무한대의 주파수 응답을 가질 뿐만 아니라 입력임피던스가 무한대이고, 출력임피던스는 0이다. 따라서 그림A.1과 같이 반전 및 비반전 입력단자에 흐르는 바이어스 전류는 0이다.

그러나 실제의 op amp의 특성은 이상적인 특성을 만족할 수 없으며, 이 특성의 차이로 인하여 출력전압에 오차를 발생할 수 있다. 출력전압이 특성차이로 인한 오차 출력보다 매우 크다면 무시할 수 있지만, 만약 오차 출력전압이 상대적으로 크다면 이를 최소화해야 한다.

DC 출력전압의 오차를 발생하는 원인은 다음과 같다.

i) 입력 바이어스 전류 (input bias current)

ii) 입력 오프셋 전류 (input offset current)

iii) 입력 오프셋 전압 (input offset voltage)

iv) 드리프트 (drift)

또한, 실제의 op amp의 AC 응답에는 다음의 제약이 따른다.

i) 주파수 응답 (frequency response)

ii) 슬루-율 (slew-rate)

A-1 DC 특성

A.1.1 입력 바이어스 전류

이상적인 op amp의 입력단자에 흐르는 전류는 그림A.1과 같이 0이지만, 실제로는 op amp를 구성하는 트랜지스터의 바이어스를 위하여 작은 양의 바이어스 전류 I_{B-}, I_{B+}가 반전 입력 및 비반전 입력단자에 흐른다.

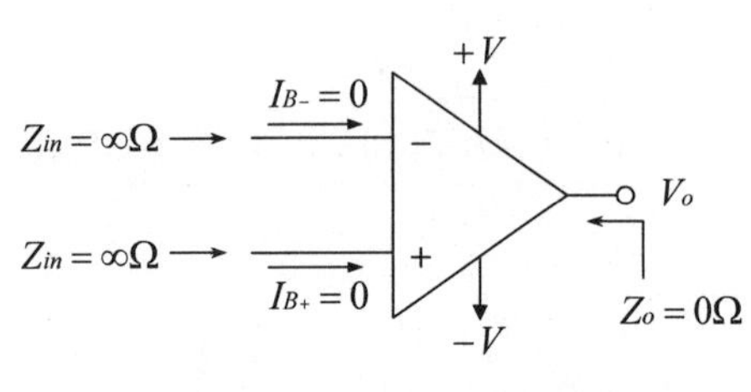

그림A.1 이상적인 op amp의 입력임피던스는 ∞이고, 출력임피던스는 0이다. 따라서 반전 및 비반전 입력 단자에 유입되는 전류는 0이다.

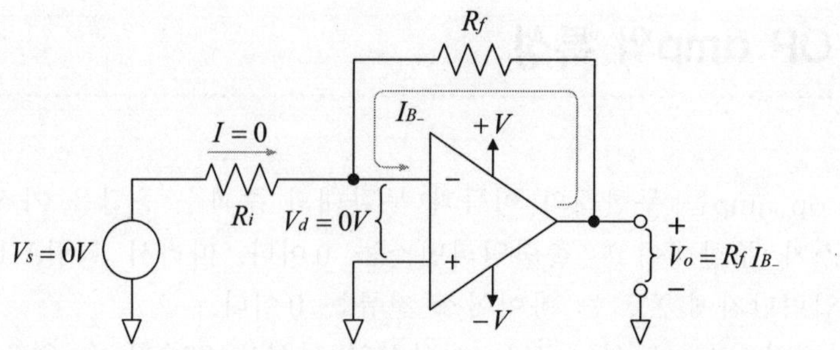

그림A.2 $V_s=0[V]$일 때, 출력은 $V_o=R_f I_{B-}$의 오프셋이 발생한다.

일반적으로, I_{B-} 와 I_{B+}는 같지 않으므로 *바이어스 전류(bias current)*는 다음과 같이 I_{B-} 와 I_{B+}의 평균으로 정의된다.

$$I_B = \frac{|I_{B+}|+|I_{B-}|}{2} \tag{A.1}$$

일반적으로, 범용 op amp의 I_B는 $1\mu A$ 이상이고, 입력 단이 FET로 이루어진 op amp의 I_B는 $1pA$ 이하이다.

그림A.2에서 입력 V_s는 $0[V]$이다. 이때 반전 입력과 비반전 입력의 차전압은 $V_d=0[V]$이므로 저항 R_i를 통하여 흐르는 전류는 $I=0$이다(가상접지). 따라서 바이어스 I_{B-}는 궤환저항 R_f를 통하여 흐르고, 출력에

$$V_o = R_f I_{B-} \tag{A.2}$$

의 오프셋이 발생한다.

A.1.2 입력 오프셋 전류

그림A.3의 반전회로에 대하여 입력 $V_s=0$일 때, 바이어스 전류 I_{B+}와 I_{B-}에 대한 출력은 다음과 같다.

a점에 KCL을 적용하면,

$$\begin{aligned} I_{B-} &= I + I_f \\ &= \frac{0-(-R_c I_{B+})}{R_i} + \frac{V_o-(-R_c I_{B+})}{R_f} \end{aligned} \tag{A.3}$$

이므로

$$V_o = R_f I_{B-} - R_c\left(1+\frac{R_f}{R_i}\right)I_{B+} \tag{A.4}$$

이다. 만약,

$$R_f = R_c\left(1+\frac{R_f}{R_i}\right) \tag{A.5}$$

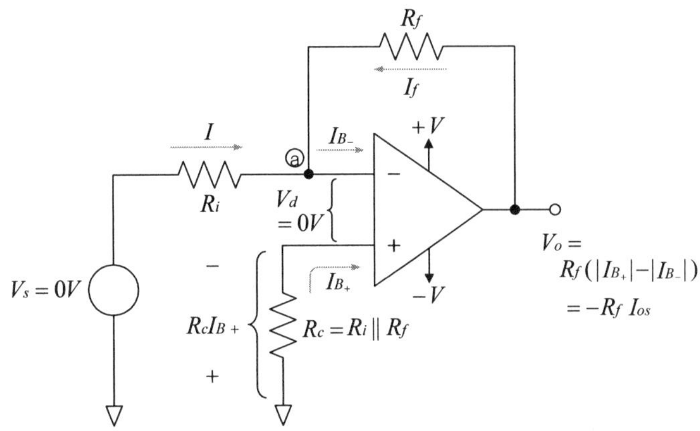

그림A.3 반전 증폭기의 오프셋. $V_s = 0$일 때, 출력은 $V_o = R_f(|I_{B+}|-|I_{B-}|) = R_f I_{os}$의 오프셋이 발생한다.

즉,

$$R_c = \frac{R_f R_i}{R_f + R_i} = R_i \parallel R_f \tag{A.6}$$

이면 식(A.4)는 다음과 같다.

$$V_o = R_f I_{B-} - R_f I_{B+} = -R_f(|I_{B+}| - |I_{B-}|) \tag{A.7}$$

또한, 그림A.4 의 비반전회로에 대하여 입력 $V_s = 0$일 때, 바이어스 전류 I_{B+}와 I_{B-}에 대한 출력은 다음과 같다.

a 점에 KCL을 적용하면

$$\begin{aligned} I_{B-} &= I_1 + I_f \\ &= \frac{0-(-R_cI_{B+})}{R_1} + \frac{V_o - (-R_cI_{B+})}{R_f} \end{aligned} \tag{A.8}$$

이므로

$$V_o = -\left(\frac{R_fR_c}{R_1} + R_c\right)I_{B+} + R_fI_{B-} \tag{A.9}$$

이다. 여기에서,

$$R_f = \left(\frac{R_f R_c}{R_1} + R_c\right) \tag{A.10}$$

즉,

$$R_c = \frac{R_1 R_f}{R_1 + R_f} = R_1 \parallel R_f \tag{A.11}$$

이면 출력은 다음과 같다.

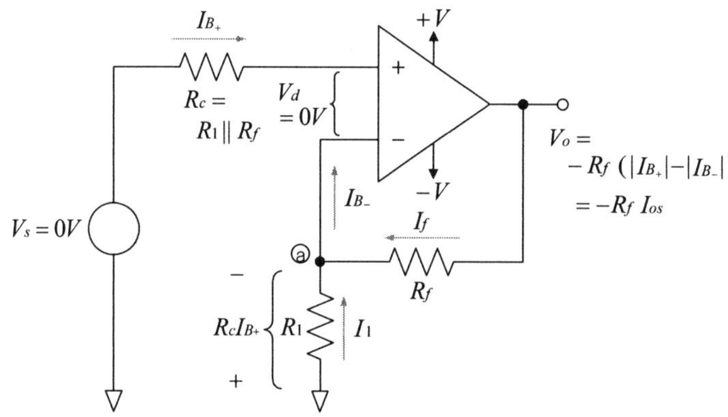

그림A.4 비반전 증폭기의 오프셋. $V_s = 0$일 때, 출력은 $V_o = -R_f(|I_{B+}|-|I_{B-}|) = -R_f I_{os}$의 오프셋이 발생한다.

$$V_o = -R_f(|I_{B+}|-|I_{B-}|) \tag{A.12}$$

식(A.7)과 식(A.12)로부터 *입력 오프셋 전류(input offset current)*는 다음과 같이 정의되고,

$$I_{os} = |I_{B+}|-|I_{B-}| \tag{A.13}$$

$|I_{B+}|$와 $|I_{B-}|$가 같으면, 식(A.7)과 식(A.12)에서 $V_o = 0$이 된다. 그러나 $|I_{B+}|$는 $|I_{B-}|$와 같을 수 없으며, 입력이 0일 때 오프셋 전류 I_{os}와 R_f의 곱에 해당하는 오프셋이 발생한다.

식(A.7)과 식(A.12)는 식(A.6)과 식(A.11)에서 R_c에 관한 반전 증폭기와 비반전 증폭기 각각의 조건을 만족할 때 성립하며, 오프셋이 감소하므로 이를 *전류-보상 저항(current- compensating resistor)*으로 부른다.

A.1.3 입력 오프셋 전압

그림A.5에서 입력이 $0[V]$이므로 출력은 $0[V]$이어야 한다. 그러나 그림에서 보듯이 출력에는 수 $[\mu V]$~수 $[mV]$이 전압이 나타나며, 반전 입력전압($V_- = 2[mV]$)과 비반전 입력전압($V_+ = 0[V]$)이 같지 않으므로 이를 *입력 오프셋 전압(input offset voltage)* 이라 부른다.

이상적인 op amp로 그림A.5의 회로를 모델링 하면 그림A.6과 같으며, 모델링된 직류 입력전압이 입력 오프셋 전압 V_{io}이다. 전압 폴로워이므로 입력 오프셋 전압 $V_{io} = 2[mV]$에 대해 출력전압은 $V_o = 2[mV]$이다.

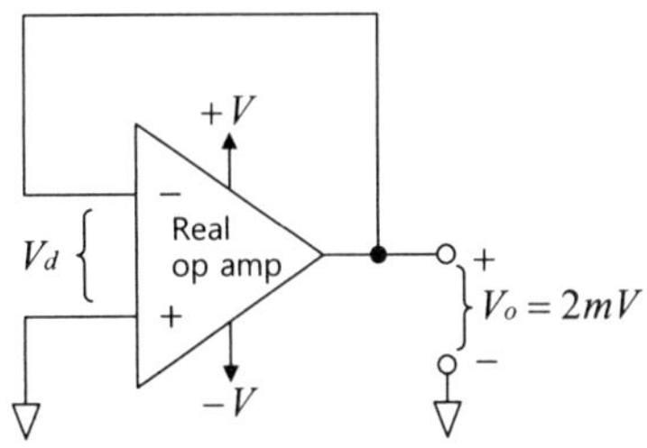

그림A.5 출력은 $V_o = 0[V]$이어야 한지만, 수 $[\mu V]$ ~ 수 $[mV]$의 전압이 나타난다. 그림에서 op amp는 실제적인 op amp이다.

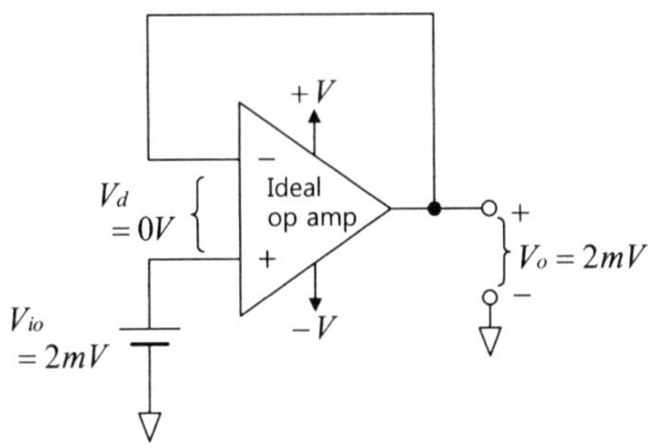

그림A.6 그림A.5에 대해 모델링된 회로이며, 전압 폴로워이므로 입력 오프셋 전압 $V_{io} = 2[mV]$에 대하여 출력은 $V_o = 2[mV]$이다. 그림에서 op amp는 이상적인 op amp이다.

A.1.4 오프셋 조정

오프셋의 조정은 op amp의 오프셋 조정 단자와 가변저항을 접속하고, 저항값을 가변함으로써 가능하다. 그림A.7에 그 방법을 설명하고 있다.

또한, 오프셋 조정 단자가 없는 op amp는 그림A.8과 같이 op amp의 한 쪽 입력단자에 입력 오프셋 전압 V_{io}와 같은 크기의 직류전압을 인가하여 조정한다.

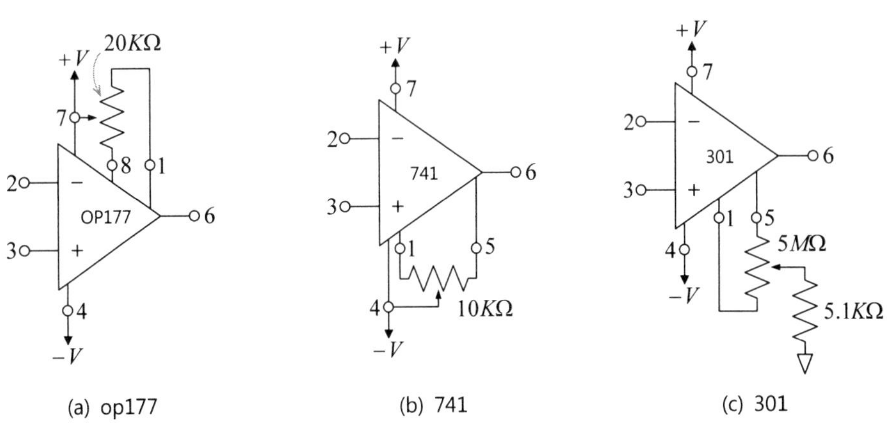

그림A.7 오프셋 조정 단자가 있는 op amp의 오프셋 조정 방법의 예.

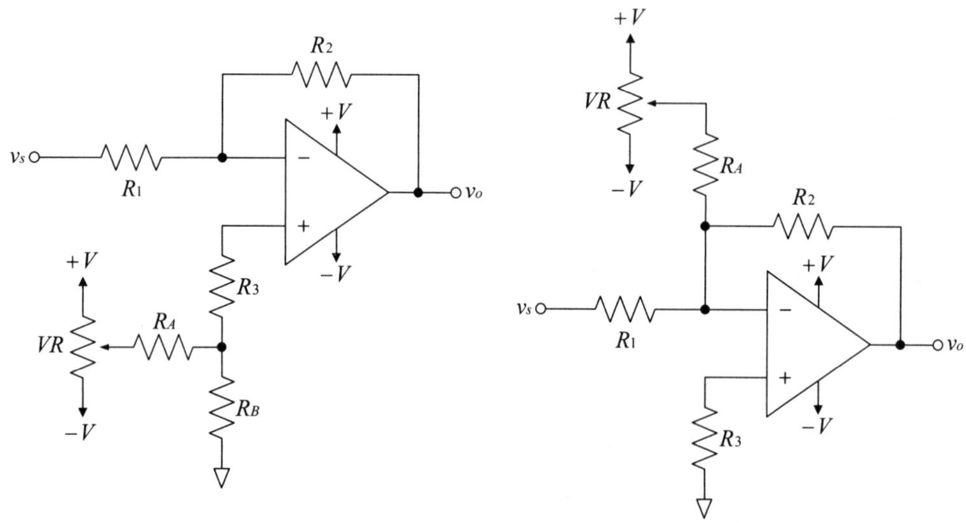

(a) 반전 증폭회로

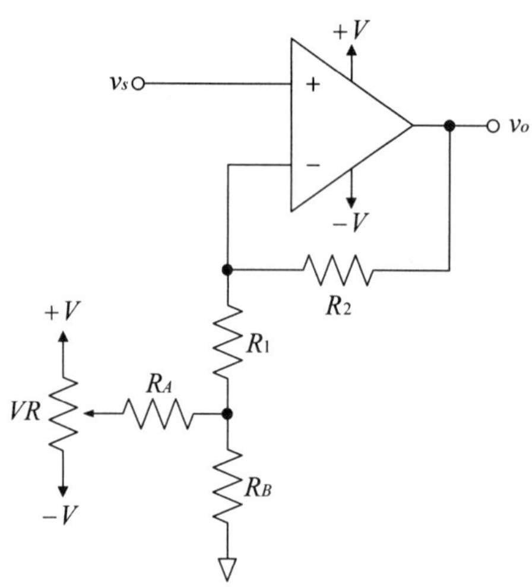

(b) 비반전 증폭회로

그림A.8 오프셋 조정 단자가 없는 op amp의 오프셋 조정 방법.

A-2 AC 특성

A.2.1 Op amp의 주파수 응답

주파수 응답에 대한 이상적인 op amp의 특성은 무한대의 대역폭을 갖는 다는 것이다. 그러나 op amp 내부의 보상용 커패시터(C_c)의 리액턴스는 주파수에 관한 함수이므로 이와 같은 특성은 이루어지지 않는다. 예를 들어, 741의 개루프 이득(open loop gain)의 주파수 특성은 그림A.9와 같다. 점A는 저주파수 대역에서의 최대 이득 보다 3[dB] 감소하는 주파수(차단주파수)이고, 그 이상의 주파수에는 20[dB]/dec 감소한다.

Op amp를 이용하여 증폭기를 설계할 때, 증폭기의 폐루프 이득(A_{CL})은 외부 저항에 의해 결정된다. 그러나 실제의 직류 폐루프 이득은 op amp의 개루프 이득(A_{OL})에 의해 제한된다. 비반전 및 반전 증폭기의 실제의 폐루프 이득은 다음과 같다.

비반전 증폭기의 실제 직류 폐루프 이득은 다음과 같다.

$$A_{CL,actual} = A_{OL}(V_+ - V_-) = A_{OL}\left(V_{in} - \left(\frac{R_i}{R_i + R_f}\right)V_o\right) \tag{A.14a}$$

$$= \frac{(R_f + R_i)/R_i}{1 + \frac{1}{A_{OL}}\left(\frac{R_f + R_i}{R_i}\right)}$$

여기에서,

$$A_{CL,ideal} = \frac{R_f + R_i}{R_i} \tag{A.14b}$$

는 이상적인 비반전 증폭기의 폐루프 이득이다. 개루프 이득 A_{OL}이 매우 크다면

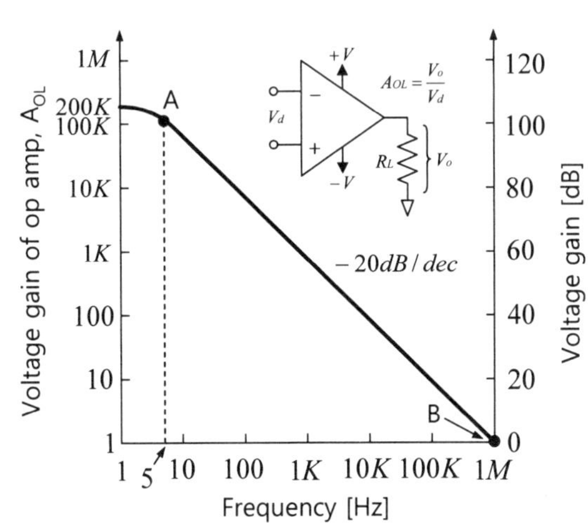

그림A.9 741의 개루프 이득 A_{OL} $Vs.$ f.

식(A.14a)의 분모는 1이 되고, 폐루프 이득은 식(A.14b)의 이상적인 폐루프 이득과 같아진다.

마찬가지로, 반전 증폭기의 실제 직류 폐루프 이득은 다음과 같다.

$$A_{CL,actual} = \frac{-R_f/R_i}{1+\dfrac{1}{A_{OL}}\left(\dfrac{R_f+R_i}{R_i}\right)} \tag{A.15a}$$

여기에서,

$$A_{CL,ideal} = -\frac{R_f}{R_i} \tag{A.15b}$$

는 이상적인 반전증폭기의 폐루프 이득이다. A_{OL}이 매우 크다면 식(A.15a)의 분모는 1이 되고, 폐루프 이득은 식(A.15b)의 이상적인 폐루프 이득과 같아진다.

A_{OL}은 그림A.9에 나타낸 바와 같이 직류 이득은 매우 크고, 차단 주파수 이상에서 주파수가 증가함에 따라 $20dB/dec$씩 감소한다. 위의 식들과 그림A.9에서 보는바와 같이 op amp의 개루프 이득은 주파수에 따라 변하고, 폐루프 이득 A_{CL}은 A_{OL}에 종속하므로 결국, A_{CL}은 주파수에 관한 함수이다.

또한, 개루프 대역폭과 폐루프 대역폭의 관계를 살펴보도록 하자. 식(4.3)으로부터

$$A_{CL} = \frac{A_{OL}}{1+A_{OL}\beta} \tag{A.16}$$

이므로

$$1+A_{OL}\beta = \frac{A_{OL}}{A_{CL}} \tag{A.17}$$

이다. 여기에서 β는 증폭회로의 궤환율이고, 식(A.14a)와 식(A.15a)에서 다음과 같다.

$$\beta = \frac{R_i}{R_i+R_f} \tag{A.18}$$

그리고 그림A.9의 응답곡선은 다음 식과 같이 표현된다.

$$A_{OL} = \frac{A_{mid}}{1+j\dfrac{f}{f_c}} \tag{A.19}$$

A_{OL} : 임의의 주파수에서의 개루프 전압이득

A_{mid} : 중간 주파수 대역에서의 개루프 전압이득

f : 입력신호의 주파수

f_c : 개루프의 차단주파수

식(A.19)를 식(A.16)에 대입하면

$$A_{CL} = \frac{1}{1+\beta A_{mid} + j\frac{f}{f_c}} \tag{A.20}$$

이다. 폐루프의 차단주파수는 분모의 실수부와 허수부가 같을 때의 주파수이므로 식(A.20)으로부터

$$\frac{f}{f_c} = 1+\beta A_{mid} \tag{A.21}$$

이다. 식(A.21)이 폐루프의 차단주파수이므로 다음과 같이 표현하자.

$$f_{c(CL)} = (1+A_{mid}\beta)f_c \tag{A.22}$$

식(A.17)과 식(A.22)로부터

$$f_{c(CL)} = \frac{A_{mid}f_c}{A_{CL}} \tag{A.23}$$

이다. 식(A.22)에서 우측 항의 분자 $A_{mid} \times f_c$를 *개루프 이득-대역폭 곱(open loop gain- bandwidth product)*이라 부른다. 특히 그림A.9에서 개루프 이득이 1 되는 주파수(B점)를 *단위-이득 주파수(unity gain frequency)* 라 부르며, f_{unity}로 표시한다. 예를 들어, 그림A.9에서 $A_{mid} = 200{,}000$, $f_c = 5Hz$이고, $A_{mid}f_c = 1MHz$이다. 이것은 $A_{mid} = 1$일 때의 B점의 주파수와 일치한다.

이때 식(A.23)으로부터 폐루프의 대역폭은 다음과 같이 정의된다.

$$f_{c(CL)} = \frac{f_{unity}}{A_{CL}} \tag{A.24}$$

또한, 식(4.4)로부터 이상적인 경우 폐루프 이득 A_{CL}과 궤환율 β는 역수의 관계에 있으므로, 비반전 및 반전증폭기의 차단주파수는 모두 다음 식으로 표현된다.

$$f_{c(CL)} = \frac{f_{unity}}{1/\beta} = \frac{f_{unity}}{(R_i+R_f)/R_i} \tag{A.25}$$

폐루프 차단주파수는 단위-이득 주파수와 궤환율에 종속하며, 단위-이득 주파수가 커지면 증폭기의 이득-대역폭 곱은 커진다. $LM318$의 f_{unity}는 $15MHz$이므로 같은 대역폭에 대해 741보다 15배의 전압이득을 갖는다.

예를 들어, 741로 구성된 반전 증폭기의 대역폭이 $10[KHz]$이라면, 폐루프 이득은 $A_{CL} = 1[MHz]/10[KHz] = 100$이고, $R_f = 100R_i$이다. 이 주파수 응답은 그림 A.10과 같다.

A.2.2 슬루-율(SR : slew rate)

슬루-율은 op amp의 출력 전압이 얼마나 빨리 변화할 수 있는가를 의미한다.

$$SR = \frac{\Delta v}{\Delta t}[V/\mu s] \tag{A.26}$$

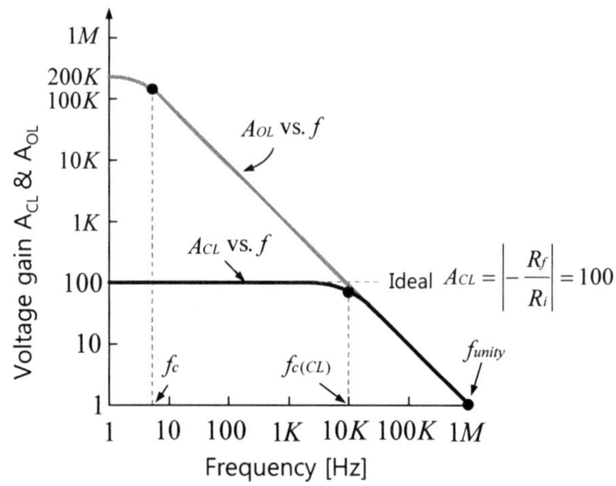

그림A.10 $A_{CL} = 100$, $f_{c(CL)} = 10KHz$ 인 반전 증폭기의 주파수 응답.

범용 op amp인 741의 최대 슬루-율은 $0.5\,V/\mu s$이며, 이것은 출력전압이 $1\mu s$ 동안 최대 $0.5\,V$까지 변할 수 있음을 의미한다. 슬루-율은 단위 이득(unity gain)일 때 가장 좋지 않다. 따라서 데이터 시트에는 단위 이득에서의 슬루-율을 표시한다.

슬루-율은 발진 방지를 위한 op amp 내부의 보상용 커패시터에 흐르는 전류의 충전율에 의해 제한된다. 즉 $dv_c/dt = I/C_c$인데 커패시터에 흐르는 전류의 최대치에 제한이 있으므로 결국, 전압의 변화율이 제한된다. 예를 들어, 741은 내부 $30pF$의 보상용 커패시터에 최대 $15\mu A$의 전류를 공급할 수 있으며, 741의 슬루-율 SR은 다음과 같다.

$$SR = \frac{\Delta v}{\Delta t} = \frac{I}{C_c} = \frac{15\mu A}{30pF} = 0.5\frac{V}{\mu s} \tag{A.27}$$

SR이 낮으면 op amp의 출력전압은 빠르게 변화할 수 없다. 예를 들어, 출력신호가 $v_o = V_m \sin\omega t$일 때 최대 기울기는

$$\left|\frac{dv_o}{dt}\right|_{\max} = \omega V_m \quad at\ \omega t = 0,\ \pi \tag{A.28}$$

이므로, $\omega V_m > SR$일 경우에 파형이 찌그러진다. 즉, 슬루-율은 정현파 신호의 주파수 f와 진폭 V_m을 제한한다.

그림A.11은 슬루-율의 제한으로 인한 구형파 입력에 대한 전압 폴로워의 출력과 정현파 입력에 대한 왜곡된 출력파형의 예를 보인다.

식(A.28)로부터 정현파 신호가 왜곡되지 않을 최대 주파수($f_{\max}$) 및 최대 진폭($V_{op,\max}$)은 다음과 같다.

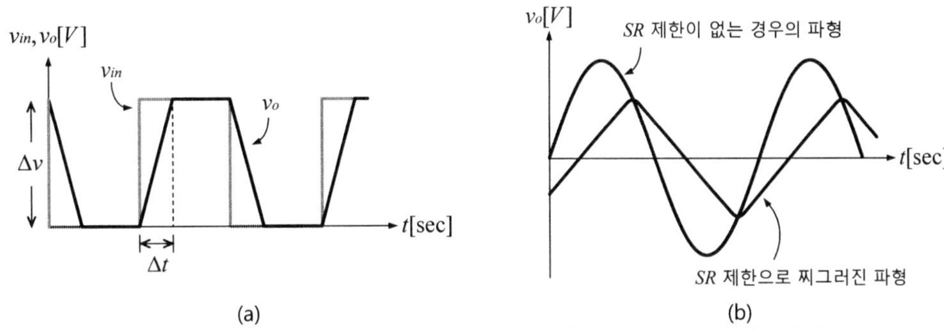

그림A.11 슬루-율의 제한으로 인한 구형파와 정현파 입력에 대한 출력.

$$f_{\max} = \frac{SR}{6.28 \times V_{op}} \ [Hz] \tag{A.29}$$

$$V_{op,\max} = \frac{SR}{6.28 \times f} \ [V] \tag{A.30}$$

슬루-율이 $1{,}000\,V/\mu s$ 인 고속 op amp도 있으며, 비디오 시스템과 같은 응용에는 $1{,}000\,V/\mu s$ 이상의 슬루-율을 갖는 op amp가 이용된다.

부록B Twin-T형 회로의 해석

B-1 Y-Delta 변환

그림B.1(a)와 같이 3개의 저항이 델타(Δ)형으로 결선된 회로는 그림B.1(b)와 같이 Y형 결선회로로 변환되며, 역으로도 변환된다.

그림B.1(a)에서 단자 a와 b는 저항 R_3와 R_1, R_2의 직렬저항 즉, R_1+R_2의 병렬결합이다. 즉, 단자 a와 b 간의 저항을 R_{ab}로 정의하면 R_{ab}는 다음과 같다.

$$R_{ab} = \frac{R_3(R_1+R_2)}{R_1+R_2+R_3} \tag{B.1}$$

또한 그림B.1(b)에서 단자 a와 b 간의 저항은

$$R_{ab} = R_a + R_b \tag{B.2}$$

이고, 위의 두 식으로부터

$$R_a + R_b = \frac{R_1R_3 + R_2R_3}{R_1+R_2+R_3} \tag{B.3}$$

이다. 같은 방법으로

$$R_b + R_c = \frac{R_1R_2 + R_1R_3}{R_1+R_2+R_3} \tag{B.4}$$

$$R_a + R_c = \frac{R_1R_2 + R_2R_3}{R_1+R_2+R_3} \tag{B.5}$$

이다. 식(B.3),(B.4),(B.5)를 정리하면 다음과 같이 R_a, R_b, R_c를 얻는다.

$$R_a = \frac{R_2R_3}{R_1+R_2+R_3} \tag{B.6}$$

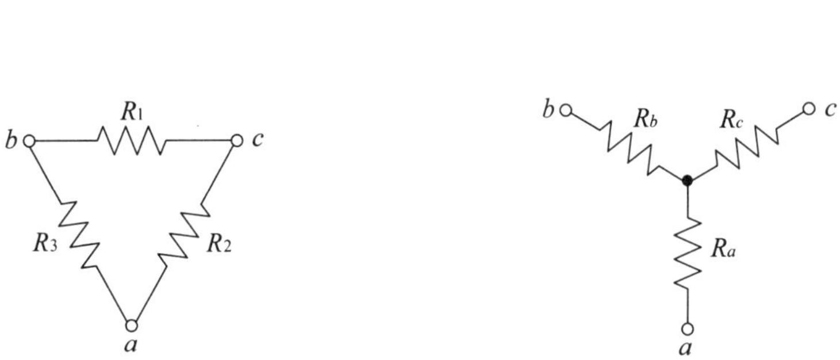

(a) Δ형 결선회로 (b) Y형 결선회로

그림B.1 $Y-\Delta$ 변환.

$$R_b = \frac{R_1 R_3}{R_1 + R_2 + R_3} \tag{B.7}$$

$$R_c = \frac{R_1 R_2}{R_1 + R_2 + R_3} \tag{B.8}$$

역으로, Y-결선은 식(B.6)~(B.8)로부터 Δ-결선으로 변환된다. 식(B.6)을 식(B.7)로 나누면

$$R_2 = \frac{R_1 R_a}{R_b} \tag{B.9}$$

이고, 같은 방법으로

$$R_3 = \frac{R_1 R_a}{R_c} \tag{B.10}$$

이다.

식(B.9)와 식(B.10)을 식(B.6)에 대입하면 다음과 같이 R_1을 얻는다.

$$R_1 = R_b + R_c + R_b R_c / R_a \tag{B.11}$$

같은 방법으로 R_2, R_3를 구한다.

$$R_2 = R_a + R_c + R_a R_c / R_b \tag{B.12}$$

$$R_3 = R_a + R_b + R_a R_b / R_c \tag{B.13}$$

B-2 Twin-T 브리지 회로

그림B.2의 twin-T 브리지 회로는 병렬로 접속된 2개의 T형 회로(저역통과 필터형 : R-R-2C, 고역통과 필터형 : C-C-R/2)로 구성된다. 이 회로의 해석은 각각의 T형 회로를 $Y-\Delta$ 변환을 이용하여 행한다.

R-R-2C로 이루어진 T형 회로에서 $Y-\Delta$ 변환한 단자 a, b, c 간의 임피던스를 각각 Z_a, Z_b, Z_c 라 하고, C-C-R/2로 이루어진 T형 회로에서 $Y-\Delta$ 변환한 단자 a, b, c 간의 임피던스를 각각 Z_a', Z_b', Z_c'라 할 때, 각각의 T형 브리지 회로는 그림B.3과 같이 변환된다. 그리고 Z_a, Z_b, Z_c, Z_a', Z_b', Z_c'은 각각 다음과 같다.

$$Z_a = 2(R + sCR^2)$$

$$Z_a' = 2\left(\frac{1}{sC} + \frac{1}{s^2 C^2 R}\right)$$

$$Z_b = Z_b' = Z_c = Z_c' = R + \frac{1}{sC} \tag{B.9}$$

또한, 그림B.3의 $Y-\Delta$변환된 회로는 같은 절점(node)에 대하여 그림B.4(a)와 같이 정리된다. $Z_a'' = Z_a \parallel Z_a'$, $Z_b'' = Z_b \parallel Z_b'$, $Z_c'' = Z_c \parallel Z_c'$으로 정의하면 그림B.4(b)와 같고, 이들 임피던스는 각각 다음과 같다.

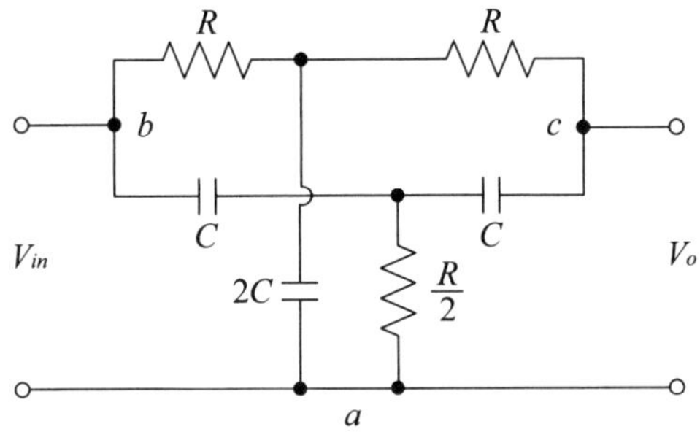

그림B.2 Twin-T 브리지회로.

(a) R-R-2C T형 브리지　　(b) C-C-R/2 T형 브리지

그림B.3 각각의 T형 브리지회로에 대한 $Y-\Delta$ 변환회로.

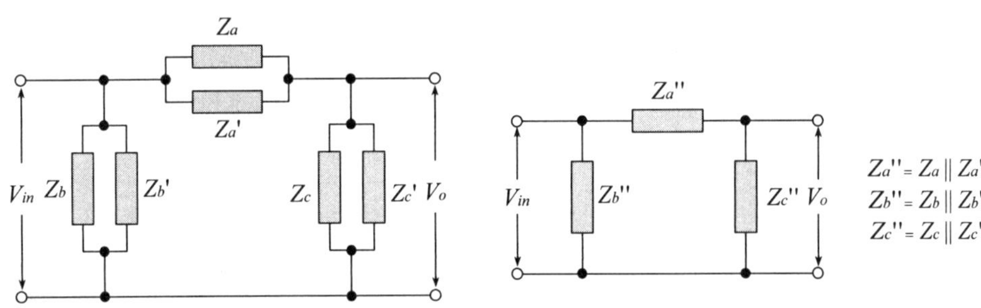

그림B.4 $Y-\Delta$ 변환된 Twin-T 브리지회로.

$$Z_a'' = 2R\left(\frac{1+sCR}{1+s^2C^2R^2}\right)$$

$$Z_b'' = Z_c'' = \frac{1}{2}\left(R+\frac{1}{sC}\right) \tag{B.10}$$

그림B.4(b)로부터 입 · 출력 전달식은 다음과 같다.

$$\frac{V_o}{V_{in}} = \frac{Z_c''}{Z_a''+Z_c''}$$

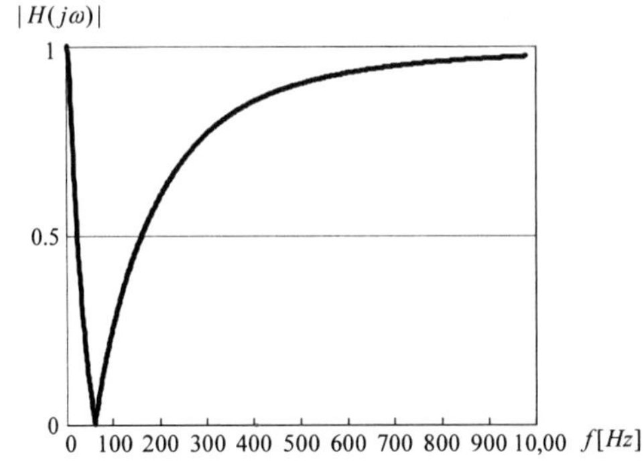

그림B.5 중심 주파수 $\omega_o = 60[Hz]$인 Twin-T 브리지 회로의 주파수 응답.

$$= \frac{s^2C^2R^2+1}{s^2C^2R^2+4sCR+1} \tag{B.11}$$

$\omega_o = 1/CR$일 때 $s = j\omega$에 대하여 입・출력 전달함수의 크기는 다음과 같다.

$$|H(\omega)| = \left|\frac{V_o}{V_{in}}\right| = \frac{1-\omega^2C^2R^2}{\sqrt{(1-\omega^2C^2R^2)^2+(4\omega CR)^2}}$$

$$= \frac{1-\left(\frac{\omega}{\omega_o}\right)^2}{\sqrt{\left[1-\left(\frac{\omega}{\omega_o}\right)^2\right]^2+\left(4\frac{\omega}{\omega_o}\right)^2}} \tag{B.12}$$

그림B.5는 식(B.12)의 전달함수에 대하여 $f_o = 60[Hz]$일 때 주파수 응답 곡선이다.

B-3 Bridged T-filter

그림B.6(a)는 그림B.2에서 커패시터 '$2C$'를 제거하였으며, bridged-T 필터라 부른다. 앞에서와 같이 C-C-R/2로 이루어진 Y 결선에 대하여 $Y-\Delta$변환을 행하면 그림B.6(b)와 같다.

여기에서,

$$Z_a = \frac{2}{sC} + \frac{2}{s^2C^2R} = \frac{2(sCR+1)}{s^2C^2R}$$
$$Z_b = Z_c = R + \frac{1}{sC} \tag{B.13}$$

이고, Δ 변환된 회로의 Z_a와 $2R$은 병렬이므로

$$Z_a' = 2R \parallel Z_a = \frac{2R(sCR+1)}{s^2C^2R^2+sCR+1} \tag{B.14}$$

이다. 따라서 입・출력 전달식은 다음과 같다.

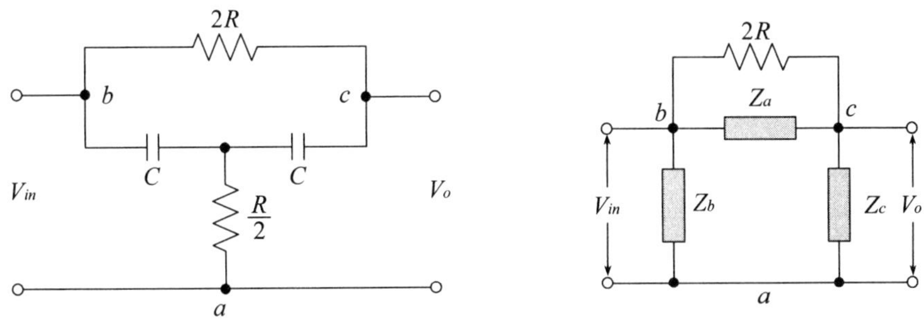

(a)Bridged T filter (b) $Y-\Delta$변환된 회로

그림B.6 Bridged T filter의 $Y-\Delta$변환.

$$
\begin{aligned}
H(s) = \frac{V_o(s)}{V_{in}(s)} = \frac{Z_c}{Z_a' + Z_c} &= \frac{s^3C^3R^3 + 2s^2C^2R^2 + 2sCR + 1}{s^3C^3R^3 + 4s^2C^2R^2 + 4sCR + 1} \\
&= \frac{s^2C^2R^2 + sCR + 1}{s^2C^2R^2 + 3sCR + 1} \\
&= \frac{s^2 + \dfrac{1}{CR}s + \left(\dfrac{1}{CR}\right)^2}{s^2 + \dfrac{3}{CR}s + \left(\dfrac{1}{CR}\right)^2}
\end{aligned}
\tag{B.15}
$$

이고, $\omega_o = 1/CR$일 때 $s = j\omega$에 대하여 입・출력 전달함수의 크기는 다음과 같다.

$$
|H(j\omega)| = \left|\frac{V_o(j\omega)}{V_{in}(j\omega)}\right| = \sqrt{\frac{\left[1-\left(\dfrac{\omega}{\omega_o}\right)^2\right]^2 + \left(\dfrac{\omega}{\omega_o}\right)^2}{\left[1-\left(\dfrac{\omega}{\omega_o}\right)^2\right]^2 + 9\left(\dfrac{\omega}{\omega_o}\right)^2}}
\tag{B.16}
$$

그리고 그림B.7은 $f_o = 60Hz$일 때의 주파수 응답곡선이다.

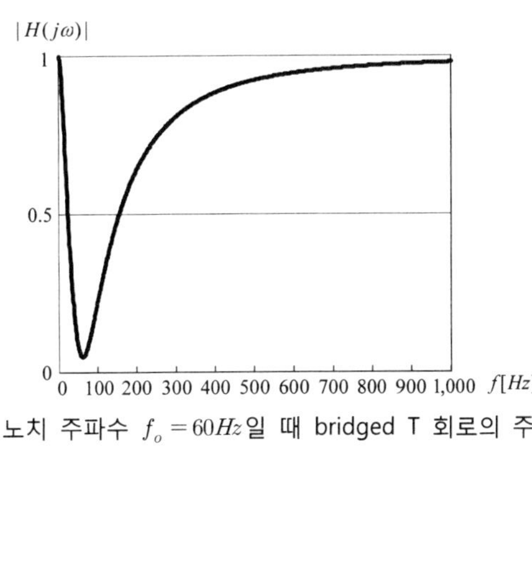

그림B.7 노치 주파수 $f_o = 60Hz$일 때 bridged T 회로의 주파수 응답.

부록C 리사쥬 도형을 이용한 위상차와 주파수 측정

리사쥬 도형을 이용하여 두 신호 $v_1 = V_1 \sin \omega t$와 $v_2 = V_2 \sin(\omega t + \phi)$의 위상을 측정하기 위한 방법은 다음과 같다.

i) 오실로스코프의 채널1과 채널2를 아무것도 접속하지 않은 채, 오실로스코프의 'Time/Div' 노브를 X-Y 모드에 맞춘다.

ii) 오실로스코프 화면에 스팟(spot)이 나타나면, 스팟이 화면의 중심에 오도록 조정한다.

iii) 그림C.1과 같이 오실로스코프의 채널1에 v_1, 채널2에 v_2를 각각 인가한다.

iv) 그림C.1에서와 같이 리사쥬 도형이 나타나면, 식(C.1)에 따라 두 신호의 위상차를 구한다.

$$\phi = \sin^{-1}\left(\frac{B}{A}\right) \tag{A.1}$$

그림C.2는 v_1과 v_2의 진폭과 주파수가 같을 때, 위상차에 따른 대표적인 리사쥬 도형의 예이다.

또한 리사쥬 도형을 이용하여 주파수가 미지인 신호(예를 들어 v_2)의 주파수를 추정할 수 있으며, 그림C.3은 위상차와 주파수 비에 따른 리사쥬 도형의 예이다. 이에 따라 기준 신호(예를 들어 v_1)에 대한 v_2의 주파수를 알 수 있다.

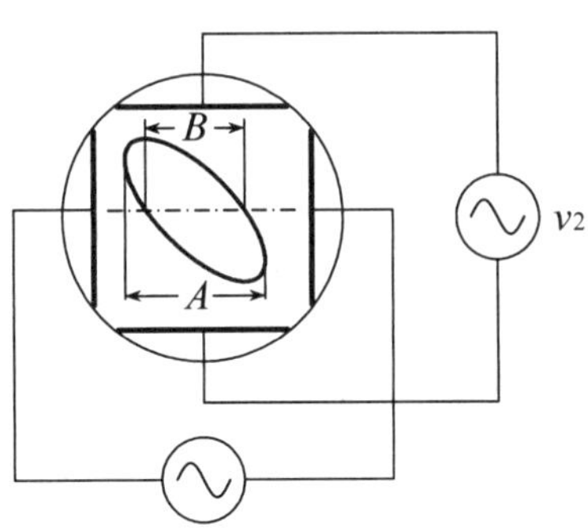

그림C.1 오실로스코프를 이용하여 v_1과 v_2의 위상차를 측정하는 방법. 오실로스코프의 Time/Div 노브를 X-Y모드에 맞춘다.

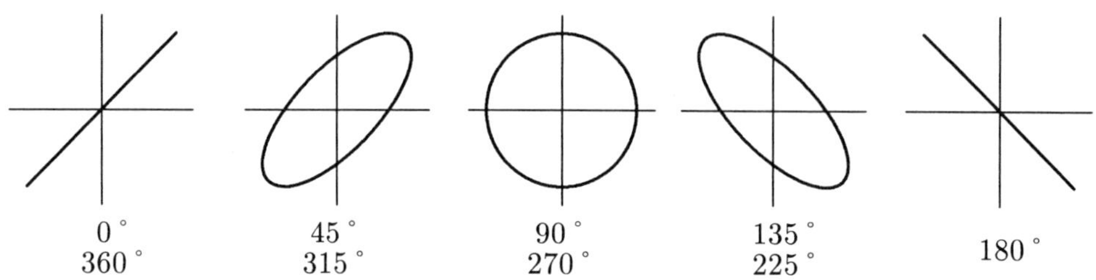

그림C.2 v_1과 v_2의 진폭과 주파수가 같고 위상이 다른 경우의 리사쥬 도형의 예.

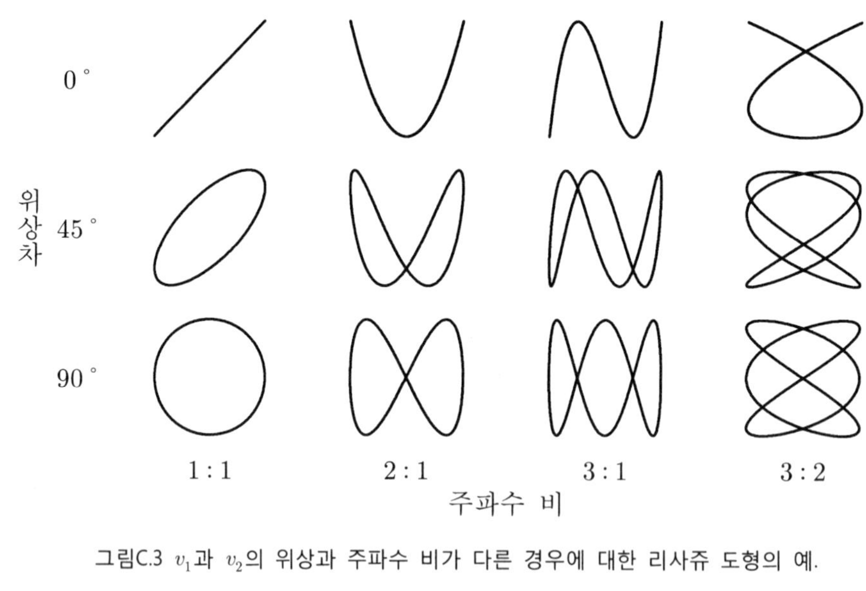

그림C.3 v_1과 v_2의 위상과 주파수 비가 다른 경우에 대한 리사쥬 도형의 예.

OP AMP 응용과 실험

2024년 2월 25일 1판 4쇄 발행

저 자 유 시 영
발행인 남 승 우

발행처 도서출판 상尙 학學 당堂

서울시 동작구 사당로9가길 6(사당동)
TEL : 02) 595-1692~4
FAX : 02) 595-1394
E-mail : shdbooks@naver.com
신고 : 2-155호 (1968. 11. 29)

정가 28,000원

ISBN 978-89-6587-110-1 93560